Theodor Bröcker

Lineare Algebra und Analytische Geometrie

Ein Lehrbuch für Physiker und Mathematiker

Zweite, korrigierte Auflage

Springer Basel AG

Autor:
Theodor Bröcker
NWF I - Mathematik
Universität Regensburg
D-93040 Regensburg
e-mail: theodor.broecker@mathematik.uni-regensburg.de

Erste Auflage 2003

Bibliografische Information der Deutschen Bibliothek
Die Deutsche Bibliothek verzeichnet diese Publikation in der Deutschen Nationalbibliografie; detaillierte bibliografische Daten sind im Internet über <http://dnb.ddb.de> abrufbar.

Ursprünglich erschienen bei Birkhäuser Verlag Basel 2004
Softcover reprint of the hardcover 2nd edition 2004

Gedruck auf säurefreiem Papier, hergestellt aus chlorfrei gebleichtem Zellstoff. TCF ∞

ISBN 978-3-7643-7144-9 ISBN 978-3-0348-8962-9 (eBook)
DOI 10.1007/ 978-3-0348-8962-9

9 8 7 6 5 4 3 2 1

Inhaltsverzeichnis

Vorwort

Die mathematischen Formeln ...
Sie spielen nur mit sich selbst, drücken nichts als ihre wunderbare Natur aus, und eben darum sind sie so ausdrucksvoll – eben darum spiegelt sich in ihnen das seltsame Verhältnisspiel der Dinge.

Die Grundbegriffe der Linearen Algebra, wie man sie zur Vorbereitung einer Vorlesung über Algebra braucht, lassen sich auf einem Dutzend Seiten vollständig darstellen. Solche Kürze wird vielleicht gerade Algebraikern vom Fach besonders einleuchten. Aber auf der anderen Seite stehen Bedürfnisse und Interessen aus der Analysis, Geometrie und Physik, die weit über das hinausgehen, was man in einem zweisemestrigen Kurs bewältigen kann. Die Theorie der Liealgebren, das Studium der orthogonalen Gruppen, die Grundlagen der speziellen Relativitätstheorie, die Übertragung der Analysis auf Mannigfaltigkeiten und die Grundlagen der Projektiven Geometrie, — all das ist eigentlich nur Lineare Algebra.

Nun ist das Buch, das ich hier vorlege, auch nicht enzyklopädisch, aber ich möchte doch Wege zeigen, die aus dem einfachen Rechenschematismus, mit dem die Lineare Algebra beginnt, in reiche, vielfältige, sinnvolle und anschauliche Gebiete führen. Meine Darstellung beginnt mit sehr geringer Abstraktion. Das nullte Kapitel verlangt nur, was man auf der Schule machen kann, aber es stellt schon die Studenten der Physik (und die Kollegen) für einige Zeit zufrieden. Auch danach geht es mit der Abstraktion behutsam voran, und ich scheue mich nicht, vieles mehrfach zu behandeln, rechnerisch, algebraisch und geometrisch. Ich glaube nicht, dass man auf diese Weise Zeit verliert. Am Ende aber soll doch dem Studenten die kategorielle Darstellung der Mathematik natürlich und vertraut sein.

An Vorkenntnissen und Können beim Leser verlange ich zunächst nicht mehr, als was man aus der Schule mitbringen sollte. Nach und nach, besonders in Anwendungen und Beispielen, sollte man auch die normalen Grundkenntnisse aus den Anfängervorlesungen der Analysis bereit haben, und in den geometrischen Kapiteln VI, VIII wird man wohl das Bedürfnis empfinden, etwas mehr über Topologie und Mannigfaltigkeiten zu erfahren. Hier verweise ich Interessierte auf das Buch von Bröcker und Jänich im Literaturverzeichnis.

Die Reihenfolge ist so angelegt, dass man am Ende von Kapitel V alles beisammen hat, was man normalerweise von einem Kurs über Lineare Algebra verlangt. In meinen jüngeren Jahren war ich so weit nach einem Semester. Später bin ich nur bis zum Kapitel IV gekommen, und das ist immer noch alles, was die Physiker von uns verlangen. Aber was danach kommt, enthält vieles, was Physiker nicht leicht und bequem finden und doch eigentlich bräuchten. Und neben Systematik, Anwendung und Anschauung gehört zur Mathematik, wie ich vorführen will, auch die Lust an schönen und sinnvollen Formeln.

Wo ich nun dreimal auf das Zusammenleben von Mathematikern und Physikern Bezug genommen habe, erübrigt es sich wohl auszuführen, dass dieses Buch überhaupt der Physik verehrungsvoll zugetan ist. Nach wie vor erfahren wir beide von einander die meiste und tiefste Anregung, auch wenn und wo wir uns nicht leicht einig werden.

Die Motti, die ich, ohne die Autoren zu verraten, mir zum Vergnügen und manchmal gleichsam als Rätsel, den Kapiteln vorangestellt habe, bitte ich mir wohlwollend durchgehen zu lassen, und die Aufgaben will ich besonders empfehlen.

Ich danke Frau Karin Zirngibl, die das Manuskript gesetzt hat, und Herrn Dr. Marco Hien für lange geduldige Hilfe. Mehrere Kollegen haben mich durch ihr Interesse an früheren Versionen des Manuskripts ermutigt, es zu vollenden. Ihnen bringe ich mich dankbar in Erinnerung. Schließlich und besonders danke ich Herrn Dr. Thomas Hempfling vom Birkhäuser Verlag für die Sorgfalt und Mühe, die er darauf verwandt hat, meiner Vorlage den letzten Schliff zu geben.

Regensburg im Frühjahr 2003, Theodor Bröcker

Kapitel 0

Schulweisheiten

Dreifach ist des Raumes Maß:
Rastlos fort ohn Unterlass
Strebt die Länge; fort ins Weite
Endlos gießet sich die Breite;
Grundlos senkt die Tiefe sich.

Worin an einiges erinnert wird, was Sie meist wohl schon aus der Schule kennen, damit der eigentliche, strenger begründete Text mit Kapitel I nicht ganz unmotiviert beginne.

§1 Vektoren im $\mathbb{R}^n$

Wir werden es im Folgenden mit verschiedenen Zahlbereichen zu tun haben, und ich appelliere ohne weitere Begründung an Schulerinnerungen, wenn ich sage:
Die **natürlichen Zahlen** sind die Zahlen

$$1, 2, 3, 4, \ldots,$$

und die Menge all dieser Zahlen wird mit

$$\begin{aligned} \mathbb{N} &= \text{Menge der natürlichen Zahlen} = \{1, 2, 3, \ldots\} \\ &= \{n \mid n \text{ ist eine natürliche Zahl}\} \end{aligned}$$

bezeichnet. Nimmt man noch die Zahl 0 hinzu, so erhält man die Menge

$$\mathbb{N}_0 = \{0, 1, 2, 3, \ldots\} = \mathbb{N} \cup \{0\}.$$

Die Menge der **ganzen Zahlen** $\mathbb{Z}$ besteht aus diesen und ihren Negativen

$$\mathbb{Z} := \mathbb{N}_0 \cup -\mathbb{N} = \{\ldots, -3, -2, -1, 0, 1, 2, 3, \ldots\}.$$

Die Menge der **rationalen Zahlen** $\mathbb{Q}$ ist die Menge der Brüche mit ganzem Zähler und Nenner:

$$\mathbb{Q} := \{\tfrac{m}{n} \mid m, n \in \mathbb{Z}, n \neq 0\}.$$

Du sollst nicht durch Null dividieren!

Hiermit kommt man aber nicht weit, wie etwa die Analysis-Vorlesung lehrt, sondern man betrachtet weiter die Menge $\mathbb{R}$ der **reellen Zahlen**, welche eine Dezimaldarstellung

$$\pm\, a_0, a_1 a_2 a_3 \ \ldots$$

zulassen, mit $a_0 \in \mathbb{N}_0$ und $a_\nu \in \{0, 1, \ldots, 9\}$ für $\nu > 0$, wie zum Beispiel:

$$3,1415926\ldots.$$

Das sind natürlich alles ganz unbefriedigende Erklärungen, wobei wir auf die Dauer auch keineswegs stehen bleiben werden, nur vorläufig.

Wir wissen, dass man die reellen Zahlen benutzen kann, um die Punkte auf einer Geraden zu beschreiben:

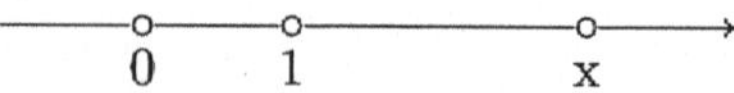

Sagt man, wo 0 und 1 liegt, so entspricht jedem Punkt auf der Geraden eine reelle Zahl und jeder reellen Zahl ein Punkt.

Ganz ähnlich kann man die Punkte der Ebene durch **Paare** reeller Zahlen (x, y), mit $x, y \in \mathbb{R}$, bezeichnen:

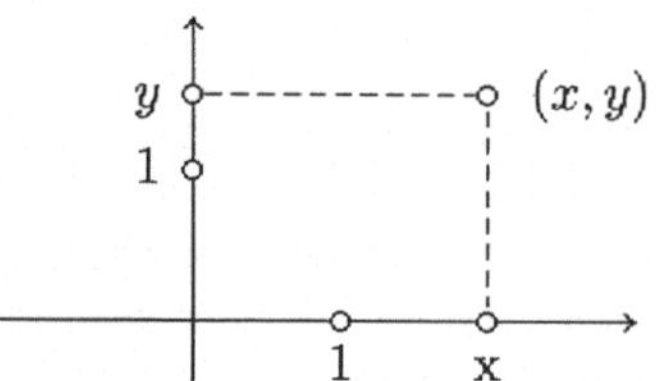

Und wenn wir uns vor die Aufgabe gestellt sehen, "genau" zu sagen, was denn "die Ebene" sein soll, so können wir zuversichtlich sagen: Man gebe uns nur $\mathbb{R}$, dann wissen wir weiter.

Nach demselben Verfahren lassen sich Tripel (x, y, z) mit $x, y, z \in \mathbb{R}$ verwenden, um die Punkte im "dreidimensionalen Raum" zu bezeichnen:

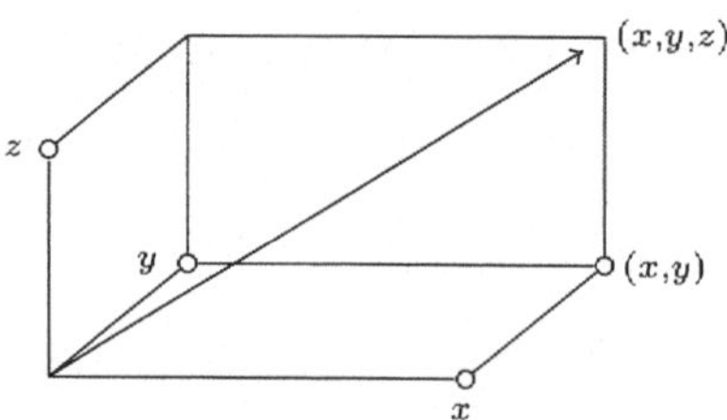

Wir zeichnen (x, y, z) auch als Pfeil vom **Ursprung** $(0, 0, 0)$ nach, d.h. mit Spitze in (x, y, z).

Obwohl unsere geometrische Anschauung nicht weiter reicht als bis zum dreidimensionalen Raum — dreifach ist des Raumes Maß —, so gibt es doch kein Hindernis, nun ein Quadrupel reeller Zahlen

$$(x_1, x_2, x_3, x_4)$$

als Punkt im vierdimensionalen Raum anzusehen, und so immer weiter, und allgemein:

(1.1) Definition. Ein **Punkt** oder **Vektor in** $\mathbb{R}^n$ ist ein n-Tupel reeller Zahlen

$$(x_1, \ldots, x_n),$$

und $\mathbb{R}^n$ ist die Menge aller dieser n-Tupel.

Wir bezeichnen einen Punkt in $\mathbb{R}^n$, also ein solches n-Tupel, mit einem Buchstaben

$$x = (x_1, \ldots, x_n),$$

und die reelle Zahl $x_\nu, \nu = 1, \ldots, n$, heißt die ν-te **Komponente** oder **Koordinate** von x. Zwei n-Tupel (Punkte, Vektoren) sind nach Definition genau dann gleich, wenn ihre entsprechenden Koordinaten übereinstimmen.

Beispiel. $(1, 2) \neq (2, 1)$.

Der Raum $\mathbb{R}^n$ lässt vielerlei Interpretationen zu, zum Beispiel:

- $\mathbb{R}^3$: Eine ganz gute Beschreibung des Raumes, in dem wir leben.
- $\mathbb{R}^4$: Raum–Zeit.
- $\mathbb{R}^{37}$: Ein Punkt beschreibt die Gehälter von 37 ausgewählten Leuten.

Der eigentliche Ursprung dieser Begriffe liegt aber in der Physik, man denkt bei einem Vektor an eine Kraft, die in Richtung des Punktes (von $0 = (0, \ldots, 0) \in \mathbb{R}^n$ aus gesehen) wirkt, und zwar mit einer Stärke, die der Länge des Vektors entspricht.

(1.2) Addition und Multiplikation mit Skalaren. Wir betrachten einen festen Raum $\mathbb{R}^n$, also ein fest gewähltes $n \in \mathbb{N}_0$. Sei $\mathbb{R}^0 = \{0\}$. Sind $x = (x_1, \ldots, x_n)$ und $y = (y_1, \ldots, y_n)$ aus $\mathbb{R}^n$, so sei

$$x + y := (x_1 + y_1, \ldots, x_n + y_n).$$

Ist $c \in \mathbb{R}$, so sei

$$c \cdot x := (cx_1, \ldots, cx_n).$$

Folgende Figuren zeigen die
Geometrische Deutung:

0 x

$cx, c < 0$ $cx, 0 < c < 1$ $cx, c > 1$

Die Menge $\{cx \mid c \in \mathbb{R}\}$ ist die Gerade durch 0 und x, falls $x \neq 0$. Die Summe wird durch das "Parallelogramm der Kräfte" gedeutet:

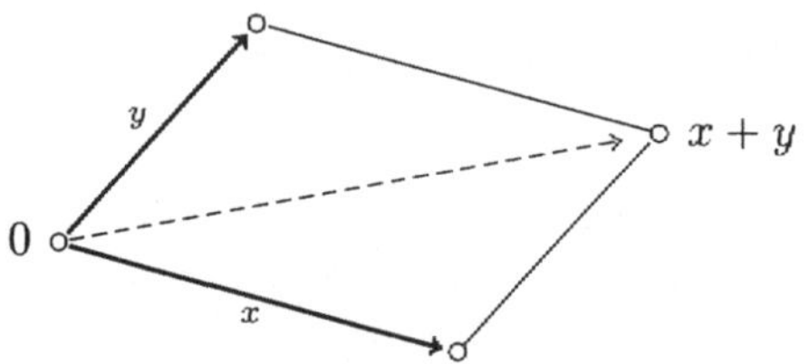

Die Menge $\{ax+by \mid a, b \in \mathbb{R}\}$ ist die Ebene durch $0, x, y$, falls keiner der Vektoren x, y Vielfacher des anderen ist.

(1.3) Eigenschaften (Vektorraumaxiome). *Für alle* $a, b, c \in \mathbb{R}$ *und* $x, y, z \in \mathbb{R}^n$ *gilt:*

(i) **assoziatives Gesetz:** $(x+y)+z = x+(y+z)$.
(ii) **kommutatives Gesetz:** $x+y = y+x$.
(iii) **distributives Gesetz:** $c \cdot (x+y) = c \cdot x + c \cdot y$.
(Beachte: Punktrechnung geht vor Strichrechnung).
(iv) **assoziatives Gesetz:** $(a \cdot b) \cdot x = a \cdot (b \cdot x)$.
(v) **distributives Gesetz:** $(a+b) \cdot x = a \cdot x + b \cdot x$.
(vi) **Einselement:** $1 \cdot x = x$.
(vii) **Nullelement:** $0 \cdot x = 0$.
(viii) **Nullelement:** $0 + x = x + 0 = x$.

Bemerke: Der Vektor $0 = (0, \ldots, 0) \in \mathbb{R}^n$ muss von dem Skalar $0 \in \mathbb{R}$ unterschieden werden, aber meist unterscheiden wir in der Bezeichnung da nicht. Eigentlich muss man in den Formeln überall richtige Quantoren setzen, also: (i) lautet genauer:
Für alle $x, y, z \in \mathbb{R}^n$ gilt $(x+y)+z = x+(y+z)$. ...
Man kann jetzt mit großer Kraft folgern: Sei z.B. $-x := (-1) \cdot x$, dann ist

$$x + (-x) = 0,$$

denn $x + (-x) := x + (-1) \cdot x \overset{\text{(vi)}}{=} 1 \cdot x + (-1) \cdot x \overset{\text{(v)}}{=} \big(1 + (-1)\big) \cdot x = 0 \cdot x \overset{\text{(vii)}}{=} 0$, über das Rechnen in $\mathbb{R}$ muss man da allerdings noch was glauben.

Die Regel, dass Punktrechnung vor Strichrechnung geht, ist nur eine allgemein akzeptierte Vereinbarung, um die Bezeichnungen einfach zu halten und viele Klammern zu sparen. Also:

$$a + b \cdot c \quad \text{oder} \quad a + bc$$

ist zu lesen als

$$a + (b \cdot c).$$

Ihr Rechner beachtet das vielleicht nicht. Wenn Sie blindlings an der Formel entlang hineintippen, rechnet er

$$(a + b) \cdot c.$$

§2 Das Skalarprodukt

Seien $x = (x_1, \ldots, x_n)$ und $y = (y_1, \ldots, y_n)$ Vektoren des $\mathbb{R}^n$.

(2.1) Definition. Das **Skalarprodukt** $x \cdot y = \langle x, y\rangle \in \mathbb{R}$ ist durch

$$\langle x, y\rangle \ := \ x_1 y_1 + \cdots + x_n y_n \ = \ \sum_{\nu=1}^{n} x_\nu y_\nu$$

gegeben.

Das Skalarprodukt von zwei Vektoren ist also ein Skalar, d.h. eine reelle Zahl. Was es geometrisch bedeutet und was man sich dabei vorstellen soll, werden wir nach und nach erkunden. Vorerst halten wir uns an die definierende Formel.

(2.2) Eigenschaften des Skalarprodukts. *Für alle $x, y, z \in \mathbb{R}^n$ gilt:*

(i) $\langle x, y\rangle = \langle y, x\rangle$, **Symmetrie.**

(ii) $\langle x, y + z\rangle = \langle x, y\rangle + \langle x, z\rangle$, **Distributivität.**

(iii) *Für alle $a \in \mathbb{R}$ ist*
$\langle ax, y\rangle = \langle x, ay\rangle = a\langle x, y\rangle$.

(iv) *Ist $x \neq 0$, so ist $\langle x, x\rangle > 0$.*

Ist $x = 0$, so gilt $\langle x, x\rangle = \langle 0 \cdot x, x\rangle = 0 \cdot \langle x, x\rangle = 0$.
Ist $x \neq 0$, so gilt $\langle x, x\rangle = \sum_\nu x_\nu^2$, und wir benutzen über $\mathbb{R}$ die wichtige

Bemerkung. *Für alle $x \in \mathbb{R}$ gilt $x^2 \geq 0$ und $x^2 > 0 \Longleftrightarrow x \neq 0$.*

Dies ist durchaus beweisbedürftig, und ich verweise auf die Analysis-Vorlesung oder einschlägige Analysis-Lehrbücher.

(2.3) Definition. Die **Norm** $|x|$ von $x \in \mathbb{R}^n$ ist

$$|x| \ = \ \sqrt{\langle x, x\rangle}.$$

Man sagt statt Norm auch **Länge** oder **Betrag**. Es gilt also:

$$|x| \ = \ \sqrt{x_1^2 + \cdots + x_n^2}.$$

Die Wurzel ist positiv zu nehmen. Die geometrische Motivation für die Formel entnimmt man folgenden Figuren und dem Satz des Pythagoras:

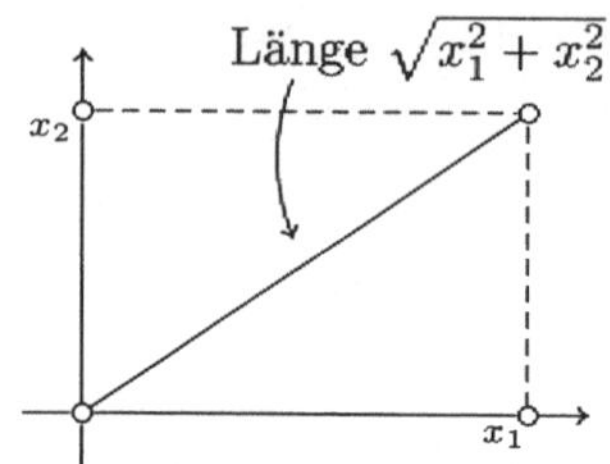

Ebenso ergibt sich der Induktionsschritt $|x|^2 = |(x_1, \ldots, x_{n-1})|^2 + x_n^2$:

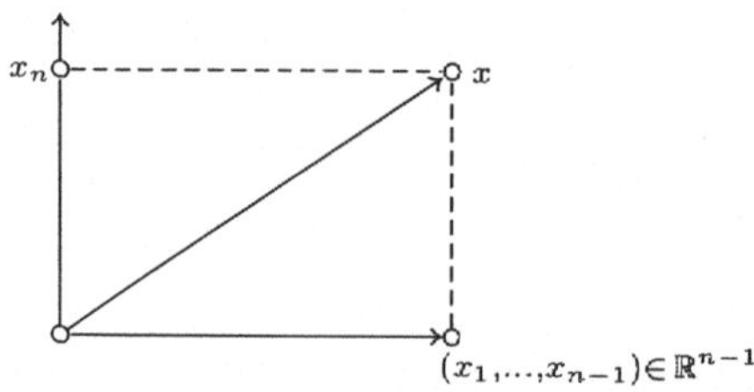

(2.4) *Für alle $a \in \mathbb{R}$ und $x \in \mathbb{R}^n$ gilt*

$$|ax| \;=\; |a| \cdot |x|.$$

Beweis. Es ist $|ax|^2 = \langle ax, ax \rangle = a\langle x, ax \rangle = a^2 \cdot \langle x, x \rangle = a^2 \cdot |x|^2$. Jetzt benutze ich ein weiteres Resultat aus der Analysis: Aus einer positiven reellen Zahl kann man eindeutig die positive Wurzel ziehen. □

Ein Vektor $x \in \mathbb{R}^n$ heißt **Einheitsvektor**, wenn $|x| = 1$ gilt. Ist $x \in \mathbb{R}^n$ und $x \neq 0$, so ist $\big(1/|x|\big) \cdot x$ ein Einheitsvektor, und nur dieser und sein Negativer sind Einheitsvektoren, die Vielfache von x sind.

Beweis. Sei $y \neq 0$, dann gilt für $a \in \mathbb{R}$:

$$|ay| \;=\; |y| \iff |a| \;=\; 1 \iff a \;=\; \pm 1.$$ □

Sind $x, y \in \mathbb{R}^n$ und $x, y \neq 0$, so sagen wir: x hat **gleiche Richtung** wie y, wenn $x = a \cdot y$ für ein $a > 0$ aus $\mathbb{R}$ gilt; x und y haben **entgegengesetzte Richtung**, wenn entsprechend $a < 0$ gilt. Zur Übung im Beweisen machen wir die

Bemerkung. *Genau dann haben x und y gleiche Richtung, wenn gilt:* $\big(1/|x|\big) \cdot x = \big(1/|y|\big) \cdot y$.

Beweis. Er hat zwei Richtungen, wie die Behauptung, nämlich
$\Longrightarrow$: $x = ay$ und $a > 0 \Longrightarrow 1/|x| = 1/|ay| = 1/\big(a \cdot |y|\big)$, also
$\big(1/|x|\big) \cdot x = 1/\big(a|y|\big) \cdot ay = \big(1/|y|\big) \cdot y$.
$\Longleftarrow$: $x = \frac{|x|}{|y|} \cdot y$ und $|x|/|y| > 0$. □

In dieser Weise können wir sagen wie die Physiker: Ein Vektor ist gegeben durch seine Richtung (einen Einheitsvektor) und seine Länge. Die Menge aller Einheitsvektoren bildet die **Einheitssphäre**

$$S^{n-1} = \{x \in \mathbb{R}^n \mid |x| = 1\}.$$

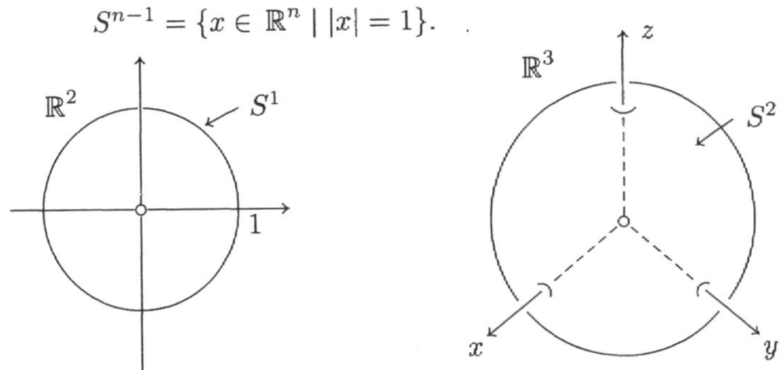

(2.5) Definition. Der **Abstand** zwischen den Punkten $x, y \in \mathbb{R}^n$ ist $|x-y| = |y-x|$.

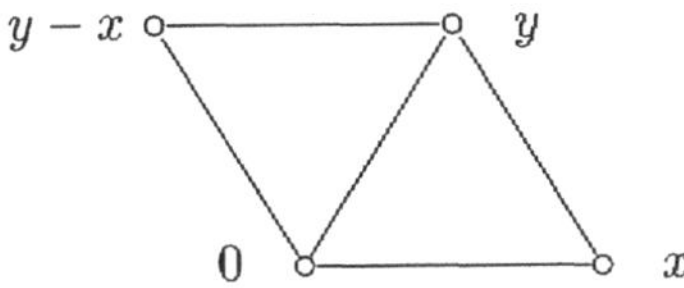

Die Vektoren $x, y \in \mathbb{R}^n$ heißen **orthogonal,** wenn $\langle x, y\rangle = 0$ gilt. Letzteres wird so motiviert: Dass x zu y orthogonal ist, sollte bedeuten:

$$|x-y| \;=\; |x+y| \iff |x-y|^2 \;=\; |x+y|^2.$$

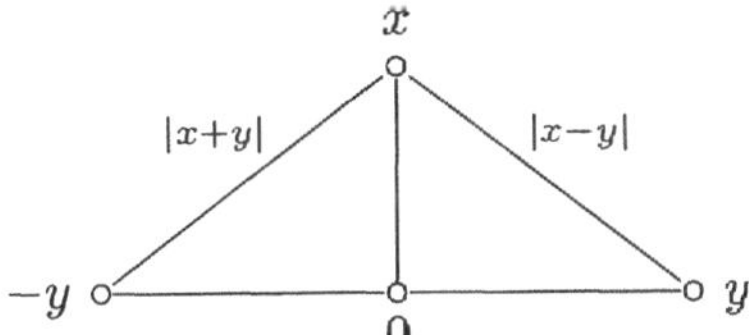

Aber $|x-y|^2 = |x|^2 + |y|^2 - 2\langle x, y\rangle,$
$|x+y|^2 = |x|^2 + |y|^2 + 2\langle x, y\rangle.$
Dass beides gleich ist, ist äquivalent zu $\langle x, y\rangle = 0$.

Beispiel. Sei $\nu \in \{1, \ldots, n\}$ und e_ν der ν-te **Standard-Basisvektor**

$$e_\nu \;=\; (0, \ldots, 0, 1, 0, \ldots, 0)$$

mit 1 an der ν-ten Stelle und 0 sonst. Dann gilt:

$$\langle e_\nu, e_\mu\rangle \;=\; \delta_{\nu\mu} \;:=\; \begin{cases} 0 \text{ für } \nu \neq \mu, \\ 1 \text{ für } \nu = \mu \end{cases} \qquad (\nu, \mu \in \{1, \ldots, n\}).$$

Das Symbol $\delta_{\nu\mu}$ mit dieser Erklärung heißt **Kronecker-Symbol.**
Die Standard-Basisvektoren bilden ein **vollständiges Orthonormalsystem**. Mit diesen Worten ist folgendes gemeint:

orthonormal: Es gilt $\langle e_\nu, e_\mu\rangle = \delta_{\nu\mu}$, $\nu, \mu \in \{1, \ldots, n\}$.
vollständig: Jeder Vektor $x \in \mathbb{R}^n$ schreibt sich eindeutig in der Form

$$x = \sum_{\mu=1}^{n} x_\mu \cdot e_\mu,$$

wobei übrigens $x_\nu = \langle x, e_\nu\rangle$ gilt, denn es ist ja

$$\langle x, e_\nu\rangle = \langle \sum_\mu x_\mu e_\mu, e_\nu\rangle = \sum_\mu x_\mu \langle e_\mu, e_\nu\rangle = x_\nu.$$

(2.6) Satz von Pythagoras. *Sind $x, y \in \mathbb{R}^n$ orthogonal, so gilt*

$$|x+y|^2 = |x|^2 + |y|^2.$$

Beweis. Allgemein ist $|x+y|^2 = |x|^2 + |y|^2 + 2\langle x, y\rangle$. □

Gegeben seien zwei Vektoren $x, y \in \mathbb{R}^n, x \neq 0$. Wir suchen eine Zerlegung

$$y = c \cdot x + z \quad \text{mit } z \in \mathbb{R}^n,\ \langle x, z\rangle = 0 \text{ und } c \in \mathbb{R}.$$

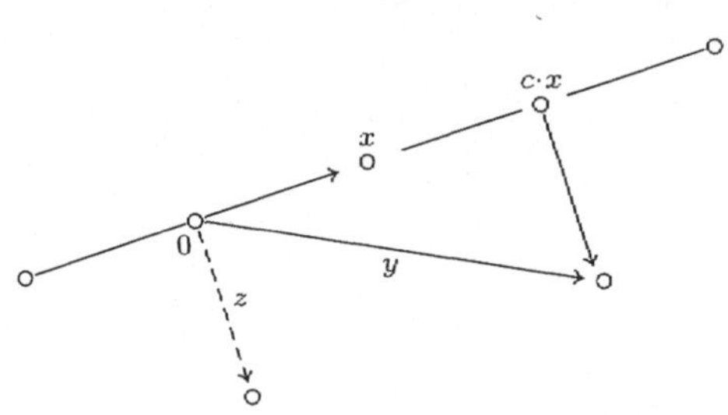

(2.7) Bemerkung. *Eine solche Zerlegung ist auf genau eine Weise möglich, und es gilt $c = \langle x, y\rangle/|x|^2$. Der Vektor $c \cdot x$ heißt die* **(Orthogonal)-Projektion** *von y auf x.*

Beweis. Eindeutigkeit: $z = y - cx$ und $\langle x, z\rangle = 0 \Longrightarrow 0 = \langle x, y - cx\rangle = \langle x, y\rangle - c|x|^2$, also ist c wie behauptet. Dass mit diesem c eine Zerlegung wie gefordert entsteht, rechnet man leicht zurück. □

Wenden wir nun auf die Gleichung $y = cx + z$ den Satz von Pythagoras an, so entsteht die wichtige

(2.8) Ungleichung von Schwarz. *Für $x, y \in \mathbb{R}^n$ gilt* $|\langle x, y\rangle| \le |x| \cdot |y|$.

Beweis. Die Ungleichung ist trivial für $x = 0$ oder $y = 0$. Wenn beides nicht gilt, so erhalten wir aus (2.7) nach Pythagoras

$$|y|^2 \ = \ |cx|^2 + |z|^2 \ \geq \ c^2 \cdot |x|^2 \ = \ \frac{\langle x, y\rangle^2}{|x|^4} \cdot |x|^2;$$

man kürzt, zieht die Wurzel, und hat die Behauptung gezeigt. □

Als Folgerung ergibt sich die ebenso wichtige

(2.9) Dreiecksungleichung. *Für* $x, y \in \mathbb{R}^n$ *gilt* $|x + y| \ \leq \ |x| + |y|$.

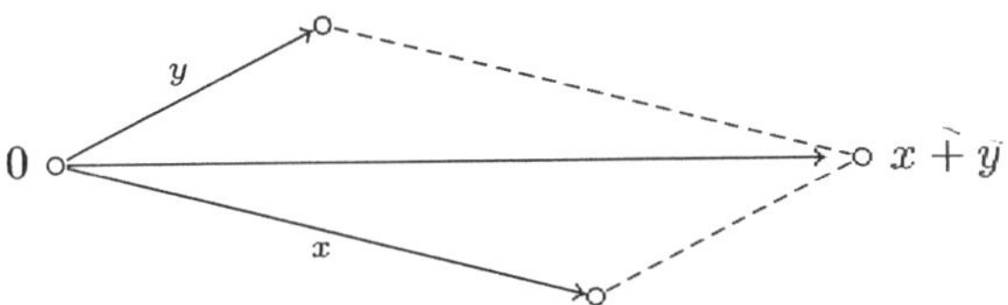

Beweis. $|x+y|^2 = |x|^2+|y|^2+2\langle x,y\rangle \leq |x|^2+|y|^2+2|\langle x,y\rangle| \leq |x|^2+|y|^2+2|x|\cdot|y| = (|x| + |y|)^2$. □

Wir betrachten noch einmal die Figur zu (2.7). Schulweisheit sagt:

$$c|x|/|y| \ = \ \cos(x, y),$$

wobei die rechte Seite den Kosinus des von x, y eingeschlossenen Winkels bezeichne. Einsetzen von c aus (2.7) ergibt, was wir jetzt aussprechen als

(2.10) Definition. Seien $x, y \in \mathbb{R}^n$, $x, y \neq 0$; dann ist

$$\cos(x, y) \ := \ \frac{\langle x, y\rangle}{|x| \cdot |y|}.$$

Die Schwarzsche Ungleichung lehrt:

$$-1 \ \leq \ \cos(x, y) \ \leq \ 1, \quad x, y \in \mathbb{R}^n,$$

und (2.10) liefert die neue Beschreibung des Skalarprodukts

$$\langle x, y\rangle \ = \ |x| \cdot |y| \cdot \cos(x, y).$$

Wir wollen uns aber weiterhin an die algebraische Formel (2.1) zur Definition des Skalarproduktes halten. Sie ist ja sehr einfach und benutzt nur die Addition und Multiplikation reeller Zahlen.

§3 Komplexe Zahlen

Es gibt keine reelle Zahl x mit $x^2+1=0$, denn es gilt $x^2 \geq 0$, also $x^2+1>0$ für $x \in \mathbb{R}$. Aber wir wollen eine Erweiterung des Zahlbereichs $\mathbb{R}$ konstruieren, also die Menge $\mathbb{R}$ der reellen Zahlen in eine größere Menge $\mathbb{C}$, die Menge der komplexen Zahlen, so einbetten, dass diese Gleichung mit der neuen Art Zahlen lösbar ist. Wie in gewissen neueren Romanen stelle ich die Konstruktion in zwei Aspekten der Handlung dar: erst die Motivation, dann die formale Konstruktion.

Motivation:

Wir erfinden eine neue Zahl i mit der Multiplikationsregel

$$i^2 = -1.$$

Die komplexen Zahlen sind dann alle Zahlen

$$a+bi \quad \text{mit} \quad a,b \in \mathbb{R}.$$

Addition:

$$(a_1+b_1i)+(a_2+b_2i) := (a_1+a_2)+(b_1+b_2)i.$$

Multiplikation:

$$(a_1+b_1i)(a_2+b_2i) := (a_1a_2-b_1b_2)+(a_1b_2+b_1a_2)i.$$

Man kann eine reelle Zahl a als spezielle komplexe Zahl

$$a+0i$$

auffassen; in diesem Sinn ist $\mathbb{R}$ eine Teilmenge von $\mathbb{C}$.

Konstruktion:

(3.1) Definition. Die Menge $\mathbb{C}$ der **komplexen Zahlen** ist gleich $\mathbb{R}^2$. Die komplexen Zahlen sind also Paare

$$(a,b) \quad \text{mit} \quad a,b \in \mathbb{R}.$$

Addition: ist durch die Addition der Vektoren in $\mathbb{R}^2$ gegeben.
Multiplikation: *für* $(a_1,b_1),(a_2,b_2) \in \mathbb{C}$ *sei*

$$(a_1,b_1)\cdot(a_2,b_2) := (a_1a_2-b_1b_2, a_1b_2+b_1a_2).$$

Man hat eine injektive Abbildung

$$\varphi : \mathbb{R} \to \mathbb{C}, \quad a \mapsto (a,0),$$

mit dem Bild $\{(a,0) \mid a \in \mathbb{R}\}$, und

$$\begin{aligned} \varphi(a_1+a_2) &= \varphi(a_1)+\varphi(a_2), \\ \varphi(a_1\cdot a_2) &= \varphi(a_1)\cdot\varphi(a_2). \end{aligned}$$

Wir fassen die reelle Zahl $a \in \mathbb{R}$ als dieselbe Zahl auf wie $(a, 0) \in \mathbb{C}$, d.h. wir identifizieren $\varphi(a)$ mit a, also auch $\varphi(\mathbb{R})$ mit $\mathbb{R}$. In diesem Sinn ist $\mathbb{R} \subset \mathbb{C}$, und die Addition und Multiplikation reeller Zahlen ändert sich nicht, wenn wir die Zahlen als komplexe Zahlen auffassen.
Der neuen Zahl $i = 0 + 1i$ in der Motivation entspricht hier das Element in der Definition

$$i := (0, 1) \in \mathbb{C}.$$

Jede komplexe Zahl $z = (a, b)$ schreibt sich eindeutig in der Form

$$z = (a, b) = (a, 0) + (0, b) = (a, 0) + (b, 0)i = a + bi = (a, 0) + i(b, 0) =: a + ib,$$

mit $a, b \in \mathbb{R}$; dabei heissen $a =: \mathrm{Re}(z)$ der **Realteil** von z und $b =: \mathrm{Im}(z)$ der **Imaginärteil** von z. Beachte, dass der Imaginärteil eine reelle Zahl ist.

(3.2) Eigenschaften der Rechenoperationen in $\mathbb{C}$.
Für alle $u, v, w \in \mathbb{C}$ gilt:

$(u + v) + w = u + (v + w)$, **assoziatives Gesetz** $(+)$.
$u + v = v + u$, **kommutatives Gesetz** $(+)$.
$u + 0 = u$ *und* $u + (-u) = 0$, **Neutrales und Inverses** $(+)$.

$(u \cdot v) \cdot w = u \cdot (v \cdot w)$, **assoziatives Gesetz** $(\cdot)$.
$u \cdot v = v \cdot u$, **kommutatives Gesetz** $(\cdot)$.
$u \cdot 1 = u$, *und wenn* $u \neq 0$, *so existiert ein Inverses* $v = u^{-1}$, *so dass* $u \cdot v = 1$ *gilt. Dabei gilt für das* **Neutrale der Multiplikation**

$$1 \neq 0.$$

$u \cdot (v + w) = u \cdot v + u \cdot w$, **distributives Gesetz.**

Beweis. Durch ganz einfache Rechnungen, mit Ausnahme der Berechnung des multiplikativ Inversen, worauf wir gleich kommen. □

Man veranschaulicht die komplexen Zahlen, wie es der formalen Definition entspricht, in der **Gaußschen Ebene**.
$\mathbb{R}$ heißt die **reelle** und $\mathbb{R}i$ die **imaginäre Achse**.

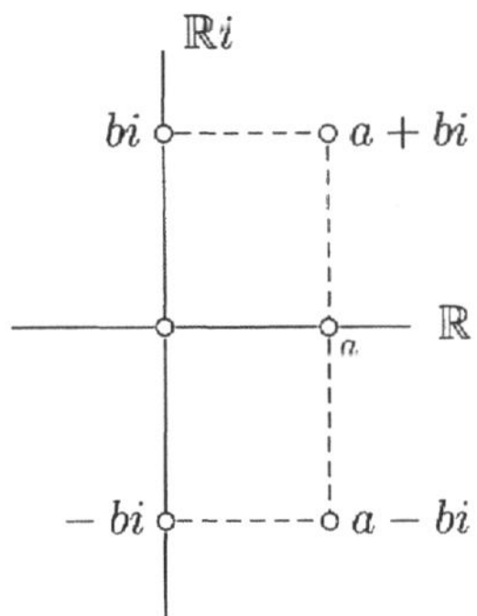

(3.3) Konjugation.
Dies ist die bijektive Abbildung:

$$\kappa : \mathbb{C} \to \mathbb{C}, \quad a + bi \mapsto a - bi.$$

Man schreibt $\kappa(z) = \overline{z}$, und liest den Querstrich als "quer", oder "konjugiert". Es gilt für alle $u, v \in \mathbb{C}$:

$$\overline{(u \cdot v)} = \overline{u} \cdot \overline{v}, \quad \overline{(u + v)} = \overline{u} + \overline{v}.$$

Beweis. Nachrechnen. □

Der eigentliche Grund ist folgender: Man hat nur i durch $-i$ ersetzt. Aber die Multiplikationsregel für i gilt auch für $-i$, nämlich $(-i) \cdot (-i) = i \cdot i = -1$. Mehr als diese Regel hat man zur Konstruktion von $\mathbb{C}$ nicht benutzt, alle Rechnungen bleiben also beim Übergang κ ungestört. Nun bemerke:

(3.4) *Für alle $u \in \mathbb{C}$ gilt $u \cdot \overline{u} = |u|^2$, Norm in $\mathbb{R}^2$,*

denn ist $u = a + bi$, so folgt $(a + bi) \cdot (a - bi) = a^2 + b^2$. Ist also $u \neq 0$, so ist auch $u \cdot \overline{u} = |u|^2 \neq 0$ und

$$u \cdot (\overline{u} / \mid u \mid^2) = 1.$$

Daher ist $\overline{u}/|u|^2$ das gesuchte Inverse von u. □

Was also ist $(3 + 4i)^{-1}$? Das sollten Sie jetzt wissen.

(3.5) *Für alle $u, v \in \mathbb{C}$ gilt $|u \cdot v| = |u| \cdot |v|$.*

Beweis. $|u \cdot v|^2 = (uv) \cdot (\overline{uv}) = uv\overline{u}\overline{v} = u\overline{u}v\overline{v} = |u|^2|v|^2$. □

Wir wissen, wie man sich die Addition komplexer Zahlen geometrisch zu veranschaulichen hat. Was bedeutet die Multiplikation geometrisch? Sei zunächst $\zeta \in S^1 \subset \mathbb{C}$ eine komplexe Zahl vom Betrag 1. Betrachte die Abbildung

$$\zeta \cdot : \mathbb{C} \to \mathbb{C}, \quad z \mapsto \zeta \cdot z.$$

Wir stellen fest:

$$|\zeta u - \zeta v| = |\zeta \cdot (u - v)| = |\zeta| \cdot |u - v| = |u - v|, \quad u, v \in \mathbb{C}.$$

Das heißt, Abstände bleiben erhalten, die Abbildung ist eine Bewegung der Ebene, und jedenfalls

$$\zeta \cdot 0 = 0,$$

die 0 bleibt fest.
Nun, die Multiplikation mit $i \in S^1$ hat die Wirkung

$$0 \mapsto 0, \quad 1 \mapsto i, \quad i \mapsto -1,$$

und weil sie eine Bewegung von $\mathbb{C}$ beschreibt, muss es die Drehung um einen rechten Winkel in positiver Richtung sein. Allgemein hat demnach die Bewegung $\zeta\cdot : \mathbb{C} \to \mathbb{C}$ die Wirkung

$$0 \mapsto 0, \quad 1 \mapsto \zeta, \quad i \mapsto \zeta \cdot i,$$

wobei Letzteres aus ζ durch Drehung links herum um einen rechten Winkel hervorgeht, wie eben gesagt.

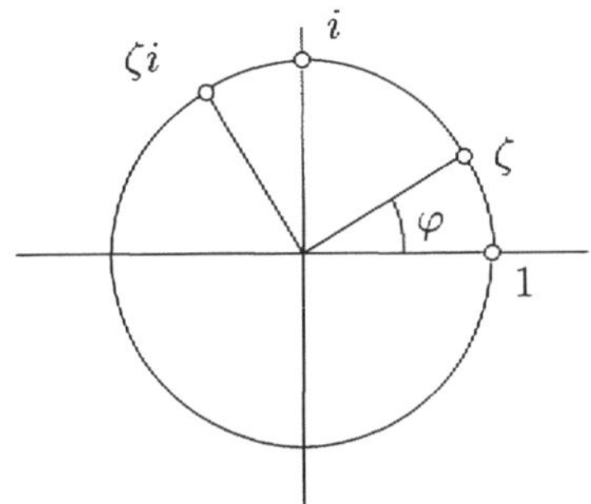

Daher bewirkt die Multiplikation mit ζ eine **Drehung** von $\mathbb{C}$ um 0 um den Winkel φ zwischen der positiven reellen Achse und der Geraden durch 0 und ζ.
Allgemein schreiben wir nun für ein beliebiges $w \in \mathbb{C}$:

$$w = r \cdot \zeta, \quad \text{mit } r = |w|, \quad |\zeta| = 1,$$

dann folgt: Die Multiplikation

$$w\cdot : \mathbb{C} \to \mathbb{C}, \quad z \mapsto w \cdot z,$$

setzt sich zusammen aus der Drehung $\zeta\cdot$, gefolgt von der Streckung $u \mapsto r \cdot u$ mit dem reellen Faktor r; Multiplikation mit w bewirkt eine Drehstreckung von $\mathbb{C}$.
Erinnern wir uns wieder an Sinus und Kosinus, so können wir für $\zeta \in S^1$ schreiben:

$$\zeta = \cos\varphi + i \sin\varphi \quad \text{mit } \varphi \in [0, 2\pi[,$$

und $\varphi =: \mathrm{Arg}(\zeta)$ heisst das **Argument** von ζ. Multiplikation mit ζ ist die Drehung um φ.

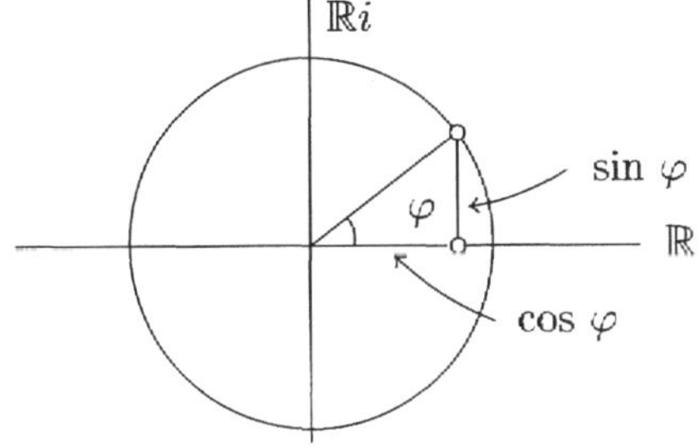

Ist entsprechend $\eta = \cos\psi + i\sin\psi$, so ist die Multiplikation mit η die Drehung um ψ. Also ist die Multiplikation mit $\eta\cdot\zeta$ die Drehung um $\varphi+\psi$, daher:

$$(\cos\psi + i\ \sin\psi)\cdot(\cos\varphi + i\ \sin\varphi) = \eta\cdot\zeta = \cos(\varphi+\psi) + i\ \sin(\varphi+\psi).$$

Ausmultiplizieren und Zerlegung nach Real- und Imaginärteil ergibt die Additionstheoreme für Sinus und Kosinus. Probieren Sie es nur aus, es ist sehr beeindruckend, wie einfach das herauskommt.
Jetzt definiert man:

(3.6) Eulersche Formel.

$$e^{i\varphi} \ := \ \cos\varphi + i\ \sin\varphi.$$

Dann bedeutet obige Formel

$$e^{i(\varphi+\psi)} \ = \ e^{i\varphi}\cdot e^{i\psi}.$$

Dies sind sehr geschickte Formeln in allen Rechnungen mit Winkelfunktionen, besonders Physikern zu empfehlen. Mit der Exponentialfunktion, also mit $e^{i\varphi}$, ist viel einfacher umzugehen, als mit den Additionstheoremen für Sinus und Kosinus. Letztlich wird diese Funktion erst durch die Analysis ausreichend erklärt, aber wir wollen uns schon jetzt daran gewöhnen.

§4 Das Vektorprodukt

Im $\mathbb{R}^3$, eine Spezialität unseres dreidimensionalen Raumes, die sich nicht auf höhere Dimensionen überträgt, gibt es ein **Vektorprodukt**: das Produkt zweier Vektoren ist wieder ein Vektor, das **Kreuzprodukt** der beiden Vektoren. Es ist in Koordinaten wie folgt erklärt:

(4.1) Definition des Vektorprodukts. Seien $x, y \in \mathbb{R}^3$.

$$x\times y \ := \ (x_2y_3 - x_3y_2, \quad x_3y_1 - x_1y_3, \quad x_1y_2 - x_2y_1).$$

Das kommt jetzt vorläufig als eine ganz willkürliche Formel daher. Merken Sie sich immerhin, wie die Indices zyklisch vorangehen: $23, 31, 12$. Dieses Produkt hat folgende

(4.2) Eigenschaften. *Für alle* $x, y, z \in \mathbb{R}^3$ *und* $a \in \mathbb{R}$ *gilt:*

(i) $x\times y = -y\times x$, *antikommutativ.*
(ii) $x\times(y+z) = (x\times y) + (x\times z)$,
$(x+y)\times z = (x\times z) + (y\times z)$, *distributiv.*
(iii) $ax\times y = x\times ay = a(x\times y)$.
(iv) **Jacobi-Identität:** $x\times(y\times z) + y\times(z\times x) + z\times(x\times y) = 0$.
(v) **Graßmann-Identität:** $(x\times y)\times z = \langle x,z\rangle y - \langle y,z\rangle x$.
(vi) $x\times y$ *ist orthogonal zu* x *und* y.

(vii) $|x \times y|^2 = |x|^2 \cdot |y|^2 - \langle x, y\rangle^2$,
und dies verschwindet nur, wenn gilt $x = 0$ *oder* $y = ax$ *für ein* $a \in \mathbb{R}$.

(viii) *Für die Standard-Basisvektoren:*
$e_1 \times e_2 = e_3, \quad e_2 \times e_3 = e_1, \quad e_3 \times e_1 = e_2,$
$e_\nu \times e_\mu = -e_\mu \times e_\nu$, *also* $e_\nu \times e_\nu = 0 \quad (\nu = 1, 2, 3)$.

Die formalen Eigenschaften (i)–(iv) *fasst man zusammen in der Aussage:* $\mathbb{R}^3$ *mit dem Kreuzprodukt ist eine reelle* **Liealgebra**.

Beweis. (i)–(iii), (viii) sind sehr leicht direkt aus der Formel (4.1) zu ersehen. Auch (v) ergibt sich aus der Formel durch längere geistlose Rechnung. Man kann aber auch so argumentieren:
Zunächst prüft man, dass die Formel für Standard-Basisvektoren richtig ist, und zwar mit (viii), und im Grunde gibt es da nicht viele Fälle, sie sind mehr oder weniger alle gleich. Dann sieht man aus (ii), (iii), dass die Formel sich auch auf Vielfache und Summen, also auf alle Vektoren überträgt. (iv) folgt aus (v), dreimal hingeschrieben, und (vi) durch ausrechnen:
$\langle x, x \times y\rangle = x_1x_2y_3 - x_1x_3y_2 + x_2x_3y_1 - x_2x_1y_3 + x_3x_1y_2 - x_3x_2y_1 = 0$,
$\langle y, x \times y\rangle = -\langle y, y \times x\rangle = 0$ wie eben.
Das genüge als Kostprobe, und auch (vii) dürfen Sie einfach ausrechnen. Nicht alles in der Mathematik ist so einfach. □

Aus (viii) ersieht man, dass das Vektorprodukt **nicht assoziativ** ist, denn

$$\begin{aligned}(e_1 \times e_1) \times e_2 &= 0 \times e_2 = 0,\\ e_1 \times (e_1 \times e_2) &= e_1 \times e_3 = -e_2.\end{aligned}$$

Setzen wir in (vii) ein $\langle x, y\rangle^2 = |x|^2 \cdot |y|^2 \cdot \cos^2(x, y)$, so ergibt sich

$$|x \times y|^2 = |x|^2|y|^2\big(1 - \cos^2(x, y)\big),$$

und definieren wir den Sinus durch den letzten Faktor, so steht da

$$|x \times y| = |x| \cdot |y| \cdot |\sin(x, y)|.$$

Also: $x \times y$ ist orthogonal zu x, y und die Länge ist der Flächeninhalt des Parallelogramms, das durch x, y beschrieben wird:

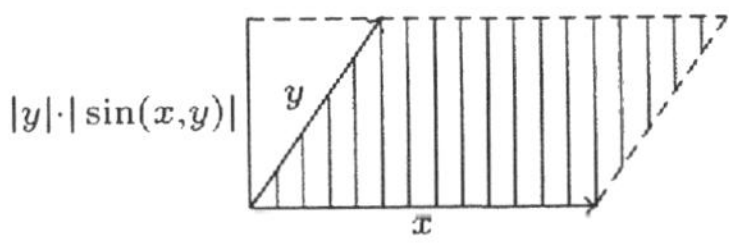

Dadurch ist $x \times y$ bis aufs Vorzeichen bestimmt.
Hieraus ergibt sich, dass

$$|\langle x \times y, z\rangle| = |x \times y| \cdot |z| \cdot |\cos(x \times y, z)|$$

das Volumen des Parallelotops (Spats) ist, das durch x, y, z beschrieben wird.

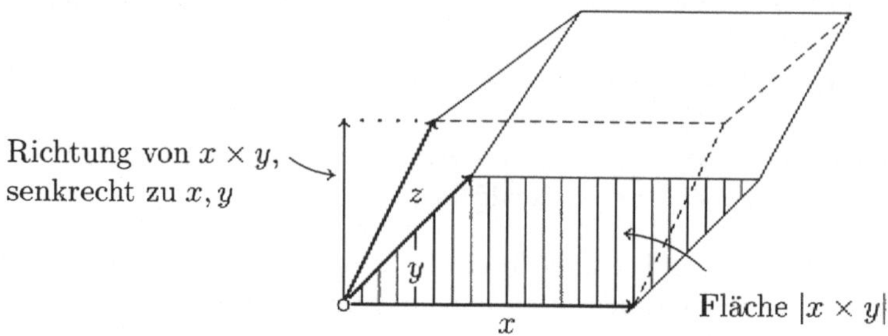

Die Größe

$$\langle x \times y, z\rangle \;=\; \det(x, y, z)$$

heißt **Spatprodukt** oder **Determinante** von x, y, z. Sie kann wie folgt berechnet werden: Man bildet die Matrix, d.h. das quadratische Schema der Koordinaten der drei Vektoren

$$\left|\begin{array}{ccc|cc} x_1 & x_2 & x_3 & x_1 & x_2 \\ y_1 & y_2 & y_3 & y_1 & y_2 \\ z_1 & z_2 & z_3 & z_1 & z_2 \end{array}\right|$$

und schreibt, wie ersichtlich, die beiden ersten Spalten nocheinmal dahinter. Dann bilde die Summe der drei Produkte entlang der Linien $\diagdown$ und ziehe die Summe der drei Produkte entlang der Linien $\therefore$ ab:

$$x_1 y_2 z_3 + \cdots - z_3 y_1 x_2.$$

(4.3) Eigenschaften des Spatprodukts.

(i) *Es ist linear in jeder Variablen, also für $x, y, z \in \mathbb{R}^3$, $a, a' \in \mathbb{R}$:*

$$\det(ax + a'x', y, z) \;=\; a\det(x, y, z) + a'\det(x', y, z).$$

(ii) *Wenn zwei der Vektoren übereinstimmen, verschwindet das Spatprodukt.*

(iii) *Wenn man zwei Vektoren vertauscht, kommt das Negative heraus.*

Beweis. (i) sieht man an der Formel, (ii) stimmt, falls $x = y$, aber auch, falls $x = z$, denn $x \times y$ ist senkrecht zu x, also zu z, entsprechend, falls $y = z$. (iii): z.B.
$0 = \det(x, y + z, y + z) = \det(x, y, y) + \det(x, y, z) + \det(x, z, y) + \det(x, z, z)$
$= \det(x, y, z) + \det(x, z, y)$, also... □

Man sieht nun wieder leicht, dass das Spatprodukt durch diese Eigenschaften festgelegt ist, wenn man noch die Normierung hinzufügt:

$$\det(e_1, e_2, e_3) \; = \; 1.$$

Übrigens ist $\det(x, y, x \times y) = |x \times y|^2 \geq 0$, und wenn man einmal (bis aufs Vorzeichen) die Determinante kennt, ist dadurch auch das Vorzeichen des Spatprodukts bestimmt: Hält man drei Finger (in fester Reihenfolge) in Richtung von e_1, e_2, e_3, und bewegt sie dann, starr gegeneinander, im Raum herum, so zeigen sie stets ein Tripel von Vektoren a, b, c mit $\det(a, b, c) > 0$, denn weil c orthogonal zu a, b bleibt, ist jedenfalls stets $\det(a, b, c) \neq 0$, und weil zu Anfang die Determinante positiv ist, bleibt sie aus Stetigkeitsgründen positiv. Also zeigt der dritte Finger stets in Richtung von $a \times b$, wenn der erste und zweite in Richtung von a, b zeigen. Wir werden auf diesen Punkt zurückkommen, wenn von Orientierung die Rede ist.

(4.4) Sprechweise. Die Vektoren von $x, y \in \mathbb{R}^3$ heißen
linear abhängig, wenn $x \times y = 0$,
linear unabhängig, wenn $x \times y \neq 0$ gilt.

Soviel also vorläufig und zur Erinnerung, aber so kann es doch nicht weitergehen. Da bleibt doch manches genauer zu erklären: Was heißt schon stetig? Wie ist das mit der Wurzel, und überhaupt ...

§5 Aufgaben

In Aufgaben verwende ich als Anrede die Du-Form. Das soll niemand zu nahe treten. Ein jeder liest für sich selbst und mag sich so auch selbst zur Lösung ermuntern. Wenn eine Aufgabe auf eine Behauptung hinausläuft, so ist diese zu zeigen.

1. Sei $E \subset \mathbb{R}^3$ die Menge der Vektoren (x, y, z) mit $x + 2y + 3z = 0$. Gib zwei Vektoren $v, w \in E$ an, so dass gilt:

$$E \; = \; \{av + bw \;|\; a, b \in \mathbb{R}\} \; .$$

2. Sei $v = (1, 2, 3)$, $w = (3, 2, 1)$. Gib ein Tripel (a, b, c) reeller Zahlen an, so dass die Ebene

$$E \; = \; \{p \cdot v + q \cdot w \;|\; p, q \in \mathbb{R}\}$$

genau aus den Vektoren (x, y, z) besteht, für die gilt

$$ax + by + cz \; = \; 0 \; .$$

3. Lässt sich jeder Vektor des $\mathbb{R}^3$ in der Form
$$a \cdot u \; + \; b \cdot v \; + \; c \cdot w, \quad a, b, c \in \mathbb{R}$$
schreiben, für
$$u \; = \; (1,2,3), \quad v \; = \; (1,4,9), \quad w \; = \; (1,8,27) \; ?$$

4. Seien $x = (x_1, x_2)$, $y = (y_1, y_2) \in \mathbb{R}^2$. Genau dann ist x Vielfaches von y oder y Vielfaches von x, wenn $x_1 y_2 - y_1 x_2 = 0$.

5. Seien x, y Vektoren des $\mathbb{R}^n$, so dass für jeden Vektor $z \in \mathbb{R}^n$ gilt $\langle x, z \rangle = \langle y, z \rangle$. Gilt $x = y$?

6. Zeige, dass Vektoren $x, y \in \mathbb{R}^n$ genau dann zueinander orthogonal sind, wenn für alle $c \in \mathbb{R}$ gilt:
$$|x + cy| \; \geq \; |x| \; .$$

7. Seien $x_1, \ldots, x_k$ Vektoren im $\mathbb{R}^n$, so dass
$$\langle x_\nu, x_\mu \rangle \; = \; \delta_{\nu\mu} \; = \begin{cases} 0 & \text{für} \quad \nu \neq \mu \\ 1 & \text{für} \quad \nu = \mu \end{cases} \qquad \nu, \mu = 1, 2, \ldots, k \; .$$
Ist $y \in \mathbb{R}^n$ ein beliebiger Vektor und $c_\nu = \langle y, x_\nu \rangle$ $(\nu = 1, \ldots, k)$ und ist $(b_1, \ldots, b_k)$ ein beliebiges reelles k-Tupel, so ist
$$|y - \sum_{\nu=1}^{k} c_\nu x_\nu| \; \leq \; |y - \sum_{\nu=1}^{k} b_\nu x_\nu| \; .$$
Zeichne eine Skizze für $n = 2$ und $k = 1$.

8. Zeige folgende Eigenschaften der Determinante:
   (i) $\det(u + v, y, z) = \det(u, y, z) + \det(v, y, z)$.
   (ii) Wenn zwei der drei Vektoren x, y, z gleich sind, so ist $\det(x, y, z) = 0$.
   (iii) $\det(x, y, z) = -\det(y, x, z) = \det(y, z, x)$.
   (iv) $\det(x, y, x \times y) = 0$ genau dann, wenn $x \times y = 0$.
   (v) $\det(e_1, e_2, e_3) = ?$

9. Sei $x \in \mathbb{R}^3$. Zeige, es gibt Vektoren $y, z \in \mathbb{R}^3$, so dass
$$x \; = \; y \times z \; .$$

10. Für jedes vollständige Orthonormalsystem e_1, e_2, e_3 von $\mathbb{R}^3$ und $v \in \mathbb{R}^3$ gilt

$$|v \times e_1| \; + \; |v \times e_2| \; \geq \; |v \times e_3| \; .$$

11. Schreibe die folgenden komplexen Zahlen in der Form $a + bi$ mit $a, b \in \mathbb{R}$:

$$\frac{(1+2i)(1-i)}{(1+i)^2} \, , \quad \frac{|2+i| \cdot (1-2i)}{\overline{(1+i)} \cdot (3+i)} \, , \quad \sum_{\nu=0}^{n} i^{\nu} \, .$$

12. Zeige, dass es zu jeder komplexen Zahl $z \in \mathbb{C}$ eine komplexe Zahl u gibt, so dass $u^2 = z$.
Es darf außer elementaren algebraischen Rechnungen nur benutzt werden, dass jede positive reelle Zahl eine reelle Wurzel hat.

Kapitel I

Vektorräume

Que devins-je quand je m' aperçus que personne ne pouvait m'expliquer comment il se faisait que: moins par moins donne plus $(- \times - = +)$*?*

Worin wir zum Thema der Vorlesung kommen: der Theorie der Vektorräume über einem Körper.

§1 Gruppen, Ringe, Körper

Bisher haben wir mit Zahlen einfach drauflos gerechnet. Jetzt müssen wir genauer erklären, nach welchen Regeln hier geschlossen werden soll. Wir werden also nicht sagen, was die Skalare eigentlich sind, von denen dann weiterhin die Rede ist, und woher man sie kriegt. Wir formulieren vielmehr nur Voraussetzungen über diese Skalare, die in verschiedener Situation auf verschiedene Weise erfüllt werden können. Was man da in der Linearen Algebra braucht, steht in der

(1.1) Definition des Körpers. Ein **Körper** K besteht aus einer Menge (auch mit K bezeichnet) zusammen mit zwei **Verknüpfungen**, das sind Abbildungen $K \times K \to K$, die also einem Paar (a, b) von Elementen wieder ein Element aus K zuordnen, nämlich der **Addition**

$$+: \; K \times K \to K, \quad (a, b) \mapsto a + b,$$

und der **Multiplikation**

$$\cdot: \; K \times K \to K, \quad (a, b) \mapsto a \cdot b,$$

mit folgenden Eigenschaften:

$(i)^+$ Die Addition ist **assoziativ**, d.h. für alle $a, b, c \in K$ gilt:

$$(a+b)+c = a+(b+c).$$

$(ii)^+$ Es gibt ein Element $0 \in K$, die **Null**, so dass für jedes $a \in K$ gilt:

$$0+a = a,$$

und zu jedem $a \in K$ existiert ein $b \in K$, das **additiv Inverse** oder **Negative**, mit

$$b+a = 0\ .$$

$(iii)^+$ Die Addition ist **kommutativ** (oder **abelsch**), d.h. für alle $a, b \in K$ ist

$$a+b = b+a\ .$$

$(i)^\cdot$ Die Multiplikation ist **assoziativ**, d.h. für alle $a, b, c \in K$ gilt:

$$(a \cdot b) \cdot c = a \cdot (b \cdot c).$$

$(ii)^\cdot$ Es gibt ein Element $1 \neq 0$ in K, die **Eins**, so dass für alle $a \in K$ gilt:

$$1 \cdot a = a,$$

und zu jedem $a \in K$, $a \neq 0$, existiert ein $b \in K$, das **multiplikativ Inverse**, mit

$$b \cdot a = 1.$$

$(iii)^\cdot$ Die Multiplikation ist **kommutativ**, d.h. für alle $a, b \in K$ gilt:

$$a \cdot b = b \cdot a.$$

$(iv)^{+\cdot}$ **Distributivgesetz:** Für alle $a, b, c \in K$ gilt:

$$a \cdot (b+c) = (a \cdot b)+(a \cdot c), \quad (b+c) \cdot a = (b \cdot a)+(c \cdot a).$$

Wir schreiben wieder $a(b+c) = ab+ac$, Punkt- vor Strichrechnung. Natürlich folgt eine der Regeln (iv) aus der anderen durch (iii).

Beispiele. Wir kennen schon die folgenden Körper:

$\mathbb{Q}$, der Körper der rationalen Zahlen,
$\mathbb{R}$, der Körper der reellen Zahlen,
$\mathbb{C}$, der Körper der komplexen Zahlen,

jeweils mit der gewohnten Addition und Multiplikation.

Die Menge $\mathbb{Q}(i) := \{a+bi \mid a, b \in \mathbb{Q}\} \subset \mathbb{C}$ mit der in $\mathbb{C}$ erklärten Addition und Multiplikation ist ein Körper; z.B. liegt das Inverse $(a-bi)/(a^2+b^2)$ eines Elementes $a+bi$ in $\mathbb{Q}(i)$ wieder in $\mathbb{Q}(i)$, ebenso $0, 1$, das Negative, Summe und Produkt. Das waren bisher alles **Unterkörper** — dezenter sagt man auch **Teilkörper** — des Körpers $\mathbb{C}$.

Hier der kleinste Körper $\mathbb{F}_2$. Er hat nur die beiden in den Axiomen geforderten Elemente $0, 1$. Alle Operationen sind offenbar schon durch die Axiome festgelegt, nur über den Wert von $1 + 1$ in $\mathbb{F}_2$ könnte man zweifeln. Aber nach (ii)$^+$ ist entweder $1 + 1 = 0$ oder $0 + 1 = 0$, und weil doch $0 + 1 = 1 \neq 0$, bleibt nur $1 + 1 = 0$ in $\mathbb{F}_2$.

Die ganzen Zahlen $\mathbb{Z}$ mit der gewohnten Addition und Multiplikation bilden **keinen** Körper, das multiplikative Inverse fehlt.

Ein Blick auf die Tabelle der Axiome zeigt, dass für die Multiplikation weitgehend dieselben Regeln gelten, wie für die Addition. Das ist schon ein Gewinn der axiomatischen Methode, dass man Folgerungen aus den Axiomen der Addition dann gleich auch auf die Multiplikation anwenden darf. Wir analysieren zunächst die Axiome (i), (ii).

(1.2) Definition. Eine **Gruppe** $(G, \cdot)$, kurz: G ist eine (ebenso bezeichnete) Menge G mit der Verknüpfung

$$\cdot : G \times G \to G, \quad (a, b) \mapsto a \cdot b,$$

mit den Eigenschaften:

(i) $(a \cdot b) \cdot c = a \cdot (b \cdot c)$ für alle $a, b, c \in G$.

(ii) Es gibt ein (**neutrales**) Element $e \in G$, für das gilt:

$$e \cdot a = a \quad \text{für alle} \quad a \in G,$$

und zu jedem $a \in G$ existiert ein (**inverses**) Element $b \in G$ mit

$$b \cdot a = e.$$

Beispiele. Wenn K ein Körper ist, ist $(K, +)$ eine Gruppe. Auch $K^* := K \setminus \{0\}$ mit der Multiplikation als Verknüpfung ist eine Gruppe. Da muss man eine Kleinigkeit zeigen — was nämlich? $(\mathbb{Z}, +)$ ist eine Gruppe, aber $(\mathbb{N}, +)$ **nicht**, es fehlt das Negative. Wichtig ist auch folgendes Beispiel:

(1.3) Symmetrische Gruppen. *Sei M eine beliebige Menge und $S(M)$ die Menge aller Bijektionen $\sigma : M \to M$, auch* **Permutationen** *von M genannt, mit der naheliegenden Verknüpfung: Sind $\sigma, \tau \in S(M)$, so ist $\sigma \circ \tau$ die Zusammensetzung*

$$\sigma \circ \tau : M \to M, \quad m \mapsto \sigma(\tau(m)).$$

Mit dieser Verknüpfung ist $S(M)$ eine Gruppe.

Beweis. Seien $\rho, \sigma, \tau \in S(M)$, dann ist (Assoziativgesetz):

$$\rho \circ (\sigma \circ \tau)(m) = \rho(\sigma \circ \tau(m)) = \rho(\sigma(\tau(m))) = \rho \circ \sigma(\tau(m)) = (\rho \circ \sigma) \circ \tau(m)$$

Das neutrale Element ist die Identität $1 : M \to M, \quad m \mapsto m$, und das Inverse zu $\sigma \in S(M)$ ist die Umkehrabbildung σ^{-1}. □

Ist die Menge M endlich, so kann man ihre Elemente durch

$$1, 2, 3, \ldots, n$$

benennen, und dann ist $S(M) = S\{1, 2, \ldots, n\} =: S(n)$.
Man notiert eine solche Permutation $\sigma \in S(n)$ zum Beispiel durch

$$\sigma = \begin{pmatrix} 1 & ,\ldots, & n \\ \sigma(1) & ,\ldots, & \sigma(n) \end{pmatrix}.$$

Wir wollen, um mal eine Gruppe explizit zu sehen, die Gruppe $S(3)$ der sämtlichen Permutationen von drei Elementen $1, 2, 3$, also der sämtlichen Bijektionen $\{1, 2, 3\} \to \{1, 2, 3\}$ studieren. Sie hat $3! = 6$ Elemente, nämlich:

$$\begin{pmatrix} 1\,2\,3 \\ 1\,2\,3 \end{pmatrix} = e, \quad \begin{pmatrix} 1\,2\,3 \\ 1\,3\,2 \end{pmatrix} = \pi, \quad \begin{pmatrix} 1\,2\,3 \\ 3\,2\,1 \end{pmatrix} = \rho,$$
$$\begin{pmatrix} 1\,2\,3 \\ 2\,1\,3 \end{pmatrix} = \sigma, \quad \begin{pmatrix} 1\,2\,3 \\ 2\,3\,1 \end{pmatrix} = \tau, \quad \begin{pmatrix} 1\,2\,3 \\ 3\,1\,2 \end{pmatrix} = \varphi.$$

Die Verknüpfung beschreiben wir vollständig durch die Multiplikationstabelle, auch **Cayley-Tafel** genannt:

$\circ$	e	π	ρ	σ	τ	φ
e	e	π	ρ	σ	τ	φ
π	π	e	τ	φ	ρ	σ
ρ	ρ	φ	e	τ	σ	π
σ	σ	τ	φ	e	π	ρ
τ	τ	σ	π	ρ	φ	e
φ	φ	ρ	σ	π	e	τ

Beispiel:

$$\rho \circ \pi = \begin{pmatrix} 1\,2\,3 \\ 3\,2\,1 \end{pmatrix}\begin{pmatrix} 1\,2\,3 \\ 1\,3\,2 \end{pmatrix} = \begin{pmatrix} 1\,2\,3 \\ 3\,1\,2 \end{pmatrix} = \varphi,$$
$$\pi \circ \rho = \begin{pmatrix} 1\,2\,3 \\ 1\,3\,2 \end{pmatrix}\begin{pmatrix} 1\,2\,3 \\ 3\,2\,1 \end{pmatrix} = \begin{pmatrix} 1\,2\,3 \\ 2\,3\,1 \end{pmatrix} = \tau.$$

Die Gruppe S(3) ist nicht abelsch: $\rho \circ \pi \neq \pi \circ \rho$.
Man beobachtet in der Tabelle: Jedes Element kommt in jeder Zeile und jeder Spalte genau einmal vor (**lateinisches Quadrat**). Die symmetrischen Gruppen spielen eine wichtige Rolle in der Algebra, was noch mehr für die zyklischen Gruppen gilt:

(1.4) Die zyklische Gruppe $\mathbb{Z}/n$, für festes $n \in \mathbb{Z}$.
Die Elemente sind die Klassen ganzer Zahlen

$$[a] := a + n \cdot \mathbb{Z}, \quad a = 0, 1, \ldots, n-1.$$

Also: $[a] = \{a + n \cdot b \mid b \in \mathbb{Z}\}$ ist die Menge der ganzen Zahlen, die bei Division durch n den Rest a lassen, auch **Restklasse** von a **modulo** n genannt.
Addition: $[a] + [b] = [a + b] = a + b + n\mathbb{Z}$.
Neutrales Element: $[0] = n\mathbb{Z}$, die Menge der durch n teilbaren ganzen Zahlen.
Inverses: $-[a] = [-a]$.

Statt $[a] = a + n\mathbb{Z}$ sagt man auch: a **modulo** n, kurz mod , und

$$a \equiv b \mod n \iff a - b \in n\mathbb{Z}.$$

Noch anders gesagt (wir kommen in (2.8) darauf zurück): Die Elemente von $\mathbb{Z}/n$ sind die Äquivalenzklassen von ganzen Zahlen für die Relation

$$a \equiv b \iff a - b \in n\mathbb{Z}.$$

Schließlich kennen wir schon die Gruppe $S^1 \subset \mathbb{C}$ der komplexen Zahlen der Norm 1 mit der Multiplikation als Verknüpfung. Sie enthält die Untergruppe

$$C_n = \{e^{k\cdot 2\pi i/n} \mid k = 0, \ldots, n-1\}$$

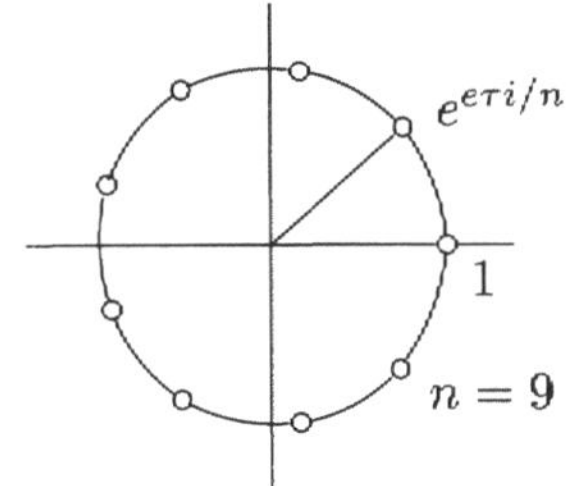

Diese Elemente werden multipliziert, indem man die Exponenten addiert, aber weil

$$e^{2\pi i} = \cos 2\pi + i \sin 2\pi = 1 = e^{0i},$$

muss man das k dabei modulo n nehmen: $e^{n\cdot 2\pi i/n} = e^{0\cdot 2\pi i/n}$. Das ergibt eine neue Beschreibung der zyklischen Gruppe $\mathbb{Z}/n$ als Gruppe der Drehungen von $\mathbb{C}$ um 0, um ganze Vielfache des Winkels $2\pi/n$.

Es fehlt also nicht an interessanten Beispielen. Wir kommen zur

Analyse der Gruppenaxiome. Sei G eine Gruppe, $a, b, x, y \in G$.

Linkskürzung: $ax = ay \implies x = y$.

Beweis. Sei $b \cdot a = e$ nach Axiom (ii), dann folgt:
$ax = ay \implies b(ax) = b(ay) \overset{\text{(i)}}{\implies} (ba)x = (ba)y \overset{\text{(ii)}}{\implies} ex = ey \overset{\text{(i)}}{\implies} x = y.$ □

Ein Neutrales e ist **rechtsneutral**: $ex = x$ für alle $x \implies xe = x$.

Beweis. Wähle y, so dass $yx = e$, dann folgt
$y(xe) = (yx)e = ee = e = yx$; Linkskürzung $\Longrightarrow xe = x$. □

Eindeutigkeit des Neutralen. Es gibt genau ein Element in G mit den Eigenschaften von (ii). Es heißt **das** neutrale Element oder **die** Eins und erfüllt $ex = xe = x$.

Beweis. Angenommen auch e' erfüllt (ii), so ist $e' = ee' = e$ nach (i) für e und dem letzten für e'. □

Wir bezeichnen das Neutrale mit 1 oder, wenn die Verknüpfung + heißt, mit 0.
Ein Linksinverses ist rechtsinvers: $b \cdot a = 1 \Longrightarrow a \cdot b = 1$.

Beweis. $ba = 1 \Longrightarrow b(ab) = (ba)b = 1b = b1$,
Linkskürzung: $ab = 1$. □

Rechtskürzung: $xa = ya \Longrightarrow x = y$, geht jetzt wie Linkskürzung.

Eindeutigkeit des Inversen. $ba = ca = 1 \Longrightarrow b = c$, durch Rechtskürzung. Man schreibt $b = a^{-1}$ für $b \cdot a = 1$.

Wir fassen das Wichtigste zusammen.

(1.5) Bemerkung zu den Gruppenaxiomen. *Sei G eine Gruppe und $a, b \in G$. Es gibt in G genau ein neutrales Element $e = 1$, das Axiom* (ii) *genügt, und für dieses gilt*

$$1 \cdot a = a \cdot 1 = a.$$

Es gibt auch genau ein Element $a^{-1} \in G$, so dass $a^{-1} \cdot a = 1$, und für dieses gilt auch $a \cdot a^{-1} = 1$, und

$$(a^{-1})^{-1} = a, \quad (a \cdot b)^{-1} = b^{-1} \cdot a^{-1}.$$

Produkte kann man beliebig klammern, das Ergebnis hängt nicht davon ab.

Beweis. $(a^{-1})^{-1} \cdot a^{-1} = 1 = a \cdot a^{-1}$, kürzen; $b^{-1}a^{-1}ab = b^{-1}1b = 1$. □

Die Gleichungen

$$ax = b, \quad xa = b$$

sind zu gegebenem a, b in G eindeutig lösbar durch

$$x = a^{-1}b \quad \text{bzw.} \quad x = ba^{-1},$$

das besagt gerade, dass in der Cayley-Tafel in jeder Zeile und jeder Spalte jedes Element genau einmal auftritt. Das Assoziativgesetz aber ist einem lateinischen Quadrat schwer anzusehen. Nicht jedes lateinische Quadrat definiert ein assoziatives Produkt. Das Sinnieren über Multiplikationstabellen ist kein guter Zugang zur Gruppentheorie.

Eine Gruppe G heißt **kommutativ** oder **abelsch**, falls

$$x \cdot y = y \cdot x$$

für alle $x, y \in G$. In diesem Fall braucht man weder Klammern, noch muss man auf die Reihenfolge von Faktoren in Produkten achten. Jetzt kommen wir zum **Rechnen in einem Körper**. Axiome $(\mathrm{i})^+$, $(\mathrm{ii})^+$, $(\mathrm{iii})^+$ besagen:
$(K, +)$ ist eine abelsche Gruppe.
Aus dem distributiven Gesetz folgt:
$a \cdot 0 = a \cdot (0 + 0) = a \cdot 0 + a \cdot 0$, also (Kürzen bezüglich $+$):
$a \cdot 0 = 0$, daher auch $0 \cdot a = 0$ wegen $(\mathrm{iii})^\cdot$.

Daraus folgt weiter: $a \cdot (-b) = (-a) \cdot b = -(ab)$.

Beweis. $0 = a \cdot 0 = a \cdot \big(b + (-b)\big) = ab + a \cdot (-b)$ ... □

Folgerung. $(-a) \cdot (-b) = -\big(a \cdot (-b)\big) = -(-ab) = ab$.
Letzteres ist die additiv geschriebene Version $-(-x) = x$ von $(a^{-1})^{-1} = a$.

Auch auf die Multiplikation lässt sich unser Wissen über Gruppen anwenden:

(1.6) Bemerkung. *Ist K ein Körper, so ist $K^* = K \setminus \{0\}$ eine abelsche Gruppe mit der Multiplikation als Verknüpfung.*

Beweis. Man muss zeigen, dass das Produkt zweier Elemente aus K^* wieder in K^* liegt. Sei also $a \neq 0 \neq b$. Wähle c, so dass $ca = 1$, dann ist $cab = 1 \cdot b = b \neq 0$, also $ab \neq 0$. □

Übrigens, wenn $ba = 1$ gilt, folgt $(-b)(-a) = 1$, also $(-a)^{-1} = -a^{-1}$.

(1.7) Definition. Eine Menge R mit Verknüpfungen $+$ und $\cdot$ ist ein **Ring**, wenn die Körperaxiome

$(\mathrm{i})^+$, $(\mathrm{ii})^+$, $(\mathrm{iii})^+$,	additive abelsche Gruppe,
$(\mathrm{i})^\cdot$, $(\mathrm{iv})^{+\cdot}$,	assoziative Multiplikation und Distributivgesetz,

erfüllt sind.

Ein Ring braucht also keine multiplikative 1 und vor allem keine multiplikativ Inversen zu haben. Wir betrachten fortan nur Ringe mit 1, so dass $1 \cdot x = x \cdot 1 = 1$. Ist die Multiplikation des Ringes auch kommutativ, so heißt der Ring **kommutativ**. Wir werden es jedoch auch mit nicht kommutativen Ringen zu tun haben.

Beispiele. Körper sind Ringe, aber nicht alle Ringe sind Körper. $\mathbb{Z}$ ist ein kommutativer Ring, und ebenso $\mathbb{Z}/n$ mit der Multiplikation $[a] \cdot [b] = [a \cdot b]$; man muss zeigen, dass dies wohldefiniert ist, d.h. dass $[a \cdot b]$ nur von a und b mod n abhängt! In der Zahlentheorie spielt der Ring der ganzen Gaußschen Zahlen

$$\mathbb{Z}[i] = \{a + bi \mid a, b \in \mathbb{Z}\} \subset \mathbb{C}$$

eine wichtige Rolle.

§2 Homomorphismen

Ein wesentlicher Gesichtspunkt der heutigen Mathematik ist, dass man zu jeder Struktur (Gruppe, Ring, Körper ...) nicht nur die zugehörigen **Objekte**

$\mathbb{R}, \mathbb{C}, \mathbb{Q}, \ldots$ (Körper),
$\mathbb{Z}, \mathbb{Z}[i], \ldots$ (Ringe),
$S(n), \mathbb{Z}/n, S^1, \ldots$ (Gruppen),

betrachtet, sondern auch die zugehörigen Homomorphismen, das sind die strukturerhaltenden Abbildungen zwischen den Objekten. Beginnen wir mit der einfachsten Struktur.

(2.1) Definition. Ein **Homomorphismus** $f : G \to H$ zwischen Gruppen G, H ist eine Abbildung mit der Eigenschaft:
Für alle $x, y \in G$ ist $f(x \cdot y) = f(x) \cdot f(y)$.

Beispiele.

$$f: \mathbb{Z} \to \mathbb{Z}/n, \quad a \mapsto [a] = a \mod n.$$

Sei G eine beliebige Gruppe und $g \in G$ ein beliebiges Element; dann ist

$$f: \mathbb{Z} \to G, \quad n \mapsto g^n$$

ein Homomorphismus. Dabei ist $g^n = g \cdot g \cdot \ldots \cdot g$ mit n Faktoren für $n > 0$, $g^0 = 1$, und $g^{-n} = (g^{-1})^n$. Beachte, dass $\mathbb{Z}$ eine Gruppe mit Verknüpfung $+$ ist, G dagegen multiplikativ geschrieben. Die Eigenschaft eines Homomorphismus besagt in diesem Fall $f(m+n) = f(m) \cdot f(n)$, dh. $g^{m+n} = g^m \cdot g^n$.
Auch die Abbildung

$$f: (\mathbb{R}, +) \to S^1, \quad t \mapsto e^{2\pi i t},$$

ist ein Homomorphismus.
Sei $\mathbb{R}_+$ die multiplikative Gruppe der positiven reellen Zahlen. Man hat den Homomorphismus

$$f = \exp : (\mathbb{R}, +) \to (\mathbb{R}_+, \cdot), \quad t \mapsto e^t.$$

Schließlich hat man den Betrag

$$\mathbb{C}^* \to \mathbb{R}_+, \quad z \mapsto |z|.$$

(2.2) Bemerkung. *Die Gruppen und Homomorphismen bilden eine* **Kategorie**. *Dieses stolze Wort besagt nur, dass folgendes stimmt:*

(i) *Für jede Gruppe G ist die* **Identität**

$$\mathrm{id}: G \to G, \quad g \mapsto g,$$

ein Homomorphismus.

(ii) *Sind G, H, K Gruppen und $f : G \to H$ und $g : H \to K$ Homomorphismen, so auch die Zusammensetzung*

$$g \circ f : \ G \to K.$$

In der Tat: $g \circ f(x \cdot y) = g\big(f(x \cdot y)\big) = g\big(f(x) \cdot f(y)\big) = g \circ f(x) \cdot g \circ f(y)$. □

Ähnlich einfache Rechnungen zeigen: Ist f ein Homomorphismus, so gilt $f(1) = 1$, denn $f(1) = f(1 \cdot 1) = f(1) \cdot f(1)$, Kürzen.

Ähnlich: $f(x^{-1}) = \big(f(x)\big)^{-1}$ für alle $x \in G$,
denn $1 = f(1) = f(x \cdot x^{-1}) = f(x) \cdot f(x^{-1})$.

Ist $f : G \to H$ ein Homomorphismus und bijektiv, so kann man, als Abbildung von Mengen, die Umkehrabbildung $f^{-1} : H \to G$ bilden, und f^{-1} ist wieder ein Homomorphismus.

Beweis. $f\big(f^{-1}(x) \cdot f^{-1}(y)\big) = ff^{-1}(x) \cdot ff^{-1}(y) = x \cdot y = ff^{-1}(x \cdot y)$, also weil f bijektiv ist,

$$f^{-1}(x) \cdot f^{-1}(y) \ = \ f^{-1}(x \cdot y).$$ □

(2.3) Definition. Ein umkehrbarer (bijektiver) Homomorphismus heißt ein **Isomorphismus**. Gibt es zwischen den Gruppen G und H einen Isomorphismus, so heißen diese Gruppen **isomorph**, in Formeln: $G \cong H$.

Und sie sind dann auch, wie das Wort sagt, Gruppen ganz gleicher Gestalt; man kann den Isomorphismus ansehen wie eine neue Benennung, durch die sich gar nichts ändert: Was früher G war, heißt jetzt H, was früher x war, heißt jetzt $f(x)$.

Beispiele. $\mathbb{Z}/n \to C_n$, $\quad [a] \mapsto e^{a \cdot 2\pi i/n}$,
$(\mathbb{R}, +) \to (\mathbb{R}_+, \cdot)$, $\quad t \mapsto e^t$.

Die Exponentialfunktion zeigt etwas Wunderbares: Die additive Gruppe der reellen Zahlen ist isomorph zur multiplikativen Gruppe der positiven reellen Zahlen.

Was man auch bei jeder Struktur betrachtet, sind die Unterobjekte eines Objektes, hier also:

(2.4) Definition. Eine Teilmenge U einer Gruppe G heißt eine **Untergruppe**, wenn U mit der in G definierten Verknüpfung eine Gruppe ist.

Das heißt also: Wenn $x, y \in U$, so sind auch $xy, x^{-1}, 1 \in U$. Man braucht nur zu prüfen, dass U nicht leer und $xy^{-1} \in U$ ist, denn wenn dann $x \in U$, so $xx^{-1} = 1 \in U$ und $1x^{-1} = x^{-1} \subset U$, und wenn $x, y \subset U$, so y^{-1}, also $x \cdot (y^{-1})^{-1} = xy \subset U$.

(2.5) Satz. *Sei $f : G \to H$ ein Homomorphismus von Gruppen.*
Der **Kern** *von f ist die Untergruppe*

$$\ker(f) \ := \ \{g \in G \mid f(g) \ = \ 1\} \ = \ f^{-1}\{1\} \subset G.$$

Genau dann ist f injektiv, wenn $\ker(f) = \{1\}$. *Genau dann ist* $f(x) = f(y)$, *wenn* $xy^{-1} \in \ker(f)$.

Eine Abbildung f heißt **injektiv**, wenn gilt: $f(x) = f(y) \Longrightarrow x = y$. Ein injektiver Homomorphismus heißt **monomorph**.

Beweis. $\ker(f)$ ist eine Gruppe, allgemeiner: Ist $U \subset H$ eine Untergruppe, so auch $f^{-1}U = \{x \in G \mid f(x) \in U\} \subset G$. Sei nämlich $x, y \in f^{-1}U$, also $f(x), f(y) \in U$, dann ist $f(xy^{-1}) = f(x)f(y)^{-1} \in U$, also $xy^{-1} \in f^{-1}U$, und jedenfalls auch $1 \in f^{-1}U$. Damit, wie eben gesagt, ist $f^{-1}U$ eine Untergruppe.
Nun gilt: $f(x) = f(y) \Longleftrightarrow f(x)f(y)^{-1} = 1 \Longleftrightarrow f(xy^{-1}) = 1 \Longleftrightarrow xy^{-1} \in \ker(f)$.
Angenommen nun $\ker(f) = \{1\}$, so folgt:
$xy^{-1} \in \ker(f) \Longleftrightarrow xy^{-1} = 1 \Longleftrightarrow x = y$, also wenn $f(x) = f(y)$, so $x = y$, und das heißt, f ist injektiv. Umgekehrt, wenn f injektiv ist, so enthält insbesondere $f^{-1}\{1\} = \ker(f)$ nur die 1. □

Das ist eine ganz einfache Bemerkung, die wir aber doch tausendundeinmal anwenden werden, hier meist auf abelsche Gruppen (Vektorräume), und wir wollen darum noch etwas dabei verweilen.
Ist G eine Gruppe und $A, B \subset G$, so setzen wir

$$AB := A \cdot B := \{a \cdot b \mid a \in A, b \in B\} \quad \text{und} \quad xA := x \cdot A := \{x\} \cdot A.$$

(2.6) Satz. *Sei $K \subset G$ eine Untergruppe. Dann gilt:*

(i) $x \cdot K = K$ *genau dann, wenn* $x \in K$.

(ii) G *zerfällt disjunkt in Klassen* $x \cdot K$, $x \in G$, *d.h.* $G = \bigcup_{x \in G} xK$, *und für* $x' \notin xK$ *ist* $xK \cap x'K = \emptyset$.

(iii) *Ist* $K = \ker(f)$, *so ist* $f(x) = f(y)$ *genau dann, wenn* $xK = yK$.

Beweis. (i) ist $x \in K$, so schreibt sich jedes $k \in K$ eindeutig als $k = x \cdot (x^{-1}k) \in xK$, also $K = xK$. Ist $xK = K$, so insbesondere $x \cdot k = 1$ für ein $k \in K$, also $x = k^{-1} \in K$.
(ii) $x \in G$ liegt in der Klasse xK. Ist $xK \cap yK \neq \emptyset$, so folgt $xk_1 = yk_2$, also $x = yk_2k_1^{-1}$, daher $xK = y(k_2k_1^{-1})K = yK$ nach (i), also: Klassen sind entweder gleich oder disjunkt.
(iii) mit (2.5): $y^{-1}x \in K \Longleftrightarrow y^{-1}xK = K \Longleftrightarrow xK = yK$. □

Die **Ordnung** $|G|$ von G ist die Anzahl der Elemente von G und G heißt **endlich**, wenn $|G| < \infty$ gilt.

(2.7) Folgerung. *Sei G eine endliche Gruppe. Die Ordnung jeder Untergruppe von G teilt $|G|$.*

Beweis. Alle Klassen xK in (2.6) sind ebenso groß wie K, also $|G| = |K| \cdot [G : K]$, wobei $[G : K]$ die Anzahl der Klassen xK bezeichne. □

Wir müssen hier abbrechen, um nicht das Ziel der Vorlesung aus den Augen zu verlieren.
Man hat noch eine andere Sprechweise: Man nennt x und y **kongruent** mod K, $x \equiv y \mod K$, wenn gilt $xk = y$ für ein $k \in K$. Dies ist eine

(2.8) Äquivalenzrelation. Das heißt, es gilt für alle x, y, z:

(i) $x \equiv x$, **reflexiv**;

(ii) $x \equiv y \Longrightarrow y \equiv x$, **symmetrisch**;

(iii) $x \equiv y$ und $y \equiv z \Longrightarrow x \equiv z$, **transitiv**.

Die Gruppe zerfällt in **Äquivalenzklassen**, das sind die Klassen zueinander Äquivalenter. Dies sind gerade die Klassen xK.
In additiver Schreibweise hat man natürlich
$\ker(f) = f^{-1}\{0\}$,
$f(x) = f(y) \Longleftrightarrow x - y \in \ker(f)$,
f injektiv $\Longleftrightarrow \ker(f) = 0$,
Klassen $x + K$.

Beispiele. $K = n \cdot \mathbb{Z} \subset \mathbb{Z} = G$. Die Klasse von $a \in \mathbb{Z}$ ist $[a] = a + n\mathbb{Z}$, die Menge der Klassen, hier eine Gruppe, ist $\mathbb{Z}/n$. Der Kern des Homomorphismus $f : \mathbb{Z} \to \mathbb{Z}/n, \quad a \mapsto [a],$ ist $n\mathbb{Z}$.

Betrachte zur Illustration den Homomorphismus

$$f:\ \mathbb{R}^2 \to \mathbb{R}, \quad (x, y) \mapsto x.$$

Der Kern ist

$$K = \{(0, y) \mid y \in \mathbb{R}\} \cong \mathbb{R}.$$

Die Klassen sind die Geraden

$$\{x\} \times \mathbb{R} \subset \mathbb{R} \times \mathbb{R} = \mathbb{R}^2.$$

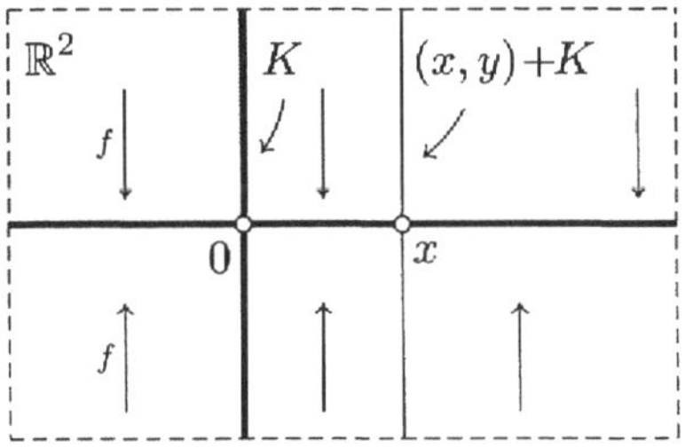

(2.9) Definition. Ein **Homomorphismus von Ringen** mit 1, $f : R \to S$, ist ein Homomorphismus der zugehörigen abelschen Gruppen $(R,+) \to (S,+)$, so dass gilt $f(1) = 1$ und $f(x \cdot y) = f(x) \cdot f(y)$ für alle $x, y \in R$. Der Kern von f ist $\ker(f) = f^{-1}\{0\}$.

Natürlich ist $\ker(f)$ in diesem Fall eine Untergruppe von $(R,+)$ und das eben über Gruppen Gesagte ist alles anwendbar, mehr noch:

(2.10) Notiz. $\ker(f)$ *ist ein* **Ideal**, *das ist eine additive Untergruppe* $K \subset R$, *für die gilt:*
Ist $k \in K$ *und* $x \in R$, *so gilt* $x \cdot k \in K, \quad k \cdot x \in K$.

Beweis. $f(x \cdot k) = f(x) \cdot f(k) = f(x) \cdot 0 = 0$ und analog $f(k \cdot x) = 0$. □

Körper sind spezielle Ringe, und ein Homomorphismus von Körpern ist ein Ringhomomorphismus.

(2.11) Satz. *Sei* K *ein Körper,* L *ein Ring mit* $1 \neq 0$ *und* $f : K \to L$ *ein Homomorphismus; dann ist* f *injektiv.*

Beweis. Wir müssen zeigen $\ker(f) = 0$. Nun, angenommen $0 \neq a \in \ker(f)$, dann wäre auch $a^{-1} \cdot a = 1 \in \ker(f)$, und $1 = f(1) = 0$, ein Widerspruch. □

§3 Vektorräume

Sei K in diesem Abschnitt ein fest gewählter Körper; die Elemente von K werden mit kleinen griechischen Buchstaben $\lambda, \mu, \ldots$ bezeichnet.

(3.1) Definition. Ein **Vektorraum** V **über** K besteht aus einer abelschen Gruppe V mit Verknüpfung $+$, sowie einer Abbildung, der **Operation** von K auf V:

$$K \times V \to V, \quad (\lambda, v) \mapsto \lambda \cdot v \ = \ \lambda v \in V,$$

so dass gilt:

(i) Für alle $\lambda \in K$ und $u, v \in V$ ist

$$\lambda(u + v) \ = \ \lambda u + \lambda v.$$

(ii) Für alle $\lambda, \mu \in K$ und $v \in V$ ist

$$(\lambda + \mu)v \ = \ \lambda v + \mu v, \quad (\lambda \cdot \mu)v \ = \ \lambda(\mu v), \quad 1 \cdot v \ = \ v.$$

Die Elemente von V heißen **Vektoren**, die von K **Skalare**. Eine **lineare Abbildung** $\varphi : V \to W$ von Vektorräumen ist ein Homomorphismus der abelschen Gruppen, so dass auch für alle $\lambda \in K$ und $v \in V$:

$$\varphi(\lambda v) \ = \ \lambda \cdot \varphi(v).$$

Beispiele von Vektorräumen.

$\mathbb{R}^n$, wie besprochen, ist ein Vektorraum über $\mathbb{R}$.

Allgemeiner und ganz analog ist

$$K^n = \{(\lambda_1, \ldots, \lambda_n) \mid \lambda_j \in K\}$$

ein Vektorraum über K mit komponentenweiser Addition und

$$\lambda(\lambda_1, \ldots, \lambda_n) := (\lambda\lambda_1, \ldots, \lambda\lambda_n).$$

$\mathbb{C}$ ist ein Vektorraum über $\mathbb{R}$ (und als solcher ist $\mathbb{C} = \mathbb{R}^2$).

Allgemeiner, wenn L ein Körper und $K \subset L$ ein Unterkörper ist, ist L ein Vektorraum über K. Die Addition ist die der Körperstruktur von L und die Multiplikation mit Skalaren ist auch die in L. So sind z.B. $\mathbb{R}$ und $\mathbb{C}$ Vektorräume über $\mathbb{Q}$.

Beispiele linearer Abbildungen.

$K^n \to K^1 = K, \quad (\lambda_1, \ldots, \lambda_n) \mapsto \lambda_1;$

$\mathbb{R}^n \to \mathbb{R}, \quad x \mapsto \langle x, a\rangle$ mit festem $a \in \mathbb{R}^n$;

$K^n \to K^{2n}, \quad (\lambda_1, \ldots, \lambda_n) \mapsto (\lambda_1, \ldots, \lambda_n, \lambda_1, \ldots, \lambda_n).$

Beispiele aus der Analysis.

Sei V der reelle Vektorraum der differenzierbaren und W der reelle Vektorraum der beliebigen Funktionen $\mathbb{R} \to \mathbb{R}$. Die Addition ist die übliche Addition von Funktionen, und ebenso für die Multiplikation mit Skalaren. Man hat lineare Abbildungen:

$D\colon\ V \to W, \quad f \mapsto f';$

$a_0\colon\ V \to \mathbb{R}^2, \quad f \mapsto (f(0), f'(0));$

$\int_0^1\colon\ V \to \mathbb{R}, \quad f \mapsto \int_0^1 f(t)dt.$

$W \to \mathbb{R}^n, \quad f \mapsto (f(1), f(2), \ldots, f(n)).$

Auch die Menge der beliebig oft differenzierbaren Funktionen $f : \mathbb{R} \to \mathbb{R}$, für welche gilt

$$f'' + f = 0,$$

ist ein reeller Vektorraum, und z.B. $\sin, \cos$ sind Elemente darin.

Die Menge der konvergenten reellen Folgen $(a_n)_{n\in\mathbb{N}}$ bildet einen Vektorraum, sagen wir U, und die Abbildung

$$U \to \mathbb{R}, \quad (a_n) \mapsto \lim_{n\to\infty}(a_n)$$

ist linear.

Diese Beispiele lehren, dass man sich an die abstrakte Definition doch halten muss und nicht glauben darf, Vektoren seien allemal n-Tupel.

Die Gruppenaxiome haben wir uns schon angeeignet, und bemerken noch:

(3.2) $0 \cdot v = 0, \quad (-1) \cdot v = -v.$

Beweis. $0 \cdot v = (0+0) \cdot v = 0 \cdot v + 0 \cdot v$, also $0 \cdot v = 0$.
$0 = 0 \cdot v = \big(1 + (-1)\big) \cdot v = v + (-1) \cdot v$, also $(-1) \cdot v = -v$. □

(3.3) Notiz. *Die Vektorräume und linearen Abbildungen über K bilden eine Kategorie, also: sind U, V, W Vektorräume über K, so ist*

$$\mathrm{id}: \ V \to V$$

linear, und sind $\varphi : U \to V$ und $\psi : V \to W$ linear, so auch $\psi \circ \varphi : U \to W$.

Eine bijektive lineare Abbildung von Vektorräumen $\varphi : V \to W$ ist ein **Isomorphismus** von Vektorräumen. Existiert er, so heißen die Räume **isomorph** ($V \cong W$). In diesem Fall ist $\varphi^{-1} : W \to V$ auch linear, wie bei Gruppen.

Beweis. Aus

$$\varphi\varphi^{-1}(\lambda v) \ = \ \lambda v \ = \ \lambda\varphi\varphi^{-1}(v) \ = \ \varphi\big(\lambda\varphi^{-1}(v)\big)$$

folgt, weil φ injektiv ist, $\varphi^{-1}(\lambda v) = \lambda\varphi^{-1}(v)$. □

Aus Vektorräumen gewinnt man neue als Unterräume, Summen und Quotienten. Das erkläre ich jetzt.

(3.4) Unterräume eines Vektorraums V sind Untergruppen $U \subset V$, so dass mit $\lambda \in K$ und $u \in U$ auch $\lambda u \in U$.

Dann ist U durch Einschränkung der Operation von K und der Addition auf U wieder ein Vektorraum über K, und die Inklusion $U \subset V$ ist linear.

Beispiele. V selbst und $\{0\}$ sind stets Unterräume. Ein Unterraum $U \neq V$ heißt **echter** Unterraum.
$\mathbb{R}^3$ hat folgende Unterräume: $\{0\}$, Geraden durch 0, Ebenen durch 0, und $\mathbb{R}^3$ selbst. Mehr nicht. Warum nicht? Nur Geduld!

Der Raum aller konvergenten reellen Folgen ist ein Unterraum des Raumes aller reellen Folgen.

Ist $0 \neq a \in \mathbb{R}^n$ fest, so ist $U = \{x \in \mathbb{R}^n \mid \langle x, a \rangle = 0\}$ ein Unterraum von $\mathbb{R}^n$, die zu a **orthogonale Hyperebene**.

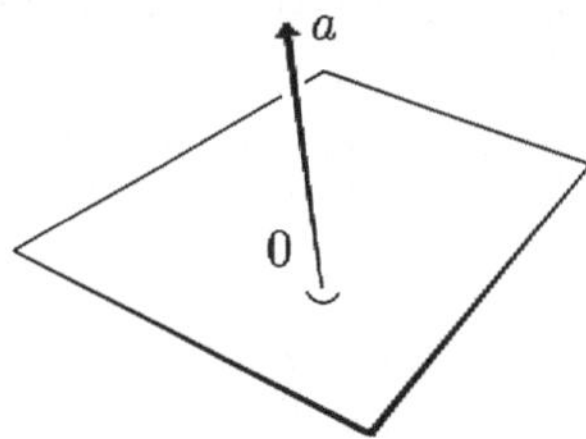

Die reellen Funktionen f mit $f'' + f = 0$ bilden einen Unterraum des reellen Vektorraumes aller zweimal differenzierbaren, die differenzierbaren einen Unterraum des Raumes aller reellen Funktionen $\mathbb{R} \to \mathbb{R}$.

(3.5) Summen und Durchschnitte.
Seien $U_1, U_2 \subset V$ Unterräume des Vektorraums V.

(i) *$U_1 + U_2 := \{u_1 + u_2 \mid u_j \in U_j\}$, die* **Summe** *von U_1 und U_2, ist der kleinste Unterraum von V, der U_1 und U_2 enthält.*

(ii) *$U_1 \cap U_2 := \{u \mid u \in U_1$ und $u \in U_2\}$, der* **Durchschnitt** *von U_1 und U_2, ist der größte in U_1 und U_2 enthaltene Unterraum.*

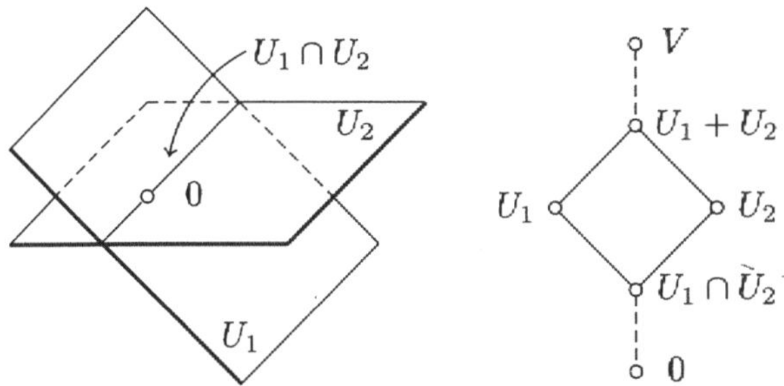

Beweis. (i) bedeutet: Ist W ein Unterraum von V, und $U_1 \subset W$, $U_2 \subset W$, dann ist $U_1 + U_2 \subset W$, natürlich, denn für $u_1 \in U_1$, $u_2 \in U_2$ ist $u_1 + u_2 \in W$. Ähnlich: Ist $W \subset U_1$ und $W \subset U_2$, so $W \subset U_1 \cap U_2$ nach Definition des Durchschnitts. □

Angenommen $V = U_1 + U_2$ und $U_1 \cap U_2 = \{0\}$, kurz: $U_1 \cap U_2 = 0$; dann schreibt man

$$V = U_1 \oplus U_2, \quad \textbf{direkte Summe}.$$

Die Elemente von $U_1 \oplus U_2$ schreiben sich dann **eindeutig** als Summe $u_1 + u_2$, $u_j \in U_j$, sind also eindeutig durch Paare (u_1, u_2), $u_j \in U_j$, gegeben. In der Tat, hätte man

$$u_1 + u_2 = u_1' + u_2', \quad u_j, u_j' \in U_j,$$

so $U_1 \ni u_1 - u_1' = u_2' - u_2 \in U_2$, und weil $U_1 \cap U_2 = 0$ ist folgt: $u_1 = u_1'$, $u_2 = u_2'$.

Man kann daher die direkte Summe von zwei Vektorräumen über K bilden, ohne dass diese zuvor in einem gemeinsamen V liegen.

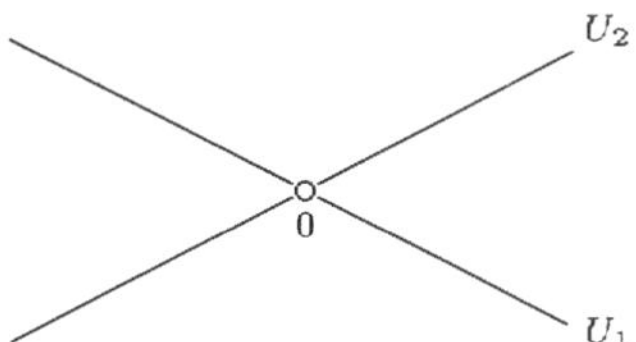

(3.6) Direkte Summe. Seien U_1, U_2 Vektorräume über K.

$$U_1 \oplus U_2 := \{(u_1, u_2) \mid u_j \in U_j\}.$$

Addition und Multiplikation mit Skalaren komponentenweise.

Man hat die Inklusionen:

$$U_1 \to U_1 \oplus U_2, \qquad u_1 \mapsto (u_1, 0),$$
$$U_2 \to U_1 \oplus U_2, \qquad u_2 \mapsto (0, u_2),$$

und identifiziert man U_1 mit dem Bild $\{(u_1, 0) \mid u_1 \in U_1\}$, und analog für U_2, so ist in der Tat $U_1 \oplus U_2 = U_1 + U_2$ und $U_1 \cap U_2 = 0$.

Beispiel. $\mathbb{R}^n \oplus \mathbb{R}^k = \mathbb{R}^{n+k}$.
Man schreibt auch $U_1 \times U_2$ für $U_1 \oplus U_2$.
Man bildet analog

$$U_1 \oplus \cdots \oplus U_k = \bigoplus_{j=1}^{k} U_j = \{(u_1, \ldots, u_k) \mid u_j \in U_j\}.$$

Beispiel. $\mathbb{R}^n = \bigoplus_{j=1}^{n} \mathbb{R}$.
Beachte, dass hier alle U_j gleich sind — das schadet nicht.

(3.7) Quotientenräume. Sei U ein Unterraum von V. Wie wir wissen, zerfällt V disjunkt in Klassen

$$v + U = \{v + u \mid u \in U\} =: [v]$$

Diese Klasse heißt der **affine Unterraum durch** v **zum Vektorraum** U.

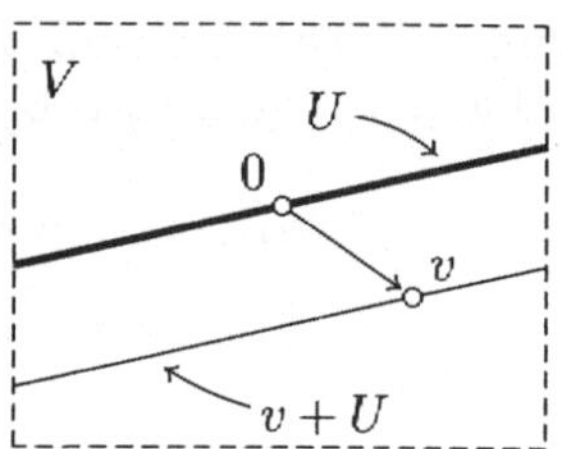

Dabei ist $[v] = [w] \iff v + U = w + U \iff v - w \in U \iff: v = w \mod U$.
Der Quotientenraum V/U ist so erklärt: Als Menge ist

$$V/U = \{[v] \mid v \in V\} = \text{Menge der affinen Unterräume zu } U.$$

Operationen: $[v] + [w] := [v + w], \quad \lambda \cdot [v] := [\lambda \cdot v]$.

Man muss zeigen, dass dies **wohldefiniert** ist. Die Klasse $[v]$ bestimmt ja v selbst nicht eindeutig, und man muss zeigen, dass $[v + w]$ und $[\lambda v]$ nicht von der Wahl der speziellen Repräsentanten v, w abhängen. Nun, für $u_1, u_2, u \in U$ ist
$[(v + u_1) + (w + u_2)] = [v + w + (u_1 + u_2)] = [v + w]$,
$[\lambda(v + u)] = [\lambda v + \lambda u] = [\lambda v]$. □

Wo nun dies in Ordnung ist, ist das Nachprüfen der Axiome für Vektorräume ganz trivial, weil man ja nun alle Formeln mit festem $v, w \in V$ nachprüft, und die Axiome für V gelten. Übrigens: die Null von V/U ist der affine Raum $[0] = U$.

Beispiel aus der Analysis. V sei die Menge der integrablen Funktionen $f : [0,1] \to \mathbb{R}$, und $U = \{f \in V | \int_0^1 |f(t)|\, dt = 0\}$. In V/U ist $[f] = [g]$ genau dann, wenn $\int_0^1 |f - g| = 0$.

Man hat die (so genannte) **kanonische** lineare Abbildung:

$$\begin{aligned} \kappa : \ V \to V/U, \quad & v \mapsto [v], \\ \ker(\kappa) \ = \ & U. \end{aligned}$$

(3.8) Satz *(universelle Eigenschaft des Kerns). Sei $\varphi : V \to W$ eine lineare Abbildung von Vektorräumen über K. Man hat die Unterräume $\ker(\varphi) \subset V$ und $\mathrm{im}(\varphi) = \{\varphi(v) \mid v \in V\} \subset W$, das* **Bild** *von φ, und man hat eine durch φ eindeutig bestimmte lineare Abbildung $\tilde{\varphi}$:*

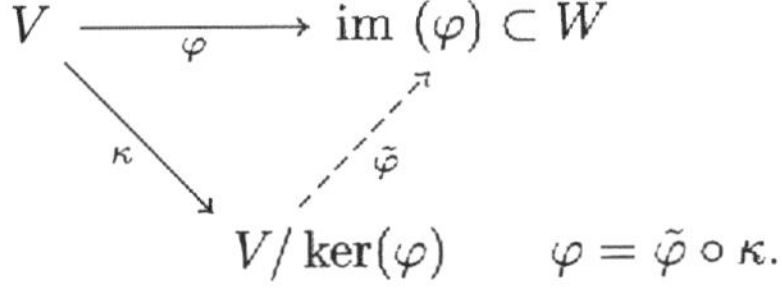

$\tilde{\varphi}$ ist ein Isomorphismus.

Beweis. Eindeutigkeit von $\tilde{\varphi} : \tilde{\varphi}([v]) = \tilde{\varphi}\kappa(v) = \varphi(v)$.
Existenz von $\tilde{\varphi}$: Setze eben $\tilde{\varphi}([v]) := \varphi(v)$. Ist das wohldefiniert?
Man muss zeigen: $\varphi(v) = \varphi(v + u)$ für $u \in \ker(\varphi)$, aber das ist klar: $\varphi(u) = 0$.
Offenbar ist $\tilde{\varphi}$ **surjektiv**, weil $\varphi : V \to \mathrm{im}(\varphi)$ surjektiv ist. Ist $\tilde{\varphi}([v]) = 0$, so $\varphi(v) = 0$, also $v \in \ker(\varphi)$, daher $[v] = 0$. Das zeigt, dass $\tilde{\varphi}$ injektiv ist. □

§4 Basen

Sei V ein Vektorraum über dem Körper K, und seien $v_1, v_2, \ldots, v_r \in V$.

(4.1) Definition. Ein Vektor $v \in V$ heißt **Linearkombination** von $v_1, \ldots, v_r$, wenn $\lambda_1, \ldots, \lambda_r \in K$, die **Koeffizienten** der Linearkombination, existieren, so dass

$$v \ = \ \lambda_1 v_1 + \cdots + \lambda_r v_r \ =: \ \sum_{j=1}^{r} \lambda_j v_j.$$

Die Menge aller solchen Linearkombinationen heißt die **lineare Hülle** (das **Erzeugnis**) von $v_1, \ldots, v_r$ und wird mit $L(v_1, \ldots, v_r)$ bezeichnet (auch Lin oder Span).

Offenbar ist $L(v_1, \dots, v_r)$ ein Unterraum von V, und zwar der kleinste, der die Vektoren $v_1, \dots, v_r$ enthält. Ein Unterraum, der alle v_j enthält, enthält auch ihre Linearkombinationen, also L. Man sagt auch, $v_1, \dots, v_r$ **erzeugen** $L(v_1, \dots, v_r)$ oder **spannen** diesen Raum **auf**.

Beispiel. Die Standardbasisvektoren $e_1, \dots, e_n$ spannen K^n auf. Dabei hat e_i die j-te Komponente δ_{ij}.

(4.2) Definition. Das r-Tupel von Vektoren $v_1, \dots, v_r \in V$ heißt **linear unabhängig**, wenn gilt:
Ist $\lambda_1, \dots, \lambda_r \in K$ und $\lambda_1 v_1 + \dots + \lambda_r v_r = 0$, so ist $\lambda_j = 0$ für alle $j = 1, \dots, r$ (**triviale** Linearkombination). Das r-Tupel heißt sonst **linear abhängig**, also wenn $\lambda_1, \dots, \lambda_r$ existieren, so dass ein $\lambda_j \neq 0$ und $\lambda_1 v_1 + \dots + \lambda_r v_r = 0$. Ein n-Tupel von Vektoren $v_1, \dots, v_n \in V$ heißt eine **Basis** von V, wenn es linear unabhängig ist und V erzeugt.

Beispiele. $(e_1, \dots, e_n)$ ist eine Basis von K^n.
Warnung! Es kommt auf die Reihenfolge der Vektoren an, also auf das Tupel. Natürlich, wenn man die Vektoren vertauscht, erhält man wieder eine Basis $(e_{\sigma(1)}, \dots, e_{\sigma(n)})$; $\sigma \in S(n)$.
Aber z.B. $e_1, e_1, e_2, e_2, \dots, e_n, e_n$ wäre immer noch dieselbe Menge von Vektoren, aber keine Basis.

Beispiel. Sei V der Raum der stetigen Funktionen $\mathbb{R} \to \mathbb{R}$, seien $\alpha_1, \dots, \alpha_n$ untereinander verschiedene reelle Zahlen. Dann sind die Funktionen (also die Vektoren in V)

$$e^{\alpha_1 t}, \quad e^{\alpha_2 t}, \dots, e^{\alpha_n t}$$

linear unabhängig.

Beweis. Angenommen

$$\begin{aligned} \sum_{j=1}^{n} \lambda_j e^{\alpha_j t} &= 0. \text{ Multipliziere mit } e^{-\alpha_n t} \implies \\ \sum_{j=1}^{n-1} \lambda_j e^{(\alpha_j - \alpha_n)t} + \lambda_n &= 0. \text{ Differenziere nach } t \implies \\ \sum_{j=1}^{n-1} \lambda_j (\alpha_j - \alpha_n) e^{(\alpha_j - \alpha_n)t} &= 0. \end{aligned}$$

Jetzt schließt man durch Induktion nach n, und erhält zunächst $\lambda_j(\alpha_j - \alpha_n) = 0$ für $j = 1, \dots, n-1$, also weil $\alpha_j - \alpha_n \neq 0$, folgt $\lambda_1 = \dots = \lambda_{n-1} = 0$ und dann aus der zweiten Gleichung auch $\lambda_n = 0$. □

Kommen wir wieder zum Allgemeinen. Wir können die Definitionen wie folgt umformulieren:

Sind $v_1, \ldots, v_n \in V$ gegeben, so erhält man eine durch dieses Tupel wohlbestimmte lineare Abbildung

$$\varphi: K^n \to V, \quad (\lambda_1, \ldots, \lambda_n) \mapsto \sum_{j=1}^{n} \lambda_j v_j.$$

Diese ist wirklich linear, denn sei

$$\begin{aligned} \lambda &= (\lambda_1, \ldots, \lambda_n), \quad \mu = (\mu_1, \ldots, \mu_n), \quad \alpha, \beta \in K, \implies \\ \varphi(\alpha\lambda + \beta\mu) &= \sum_j (\alpha\lambda_j + \beta\mu_j) \cdot v_j = \alpha \sum_j \lambda_j v_j + \beta \sum_j \mu_j v_j \\ &= \alpha\varphi(\lambda) + \beta\varphi(\mu). \end{aligned}$$

Umgekehrt erhält man aus einer linearen Abbildung $\varphi : K^n \to V$ wieder

$$v_j = \varphi(e_j)$$

zurück, und man erkennt: Ein n-Tupel von Vektoren $v_1, \ldots, v_n$ aus V ist nichts anderes als eine lineare Abbildung $\varphi : K^n \to V$ in anderer (unbeholfener) Betrachtungsweise. Machen wir uns nun diese neue Ansicht zu eigen, so müssen sich die obigen Definitionen statt als Eigenschaften von n-Tupeln nun als Eigenschaften von linearen Abbildungen formulieren lassen. Wie lautet die Übersetzung?

(4.3) Übersetzung der Definitionen. *Seien $v_1, \ldots, v_n \in V$ und $\varphi : K^n \to V$ die lineare Abbildung mit $\varphi(e_j) = v_j$, $\quad j = 1, \ldots, n$. Dann gilt:*

(i) $L(v_1, \ldots, v_n) = \mathrm{im}(\varphi)$. *Eine Linearkombination ist ein Element im Bild von φ und $v_1, \ldots, v_n$ erzeugen V, genau wenn φ surjektiv ist, d.h.* $\mathrm{im}(\varphi) = V$. *Ein surjektiver Homomorphismus heißt auch* **epimorph**.

(ii) $v_1, \ldots, v_n$ *sind linear unabhängig* $\iff \ker(\varphi) = 0 \iff \varphi$ *ist injektiv.*

(iii) $(v_1, \ldots, v_n)$ *ist eine Basis von V* $\iff \varphi$ *ist ein Isomorphismus.*

Also noch einmal: Eine Basis von V ist dasselbe wie ein Isomorphismus $K^n \to V$, nämlich:
Ist $\varphi : K^n \to V$ ein Isomorphismus, so bilden $v_1 = \varphi(e_1), \ldots, v_n = \varphi(e_n)$ eine Basis, und ist $(v_1, \ldots, v_n)$ eine Basis, so $\varphi : (\lambda_1, \ldots, \lambda_n) \to \sum_j \lambda_j v_j$ ein Isomorphismus. Merke, wie es dabei auf die Reihenfolge der Vektoren ankommt.
Ist das n-Tupel linear unabhängig, also φ injektiv, und ist

$$v = \lambda_1 v_1 + \cdots + \lambda_n v_n = \varphi(\lambda_1, \ldots, \lambda_n),$$

so sind die Koeffizienten $(\lambda_1, \ldots, \lambda_n)$ durch v eindeutig bestimmt, das heißt ja gerade: φ ist injektiv, und umgekehrt, sind sie eindeutig bestimmt, so ist φ injektiv.

Häufig sagt man: Die Vektoren $v_1, \dots, v_n$ sind linear unabhängig, bilden eine Basis..., als ob es sich da um eine Eigenschaft der (einzelnen) Vektoren handelte. Eigentlich ist das natürlich nicht korrekt gesagt, aber das Korrekte klingt auf die Dauer etwas pedantisch.

Wir beginnen mit einigen trivialen Feststellungen:
In einem linear unabhängigen Tupel sind die Vektoren untereinander alle verschieden. Wäre nämlich $v_i = v_j, \quad i \neq j$, so wäre $v_i - v_j$ eine nicht triviale verschwindende Linearkombination. Nimmt man zu einem linear abhängigen Tupel weitere Vektoren hinzu (**Verlängern**), so bleibt es linear abhängig, und lässt man von einem linear unabhängigen Tupel Vektoren weg (**Verkürzen**), so bleibt es linear unabhängig. Ein einzelner Vektor v, ein 1-Tupel, ist linear unabhängig, genau dann, wenn $v \neq 0$, denn

$$\lambda v \neq 0 \quad \text{für alle} \quad \lambda \neq 0 \iff v = \lambda^{-1}\lambda v \neq 0.$$

(4.4) Bemerkung. *Sind die Vektoren $v_1, \dots v_r$ linear unabhängig, aber $v_1, \dots, v_{r+1}$ linear abhängig, so ist v_{r+1} eine Linearkombination von $v_1, \dots, v_r$.*

Beweis. Sei $\sum_{j=1}^{r+1} \lambda_j v_j = 0$ und nicht alle $\lambda_j = 0$. Dann ist $\lambda_{r+1} \neq 0$, weil sonst schon $v_1, \dots, v_r$ linear abhängig wären. Also

$$v_{r+1} = \sum_{j=1}^{r} (-\lambda_j / \lambda_{r+1}) v_j. \qquad \square$$

Wir kommen zum ersten wichtigen Satz der linearen Algebra, aus dem nachher alle elementaren Aussagen der Theorie gezogen werden.

(4.5) Theorem. *(**Basisergänzungssatz** von Steinitz). Sei V ein Vektorraum über K. Sei $(v_1, \dots, v_r)$ ein linear unabhängiges Tupel von Vektoren und $w_1, \dots, w_k$ ein Erzeugendensystem von V. Dann ist $r \leq k$, und man kann*

$$w_{j(1)}, \dots, w_{j(s)}, \quad 1 \leq j(1) < \dots < j(s) \leq k,$$

so wählen, dass

$$(v_1, \dots, v_r, \quad w_{j(1)}, \dots, w_{j(s)})$$

eine Basis von V ist.

Hier soll nicht ausgeschlossen werden, dass man gar keinen Vektor zu den v_j's hinzunimmt, wenn letztere schon eine Basis bilden. Gemeint und sehr penibel gesagt ist: Man kann jedes linear unabhängige Tupel aus jedem erzeugenden Tupel zu einer Basis ergänzen.

Beweis. Wir zeigen zunächst die letzte Aussage. Wähle die $w_{j(1)}, \dots, w_{j(s)}$ so, dass das ergänzte Tupel

$$(*) \qquad (v_1, \dots, v_r, \quad w_{j(1)}, \dots, w_{j(s)})$$

maximal linear unabhängig ist, d.h. es ist linear unabhängig, und wenn man es um irgendeinen der Vektoren $w_1, \ldots, w_k$ verlängert, wird es linear abhängig.

(4.6) Behauptung. $(*)$ *ist eine Basis.*

Es ist nur zu zeigen, dass $(*)$ den Raum V aufspannt. Aber jeder Vektor w_j liegt in der linearen Hülle $L(*)$ von $(*)$. Wenn nämlich w_j nicht in $L(*)$ und damit insbesondere nicht in $(*)$ wäre, dürfte man das System $(*)$ nach obiger Bemerkung (4.4) um w_j verlängern, und es würde linear unabhängig bleiben, im Widerspruch zur Maximalität. Weil nun die w_j's alle in $L(*)$ sind und ihrerseits V aufspannen, folgt die Behauptung.
Bleibt zu zeigen $r \leq k$.
Dies machen wir so: Von den Vektoren v_j mögen manche auch unter den w_j vorkommen, andere nicht, und wir wählen nun **oBdA** (d.h. ohne Beschränkung der Allgemeinheit) die Nummerierung so, dass

$$v_1, \ldots, v_n \notin \{w_1, \ldots, w_k\}, \quad v_{n+1}, \ldots, v_r \in \{w_1, \ldots, w_k\}$$

und schließen durch Induktion nach n.
$n = 0$. Das heißt $\{v_1, \ldots, v_r\} \subset \{w_1, \ldots, w_k\}$ und da die v_j linear unabhängig, also alle verschieden sind, folgt $r \leq k$.
$n \Longrightarrow n+1$. Die Behauptung gelte für n, und es sei

$$v_1, \ldots, v_n, v_{n+1} \notin \{w_1, \ldots, w_k\}, \quad v_{n+2}, \ldots, v_r \in \{w_1, \ldots, w_k\}.$$

Wir lassen v_{n+1} aus dem Tupel der v's weg und ergänzen zu einer Basis:

$$v_1, \ldots, v_n, \quad v_{n+2}, \ldots, v_r, \quad w_{j(1)}, \ldots, w_{j(s)}.$$

Jedenfalls muss man ein w_j hinzunehmen, denn wären die hier auftretenden v's schon eine Basis, so wäre insbesondere v_{n+1} in ihrem Erzeugnis, $v_{n+1} = \sum\limits_{j \neq n+1} \lambda_j v_j$, was nicht sein kann, weil das Tupel aller v_j's linear unabhängig ist. Es ist also $s \geq 1$. Nach Induktionsannahme ist nun $r - 1 + s \leq k$, also $r \leq k$. □

Die Formulierung des Basisergänzungssatzes ist **technisch**, womit man meint: nützlich als Hilfsmittel, aber nicht sehr eingängig. Was darin verborgen ist, wollen wir jetzt entfalten.

(4.7) Theorem. *Sei V ein Vektorraum über K, der von endlich vielen Vektoren erzeugt ist (***endlich erzeugt***). Dann gilt:*

(i) *V besitzt eine Basis, und je zwei Basen haben gleich viele Elemente; ihre Anzahl heißt die* **Dimension** *von V, bezeichnet mit*

$$\dim V = \dim_K V \in \mathbb{N}_0,$$

und es gilt:

$$\dim(V) = 0 \iff V = \{0\}, \quad \textit{und} \quad \dim V = 1 \iff V \cong K.$$

Sei nun $\dim V = n$.

(ii) *Mehr als n Vektoren sind stets linear abhängig.*

(iii) *Weniger als n Vektoren erzeugen einen echten Unterraum.*

(iv) *Jedes linear unabhängige n-Tupel von Vektoren aus V ist eine Basis.*

(v) *Jedes erzeugende n-Tupel von Vektoren aus V ist eine Basis.*

(vi) *Ein n-Tupel von Vektoren aus V erzeugt V genau dann, wenn es linear unabhängig ist.*

(vii) *Jedes maximale linear unabhängige Tupel von Vektoren aus V ist eine Basis.*

(viii) *Jedes minimale Erzeugendensystem von V ist eine Basis.*

(ix) $V \cong K^n$, *und wenn* $K^n \cong K^m$, *so ist* $n = m$.

Sei auch W ein endlich erzeugter Vektorraum über K, $\dim W = m$ *und die Abbildung $\varphi : V \to W$ linear.*

(x) *Ist $n > m$, so ist φ nicht injektiv.*

(xi) *Ist $n < m$, so ist φ nicht surjektiv.*

(xii) *Ist $n = m$, so ist φ genau dann injektiv, wenn φ surjektiv ist.*

Beweis. (i) Sei $w_1, \ldots, w_s$ ein Erzeugendensystem von V, das es ja nach Voraussetzung gibt. Der Ergänzungssatz (mit $r = 0$) lehrt: Man kann eine Basis $(u_1, \ldots, u_n)$ aus den w_j's auswählen. Sind $(v_1, \ldots, v_r)$ und $(u_1, \ldots, u_n)$ Basen, so sagt der Ergänzungssatz $r \leq n$, aber wegen Symmetrie der Voraussetzung auch $n \leq r$, also $r = n$.

(ii) Sind $v_1, \ldots, v_r$ linear unabhängig, so sagt der Ergänzungssatz $r \leq n$. Ist also $r > n$, so sind sie abhängig.

(iii) Hat man ein Erzeugendensystem von s Vektoren, so enthält eine Basis, als linear unabhängiges System, $n \leq s$ Vektoren. Also: s Vektoren mit $s < n$ können nicht alles erzeugen.

(iv) Sonst könnte man es zu einer Basis ergänzen, die mehr als n Vektoren enthielte.
(v) Sonst könnte man eine Basis auswählen, die weniger als n Vektoren enthielte.

(vi) Zusammenfassung von (iv) und (v).

(vii) "Maximal" heißt: Wenn man es verlängert, wird es linear abhängig. Gewiss, wäre das Tupel keine Basis, so könnte man es ja zu einer Basis ergänzen, also linear unabhängig verlängern.

(viii) Analog, man kann ja eine Basis auswählen.

(ix) Eine Basis liefert nach der Übersetzung (4.3.iii) einen Isomorphismus $K^n \cong V$ und umgekehrt. Ist also $K^n \cong K^m$, so hat K^m eine Basis von m und eine von n Elementen, also $n = m$. Ist $\dim V = n$, so ist $K^n \cong V$ und wir dürfen gleich annehmen $K^n = V$. Wenn $\kappa : K^n \to V$ der Isomorphismus ist, betrachten wir eben statt φ die Zusammensetzung $\varphi \circ \kappa : K^n \cong V \to W$. Sie hat dieselben Eigenschaften wie φ.

(x) Ist dann die Übersetzung von (ii) mit m statt n: Mehr als $\dim W$ Elemente sind linear abhängig.

(xi), (xii) übersetzen entsprechend (iii), (iv). □

Beispiel. Der Standardraum K^n hat die **Standardbasis**, auch **kanonische** Basis genannt, $(e_1, \ldots, e_n)$. Er hat natürlich im Allgemeinen auch noch viele andere Basen, man kann ja jeden Vektor $v_1 \neq 0$ zu einer Basis ergänzen. Weniger trivial ist folgendes

Beispiel. Sei $\omega \neq 0$ eine reelle Zahl. Der Vektorraum V der 2-mal stetig differenzierbaren Funktionen f mit $f'' + \omega^2 \cdot f = 0$ hat die Dimension 2. Eine Basis bilden die beiden Funktionen (Vektoren in V) $t \mapsto \sin \omega t, \quad t \mapsto \cos \omega t$.

Beweis. (mit Anleihen aus der Analysis) Sei $f \in V, f(0) = \lambda$ und $f'(0) = \mu$. Sei $g \in V$ definiert durch

$$g(t) \ = \ f(t) - \ \lambda \ \cos \ \omega t \ - \ (\mu/\omega) \sin \omega t.$$

Dann ist $g \in V$ und $g(0) = g'(0) = 0$. Wir zeigen $g = 0$ und das zeigt, dass $t \mapsto \sin \omega t$, $t \mapsto \cos \omega t$ den Raum V erzeugen. Nun, bilde die "Ableitung der Energie"

$$(g^2 + \omega^{-2} g'^2)' \ = \ 2gg' + 2\omega^{-2} g' g'' \ = \ 2gg' - 2g'g \ = \ 0,$$

wobei die zweite Gleichheit gilt, weil $g \in V$. Damit ist $g^2 + \omega^{-2} g'$ konstant, und zwar 0, weil es zur Zeit 0 verschwindet, also $g = 0$. Die beiden Funktionen sind auch linear unabhängig, denn wenn

$$\lambda \sin \omega t + \mu \cos \omega t \ = \ 0,$$

so zeigt der Wert in 0 und $\pi/2\omega$, dass $\lambda = \mu = 0$. □

Der Raum aller beliebig oft differenzierbaren Funktionen $\mathbb{R} \to \mathbb{R}$ hat keine (endliche!) Basis, denn hätte er die Dimension n, so wären je $n+1$ Vektoren linear abhängig, aber wir wissen, dass

$$1, e^t, e^{2t}, \ldots, e^{(n+1)t}$$

linear unabhängig sind.

Man schreibt auch $\mathbf{dim}\, \boldsymbol{V} < \infty$, wenn V endlich erzeugt ist, und $\mathbf{dim}\, \boldsymbol{V} = \infty$ sonst.

Wir werden in diesem Buch vor allem endlich-dimensionale Vektorräume studieren, also, wie wir jetzt gelernt haben, Vektorräume, die isomorph zu einem Raum

K^n von n-Tupeln sind. Das heißt nun weder, dass unendlich-dimensionale Vektorräume nutzlos sind, noch, dass man gleich alles Abstrakte vergessen und nur K^n betrachten darf. Unendlich-dimensionale Vektorräume sind allgegenwärtig in der Analysis und in der Physik. Doch auch endlich-dimensionale Vektorräume sind nicht einfach dasselbe wie ein K^n. Sie haben wohl eine Basis, aber welche? Und sie haben viele Basen, welche soll man am besten wählen? Und hast Du gerade dieselbe gewählt wie ich? Wie kommt man von einer zur anderen?

§5 Geometrische Anwendungen

Wir betrachten endlich-dimensionale Vektorräume $U, V, W, \ldots$ über einem fest gewählten Körper K.

(5.1) Bemerkung.

(i) $V = 0 \iff \dim V = 0$

(ii) $\dim(U \oplus V) = \dim U + \dim V$.

(iii) *Ist* $U \subset V$, *so ist* $\dim U \leq \dim V$, *und wenn dabei* $\dim U = \dim V$ *gilt, so ist* $U = V$.

Beweis. (i) $\dim V = 0 \iff V = L(\emptyset) = 0$, der kleinste Vektorraum überhaupt.
(ii) Ist $(u_1, \ldots, u_m)$ eine Basis von U und $(v_1, \ldots, v_n)$ eine Basis von V, und fassen wir U und V als Unterräume von $U \oplus V$ auf, so ist $(u_1, \ldots, u_m, v_1, \ldots, v_n)$ eine Basis von $U \oplus V$, denn diese Vektoren erzeugen offenbar, und wenn

$$\underbrace{\sum_i \lambda_i u_i}_{u \in U} + \underbrace{\sum_j \mu_j v_j}_{v \in V} = 0 \implies u = v = 0,$$

so folgt $\lambda_i = \mu_j = 0$ für alle i, j.
(iii) Ergänze eine Basis von U zu einer von V. □

Letzteres wollen wir genauer sagen:

(5.2) Satz. *Sei* $U \subset W$ *ein Unterraum, dann gibt es einen Unterraum* $V \subset W$, *genannt lineares* **Komplement** *von* U *in* W, *so dass*

$$U \oplus V = W.$$

Beweis. Ergänze eine Basis $(u_1, \ldots, u_m)$ von U um $v_1, \ldots, v_n$ zu einer Basis $(u_1, \ldots, u_m, v_1, \ldots, v_n)$ von W und setze $V = L(v_1, \ldots, v_n)$. Dann ist offenbar $U + V = L(u_1, \ldots, v_n) = W$, und $U \cap V = 0$; ist nämlich $d \in U \cap V$, so ist $d = \sum_i \lambda_i u_i = \sum_j \mu_j v_j$, also $\sum_i \lambda_i u_i + \sum_j -\mu_j v_j = 0$, daher $\lambda_i = \mu_j = 0$. □

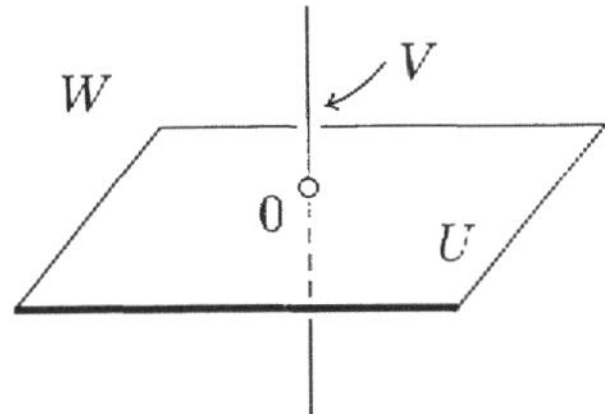

Für die Dimension ergibt sich also

$$\dim U + \dim V \;=\; \dim W.$$

(5.3) Satz. *Sei $\varphi : W \to H$ eine lineare Abbildung, dann ist*

$$\dim(\ker\varphi) + \dim(\operatorname{im}\varphi) \;=\; \dim W.$$

Beweis. Wähle ein Komplement V von $U = \ker\varphi$ in $W = U \oplus V$. Betrachte

$$\begin{array}{ccccc} U & \overset{\subsetneq}{\to} & U \oplus V & \underset{\varphi}{\to} & \operatorname{im}\varphi \\ & & \Vert & & \\ & & W & & \end{array}$$

Behauptung: $\varphi|V : V \to \operatorname{im}\varphi$ ist ein Isomorphismus.
Beweis. $\varphi|V$ ist surjektiv, denn ist $h \in \operatorname{im}\varphi$, so $h = \varphi(u+v) = \varphi(v)$ für ein $u \in U,\quad v \in V$.
$\varphi|V$ ist injektiv, denn ist $\varphi(v) = 0$, so $v \in \ker\varphi = U$, und $U \cap V = 0$.
Aus (5.1.ii) folgt daher $\dim W = \dim U + \dim V = \dim U + \dim(\operatorname{im}\varphi)$. □

(5.4) Definition. Eine Folge von (Gruppen oder) Vektorräumen und (Homomorphismen oder) linearen Abbildungen

$$\cdots \to V_{i-1} \xrightarrow[\varphi_{i-1}]{} V_i \xrightarrow[\varphi_i]{} V_{i+1} \to \cdots$$

heißt **exakt an der Stelle** i, wenn $\operatorname{im}\varphi_{i-1} = \ker\varphi_i$. Eine an jeder Stelle exakte Folge

$$0 \to V' \xrightarrow[\varphi']{} V \xrightarrow[\varphi'']{} V'' \to 0$$

heißt **kurze exakte Folge**.

Letzteres bedeutet: φ' ist injektiv, φ'' surjektiv und $\operatorname{im}\varphi' = \ker\varphi''$. Fassen wir φ' als Inklusion des Unterraumes V' auf, so ist V'' der Quotientenraum $V'' = V/V'$ nach der universellen Eigenschaft (3.8) des Kerns. Weil $\varphi' : V' \to \operatorname{im}(\varphi') = \ker\varphi''$ isomorph ist, folgt aus (5.3) für φ'':

(5.5) $$\dim V' + \dim V'' \;=\; \dim V.$$

Anders gedeutet: Sei $V' \subset V$ und $V'' = V/V'$, so hat man

$$\dim V' + \dim V/V' \;=\; \dim V.$$

(5.6) Folgerung. *Seien U, V Unterräume von W. Dann gilt:*

$$\dim(U \cap V) + \dim(U + V) = \dim U + \dim V.$$

Beweis. Man hat eine kurze exakte Sequenz

$$\begin{array}{ccccccc} & & & (u,v) & \mapsto u+v & & \\ 0 \to & U \cap V & \to & U \oplus V & \to U+V & \to 0 \\ & d & \mapsto & (d,-d) & & & \end{array}$$

Hier bilden wir in der Mitte $U \oplus V$ abstrakt, als Raum von Paaren, nicht als Unterraum von W, wo ja im Allgemeinen $U \cap V \neq 0$. In der Tat: $(u,v) \mapsto 0 \iff u + v = 0 \iff v = -u \iff (u,v) = (u,-u)$ kommt aus $U \cap V$. Die anderen Relationen sind trivial. Nun wende (5.1), (5.5) an. □

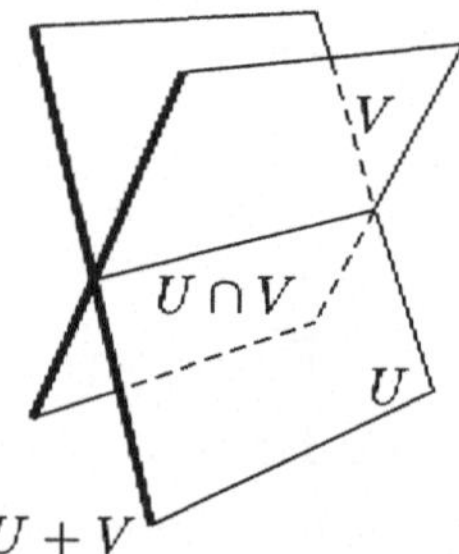

Alle diese Dimensionsformeln ähneln Anzahlformeln für endliche Mengen wie

$$|M \cap N| + |M \cup N| = |M| + |N|,$$

und das ist kein Wunder: das tun die endlichen Basen.

Folgerung. In (5.6) sei $\dim(U + V) = \dim U + \dim V$, dann ist die Summe direkt, weil $\dim(U \cap V) = 0$. Sei $\dim(U+V) = \dim U$, dann ist $V \subset U$, weil $\dim(U \cap V) = \dim(V)$, also $U \cap V = V$.

(5.7) Sprechweisen. Sei V ein n-dimensionaler Vektorraum über K. Ein 1-dimensionaler Unterraum von V heißt **Gerade**, ein 2-dimensionaler **Ebene**, ein $(n-1)$-dimensionaler **Hyperebene**. Ist U eine Gerade, Ebene, Hyperebene, Unterraum, so heißt $v + U$ **affine Gerade, affine Ebene, affine Hyperebene, affiner Unterraum** durch v. Die **Dimension** eines affinen Raumes $v+U$ ist die des zugehörigen Vektorraumes U. Zwei affine Räume heißen **parallel**, wenn die zugehörigen Vektorräume gleich sind:

$$(v+U) \parallel (v'+U') \iff U = U'.$$

Der Durchschnitt zweier affiner Räume ist entweder leer oder es gibt ein v im Durchschnitt; dann lassen sie sich schreiben als $v+U$, $v+U'$ und ihr Durchschnitt ist $(v+U) \cap (v+U') = v + (U \cap U')$ mit zugehörigem Vektorraum $U \cap U'$, denn

$$v + u = v + u' \implies u = u' \in U \cap U'.$$

§6 Aufgaben

1. Auf $\mathbb{Z}/n$ führe außer der erklärten Addition noch eine Multiplikation ein durch $[a] \cdot [b] := [a \cdot b]$.

   (i) Ist dies wohldefiniert?

   (ii) Gib die Additions- und Multiplikationstabellen von $\mathbb{Z}/4$ und $\mathbb{Z}/5$ an.

   (iii) Ist $\mathbb{Z}/4$ ein Körper? Ist $\mathbb{Z}/5$ ein Körper?

2. Prüfe, ob folgende Mengen G mit Verknüpfungen $\star$ Gruppen sind:

   (i) $G = \mathbb{R}, \quad x \star y = \sqrt[3]{x^3 + y^3}$.
   Hinweis: Negative Zahlen haben eine wohlbestimmte dritte Wurzel, auch wenn sie an der Schule nicht zugelassen ist.

   (ii) $G = \mathbb{R}, \quad x \star y = 3x + 4y$.

   (iii) $G = \{x \in \mathbb{R} \mid |x| < 1\}$, $x \star y = \frac{x+y}{1+xy}$.

   (iv) $G = \mathbb{R}^3, \quad x \star y = x \times y$.

   (v) $G =$ Menge der Permutationen $\sigma \in S(8)$ mit $\sigma(n) \equiv n \mod 3$, mit der Hintereinanderausführung von Permutationen als Verknüpfung $\star$.

   (vi) $G = \mathbb{Z}/n \times \mathbb{Z}/2$ mit Verknüpfung
   $([a],[b]) \star ([c],[d]) = \big([a + (-1)^b c],\ [b+d]\big)$.
   Ist dies überhaupt wohldefiniert?

   (vii) $G = \mathbb{R} \times \mathbb{R}_+$, $(t,a) \star (s,b) = (t + as, ab)$. Ist $x \star y = y \star x$ für $x, y \in G$?

3. Sei G eine Gruppe mit Einselement 1, so dass $a^2 = 1$ für alle $a \in G$. Zeige in einer Zeile, dass G abelsch ist.

4. Definiere auf $\mathbb{C}^2 = \mathbb{C} \times \mathbb{C}$ eine Addition und Multiplikation durch:
   $(a_1, b_1) + (a_2, b_2) = (a_1 + a_2, b_1 + b_2)$,
   $(a_1, b_1) \cdot (a_2, b_2) = (a_1 a_2 - b_1 b_2, a_1 b_2 + b_1 a_2)$.
   Wird $\mathbb{C}^2$ mit diesen Verknüpfungen ein Körper?

5. Stelle die Gruppentafel der symmetrischen Gruppe $S(3)$ auf und bestimme alle Untergruppen von $S(3)$.

6. Sei G eine endliche Gruppe gerader Ordnung. Zeige, dass es ein $a \neq e$ in G gibt mit $a^2 = e$.

7. Zeige, dass die symmetrische Gruppe $S(3)$ nicht abelsch ist. Wie kann man dann leicht folgern, dass auch $S(n)$ für jedes $n \geq 3$ nicht abelsch ist?

8. Sei $\mathbb{Q}(\sqrt{2})$ die Menge der reellen Zahlen $a + b\sqrt{2}$ mit $a, b \in \mathbb{Q}$. Zeige: Die Addition und Multiplikation reeller Zahlen definiert Verknüpfungen $+$ und $\cdot$ auf $\mathbb{Q}(\sqrt{2})$, und $\big(\mathbb{Q}(\sqrt{2}), +, \cdot\big)$ ist ein Körper.

9. Sei G eine Gruppe, so dass für alle $a, b \in G$ gilt $aba = bab$. Wieviele Elemente hat G?

10. Die Gruppe G habe die verschiedenen Elemente $1, a, b$. Stelle ihre Multiplikationstabelle auf.

11. Sei G eine Gruppe und $a, b \in G$. Sei $a \cdot b = b \cdot a$. Gilt dann $a \cdot b^{-1} = b^{-1} \cdot a$?

12. Zeige: In einer endlichen, abelschen Gruppe, die ungerade viele Elemente hat, ist jedes Element ein Quadrat. Hinweis: Meditiere über das Aussehen der Multiplikationstabelle.

13. Prüfe, ob folgende Abbildungen Homomorphismen von Gruppen sind und bestimme gegebenenfalls den Kern:

    (i) $f: \ S(n) \to S(2n)$

$$f(\sigma)(k) \;=\; \begin{cases} \sigma(k) & \text{für} \quad k \leq n \\ n + \sigma(k-n) & \text{für} \quad k > n\,. \end{cases}$$

    (ii) Sei $a \in \mathbb{R}^n$ ein fester Vektor und $f: \ \mathbb{R}^n \to \mathbb{R}$, $f(x) = \langle x, a \rangle$.

    (iii) $f: \ \mathbb{R}^2 \to \mathbb{R}, \ (x, y) \mapsto x \cdot y$.

    (iv) $f: \ \mathbb{R}^2 \to \mathbb{R}, \ (x, y) \mapsto x + y$.

    (v) $f: \ S(3) \to S(3), \ \sigma \mapsto \sigma^{-1}$.

    (vi) $f: \ S(3) \to S(3), \ \sigma \mapsto \sigma^2 := \sigma \circ \sigma$.

    Sei G irgendeine Gruppe und $g \in G$ ein festes Element:

    (vii) $f: G \to G, \ x \mapsto g \cdot x$.

    (viii) $f: \ G \to G, \ x \mapsto gxg^{-1}$.

    (ix) $f: \ G \to G, \ x \mapsto x^2$.

14. Sei G eine Gruppe und $g \in G$. Definiere

$$\varphi_g \ := \ G \to G, \quad x \mapsto gxg^{-1}\,.$$

    Zeige: (i) φ_g ist ein Isomorphismus.

    (ii) Ist $K \subset G$ der Kern eines Homomorphismus $f: \ G \to H$, so ist $\varphi_g(K) = K$.

15. Sei R ein Integritätsring mit endlich vielen Elementen. Zeige: R ist ein Körper.

16. Sei R ein Ring. Ein Element $a \in \mathbb{R}$ heißt nilpotent, wenn $a^n = 0$ für ein $n \in \mathbb{N} \setminus \{0\}$. Für $a \in R$ sei

$$\varphi_a: \ R \to R, \quad x \mapsto ax - xa\,.$$

Zeige: Ist a nilpotent, dann gilt

(i) φ_a ist nilpotent, d.h. $\varphi_a^m := \varphi_a \circ \ldots \circ \varphi_a = 0$ für ein $m \in \mathbb{N} \setminus \{0\}$.

(ii) $1-a$ besitzt ein Inverses.

17. Die Gruppenhomomorphismen

$$\begin{array}{ccccc} G_1 & \xrightarrow{g_1} & G_2 & \xrightarrow{g_2} & G_3 \\ {\scriptstyle f_1}\downarrow & & {\scriptstyle f_2}\downarrow & & \downarrow{\scriptstyle f_3} \\ H_1 & \xrightarrow[h_1]{} & H_2 & \xrightarrow[h_2]{} & H_3 \end{array}$$

zwischen den abelschen Gruppen G_i, H_i, $i = 1, 2, 3$, mögen die folgenden Eigenschaften haben:

(i) g_1, h_1 sind injektiv, g_2, h_2 sind surjektiv.

(ii) $\mathrm{Im} g_1 = \mathrm{Ker} g_2$ und $\mathrm{Im} h_1 = \mathrm{Ker} h_2$.

(iii) $h_1 \circ f_1 = f_2 \circ g_1$ und $h_2 \circ f_2 = g_3 \circ g_2$.

Zeige die beiden Aussagen:

Sind f_1, f_3 injektiv, so ist f_2 injektiv.

Sind f_1, f_3 surjektiv, so ist f_2 surjektiv.

18. Welche der folgenden Abbildungen von Vektorräumen über K sind linear? Gegebenenfalls bestimme den Kern!

(i) $\varphi: \; K^n \to K^n$, $v \mapsto v + v_0$ für einen festen Vektor $v_0 \in K^n$.

(ii) $\varphi: \; \mathbb{C}^n \to \mathbb{C}^n$, $(\lambda_1, \ldots, \lambda_n) \mapsto (\bar{\lambda}_1, \ldots, \bar{\lambda}_n)$, für $K = \mathbb{R}$ und $K = \mathbb{C}$.

(iii) $\varphi: \; \mathbb{R}^3 \to \mathbb{R}$, $v \mapsto \langle v \times v_0, v_1 \rangle$ für feste $v_0, v_1 \in \mathbb{R}^3$.

(iv) $\varphi: \; \mathbb{R}^3 \to \mathbb{R}$, $v \mapsto \langle v, v \rangle$.

(v) $\varphi: \; \mathbb{R}^n \to \mathbb{R}^n$, $x \mapsto \langle x, a \rangle a$ für festes $a \in \mathbb{R}^n$.

(vi) $\varphi: \; \mathbb{R}^n \to \mathbb{R}^n$, $x \mapsto \langle x, a \rangle \cdot x$, für festes $a \in \mathbb{R}^n$.

19. Welche der folgenden Abbildungen $f: \mathbb{R}^4 \to \mathbb{R}^4$ sind linear:

(i) $(x_1, x_2, x_3, x_4) \;\mapsto\; (x_1 \cdot x_2, \; x_2 - x_1, \; x_3, \; x_4)$

(ii) $(x_1, x_2, x_3, x_4) \;\mapsto\; (x_1 + x_2 + x_4, \; 2x_4, \; 3x_4, \; 4x_1 + 5x_2 + x_2 + x_4)$

Bestimme gegebenenfalls eine Basis von $\mathrm{Ker}(f)$ und $\mathrm{Im}(f)$.

20. Sei K ein Körper und $\varphi: K^n \to K^1 = K$ eine lineare Abbildung. Zeige, dass es Skalare $a_1, \ldots, a_n \in K$ gibt, so dass für alle $x = (x_1, \ldots, x_n) \in K^n$ gilt:

$$\varphi(x) \;=\; \sum_{\nu=1}^{n} a_\nu x_\nu \, .$$

21. Seien U_1, U_2 Unterräume von V. Für jede lineare Abbildung $\varphi : V \to W$ gelte: $\varphi \mid U_1 = \varphi \mid U_2$. Gilt $U_1 = U_2$?

22. Gib eine lineare Abbildung $\varphi : K^n \to K^n$ an, so dass $\varphi^n = 0$, $\varphi^{n-1} \neq 0$.

23. Seien $\varphi, \psi : V \to W$ zwei lineare Abbildungen zwischen endlich-dimensionalen Vektorräumen mit gleichem Kern und gleichem Bild. Gilt $\varphi = \psi$?

24. Sei V ein Vektorraum, $\varphi : V \to V$ linear und $\varphi^k = \varphi \circ \cdots \circ \varphi$ (k Faktoren). Zeige:

    (i) $\mathrm{Ker}(\varphi^j) \subset \mathrm{Ker}(\varphi^{j+1})$ für $j \in \mathbb{N}_0$.

    (ii) Ist $\mathrm{Ker}(\varphi^k) = \mathrm{Ker}(\varphi^{k+1})$, so ist $\mathrm{Ker}(\varphi^j) = \mathrm{Ker}(\varphi^{j+1})$ für alle $j \geq k$.

25. Sei V ein m-dimensionaler Unterraum von K^n, K ein Körper. Zeige, dass es natürliche Zahlen $\nu_1, \ldots, \nu_m$ aus $\{1, 2, \ldots, n\}$ gibt, so dass die lineare Abbildung

$$V \to K^m, \quad (x_1, \ldots, x_n) \mapsto (x_{\nu_1}, \ldots, x_{\nu_m})$$

ein Isomorphismus ist.

26. Sei V ein Vektorraum über K und $A \subset V$ ein affiner Unterraum zum Untervektorraum U. Zeige, dass

$$W = \{\lambda \cdot a \mid a \in A,\ \lambda \in K\} \cup U$$

ein Unterraum von V ist.

27. Sei V ein Vektorraum über K und seien U_1, U_2 Untervektorräume von V. Zeige: Ist $U_1 \cup U_2 = V$, so ist $U_1 = V$ oder $U_2 = V$.

28. Seien U_1, U_2, V Unterräume eines Vektorraums W. Es sei $U_1 + V = U_2 + V$. Gilt dann $U_1 = U_2$?

29. Seien U, V, W Unterräume eine Vektorraums L. Gilt $U \cap (V + W) = (U \cap V) + (U \cap W)$?

30. Seien U, V Unterräume eines Vektorraums W. Zeige $(U + V)/(U \cap V) \cong U/(U \cap V) \oplus V/(U \cap V)$.

31. Betrachte Vektorräume und lineare Abbildungen

$$\begin{array}{ccc} U \subset V & \xrightarrow{\kappa} & V/U \\ \Big\downarrow{\scriptstyle\varphi} & & \Big\downarrow \\ U' \subset V' & \xrightarrow[\kappa']{} & V'/U' \end{array}$$

wobei κ, κ' die kanonischen Abbildungen sind. Zeige, dass genau dann eine lineare Abbildung $\tilde{\varphi} : V/U \to V'/U'$ mit $\kappa' \circ \varphi = \tilde{\varphi} \circ \kappa$ existiert, wenn $\varphi(u) \in U'$ für alle $u \in U$.

32. (i) Seien U, V Unterräume von W. Gib einen Isomorphismus an:

$$(U+V)/U \;\cong\; V/(U \cap V)\,.$$

(ii) Seien $U \subset V \subset W$ Vektorräume über K. Zeige, dass man eine kanonische injektive lineare Abbildung

$$V/U \to W/U, \quad v+U \mapsto v+U\,,$$

hat. Damit ist $V/U \subset W/U$. Zeige, dass man einen kanonischen Isomorphismus

$$W/V \to (W/U)/(V/U)$$

hat.

33. Gib in K^3 einen komplementären Unterraum zu dem Unterraum $\{(x,x,x) \mid x \in K\}$ an (z.B. durch Angabe einer Basis).

34. Sei K ein Körper und für jedes $\alpha \in K$ sei: $U_\alpha := \{(x_1,x_2,x_3) \in K^3 \mid x_1+x_2+x_3 = \alpha\}$. Zeige: Genau dann ist U_α ein Untervektorraum von K^3, wenn $\alpha = 0$ gilt.

35. Seien U_1, U_2, V_1, V_2 Unterräume eines Vektorraums W, und es sei $U_1 \cap U_2 = V_1 \cap V_2$, $U_1 + U_2 = V_1 + V_2$. Gilt $U_1 = V_1$, $U_2 = V_2$?

36. U_1, U_2 seien Untervektorräume eines Vektorraumes V.

(a) Zeige, dass durch $\alpha : U_1 \to (U_1+U_2)/U_2$, $\alpha(u_1) := u_1 + U_2$, $u_1 \in U_1$, eine wohldefinierte lineare Abbildung gegeben wird, welche surjektiv ist und den Kern $U_1 \cap U_2$ besitzt.

(b) Mit Hilfe von α bestimme einen Vektorraum-Isomorphismus

$$\alpha' : \; U_1/(U_1 \cap U_2) \;\cong\; (U_1+U_2)/U_2\,.$$

37. Sei V ein Vektorraum über K und seien $v_1, \ldots, v_n$ linear unabhängige Vektoren in V. Sei $v = \alpha_1 v_1 + \cdots + \alpha_n v_n$ mit $\alpha_i \in K$ für $i = 1, \ldots, n$. Zeige: Genau dann sind $v_1 - v, \ldots, v_n - v$ linear abhängig, wenn $\alpha_1 + \cdots + \alpha_n = 1$.

38. Sei V ein Vektorraum, $\varphi : V \to V$ eine lineare Abbildung und $v \in V$. Sei $\varphi^n(v) = \varphi \circ \cdots \circ \varphi(v) = 0$ (mit n Faktoren φ), und $\varphi^{n-1}(v) \neq 0$, für ein $n \geq 1$. Zeige: $v, \varphi(v), \ldots, \varphi^{n-1}(v)$ sind linear unabhängig.

39. Seien $v_1, \ldots, v_r$ Vektoren in $\mathbb{R}^n, r \leq n$, mit $v_i \neq 0$ und $\langle v_i, v_j \rangle = 0$ für $i \neq j$, $i, j \in \{1, \ldots, r\}$. Zeige dass $v_1, \ldots, v_r$ linear unabhängig sind.

40. Sei $V = K^3$ für einen Körper K. Sei U_1 der von dem Vektor $(1,0,0)$ erzeugte Unterraum von V und sei U_2 der von den Vektoren $(1,1,0)$ und $(0,1,1)$ erzeugte Unterraum von V. Zeige $V = U_1 \oplus U_2$.

41. (i) In dem Diagramm von endlich-dimensionalen Vektorräumen und linearen Abbildungen

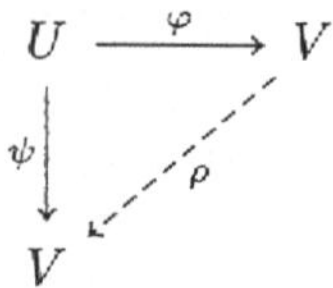

seien φ, ψ gegeben. Zeige: Genau dann existiert ρ mit $\rho \circ \varphi = \psi$, wenn $\operatorname{Ker}(\varphi) \subset \operatorname{Ker}(\psi)$.

(ii) In dem Diagramm

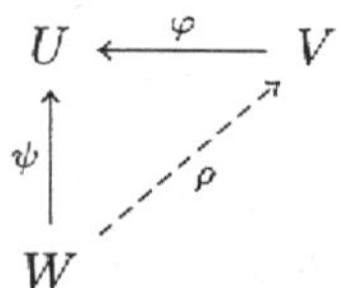

seien φ, ψ gegeben. Zeige: Genau dann existiert ρ mit $\varphi \circ \rho = \psi$, wenn $\operatorname{Im}(\psi) \subset \operatorname{Im}(\varphi)$.

42. Sei $(v_\lambda \mid \lambda \in \Lambda)$ eine Familie von Vektoren der Länge 1 (Einheitsvektoren) in $\mathbb{R}^n$. Es existiere eine reelle Zahl $\tau < 1$, so dass $\langle v_\lambda, v_\mu \rangle \leq \tau$ für $\lambda \neq \mu$ aus Λ. Zeige, dass Λ endlich ist.

43. Sei V ein Vektorraum über $\mathbb{C}$. Dann kann man V auch als Vektorraum über $\mathbb{R}$ auffassen, indem man die Skalarmultiplikation $\mathbb{C} \times V \to V$ einfach auf $\mathbb{R} \times V$ einschränkt. Je nachdem, ob man V als $\mathbb{C}$- oder $\mathbb{R}$-Vektorraum auffasst, haben die Begriffe "Dimension" und "lineare Hülle" eine andere Bedeutung, und wir schreiben zur Unterscheidung $\dim_{\mathbb{R}} V$, $\dim_{\mathbb{C}} V$, $L_{\mathbb{R}}(v_1, \ldots, v_n)$, $L_{\mathbb{C}}(v_1, \ldots, v_n)$. Beweise:

$$\dim_{\mathbb{R}} V \;=\; 2 \cdot \dim_{\mathbb{C}} V \;,$$

wenn $\dim_{\mathbb{C}} V$ endlich ist. Sei $(v_1, \ldots, v_r)$ eine Basis des $\mathbb{C}$-Vektorraums V. Gib eine Basis des $\mathbb{R}$-Vektorraums V an.

44. Betrachte die Unterräume $U = L\big((1,3,0,1),\quad (1,0,0,-1),\quad (-1,3,0,3)\big)$ $W = L\big((0,3,2,2),\quad (0,0,2,0)\big)$ des Vektorraumes $\mathbb{R}^4$. Bestimme Basen und die Dimension von $U, W,$ $U \cap W$ und $U + W$.

45. Sei K ein Körper. Betrachte folgende Unterräume von K^n:

$$\begin{aligned} U &:= \Big\{(\alpha_1, \ldots, \alpha_n) \in K^n \;\Big|\; \sum_{i=1}^{n} \alpha_i \;=\; 0\Big\} \\ D &:= \Big\{(\alpha, \ldots, \alpha) \in K^n \;\Big|\; \alpha \in K\Big\}\,. \end{aligned}$$

Bestimme Basis und Dimension von U, D, $U \cap D$, $U + D$.

46. Sei $0 \to V_0 \to V_1 \to \ldots \to V_k \to 0$ eine exakte Folge endlich-dimensionaler Vektorräume. Zeige: $\sum_{\nu=0}^{k}(-1)^{\nu} \dim V_{\nu} = 0$.

47. Sei V ein K-Vektorraum und seien $\varphi, \psi : V \to V$ lineare Abbildungen. Zeige:
$$|\mathrm{rg}(\varphi) - \mathrm{rg}(\psi)| \leq \mathrm{rg}(\varphi + \psi) \leq \mathrm{rg}(\varphi) + \mathrm{rg}(\psi) .$$
Tipp: Die erste Ungleichung folgt aus der zweiten.

48. Im $\mathbb{R}^5$ seien die Vektoren $v_1 = (1,2,3,4,0)$, $v_2 = (-1,1,-2,-3,3)$, $v_3 = (1,-1,2,3,-3)$, $v_4 = (2,10,14,10,10)$ und $w_1 = (1,6,6,8,6)$, $w_2 = (1,2,1,0,3)$, $w_3 = (2,4,2,2,-4)$, $w_4 = (-1,2,1,3,-2)$ gegeben. Wähle aus v_1, v_2, v_3, v_4 bzw. w_1, w_2, w_3, w_4 Vektoren aus, die eine Basis von $L(v_1, v_2, v_3, v_4)$ bzw. $L(w_1, w_2, w_3, w_4)$ bilden.

49. Zeige, dass für jede natürliche Zahl n die durch $\sin t$, $\sin 2t$, $\sin 3t, \ldots, \sin nt$ definierten Funktionen im Vektorraum aller beliebig oft differenzierbaren Funktionen $\mathbb{R} \to \mathbb{R}$ linear unabhängig sind.

50. Sei K ein Körper mit unendlich vielen Elementen und seien $U_1, \ldots, U_n$ Unterräume eines endlich-dimensionalen Vektorraumes V, so dass $\bigcup_{\nu=1}^{n} U_{\nu} = V$. Zeige: $U_{\nu} = V$ für ein ν.

51. Sei $f : \mathbb{R} \to \mathbb{Z}$, $f(x) = k$ für $k \leq x < k+1$, $k \in \mathbb{Z}$. Sei $\varphi_n(x) = f(2^n x)$ für $x \in [0,1]$, $n \in \mathbb{N}$. Zeige, dass die Folge von Funktionen $(\varphi_n \mid n \in \mathbb{N})$ auf dem Einheitsintervall linear unabhängig ist. Formuliere einen allgemeinen Satz über Folgen von Treppenfunktionen, woraus dies als Spezialfall folgt.

52. Sei V ein Vektorraum und $U \subset V$ ein echter Unterraum. Bestimme alle Unterräume $W \subset V$, die $V \setminus U$ enthalten. Bestimme alle Endomorphismen von V, die auf $V \setminus U$ verschwinden.

53. Sei $f : V \to W$ eine lineare Abbildung endlich-dimensionaler Vektorräume über einem Körper K. Gibt es dann stets eine lineare Abbildung $g : W \to V$, so dass
$$f(v) = f \circ g \circ f(v) \quad \text{für alle} \quad v \in V \ ?$$

54. Zeige, dass die Funktionen $\varphi_n : \mathbb{R}_+ \to \mathbb{R}$, $\varphi_n(x) = \frac{1}{n+x}$, für $n \in \mathbb{N}$ linear unabhängig sind.

55. Betrachte lineare Abbildungen endlich-dimensionaler Vektorräume $\alpha : U \to V$ und $\beta : V \to U$. Dann ist $\alpha \circ \beta - \mathrm{id}_V$ invertierbar genau dann, wenn $\beta \circ \alpha - \mathrm{id}_U$ invertierbar ist.

Kapitel II

Matrizenrechnung

We do the most exciting things,
Enough to make you creep;
And on and on and on we go —
I sometimes wonder, if I know
When I have gone to sleep.

Worin wir kennenlernen, was der Titel nennt: einen der wichtigsten Kalküle der Mathematik.

§1 Zeilenumformungen

Wir wollen Basen berechnen. Im Allgemeinen ist das nicht einfach zu machen, Beispiel: $\mathbb{R}$ ist ein Vektorraum über $\mathbb{Q}$. Betrachte die Elemente in $\mathbb{R}$, also Vektoren über $\mathbb{Q}$:

$$1, \pi, \pi^2, \pi^3, \ldots, \pi^n.$$

Sind sie linear unabhängig, wie groß man n auch wählt? Das heißt, ist

$$\lambda_0 + \lambda_1\pi + \cdots + \lambda_{n-1}\pi^{n-1} + \pi^n \neq 0$$

für alle $\lambda_0, \ldots, \lambda_{n-1} \in \mathbb{Q}$? Das ist tatsächlich der Fall, und dass es so ist, ist ein berühmter Satz von Lindemann, die Transzendenz von π, woraus folgt, dass die Quadratur des Zirkels unmöglich ist. Für solche Fragen gibt es kein Rechenverfahren, wohl aber für die folgende

Aufgabe. Seien $v_1, \ldots, v_k \in K^n$ als n-Tupel gegeben. Berechne eine Basis von $L(v_1, \ldots, v_k)$.

(1.1) Definition. Die Tupel $(v_1, \dots, v_k)$ und $(w_1, \dots, w_l)$ heißen (linear) **äquivalent**, wenn $L(v_1, \dots, v_k) = L(w_1, \dots, w_l)$ gilt. Man setzt

$$\dim L(v_1, \dots, v_k) \ =: \ \mathrm{Rang}(v_1, \dots, v_k).$$

Durch folgende Operationen erhält man offenbar aus einem Tupel von Vektoren aus V ein äquivalentes:

(1.2) Zeilenumformungen *(Gauß-Elimination).*

(i) *Multiplikation von v_j mit $\lambda \neq 0$ aus K für ein j.*

(ii) *Ersetzen von v_j durch $v_j + \lambda v_i$, $\quad i \neq j, \quad \lambda \in K$.*

(iii) *Vertauschen der v_j.*

(iv) *Streichen von v_j, wenn $v_j = 0$.*

Dass diese Operationen zu äquivalenten Tupeln führen, ist trivial, denn das Ergebnis einer Operation ist ein Tupel $(w_1, \dots, w_l)$, so dass jedenfalls $w_j \in L(v_1, \dots, v_k)$, also $L(w_1, \dots, w_l) \subset L(v_1, \dots, v_k)$. Aber weil die Operationen sich durch ebensolche umkehren lassen, gilt auch die umgekehrte Inklusion.
Diese Umformungen wollen wir auf ein Tupel von Vektoren aus K^n systematisch anwenden wie folgt.
Sei

$$\begin{aligned} v_1 &= (a_{11}, a_{12}, \dots, a_{1n}), \\ &\vdots \\ v_k &= (a_{k1}, a_{k2}, \dots, a_{kn}). \end{aligned}$$

Die rechte Seite fügen wir mit weniger Klammern in das rechteckige Schema von Elementen auf K:

$$A \ = \begin{pmatrix} a_{11} & a_{12} & \dots & a_{1n} \\ a_{21} & & & \cdot \\ \vdots & & & \vdots \\ a_{k1} & & \dots & a_{kn} \end{pmatrix}$$

(1.3) Definition. Ein solches Schema $A = (a_{ij})$, $\quad i = 1, \dots, k;\ j = 1, \dots, n$, heißt $(k \times n)$-**Matrix** mit **Koeffizienten** a_{ij} in K. Das Tupel $(a_{i1}, \dots, a_{in})$ heißt i-te **Zeile** und das Tupel $\begin{pmatrix} a_{1j} \\ \vdots \\ a_{kj} \end{pmatrix}$ j-te **Spalte** der Matrix. Der **Rang** der Matrix A ist der Rang des Tupels der Zeilenvektoren in K^n.

Die Zeilen sind hier die Vektoren v_i. Später werden wir Vektoren meist als Spalten schreiben, aber vorläufig meiden wir die chinesische Anordnung. Die Umformungen (1.2) sind, wie der Name sagt, Umformungen der Zeilen von A.

(1.4) Satz. *Durch Zeilenumformungen* (i, ii, iii) *kann man eine* $(k \times n)$*-Matrix in folgende Gestalt, die* **Zeilenstufenform** *überführen:*

$$S = \begin{array}{cccccccccc|c}
 & j_1 & & j_2 & & j_3 & \cdots & j_l & & \\
0 \cdots 0 & 1 & ? & 0 & ? & 0 & & 0 & ? & & 1 \\
 & 0 & & 1 & ? & 0 & ? & 0 & ? & & 2 \\
 & & & 0 & & 1 & \cdots & 0 & ? & & \\
 & & & & & 0 & & & & & \\
\vdots & \vdots & & \vdots & & \vdots & \ddots & \vdots & ? & & \vdots \\
 & & & & & & & 0 & & & \\
 & & & & & & & 1 & ? & & l \\
 & & & & & & & 0 & \cdots & 0 & \\
 & & & & & & & \vdots & & \vdots & \\
0 \cdots & 0 & \cdots & 0 & \cdots & 0 & \cdots & 0 & \cdots & 0 &
\end{array}$$

(unter der Treppe steht überall 0*)*

Die ersten l *Zeilen bilden dann eine Basis von* $L(v_1, \ldots, v_k)$*, also* $\operatorname{Rang}(A) = l$.

Beweis und Rechenverfahren. Auf das letztere kommt es an, man kann wirklich, nicht nur im Sinne des abstrakten Existenzsatzes. Die Stufenmatrix S hat den Rang l, natürlich nicht mehr, weil nur die ersten l Zeilen $w_1, \ldots, w_l$ nicht verschwinden. Ist nun $u = \sum_i \lambda_i w_i$ eine Linearkombination dieser Zeilen, so ist offenbar λ_i die j_i-te Komponente von u, weil in der j_i-ten Spalte sonst, außer bei w_i, nur Nullen stehen, und bei w_i eine 1. Ist also $u = 0$, so alle $\lambda_i = 0$, d.h. der Rang von S ist l.

Nota. Dies lehrt auch, wie man einen gegebenen Vektor u aus den (ersten l) Zeilen von S linear kombiniert.

Man stellt S her wie folgt. Die j-te Spalte sei die erste, die nicht nur aus Nullen besteht ($j = j_1$).

1) **Heraufbringen:** Ein Zeilentausch (iii) bewirkt $a_{1j} \neq 0$.

2) **Normieren:** Anwenden von (i) bewirkt $a_{1j} = 1$.

3) **Ausräumen:** Durch Ersetzen von v_i durch $v_i - a_{ij} v_1$, $\quad i > 1$, erhält die Matrix bis zur j-ten Spalte die gewünschte Form.

Nun fährt man fort mit der Matrix, die durch Streichen der ersten Zeile entsteht. Beachte, dass im Folgenden die ersten j Spalten unverändert bleiben, weil dort in den Zeilen, mit denen man operiert, nur Nullen stehen. Das Ausräumen 3) wendet man dabei auch auf die erste Zeile an (obwohl das zur Berechnung einer Basis überflüssig ist). So geht es weiter, Zeile für Zeile ... □

Beispiel.

$$\begin{pmatrix} 0 & 2 & 5 & 7 & 3 & 3 \\ 0 & 3 & 6 & 6 & 3 & 3 \\ 0 & 2 & 4 & 4 & 2 & 3 \\ 0 & 1 & 3 & 5 & 2 & 3 \end{pmatrix} \underset{\substack{(2) \to \frac{1}{3}(2) \\ (2) \text{ heraufbringen}}}{\longmapsto} \begin{pmatrix} 0 & 1 & 2 & 2 & 1 & 1 \\ 0 & 2 & 5 & 7 & 3 & 3 \\ 0 & 2 & 4 & 4 & 2 & 3 \\ 0 & 1 & 3 & 5 & 2 & 3 \end{pmatrix}$$

$$\underset{\text{2. Sp. räumen}}{\longmapsto} \begin{pmatrix} 0 & 1 & 2 & 2 & 1 & 1 \\ 0 & 0 & 1 & 3 & 1 & 1 \\ 0 & 0 & 0 & 0 & 0 & 1 \\ 0 & 0 & 1 & 3 & 1 & 2 \end{pmatrix} \underset{\text{3. Sp. räumen}}{\longmapsto}$$

$$\begin{pmatrix} 0 & 1 & 2 & 2 & 1 & 1 \\ 0 & 0 & 1 & 3 & 1 & 1 \\ 0 & 0 & 0 & 0 & 0 & 1 \\ 0 & 0 & 0 & 0 & 0 & 1 \end{pmatrix} \underset{\substack{\text{6. Sp. räumen,} \\ \text{streichen}}}{\longmapsto} \begin{pmatrix} 0 & 1 & 2 & 2 & 1 & 0 \\ 0 & 0 & 1 & 3 & 1 & 0 \\ 0 & 0 & 0 & 0 & 0 & 1 \end{pmatrix}.$$

Man kann noch die erste Zeile durch $(0, 1, 0, -4, -1, 0)$ ersetzen, womit die Stufenform erreicht wird. Der Rang ist 3.

(1.5) Zusatz. Wenn man in dem beschriebenen Verfahren bei jeder Vertauschung der Zeilen auch die ursprünglichen Vektoren $v_1, \ldots, v_k$ entsprechend vertauscht, so bilden am Ende auch die ersten l der so umgeordneten Vektoren $v_1, \ldots, v_k$ eine Basis. Wenn man bei dem Verfahren immer jeweils nur in den nachfolgenden Zeilen die Spalten ausräumt, die vorhergehenden aber unverändert lässt, so beobachtet man allgemeiner, dass die ersten j Zeilen der umgeformten Maxtrix S immer denselben Raum erzeugen, wie die ersten j der entsprechend vertauschten $v_1, \ldots, v_k$. In der Tat, die ersten j Zeilen von S sind Linearkombinationen der ersten j der so umgeordneten v_i's. So kann man auch die **Auswahl** einer Basis von $L(v_1, \ldots, v_k)$ aus den v_i's mit dem Verfahren berechnen. Wir werden jedoch in (4.2) dieses Kapitels ein bequemeres Verfahren zur Auswahl einer Basis kennenlernen.

§2 Lineare Abbildungen

Seien $V, W, \ldots$ Vektorräume über stets demselben Körper K. Sei

$$\operatorname{Hom}(V, W) = \operatorname{Hom}_K(V, W)$$

die Menge der linearen Abbildungen $\varphi : V \to W$ mit folgender Struktur eines Vektorraums über K: Seien $\varphi, \psi \in \operatorname{Hom}(V, W)$.

$$\begin{aligned} (\varphi + \psi)(v) &= \varphi(v) + \psi(v), \\ (\lambda\varphi)(v) &= \lambda \cdot \varphi(v) \quad \text{für} \quad \lambda \in K, \ v \in V. \end{aligned} \tag{2.1}$$

Also: man operiert wie üblich auf den Werten von φ. Hierdurch werden in der Tat lineare Abbildungen, also Elemente $\varphi + \psi$ und $\lambda\varphi$ in $\mathrm{Hom}(V,W)$ erklärt, und $\mathrm{Hom}_K(V,W)$ ist ein Vektorraum über dem Körper K.

Man hat darüber hinaus die **Komposition:**

$$
\begin{aligned}
\mathrm{Hom}(V,W) \times \mathrm{Hom}(U,V) &\underset{\circ}{\rightarrow} \mathrm{Hom}(U,W), \\
(\psi, \varphi) &\mapsto \psi \circ \varphi, \\
U \underset{\varphi}{\rightarrow} V &\underset{\psi}{\rightarrow} W,
\end{aligned} \tag{2.2}
$$

und diese ist **bilinear**, das heißt, es gilt

$$
\begin{aligned}
(\lambda\psi_1 + \mu\psi_2) \circ \varphi &= \lambda \cdot \psi_1 \circ \varphi + \mu \cdot \psi_2 \circ \varphi, \\
\psi \circ (\lambda\varphi_1 + \mu\varphi_2) &= \lambda \cdot \psi \circ \varphi_1 + \mu \cdot \psi \circ \varphi_2
\end{aligned} \tag{2.3}
$$

für alle $\lambda, \mu \in K$, $\varphi, \varphi_1, \varphi_2 \in \mathrm{Hom}(U,V)$, $\psi, \psi_1, \psi_2 \in \mathrm{Hom}(V,W)$. Das erste folgt aus der Definition von $\lambda\psi_1 + \mu\psi_2$, das zweite aus der Linearität von ψ.

Betrachte insbesondere den Fall von **Endomorphismen**, das sind lineare Abbildungen $V \to V$.

$$\mathrm{End}(V) = \mathrm{End}_K(V) := \mathrm{Hom}_K(V,V).$$

(2.4) Satz. $\mathrm{End}_K(V)$ *mit der Addition* (2.1) *und der Komposition* (2.2) *als Multiplikation ist ein* (*für* $\dim V \geq 2$ *nicht kommutativer, siehe* (3.8)) *Ring mit* 1. *Ist* $V \neq 0$, *so hat man eine kanonische Inklusion von Ringen*

$$K \overset{\subseteq}{\rightarrow} \mathrm{End}_K(V), \quad \lambda \mapsto \lambda \cdot \mathrm{id},$$

und fasst K *als Unterring von* $\mathrm{End}_K(V)$ *auf. Die Elemente aus* K *sind mit allen Elementen von* $\mathrm{End}_K(V)$ *vertauschbar:*

$$\lambda \circ \varphi = \varphi \circ \lambda \quad \text{für} \quad \lambda \in K, \quad \varphi \in \mathrm{End}_K(V).$$

Dies sagt: K *ist im* **Zentrum** *von* $\mathrm{End}_K(V)$ *oder* $\mathrm{End}_K(V)$ *ist eine* **Algebra** *über dem Körper* K.

Beweis. Die Axiome der Addition gelten, weil $\mathrm{End}(V)$ ein Vektorraum ist, die Multiplikation als Komposition von Abbildungen ist assoziativ, das Distributivgesetz steht in (2.3), und $K \to \mathrm{End}(V)$ ist injektiv, wenn $0 \neq \mathrm{id}_V = 1 \in \mathrm{End}(V)$. Schließlich ist

$$\lambda \circ \varphi(v) := \lambda \cdot \varphi(v) = \varphi(\lambda \cdot v) = \varphi \circ \lambda(v). \qquad \square$$

Wir nennen also End(V) den **Endomorphismenring** oder die **Endomorphismenalgebra** von V. Sie enthält die Menge der **Automorphismen**, das sind die linearen Isomorphismen $V \to V$, die wir mit

$$\mathrm{Aut}(V) \;=\; \mathrm{Aut}_K(V)$$

bezeichnen, mit der Komposition als Verknüpfung.

(2.5) Satz. $\mathrm{Aut}_K(V)$ *ist eine Gruppe. Sie ist für* $\dim V > 1$ *nicht abelsch* (*siehe* (3.8)). *Für* $V \neq 0$ *liegt* K^* *im Zentrum von* $\mathrm{Aut}_K(V)$.

Das **Zentrum** einer Gruppe G ist die Untergruppe

$$Z \;=\; \{z \in G \mid zg \;=\; gz \quad \text{für alle} \quad g \in G\}.$$

Beweis. Aut(V) ist eine Untergruppe der Permutationsgruppe $S(V)$ der Menge V, denn wenn $\varphi, \psi \in \mathrm{Aut}(V)$, so ist auch $\varphi\psi^{-1} \in \mathrm{Aut}(V)$, und $\mathrm{id} \in \mathrm{Aut}(V)$. □

Dies ist die Gruppe der sämtlichen Symmetrien, im Sinne der Theorie der Vektorräume, des Raumes V, und ein überaus wichtiges Objekt. Ein Spezialfall von $\mathrm{Hom}_K(V, W)$, den wir eigens studieren müssen, entsteht, wenn man $W = K$ wählt.

(2.6) Definition. Der Vektorraum $V^* := \mathrm{Hom}_K(V, K)$ heißt der **Dualraum** von V. Eine lineare Abbildung $\varphi\colon U \to V$ induziert die **duale Abbildung** $\varphi^*\colon V^* \to U^*$, $\alpha \mapsto \alpha \circ \varphi$.

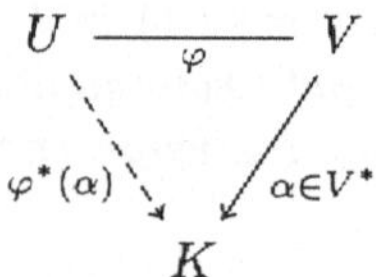

(2.7) Eigenschaften der dualen Abbildung.

(i) φ^* *ist eine lineare Abbildung.*

(ii) *Die Zuordnung* $V \mapsto V^*$, $\varphi \mapsto \varphi^*$ *ist ein* **kontravarianter Funktor**, *d.h.* $(\mathrm{id}_V)^* = \mathrm{id}_{V^*}$, $(\varphi \circ \psi)^* = \psi^* \circ \varphi^*$.

(iii) *Die Zuordnung* $\varphi \mapsto \varphi^*$ *ist linear.*

Beweis. Sei $\lambda, \mu \in K$ und $\alpha, \beta \in V^*$.

(i) $\varphi^*(\lambda\alpha + \mu\beta) = (\lambda\alpha + \mu\beta) \circ \varphi = \lambda\alpha \circ \varphi + \mu\beta \circ \varphi = \lambda\varphi^*(\alpha) + \mu\varphi^*(\beta)$, siehe (2.3).

(ii) $\mathrm{id}^*(\alpha) = \alpha \circ \mathrm{id} = \alpha$ und $(\varphi \circ \psi)^*(\alpha) = \alpha \circ \varphi \circ \psi = \varphi^*(\alpha) \circ \psi = \psi^*(\varphi^*(\alpha))$.

(iii) $(\lambda\varphi + \mu\psi)^*(\alpha) = \alpha \circ (\lambda\varphi + \mu\psi) = \lambda\alpha \circ \varphi + \mu\alpha \circ \psi = \lambda\varphi^*(\alpha) + \mu\psi^*(\alpha)$. □

Folgerung. Ist $\varphi : V \to W$ ein Isomorphismus, so ist auch die duale Abbildung $\varphi^* : W^* \to V^*$ ein Isomorphismus mit $(\varphi^{-1})^* = (\varphi^*)^{-1}$.

Beweis. $\varphi \circ \varphi^{-1} = \mathrm{id}_W \Longrightarrow \mathrm{id}_{W^*} = \mathrm{id}_W^* = (\varphi \circ \varphi^{-1})^* = (\varphi^{-1})^* \circ \varphi^*$ und entsprechend $\varphi^* \circ (\varphi^{-1})^* = \mathrm{id}_{V^*}$. □

Das machen immer die Funktorgleichungen.
Man hat einen **kanonischen Isomorphismus:**

(2.8) $$K \cong K^*$$

(hier der duale Raum von K, nicht die multiplikative Gruppe), welcher $\lambda \in K$ auf die lineare Abbildung $x \mapsto \lambda \cdot x$ aus K^* abbildet. Die Umkehrabbildung bildet $\alpha \in K^*$ auf $\alpha(1) \in K$ ab. Wir wollen entsprechend im Allgemeinen zwischen K und K^* nicht unterscheiden.

Eine Abbildung
$$\varphi : V \to K^n, \quad v \mapsto \big(\varphi_1(v), \ldots, \varphi_n(v)\big),$$
ist linear, genau wenn ihre Komponenten $\varphi_j, \quad j = 1, \ldots, n$, linear sind, also

(2.9) $$\mathrm{Hom}(V, K^n) = \bigoplus_{j=1}^{n} V^*, \quad \varphi \mapsto (\varphi_1, \ldots, \varphi_n).$$

Man hat eine kanonische lineare Abbildung.

(2.10) $$\iota : V \to V^{**}, \quad \iota(v)(\alpha) = \alpha(v).$$

Wir werden sehen, dass dies ein Isomorphismus ist, wenn $\dim V < \infty$. In diesem Fall ist also $V = V^{**}$, identifiziert durch ι. Physiker nennen Vektoren aus V **kontravariant** und Vektoren aus V^* **kovariant**; letztere nennt man auch **Formen** oder **Linearformen**.
Hier ist wohl eine Bemerkung über das Wort "kanonisch" am Platz, das uns schon mehrfach begegnet ist. Vielleicht erwartet mancher eine Definition. Doch diese Erwartung ist nicht berechtigt: Das Wort ist zunächst einfach ein Name. Es mag ja viele Abbildungen $V \to V^{**}$ geben, aber diese bestimmte in (2.10) angegebene Abbildung heißt die kanonische. Freilich vergibt man diesen Namen nicht beliebig. Eine Abbildung, die man kanonisch nennen will, muss eindeutig und ohne zusätzlich erforderliche Auswahlen bestimmt sein, und sie muss in einer allgemeinen Situation immer gegeben sein. Nicht nur etwa für einen bestimmten, sondern für jeden Vektorraum V hat man die lineare Abbildung $V \to V^{**}$ in (2.10). Im übrigen sollte etwas kanonisches nicht trivial und inhaltlos und nicht willkürlich gewählt sein. Aber das alles sind nicht eigentlich mathematische Bedingungen, sondern eher Stil-Erfordernisse für die Vergabe des Namens "kanonisch".

Ist $v \in V$ und $\alpha \in V^*$, so schreibt man $\langle \alpha, v\rangle := \alpha(v) \in K$. Dieses Produkt ist bilinear:

$$(2.11) \qquad \begin{aligned} \langle \lambda\alpha + \mu\beta, v\rangle &= \lambda\langle \alpha, v\rangle + \mu\langle \beta, v\rangle, \\ \langle \alpha, \lambda v + \mu w\rangle &= \lambda\langle \alpha, v\rangle + \mu\langle \alpha, w\rangle. \end{aligned}$$

Das macht ganz sinnfällig, wie $\alpha \in V^*$ auf V wirkt:

$$\alpha : \ V \to K, \quad v \mapsto \langle \alpha, v\rangle,$$

und wie $v \in V$ auf α wirkt, nämlich

$$v : \ V^* \to K, \quad \alpha \mapsto \langle \alpha, v\rangle.$$

Ist $F \subset V^*$ ein Unterraum, so ist der **Orthogonalraum**

$$(2.12) \qquad F^\perp := \{v \in V \mid \langle \alpha, v\rangle = 0 \ \text{ für alle } \alpha \in F\} = \bigcap_{\alpha \in F} \ker(\alpha) \subset V$$

ein Unterraum von V; ist z.B. $\varphi = (\varphi_1, \ldots, \varphi_n) : V \to K^n$ linear, so ist

$$(2.13) \qquad \ker(\varphi) = \bigcap_{j=1}^{n} \ker(\varphi_j) = L(\varphi_1, \ldots, \varphi_n)^\perp.$$

Zu einem Unterraum $U \subset V$ kann man entsprechend den Orthogonalraum

$$U^\perp = \{\alpha \in V^* \mid \langle \alpha, u\rangle = 0 \quad \text{für alle} \quad u \in U\}$$

bilden.

Beispiel. Sei $V = C^\infty(\mathbb{R})$ der Raum der beliebig oft differenzierbaren Funktionen $\mathbb{R} \to \mathbb{R}$. Es gibt viele interessante Elemente von V^*. Ist $d : \mathbb{R} \to \mathbb{R}$ stetig, so ist die Form

$$V \to \mathbb{R}, \quad f \mapsto \int_a^b f(t) \cdot d(t)\, dt$$

in V^*. Aber es gibt andere Elemente (Distributionen), die nicht so entstehen. Sei z.B. $a \in \mathbb{R}$, dann hat man die "Dirac-Funktion"

$$\delta_a : \ V \to \mathbb{R}, \quad f \mapsto f(a),$$

oder ihre Ableitungen $f \mapsto -f'(a), \quad f''(a), \ldots$. In Anführungsstriche gehört eigentlich das Wort "Funktion", denn Physiker tun gern, als entstünde auch diese Form wie oben durch eine sehr seltsame Funktion d, die überall verschwindet außer an der Stelle a, dort ∞ ist und das Integral 1 hat. Wenn das auch so nicht haltbar ist, so hilft diese Erklärung doch oft zur rechten Anschauung.

§3 Matrizen

Basen vermitteln den Übergang von einem n-dimensionalen Vektorraum im Allgemeinen, zu dem ganz bestimmten und konkreten Raum K^n der n-Tupel mit Komponenten in K:

Nun haben wir auf der abstrakten Seite:

$$\mathrm{Hom}(V,W), \quad \mathrm{End}(V), \quad \mathrm{Aut}(V), \quad V^*, \quad F^\perp, \quad \iota: V \to V^{**}.$$

Und auf der konkreten Seite? Das erkläre ich jetzt.

Sei ein Körper K fest gegeben, und sei

$$M(k \times n, K) = M(k \times n)$$

der Vektorraum der $(k \times n)$-Matrizen

$$A = (a_{ij}) = \begin{pmatrix} a_{11} & \dots & a_{1n} \\ \vdots & & \vdots \\ a_{k1} & \dots & a_{kn} \end{pmatrix}$$

mit Koeffizienten in K, mit komponentenweiser Operation

$$\lambda \cdot (a_{ij}) = (\lambda a_{ij}), \quad (a_{ij}) + (b_{ij}) = (a_{ij} + b_{ij}).$$

Also $M(k \times n) = K^{n \cdot k}$ als Vektorraum, mit neuer Anordnung der Komponenten.

(3.1) Das Matrizenprodukt $M(m \times n) \times M(n \times k) \to M(m \times k)$ ordnet dem Paar von Matrizen $A = (a_{ij})$, $B = (b_{jl})$ die Matrix $A \cdot B = C = (c_{il})$ zu, mit

$$c_{il} = \sum_{j=1}^{n} a_{ij} \cdot b_{jl}.$$

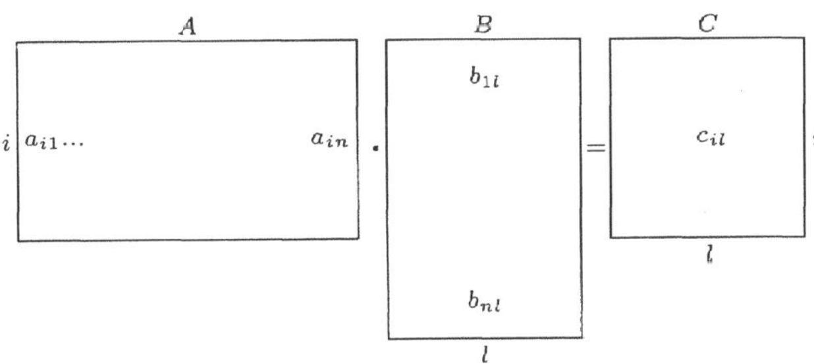

Also: c_{il} berechnet man wie ein Standard-Skalarprodukt der i-ten Zeile von A mit der l-ten Spalte von B.

Jetzt (und fortan) schreiben wir **Vektoren** aus K^n als **Spalten**, also demnach $K^n = M(n \times 1, K)$. Setzt man $k = 1$, so erhält man das Produkt

(3.2) $$M(m \times n) \times K^n \to K^m, \quad (A, x) \mapsto A \cdot x = Ax.$$

Also: Ax hat die i-te Komponente

$$(Ax)_i = \sum_j a_{ij} x_j,$$

das Standard-Skalarprodukt der i-ten Zeile von A mit x. Bezeichnet wieder e_j den j-ten Standard-Basisvektor, so stellt man insbesondere fest, dass Ae_j die j-te Spalte der Matrix ist.

(3.3) Merke. *In den Spalten von A stehen die Bilder der Standard-Basisvektoren bei der Abbildung $x \mapsto A \cdot x$.*

Das muss man auswendig lernen!

Das also ist das Konkrete, und jetzt wollen wir sehen, wie es mit dem Abstrakten zusammenhängt.
Eine Basis soll vermitteln, und ich erinnere noch einmal an folgenden
Grundsatz. Die linearen Abbildungen $\varphi : K^n \to V$ entsprechen eindeutig den n-Tupeln von Vektoren aus V, durch

$$\begin{aligned} \varphi &\mapsto (v_1 = \varphi(e_1), \ldots, v_n = \varphi(e_n)) \\ (v_1, \ldots, v_n) &\mapsto (\varphi : x \mapsto \sum_j x_j v_j). \end{aligned}$$

Insbesondere entsprechen so die Isomorphismen $\varphi : K^n \to V$ den Basen von V.

Wollen wir jetzt eine lineare Abbildung $\alpha : V \to W$ endlich-dimensionaler Vektorräume explizit durch Basen beschreiben, so wählen wir Basen, also Isomorphismen

(3.4) $$\begin{array}{ccc} V & \xrightarrow[\alpha]{} & W \\ {\scriptstyle \varphi_1}\downarrow & & \downarrow{\scriptstyle \varphi_2} \\ K^n & \xrightarrow[A]{} & K^m, \end{array} \qquad A = \varphi_2 \circ \alpha \circ \varphi_1^{-1},$$

und es kommt darauf an, die lineare Abbildung $A : K^n \to K^m$ explizit anzugeben, die sagt, wie die Komponenten bezüglich der gewählten Basen transformiert werden.

(3.5) Satz. (i) *Man hat einen kanonischen Isomorphismus*

$$M(m\times n,K)\ \cong\ \mathrm{Hom}_K(K^n,K^m),$$

der einer $(m\times n)$-Matrix A die lineare Abbildung $x\mapsto A\cdot x$ zuordnet. Wir bezeichnen fortan eine lineare Abbildung $K^n\to K^m$ durch ihre Matrix und lesen den Isomorphismus als Gleichung.
(ii) *Der Zusammensetzung von linearen Abbildungen entspricht unter dem Isomorphismus das Produkt der zugehörigen Matrizen:*

$$\begin{array}{ccccccc} K^n & \xrightarrow{A} & K^m & \xrightarrow{B} & K^p & & \\ x & \mapsto & Ax & \mapsto & B(Ax) & = & (BA)x. \end{array}$$

Beweis. (i) Eine lineare Abbildung $\psi: K^n\to K^m$, das lehrt der Grundsatz, ist durch die Bilder der Standard-Basisvektoren festgelegt:

$$\psi(e_j)\ =\ \sum_i a_{ij}e_i',\qquad e_j\in K^n,\quad e_i'\in K^m.$$

Diese, also die a_{ij}, kann man beliebig wählen. Dann ist

$$\begin{aligned}\psi(x)\ &=\ \psi(\sum_j x_je_j)\ =\ \sum_j x_j\psi(e_j)\ =\ \sum_j x_j\sum_i a_{ij}e_i'\\ &=\ \sum_i(\sum_j a_{ij}x_j)e_i'\ =\ A\cdot x,\quad \text{mit}\quad A\ =\ (a_{ij}).\end{aligned}$$

(ii) Wie das Diagramm zeigt, ist die Assoziativität des Matrizenprodukts nachzurechnen. Sei $A=(a_{ij})$, $B=(b_{ki})$, $BA=C=(c_{kj})$, dann ist

$$\begin{aligned}(Ax)_i\ &=\ \sum_j a_{ij}x_j,\ \big(B(Ax)\big)_k\ =\ \sum_i b_{ki}(Ax)_i\ =\ \sum_{i,j}b_{ki}a_{ij}x_j\\ &=\ \sum_j(\sum_i b_{ki}a_{ij})x_j\ =\ \sum_j c_{kj}x_j\ =\ (Cx)_k\ =\ \big((BA)x\big)_k.\qquad\square\end{aligned}$$

Was wir über lineare Abbildungen wissen, überträgt sich jetzt auf Matrizen, ohne dass man noch mit Indices wirtschaften müsste, und umgekehrt kann man mit Matrizen über lineare Abbildungen argumentieren. Zum Beispiel gilt nach (2.3) für Matrizen, wenn die entsprechenden Summen und Produkte definiert sind (die Summen nur bei gleicher Zeilen- und Spaltenzahl!):

$$\text{(3.6)}\qquad \begin{aligned}(\lambda A+\mu B)\cdot C\ &=\ \lambda\cdot AC+\mu\cdot BC,\\ A\cdot(\lambda B+\mu C)\ &=\ \lambda\cdot AB+\mu\cdot AC\\ (AB)C\ &=\ A(BC).\end{aligned}$$

(3.7) Satz. *Sei $n>0$. Dann ist $\mathrm{End}_K(K^n)=M(n\times n,K)$ eine Algebra mit 1 über K, und $\mathrm{Aut}_K(K^n)=GL(n,K)$ ist eine Gruppe, die Gruppe der* ***invertierbaren*** *$(n\times n)$-Matrizen.*

Auch wollen wir jetzt nachtragen, was wir schon angekündigt haben:

(3.8) Bemerkung. *Ist* $\dim V \geq 2$, *so sind* End V *und* Aut V *nicht kommutativ.*

Beweis. Für $n = 2$:

$$\begin{pmatrix}1&1\\0&1\end{pmatrix}\cdot\begin{pmatrix}0&1\\1&0\end{pmatrix}=\begin{pmatrix}1&1\\1&0\end{pmatrix},\quad \begin{pmatrix}0&1\\1&0\end{pmatrix}\cdot\begin{pmatrix}1&1\\0&1\end{pmatrix}=\begin{pmatrix}0&1\\1&1\end{pmatrix}.$$

Für $n > 2$ ist $K^n = K^2 \oplus K^{n-2}$ und man betrachtet lineare Automorphismen der Form $(x, y) \mapsto (Ax, y)$. □

Verwandelt man eine lineare Abbildung $\alpha : V \to W$ durch Einführen von Basen nach (3.4) in $A : K^n \to K^m$, so nennen wir A die **Matrix von α bezüglich der Basen** oder auch α **in Koordinaten**. Man findet A nach dem Merksatz (3.3), in Formeln:

$$A = (a_{ij}), \quad Ae_j = \sum_i a_{ij}e'_i. \tag{3.9}$$

Zur Identität von V gehört für jede Basis die Matrix

$$E = (\delta_{ij}) = \begin{pmatrix}1&&\\&\ddots&\\&&1\end{pmatrix} \text{(weiße Stellen sind 0).}$$

(3.10) Definition. *Der* **Rang** *einer linaren Abbildung* α *ist*

$$\mathrm{Rg}(\alpha) = \dim \mathrm{im}(\alpha).$$

Natürlich ist $\mathrm{Rg}(\alpha) = \mathrm{Rang}(A) =$ Dimension des von den Spalten von A aufgespannten Vektorraums, wenn A die Matrix von α für irgendwelche Basen ist.

(3.11) Rangsatz. *Sei* $\alpha : V \to W$ *eine lineare Abbildung vom Rang* k *zwischen endlich-dimensionalen Vektorräumen. Dann kann man Basen von* V *und* W *so wählen, dass* α *in Koordinaten durch*

$$\begin{pmatrix}x_1\\ \cdot\\ \cdot\\ \cdot\\ x_n\end{pmatrix} \mapsto \begin{pmatrix}x_1\\ \vdots\\ x_k\\ 0\\ \vdots\\ 0\end{pmatrix} \qquad A = \begin{pmatrix}1&&&\\&\ddots&&\\&&1&\\&&&\end{pmatrix} \text{ (weiße Stellen sind 0)}$$

gegeben ist. Mit anderen Worten: Man hat Isomorphismen

$$\varphi : V \xrightarrow{\cong} U \oplus V', \quad \psi : W \xrightarrow{\cong} U \oplus W',$$

so dass folgendes Diagramm kommutativ ist:

$$\begin{array}{ccc} V & \xrightarrow{\alpha} & W \\ \cong \downarrow \varphi & & \cong \downarrow \psi \\ U \oplus V' & \xrightarrow{\tilde{\alpha}} & U \oplus W', \end{array} \qquad \text{d.h.} \quad \tilde{\alpha} \circ \varphi = \psi \circ \alpha.$$

$$(u, v') \mapsto (u, 0)$$

Beweis. Sei $V' = \ker(\alpha)$ und U ein Komplement in V, dann ist $V = U \oplus V'$. Das definiert den Isomorphismus φ. Sei W' ein Komplement von $\mathrm{im}(\alpha)$ in W, dann ist $W = \mathrm{im}(\alpha) \oplus W'$ und α induziert einen Isomorphismus $U \to \mathrm{im}(\alpha)$. Definiere damit den Isomorphismus

$$\begin{aligned} \psi : W &= \mathrm{im}(\alpha) \oplus W' \xrightarrow{\cong} U \oplus W' \\ \text{durch} \quad (x, w') &\mapsto (\alpha|U)^{-1}x + w'. \end{aligned}$$

Für $v = u + v'$ aus V mit $u \in U$ und $v' \in V'$ ist dann

$$\psi\alpha(u + v') = \psi\alpha(u) = u.$$

Wählt man jetzt Basen von U, V' und W', und setzt sie zu Basen von $V = U \oplus V'$ und $W = U \oplus W'$ zusammen, so ergibt sich die behauptete Darstellung in Koordinaten. □

Wir wollen dasselbe nochmals direkt mit Basen sagen: Wähle eine Basis $(v_1, \ldots, v_n)$ von V, so dass $(v_{k+1}, \ldots, v_n)$ eine Basis von $\ker(\alpha)$ ist. Wähle eine Basis $(w_1, \ldots, w_m)$ von W, so dass

$$w_1 = \alpha(v_1), \ldots, w_k = \alpha(v_k).$$

Dann ist $\alpha(v_j) = w_j$ für $j \leq k$ und $\alpha(v_j) = 0$ für $j > k$. Es ist

$$V' = L(v_{k+1}, \ldots, v_n), \quad W' = L(w_{k+1}, \ldots, w_m).$$

Nun zum Dualraum. Sei $(v_1, \ldots, v_n)$ eine Basis von V. Die Elemente $v_1^*, \ldots, v_n^* \in V^*$ seien durch

$$v_i^*(v_j) = \delta_{ij}, \quad \text{Kroneckersymbol},$$

gegeben, also mit anderen Worten: $v_i^*(\sum\limits_j \lambda_j v_j) := \lambda_i$.

(3.12) Satz. *Das Tupel* $(v_1^*, \ldots, v_n^*)$ *ist eine Basis von* V^* *und heißt die zu* $(v_1, \ldots, v_n)$ **duale Basis**.

Beweis. Das Tupel ist linear unabhängig, denn ist

$$\sum_{i=1}^{n} \lambda_i v_i^* = 0, \quad \text{so} \quad \sum_{i=1}^{n} \lambda_i v_i^*(v_j) = \lambda_j = 0$$

für alle j. Es ist erzeugend, denn ist $\alpha : V \to K$ linear und $\alpha(v_i) = \lambda_i$, so ist $\alpha = \sum_i \lambda_i v_i^*$, weil beide Seiten auf jedem Basiselement v_j den gleichen Wert λ_j liefern. □

(3.13) Folgerung. *Ist* dim $V < \infty$, *so ist* $V \cong V^*$ *und die kanonische Abbildung* $\iota : V \to V^{**}$ *ist ein Isomorphismus, denn die Basis* $(v_1, \ldots, v_n)$ *ist dual zu* $(v_1^*, \ldots, v_n^*)$. □

Beachte, dass der Isomorphismus $V \cong V^*$ unkanonisch ist: Er hängt von der jeweiligen Wahl einer Basis ab. In einer abstrakten Situation kann man nicht einfach Vektoren in V als **Formen** (wie man es auch nennt) in V^* auffassen.

Betrachte eine lineare Abbildung $\alpha : V \to W$ in Basen $(v_1, \ldots, v_n)$ von V und $(w_1, \ldots, w_m)$ von W. Sei

(i) $$\alpha(v_j) = \sum_i a_{ij} w_i, \quad (a_{ij}) = A \quad \text{Matrix von} \quad \alpha.$$

Anwenden von w_k^* ergibt:
$(\alpha^* w_k^*)(v_s) := w_k^*(\alpha(v_s)) = \sum_i a_{is} w_k^*(w_i) = a_{ks} = \sum_j a_{kj} v_j^*(v_s)$,
also, wenn wir im Ergebnis k durch i ersetzen,

(ii) $$\alpha^*(w_i^*) = \sum_j a_{ij} v_j^*$$

Und dazu gehört die Matrix? Nicht (a_{ij}), denn wenn man (i) und (ii) genau inspiziert, sieht man, dass man nicht über den gleichen Index summiert! In der Matrix muss der Index, über den man summiert, vorne stehen:

(3.14) Satz. *Hat* α *bezüglich Basen die Matrix* $A = (a_{ij})$, *so gehört zur dualen Abbildung* α^* *bezüglich der dualen Basen die* **transponierte** *Matrix* ${}^tA = (a_{ji})$, *die aus* A *durch* **Spiegeln an der Hauptdiagonalen** *hervorgeht, d.h. die* i*-te Zeile von* A *ist die* i*-te Spalte von* ${}^tA$. □

Aus den Funktoreigenschaften (2.7) ergibt sich also konkret

$${}^t(A \cdot B) = {}^tB \cdot {}^tA.$$

(3.15) Folgerung. $\mathrm{Rg}(\alpha) = \mathrm{Rg}(\alpha^*)$, *Zeilenrang = Spaltenrang.*

Das heißt: Der von den Zeilen einer Matrix aufgespannte Raum hat gleiche Dimension wie der von den Spalten aufgespannte Raum.

Beweis. Die erste Formel hat nichts mit Basen zu tun, wir dürfen also die Basen von V, W passend wählen, und wählen sie nach dem Rangsatz. Für die dortige Matrix A ist offenbar $\mathrm{Rg}(A) = \mathrm{Rg}({}^tA)$, also

$$\mathrm{Rg}(\alpha) \;=\; \mathrm{Rg}(A) \;=\; \mathrm{Rg}({}^tA) \;=\; \mathrm{Rg}(\alpha^*).$$

Das Weitere folgt aus dieser Formel und (3.14). □

Wir wissen, dass der Zeilenrang einer Matrix unter Zeilenumformungen (1.2) invariant bleibt, und analog bleibt der Spaltenrang unter entsprechenden Spaltenumformungen invariant. Weil aber beides gleich ist, bleibt der Rang einer Matrix unter Zeilen- und Spaltenumformungen, mit denen man beliebig abwechseln darf, invariant. Das kann die Rangberechnung sehr vereinfachen.
Während die Spalten der Matrix $A \in M(m \times n)$ Elemente von K^m sind, die Bilder der Basisvektoren, kann man die Zeilen als Elemente von K^{n*} sehen. Die i-te Zeile definiert ja die Abbildung

$$K^n \to K, \quad x \mapsto \sum_j a_{ij}x_j \in K.$$

Eine Linearform $\alpha : K^n \to K$ ist eben durch eine $(1 \times n)$-Matrix, eine Zeile, gegeben, und eine lineare Abbildung $K^n \to K^m$ durch m Zeilen, die Matrix. Die Koeffizienten der Zeile sind gerade die Koeffizienten der Linearform bezüglich der dualen Basis $e_1^*, \ldots, e_n^*$.
Bezeichnen wir die i-te Zeile durch $\alpha_i : K^n \to K$, so ist

$$\ker(A) \;=\; \bigcap_{i=1}^{m} \ker(\alpha_i) \;=\; L(\alpha_1, \ldots, \alpha_m)^{\perp},$$

$$\mathrm{Rg}(A) \;=\; \dim\; L(\alpha_1, \ldots, \alpha_m).$$

Die Formel $\dim\; \mathrm{im}(A) + \dim\; \ker(A) = n$ in I, (5.3) sagt also

(3.16) $$\dim\; L(\alpha_1, \ldots, \alpha_m) + \dim\; L(\alpha_1, \ldots, \alpha_m)^{\perp} \;=\; n.$$

Ist V irgendein Vektorraum der Dimension n und $F \subset V^*$ von $\alpha_1, \ldots, \alpha_m$ erzeugt, so ist ja $V \cong K^n$, wir dürfen die Formel anwenden, und sie sagt

(3.17) $$\dim\; F + \dim\; F^{\perp} \;=\; \dim\; V.$$

Eine Basis, also ein Isomorphismus $V \cong K^n$, legt zugleich einen Isomorphismus $V^* \cong K^n$ fest, durch die duale Basis. Insbesondere hat man die Standardbasis von K^n und damit einen ausgezeichneten Isomorphismus

(3.18) $$K^n \to K^{n*}, \quad x \mapsto {}^tx.$$

Dieser Isomorphismus bildet e_i auf e_i^* ab, und e_i^* beschreiben wir in Koordinaten durch die Transponierte von e_i, den i-ten Standard-Zeilenbasisvektor. Daher ist (3.18), wie notiert, allgemein durch Transposition gegeben.
Wir können jetzt, um uns dem üblichen Satzbild besser anzupassen, gelegentlich auch Spalten durch ${}^t(x_1, \ldots, x_n)$ notieren.

Schließlich, wenn man irgend etwas, und insbesondere Abbildungen, bezüglich Basen beschreibt, muss man auch sagen: Was geschieht, wenn man die Basen wechselt?

(3.19) Basistransformation.

Angenommen, man hat zwei Basen von V und nach I, (4.3) zugehörige Isomorphismen φ_1 und φ_2:

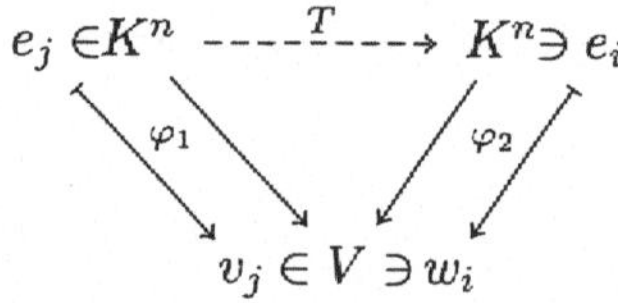

Der Isomorphismus $T := \varphi_2^{-1} \circ \varphi_1$ heißt **Basistransformation** zwischen φ_1 bzw. $(v_1, \ldots, v_n)$ und φ_2 bzw. $(w_1, \ldots, w_n)$. Angenommen,

$$v_j = \sum_i t_{ij} w_i, \quad t_{ij} \in K,$$

eine solche Darstellung muss es ja geben, dann ist

$$Te_j = \varphi_2^{-1}(v_j) = \sum_i t_{ij} \varphi_2^{-1}(w_i) = \sum_i t_{ij} e_i.$$

Also: nach dem Merksatz ist die Basistransformation T durch die Matrix (t_{ij}) gegeben.

Nach Einführen von Basen wird nun eine lineare Abbildung durch eine Matrix, also eine lineare Abbildung $A : K^n \to K^m$, beschrieben. Transformationen der Basen beider Räume wie oben sind durch Isomorphismen T_1, T_2 gegeben:

$$K^n \underset{T_1}{\overset{\cong}{\longrightarrow}} K^n \underset{A}{\longrightarrow} K^m \underset{T_2}{\overset{\cong}{\longleftarrow}} K^m,$$

und sie überführen A, die Matrix für die ursprünglichen Basen, in

$$T_2^{-1} A \, T_1,$$

die Matrix für die neuen Basen.

Welche Eigenschaften von A bleiben unter solchen beidseitigen Transformationen invariant und sind somit unabhängig von der Wahl von Basen? Nur der Rang — das sagt der Rangsatz. Er gibt ja, bei Wahl geeigneter Basen, eine Gestalt von A an, die nur vom Rang abhängt.

Schwieriger wird es, wenn man Endomorphismen $\alpha : V \to V$ betrachtet, und natürlich nur eine Basis wählt, vorn und hinten dieselbe. Das wird das wichtigste Thema der Vorlesung.

§4 Lineare Gleichungssysteme

Hier wollen wir wieder auf die expliziten Rechenverfahren des ersten Paragraphen dieses Kapitels zurückkommen.

Eine $(k \times k)$-Matrix (**quadratische** Matrix) heißt **regulär** oder **invertierbar**, wenn sie den Rang k hat, also als lineare Abbildung ein Isomorphismus ist.

(4.1) Bemerkung. *Die $(m \times n)$-Matrix $A = (a_{ij})$ hat den Rang $\geq k$ genau dann, wenn es*

$$1 \leq i_1 < i_2 < \ldots < i_k \leq m, \quad 1 \leq j_1 < j_2 < \ldots < j_k \leq n$$

gibt, so dass die $(k \times k)$-Matrix

$$\tilde{A} = (a_{ij}), \quad i \in \{i_1, \ldots, i_k\}, \quad j \in \{j_1, \ldots, j_k\}$$

*regulär ist. Der Rang A ist also das maximale k, so dass aus A durch Streichen von Zeilen und Spalten eine reguläre $(k \times k)$-**Untermatrix** $\tilde{A}$ entsteht.*

Beweis. Hat $\tilde{A}$ den Rang k, also unabhängige Spalten, so sind erst recht die Spalten zum Index $j_1, \ldots, j_k$ von A unabhängig, also Rg $(A) \geq k$. Ist Rg $(A) \geq k$, so wähle $j_1, \ldots, j_k$, so dass die entsprechenden Spalten unabhängig sind, streiche die übrigen Spalten und wähle $i_1, \ldots, i_k$, so dass bei der verbliebenen Matrix die entsprechenden Zeilen unabhängig sind. □

(4.2) Auswahl einer Basis. Schreibe $v_1, \ldots, v_n \in K^m$ als **Spalten** einer Matrix A und bringe diese durch **Zeilenumformungen** in Zeilenstufenform:

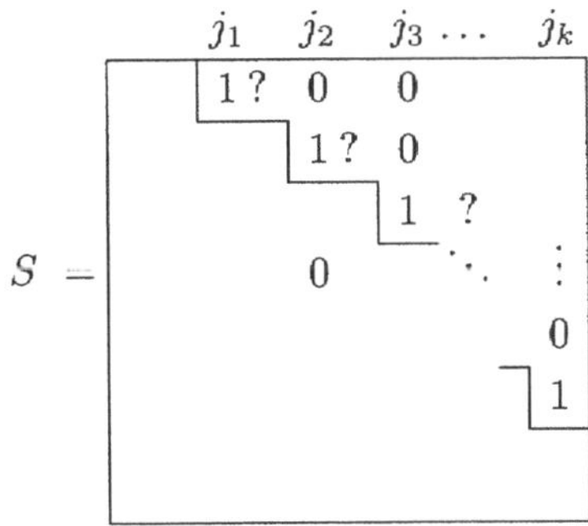

Die Spalten Nr. $j_1, \ldots, j_k$ sind in S linear unabhängig; die Matrix $\widetilde{S}$ dieser Spalten hat also den Rang k und geht aus der Matrix der entsprechenden Spalten von A durch Zeilenumformung hervor, also bilden die Vektoren $(v_j \mid j \in \{j_1, \ldots, j_k\})$ eine Basis von $L(v_1, \ldots, v_n)$.

Warnung. Die Spalten Nr. $j_1, \ldots, j_k$ von S bilden im Allgemeinen **keine** Basis von $L(v_1, \ldots, v_n)$.

(4.3) Bemerkung. *Die Zeilenstufenmatrix ist eindeutig durch den von den Zeilen erzeugten Unterraum von* K^n *bestimmt. Will man also entscheiden, ob* $L(v_1, \ldots, v_n) = L(w_1, \ldots, w_s)$, *so bringt man die Matrizen mit Zeilen* $v_1, \ldots, v_k$ *bzw.* $w_1, \ldots, w_s$ *durch Zeilenumformung in Zeilenstufenform.*

Beweis. Sei U der Unterraum und $p_j : U \to K^j$ die **Projektion** auf den Raum K^j der ersten j Koordinaten:

$$p_j : (x_1, \ldots, x_n) \mapsto (x_1, \ldots, x_j).$$

Dann sind die Stufen an den Stellen j, wo $\dim p_j(U) > \dim p_{j-1}(U)$, daher ist die Sequenz $j_1, \ldots, j_k$ durch U bestimmt. Sind also $(a_1, \ldots, a_k)$ bzw. $(b_1, \ldots, b_k)$ Basen von U in Zeilenstufenform, und ist $a_j = \sum\limits_i \lambda_i b_i$, so ist λ_i der Koeffizient von a_j an der Stelle j_i. Das ist aber δ_{ij}, also $a_j = b_j$. □

(4.4) Definition. Ein **lineares Gleichungssystem** mit Koeffizienten in K ist ein System von Gleichungen der Gestalt

$$\begin{aligned} a_{11}\, x_1 + a_{12}\, x_2 + \cdots + a_{1n}\, x_n &= b_1. \\ &\vdots \\ a_{m1} x_1 + a_{m2} x_2 + \cdots + a_{mn} x_n &= b_m, \quad a_{ij}, b_i \in K. \end{aligned}$$

Es heißt **homogen**, wenn $b_1 = \ldots = b_m = 0$, und im Allgemeinen **inhomogen**. Eine **Lösung** ist ein n-Tupel ${}^t(\xi_1, \ldots, \xi_n) \in K^n$, so dass die Gleichungen für $x_1 = \xi_1, \ldots, x_n = \xi_n$ erfüllt sind.

In Matrizenschreibweise bedeutet das

$$A \cdot x = b, \quad A \in M(m \times n), \quad b \in K^m.$$

Das System ist homogen, wenn $b = 0$, und eine Lösung ist ein Vektor $\xi \in K^n$, so dass $A \cdot \xi = b$.

(4.5) Satz. *Die Lösungen von* $A \cdot x = 0$ *bilden einen Unterraum von* K^n, *nämlich den Unterraum* $\ker(A)$, *und*

$$\dim \ker(A) + \operatorname{Rg}(A) = n.$$

Die Lösungsmenge von $Ax = b$ ist leer oder ein affiner Raum zum Unterraum $\ker(A)$*. Das inhomogene System hat genau dann eine Lösung, wenn gilt*

$$\mathrm{Rg}\,(A) \;=\; \mathrm{Rg}\,(A|b),$$

*wobei die Matrix $A|b$ aus A durch Anfügen der Spalte b entsteht (***erweiterte Matrix** *des inhomogenen Systems).*

Beweis. Das erste und die Dimensionsgleichung wissen wir schon (3.17). Die Lösungsmenge von $Ax = b$ ist entweder leer oder eine Klasse $\xi + \ker(A)$ — siehe I, (2.6). Ist a_j die j-te Spalte von A, so liefert eine Lösung der inhomogenen Gleichung Skalare $\xi_1, \ldots, \xi_n$, so dass

$$\xi_1 a_1 + \ldots + \xi_n a_n \;=\; b,$$

sie existiert also genau, wenn b Linearkombinationen von $a_1, \ldots, a_n$ ist. Das zeigt das Letzte. □

Das Letzte kann man auch so sagen: Dass $A \cdot x = b$ eine Lösung hat, besagt, dass b im Bild von A liegt. Und dieses Bild wird von den Spalten von A erzeugt. Es gibt also genau dann eine Lösung, wenn b eine Linearkombination der Spalten von A ist.

(4.6) Berechnen einer Lösungsbasis des homogenen Systems, d.h. einer Basis von $\ker(A)$. Es seien $\alpha_1, \ldots, \alpha_m$ die Zeilen von A,

$$\alpha_i \;=\; (\alpha_{i1}, \ldots, \alpha_{in}), \qquad \alpha_i : K^n \to K, \qquad \text{also} \quad \alpha_i \in K^{n*}.$$

Bringe A durch Zeilenumformungen (1.2) in Zeilenstufenform S. Das Gleichungssystem $Sx = 0$ hat den gleichen Lösungsraum wie $Ax = 0$, denn wenn S die Zeilen $\sigma_1, \ldots, \sigma_m$ hat, so ist

$$\ker(A) = \bigcap_i \ker(\alpha_i) = L(\alpha_1, \ldots, \alpha_m)^\perp = L(\sigma_1, \ldots, \sigma_m)^\perp = \ker(S).$$

Wir betrachten also jetzt eine Matrix in Zeilenstufenform:

$$S = \begin{array}{|cccccc|} \multicolumn{1}{c}{} & j_1 & j_2 & j_3 & \cdots & \multicolumn{1}{c}{j_k} \\ \hline & 1\,? & 0 & 0 & & 0 \\ & & 1\,? & 0 & & \\ & & & 1 & & \\ & & & 0 & \ddots & ? \\ & & & & & 0 \\ & & & & & 1 \\ & & & & & \\ \hline \end{array} \qquad \begin{array}{c} Sx \;=\; 0 \iff \\ \begin{pmatrix} x_{j_1} \\ \vdots \\ x_{j_k} \end{pmatrix} = -B \cdot \begin{pmatrix} x_{r_1} \\ \vdots \\ x_{r_{n-k}} \end{pmatrix}. \end{array}$$

Die Matrix B entstehe aus den ersten k Zeilen von S durch Weglassen der Spalten zum Index $j_1, \dots, j_k$ und der letzten $m-k$ Zeilen (die sowieso 0 sind). Die verbliebenen Indices seien $r_1, \dots, r_{n-k}$, also

$$\{j_1, \dots, j_k\} \cup \{r_1, \dots, r_{n-k}\} = \{1, \dots, n\}.$$

Dann ist $Sx = 0$ äquivalent zur oben angegebenen Gleichung. Setzt man rechts den i-ten Standard-Basisvektor von K^{n-k} ein, so erhält man den Basisvektor des Lösungsraums

$$\begin{pmatrix} x_{r_1} \\ \vdots \\ x_{r_{n-k}} \end{pmatrix} = e_i \in K^{n-k}, \quad \begin{pmatrix} x_{j_1} \\ \vdots \\ x_{j_k} \end{pmatrix} = i\text{-te Spalte von } -B.$$

Für $i = 1, \dots, n-k$ ergibt sich so eine Lösungsbasis.

(4.7) Lösen des inhomogenen Systems. Man bringt die erweiterte Matrix $A|b$ durch Zeilenumformungen in Zeilenstufenform $S|s$. Offenbar gilt wieder: $Ax = b \iff Sx = s$. Die Umformungen führen zu äquivalenten Gleichungen. Ist die Rangbedingung des Satzes erfüllt und $s = {}^t(s_1, \dots, s_m)$, so ist $s_{k+1} = \dots = s_m = 0$. Setze $x_j = 0$ für $j \notin \{j_1, \dots, j_k\}$ und $(x_{j_1}, \dots, x_{j_k}) = (s_1, \dots, s_k)$, das ist eine Lösung.

Natürlich löst man die homogene und die inhomogene Gleichung auf einmal, indem man $A|b$ auf Zeilenstufenform bringt.

(4.8) Bemerkung. *Jeder Unterraum $U \subset K^n$ ist Lösungsraum eines homogenen Gleichungssystems.*

Beweis. Wähle ein Komplement V, also $U \oplus V = K^n, V \cong K^m$, dann ist U der Kern von $K^n = U \oplus V \underset{\text{pr}}{\longrightarrow} V \cong K^m$. □

Eine reguläre $(n \times n)$-Matrix A ist ein Isomorphismus $K^n \to K^n$, und besitzt einen wohlbestimmten Inversen. Es gibt also eine eindeutig bestimmte **inverse Matrix** A^{-1}, so dass $A \cdot A^{-1} = A^{-1}A = E$. Diese inverse Matrix berechnet man so: Wir suchen die Lösung $X \in GL(n, K)$ der Gleichung $A \cdot X = E$. Für die Spalten x_i von X bedeutet das

$$Ax_i = e_i, \quad x_i = {}^t(x_{1i}, \dots, x_{ni}) \in K^n.$$

Dies ist ein inhomogenes Gleichungssystem für x_i mit erweiterter Matrix

$$A \mid e_i,$$

das wir lösen können, weil schon $\mathrm{Rg}\,(A) = n = \mathrm{Rg}\,(A|e_i)$. Am Ende der Umformung auf Zeilenstufenform steht E an der Stelle von A und die gesuchte Lösung x_i an der Stelle von e_i. Führt man das für die Spalten $x_1, \dots, x_n$ zugleich durch, so ergibt sich das Verfahren zur

(4.9) Berechnung von A^{-1}. Setze die Matrizen A und $E = (\delta_{ij})$ nebeneinander:

$$A \mid E,$$

und mache mit dieser Matrix Zeilenumformungen, so dass an die Stelle von A die Einheitsmatrix E tritt. Dann steht an der Stelle von E die Matrix A^{-1}.

Beispiel.

$$\begin{pmatrix} 1 & 1 & 1 \\ 1 & 2 & 3 \\ 1 & 2 & 2 \end{pmatrix} \cdot \begin{pmatrix} 2 & 0 & -1 \\ -1 & -1 & 2 \\ 0 & 1 & -1 \end{pmatrix} = \begin{pmatrix} 1 & 0 & 0 \\ 0 & 1 & 0 \\ 0 & 0 & 1 \end{pmatrix}.$$

Bisher haben wir die Zeilen- und Spaltenumformungen als ein handwerkliches Rechenverfahren gesehen, das sich etwas unschön neben den reinen Existenz- und Strukturaussagen der allgemeinen Theorie ausnimmt. Jetzt wollen wir das Verfahren noch einmal mit reinen Augen betrachten.

Man kommt aus mit folgenden beiden

(4.10) Zeilenumformungen

(i) $v_j \mapsto \lambda v_j, \quad \lambda \neq 0.$

(ii) $v_j \mapsto v_i + v_j, \quad i \neq j.$

Beweis. Man erreicht $v_j \mapsto v_j + \lambda v_i, \quad \lambda \neq 0, \quad i \neq j$, durch die Sequenz

$$\begin{pmatrix} v_j \\ v_i \end{pmatrix} \underset{\text{(i)}}{\mapsto} \begin{pmatrix} v_j \\ \lambda v_i \end{pmatrix} \underset{\text{(ii)}}{\mapsto} \begin{pmatrix} v_j + \lambda v_i \\ \lambda v_i \end{pmatrix} \underset{\text{(i)}}{\mapsto} \begin{pmatrix} v_j + \lambda v_i \\ v_i \end{pmatrix},$$

und die Vertauschung von v_j und v_i durch

$$\begin{pmatrix} v_i \\ v_j \end{pmatrix} \underset{\text{(ii)}}{\mapsto} \begin{pmatrix} v_i + v_j \\ v_j \end{pmatrix} \underset{\text{(i)}}{\mapsto} \begin{pmatrix} v_i + v_j \\ -v_j \end{pmatrix} \underset{\text{(ii)}}{\mapsto} \begin{pmatrix} v_i + v_j \\ v_i \end{pmatrix} \underset{\text{(i)}}{\mapsto}$$

$$\begin{pmatrix} v_i + v_j \\ -v_i \end{pmatrix} \underset{\text{(ii)}}{\mapsto} \begin{pmatrix} v_j \\ -v_i \end{pmatrix} \underset{\text{(i)}}{\mapsto} \begin{pmatrix} v_j \\ v_i \end{pmatrix}.$$

Wenn man zwei Zeilen vertauschen kann, kann man natürlich jede Reihenfolge herstellen. □

Jetzt betrachtet man die $(n \times n)$-Matrix E_{ij}, deren sämtliche Koeffizienten verschwinden außer dem in der Zeile i und Spalte j, und dort steht 1:

$$\text{(4.11)} \qquad E_{ij} = \begin{pmatrix} & & \vdots & \\ & & \vdots & \\ \cdots & \cdots & 1 & \cdots \\ & & \vdots & \end{pmatrix} \begin{matrix} \\ \\ i \\ \\ \end{matrix} \qquad \text{(0 an allen anderen Stellen).}$$

(Die 1 steht in Spalte j, Zeile i.)

(4.12) Notiz. *Ist $A \in M(n \times m)$, so ist die i-te Zeile von $E_{ij}A$ gleich der j-ten Zeile von A, und alle anderen Zeilen von $E_{ij}A$ verschwinden.* □

(4.13) Folgerung. *Die Zeilenumformungen* (4.10) *bewirken*

(i) $A \mapsto \big(E + (\lambda - 1)E_{jj}\big)A$.

(ii) $A \mapsto (E + E_{ij})A$.

$(E + E_{ij})^{-1} = E - E_{ij}$ *für* $i \neq j$, *und* $\big(E + (\lambda - 1)E_{jj}\big)^{-1} = E + (\lambda^{-1} - 1)E_{jj}$.

Beweis. Die letzte Formel rechnet man leicht nach, sie folgt aber auch aus dem Vorherigen, wenn man bedenkt, wie man die Operationen (4.10) umkehrt. □

Zeilenumformungen entsprechen also der Linksmultiplikation mit gewissen invertierbaren Matrizen. Eine Sequenz von Zeilenumformungen bewirkt also auch eine Linksmultiplikation mit einer gewissen regulären Matrix T, dem Produkt entsprechender Matrizen aus (4.13). Das kann man noch einmal benutzen, um sich all die Rechenverfahren klarzumachen. Man wählt stets T so, dass TA Zeilenstufenform hat. Zur Lösung eines inhomogenen Gleichungssystems benutzt man

$$Ax = b \Longleftrightarrow TAx = Tb.$$

Um die inverse Matrix zu finden, bestimmt man T so, dass $TA = E$, und dann ist natürlich $TE = T = A^{-1}$.

(4.14) Satz. *Jede reguläre $(n \times n)$-Matrix ist Produkt von Matrizen*

$$E + E_{ij}, \quad i \neq j, \quad \textit{und} \quad E + \lambda E_{ii}, \quad \lambda \neq -1.$$

Beweis. Durch Zeilenumformung entsteht aus der regulären Matrix A^{-1} die Zeilenstufenmatrix E, also gibt es ein Produkt T von Matrizen der im Satz genannten Form, so dass $T \cdot A^{-1} = E$, also $T = A$. □

Man sagt: Die Matrizen im Satz **erzeugen** die Gruppe $GL(n, K)$.

Übrigens, wenn man rechts mit den Matrizen (4.13) multipliziert, so bewirkt das entsprechende Spaltenumformungen. Das kann man ganz analog überlegen, es folgt aber auch, wenn man in allen Sätzen alle Matrizen transponiert: Was den Zeilen recht ist, ist den Spalten billig.

Basisergänzung: Wende das Verfahren (4.2) auf das Tupel $(v_1, \dots, v_r, w_1, \dots, w_k)$ an (siehe I, (4.5)).

Lineares Komplement: Bestimme eine Basis $(v_1, \dots, v_r)$ von U, so dass die Matrix mit diesen Zeilen Stufenform hat. Das Komplement hat die Basis der e_i, wo i kein Stufenindex ist.

Berechnen der dualen Basis: Die Basis bestehe aus den Spalten von A, dann besteht die duale Basis aus den Zeilen von A^{-1}.

§5 Aufgaben

1. Seien U, V, W endlich-dimensionale Vektorräume und $\varphi : U \to V$ und $\psi : V \to W$ lineare Abbildungen. Zeige: Ist $U \underset{\varphi}{\to} V \underset{\psi}{\to} W$ exakt, so ist auch $W^* \underset{\psi^*}{\to} V^* \underset{\varphi^*}{\to} U^*$ exakt.

2. Sei U ein K-Vektorraum und $U = V \oplus W$. Zeige:

   (i) $U^* = V^* \oplus W^*$.

   (ii) $V^\perp \cong W^*$, $W^\perp \cong V^*$.

3. Seien $V, W \subset U$ Vektorräume über K. Beweise die Formeln:

$$\begin{aligned}(V+W)^\perp &= V^\perp \cap W^\perp \, , \\ (V \cap W)^\perp &= V^\perp + W^\perp \, .\end{aligned}$$

4. Berechne alle Potenzen der Matrix

$$A = \begin{pmatrix} 1 & 0 & 0 & 0 \\ -1 & 1 & 0 & 0 \\ 0 & -1 & 1 & 0 \\ 0 & 0 & -1 & 1 \end{pmatrix} \cdot \begin{pmatrix} 0 & 1 & 2 & 1 \\ 0 & 0 & 3 & 1 \\ 0 & 0 & 0 & 2 \\ 0 & 0 & 0 & 0 \end{pmatrix} \cdot \begin{pmatrix} 1 & 0 & 0 & 0 \\ 1 & 1 & 0 & 0 \\ 1 & 1 & 1 & 0 \\ 1 & 1 & 1 & 1 \end{pmatrix} .$$

5. Beweise, dass die folgenden Matrizen eine zur symmetrischen Gruppe $S(3)$ isomorphe Untergruppe von $GL(2, \mathbb{Z})$ bilden.

$$\begin{pmatrix} 1 & 0 \\ 0 & 1 \end{pmatrix}, \begin{pmatrix} -1 & 1 \\ 0 & 1 \end{pmatrix}, \begin{pmatrix} 1 & 0 \\ 1 & -1 \end{pmatrix}, \begin{pmatrix} 0 & -1 \\ -1 & 0 \end{pmatrix}, \begin{pmatrix} 0 & -1 \\ 1 & -1 \end{pmatrix}, \begin{pmatrix} -1 & 1 \\ -1 & 0 \end{pmatrix}.$$

6. Seien

$$\begin{aligned} x_1 &= (1,1,1,1), & y_1 &= (1,0,3,3), \\ x_2 &= (1,2,1,1), & y_2 &= (-2,-3,-5,-4), \\ x_3 &= (1,1,2,1), & y_3 &= (2,2,5,4), \\ x_4 &= (1,3,2,3), & y_4 &= (-2,-3,-4,-4) \end{aligned}$$

   Vektoren aus $\mathbb{R}^4$. Zeige, dass $X = (x_1, x_2, x_3, x_4)$, $Y = (y_1, y_2, y_3, y_4)$ Basen des $\mathbb{R}^4$ sind und berechne die Basis-Transformation von X nach Y.

7. Sei $n \in \mathbb{N} \setminus$ und sei $E_n = (e_1, \ldots, e_n)$ die $(n \times n)$-Einheitsmatrix mit Spalten $e_1, \ldots, e_n$. Für $\sigma \in S(n)$ sei

$$P(\sigma) := (e_{\sigma(1)}, \ldots, e_{\sigma(n)}) \, .$$

   Zeige: Die Menge aller solchen Matrizen bildet bezüglich der Multiplikation eine Gruppe.

8. Zeige, dass die Matrizen der Form

$$\begin{pmatrix} \cos\alpha & -\sin\alpha \\ \sin\alpha & \cos\alpha \end{pmatrix}$$

mit $\alpha \in \mathbb{R}$ bezüglich der Matrizenmultplikation eine abelsche Gruppe bilden.

9. Zeige, dass für die Matrizen der Form

$$\begin{pmatrix} x & -y \\ \bar{y} & \bar{x} \end{pmatrix}$$

mit $x, y \in \mathbb{C}$ bezüglich der Matrizenaddition und -multiplikation alle Körperaxiome bis auf das Kommutativgesetz der Multplikation erfüllt sind. Mit anderen Worten: Diese Matrizen bilden einen **Schiefkörper** ($\bar{x}$ bedeutet die konjugiert komplexe Zahl zur Zahl x).

10. Sei V ein endlich-dimensionaler Vektorraum. Für welche Unterräume U von V gibt es einen Endomorphismus $\varphi : V \to V$ mit

$$\ker(\varphi) = \operatorname{im}(\varphi) = U?$$

11. Sei A eine invertierbare, B eine beliebige $(n \times n)$-Matrix und sei $AB = BA$. Gilt dann notwendig $A^{-1}B = BA^{-1}$?

12. Angenommen $AB - BA = E$ für $A, B \in M(n \times n, K)$. Zeige: $A^m B - BA^m = mA^{m-1}$.

13. Zeige: Eine Matrix mit rationalen Koeffizienten, die über $\mathbb{R}$ den Rang k hat, hat auch über $\mathbb{Q}$ den Rang k.

14. Zu jeder $(m \times n)$-Matrix A gibt es eine $(n \times m)$-Matrix B mit $ABA = A$ und $BAB = B$.

15. Sei $0 \neq (\lambda_1, \ldots, \lambda_n) \in K^n$. Welchen Rang hat die Matrix $(\lambda_i \cdot \lambda_j) \in M(n \times n, K)$?

16. Sei V ein k-dimensionaler Vektorraum, $k < n$, und seien $v_1, \ldots, v_n \in V$, $\alpha_1, \ldots, \alpha_n \in V^*$. Sei A die $(n \times n)$-Matrix (a_{ij}) mit $a_{ij} = \alpha_i(v_j)$. Zeige: $\operatorname{Rang}(A) \leq k$.

17. Eine lineare Abbildung $\varphi : \mathbb{R}^3 \to \mathbb{R}^2$ sei bezüglich der kanonischen Basen im $\mathbb{R}^3$ und $\mathbb{R}^2$ durch die Matrix

$$A = \begin{pmatrix} 1 & 2 & 0 \\ 0 & 3 & 1 \end{pmatrix}$$

gegeben. Gib die zu φ gehörige Matrix bezüglich der neuen Basis $\big((2,1,0), (5,0,3), (0,4,4)\big)$ im $\mathbb{R}^3$ und der kanonischen Basis im $\mathbb{R}^2$ an.

18. Sei A eine quadratische Matrix über einem Körper, so dass $A^n = 0$ für eine natürliche Zahl n. Zeige: $E - A$ ist invertierbar (E bezeichnet die Einheitsmatrix).

19. Die Matrix $A \in M(n \times n, K)$ sei durch

$$A = \begin{pmatrix} 0 & 1 & 0 & \dots & 0 \\ \vdots & \ddots & \ddots & \ddots & \vdots \\ \vdots & & \ddots & \ddots & 0 \\ \vdots & & & \ddots & 1 \\ 0 & \dots & \dots & \dots & 0 \end{pmatrix}$$

gegeben. Berechne A^k für $k = 1, 2, ..., n$.

20. Eine reelle (3×3)-Matrix heißt ein **magisches Quadrat**, wenn alle Zeilensummen, alle Spaltensummen und alle Diagonalsummen einander gleich sind. Fasse die Menge M aller magischen Quadrate als Teilmenge des $\mathbb{R}^9$ auf.

    (i) Zeige, dass M ein Untervektorraum von $\mathbb{R}^9$ ist.

    (ii) Bestimme eine Basis von M.

21. Sei K ein Körper und $A \in GL(n, K)$ eine Matrix, so dass für alle Matrizen $B \in GL(n, K)$ gilt $AB = BA$. Zeige: $A = \lambda \cdot E$ für ein $\lambda \in K^*$. Dabei bezeichne $E \in GL(n, K)$ die Einheitsmatrix. Das sagt: $K^* \cdot E$ ist das Zentrum von $GL(n, K)$.

22. Eine Matrix $N \in M(n \times n, K)$ heißt **nilpotent**, wenn es ein $m \in \mathbb{N}$ gibt, so dass $N^m = 0$. Zeige: Für jede n reihige quadratische nilpotente Matrix N ist $E - N$ invertierbar, und es gilt (für $N^m = 0$)

$$(E - N)^{-1} = \sum_{i=0}^{m} N^i, \quad \text{mit} \quad N^0 := E\,.$$

Berechne mit dieser Formel die Inverse der Matrix

$$\begin{pmatrix} 1 & a & a^2 & \dots & a^{n-1} \\ 0 & \ddots & \ddots & \ddots & \vdots \\ \vdots & \ddots & \ddots & \ddots & a^2 \\ \vdots & & \ddots & \ddots & a \\ 0 & \dots & \dots & 0 & 1 \end{pmatrix}.$$

23. Sei A eine $(n \times n)$-Matrix über einem Körper K und seien $b, c \in K^n$. Das Gleichungssystem $Ax = b$ habe genau eine Lösung. Hat dann auch das Gleichungssystem $Ax = c$ genau eine Lösung?

$Ax = b$ habe keine Lösung. Gibt es dann ein c, so dass $Ax = c$ mehr als eine Lösung hat?

24. Löse mit dem Gauß'schen Algorithmus (1.2) das lineare Gleichungssystem $Ax = y$ über $\mathbb{R}$, wobei

$$A = \begin{pmatrix} 4 & 4 & 2 & 6 \\ 2 & 1 & 4 & 2 \\ 2 & 5 & -8 & 6 \\ 4 & 0 & 14 & 2 \end{pmatrix} \quad \text{und} \quad y = \begin{pmatrix} 2 \\ 2 \\ -2 \\ 6 \end{pmatrix} \quad \text{ist.}$$

25. Beschreibe die durch $f(x_1, x_2, x_3) = (x_1+x_2-x_3,\ x_3+5x_1)$ definierte lineare Abbildung $f : \mathbb{C}^3 \to \mathbb{C}^2$ als Matrix. Welche Matrix wird f bezüglich der Basen

$$\left(\begin{pmatrix} 1 \\ 1+i \\ 0 \end{pmatrix}, \begin{pmatrix} 1 \\ 0 \\ 1 \end{pmatrix}, \begin{pmatrix} 0 \\ i \\ 1 \end{pmatrix} \right), \quad \text{und} \quad \left(\begin{pmatrix} 1-i \\ 0 \end{pmatrix}, \begin{pmatrix} 1 \\ 2i \end{pmatrix} \right)$$

zugeordnet?

26. Für welche $\lambda \in \mathbb{R}$ ist die reelle Matrix

$$A_\lambda = \begin{pmatrix} 1 & \lambda & 0 & 0 \\ \lambda & 1 & 0 & 0 \\ 0 & \lambda & 1 & 0 \\ 0 & 0 & \lambda & 1 \end{pmatrix}$$

invertierbar? Für diese λ berechne die inverse Matrix A_λ^{-1}.

27. Gegeben seien die Linearformen $g_1 = x + 2y + z$, $g_2 = 2x + 3y + 3z$, $g_3 = 3x + 7y + z$ aus $(\mathbb{R}^3)^*$. Berechne eine Basis des $\mathbb{R}^3$ mit (g_1, g_2, g_3) als dualer Basis.

28. Gegeben seien die Vektoren $d_1 = (1,2,0)$, $d_2 = (0,1,1)$ und $d_3 = (1,1,0)$. Zeige, dass $d = (d_1, d_2, d_3)$ eine Basis des $\mathbb{R}^3$ ist und berechne die duale Basis.

29. Betrachte die Vektoren $v_1 = (3,5,2,2)$, $v_2 = (1,1,1,-1)$, $v_3 = (3,6,2,2)$, $v_4 = (4,7,3,2)$, $w_1 = (1,3,0,2)$ und $w_2 = (-2,1,2,1)$ des $\mathbb{R}^4$.

    a) Zeige, dass $B := \{v_1, v_2, v_3, v_4\}$ eine Basis des $\mathbb{R}^4$ bildet und dass $F := \{w_1, w_2\}$ linear unabhängig ist.

    b) Bestimme eine neue Basis C des $\mathbb{R}^4$ mit $F \subset C \subset B \cup F$ (mit Hilfe des Austauschsatzes von Steinitz).

30. Seien $\mathbb{R}^4 \xrightarrow{f} \mathbb{R}^2 \xrightarrow{g} \mathbb{R}^3$ gegeben durch
$f : (x_1, x_2, x_3, x_4) \mapsto (x_1 + 2x_2 + x_3, x_1 - x_4)$
$g : (x_1, x_2) \mapsto (x_1 + x_2, x_1 - x_2, 3x_1)$.
Sei $a = \big((1,0,1,0),\ (1,4,2,2),\ (1,1,1,1),\ (2,0,3,0)\big)$, b die kanonische Basis des $\mathbb{R}^2$, $c = \big((1,3,4),\ (2,0,1),\ (1,1,2)\big)$.

   a) Zeige, dass a eine Basis des $\mathbb{R}^4$ und c eine Basis des $\mathbb{R}^3$ ist.

   b) Bestimme $g \circ f$ und die Matrixdarstellungen von

      (i) f bezüglich der Basen a, b.

      (ii) g bezüglich der Basen b, c.

      (iii) $g \circ f$ bezüglich der Basen a, c.

Kapitel III

Die Determinante

*Μὴ θορυβεῖτε, ἀλλ' ἐμμείνατέ μοι
οἷς ἐδεήθην ὑμῶν, μὴ θορυβεῖν ἐφ
οἷς ἂν λέγω ἀλλ' ἀκούειν· καὶ γάρ,
ὡς ἐγὼ οἶμαι, ὀνήσεσθε ἀκούοντες.*

Worin wir uns dem Studium der Endomorphismen zuwenden, und von Polynomen, Determinanten und Eigenwerten hören.

§1 Polynome

Ein **Polynom** mit Koeffizienten in einem Körper K ist ein Ausdruck

(1.1) $$f(x) = a_0 + a_1 x + a_2 x^2 + \cdots + a_n x^n, \quad a_j \in K,$$

und x ist die **Unbestimmte** oder **Variable** des Polynoms. Man muss das Polynom im Allgemeinen von der Funktion

$$K \to K, \quad \lambda \mapsto f(\lambda) = a_0 + a_1\lambda + \cdots + a_n\lambda^n,$$

unterscheiden, denn wenn K etwa nur 2 Elemente hat, so gibt es zwar nur 4 Funktionen $K \to K$, aber die Polynome

$$1, x, x^2, x^3, \ldots$$

sind nach Definition alle verschieden (linear unabhängig). Wenn man es genau nehmen will, hält man sich an die

(1.2) Definition. Ein Polynom mit Koeffizienten in K ist eine Folge $(a_j \mid j \in \mathbb{N}_0)$ in K, so dass $a_j = 0$ für alle bis auf endlich viele j.

Demnach wäre in (1.1) das meiste in der Notation überflüssig, weil das Polynom f ja dasselbe ist, wie das Tupel seiner Koeffizienten $(a_0, a_1, \ldots, a_n)$, die weiteren sind 0; aber die Notation (1.1) ist dennoch gut, weil sie uns gleich zeigt, wie es mit den Polynomen gemeint ist.
Die Menge aller Polynome über K wird mit $K[x]$ bezeichnet, und $K[x]$ wird eine kommutative Algebra über K, die **Polynomalgebra**, insbesondere also ein kommutativer Ring und ein Vektorraum, durch folgende Operationen:

$$\text{Sei } f = \sum_{j=0}^{n} a_j x^j, \quad g = \sum_{i=0}^{m} b_i x^i, \quad \text{dann ist}$$

$$\lambda f + \mu g := \sum_j (\lambda a_j + \mu b_j) x^j, \quad \lambda, \mu \in K,$$

$$f \cdot g := \sum_{s=0}^{m+n} \Big(\sum_{i=0}^{s} a_i b_{s-i} \Big) x^s.$$

Das bedeutet nur, was man auch ohne Belehrung tun würde: man multipliziert und ordnet wieder nach Potenzen von x.

Man hat die Inklusion $K \subset K[x]$, deren Bild die **konstanten** Polynome sind. Ist f wie in (1.1) und $a_n \neq 0$, so heißt $n =: \deg(f)$ der **Grad** und $a_n =: \ell(f)$ der **Leitkoeffizient** von f. Man setzt für das Nullpolynom $\deg(0) = -\infty$. Ist $\ell(f) = 1$, so heißt das Polynom f **normiert**.

(1.3) Notiz.

$$\begin{aligned} \deg(f \cdot g) &= \deg(f) + \deg(g); \\ \deg(f + g) &\leq \max\big(\deg(f), \deg(g)\big); \\ \ell(f \cdot g) &= \ell(f) \cdot \ell(g). \end{aligned}$$

(1.4) Folgerung. *Der Polynomring $K[x]$ ist* **nullteilerfrei (integer)**, *d.h. wenn die Polynome $f, g \in K[x]$ beide nicht verschwinden, so ist $f \cdot g \neq 0$.*

Beweis. Man hat in diesem Fall $\ell(f \cdot g) = \ell(f) \cdot \ell(g) \neq 0$. □

Erinnerung. Für den Ring $\mathbb{Z}/4$ und den Matrizenring $M(n \times n, K)$, $n \geq 2$, gilt dies nicht.
Mit Polynomen lässt sich rechnen wie mit ganzen Zahlen; überhaupt ist der Ring $K[x]$ dem Ring $\mathbb{Z}$ der ganzen Zahlen in vielem verwandt. Das Hauptziel dieses Abschnitts ist, zu erklären und zu beweisen, dass man Polynome auf im Wesentlichen eindeutig bestimmte Weise in Primfaktoren zerlegen kann. Die entsprechende Aussage ist auch für ganze Zahlen nicht trivial. Grundlage ist folgendes Rechenverfahren:

(1.5) Division mit Rest. *Seien $f, g \in K[x]$, $g \neq 0$, dann existieren eindeutig bestimmte Polynome $q, r \in K[x]$ mit:*

$$f = q \cdot g + r, \quad \deg(r) < \deg(g).$$

Das Polynom r heißt der **Rest** *der Division von f durch g.*

Beweis. Eindeutigkeit: Sei $f = q_1 \cdot g + r_1 = q_2 \cdot g + r_2$, also

$$(q_1 - q_2) \cdot g \;=\; r_2 - r_1.$$

Weil $\deg(r_2 - r_1) < \deg(g)$ folgt $q_1 - q_2 = 0$, also $r_2 - r_1 = 0$.
Existenz: Induktion nach $\deg(f)$. Wenn $\deg(f) < \deg(g)$, so setze $q = 0$, $f = r$. Sonst sei

$$\begin{aligned} f &= ax^{n+k} + \ldots \quad \text{(niedrigere Potenzen von } x\text{)},\\ g &= bx^n + \ldots, \qquad a, b \neq 0. \end{aligned}$$

Also $f - ab^{-1}x^k g$ hat kleineren Grad als f und folglich nach Induktionsannahme $f - ab^{-1}x^k g = q_1 g + r$, $\deg(r) < \deg(g)$, also $f = (q_1 + ab^{-1}x^k)g + r$. □

Wie macht man das? Wie schriftliches Dividieren ganzer Zahlen:

$$\begin{array}{llllll}
(x^5 & +3x^4 & -4x^3 & & & +\ 2) : (x^2+1) = x^3 + 3x^2 - 5x - 3 \\
x^5 & & +x^3 & & & \\ \hline
 & 3x^4 & -5x^3 & & & \\
 & 3x^4 & & +3x^2 & & \\ \hline
 & & -5x^3 & -3x^2 & & \\
 & & -5x^3 & & -5x & \\ \hline
 & & & -3x^2 & +5x & +\ 2 \\
 & & & -3x^2 & & -3 \\ \hline
 & & & & 5x & +\ 5, \text{ Rest.}
\end{array}$$

Also $x^5 + 3x^4 - 4x^3 + 2 = (x^3 + 3x^2 - 5x - 3) \cdot (x^2 + 1) + (5x + 5)$.

(1.6) Folgerung. *Ist $\alpha \in K$ eine* **Wurzel** *von $f \in K[x]$, d.h. $f(\alpha) = 0$, so gibt es $g \in K[x]$, so dass $f(x) = g(x) \cdot (x - \alpha)$.*

Beweis. Ist $f = 0$, so setze $g = 0$. Sonst ist f nicht konstant, also $\deg(f) \geq 1$, also können wir schreiben

$$f(x) \;=\; g(x) \cdot (x - \alpha) + r(x), \quad \deg(r) < 1.$$

Demnach ist r konstant, aber $0 = f(\alpha) = g(\alpha) \cdot 0 + r(\alpha)$, also $r = r(\alpha) = 0$. □

(1.7) Folgerung. *Ein Polynom $f \neq 0$ vom Grad n hat höchstens n Wurzeln in K.*

Beweis. Sei α eine Wurzel, dann ist $f(x) = (x - \alpha) \cdot g(x)$, $\deg(g) = n - 1$. Wenn nun $\beta \neq \alpha$ und $f(\beta) = 0$, so folgt $0 = (\beta - \alpha) \cdot g(\beta)$, also $g(\beta) = 0$. Also: jede weitere Wurzel von f ist auch Wurzel von g, und die Behauptung folgt durch Induktion nach n. □

(1.8) Definition. Ein Körper K heißt **algebraisch abgeschlossen**, wenn jedes nichtkonstante Polynom $f \in K[x]$ eine Wurzel in K hat.

Beispiel. $\mathbb{R}$ ist nicht algebraisch abgeschlossen, denn $x^2 + 1$ hat keine Wurzel in $\mathbb{R}$, wohl aber $\mathbb{C}$, das sagt der Fundamentalsatz der Algebra, den wir fortan benutzen, aber nicht beweisen werden. Einen analytischen Beweis werden Sie in einer Vorlesung über Funktionentheorie kennenlernen.

Ist K algebraisch abgeschlossen, so kann man die Division wiederholen, und jedes nicht konstante Polynom bis auf die Reihenfolge eindeutig in **Linearfaktoren** zerlegen:

$$f(x) = a(x-\alpha_1)^{k_1} \cdot (x-\alpha_2)^{k_2} \cdot \ldots \cdot (x-\alpha_s)^{k_s}. \tag{1.9}$$

Dabei sind $\alpha_1, \ldots, \alpha_s$ die verschiedenen Wurzeln, $k_1, \ldots, k_s$ ihre **Vielfachheiten**, und $a = \ell(f)$ der Leitkoeffizient.
Die Eindeutigkeit folgt per inductionem aus der Eindeutigkeit der Division.

(1.10) Euklidischer Algorithmus. Seien $f_1, f_2 \in K[x]$ beide nicht Null und $\deg(f_2) \leq \deg(f_1)$. Der Euklidische Algorithmus ist die Sequenz von Divisionen mit Rest:

$$\begin{aligned} f_1 &= q_1 f_2 + f_3, & &\deg(f_3) < \deg(f_2), \\ f_2 &= q_2 f_3 + f_4, & & \\ &\vdots & & \\ f_k &= q_k f_{k+1} + f_{k+2}, & &\deg(f_{k+1}) < \deg(f_k), \text{ endend mit} \\ f_{n-1} &= q_{n-1} f_n + 0, & &\text{weil die Grade abnehmen.} \end{aligned}$$

Wir sagen f **teilt** g, in Formeln $f|g$, wenn $g = f \cdot q$ für ein Polynom q.

(1.11) Satz. *Seien $f_1, f_2, d = f_n$ wie im Euklidischen Algorithmus. Dann gilt:*

(i) *$d|f_1$ und $d|f_2$.*

(ii) *Angenommen, $g|f_1$ und $g|f_2$, so folgt $g|d$.*

Also: d ist der **größte gemeinsame Teiler** *von f_1, f_2. Dieser ist bis auf einen konstanten Faktor eindeutig bestimmt.*

(iii) *Es gibt Polynome $p, q \in K[x]$, so dass*

$$d = p \cdot f_1 + q \cdot f_2.$$

Beweis. (i) Steige den Algorithmus auf: $d = f_n$ teilt f_n und f_{n-1}, und $d|f_{k+2}$, $d|f_{k+1} \Longrightarrow d|f_k$, also rekursiv $d|f_2$, $d|f_1$.

(ii) Steige ab: $g|f_1$, $g|f_2 \Longrightarrow g|f_3$ und $g|f_k$, $g|f_{k+1} \Longrightarrow g|f_{k+2}$, also induktiv $g|f_n$. Daher ist d ein Teiler von f_1, f_2, den jeder andere gemeinsame Teiler teilt. Ist auch d' ein solcher, so $d|d'$ und $d'|d$, also haben beide gleichen Grad und die respektiven Faktoren sind konstant.

(iii) Man sieht, den Algorithmus absteigend, dass alle f_k eine Darstellung $f_k = p_k f_1 + q_k f_2$ besitzen. □

Der Satz ist konstruktiv, der Algorithmus gibt an, wie man p, q und d berechnet. Wir werden fortan von **dem** größten gemeinsamen Teiler sprechen. Will man es ganz eindeutig, so wähle man ihn mit Leitkoeffizient 1.

(1.12) Folgerung. *Haben die nichtverschwindenden Polynome f, g nur konstante gemeinsame Teiler, so gibt es Polynome p, q, so dass*

$$pf + qg \;=\; 1.$$ □

Ein Polynom $f \neq 0$, das nur mit einem konstanten Faktor als Produkt $f = g \cdot h$ zerlegbar ist, heißt **irreduzibel**.

(1.13) Euklidisches Lemma. *Angenommen, f ist irreduzibel und $f|g \cdot h$, dann gilt: $f|g$ oder $f|h$.*

Beweis. Wenn nicht $f|g$, so existieren p, q nach (1.2), so dass $pf + qg = 1$, also $(ph)f + q(hg) = h$. Aber f teilt die linke Seite, also $f|h$. □

(1.14) Euklidischer Hauptsatz. *Jedes Polynom $f \neq 0$ besitzt eine bis auf die Reihenfolge der Faktoren eindeutig bestimmte Produktzerlegung*

$$f \;=\; a \cdot p_1 \cdots p_k, \quad a \;=\; \ell(f), \quad \ell(p_j) \;=\; 1, \quad \deg(p_j) > 0,$$

mit irreduziblen Faktoren p_j **(Primfaktorzerlegung)**.

Beweis. Eine Produktzerlegung von f kann nicht mehr als $\deg(f)$ nichtkonstante Faktoren haben, daher gibt es eine Zerlegung der genannten Art mit maximalem k. Hätte man zwei solche Zerlegungen

$$f \;=\; a \cdot p_1 \cdot \dots \cdot p_k \;=\; a \cdot q_1 \cdot \dots \cdot q_s, \quad k \leq s,$$

so folgt $p_1|f$, also $p_1|q_j$ für einen Faktor q_j nach (1.13), also $p_1 = q_j$, und man kürzt diesen gemeinsamen Faktor und schließt durch Induktion nach k. □

Irreduzible Polynome heißen auch **Primpolynome**. Im Polynomring gibt es eindeutige Primfaktorzerlegung wie in $\mathbb{Z}$. Der Beweis geht in $\mathbb{Z}$ ebenso. Es ist eine gute Übung, für jeden Schritt des Beweises, also für jede Aussage dieses Abschnitts, die analoge Aussage über ganze Zahlen zu formulieren und zu beweisen.

§2 Definition der Determinante

Um das Folgende zu motivieren, nehmen wir uns vor, zu gegebenen n Vektoren im $\mathbb{R}^n$, also z.B. den n Zeilen $v_1, \ldots, v_n$ der Matrix

$$A = \begin{pmatrix} a_{11} & \ldots & a_{1n} \\ \vdots & & \vdots \\ a_{n1} & \ldots & a_{nn} \end{pmatrix},$$

das Volumen $\text{vol}(A) = \text{vol}(v_1, \ldots, v_n)$ des Spats

$$\{\lambda_1 v_1 + \cdots + \lambda_n v_n \mid 0 \leq \lambda_j \leq 1 \text{ für alle } j\}$$

zu definieren und zu berechnen. Wir suchen also eine Funktion $\text{vol} : \mathbb{R}^{n \cdot n} \to \mathbb{R}$, und stellen folgende naheliegenden Forderungen:

(2.1)
(i) $\text{vol}(v_1, \ldots, v_{j-1}, \lambda v_j, v_{j+1}, \ldots, v_n) = |\lambda| \cdot \text{vol}(v_1, \ldots, v_n)$,
(ii) $\text{vol}(v_1, \ldots, v_{j-1}, v_j + v_i, v_{j+1}, \ldots, v_n) = \text{vol}(v_1, \ldots, v_n), j \neq i$.

Also: vol **ist positiv homogen** und **scherungsinvariant**.

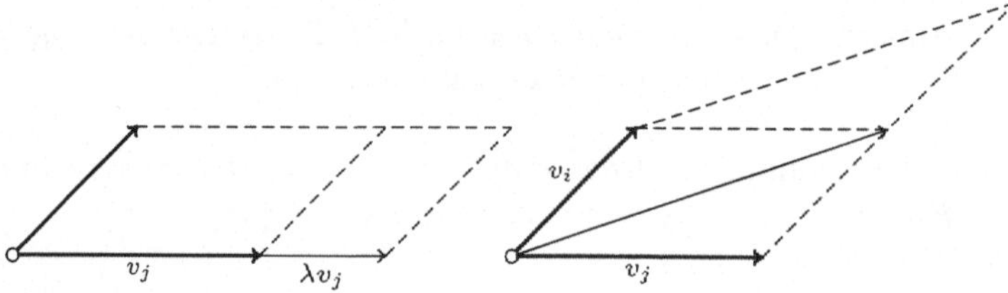

Nun ist der Betrag $|\lambda|$ in einem beliebigen Körper nicht definiert, und wir ersetzen daher zunächst $|\lambda|$ in (2.1, i) durch λ.

(2.2) Definition. Sei V ein n-dimensionaler Vektorraum über K.
Eine **alternierende n-Form** α auf V ist eine Abbildung

$$\alpha : V^n = V \times \cdots \times V \to K,$$

welche **homogen** und **scherungsinvariant** ist:

(i) $\alpha(v_1, \ldots, v_{j-1}, \lambda v_j, v_{j+1}, \ldots, v_n) = \lambda \alpha(v_1, \ldots, v_n)$,

(ii) $\alpha(v_1, \ldots, v_{j-1}, v_j + v_i, v_{j+1}, \ldots, v_n) = \alpha(v_1, \ldots, v_n)$.

Ist $\alpha \neq 0$, so nennt man α eine **Volumenform** auf V.

(2.3) Bemerkung. *Sei $\alpha : V^n \to K$ eine alternierende n-Form.*

(i) *Sind die Vektoren $v_1, \ldots, v_n$ linear abhängig, so ist $\alpha(v_1, \ldots, v_n) = 0$.*

(ii) *Bei festen übrigen Variablen ist α linear als Funktion von v_i; man sagt: α ist* **multilinear**.

(iii) *Vertauscht man v_i mit v_j, $i \neq j$, so ändert sich der Wert von α um den Faktor -1.*

Beweis. (i) Zunächst hat man für $i \neq j$ und $\lambda \neq 0$:

$$\begin{aligned} \alpha(v_1, \dots, v_n) &= \lambda^{-1}\alpha(v_1, \dots, \underset{j}{\lambda v_j}, \dots, v_n) \\ &= \lambda^{-1}\alpha(v_1, \dots, v_i \underset{i}{+} \lambda v_j, \dots, \underset{j}{\lambda v_j}, \dots, v_n) \\ &= \alpha(v_1, \dots, v_i \underset{i}{+} \lambda v_j, \dots, v_n), \end{aligned}$$

und dies gilt auch für $\lambda = 0$. Ist nun etwa v_i Linearkombination der übrigen, also $v_i = \sum\limits_{j \neq i} \lambda_j v_j$, so liefert wiederholte Anwendung des Gesagten:

$$\begin{aligned} \alpha(v_1, \dots, v_i, \dots, v_n) = {} & \alpha(v_1, \dots, v_i - \sum_{j \neq i} \lambda_j v_j, \dots, v_n) \\ = {} & \alpha(v_1, \dots, 0, \dots, v_n) = 0 \end{aligned}$$

aus Homogenität.

(ii) Es genügt zu zeigen
$\alpha(v_1, \dots, v_i + v_i', \dots, v_n) = \alpha(v_1, \dots, v_n) + \alpha(v_1, \dots, v_i', \dots, v_n)$.

1. Fall. $v_1, \dots, v_{i-1}, v_{i+1}, \dots, v_n$ sind linear abhängig. Dann verschwinden beide Seiten.

2. Fall. Sonst ergänze sie um w zu einer Basis $(v_1, \dots, v_{i-1},\ w,\ v_{i+1},\ v_n)$. Dann ist

$$v_i = a + \lambda w, \quad v_i' = a' + \lambda' w,$$

und a, a' sind Linearkombinationen der übrigen Basisvektoren, die wir auf beiden Seiten der zu zeigenden Gleichung weglassen dürfen, wie im Beweis von (i). Dann bleibt stehen $\alpha(v_1, \dots, \lambda w + \lambda' w, \dots, v_n) = \alpha(v_1, \dots, \lambda w, \dots, v_n) + \alpha(v_1, \dots, \lambda' w, \dots, v_n)$, was aus Homogenität folgt.

(iii) Folgt aus (i), (ii), man ersetze die i-te und j-te Stelle durch $v_i + v_j$, dann steht da
$0 = \alpha(\dots, v_i + v_j, \dots, v_i + v_j, \dots) = \alpha(\dots, v_i, \dots, v_i, \dots) +$
$\alpha(\dots, v_i, \dots, v_j, \dots) + \alpha(\dots, v_j, \dots, v_i, \dots) + \alpha(\dots, v_j, \dots v_j, \dots)$
nach (ii), und die äußeren Terme verschwinden nach (i). Was stehen bleibt, ist die Behauptung. □

Man kann alternierende Formen addieren und mit Skalaren multiplizieren, wie Funktionen in einem Körper überhaupt, und das Ergebnis sind wieder alternierende Formen. Wir stellen fest, welche alternierenden n-Formen es gibt.

(2.4) Satz. *Die alternierenden n-Formen auf einem n-dimensionalen Vektorraum V bilden einen Vektorraum* $\mathrm{Alt}^n V$ *der Dimension* 1. *Ist* $(e_1, \ldots, e_n)$ *eine Basis von* V*, so hat man einen Isomorphismus*

$$\mathrm{Alt}^n V \to K, \ \alpha \mapsto \alpha(e_1, \ldots, e_n).$$

Mit anderen Worten: Eine alternierende n-Form ist dadurch festgelegt, was ihr Wert auf der Basis ist, und da sind alle Werte möglich.

Um den Satz zu zeigen, dürfen wir annehmen, $V = K^n$ mit der Standardbasis $(e_1, \ldots, e_n)$, denn eine Basis von V liefert ja einen Isomorphismus $K^n \to V$, der die Standardbasis in die gegebene Basis von V überführt. Dann ist zu zeigen:

(2.5) Satz und Definition. *Sei* $V = K^n$ *mit der Standardbasis* $e_1, \ldots, e_n$. *Es gibt genau eine alternierende n-Form, genannt die* **Determinante** $\det : V^n \to K$*, mit* $\det(e_1, \ldots, e_n) = 1$.

Ist nämlich dies gezeigt, so ist die Abbildung $\mathrm{Alt}^n V \to K$ in (2.4) surjektiv, weil 1 im Bild liegt, aber auch injektiv, denn wäre $\alpha \in \mathrm{Alt}^n V$ und $\alpha(e_1, \ldots, e_n) = 0$, so wäre $\alpha + \det$ eine alternierende n-Form mit Wert 1 auf $(e_1, \ldots, e_n)$, also $\alpha + \det = \det$, daher $\alpha = 0$.

Beweis von (2.5). Wie zu Beginn, fassen wir die Vektoren $v_1, \ldots, v_n$ als Zeilen einer Matrix $A = (a_{ij})$ auf, so dass die Eindeutigkeit und Existenz einer Funktion

$$\det : \ M(n \times n, K) \to K,$$

die multilinear und alternierend in den Zeilen ist, mit $\det(E) = 1$, gezeigt werden muss.

Eindeutigkeit. Die Definition einer alternierenden n-Form α sagt, wie α sich bei Zeilenumformungen

$$\text{(i)} \quad v_j \mapsto \lambda v_j, \qquad \lambda \neq 0,$$
$$\text{(ii)} \quad v_j \mapsto v_j + v_i, \quad i \neq j,$$

verändert: Bei (i) wird α mit λ multipliziert, bei (ii) bleibt α unverändert. Wenn nun $v_1, \ldots, v_n$ linear abhängig sind, so hat α den Wert 0, und anderenfalls kann man durch wiederholte Umformungen (i), (ii) die Matrix in E überführen, und weil wir $\alpha(E) = 1$ kennen, ist der Wert von α eindeutig durch die Forderungen im Satz bestimmt – und in der Tat durch Zeilenumformungen berechenbar!

Existenz. Sie ist trivial für $n = 1$, nämlich $\det(a) = a$. Wir schließen durch Induktion nach n. Einer $(n \times n)$-Matrix A ordnen wir die $(n-1) \times (n-1)$-Matrix A_{ij} zu, die aus A durch Streichen der i-ten Zeile und j-ten Spalte entsteht. Sei $j \in (1, \ldots, n)$ fest gewählt. Definiere $\det(A)$ durch

(2.6) Entwicklung nach der j-ten Spalte.

$$\det(A) \ = \ \sum_{i=1}^{n} (-)^{i+j} a_{ij} \det(A_{ij}).$$

Das Vorzeichen $(-)^{i+j}$ beschreibt ein Schachbrettmuster

$$\begin{pmatrix} + & - & + & \cdot \\ - & + & - & \cdot \\ + & - & + & \cdot \\ \cdot & \cdot & \cdot & \cdot \end{pmatrix}.$$

Wir haben zu zeigen, dass die rechte Seite der Rekursionsformel (2.6) homogen und scherungsinvariant ist und auf E den Wert 1 hat, immer unter Voraussetzung aller Behauptungen für $\det(A_{ij})$. Nun ist

$$\det(E) = \sum_i (-)^{i+j} \delta_{ij} \det(E_{ij}) = \delta_{jj} \det(E_{jj}) = 1.$$

(Hier ist E_{ij} ein Spezialfall der obigen Matrizen A_{ij} und nicht die Matrix in II, (4.11)).
Weiterhin: $\det(A)$ ist linear als Funktion der k-ten Zeile bei festen übrigen. In der Tat: Ist $i \neq k$, so hängt a_{ij} in (2.6) von der k-ten Zeile nicht ab und $\det(A_{ij})$ ist linear als Funktion der k-ten Zeile, und ist $i = k$, so ist $a_{ij} = a_{kj}$ linear als Funktion der k-ten Zeile und A_{ij} unabhängig von der k-ten Zeile bei festen übrigen.
Als nächstes: $\det(A) = 0$, falls $v_k = v_{k+1}$. Dann nämlich ist $\det(A_{ij}) = 0$, falls $i \notin \{k, k+1\}$, weil dann auch A_{ij} zwei gleiche Zeilen hat. Also bleibt in (2.6) nur

$$(-)^{k+j} a_{kj} \cdot \det(A_{kj}) + (-)^{k+j+1} a_{k+1,j} \det(A_{k+1,j}).$$

Hier sind die Vorzeichen verschieden, die dabei stehenden Faktoren aber nach Voraussetzung gleich, es bleibt nichts.

Daraus nun folgert man, wie im Beweis von (2.3, iii), dass $\det(A)$ bei Vertauschen von v_k, v_{k+1} den Faktor -1 aufnimmt. Durch iteriertes Vertauschen von nebeneinander stehenden Zeilen kann man schließlich jede Permutation erreichen, und weil sich $\det(A)$ dabei bis aufs Vorzeichen nicht ändert, folgt: $\det(A) = 0$, wenn A zwei gleiche Zeilen hat. Hieraus und weil det multilinear ist, folgt nun leicht, dass det homogen und scherungsinvariant ist. Das zeigt (2.5). □

Aus dem Beweis halten wir noch fest:

(2.7) Notiz. *Ist $\alpha : V^n \to K$ multilinear, und $\alpha(v_1, \dots, v_n) = 0$ falls $v_k = v_{k+1}$ für ein k, so ist α eine alternierende n-Form.*

Um nun auf den motivierenden Anfang zurückzukommen:

(2.8) Satz. *Sei V ein reeller Vektorraum mit Basis $(e_1, \dots, e_n)$. Es gibt genau eine positiv homogene scherungsinvariante (siehe (2.1)) Funktion* $\mathrm{vol} : V^n \to \mathbb{R}$ *mit* $\mathrm{vol}(e_1, \dots, e_n) = 1$, *und zwar, wenn* det *die alternierende n-Form auf V mit* $\det(e_1, \dots, e_n) = 1$ *ist, so ist*

$$\mathrm{vol}(v_1, \dots, v_n) = |\det(v_1, \dots, v_n)|.$$

Beweis. Sei

$$\varepsilon(v_1,\ldots,v_n) = \begin{cases} 1 & \text{falls} \quad \det(v_1,\ldots,v_n) > 0, \\ -1 & \text{sonst.} \end{cases}$$

Dann ist die Funktion $\varepsilon \cdot \mathrm{vol}$ eine alternierende n-Form mit Wert 1 auf $(e_1,\ldots,e_n)$, also $\varepsilon \cdot \mathrm{vol} = \det$, und daher $\mathrm{vol} = |\det|$. □

So kommt die Determinante in die Analysis, wie Sie noch lernen werden, und zwar tatsächlich die Determinante mehr als ihr Betrag: sie beschreibt ein orientiertes Volumen. Man bezeichnet die Determinante von A auch durch

$$|A| = |a_{ij}| = \begin{vmatrix} a_{11} & \ldots & a_{1n} \\ \vdots & & \vdots \\ a_{n1} & \ldots & a_{nn} \end{vmatrix}.$$

In niedrigen Dimensionen findet man:

$n = 1:$ $\quad \det(a) = a$

$n = 2:$ $\quad \begin{vmatrix} a & b \\ c & d \end{vmatrix} = ad - bc.$

$n = 3:$ $\quad$ Rechenschema aus Kapitel 0, §4:

$$\begin{array}{|ccc|cc} a_1 & a_2 & a_3 & a_1 & a_2 \\ b_1 & b_2 & b_3 & b_1 & b_2 \\ c_1 & c_2 & c_3 & c_1 & c_2 \end{array}, \qquad \det A = a_1b_2c_3 + \cdots - c_3b_1a_2.$$

Das Kreuzprodukt kann man in formaler Weise so schreiben:

$$a \times b = \det \begin{pmatrix} e_1 & e_2 & e_3 \\ a_1 & a_2 & a_3 \\ b_1 & b_2 & b_3 \end{pmatrix} \tag{2.9}$$

d.h. man rechne die rechte Seite nach der Formel für die Determinante aus. Daraus ergibt sich dann offenbar $\langle a \times b, c\rangle = \det(c,a,b) = \det(a,b,c)$. Man kann das Kreuzprodukt durch diese Formel definieren, also: $a \times b$ ist der Vektor, für den gilt: $\langle a \times b, x\rangle = \det(a,b,x)$ für alle $x \in \mathbb{R}^3$. Das führt direkt auf die Darstellung (2.9) in Koordinaten.

§3 Eigenschaften einer Determinante

(3.1) Satz. *Sind A, B quadratische Matrizen, so ist*

$$|A \cdot B| \;=\; |A| \cdot |B|,$$

also ist det : $GL(n, K) \to K^*$ *ein Homomorphismus von Gruppen.*

Beweis. Die Determinante ist als Funktion $M(n \times n) \to K$ dadurch bestimmt, wie sie sich unter Zeilenumformungen verhält. Ist also E_{ij} wieder die Matrix mit Koeffizient 1 an der Stelle (i, j) und 0 sonst, und ist $T = E + E_{ij}, \quad i \neq j$, und $S = E - (1 - \lambda)E_{ii}$, so ist

$$\det(TA) \;=\; \det(A), \quad \det(SA) \;=\; \lambda \cdot \det(A),$$

und eine Funktion, die diesen Funktionalgleichungen genügt, ist Vielfache von det. Nun betrachte die Funktion

$$f: \; M(n \times n) \to K, \quad A \mapsto \det(A \cdot B).$$

Sie genügt denselben Gleichungen, denn

$$\begin{aligned} f(TA) = &\;\det(TAB) = &\det(AB) = &\;f(A), \\ f(SA) = &\;\det(SAB) = &\big(\lambda \det(AB)\big) = &\;\lambda f(A). \end{aligned}$$

Also $f(A) = \det(A) \cdot b$ für ein $b \in K$, das nicht von A abhängt.
Setzt man $A = E$ ein, so ergibt sich $f(E) = \det(B) = b$, also $\det(AB) = \det(A) \cdot \det(B)$. □

Sei wieder ${}^tA$ die transponierte, also die Matrix, die aus A durch Spiegeln an der Hauptdiagonale hervorgeht.

(3.2) $$|{}^tA| \;=\; |A|.$$

Beweis. Ist Rang$(A) < n$, so verschwinden beide. Ist Rang$(A) = n$, so ist $A = T_1 \cdot \ldots \cdot T_k$, wobei die T_j Matrizen wie obige T, S sind, und ${}^tA = {}^tT_k \cdot \cdots \cdot {}^tT_1$. Wir brauchen die Formel nur für S und T zu beweisen. Aber $|T| = |{}^tT| = 1$ und $|{}^tS| = |S| = \lambda$, weil $|TE| = |E| = 1$ und ${}^tS = S$. □

Also, was den Zeilen recht ist, ist den Spalten billig:

$$\det(AT) \;=\; \det(A), \quad \det(AS) \;=\; \lambda \det(A).$$

Die Determinante verhält sich unter Spaltenumformungen wie unter entsprechenden Zeilenumformungen, und ist auch dadurch bis auf den Faktor $\det(E)$ bestimmt, und analog zur Entwicklung nach einer Spalte (2.6) hat man aus Symmetrie jetzt die

(3.3) Entwicklung nach der i-ten Zeile.

$$|A| = \sum_{j=1}^{n}(-)^{i+j}a_{ij}|A_{ij}|.$$

Setze

$$\tilde{a}_{ij} := (-)^{i+j}|A_{ji}|, \quad \tilde{A} = (\tilde{a}_{ij}).$$

Die Matrix $\tilde{A}$ heißt die **Adjunkte** von A; man findet auch die Bezeichnungen **komplementär, assoziiert** (und **adjungiert**, aber das Wort wollen wir später anders verwenden) in der Literatur.

(3.4) 1. Cramersche Regel.

$$\tilde{A} \cdot A = A \cdot \tilde{A} = |A| \cdot E.$$

Beweis. Sei $(B)_{ij}$ der Koeffizient einer Matrix B an der Stelle (i, j).

$$(A \cdot \tilde{A})_{ii} = \sum_j a_{ij}\tilde{a}_{ji} = \sum_j a_{ij} \cdot (-)^{i+j}|A_{ij}| = |A|,$$

und für $i \neq j$ ist $(A \cdot \tilde{A})_{ij} = \sum_k (-)^{j+k} a_{ik}|A_{jk}|$ die Entwicklung nach der j-ten Zeile der Matrix, die aus A entsteht, indem man die j-te durch die i-te Zeile ersetzt, also gleich 0. Die Gleichung $A \cdot \tilde{A} = |A| \cdot E$ folgt ebenso durch Entwicklung nach Spalten. □

(3.5) Folgerung. *Genau dann ist A regulär, wenn $|A| \neq 0$, und in diesem Fall ist*

$$A^{-1} = |A|^{-1} \cdot \tilde{A}.$$

In kleinen Dimensionen kann man diese Formel zur Berechnung von A^{-1} benutzen, z.B.

$$\begin{pmatrix} a & b \\ c & d \end{pmatrix}^{-1} = (ad - bc)^{-1} \begin{pmatrix} d & -b \\ -c & a \end{pmatrix}. \tag{3.6}$$

In höherer Dimension wird man eher umgekehrt $\tilde{A}$ aus $|A|$ und A^{-1} berechnen. Die Formel ist jedoch von großer theoretischer Bedeutung. Eine typische

(3.7) Anwendung. *Sei A eine $(n \times n)$-Matrix mit Koeffizienten in $\mathbb{Z}$. Genau dann existiert A^{-1} mit Koeffizienten in $\mathbb{Z}$, wenn $|A| = \pm 1$.*

Beweis. Aus $A \cdot A^{-1} = E$ folgt $|A| \cdot |A|^{-1} = 1$, und wenn A, A^{-1} ganze Koeffizienten haben, so sind $|A|$, $|A|^{-1}$ ganz, also müssen beide ± 1 sein. Die Umkehrung folgt aus (3.5), weil jedenfalls $\tilde{A}$ ganze Koeffizienten hat. □

Anwendung auf ein lineares Gleichungssystem liefert:

(3.8) 2. Cramersche Regel. *Das lineare Gleichungssystem*

$$A \cdot x = b, \quad A \in GL(n, K), \quad b \in K^n,$$

hat die Lösung

$$x = |A|^{-1} \cdot \tilde{A} \cdot b, \quad x_i = |A|^{-1} \sum_j (-)^{i+j} b_j |A_{ji}|,$$

und letztere Summe ist die Determinante der Matrix, die aus A entsteht, wenn man die i-te Spalte durch b ersetzt:

$$x_i = |A|^{-1} \begin{vmatrix} a_{11} & \cdots & a_{1i-1} & b_1 & a_{1i+1} & \cdots & a_{1n} \\ \vdots & & \vdots & \vdots & \vdots & & \vdots \\ a_{n1} & \cdots & a_{ni-1} & b_n & a_{ni+1} & \cdots & a_{nn} \end{vmatrix}. \qquad \square$$

Auch diese Formel ist zur praktischen Lösung von Gleichungen nicht geeignet. Merken soll man sich die 1. Regel.

Wie berechnet man Determinanten? Im Prinzip durch Zeilenumformung. Beachten Sie, was beim Vertauschen geschieht, wir kommen gleich darauf zu sprechen. Einige hilfreiche Beobachtungen: Sei $E_k = (\delta_{ij})_{i,j \le k}$ die Einheitsmatrix in $GL(k, K)$.

$$\begin{vmatrix} E_k & 0 \\ A & B \end{vmatrix} = |B| \qquad (B \text{ ist quadratisch!}),$$

durch Entwicklung nach der ersten Zeile und Induktion nach k.
Ähnlich

$$\begin{vmatrix} A & 0 \\ B & E_k \end{vmatrix} = (-)^s \begin{vmatrix} 0 & A \\ E_k & B \end{vmatrix} = \begin{vmatrix} E_k & B \\ 0 & A \end{vmatrix} = |A|,$$

durch Entwicklung nach der ersten Spalte. Daraus für $A \in M(k \times k)$:

$$\begin{vmatrix} A & 0 \\ B & C \end{vmatrix} = \begin{vmatrix} A & 0 \\ B & E \end{vmatrix} \cdot \begin{vmatrix} E & 0 \\ 0 & C \end{vmatrix} = |A| \cdot |C|$$

(C ist auch quadratisch!).

Durch Transponieren entsteht daraus

$$\begin{vmatrix} A & B \\ 0 & C \end{vmatrix} = |A| \cdot |C|.$$

Insbesondere also

$$\begin{vmatrix} \lambda_1 & & 0 \\ & \ddots & \\ ? & & \lambda_n \end{vmatrix} = \lambda_1 \cdot \ldots \cdot \lambda_n = \begin{vmatrix} \lambda_1 & & ? \\ & \ddots & \\ 0 & & \lambda_n \end{vmatrix}.$$

Zur Berechnung der Determinante bringt man also die gegebene Matrix durch Zeilen- und Spaltenumformungen, nach Bequemlichkeit, auf solche Dreiecksgestalt. Bei jedem Zeilentausch muss man dabei über das Vorzeichen buchführen und bei Multiplikation einer Zeile mit λ den Faktor λ fürs Ergebnis buchen; entsprechend für Spalten. Jetzt wollen wir das Vorzeichen, das beim Vertauschen entsteht, genauer betrachten. Wir erinnern an die Gruppe $S(n)$ aller Permutationen der Zahlen $1, \ldots, n$. Ein Element $\tau \in S(n)$ heißt **Transposition**, wenn τ zwei der Zahlen $1, \ldots, n$ vertauscht und die anderen fest lässt; dann ist $\tau^2 = 1$. Sei τ_i die Transposition, die i, $i+1$ vertauscht.

(3.9) Satz. *Die Gruppe $S(n)$ wird von den Transpositionen τ_i, $i = 1, \ldots, n-1$, erzeugt.*

Beweis. Induktion nach n. Ist $\sigma \in S(n)$ und $\sigma(n) = n$, so ist $\sigma \in S(n-1)$ und σ ist Produkt von τ_j's. Angenommen, dies gilt nicht für jedes $\sigma \in S(n)$, so sei es falsch für ein σ mit $\sigma(n) = k$, und k sei maximal gewählt. Dann ist $\tau_k\sigma$ Produkt von τ_j's, denn $\tau_k\sigma(n) = k+1$. Aber dann gilt die Behauptung auch für $\sigma = \tau_k(\tau_k\sigma)$. □

Ist nun K ein Körper, so hat man einen Homomorphismus von Gruppen

$$\varphi: \ S(n) \longrightarrow GL(n,K), \quad \varphi(\sigma): \ e_i \mapsto e_{\sigma(i)},$$

also $\varphi(\sigma): x = \sum_i x_i e_i \mapsto \sum_i x_{\sigma^{-1}(i)} e_i$, d.h.

$$\begin{pmatrix} x_1 \\ \vdots \\ x_n \end{pmatrix} \mapsto \begin{pmatrix} x_{\sigma^{-1}(1)} \\ \vdots \\ x_{\sigma^{-1}(n)} \end{pmatrix}.$$

Eine Permutation definiert eine lineare Abbildung, die die Basisvektoren entsprechend permutiert. Man hat hier immer etwas Mühe sich klarzumachen, wo man nun σ und wo σ^{-1} setzen muss, damit das Gesetzte ein Homomorphismus wird. Hilfreich ist, es ganz formal zu nehmen: Ein n-Tupel ist eine Abbildung $x: \{1, \ldots, n\} \to K$ und man setzt $\varphi(\sigma)(x) = x \circ \sigma^{-1}$. Dies ist ein Homomorphismus, denn

$$\varphi(\rho \circ \sigma)(x) \ = \ x \circ (\rho\sigma)^{-1} \ = \ x \circ \sigma^{-1} \circ \rho^{-1} \ = \ \varphi(\rho)\big(\varphi(\sigma)(x)\big),$$

also $\varphi(\rho \circ \sigma) = \varphi(\rho) \circ \varphi(\sigma)$.
Nun sei K ein Körper, wo $1 \neq -1$, zum Beispiel $K = \mathbb{Q}$. Betrachte den Homomorphismus, genannt das **Signum**:

$$\text{(3.10)} \qquad \operatorname{sig}: \ S(n) \to \{1, -1\} \subset K^*, \quad \sigma \mapsto \det\big(\varphi(\sigma)\big).$$

Wirklich nimmt $\det \circ \varphi$ nur die Werte ± 1 an, weil die Transpositionen τ nur den Wert $\operatorname{sig}(\tau) = -1$ liefern, und sie ganz $S(n)$ erzeugen. Das Signum $\operatorname{sig}(\sigma)$ gibt an, ob σ Produkt von gerade oder ungerade vielen Transpositionen ist, und obwohl die Zerlegung von σ als Produkt von Transpositionen keineswegs eindeutig ist, ist doch durch σ allein bestimmt, ob das Produkt gerade viele Faktoren hat oder nicht. Die Gruppe

$$A(n) = \ker(\mathrm{sig}) = \{\sigma \in S(n) \mid \mathrm{sig}(\sigma) = 1\}$$

heißt **Alternierende Gruppe** der Ordnung n, und ihre Elemente heißen **gerade** Permutationen.
Nach diesem kleinen Exkurs über Permutationen kehren wir zur Determinante zurück.

(3.11) Leibniz-Formel. *Sei* $A = (a_{ij}) \in M(n \times n, K)$*, dann gilt*

$$|A| = \sum_{\sigma \in S(n)} \mathrm{sig}(\sigma) \cdot a_{1\sigma(1)} \cdot a_{2\sigma(2)} \cdot \dots \cdot a_{n\sigma(n)}.$$

Beweis. $|A| = \det\left(\sum_j a_{1j}e_j, \sum_j a_{2j}e_j, \dots, \sum_j a_{nj}e_j\right)$. Dies rechnen wir multilinear aus, ziehen also alle Summen nach außen, und das gibt $\sum_J a_{1j(1)}a_{2j(2)} \dots a_{nj(n)} \det(e_{j(1)}, \dots, e_{j(n)})$. Hier durchläuft J alle Multiindices $\big(j(1), \dots, j(n)\big)$, also alle Abbildungen j von $\{1, \dots, n\}$ in sich. Aber wenn so ein j keine Permutation ist, ist die betreffende Determinante $\det(e_{j(1)}, \dots, e_{j(n)}) = 0$, es bleiben also nur die Permutationen $\sigma \in S(n)$, und dort ist die Determinante $\mathrm{sig}(\sigma)$. □

Dies liefert einen neuen Existenzbeweis für die Determinante, denn es ist nicht schwer zu sehen, dass die rechte Seite der Formel multilinear und alternierend ist. Man muss sich nur auf andere Weise den Homomorphismus sig verschaffen. Zum Beispiel durch die Formel:

$$\mathrm{sig}(\sigma) = \prod_{i<j} \big(\sigma(i) - \sigma(j)\big)/(i - j).$$

Der Kern des Homomorphismus $\det : GL(n, K) \to K^*$ ist die **spezielle lineare Gruppe**

$$SL(n, K) = \{A \in GL(n, K) \mid \det(A) = 1\}.$$

Ist $K = \mathbb{R}$, so hat man noch die Gruppe

$$GL^+(n, \mathbb{R}) = \{A \in GL(n, \mathbb{R}) \mid \det(A) > 0\}.$$

(3.12) Definition. Die Elemente von $GL^+(n, \mathbb{R})$ heißen **orientierungserhaltend**. Eine Basis von $(v_1, \dots, v_n)$ von K^n heißt **positiv orientiert**, wenn gilt $\det(v_1, \dots, v_n) > 0$. Allgemein zerfällt die Menge aller Basen eines reellen n-dimensionalen Vektorraumes V in zwei disjunkte Klassen, so dass zwei Basen in der gleichen Klasse liegen, wenn die Basistransformation zwischen ihnen in $GL^+(n, \mathbb{R})$ liegt. Die Auswahl einer solchen Klasse heißt eine **Orientierung** von V, und die Basen der ausgewählten Klasse heißen **positiv** für diese Orientierung.

Beispiel. Sind $a, b \in \mathbb{R}^3$ linear unabhängig, so ist $(a, b, a \times b)$ eine positiv orientierte Basis. Die Orientierung von $\mathbb{R}^3$ ist dabei die durch die Standardbasis (e_1, e_3, e_3) repräsentierte. Natürlich hat die Orientierung von V und insbesondere die **Standardorientierung** von $\mathbb{R}^n$ durch die Klasse von Basen, in der die Standardbasis liegt, nichts mit Händen und mit Schrauben zu tun, sie gehört allein der Mathematik. Die Hände oder Schrauben braucht man erst, um den mathematischen Raum $\mathbb{R}^3$ mit dem Raum des Experiments und der Erfahrung zusammenzubringen; sie geben an, in welcher Weise man die Standardbasis empirisch realisieren soll.

§4 Eigenwerte

Im letzten Abschnitt haben wir die Determinante als Funktion von Matrizen kennengelernt. Ihre basisunabhängige Inkarnation findet sie wie folgt. Sei V ein n-dimensionaler Vektorraum über K und $\alpha : V \to V$ ein Endomorphismus. Wähle eine Basis $\varphi : K^n \to V$, also

$$\begin{array}{ccc} V & \xrightarrow[\alpha]{} & V \\ {\scriptstyle\varphi}\uparrow & & \uparrow{\scriptstyle\varphi} \\ K^n & \xrightarrow[A]{} & K^n \end{array} \qquad A = \varphi^{-1}\alpha\varphi\,.$$

(4.1) $$\det(\alpha) \;:=\; \det(A).$$

Die so definierte Determinante eines Endomorphismus hängt nicht von der Wahl der Basis φ ab, denn eine andere Wahl ψ

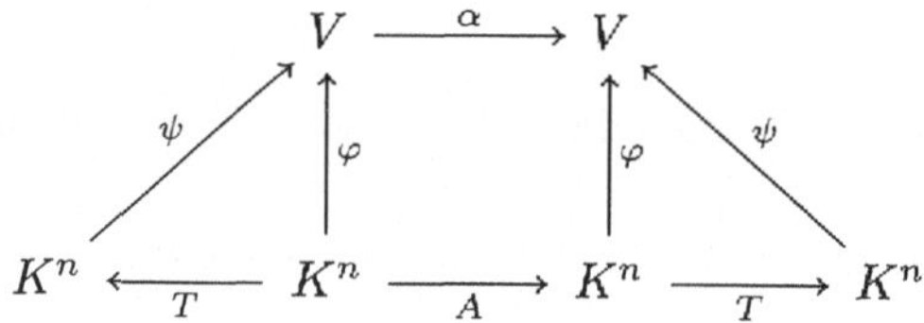

führt, wie das Diagramm zeigt, zur Matrix TAT^{-1}, und $|TAT^{-1}| = |T| \cdot |A| \cdot |T|^{-1} = |A|$. Also hat man eine wohldefinierte Abbildung

$$\det : \operatorname{End}(V) \to K, \quad \det(\alpha \circ \beta) \;=\; \det(\alpha) \cdot \det(\beta).$$

Die Determinante ist nur ein Koeffizient des charakteristischen Polynoms, das einem Endomorphismus zugeordnet ist, wie wir bald lernen werden.

Ist $f(x) = a_0 + a_1x + \cdots + a_mx^m$ ein Polynom in $K[x]$ und α ein Endomorphismus von V, so bilden wir

$$f(\alpha) = a_0 \cdot \mathrm{id}_V + a_1 \cdot \alpha + \cdots + a_m \cdot \alpha^m \in \mathrm{End}_K(V),$$

mit $\alpha^j = \alpha \circ \cdots \circ \alpha$ (j Faktoren). Dies definiert einen Homomorphismus von K-Algebren:

$$K[x] \to \mathrm{End}_K(V), \quad f \mapsto f(\alpha).$$

Was man mit x in $K[x]$ rechnet, ist insbesondere für α richtig.

(4.2) Lemma. *Es gibt ein Polynom $f \in K[x]$, $f \neq 0$, so dass $f(\alpha) = 0$.*

Beweis. $\dim\big(\mathrm{End}(V)\big) = \dim\big(M(n \times n)\big) = n^2$, also sind die Endomorphismen

$$1, \alpha, \alpha^2, \ldots, \alpha^k, \quad \text{für} \quad k \geq n^2,$$

linear abhängig, daher gibt es Koeffizienten $a_0, a_1, \ldots, a_k$, nicht alle 0, so dass $a_0 \cdot 1 + a_1 \cdot \alpha + \cdots + a_k \cdot \alpha^k = 0$. □

Das normierte Polynom kleinsten Grades $f \in K[x]$, so dass $f(\alpha) = 0$, heißt das **Minimalpolynom** von α. Es ist durch α eindeutig bestimmt, mehr noch:

(4.3) Bemerkung. *Ist f das Minimalpolynom von α und $g \in K[x]$, mit $g(\alpha) = 0$, so ist f ein Teiler von g.*

Beweis. Division mit Rest:

$$g = h \cdot f + r, \quad \deg(r) < \deg(f).$$

Weil $f(\alpha) = g(\alpha) = 0$, folgt $r(\alpha) = 0$, und weil f das Minimalpolynom ist: $r = 0$. □

Die Polynome g mit $g(\alpha) = 0$ bilden den Kern des Homomorphismus $K[x] \to \mathrm{End}(V)$, $g \mapsto g(\alpha)$. Wir haben gezeigt, dass dieser Kern, ein Ideal in $K[x]$, aus den Vielfachen des Minimalpolynoms f besteht.
Nun können wir ein Polynom, insbesondere das Minimalpolynom f von α, in Faktoren zerlegen. Was sagt das über α?

(4.4) Erster Zerlegungssatz. *Sei $f \in K[x]$, $f = g \cdot h$, und g, h seien teilerfremd, d.h. ihr größter gemeinsamer Teiler sei 1. Sei α ein Endomorphismus von V. Dann gilt:*

(i) $\ker\big(f(\alpha)\big) = \ker\big(g(\alpha)\big) \oplus \ker\big(h(\alpha)\big)$.

(ii) *Die beiden Projektionen* $\ker\big(f(\alpha)\big) \to \ker\big(g(\alpha)\big)$ *und* $\ker\big(f(\alpha)\big) \to \ker\big(h(\alpha)\big)$ *auf die Summanden sind durch Endomorphismen $(q \cdot h)(\alpha)$ und $(p \cdot g)(\alpha)$ mit $p, q \in K[x]$ gegeben.*

Beachte, dass α die Summanden von (i) *in sich abbildet.*

Beweis. Nach (1.11, iii) liefert der Euklidische Algorithmus Polynome p, q, so dass

$$p \cdot g + q \cdot h = 1.$$

Wir schreiben jetzt kurz $f, g, h, \ldots$ für $f(\alpha)$, $g(\alpha)$, $h(\alpha), \ldots$. Beachte, dass alle diese Polynome dann Endomorphismen von $\ker(f)$ sind, denn $f(\alpha)(v) = 0 \Longrightarrow f(\alpha)\big(r(\alpha)(v)\big) = r(\alpha)f(\alpha)(v) = 0$, oder kurz $fv = 0 \Longrightarrow frv = rfv = 0$, für $r \in K[x]$.

Der Satz ist bewiesen, wenn wir zeigen

(i) Für $v \in \ker(f)$ ist $v = (qh)v + (pg)v$;

(ii) $\mathrm{im}(qh) \subset \ker(g)$, $\mathrm{im}(pg) \subset \ker(h)$;

(iii) $\ker(g) \cap \ker(h) = 0$.

Sei also $v \in \ker(f)$.

(i) Aus $1 = pg + qh$ folgt $v = (pg)v + (qh)v$.

(ii) $g(qhv) = q(hgv) = q(fv) = 0$. Analog $h(pgv) = 0$.

(iii) Angenommen für ein $w \in V$ ist $gw = hw = 0$, dann ist $w = pgw + qhw = 0$.

□

So wenig vom Beweis übrig geblieben ist; dies ist ein grundlegendes Ergebnis mit weit reichenden Folgen, einer der Hauptsätze der Vorlesung.
Wenn die Faktoren weiter zerfallen, können wir die Zerlegung fortsetzen und induktiv erhält man:

(4.5) Korollar. *Ist $f = g_1 \cdots g_k$ und g_i teilerfremd zu g_j für $i \neq j$, so ist*

$$\ker f(\alpha) = \bigoplus_{j=1}^{k} \ker g_j(\alpha).$$

Die Projektionen auf die Summanden sind von der Form $q_j(\alpha)$, $q_j \in K[x]$. □

Beispiele. Sei $\alpha : V \to V$ ein Endomorphismus mit $\alpha \circ \alpha = \mathrm{id}$ (eine Darstellung von $\mathbb{Z}/2$). Wähle $f(x) = x^2 - 1 = (x+1)(x-1)$. Ist $1 \neq -1$ in K, so sagt der Zerlegungssatz:

$$V = \ker\big(f(\alpha)\big) = \ker(\alpha - \mathrm{id}) \oplus \ker(\alpha + \mathrm{id}),$$

also: V zerfällt in zwei Summanden $V = V_0 \oplus V_1$ und α bildet diese Summanden in sich ab durch

$$\alpha : V_j \to V_j, \quad v \mapsto (-)^j v.$$

Sei $\alpha : V \to V$ ein Endomorphismus mit $\alpha \circ \alpha = \alpha$ (**Projektionsoperator**). Wähle $f(x) = x^2 - x = x(x-1)$. Man erhält $V = V_0 \oplus V_1$, mit $\alpha(v) = j \cdot v$ für $v \in V_j$. Dies sind wichtige Spezialfälle von Eigenwertzerlegungen.

(4.6) Definition. Sei α ein Endomorphismus von V. Ein $\lambda \in K$ heißt **Eigenwert** von α, wenn es einen **Eigenvektor** $v \in V$, $v \neq 0$, mit $\alpha(v) = \lambda \cdot v$ gibt. Ist λ ein Eigenwert von α, so heißt der Raum

$$V_\lambda = \ker(\lambda \cdot \mathrm{id} - \alpha)$$

der **Eigenraum** und seine Elemente $v \in V_\lambda$, $v \neq 0$, heißen **Eigenvektoren** zum Eigenwert λ.

Manchmal wollen wir von einem Unterraum von Eigenvektoren sprechen und nehmen dann 0 hinzu.
Setzen wir $f_\lambda(x) = (\lambda - x) \in K[x]$, so ist nach Definition $V_\lambda = \ker\big(f_\lambda(\alpha)\big)$, und da die Polynome f_λ für verschiedene λ offenbar teilerfremd sind, folgt aus dem Zerlegungssatz:

(4.7) Satz. *Sind $\lambda_1, \ldots, \lambda_k$ verschiedene Eigenwerte von α, so ist die Summe*

$$V_{\lambda_1} + \cdots + V_{\lambda_k} \subset V$$

direkt. Insbesondere ist $k \leq n$, und ist v_j ein Eigenvektor zum Eigenwert λ_j, $j = 1, \ldots, k$, so sind $v_1, \ldots, v_k$ linear unabhängig. □

Beispiele. Sei $V = C^\infty(\mathbb{R})$ und sei $v(t) = e^{\lambda t}$. Dann ist v ein Eigenvektor des Endomorphismus $\varphi \mapsto \varphi'$ von V zum Eigenwert λ. Also sind die Funktionen $t \mapsto e^{\lambda t}$ für verschiedene λ linear unabhängig.
Ähnlich sind die Funktionen $t \mapsto \sin(\lambda t)$ Eigenvektoren des Endomorphismus $\varphi \mapsto -\varphi''$ zum Eigenwert λ^2, sind also linear unabhängig, wenn man für λ verschiedene positive Zahlen wählt. Wenn $\dim V = n$ und $\alpha : V \to V$ verschiedene Eigenwerte $\lambda_1, \ldots, \lambda_n$ hat, so kann man zugehörige Eigenvektoren $v_1, \ldots, v_n$ als Basis von V wählen. Weil $\alpha(v_j) = \lambda_j v_j$, hat die Matrix von α für diese Basis Diagonalgestalt:

$$A = \begin{pmatrix} \lambda_1 & & \\ & \ddots & \\ & & \lambda_n \end{pmatrix} \quad \text{(weiße Stellen sind 0).}$$

Das ist sehr bequem, z.B. wenn man Aussagen über Potenzen von α machen will, wie etwa für $K = \mathbb{R}$ oder $\mathbb{C}$:

$$\lim_{n\to\infty} \alpha^n = 0 \iff |\lambda_j| < 1 \quad \text{für} \quad j = 1, \ldots, n.$$

§5 Das charakteristische Polynom

Sei α ein Endomorphismus eines n-dimensionalen Vektorraumes V über K. Im Allgemeinen braucht α nicht n verschiedene Eigenwerte zu haben, z.B. hat die

Drehung der Ebene um $\pi/2$ mit Matrix $\begin{pmatrix} 0 & -1 \\ 1 & 0 \end{pmatrix}$ überhaupt keinen reellen Eigenwert. Wie findet man alle Eigenwerte von α? Dazu hilft die Theorie der Determinante, denn λ ist Eigenwert von α genau dann, wenn $V_\lambda = \ker(\lambda \operatorname{id} - \alpha) \neq 0$, also genau dann, wenn $\lambda \operatorname{id} - \alpha$ nicht injektiv ist, und das gilt genau dann, wenn $\det(\lambda \operatorname{id} - \alpha) = 0$.

(5.1) Satz. *Die Eigenwerte von α sind die Wurzeln des* **charakteristischen Polynoms***:*

$$\chi_\alpha(t) \;=\; \det(t \cdot \operatorname{id} - \alpha) \in K[t]. \qquad \square$$

Dies ist in der Tat ein Polynom, wie wir gleich sehen werden, und wenn $\alpha = A$ eine Matrix ist, so ist

$$\chi_\alpha(t) \;=\; \det(t \cdot E - A) \;=\; \chi_A(t).$$

Auf diese Weise berechnet man χ_α mit einer Basis, und wenn man die Basis mit T transformiert, wird A durch die mit T **konjugierte** Matrix TAT^{-1} ersetzt, und

$$\begin{aligned}\chi_{TAT^{-1}}(t) = |tE - TAT^{-1}| &= |T(tE - A)T^{-1}| = |T||tE - A||T^{-1}| \\ &= |tE - A| = \chi_A(t),\end{aligned}$$

d.h. das charakteristische Polynom ist unter der Transformation $A \mapsto TAT^{-1}$ invariant. Dass χ_A ein Polynom ist, sieht man z.B. an der Leibniz-Entwicklung:

$$\chi_A(t) \;=\; \sum_\sigma \operatorname{sig}(\sigma)(\delta_{1\sigma(1)}t - a_{1\sigma(1)}) \cdot \dots \cdot (\delta_{n\sigma(n)}t - a_{n\sigma(n)}).$$

Sei $\chi_A(t) = c_0 + c_1 t + \dots + c_n t^n$; höhere Potenzen kommen offenbar nicht vor.

(5.2) Satz. *Das charakteristische Polynom χ_A ist ein normiertes Polynom vom Grad n, und es ist*

$$c_0 \;=\; \chi_A(0) \;=\; (-)^n|A|, \quad c_{n-1} \;=\; -\operatorname{Spur}(A) \;=\; -\sum_{i=1}^n a_{ii}.$$

Beweis. $c_0 \;=\; \chi_A(0) \;=\; |0 \cdot E - A| \;=\; |-A| \;=\; (-)^n|A|$.

Den n-ten Koeffizienten eines Polynoms $f(t)$ vom Grad $\leq n$ erhält man so: Bilde $g(t) = t^n f(t^{-1}) = c_n + c_{n-1}t + \dots$, dann ist $c_n = g(0)$. Also hier

$$g(t) = t^n|t^{-1}E - A| = |E - tA|, \quad c_n = g(0) = 1.$$

Zur Berechnung von c_{n-1} muss man die Leibnizentwicklung explizit anschauen. Damit ein Summand etwas vom Grad $\geq n-1$ in t liefert, muss $\delta_{j\sigma(j)}$ für $n-1$ der Zahlen $1, \dots, n$ nicht 0 sein, also $\sigma(j) = j$ für $n-1$ verschiedene j, und dann auch für das letzt-n-te j, also: nur für $\sigma = \operatorname{id}$ entsteht so ein Summand, wir suchen den Koeffizienten von $(t - a_{11}) \cdot \dots \cdot (t - a_{nn})$ bei t^{n-1}, und dies ist offenbar $-(a_{11} + \dots + a_{nn}) = -$ Spur (A). $\square$

Dass χ_A unter Transformation $A \mapsto TAT^{-1}$ invariant ist, bedeutet insbesondere, dass die Koeffizienten unter solchen Transformationen invariant sind, insbesondere:

$$\text{Spur}\,(TAT^{-1}) \;=\; \text{Spur}\,(A),$$

oder etwas allgemeiner:

(5.3) Bemerkung. *Für lineare Abbildungen* $K^n \underset{A}{\longrightarrow} K^m \underset{B}{\longrightarrow} K^n$ *ist*

$$\text{Spur}\,(AB) \;=\; \text{Spur}\,(BA).$$

Beweis. Es bezeichne $(X)_{ij}$ den Koeffizienten einer Matrix X an der Stelle (i,j).

$$(AB)_{ii} \;=\; \sum_j a_{ij}b_{ji}, \qquad \text{also Spur}\,(AB) \;=\; \sum_{i,j} a_{ij}b_{ji}$$

analog $\text{Spur}\,(BA) = \sum_{i,j} b_{ji}a_{ij}$. □

Betrachtet man reelle $(n \times n)$-Matrizen, so ist

$$\text{Spur}\,(A \cdot {}^tB) \;=\; \sum_{i,j} a_{ij} \cdot b_{ij}$$

das Standard-Skalarprodukt in $M(n \times n, \mathbb{R}) = \mathbb{R}^{n \times n}$.

Wenn man eine Basis aus Eigenvektoren hat oder allgemeiner eine Basis, für welche die Matrix A des Endomorphismus Dreiecksgestalt hat, so ergibt sich:

$$A \;=\; \begin{bmatrix} \lambda_1 & & ? \\ & \ddots & \\ 0 & & \lambda_n \end{bmatrix} \;\Longrightarrow\; \begin{array}{l} \chi_A(t) = (t-\lambda_1)\cdot\ldots\cdot(t-\lambda_n), \\ \det(A) = \lambda_1 \cdot \ldots \cdot \lambda_n, \\ \text{Spur}\,(A) = \lambda_1 + \cdots + \lambda_n. \end{array}$$

Das sieht man aus unseren Bemerkungen über die Berechnung von Determinanten. Auch $tE - A$ hat entsprechende Dreiecksgestalt. Ebenso sieht man (für quadratische Blöcke B, C):

$$A \;=\; \left(\begin{array}{c|c} B & ? \\ \hline 0 & C \end{array}\right) \quad \text{oder} \quad A \;=\; \left(\begin{array}{c|c} B & 0 \\ \hline ? & C \end{array}\right)$$

$$\Longrightarrow \chi_A \;=\; \chi_B \cdot \chi_C, \quad |A| \;=\; |B| \cdot |C|,$$
$$\text{Spur}\,(A) \;=\; \text{Spur}\,(B) + \text{Spur}\,(C).$$

Wir werden später lernen, dass man im Komplexen eine Matrix stets auf Dreiecksgestalt transformieren kann, aber z.B. die Matrix

$$\begin{pmatrix} 0 & 1 \\ 0 & 0 \end{pmatrix}$$

besitzt nur den Eigenwert 0, ist aber nicht 0, und hat daher auch im Komplexen keine Basis von Eigenvektoren.
Um das Gelernte anzuwenden, betrachten wir

(5.4) Die homogene lineare Differentialgleichung n-ter Ordnung. Es handelt sich um die Differentialgleichung

$$y^{[n]} + a_{n-1}\, y^{[n-1]} + \cdots + a_0\, y \;=\; 0,$$

mit $a_j \in \mathbb{C}$ und $a_n := 1$. Es sind Funktionen $y : \mathbb{R} \to \mathbb{C}$ gesucht, die der Gleichung genügen ($y^{[k]} := d^k/dt^k y$, und man differenziert Real- und Imaginärteil).

Das fügt sich so in unsere Wissenschaft: Sei V der komplexe Vektorraum der C^∞-Funktionen $\mathbb{R} \to \mathbb{C}$ und $\alpha : V \to V,\quad \varphi \mapsto \varphi'$, also $\alpha = d/dt$. Weiter sei $f(x) = x^n + a_{n-1}\, x^{n-1} + \cdots + a_0 \in \mathbb{C}[x]$. Wir suchen $\ker\bigl(f(\alpha)\bigr)$, den Lösungsraum der Differentialgleichung — einen Unterraum von V — und der erste Zerlegungssatz lässt sich anwenden: Sei

$$f(x) \;=\; (x-\lambda_1)^{n_1} \cdot \ldots \cdot (x-\lambda_k)^{n_k}, \quad \lambda_i \neq \lambda_j \quad \text{für} \quad i \neq j,$$

die Zerlegung von f in irreduzible Faktoren, dann ist

$$\ker\bigl(f(\alpha)\bigr) \;=\; \bigoplus_{j=1}^{k} \ker(\alpha - \lambda_j \mathrm{id})^{n_j},$$

und wir müssen nur noch $\ker(\alpha - \lambda\,\mathrm{id})^m = 0$ lösen, also die Differentialgleichung

$$(\alpha - \lambda)^m y \;=\; 0, \quad \alpha \;=\; d/dt.$$

Dazu bemerkt man: $(\alpha - \lambda)(e^{\lambda t} \cdot \varphi) = \lambda e^{\lambda t}\varphi + e^{\lambda t}\varphi' - \lambda e^{\lambda t}\varphi = e^{\lambda t}\varphi'$. In einem kleinen Diagramm:

$$\begin{array}{ccc} V & \xrightarrow{(\alpha-\lambda)} & V \\ e^{\lambda t}\cdot \uparrow\cong & & \uparrow\cong \\ V & \xrightarrow[d/dt]{} & V\,. \end{array}$$

Mit anderen Worten: Die Transformation $\varphi \mapsto e^{\lambda t}\varphi$ führt auf das Problem, die Differentialgleichung $y^{[m]} = 0$ zu lösen, und es ist nicht schwer zu sehen, dass diese nur von den Polynomen vom Grad $\leq m-1$ gelöst wird. Mit anderen Worten: $(1, t, \ldots, t^{m-1})$ ist eine Basis des Lösungsraums, also $(e^{\lambda t}, te^{\lambda t}, \ldots, t^{m-1}e^{\lambda t})$ eine Basis von $\ker(\alpha - \lambda \mathrm{id})^m$. Lässt man hier λ nacheinander $\lambda_1, \ldots, \lambda_k$ durchlaufen und geht bei λ_j jeweils bis $m = n_j$, so hat man eine Basis des Raumes der Lösungen der betrachteten Differentialgleichung. Die Differentialgleichung der gedämpften Schwingung ist von dieser Form.
Wir schließen in Kapitel V unmittelbar an dieses an und führen die Lehre von den Eigenwerten im Endlich-dimensionalen zum Ziel.

§6 Aufgaben

1. Sei K ein Körper und seien $a_1, \dots, a_n \in K$. Bestimme den Rang der $(n \times n)$-Matrix
$$\begin{pmatrix} 1 & a_1 & a_1^2 & \dots & a_1^{n-1} \\ 1 & a_2 & a_2^2 & \dots & a_2^{n-1} \\ \vdots & \vdots & \vdots & & \vdots \\ 1 & a_n & a_n^2 & \dots & a_n^{n-1} \end{pmatrix} .$$

2. Sei K ein Körper und seien $p, q \in K[x]$ teilerfremde Polynome, d.h. p und q haben nur Konstanten als gemeinsame Teiler.
Zeige: Es gibt Polynome $h, k, r \in K[x]$ mit $\deg(h) < \deg(p)$ und $\deg(k) < \deg(q)$, so dass
$$\frac{1}{p(t) \cdot q(t)} = \frac{h(t)}{p(t)} + \frac{k(t)}{q(t)} + r(t)$$
für alle $t \in K$ mit $p(t) \cdot q(t) \neq 0$.
Berechne h und k für $p = x^2 + x + 1$ und $q = x + 2$.

3. Sei K ein Körper, $K[t]$ der Polynomring in der Unbestimmten t und $D \in \mathrm{End}_K(K[t])$ die Ableitung nach t. Sei $c \in K^*$. Zeige:
Für $m \in \mathbb{N} \setminus \{0\}$ gilt
$$(c \cdot \mathrm{id}_{K[t]} + D^m) \in \mathrm{Aut}_K(K[t]) .$$

4. Sei $A = (a_{ij})$ eine $(n \times n)$-Matrix. Zeige:
$$\det\left((-1)^{i+j} a_{ij}\right) = \det A.$$

5. Zeige, dass die Vektoren
$$v_1 = \begin{pmatrix} 1 \\ 1 \\ 0 \end{pmatrix}, \quad v_2 = \begin{pmatrix} 1 \\ i \\ 0 \end{pmatrix}, \quad v_3 = \begin{pmatrix} i \\ i \\ i \end{pmatrix}$$
eine Basis von $\mathbb{C}^3$ bilden und gib eine Matrix $A \in M(3 \times 3, \mathbb{C})$ an, mit $Av_i = w_i$, $i = 1, 2, 3$, wobei
$$w_1 = \begin{pmatrix} i \\ 0 \\ 0 \end{pmatrix}, \quad w_2 = \begin{pmatrix} 1+i \\ i \\ 0 \end{pmatrix}, \quad w_3 = \begin{pmatrix} 1+i \\ 1+i \\ i \end{pmatrix} .$$
Ferner berechne $\det A$.

6. Seien $A, B \in M(n \times n, K)$. Zeige, dass $\det(A + tB)$ ein Polynom vom Grad $\leq n$ in t ist, und bestimme den Koeffizienten von t^n.

7. Es bezeichne $M(n \times n, \mathbb{Z})$ die Menge der $(n \times n)$-Matrizen mit ganzzahligen Koeffizienten. Sei $A \in M(n \times n, \mathbb{Z})$. Zeige: Es gibt genau dann ein $B \in M(n \times n, \mathbb{Z})$ mit $A \cdot B = E$, wenn $\det A = \pm 1$ ist.

8. Berechne die Determinante der reellen Matrix
$$\begin{pmatrix} 1 & 2 & 4 & 1 \\ 2 & 6 & 10 & 4 \\ 2 & 5 & 11 & 7 \\ 1 & 3 & 7 & 8 \end{pmatrix}.$$

9. Berechne die Determinante der $(n \times n)$-Matrix
$$\begin{pmatrix} & 0 & & 1 \\ & & \cdot^{\cdot^{\cdot}} & \\ 1 & & 0 & \end{pmatrix}.$$

10. Seien a und b Elemente eines Körpers K und A die $(n \times n)$-Matrix
$$\begin{pmatrix} b & a & \dots & a \\ a & \ddots & \ddots & \vdots \\ \vdots & \ddots & \ddots & a \\ a & \dots & a & b \end{pmatrix}.$$
Beweise: $\det(A) = (b-a)^{n-1}\big(b + (n-1)a\big)$.

11. (i) Sei $A \in M(n \times n, \mathbb{R})$ invertierbar. Zeige: Es gibt ein $\varepsilon > 0$, so dass $B \in M(n \times n, \mathbb{R})$ invertierbar ist, wenn $|b_{ij} - a_{ij}| < \varepsilon$ für jeden Koeffizienten b_{ij} von B.

    (ii) Sei $A \in M(n \times n, \mathbb{R})$ beliebig. Zeige: Es gibt ein $\varepsilon > 0$, so dass für alle $\delta \in \mathbb{R}$ mit $0 < \delta < \varepsilon$ die Matrix $A + \delta \cdot E$ invertierbar ist.

12. Sei V ein n-dimensionaler Vektorraum und $\varphi : V \to V$ eine lineare Abbildung, so dass $\varphi^k = 0$ für eine natürliche Zahl k. Zeige: $\varphi^n = 0$.

13. Bestimme das Minimalpolynom und das charakteristische Polynom der reellen Matrix
$$\begin{pmatrix} 2 & 1 & 0 & 0 \\ 0 & 2 & 0 & 0 \\ 0 & 0 & 2 & 1 \\ 0 & 0 & 0 & 2 \end{pmatrix}.$$

14. Auf dem $\mathbb{R}$-Vektorraum V aller unendlich oft differenzierbaren Funktionen $f : \mathbb{R} \to \mathbb{R}$ betrachte die lineare Abbildung $\varphi : V \to V$, $f(t) \mapsto f''(-t)$. Zu jeder reellen Zahl λ finde einen Eigenvektor f_λ zum Eigenwert λ. Sind die Vektoren $(f_\lambda \mid \lambda \in \mathbb{R})$ linear abhängig?

15. Sei $P_2 \subset K[x]$ der Vektorraum der Polynome vom Grad ≤ 2 in x und $D : P_2 \to P_2$ der lineare Endomorphismus

$$f \mapsto x^2 \cdot \frac{d^2 f}{dx^2} + x \cdot \frac{df}{dx} .$$

Bestimme Eigenwerte und Eigenvektoren von D.

16. Sei V ein endlich-dimensionaler Vektorraum über einem Körper K und $f : V \to V$ eine lineare Abbildung.

   (i) Zeige: Ein $\lambda \in K$ ist genau dann ein Eigenwert von f, wenn λ ein Eigenwert der dualen Abbildung f^* ist.

   (ii) Sei $p \in K[x]$ ein Polynom. Zeige: Ist $\lambda \in K$ ein Eigenwert von f, so ist $p(\lambda)$ ein Eigenwert von $p(f)$.

   (iii) Sei $f^2 = f$. Zeige, dass $V = \operatorname{Ker}(f) \oplus \operatorname{Im}(f)$.

   (iv) Sei $f^2 = \mathrm{id}$. Zeige, dass Unterräume V_+ und V_- von V existieren, so dass $V = V_+ \oplus V_-$ und $f(v) = v$ für $v \in V_+$ und $f(v) = -v$ für $v \in V_-$.

17. Sei V ein endlich-dimensionaler Vektorraum. Seien $0 \neq \varphi \in V^*$ und $0 \neq h \in \ker(\varphi)$ gegeben. Bestimme die Eigenwerte und die Determinante der linearen Abbildung $V \to V$, $v \mapsto v + \varphi(v) \cdot h$.

18. Sei V der reelle Vektorraum der beliebig oft stetig differenzierbaren reellen Funktionen $\mathbb{R} \to \mathbb{R}$. Zeige, dass die Funktionen $t \mapsto \sin nt$, $0 < n \leq N$, $t \mapsto \cos nt$, $0 \leq n \leq N$, als Elemente von V linear unabhängig sind. Diese Funktionen sind Eigenvektoren eines linearen Endomorphismus von V. Gib einen solchen Endomorphismus an.

19. Seien $A, B \in GL(n, \mathbb{C})$ mit $AB = BA$. Zeige: Ist V_λ der Eigenraum zum Eigenwert λ von A, so ist $BV_\lambda \subset V_\lambda$. Zeige ferner: Es gibt einen Vektor, der zugleich Eigenvektor von A und von B ist.

20. Sei V ein endlich-dimensionaler komplexer Vektorraum und $\varphi \in \operatorname{Aut}(V)$, $\varphi^n = \mathrm{id}$ für ein $n \geq 1$. Zeige: Es gibt eine Zerlegung $V = V_1 \oplus \cdots \oplus V_n$, $\varphi_j := \varphi \mid V_j : V_j \to V_j$, und $\varphi_j(v) = e^{2\pi i j/n} \cdot v$ für $v \in V_j$.

21. Sei V ein n-dimensionaler reller Vektorraum und n ungerade. Zeige, dass jedes $\alpha : V \to V$ einen Eigenwert besitzt, während es für jedes gerade n ein $\alpha : V \to V$ ohne Eigenwert gibt.

22. Sei V ein endlich-dimensionaler komplexer Vektorraum und $f : V \to V$ ein Endomorphismus. Sei $(x - \lambda_1) \cdot \dots \cdot (x - \lambda_n)$ das Minimalpolynom von f. Zeige: Für jedes Polynom $p \in \mathbb{C}[x]$ ist das Minimalpolynom von $p(f)$ ein Teiler von
$$\bigl(x - p(\lambda_1)\bigr) \cdot \dots \cdot \bigl(x - p(\lambda_n)\bigr).$$

23. Sei V ein endlich-dimensionaler Vektorraum über K und $f : V \to V$ ein Automorphismus. Zeige, dass ein Polynom $p \in K[x]$ existiert, so dass $f^{-1} = p(f)$.

24. Sei K ein Körper. Für ein Polynom $f \in K[x]$ setze $f_0 = f$, $f_{n+1} = \frac{f_n - f_n(0)}{x}$ (= 0, falls f konstant ist). Definiere den Endomorphismus
$$A : \; K[x] \to K[x], \quad f \mapsto x \cdot f'(x) + \sum_{j=0}^{\infty} f_j(x) \;,$$
beachte: $f_j = 0$ für $\deg(f) < j$. Offenbar bildet A den Raum V_n der Polynome vom Grad $\leq n$ in sich ab. Berechne die Eigenwerte von $A|V_n : V_n \to V_n$.

25. Bestimme eine Basis des Lösungsraumes der linearen Differentialgleichung
$$y^{[4]} \;-\; 5y^{[3]} \;+\; 9y^{[2]} \;-\; 7y^{[1]} \;+\; 2y \;=\; 0\,.$$

26. Sei $\alpha : V \to V$ nilpotent, d.h. $\alpha^k = 0$ für ein $k > 0$. Sei $n = \dim V$. Zeige $\alpha^n = 0$.

27. Sei K algebraisch abgeschlossen und $\alpha : V \to V$ ein Endomorphismus von K-Vektorräumen. Zeige: $V = V_1 \oplus \dots \oplus V_k$, $\alpha(V_\nu) \subset V_\nu$, und zu V_ν existiert $\lambda_\nu \in K$ mit $(\alpha - \lambda_\nu \mathrm{id})^n \mid V_\nu = 0$. Zeige in diesem Fall, dass das Minimalpolynom von α Grad $\leq n$ hat.

28. Sei V der Vektorraum der Polynome vom Grad $\leq n$. Berechne die Eigenwerte und Eigenvektoren der Abbildung $V \to V$, $f(x) \mapsto x \cdot f'(x)$.

29. Finde eine (2×2)-Matrix A mit ganzen Koeffizienten, so dass $A^3 = 1$, $A \neq 1$.

30. Bestimme sämtliche C^∞-Lösungen $y : \mathbb{R} \to \mathbb{C}$ der Differentialgleichung
$$y''' \;+\; y'' \;+\; y' \;+\; y \;=\; 0\,.$$

Kapitel IV

Bilinearformen

Wär' alles dies nicht längst erdacht,
Ich hätt' es nicht hervorgebracht,
Und hätte müssen mich begnügen
Ein Hüttendach aus Rohr zu fügen.

Worin wir, auf den Anfang der Vorlesung zurückkommend, von Skalarprodukten reden und auch ernstlich vom Reellen zum Komplexen übergehen.

§1 Bilinearformen und quadratische Formen

Sei V ein Vektorraum über K.

(1.1) Definition. Eine **Bilinearform** γ auf V ist eine Abbildung

$$\gamma :\ V \times V \to K,$$

so dass für alle $\lambda_1, \lambda_2 \in K$ und alle $v, v_1, v_2, w, w_1, w_2 \in V$ gilt:

$$\gamma(\lambda_1 v_1 + \lambda_2 v_2, w) = \lambda_1 \gamma(v_1, w) + \lambda_2 \gamma(v_2, w),$$
$$\gamma(v, \lambda_1 w_1 + \lambda_2 w_2) = \lambda_1 \gamma(v, w_1) + \lambda_2 \gamma(v, w_2).$$

Also mit anderen Worten: Die Abbildungen

$$V \to K, \quad v \mapsto \gamma(v, w) \quad \text{bzw.} \quad w \mapsto \gamma(v, w)$$

bei festem w bzw. v sind linear.
Sei nun $\dim V = n$ und $(v_1, \ldots, v_n)$ eine Basis von V. Die Matrix

$$G = (g_{ij}) = \big(\gamma(v_i, v_j)\big)$$

heißt die **Fundamentalmatrix** von γ für diese Basis.

Durch G ist γ bestimmt, und jede Vorgabe einer Matrix G bestimmt eine Bilinearform γ durch

$$\gamma\Big(\sum_i x_i v_i, \sum_j y_j v_j\Big) \;=\; \sum_{i,j} x_i y_j g_{ij} \;=\; {}^t x G y.$$

Für K^n mit der Standardbasis gehört die Fundamentalmatrix G zur Bilinearform

$$\gamma: \; (x, y) \mapsto {}^t x G y. \tag{1.2}$$

Alle Bilinearformen entstehen so; ist also $\mathrm{Bil}(V)$ der Vektorraum der Bilinearformen auf V mit naheliegenden Operationen, so hat man einen Isomorphismus $M(n \times n, K) \xrightarrow{\cong} \mathrm{Bil}(K^n)$, der G die Bilinearform $(x, y) \mapsto {}^t x G y$ zuordnet.

Wie ändert sich G, wenn man die Basis transformiert? Sei T die Transformation auf neue Koordinaten, also

$$x \;=\; T\tilde{x}, \quad y \;=\; T\tilde{y}.$$

Dann folgt $\gamma(T\tilde{x}, T\tilde{y}) = {}^t(T\tilde{x})G(T\tilde{y}) = {}^t\tilde{x}({}^tTGT)\tilde{y}$, so dass für die neuen Koordinaten γ durch die Fundamentalmatrix

$${}^tTGT$$

gegeben ist. In einem kleinen Diagramm:

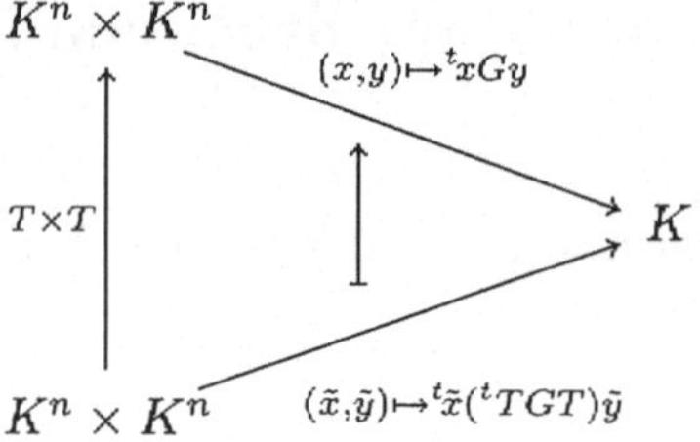

Noch anders kann man Bilinearformen ansehen, nämlich: Sei $\Gamma : V \to V^*$ eine lineare Abbildung in den Dualraum, dann ist durch

$$\gamma(v, w) \;=\; \langle \Gamma w, v \rangle \tag{1.3}$$

eine Bilinearform definiert, und umgekehrt, wenn die Bilinearform γ gegeben ist, so definiert (1.3) eine lineare Abbildung

$$\Gamma: \; V \to V^*, \quad \Gamma(w): \; v \mapsto \gamma(v, w).$$

So haben wir durch (1.3) einen kanonischen Isomorphismus

$$\mathrm{Bil}(V) \;\xrightarrow{\cong}\; \mathrm{Hom}_K(V, V^*),$$

und dem obigen Transformationsdiagramm entspricht ein Diagramm

$$\begin{array}{ccc} V & \xrightarrow{\;{}^tT\Gamma T\;} & V^* \\ {\scriptstyle T}\downarrow & & \uparrow{\scriptstyle {}^tT} \\ V & \xrightarrow[\Gamma]{} & V^*. \end{array}$$

In Matrizen: Sei $(v_1^*, \ldots, v_n^*)$ die duale Basis zu $(v_1, \ldots, v_n)$, und sei

$$(1.4) \qquad \Gamma v_j \; = \; \sum_k g_{kj} v_k^*, \quad (g_{ij}) \; = \; \text{Matrix von} \quad \Gamma,$$

dann ist $\gamma(v_i, v_j) = \langle \Gamma v_j, v_i \rangle = g_{ij}$, also: die Fundamentalmatrix G ist die Matrix von $\Gamma : V \to V^*$, wenn man auf V^* die duale Basis einführt. Im K^n:

$${}^t xGy \; = \; {}^t(Gy)x,$$

der Bilinearform $(x, y) \mapsto {}^t xGy$ entspricht die lineare Abbildung $K^n \to K^{n*}$, $y \mapsto {}^t(Gy)$.

Die **Gramsche Determinante** $g = \det(G)$ hängt von der Basis ab, nicht aber der Rang von G, denn

$$\operatorname{Rg}({}^tTGT) \; = \; \operatorname{Rg}(G) \quad \text{für} \quad T \in GL(n, K).$$

(1.5) Definition. Eine Bilinearform γ auf V heißt **symmetrisch**, wenn gilt $\gamma(v, w) = \gamma(w, v)$ für alle $v, w \in V$. Sie heißt **nicht ausgeartet** (regulär), wenn die zugehörige lineare Abbildung $\Gamma : V \to V^*$ isomorph ist.

Im Endlich-dimensionalen ist γ symmetrisch, wenn (1.5) für Basisvektoren erfüllt ist, also genau dann, wenn

$$g_{ij} \; = \; g_{ji} \text{ für alle } i, j, \quad \text{d.h.} \quad {}^tG \; = \; G, \quad G \quad \text{ist } \textbf{symmetrisch},$$

und γ ist nicht ausgeartet, wenn G regulär ist. Dabei genügt, dass Γ injektiv ist, und das heißt:

$$\gamma(v, w) \; = \; 0 \quad \text{für alle} \quad v \in V \implies w \; = \; 0.$$

(1.6) Definition. Sei γ eine symmetrische Bilinearform auf V, dann heißt die (ebenso bezeichnete) Abbildung

$$\gamma : \; V \to K, \quad v \mapsto \gamma(v, v)$$

die zugehörige **quadratische Form**.

Aus dieser kann man die Bilinearform γ wiederfinden, falls $2 \neq 0$ in K, denn $\gamma(v+w) = \gamma(v+w, v+w) = \gamma(v) + \gamma(w) + \gamma(v,w) + \gamma(w,v)$, also

$$\gamma(v,w) = \tfrac{1}{2}\big(\gamma(v+w) - \gamma(v) - \gamma(w)\big). \tag{1.7}$$

Oder ähnlich $\gamma(v-w) = \gamma(v) + \gamma(w) - 2\gamma(v,w)$, also

$$\gamma(v+w) - \gamma(v-w) = 4\gamma(v,w). \tag{1.8}$$

(1.9) Definition. Eine Basis $(v_1, \ldots, v_n)$ von V heißt **Orthogonalbasis** für die Bilinearform γ, wenn gilt $\gamma(v_i, v_j) = 0$ für $i \neq j$. Das bedeutet mit anderen Worten: G ist eine Diagonalmatrix.

Beispiel. In der Mechanik ist jedem Punkt p des Raumes M, in dem ein Teilchen sich bewegen kann, ein Vektorraum V zugeordnet, der Raum der möglichen Geschwindigkeiten des Teilchens in p.

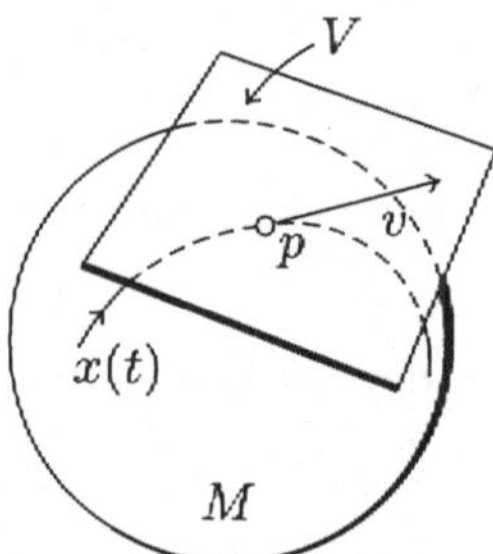

Dann liefert jede differenzierbare Funktion $f : M \to \mathbb{R}$ das Element $df_p \in V^*$, mit

$$df_p(v) = (d/dt) \mathop{|}_{t=0} f\big(x(t)\big),$$

für eine Kurve $x(t)$, $-\varepsilon < t < \varepsilon$, mit $x(0) = p$, $\dot{x}(0) = v$. In Koordinaten

$$df_p = (\partial f/\partial x_1, \ldots, \partial f/\partial x_n), \; df_p(v) = \sum_i (\partial f/\partial x_i) \cdot v_i.$$

Nun hat man in der Relativitätstheorie die Bilinearform γ mit Fundamentalmatrix

$$\begin{pmatrix} 1 & & & \\ & -1 & & \\ & & -1 & \\ & & & -1 \end{pmatrix} \qquad \text{(weiße Stellen sind 0)}$$

in geeigneten Koordinaten (Minkowski-Metrik), und für diese Koordinaten ist dann

$$\Gamma^{-1}(df) = (\partial f/\partial x_1, -\partial f/\partial x_2, \ldots, -\partial f/\partial x_4) =: \operatorname{grad}_4 f$$

ein wohldefinierter Vektor in V.

§2 Euklidische Räume

(2.1) Definition. Ein **euklidischer Raum** ist ein reeller Vektorraum V mit einer symmetrischen Bilinearform

$$V \times V \to \mathbb{R}, \quad (v, w) \mapsto \langle v, w \rangle,$$

dem euklidischen **Skalarprodukt** (der **Metrik**), die **positiv definit** ist, d.h.

$$\langle v, v \rangle > 0 \quad \text{falls} \quad v \neq 0.$$

Beispiele. Der **Standardraum** $\mathbb{R}^n$ mit dem Standard-Skalarprodukt

$$\langle x, y \rangle \ = \ {}^t x y \ = \ \sum_j x_j y_j.$$

Hieraus entstehen nicht ernstlich neue Beispiele wie folgt: Sei A eine reguläre $(n \times n)$-Matrix und $\gamma(x, y) := \langle Ax, Ay \rangle = {}^t x({}^t AA)y$, $x, y \in \mathbb{R}^n$. Auch dies definiert offenbar ein euklidisches Skalarprodukt. Es entsteht aus dem Standard-Skalarprodukt durch Basistransformation mit A.

Sei V der Raum der stetigen Funktionen $[0, 1] \to \mathbb{R}$ und

$$\langle f, g \rangle \ := \ \int_0^1 f(t) g(t)\, dt.$$

Dieser und verwandte Räume sind wichtig in Physik und Analysis.

Wir verfahren, wie wir es aus der Schule für $\mathbb{R}^n$ kennen: Sei V ein euklidischer Raum. Dann heißt für $v \in V$

$$|v| \ = \ \sqrt{\langle v, v \rangle} \quad \textbf{Norm} \text{ von } \ v.$$

Für $\lambda \in \mathbb{R}$ ist $|\lambda v| = |\lambda| \cdot |v|$, und v heißt **Einheitsvektor**, wenn $|v| = 1$ gilt; v heißt **orthogonal** zu w, wenn $\langle v, w \rangle = 0$ gilt.

Ist $\dim V < \infty$, so ist das Skalarprodukt nicht ausgeartet. Ist nämlich $w \neq 0$, so ist die Linearform $\langle \cdot, w \rangle : V \to \mathbb{R}$, $v \mapsto \langle v, w \rangle$, nicht 0, weil $\langle w, w \rangle \neq 0$.

Ist $U \subset V$ ein Unterraum, so bilde $U^\perp := \{v \in V \mid \langle v, u \rangle = 0 \text{ für alle } u \in U\}$. Dies ist ein Unterraum von V, und wenn $\dim V < \infty$, so ist

$$\dim U + \dim U^\perp \ = \ \dim V.$$

Das Skalarprodukt definiert ja eine Injektion, also für $\dim V < \infty$ einen Isomorphismus

$$\Gamma : \ V \to V^*, \quad w \mapsto \langle \cdot, w \rangle,$$

und $U^\perp$ ist $(\Gamma U)^\perp$ im früheren Sinne (siehe III, (2.11)).

(2.2) Definition. Seien $V, \langle\cdot,\cdot\rangle_V$ und $W, \langle\cdot,\cdot\rangle_W$ euklidische Räume.
Eine lineare Abbildung $\alpha : V \to W$ heißt **orthogonal**, wenn gilt

$$\langle\alpha(u), \alpha(v)\rangle_W = \langle u, v\rangle_V \quad \text{für alle} \quad u, v \in V.$$

Sei $\dim V = n$. Eine Basis $(v_1, \ldots, v_n)$ von V heißt **orthonormal**, wenn gilt

$$\langle v_i, v_j\rangle = \delta_{ij} \quad \textit{für alle} \quad i, j = 1, \ldots, n.$$

Letzteres besagt im Sinne unserer Übersetzung des Wortes Basis:
Der zugehörige Isomorphismus

$$\varphi : \ \mathbb{R}^n \to V, \quad e_i \mapsto v_i$$

ist orthogonal, wenn $\mathbb{R}^n$ der Standardraum ist. Es ist daher gut zu wissen, dass ein endlich-dimensionaler euklidischer Raum stets eine Orthonormalbasis besitzt: Bis auf orthogonale Isomorphie, die also alles erhält, was zur euklidischen Struktur gehört, gibt es nur den $\mathbb{R}^n$, genauer:

(2.3) Gram–Schmidt Orthogonalisierung. *Sei* $v_1, \ldots, v_k$ *ein* **Orthonormalsystem** *in* V, *d.h.* $\langle v_i, v_j\rangle = \delta_{ij}$, *und es werde durch* $w_{k+1}, \ldots, w_n$ *zu einer Basis von* V *ergänzt. Dann kann man das System* $v_1, \ldots, v_k$ *induktiv zu einer Orthonormalbasis ergänzen, indem man setzt*

$$\begin{aligned} \tilde{v}_{k+1} &:= w_{k+1} - \sum_{i=1}^{k} \langle w_{k+1}, v_i\rangle \cdot v_i \\ v_{k+1} &:= |\tilde{v}_{k+1}|^{-1} \cdot \tilde{v}_{k+1}. \end{aligned}$$

Beweis. Beachte zunächst, dass $v_1, \ldots, v_k$ linear unabhängig sind, denn

$$v := \sum_{j=1}^{k} \lambda_j v_j = 0 \Longrightarrow \langle v, v_j\rangle = \lambda_j = 0.$$

Offenbar ist auch $(v_1, \ldots v_k, \ \tilde{v}_{k+1}, \ w_{k+2}, \ldots, w_n)$ eine Basis, denn man hat nur von w_{k+1} eine Linearkombination der vorherigen Basisvektoren abgezogen. Insbesondere ist $\tilde{v}_{k+1} \neq 0$. Nach Konstruktion ist

$$\begin{aligned} \langle \tilde{v}_{k+1}, v_j\rangle &= \langle w_{k+1}, v_j\rangle - \sum_i \langle w_{k+1}, v_i\rangle\langle v_i, v_j\rangle \\ &= \langle w_{k+1}, v_j\rangle - \langle w_{k+1}, v_j\rangle = 0. \end{aligned}$$

Das bleibt richtig, wenn man $\tilde{v}_{k+1}$ um einen positiven Faktor abändert, und für v_{k+1} wählt man ihn so, dass $|v_{k+1}| = 1$. □

Eine symmetrische reelle Matrix G heißt **positiv definit** ($G > 0$), wenn die zugehörige Bilinearform $(x, y) \mapsto {}^t x G y$ positiv definit (euklidisch) ist. Der Satz sagt:

(2.4) Folgerung. *Ist G eine positiv definite reelle $(n \times n)$-Matrix, so existiert eine reguläre reelle $(n \times n)$-Matrix T, so dass $G = {}^tTT$, und umgekehrt, wenn T regulär ist, ist ${}^tTT > 0$.*

Beweis. T ist die Transformation, welche die Orthonormalbasis für das Skalarprodukt $(x, y) \mapsto {}^txGy$ in die Standardbasis überführt, also ${}^t(Tx)(Ty) = {}^txGy$, d.h. ${}^tx({}^tTT)y = {}^txGy$, also ${}^tTT = G$. □

Genauer ist die durch Gram–Schmidt-Orthogonalisierung konstruierte Transformation T mit $T(v_j) = w_j$ eine obere Dreiecksmatrix mit positiver Diagonale, also

$$T = (t_{ij}), \quad t_{ij} = 0 \quad \text{für} \quad i > j, \quad \text{und} \quad t_{ii} > 0.$$

Ist W ein euklidischer Raum und $V \subset W$ ein linearer Unterraum, so erbt V die Struktur eines euklidischen Raumes. Das induzierte Skalarprodukt von V entsteht durch Einschränkung aus dem von W. Ist nun V endlich-dimensional, so ist V orthogonal isomorph zu $\mathbb{R}^n$, und alles, was wir an allgemeinen Aussagen über $\mathbb{R}^n$ mit dem Standard-Skalarprodukt wissen, gilt auch in V. Insbesondere gilt das für Sätze, in denen nur endlich viele Vektoren vorkommen, denn endlich viele Vektoren liegen immer in einem endlich-dimensionalen Unterraum. So gilt zum Beispiel in jedem euklidischen Raum:

(2.5) Schwarzsche Ungleichung. $|\langle v, w\rangle| \leq |v| \cdot |w|$, *und Gleichheit gilt nur, wenn v, w linear abhängig sind.* □

(2.6) Dreiecksungleichung. $\quad |v + w| \leq |v| + |w|.$ □

Beispiel. Sei V der Raum der stetigen Funktionen $[0, 1] \to \mathbb{R}$ mit dem Skalarprodukt $\langle f, g\rangle = \int_0^1 f(t)g(t)\, dt$, dann gilt:

$$\left(\int_0^1 f(t)g(t)\, dt\right)^2 \leq \left(\int_0^1 f^2(t)\, dt\right)\left(\int_0^1 g^2(t)\, dt\right).$$

(2.7) Orthogonalprojektion. *Sei V ein euklidischer Raum und $U \subset V$ ein endlich-dimensionaler Unterraum mit dem induzierten Skalarprodukt. Man hat eine direkte Zerlegung*

$$V = U \oplus U^\perp,$$

also eine wohlbestimmte Abbildung, die **Orthogonalprojektion** *von V auf U,*

$$p_U : V = U \oplus U^\perp \xrightarrow[\mathrm{pr}_1]{} U.$$

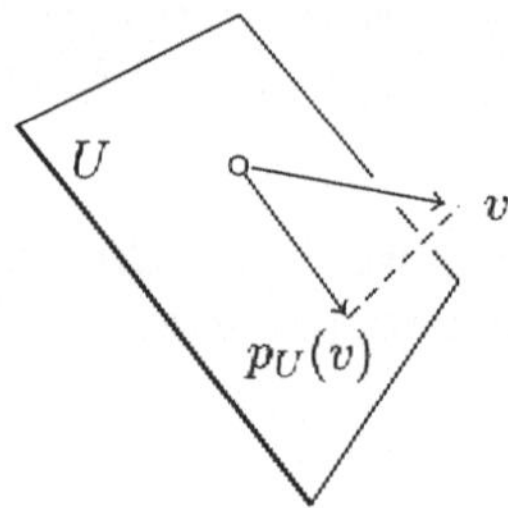

Beweis. Ist $v \in U \cap U^\perp$, so ist $\langle v, v\rangle = 0$, also $v = 0$. Also $U \cap U^\perp = 0$. Ist $(u_1, \dots, u_n)$ eine Orthonormalbasis von U, so ist

$$v = u + \tilde{u} \quad \text{mit} \quad u := \sum_{j=1}^{n} \langle v, u_j\rangle u_j, \; \tilde{u} := v - u.$$

Offenbar ist $u \in U$ und $\langle \tilde{u}, u_j\rangle = 0$ für alle j, also $\tilde{u} \in U^\perp$. Die Orthogonalprojektion ist gegeben durch

$$p_u(v) = \sum_{j=1}^{n} \langle v, u_j\rangle \cdot u_j. \qquad \square$$

(2.8) Bemerkung. *Unter allen $u \in U$ hat $p_U(v)$ den kleinsten Abstand von v.*

Beweis. $v = p_u(v) + \tilde{u}$, $\tilde{u} \in U^\perp$, also $|v - u|^2 = |p_u(v) - u|^2 + |\tilde{u}|^2 \geq |\tilde{u}|^2 = |v - p_u(v)|^2$. $\square$

Ist $e_1, e_2, \dots$ ein (vielleicht unendliches) Orthonormalsystem in V, so heißt $\langle v, e_j\rangle$ auch der j-te **Fourierkoeffizient** von $v \in V$ für dieses Orthonormalsystem. Es gilt:

(2.9) Besselsche Ungleichung. $\displaystyle\sum_j \langle v, e_j\rangle^2 \leq |v|^2.$

Beweis. $v = \displaystyle\sum_{j=1}^{n} \langle v, e_j\rangle e_j + w$ mit $w \in L(e_1, \dots, e_n)^\perp$. Daher:

$$|v|^2 = \sum_{j=1}^{n} \langle v, e_j\rangle^2 + |w|^2 \geq \sum_{j=1}^{n} \langle v, e_j\rangle^2. \qquad \square$$

Insbesondere ist die Reihe $\displaystyle\sum_j \langle v, e_j\rangle^2$ konvergent.

Beispiel. Sei V wieder der Raum der stetigen Funktionen $[0, 1] \to \mathbb{R}$ wie gehabt. Das Orthonormalsystem sei durch die Funktionen

$$t \mapsto 2\sin(n \cdot 2\pi t), \quad t \mapsto 2\cos(n \cdot 2\pi t), \quad n \in \mathbb{N}, \quad \text{und} \quad 1,$$

gegeben. Dies liefert die Fourierkoeffizienten f im üblichen Sinne.

Ist $(e_1, \ldots, e_n)$ eine Orthonormalbasis von V, so ist

(2.10) $$v = \sum_j \langle v, e_j \rangle e_j$$

die Darstellung von $v \in V$ als Linearkombination der Basisvektoren, denn multipliziert man eine Darstellung $v = \lambda_1 e_1 + \cdots + \lambda_n e_n$ skalar mit e_k, so steht da $\langle v, e_k \rangle = \lambda_k$.

Betrachte einen affinen Unterraum A des n-dimensionalen euklidischen Raumes V, also $A = q + U$, wo U ein $(n-k)$-dimensionaler Untervektorraum ist. Wähle eine Orthonormalbasis $(c_1, \ldots, c_k)$ von $U^\perp$, und setze $\alpha_j = \langle c_j, q \rangle$. Das hängt nicht von der Wahl von $q \in A$ ab. Dann ist A der Lösungsraum des folgenden Gleichungssystems:

(2.11) Hessesche Normalform. $\langle c_j, x \rangle - \alpha_j = 0, \quad j = 1, \ldots, k.$

(2.12) Bemerkung. *Ein Punkt $p \in V$ hat von A den minimalen Abstand $|(\lambda_1, \ldots, \lambda_k)|$, Norm in $\mathbb{R}^k$, mit $\lambda_j := \langle c_j, p \rangle - \alpha_j$, $j = 1, \ldots, k$.*

Beweis. Ein Punkt $q \in A$ hat minimalen Abstand von p, wenn $p - q \in U^\perp$, also $p - q = \sum_i \lambda_i c_i$ ist. Dann ist $\lambda_j = \langle c_j, p \rangle - \langle c_j, q \rangle = \langle c_j, p \rangle - \alpha_j$, und der Abstand ist $|p - q| = |\sum_i \lambda_i c_i| = |(\lambda_1, \ldots, \lambda_k)|$. □

Für eine Hyperebene A hat man so **eine** Gleichung $\langle c, x \rangle - \alpha = 0$, $|c| = 1$, in Hessescher Normalform, und ein Punkt $p \in V$ hat den Abstand $|\langle c, p \rangle - \alpha|$ von A.

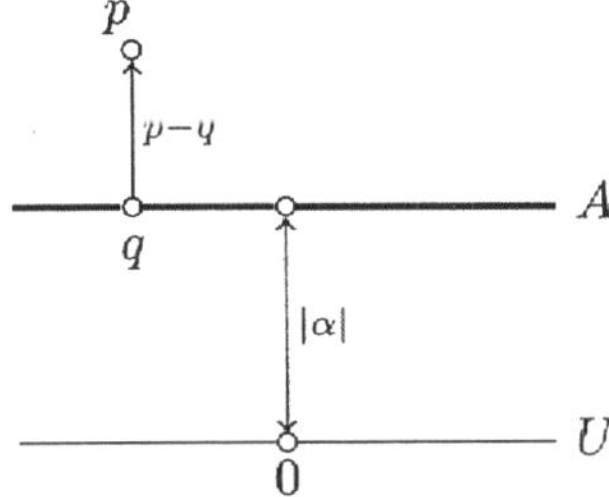

§3 Orthogonale Gruppen

Natürlich studieren wir nicht nur euklidische Räume, sondern vielmehr die Kategorie der euklidischen Räume und orthogonalen Abbildungen: Die Identität eines euklidischen Raumes ist orthogonal, und eine Zusammensetzung orthogonaler Abbildungen ist orthogonal. Eine orthogonale Abbildung $\alpha : V \to W$ ist stets injektiv, denn ist $\alpha(v) = 0$, so ist $|v| = |\alpha(v)| = 0$, also $v = 0$. Sind die Dimensionen gleich, so ist die Abbildung ein Isomorphismus. Mit gutem Recht interessieren wir uns vor allem für die orthogonalen Isomorphismen des Standardraumes $\mathbb{R}^n$ auf sich; wir identifizieren dabei $\mathrm{Hom}(\mathbb{R}^n, \mathbb{R}^n)$ mit $M(n \times n, \mathbb{R})$.

(3.1) Satz. *Die Gruppe der orthogonalen linearen Abbildungen* $A : \mathbb{R}^n \to \mathbb{R}^n$ *für das Standard-Skalarprodukt heißt* **orthogonale Gruppe** *der Ordnung* n*, bezeichnet durch* $O(n)$*. Genau dann ist* $A \in O(n)$*, wenn gilt*

$$ {}^t\!A \cdot A = E, $$

d.h. genau dann, wenn A *die Standardbasis auf ein Orthonormalsystem abbildet. In diesem Fall ist* $|\det(A)| = 1$*. Die Untergruppe*

$$ SO(n) = \{A \in O(n) \mid \det(A) = 1\} $$

heißt **spezielle orthogonale Gruppe** *der Ordnung* n*.*

Beweis. $A \in O(n) \iff {}^t(Ax)(Ay) = {}^t xy$ für alle $x, y \in \mathbb{R}^n \iff {}^t x({}^t\!AA)y = {}^t xEy \iff {}^t\!AA = E$, setze $x = e_i$, $y = e_j$. Weil die Spalten von A die Bilder der e_j sind, gilt die zweite Behauptung. Aus $\big(\det(A)\big)^2 = \det({}^t\!A) \cdot \det(A) = \det({}^t\!A \cdot A) = \det(E) = 1$ folgt die dritte. □

Beachte übrigens, dass auch $A{}^t\!A = E$, weil ${}^t\!A = A^{-1}$. Daher ist ${}^t\!A$ orthogonal, die Zeilen sind ein Orthonormalsystem, und A^{-1} ist orthogonal.

Ein orientierter euklidischer Raum besitzt stets positive Orthonormalbasen; notfalls ersetze v_1 durch $-v_1$. Die Gruppe $SO(n)$ ist die Gruppe der orientierungserhaltenden orthogonalen Abbildungen des Standardraums $\mathbb{R}^n$ mit der Standardorientierung, d.h. $A \in SO(n)$ bildet positive Basen auf positive Basen ab, weil eben $\det(A) > 0$.

(3.2) Die kanonische Volumenform. *Ein endlich-dimensionaler orientierter euklidischer Raum* V *besitzt eine* **kanonische Volumenform** ω*, die eindeutig durch folgende Bedingung festgelegt ist: Ist* $(v_1, \ldots, v_n)$ *eine positive Orthonormalbasis, so gilt*

$$ \omega(v_1, \ldots, v_n) = 1. $$

Beweis. Nach Wahl einer Basis ist oBdA $V = \mathbb{R}^n$ und die Volumenform ordnet einem n-Tupel von Spaltenvektoren die Determinante der Matrix mit diesen Spalten zu. Für ein positives Orthonormalsystem ist die Matrix in $SO(n)$, die Determinante also 1. □

Und welchen Wert hat ω auf irgendeiner Basis von V?

(3.3) Satz. *Sei* $(v_1, \ldots, v_n)$ *eine positive Basis des orientierten euklidischen Raumes* V *mit Fundamentalmatrix* G*, dann ist*

$$ \omega(v_1, \ldots, v_n) = \sqrt{g}, \quad g = \det(G). $$

Beweis. Wir dürfen annehmen $V = \mathbb{R}^n$; dann bilden die Vektoren v_j die Spalten einer Matrix B, und nach dem eben Gesagten ist dann $\omega(v_1, \ldots, v_n) = \det(B)$, und dies ist positiv. Aber $\langle v_i, v_j\rangle$ ist das Skalarprodukt der j-ten Spalte von B mit der i-ten, also der i-ten Zeile von ${}^tB$, also $G = (\langle v_i, v_j\rangle) = {}^tBB$, somit $g = \det(B)^2$. □

Man braucht also keine Basis, um sinnvoll vom Volumen eines Spats reden zu können, man braucht nur eine Metrik.

Wir wollen die orthogonalen Gruppen $O(n)$ und $SO(n)$ für kleine n näher betrachten.

(3.4) $$O(1) = \{\mathrm{id}, -\mathrm{id}\} = \{1, -1\} \cong \mathbb{Z}/2. \quad SO(1) = 1.$$

(3.5) $SO(2)$ ist die Gruppe der **Drehungen** von $\mathbb{R}^2$ um 0. Ist $A \in SO(2)$, so gilt $Ae_1 = \binom{a}{b}$, $a^2 + b^2 = 1$, und wir können setzen $a = \cos\varphi$, $b = \sin\varphi$. Für diese Funktionen und ihre Eigenschaften dürfen wir uns auf die Analysis berufen. Weil Ae_2 orthogonal zu $\binom{a}{b}$ ist und Norm 1 hat, kommen nur $\binom{-b}{a}$, $\binom{b}{-a}$ in Frage, also wegen $\det(A) = 1$

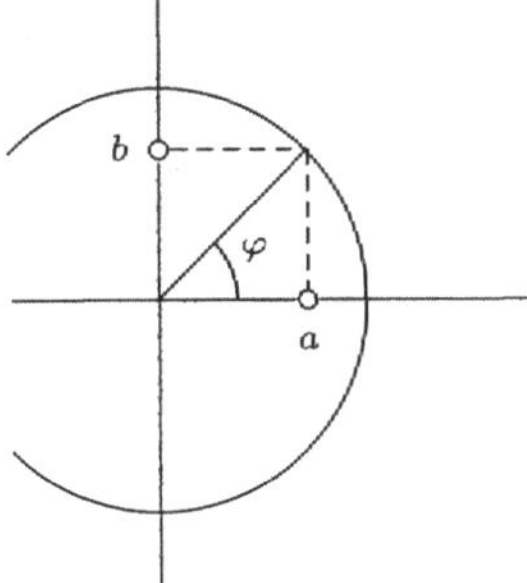

$$A = \begin{pmatrix} a & -b \\ b & a \end{pmatrix} = \begin{pmatrix} \cos\varphi & -\sin\varphi \\ \sin\varphi & \cos\varphi \end{pmatrix}.$$

Daher ist $SO(2) = S^1$. Das charakteristische Polynom von A ist

$$\chi_A(t) = (t - \cos\varphi)^2 + \sin^2\varphi,$$

und es hat nur reelle Wurzeln, wenn $\sin\varphi = 0$, d.h. für $A = \pm E$. In $\mathbb{C}$ hat χ_A die Wurzeln $\cos\varphi \pm i\sin\varphi$.

Die orthogonalen Matrizen der Form

$$B = \begin{pmatrix} \cos\ \varphi & \sin\ \varphi \\ \sin\ \varphi & -\cos\ \varphi \end{pmatrix}, \quad \det(B) = -1,$$

sind gerade die aus $= O(2) \backslash SO(2)$. Hier findet man $\chi_B(t) = t^2 - 1 = (t+1)\cdot(t-1)$, d.h. B lässt einen Vektor fest, und bildet den orthogonalen auf sein Negatives ab: B ist eine **Spiegelung**.

Sei $v(\varphi) = \begin{pmatrix} \cos\ \varphi \\ \sin\ \varphi \end{pmatrix}$, dann ist $B(\varphi)\cdot v(\varphi/2) = v(\varphi/2)$, also: $B(\varphi)$ ist die Spiegelung an der Geraden $L\big(v(\varphi/2)\big)$. Beachte $v(\pi) = -v(0)$, aber $L\big(v(\pi)\big) = L\big(v(0)\big)$. Fasst man φ als Parameter im Kreis S^1 auf, und ist $H(\varphi) = L\big(v(\varphi/2)\big)$ die Gerade, die unter $B(\varphi)$ festbleibt, also der Eigenraum von $B(\varphi)$ zum Eigenwert 1, so ist die Fläche

$$M = \{(\varphi, x) \mid x \in H(\varphi)\} \subset S^1 \times \mathbb{R}^2$$

ein **Möbiusband**:

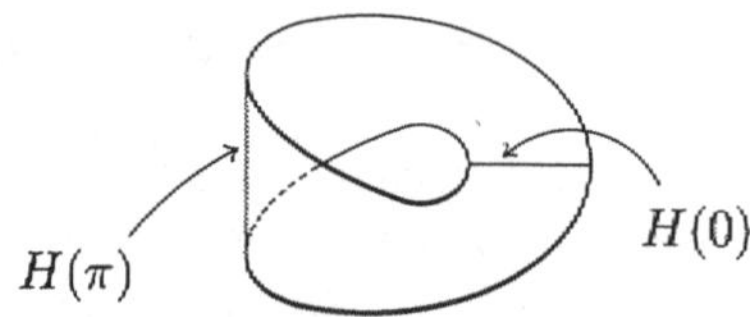

(3.6) Die Gruppe $SO(3)$**.** Das charakteristische Polynom $\chi_A(t)$ für $A \in SO(3)$ ist normiert vom Grad 3, hat also mindestens eine reelle Nullstelle, also gibt es ein $\lambda \in \mathbb{R}$ und einen Einheitsvektor $v \in \mathbb{R}^3$, so dass $Av = \lambda v$. Dann ist $|\lambda v| = |Av| = |v| = 1$, also $|\lambda| = 1$, somit $\lambda = \pm 1$. Fassen wir A als komplexe Matrix auf, so hat A, wenn wir mehrfache Wurzeln entsprechend mehrfach schreiben, drei Eigenwerte, die komplexen Wurzeln $\lambda_1, \lambda_2, \lambda_3$ von χ_A, und $\lambda_1 \cdot \lambda_2 \cdot \lambda_3 = \det(A) = 1$. Aber χ_A ist ein reelles Polynom, und wenn $\chi_A(\alpha) = 0$, so $\chi_A(\bar{\alpha}) = 0$. Demnach sind entweder alle λ_j reell, also ± 1, davon eine 1, oder es gibt dabei eine reelle, λ, und zwei konjugierte komplexe, $\mu, \bar{\mu}$. Weil aber $\lambda \cdot \mu \cdot \bar{\mu} = 1$ und $\mu \cdot \bar{\mu} = |\mu|^2 > 0$, folgt $\lambda = 1$. Also

Notiz. Jedes $A \in SO(3)$ lässt eine Gerade $L_A = \{r \cdot v \mid r \in \mathbb{R}\}$ fest, die **Drehachse** von A.

Ist dann $U_A = L_A^\perp$, so bewirkt A eine Drehung $A|U_A : U_A \to U_A$ der Ebene U_A.

(3.7) Die Gruppe $O(3)$**.** Ist $B \in O(3)$, so ist $\det(B) \cdot B = A \in SO(3)$. Daher ist B eine Drehung mit Drehachse L_A, gefolgt von der Spiegelung an U_A, wenn $\det(B) = -1$. Man hat den Isomorphismus von Gruppen

$$SO(3) \times \mathbb{Z}/2 \to O(3), \quad (A, [n]) \mapsto (-)^n A,$$

mit Umkehrung $B \mapsto \big(\det(B) \cdot B, [n]\big),\ (-1)^n = \det(B)$.

§4 Hauptachsentransformation

Sei V ein n-dimensionaler euklidischer Raum mit Skalarprodukt $\langle \cdot, \cdot \rangle$ und einer Orthonormalbasis $(v_1, \ldots, v_n)$. Wir identifizieren V mit V^* durch den Isomorphismus

$$V \to V^*, \quad w \mapsto \langle \cdot, w \rangle.$$

Die Allgemeinheiten über Bilinearformen stellen sich dann so dar: Jedem Endomorphismus Γ von V ist eine Bilinearform γ auf V zugeordnet durch

$$\gamma(v, w) = \langle \Gamma w, v \rangle = \langle v, \Gamma w \rangle.$$

Ist $G = (g_{ij})$ die Matrix von Γ für obige Basis, also $\Gamma v_j = \sum\limits_i g_{ij} v_i$, so ist $\gamma(v_k, v_j) = \langle v_k, \Gamma v_j \rangle = \sum\limits_i g_{ij} \langle v_k, v_i \rangle = g_{kj}$, also G die Fundamentalmatrix von γ.

Der Endomorphismus Γ heißt **symmetrisch** oder **selbstadjungiert**, wenn die zugehörige Bilinearform γ symmetrisch ist, also wenn für alle $v, w \in V$ gilt

$$\langle v, \Gamma w \rangle \;=\; \langle w, \Gamma v \rangle \;=\; \langle \Gamma v, w \rangle.$$

Für die Matrix G von Γ bezüglich einer Orthonormalbasis bedeutet das $g_{ij} = g_{ji}$, oder

$${}^tG \;=\; G.$$

(4.1) Spektralsatz für selbstadjungierte Operatoren. *Sei Γ ein selbstadjungierter Endomorphismus eines endlich-dimensionalen euklidischen Raumes V, dann besitzt V eine Orthonormalbasis von Eigenvektoren Γ.*

Beachte, dass hier von zwei Bilinearformen die Rede ist, von dem euklidischen Skalarprodukt und der Bilinearform γ.
Ist in dem Satz $V = \mathbb{R}^n$ und $\Gamma = G$ eine symmetrische Matrix, und ist $T \in O(n)$ die Transformation, welche die Orthonormalbasis in die Standardbasis des Satzes überführt (man kann auch $T \in SO(n)$ erreichen, wenn man allenfalls noch den ersten Basisvektor durch sein Negatives ersetzt):

$$\begin{array}{ccc} \mathbb{R}^n & \xrightarrow{\;G\;} & \mathbb{R}^n \\ {\scriptstyle T}\big\downarrow & & \big\downarrow{\scriptstyle T} \\ \mathbb{R}^n & \xrightarrow[TGT^{-1}]{} & \mathbb{R}^n \end{array}, \quad {}^tT \;=\; T^{-1},$$

so ist TGT^{-1} eine Diagonalmatrix, der Satz besagt also:

(4.2) Hauptachsentransformation. *Ist G eine symmetrische reelle $(n \times n)$-Matrix, so existiert $T \in SO(n)$, so dass TGT^{-1} eine Diagonalmatrix ist:*

$$TGT^{-1}(e_i) = \lambda_i \cdot e_i.$$

Die Basis, deren Existenz der Satz sichert, ist **orthonormal** für die Bilinearform $\langle \cdot, \cdot \rangle$ und gleichzeitig **orthogonal** für γ. Von der Bilinearform $\langle \cdot, \cdot \rangle$ wissen wir, dass sie symmetrisch und positiv definit ist. Wenn wir also alles für Matrizen sagen, steht da:

(4.3) Simultane Diagonalisierung. *Sei P eine positiv definite, G eine beliebige, symmetrische reelle $(n \times n)$-Matrix. Dann existiert $T \in GL(n, \mathbb{R})$, so dass zugleich gilt:*

$$\begin{array}{l} {}^tTPT \;=\; E, \\ {}^tTGT \text{ ist eine Diagonalmatrix.} \end{array}$$

Beweis. aus (4.1). Wähle T_1, so dass ${}^tT_1PT_1 = E$. d.h. T_1 transformiert die Standardbasis von $\mathbb{R}^n$ in eine Orthonormalbasis für das Skalarprodukt $(x, y) \mapsto {}^txPy$. Dann wähle $T_2 \in O(n)$ so, dass ${}^tT_2({}^tT_1GT_1)T_2$ eine Diagonalmatrix ist, und setze $T = T_1T_2$. □

Dieser Abschnitt dient im wesentlichen dem Beweis dieses wichtigen Satzes, des Spektralsatzes.

(4.4) Bemerkung. *Sei Γ selbstadjungiert. Eigenvektoren zu verschiedenen Eigenwerten von Γ sind orthogonal.*

Beweis. Sei $\Gamma(v) = \lambda(v)$, $\Gamma(w) = \mu(w)$, $\lambda \neq \mu$, dann ist $\lambda\langle v, w\rangle = \langle \lambda v, w\rangle = \langle \Gamma(v), w\rangle = \langle v, \Gamma(w)\rangle = \langle v, \mu(w)\rangle = \mu\langle v, w\rangle$, also $(\lambda - \mu)\langle v, w\rangle = 0$, daher $\langle v, w\rangle = 0$. □

(4.5) Lemma. *Ist $U \subset V$ ein Unterraum, Γ selbstadjungiert und $\Gamma U \subset U$, so ist $\Gamma(U^\perp) \subset U^\perp$.*

Beweis. Ist $u \in U$, $v \in U^\perp$, so ist $\langle u, \Gamma(v)\rangle = \langle \Gamma(u), v\rangle = 0$, weil $\Gamma(u) \in U$. Also $\Gamma(v) \in U^\perp$. □

Dies zeigt: Haben wir einen reellen Eigenwert von Γ gefunden, und ist U der zugehörige Eigenraum (mit irgendeiner Orthonormalbasis), so ist $\Gamma U \subset U$, $\Gamma U^\perp \subset U^\perp$ und weil $\dim U^\perp < \dim V$, dürfen wir induktiv annehmen, dass $U^\perp$ schon eine Orthonormalbasis von Eigenvektoren von $\Gamma \mid U^\perp$ besitzt. Zusammen mit der Orthonormalbasis von U ist dann die gesuchte Basis von V gefunden.

Es kommt also nur darauf an zu zeigen, dass Γ einen reellen Eigenwert besitzt. Hierfür benutze ich ein analytisches Argument, das den Vorzug hat, auch im Unendlich-dimensionalen noch etwas zu taugen.

(4.6) Definition. Sei Γ ein Endomorphismus eines endlich-dimensionalen euklidischen Raumes. Die **Norm** von Γ ist

$$\|\Gamma\| \;=\; \max\bigl\{|\Gamma(v)|\ v \in V,\ \bigm|\ |v| \;=\; 1\bigr\}.$$

Im Unendlich-dimensionalen muss man das Supremum nehmen. Hier aber existiert das Maximum, denn jedenfalls existiert das Supremum und man kann eine Folge (w_n) mit $|w_n| = 1$ in V wählen, so dass $|\Gamma(w_n)| \to \sup\{|\Gamma(v)| \mid |v| = 1\}$. Nun sind (für irgendeine Orthonormalbasis von V) die Komponenten von (w_n) beschränkt, man geht zu einer Teilfolge über, wo sie konvergieren, dann konvergiert (w_n) gegen ein v und $\bigl(|\Gamma(w_n)|\bigr)$ gegen $|\Gamma(v)|$. Also: das Supremum wird in v angenommen, es ist ein Maximum. Ebenso schließt man, dass die Menge $\{|\langle \Gamma(v), v\rangle \mid |v| = 1\}$ ein Maximum enthält. — Das ist wieder eine Anleihe aus der Analysis.

Zurück zur Norm; sie lässt sich so charakterisieren: $\|\Gamma\|$ ist die kleinste reelle Zahl K, so dass

$$|\Gamma v| \;\leq\; K \cdot |v| \quad \text{für alle } v \in V,$$

woraus übrigens für einen weiteren Endomorphismus Δ von V folgt:

(4.7) $$\|\Gamma\Delta\| \leq \|\Gamma\| \cdot \|\Delta\|, \quad \|\Gamma+\Delta\| \leq \|\Gamma\| + \|\Delta\|,$$

denn $|\Gamma\Delta v| \leq \|\Gamma\| \cdot |\Delta v| \leq \|\Gamma\| \cdot \|\Delta\| \cdot |v|$, und
$|(\Gamma+\Delta)v| \leq |\Gamma v| + |\Delta v| \leq \|\Gamma\| \cdot |v| + \|\Delta\| \cdot |v| = (\|\Gamma\| + \|\Delta\|) \cdot |v|$.

(4.8) Lemma. *Ist Γ selbstadjungiert, so ist*

$$\|\Gamma\| \;=\; \max\left\{|\langle\Gamma v, v\rangle| \;\middle|\; |v|=1\right\} \;=:\; M.$$

Beweis. Die Schwarzsche Ungleichung liefert für $|v|=1$:

$$|\langle\Gamma v, v\rangle| \;\leq\; |\Gamma v| \cdot |v| \;\leq\; \|\Gamma\|\,.$$

Also ist $M \leq \|\Gamma\|$, und wir müssen $\|\Gamma\| \leq M$, oder $|\Gamma v| \leq M$ für $|v|=1$ zeigen. Wir dürfen $\Gamma v \neq 0$ annehmen, und setzen $w = |\Gamma v|^{-1} \cdot \Gamma v$. Dann ist

$$\begin{aligned} \langle\Gamma v, w\rangle &= |\Gamma v| \;=\; \langle v, \Gamma w\rangle, \quad \text{also} \\ \langle\Gamma(v+w), v+w\rangle &= \langle\Gamma v, v\rangle + 2|\Gamma v| + \langle\Gamma w, w\rangle, \\ \langle\Gamma(v-w), v-w\rangle &= \langle\Gamma v, v\rangle - 2|\Gamma v| + \langle\Gamma w, w\rangle; \end{aligned}$$

Nun subtrahiere: $4|\Gamma v| = \langle\Gamma(v+w), v+w\rangle - \langle\Gamma(v-w), v-w\rangle \leq M \cdot |v+w|^2 + M \cdot |v-w|^2 = 2M \cdot (|v|^2 + |w|^2) = 4M$. □

Jetzt zeigen wir den Spektralsatz, indem wir beweisen:

(4.9) Satz. *Ist Γ ein selbstadjungierter Endomorphismus eines endlich-dimensionalen euklidischen Raumes V, so ist $\|\Gamma\|$ oder $-\|\Gamma\|$ ein Eigenwert von Γ.*

Beweis. Wähle ein $v \in V$ mit $|v|=1$, so dass $\langle\Gamma v, v\rangle = \alpha$ und $|\alpha| = \|\Gamma\|$, d.h. das betreffende Maximum von $|\langle\Gamma x, x\rangle|$ werde in $x = v$ angenommen. Dann folgt

$$0 \leq |\Gamma v - \alpha v|^2 = |\Gamma v|^2 - 2\alpha\langle\Gamma v, v\rangle + \alpha^2|v|^2 = |\Gamma v|^2 - 2\alpha^2 + \alpha^2 \leq 0,$$

also $\Gamma v = \alpha v$. □

Wenn man den Spektralsatz einmal hat und Γ bezüglich einer geeigneten Orthonormalbasis durch eine Diagonalmatrix beschreibt, so sieht man unmittelbar, dass $|\Gamma v|$ für $|v|=1$ sein Maximum annimmt, wenn v ein Eigenvektor zu einem Eigenwert von Γ mit höchstem Betrag ist, und für einen solchen wird auch $|\langle\Gamma v, v\rangle|$ maximal mit gleichem Wert, und $\langle\Gamma v, v\rangle$ ist der betreffende Eigenwert. Das motiviert die Lemmata im Beweis des Spektralsatzes.

Wenn man nun einen n-dimensionalen reellen Vektorraum V mit einer symmetrischen Bilinearform γ hat, zunächst ohne euklidisches Skalarprodukt, so kann man einfach irgendein euklidisches Skalarprodukt einführen, z.B. durch einen Isomorphismus $V \cong \mathbb{R}^n$. Dann sagt der Satz, dass es eine Orthogonalbasis $(v_1, \ldots, v_n)$ für γ gibt. Ersetzt man noch v_j durch $w_j = \lambda_j v_j$, so folgt $\gamma(w_j) = \lambda_j^2\gamma(v_j)$, und man kann die λ_j so bestimmen, dass $\gamma(w_j) \in \{1, -1, 0\}$.

(4.10) Satz. *(i) Sei γ eine symmetrische Bilinearform auf einem n-dimensionalen reellen Vektorraum V, dann gibt es eine euklidische Metrik auf V und eine orthogonale Zerlegung*

$$V = V_+ \oplus V_- \oplus V_0,$$

mit $\gamma(v) = |v|^2$ für $v \in V_+$, $\gamma(v) = -|v|^2$ für $v \in V_-$, $\gamma(v) = 0$ für $v \in V_0$.

(ii) Sei G eine symmetrische reelle Matrix, dann gibt es eine reguläre Matrix T, so dass ${}^tTGT$ eine Diagonalmatrix ist, mit den Einträgen $1, -1, 0$, in der Diagonale.

Man sieht, dass die Eigenwerte einer Matrix unter der Transformation $G \to {}^tTGT$ nicht erhalten bleiben. Um so bemerkenswerter ist der

(4.11) Trägheitssatz von Sylvester. *Die Zahlen* $\dim V_0$, $\dim V_+$, $\dim V_-$ = **Index** *von γ in* (4.10) *sind durch γ eindeutig bestimmt, d.h. die Anzahl der Einträge* $1, -1, 0$ *in der Diagonale von ${}^tTGT$ hängt nur von G ab.*

Beweis. Ist $\Gamma : V \to V^*$ der zu γ gehörende symmetrische Operator, so ist $V_0 = \ker(\Gamma)$ durch Γ, also durch γ bestimmt. Die Zahl $\dim V_+$ ist die maximale Dimension eines Unterraumes U, so dass $\gamma \mid U$ positiv definit ist. Wäre nämlich $\dim(U) > \dim(V_+)$, so wäre $U \cap (V_0 + V_-) \neq 0$, d.h. U enthielte einen Vektor $u \neq 0$ mit $\gamma(u) \leq 0$. □

Der Index von γ heißt auch die **Signatur**. Das Bemerkenswerte an der Hauptachsentransformation durch orthogonale Matrizen ist, dass man sie zugleich als Transformation einer Bilinearform und als Transformation eines Endomorphismus ansehen kann

$$G \mapsto {}^tTGT = T^{-1}GT \quad \text{für} \quad T \in O(n).$$

Transformationen der ersten Art mit beliebigem $T \in GL(n, \mathbb{R})$ lassen die Eigenwerte nicht invariant, wohl aber ihre Vorzeichenverteilung.

Beispiel. Die **hyperbolische Ebene**

$$V = \mathbb{R}^2, \quad \gamma(x, y) = x_1y_1 - x_2y_2.$$

Die Fundamentalmatrix von γ ist $G = \begin{pmatrix} 1 & 0 \\ 0 & -1 \end{pmatrix}$. Eine Orthogonalbasis für γ bildet jedes Paar von Vektoren $(a, b), (b, a)$, $a \neq b$. Die zugehörige quadratische Form ist $\gamma(x_1, x_2) = x_1^2 - x_2^2$. Die Basis des Spektralsatzes ist bis aufs Vorzeichen bestimmt, wie immer, wenn die Eigenwerte von Γ alle verschieden sind.

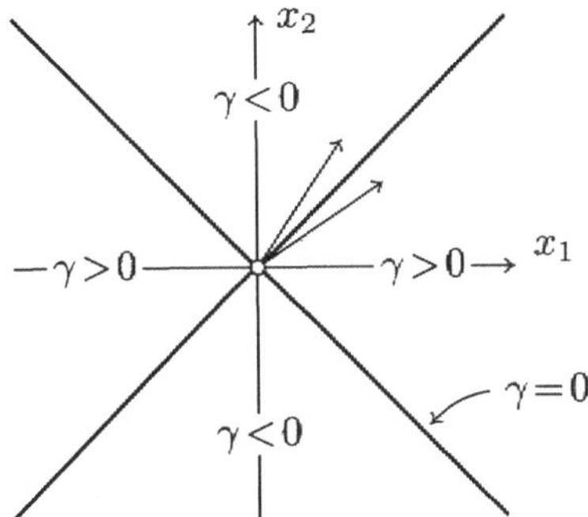

Anwendung: Der Trägheitstensor. Einem starren Körper K ordnen wir einen dreidimensionalen euklidischen Raum $V \cong \mathbb{R}^3$ zu, so dass die Punkte auf dem Körper durch konstante Vektoren in V beschrieben werden, auch wenn der Körper sich bewegt — der Raum bewegt sich mit dem Körper. Rotiert der Körper um eine feste Achse, so wird die Rotationsgeschwindigkeit durch einen Vektor ω in Richtung der Rotationsachse beschrieben, so dass ein Punkt q des Körpers die vektorielle Geschwindigkeit $v = \omega \times q$ hat.

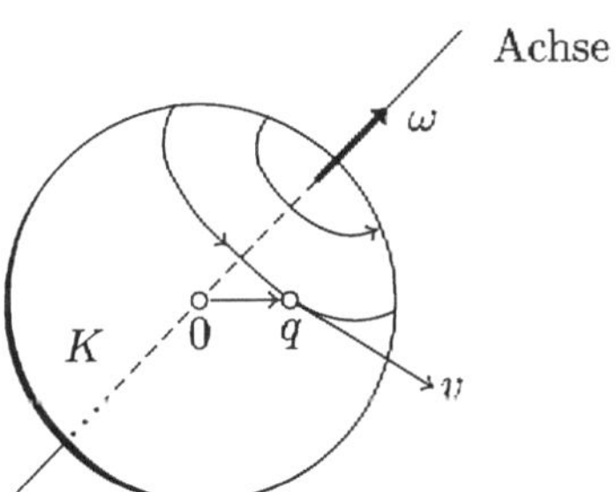

Sitzt in q die Masse m, so ist die kinetische Energie $T = \frac{1}{2}m \cdot |\omega \times q|^2$. Hat man mehrere Massenpunkte (q_j, m_j), so ist entsprechend

$$T = \frac{1}{2}\sum_j m_j \, |\omega \times q_j|^2,$$

und in kontinuierlicher Situtation tritt an die Stelle der Summe ein Integral über das Gebiet, das der Körper einnimmt, und an die Stelle der Massenpunkte eine Dichte $m : K \to \mathbb{R}$, also

$$T(\omega) = \frac{1}{2}\int_K m(q) \, |\omega \times q|^2 \, dq.$$

Dieses Integral, als Funktion des Vektors ω, ist eine quadratische Form auf V zu der symmetrischen Bilinearform

$$\begin{aligned}\gamma(x,y) &= \int_K m(q)\langle x\times q, y\times q\rangle\,dq, \qquad \text{nämlich}\\ T(\omega) &= \tfrac{1}{2}\gamma(\omega,\omega).\end{aligned}$$

Nun ist $\langle x\times q, y\times q\rangle = \det(x,q,y\times q) = \langle x, q\times(y\times q)\rangle$, daher

$$\gamma(x,y) = \int_K m(q)\langle x, q\times(y\times q)\rangle\,dq = \langle x, \int_K m(q) q\times(y\times q)\,dq\rangle.$$

Also ist γ die Bilinearform zu dem selbstadjungierten Operator

$$\Gamma:\ V\to V, \quad y\mapsto \int_K m(q)\cdot q\times(y\times q)\,dq.$$

Dieser heißt **Trägheitstensor** des Körpers (für den festbleibenden Punkt $0\in V$). Wählt man die Basis von V, also Koordinaten, wie im Spektralsatz, so hat Γ Diagonalgestalt. Die Koordinatenachsen heißen **Hauptachsen** des Körpers, und die zugehörigen drei Eigenwerte I_1, I_2, I_3 von Γ sind die entsprechenden **Hauptträgheitsmomente**. In diesen Koordinaten ist also

$$T(\omega) = \frac{1}{2}(I_1\omega_1^2 + I_2\omega_2^2 + I_3\omega_3^2).$$

Ein Energieniveau $T(\omega) = \frac{1}{2}$ genügt der Gleichung

$$I_1\omega_1^2 + I_2\omega_2^2 + I_3\omega_3^2 = 1.$$

Dies ist das **Trägheitsellipsoid** des Körpers für den gewählten Ursprung. Es geht aus der Einheitssphäre

$$\omega_1^2 + \omega_2^2 + \omega_3^2 = 1$$

durch Streckung um den Faktor $I_j^{1/2}$ der Koordinate ω_j hervor (vgl. VI, (1.14)). Dieses durch drei Parameter beschriebene Ellipsoid bestimmt die Lage der Hauptachsen, die Eigenwerte von Γ, die Funktion $T(\omega)$, und damit die Dynamik des rotierenden Körpers.

Die quadratische Form γ nimmt offenbar keine negativen Werte an, also $I_j \geq 0$, so dass man die Wurzel ziehen kann. Das Trägheitsellipsoid unterliegt einer weiteren Einschränkung: Die Summe von zwei Eigenwerten ist größer oder gleich dem dritten: $I_1 + I_2 \geq I_3$. Anders gesagt: Die Tripel $(I_1, I_2, I_3)\in\mathbb{R}^3$ der Hauptträgheitsmomente von Trägheitstensoren bilden den Kegel $K\subset\mathbb{R}^3$ der Punkte (x,y,z), mit $x,y,z\geq 0$ und $x+y\geq z,\ y+z\geq x,\ z+x\geq y$ (vgl. VI, (1.11)). Beweis?

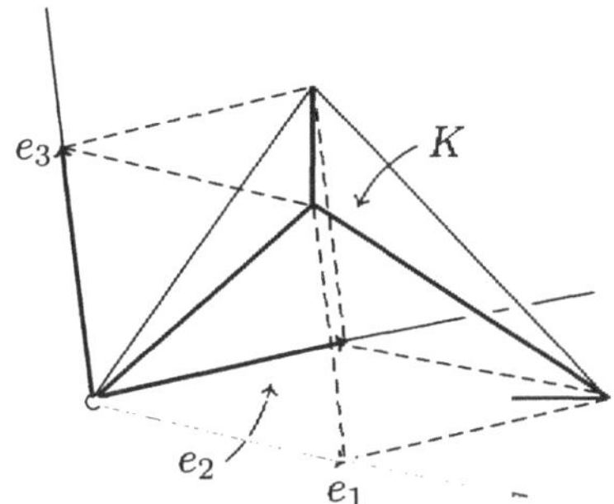

§5 Unitäre Räume

Sei V ein komplexer Vektorraum. Eine **hermitesche Form** auf V ist eine Abbildung

$$\gamma : V \times V \to \mathbb{C},$$

für die gilt:

(i) $\gamma(\lambda u + \mu v, w) = \lambda \cdot \gamma(u, w) + \mu \cdot \gamma(v, w)$,

(ii) $\gamma(u, v) = \bar{\gamma}(v, u)$, für alle $\lambda, \mu \in \mathbb{C}$ und $u, v, w \in V$.

Der Querstrich bezeichnet hier und fortan das Komplex-Konjugierte. Man hat also $\gamma(w, \lambda u + \mu v) = \bar{\lambda} \cdot \gamma(w, u) + \bar{\mu} \cdot \gamma(w, v)$, die Form ist linear in der ersten und **antilinear** in der zweiten Variablen.

Die hermitesche **Standardform**, das **Standard-Skalarprodukt**, auf $\mathbb{C}^n$ ist gegeben durch

$$(5.1) \qquad (x, y) \mapsto \langle x, y \rangle := {}^t x \bar{y} = \sum_{j=1}^{n} x_j \bar{y}_j.$$

In der Tat: (i) ist offenbar, und $({}^t x \bar{y})^- = {}^t \bar{x} y = {}^t y \bar{x}$.

Eine hermitesche Form γ heißt **positiv definit** oder ein **unitäres Skalarprodukt**, wenn gilt $\gamma(v, v) > 0$ für alle $v \neq 0$ aus V. Bemerke, dass ja stets $\gamma(v, v) = \bar{\gamma}(v, v) \in \mathbb{R}$, das ist der Witz bei der Definition.

Das Standard-Skalarprodukt auf $\mathbb{C}^n$ ist positiv definit, denn

$$\langle x, x \rangle = {}^t x \bar{x} = \sum x_j \bar{x}_j = \sum |x_j|^2.$$

(5.2) Definition. Ein **unitärer Raum** ist ein komplexer Vektorraum mit einem unitären Skalarprodukt $\langle \cdot, \cdot \rangle$.

Beispiele. $\mathbb{C}^n$ mit dem Standard-Skalarprodukt — versteht sich.

Weiterhin, sei $V = C^0([0,1],\mathbb{C})$ der Raum der stetigen Funktionen $[0,1] \to \mathbb{C}$, und das Skalarprodukt sei durch

$$\langle f,g\rangle := \int_0^1 f(t)\overline{g}(t)\,dt$$

gegeben.

Jetzt gehen wir ganz analog zum Euklidischen vor: Sei V ein unitärer Raum; wir setzen für $v,w \in V$

$$|v| = \sqrt{\langle v,v\rangle} = \textbf{Norm} \text{ von } v,$$
$$v\perp w \iff \langle v,w\rangle = 0, \quad \textbf{orthogonal}.$$

Sind $u,v \in V$ und $u \neq 0$, so hat man die Zerlegung $v = \alpha \cdot u + w$, mit $\langle w,u\rangle = 0$ und $\alpha = \langle v,u\rangle/|u|^2$, also:

$$|v|^2 = |\alpha|^2|u|^2 + |w|^2 \geq |\alpha|^2|u|^2,$$

daher $|u| \cdot |v| \geq |\alpha| \cdot |u|^2 = |\langle v,u\rangle|$.

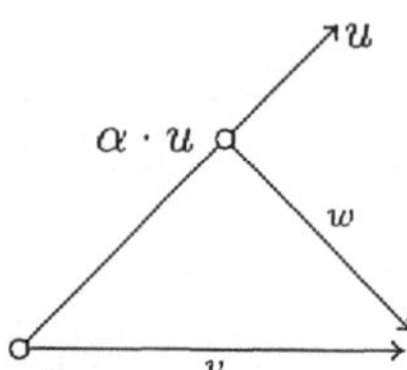

(5.3) Cauchy–Schwarzsche Ungleichung.

$$|\langle u,v\rangle| \leq |u| \cdot |v|,$$

und Gleichheit gilt nur, wenn u,v linear abhängig sind. □

Wie früher folgt:

(5.4) Dreiecksungleichung. $|u+v| \leq |u| + |v|$.

Eine **Orthonormalbasis** von V ist eine Basis $(v_1,\ldots,v_n)$, so dass für alle $j,k = 1,\ldots,n$ gilt

$$\langle v_j,v_k\rangle = \delta_{jk}$$

(den Index i sollte man vermeiden, wenn komplexe Zahlen in der Nähe sind). Wie im Euklidischen sieht man, dass jeder endlich-dimensionale unitäre Raum eine Orthonormalbasis besitzt, die man aus einer beliebigen Basis durch **Gram-Schmidt-Orthogonalisierung** erhält.

Ein Vektor $u \in V$ hat für die genannte Orthonormalbasis die Koordinatendarstellung

$$u = \sum_j \langle u, v_j \rangle \cdot v_j,$$

denn multipliziert man eine Darstellung $u = \lambda_1 v_1 + \cdots + \lambda_n v_n$ von rechts skalar mit v_k, so steht da $\langle u, v_k \rangle = \lambda_k$.

Eine lineare Abbildung unitärer Räume $\alpha : V \to W$ heißt **unitär**, wenn

$$\langle \alpha(v), \alpha(w) \rangle_W = \langle v, w \rangle_V \text{für alle } v, w \in V.$$

Sie ist injektiv, denn wenn $v \neq 0$, so ist $\langle \alpha(v), \alpha(v) \rangle = \langle v, v \rangle \neq 0$, also $\alpha(v) \neq 0$. Sind die Dimensionen gleich, so ist α ein unitärer Isomorphismus. Die Existenz von Orthonormalbasen besagt: Ist V ein n-dimensionaler unitärer Raum, so gibt es einen unitären Isomorphismus $V \cong \mathbb{C}^n$. Besonders interessieren wir uns für die unitären Automorphismen.

(5.5) Definition. Sei $U(n)$ die Gruppe der unitären Autormorphismen von $\mathbb{C}^n$, die **unitäre Gruppe**. Ihre Elemente heißen **unitäre Matrizen.**
Die Untergruppe $SU(n)$ der unitären Matrizen mit Determinante 1 heißt die **spezielle unitäre Gruppe**.

(5.6) Notiz. *Eine komplexe $(n \times n)$-Matrix A ist unitär genau dann, wenn*

$${}^*\!A := {}^t\!\bar{A} = A^{-1},$$

und dies bedeutet, dass die Spalten von A ein Orthonormalsystem bilden. Dann sind auch $\bar{A}$, ${}^t\!A$, ${}^*\!A$ unitär, also die Zeilen von A orthonormal, und $|\det(A)| = 1$. (Matrizen werden komponentenweise konjugiert).

Beweis. ${}^t x\bar{y} = \langle x, y \rangle = \langle Ax, Ay \rangle = {}^t(Ax)(Ay)^- = {}^t x({}^t\!A\bar{A})y$, (setze $x = e_j$, $y = e_k$ ein) $\iff {}^t\!A\bar{A} = E \iff E = \bar{E} = {}^*\!AA$. Das zeigt das Erste, und wenn nun ${}^t\bar{A} \cdot A = E$, so $E = \bar{E} = {}^t \bar{\bar{A}} \cdot \bar{A}$, und aus $E = A \cdot {}^t\bar{A}$ folgt ebenso $E = \bar{E} = \bar{A} \cdot {}^t\!A = {}^{*t}\!A \cdot {}^t\!A$.

Also sind $\bar{A}$ und ${}^t\!A$ unitär. Die Gleichung ${}^t\!A\bar{A} = E$ besagt, dass die Spalten ein Orthonormalsystem bilden, und schließlich ist $|\det(A)|^2 = \det(A)^- \cdot \det(A) = \det({}^t\!A)^- \cdot \det(A) = \det({}^*\!A) \cdot \det(A) = \det({}^*\!AA) = \det(E) = 1$. □

In niedrigen Dimensionen ergibt sich

$$\begin{aligned} U(1) &= \{a \in \mathbb{C} \mid |a| = 1\} = S^1. \\ SU(1) &= \{1\}. \\ SU(2) &= \left\{ \begin{pmatrix} a & -\bar{b} \\ b & \bar{a} \end{pmatrix} \mid |a|^2 + |b|^2 = 1 \right\}. \end{aligned}$$

Eine Matrix $A \in SU(2)$ ist also eindeutig durch ihre erste Spalte bestimmt, und diese ist ein beliebiger Vektor der Norm 1 in $\mathbb{C}^2$, also hat man die Bijektion:

$$S^3 \to SU(2), \quad \begin{pmatrix} a \\ b \end{pmatrix} \mapsto \begin{pmatrix} a & -\bar{b} \\ b & \bar{a} \end{pmatrix},$$

wobei wir die 3-Sphäre S^3 als Teilmenge von $\mathbb{C}^2 = \mathbb{R}^4$ auffassen.

Die Gruppe $SU(2)$ heißt auch **Quaternionengruppe** oder **Spin(3)**. Die sämtlichen komplexen (2×2)-Matrizen der Form $\left(\begin{smallmatrix} a & -b \\ b & \bar{a} \end{smallmatrix}\right)$, bilden den Raum $\mathbb{H}$ der **Quaternionen**, also

$$\mathbb{H} = \{r \cdot A \mid r \in \mathbb{R},\ A \in SU(2)\} =: \mathbb{R} \cdot SU(2).$$

Als Vektorraum ist $\mathbb{H} \cong \mathbb{C}^2$ bzw. $\mathbb{H} \cong \mathbb{R}^4$, aber $\mathbb{H}$ ist auch eine reelle Algebra durch die Matrizenmultiplikation, und jedes Element $B \in \mathbb{H}$, $B \neq 0$, hat ein multiplikativ Inverses:

$$B = r \cdot A,\ r \in \mathbb{R},\ A \in SU(2), \quad \text{also} \quad B^{-1} = r^{-1}{}^*\!A = r^{-2}\,{}^*\!B.$$

Die Multiplikation in $\mathbb{H}$ ist nicht kommutativ, aber alle anderen Körperaxiome gelten: Die Quaternionen bilden einen **Schiefkörper**. Die lineare Algebra (ohne Determinantentheorie) lässt sich auch für Schiefkörper entwickeln, man muss aber gut zwischen rechts und links unterscheiden.

(5.7) Definition. Sei V ein unitärer Raum. Ein Endomorphismus $\Gamma : V \to V$ heißt **hermitesch (selbstadjungiert)**, wenn die Abbildung

$$\gamma : V \times V \to \mathbb{C}, \quad (v, w) \mapsto \langle v, \Gamma w \rangle,$$

hermitesch ist, also wenn gilt $\langle v, \Gamma w \rangle = \langle \Gamma v, w \rangle$ für alle $v, w \in V$.

Ist $(v_1, \ldots, v_n)$ eine Orthonormalbasis von V und $G = (g_{jk})$ die Matrix von Γ, also $\Gamma v_k = \sum_j g_{jk} v_j$, so heißt das:

$$\langle v_s, \Gamma v_k \rangle = \sum_j \bar{g}_{jk} \langle v_s, v_j \rangle = \bar{g}_{sk},$$

$$\langle \Gamma v_s, v_k \rangle = \sum_j g_{js} \langle v_j, v_k \rangle = g_{ks}, \quad \text{also:}$$

(5.8) $$ {}^*G = G, \quad \text{d.h. } G \text{ ist eine } \textbf{hermitesche Matrix}.$$

(5.9) Spektralsatz. *Sei Γ ein selbstadjungierter Endomorphismus eines endlich-dimensionalen unitären Raumes V. Dann sind die Eigenwerte von Γ reell und V besitzt eine Orthonormalbasis aus Eigenvektoren von Γ.*

Sei G eine hermitesche komplexe $(n \times n)$-Matrix, dann gibt es eine unitäre Matrix $T \in U(n)$, so dass $T^{-1}GT$ eine reelle Diagonalmatrix ist.

Beweis. Man geht vor wie im Reellen:

(5.10) Bemerkung. *Die Eigenwerte von Γ sind reell.*

Beweis. Ist $\Gamma v = \lambda v$, $v \neq 0$, so ist $\lambda \cdot \langle v, v\rangle = \langle \lambda v, v\rangle = \langle \Gamma v, v\rangle = \langle v, \Gamma v\rangle = \langle v, \lambda v\rangle = \bar{\lambda}\langle v, v\rangle$, also $\lambda = \bar{\lambda} \in \mathbb{R}$. □

Als nächstes zeigen wir, dass man Eigenräume abspalten kann, nämlich:

(5.11) Bemerkung. *Sei $U \subset V$ ein Unterraum und $\Gamma U \subset U$, dann ist*

$$\Gamma(U^{\perp}) \subset U^{\perp}.$$

Beweis. Ist $v \in U^{\perp}$, also $\langle v, u\rangle = 0$ für alle $u \in U$, so $\langle \Gamma v, u\rangle = \langle v, \Gamma u\rangle = 0$ für alle $u \in U$, also $\Gamma v \in U^{\perp}$. □

Zum Beweis des Spektralsatzes muss man also nur zeigen, dass Γ einen Eigenwert besitzt, und das ist trivial: In $\mathbb{C}$ hat jedes nicht konstante Polynom, also auch das charakteristische Polynom von Γ, eine Wurzel. □

Wie im Reellen setzt man

$$\|\Gamma\| \;=\; \max\{|\Gamma(v)| \mid |v| \;=\; 1\},$$

und es gilt:

$$\|\Gamma\| \;=\; \max\{|\langle \Gamma v, v\rangle| \mid |v| \;=\; 1\}, \tag{5.12}$$

und $\|\Gamma\|$ oder $-\|\Gamma\|$ ist ein Eigenwert von Γ.

Beweis. Man wählt eine Orthonormalbasis nach dem Spektralsatz, dann wird Γ durch eine Diagonalmatrix beschrieben:

$$\Gamma = \begin{pmatrix} \lambda_1 & & \\ & \ddots & \\ & & \lambda_n \end{pmatrix} \quad \text{(weiße Stellen sind 0)},$$

und $\|\Gamma\| = \max\{|\lambda_j| \mid j = 1, \ldots, n\}$. □

Die hermiteschen Formen auf $\mathbb{C}^n$ sind von der Form

$$(x,y) \to {}^t x G \bar{y}, \quad G = {}^*G,$$

und die Form ist positiv definit ($G > 0$), genau dann, wenn

$$G = {}^*TT \quad \text{für ein} \quad T \in GL(n, \mathbb{C}). \tag{5.13}$$

Beweis. Ist T die Transformation auf eine Orthonormalbasis nach Gram–Schmidt, so ist ${}^t x G y = {}^t(Tx)(Ty)^- = {}^t x({}^t T\bar{T})\bar{y}$, also $G = {}^t T\bar{T} = {}^*\bar{T}\bar{T}$, mit beliebigem $\bar{T} \in GL(n, \mathbb{C})$. □

Man kann übrigens leicht den reellen Spektralsatz aus dem komplexen folgern: Ist G eine symmetrische reelle Matrix, so ist G eine hermitesche Matrix, deren Koeffizienten alle reell sind. Aus dem komplexen Spektralsatz folgt, dass das charakteristische Polynom von G lauter reelle Wurzeln hat.

Auch den umgekehrten Weg kann man gehen: Ist V ein unitärer Raum, so ist V jedenfalls ein reeller Vektorraum durch die Inklusion $\mathbb{R} \subset \mathbb{C}$, und auch euklidisch durch die Metrik

$$\langle v, w \rangle_{\mathbb{R}} := \operatorname{Re}\langle v, w \rangle_{\mathbb{C}}, \tag{5.14}$$

rechts steht das unitäre, links das euklidische Skalarprodukt. Es ist klar, dass letzteres **reell** bilinear und positiv definit ist. Ist nun $G : \mathbb{C}^n \to \mathbb{C}^n$ komplex selbstadjungiert, so ist G insbesondere reell selbstadjungiert für die euklidische Metrik (5.14), also gibt es nach dem reellen Spektralsatz eine reelle Orthonormalbasis aus Eigenvektoren zu reellen Eigenwerten von G. Weil die Eigenräume aber offenbar komplexe Unterräume sind, und Eigenräume zu verschiedenen Eigenwerten orthogonal, findet man nun leicht die gesuchte komplexe Orthonormalbasis von Eigenvektoren von G.

§6 Aufgaben

1. Gib eine nicht ausgeartete symmetrische reelle (2×2)-Matrix A und einen Vektor $x \in \mathbb{R}^2$ an, so dass ${}^t x A x = 0$.

2. Sei M der Vektorraum der $(n \times n)$-Matrizen mit Koeffizienten im Körper K. Zeige, dass durch $\gamma(A, B) = \operatorname{Spur}(A \cdot B)$ eine symmetrische, nicht ausgeartete Bilinearform auf M definiert wird. Für $n \geq 2$ gib eine Matrix $A \in M$ an, so dass $\gamma(A, A) = 0$ und $A \neq 0$.

3. Sei $\gamma(x) = {}^t x A x$ eine quadratische Form auf $\mathbb{R}^2$. Sei ${}^t A = A$ und $\det A > 0$. Ist $\gamma(x) \neq 0$ für $x \neq 0$? Gilt die analoge Aussage auch für $\mathbb{R}^3$?

4. Sei γ eine symmetrische Bilinearform auf $\mathbb{R}^n$, so dass $\gamma(e_\nu, e_\mu) > 0$ für die Standard-Basisvektoren ($\nu, \mu = 1, \ldots, n$). Folgt dann, dass γ positiv definit ist?

5. Auf $\mathbb{R}^2$ sei eine quadratische Form $\gamma : \mathbb{R}^2 \to \mathbb{R}$ gegeben durch

$$\gamma : \begin{pmatrix} x_1 \\ x_2 \end{pmatrix} \mapsto x_1^2 - 2x_2^2 .$$

Gesucht sind:

(i) die zugehörige symmetrische Bilinearform

$$\gamma : \mathbb{R}^2 \times \mathbb{R}^2 \to \mathbb{R} ,$$

(ii) die zugehörige Abbildung $\Gamma : \mathbb{R}^2 \to \mathbb{R}^2$, so dass

$$\gamma(x, y) = \langle x, \Gamma y \rangle .$$

6. Sei V ein reeller Vektorraum mit einer symmetrischen Bilinearform $\gamma : V \times V \to \mathbb{R}$, $\gamma(v) \geq 0$ für alle $v \in V$. Zeige: $U = \{v \in V \mid \gamma(v) = 0\}$ ist ein Unterraum. Auf V/U induziert γ eine wohldefinierte Bilinearform $\tilde{\gamma}([v], [w]) := \gamma(v, w)$. Diese ist positiv definit.

7. Sei A eine reelle $(n \times n)$-Matrix und γ eine quadratische Form auf $\mathbb{R}^n$ mit Fundamentalmatrix G. Welche Fundamentalmatrix hat die quadratische Form $\delta : \mathbb{R}^n \to \mathbb{R}$, $\delta(v) = \gamma(v, Av)$? Wenn G und A regulär sind, kann man etwas über den Rang von δ sagen?

   Hinweis: Eine erschöpfende Antwort auf die letzte Frage hängt davon ab, ob n gerade oder ungerade ist.

8. Sei B eine reelle $(n \times n)$-Matrix. Zeige: Die Bilinearform $\mathbb{R}^n \times \mathbb{R}^n \to \mathbb{R}$, $(x, y) \mapsto {}^t x {}^t B B y$ ist genau dann symmetrisch und positiv definit, wenn B invertierbar ist.

9. Sei K ein Körper. Zeige, dass

$$\gamma : M(n \times n, K) \times M(n \times n, K) \to K$$

   mit $\gamma(A, B) = \mathrm{Spur}({}^t A \cdot B)$ eine symmetrische positiv definite Bilinearform auf $M(n \times n, \mathbb{R})$ definiert.

10. Sei V ein reeller Vektorraum und $\gamma : V \times V \to V$ eine Bilinearform, so dass $\gamma(v, v) = 0$ für alle $v \in V$. Folgt dann $\gamma = 0$?

11. Die quadratische Form γ auf $\mathbb{R}^3$ verschwinde auf einem 2-dimensionalen Unterraum von $\mathbb{R}^3$. Kann γ regulär sein? Und wie stehts, wenn γ auf einem 1-dimensionalen Unterraum verschwindet?

12. Bestimme eine Orthonormalbasis des euklidischen Vektorraumes V der reellen Polynome vom Grad ≤ 2 mit dem Skalarprodukt

$$\langle f, g\rangle = \int_0^1 f(x) \cdot g(x) dx .$$

13. Seien $v_1, \ldots, v_n, w$ Vektoren im euklidischen Raum, so dass

    (i) $\langle v_j, w\rangle > 0$, $j = 1, \ldots, n$.

    (ii) $\langle v_i, v_j\rangle \leq 0$ für $i \neq j$.

    Das erste heißt, dass alle v_j in dem Halbraum

    $$H = \{x \mid \langle x, w\rangle > 0\}$$

    liegen, das zweite, dass je zwei einen stumpfen Winkel bilden. Zeige, dass $v_1, \ldots, v_n$ linear unabhängig sind.

14. Sei V ein euklidischer Raum und $v_1, \ldots, v_n \in V$. Zeige: Die Gramsche Determinante $\det(\langle v_i, v_j\rangle)_{i,j=1,\ldots,n}$, verschwindet genau dann, wenn $v_1, \ldots, v_n$ linear abhängig sind. Die stetigen Funktionen $f_1, \ldots, f_n : [0,1] \to \mathbb{R}$ im Vektorraum aus Aufgabe 12 sind genau dann linear unabhängig, wenn $\det\left(\int_0^1 f_i(t) f_j(t) dt\right) \neq 0$.

15. (Satz von Fischer–Cochran). Auf dem n-dimensionalen euklidischen Raum V seien quadratische Formen $q_1, \ldots, q_m$ mit Rängen $r_1, \ldots, r_m$ (der zugehörigen Bilinearformen) gegeben, so dass gilt:

    (i) $q_1(x) + \ldots + q_m(x) = \langle x, x\rangle$.

    (ii) $r_1 + \ldots + r_m = n$.

    Dann gibt es eine orthogonale Zerlegung $V = V_1 \oplus \cdots \oplus V_m$, (d.h. $\langle v_i, v_j\rangle = 0$ für $v_i \in V_i,\ i \neq j$), mit Projektionen $P_i : V \to V_i$, so dass gilt:

    $$q_i(x) = \langle P_i(x), x\rangle = \langle P_i(x), P_i(x)\rangle .$$

16. Sei V ein euklidischer endlich-dimensionaler Raum, $U \subset V$ ein Unterraum. Die Funktion $\varphi : V \to \mathbb{R}$ sei durch $\varphi(x) = \min\{|x-u|^2 \mid u \in U\}$ definiert. Zeige: φ ist eine quadratische Form auf V.

17. Zeige, dass folgende Abbildung bijektiv ist; dabei sei

    $$O(n-1) = \{A \in O(n) \mid Ae_n = e_n\},$$

    S^{n-1} die Einheitssphäre in $\mathbb{R}^n$ und e_n der n-te Standard-Basisvektor:

    $$O(n)/O(n-1) \to S^{n-1}, \quad A \cdot O(n-1) \mapsto Ae_n .$$

18. Zeige: Die oberen Dreiecksmatrizen mit positiver Diagonale

$$\begin{pmatrix} \lambda_1 & & & \\ 0 & \ddots & ? & \\ \vdots & \ddots & \ddots & \\ 0 & \dots & 0 & \lambda_n \end{pmatrix}, \quad \lambda_\nu > 0 \quad \text{für} \quad \nu = 1, \dots, n$$

bilden eine Untergruppe $Q(n) \subset GL(n, \mathbb{R})$ und die Abbildung

$$O(n) \times Q(n) \to GL(n, \mathbb{R}), \quad (A, B) \mapsto A \cdot B$$

ist bijektiv. Hinweis: Gram–Schmidt.
Sei $SQ(n) = \{B \in Q(n) \mid \det B = 1\}$. Zeige ebenso:

$$SO(n) \times SQ(n) \to SL(n, \mathbb{R}), \quad (A, B) \mapsto A \cdot B, \text{ ist bijektiv.}$$

Folgerung: Man hat eine Bijektion $S^1 \times \mathbb{R}^2 \to SL(2, \mathbb{R})$, beschreibe sie explizit.

19. Die Matrix $A \in O(n)$ habe nur reelle Eigenwerte. Was folgt daraus für A^2?

20. Sei V ein endlich-dimensionaler euklidischer Vektorraum und $f : V \to V$ eine orthogonale Abbildung. Zeige: f ist genau dann selbstadjungiert, wenn $f \circ f = \mathrm{id}$.

21. Beschreibe einen injektiven Gruppenhomomorphismus $O(n) \to SO(n+1)$.

22. Sei A eine $(n \times n)$-Matrix, so dass $A^2 \in O(n)$. Folgt dann $A \in O(n)$?

23. Sei $A \in GL(n, \mathbb{R})$ und $A^k \in O(n)$. Zeige: A ist in $GL(n, \mathbb{R})$ konjugiert zu einem Element aus $O(n)$.
Hinweis: Sei $\gamma(x, y) = \langle x, y\rangle + \langle Ax, Ay\rangle + \ldots + \langle A^{k-1}x, A^{k-1}y\rangle$. Zeige: γ ist positiv definit, $\gamma(x, y) = \gamma(Ax, Ay)$, und folgere aus dem Satz über Existenz orthonormaler Basen die Behauptung.

24. Sei $A \in M(n \times n, \mathbb{R})$, so dass $|x| = 1 \Longrightarrow |Ax| = 1$. Anders gesagt: $AS^{n-1} \subset S^{n-1}$. Folgt dann $A \in O(n)$?

25. Zeige: Das Zentrum von $O(n)$ ist $\{\mathrm{id}, -\mathrm{id}\}$.

26. Seien $A, B \in O(n)$, n ungerade. Zeige: $\det\big((A - B)(A + B)\big) = 0$.

27. Zeige: Die Abbildung

$$\varphi : \; SL(2, K) \to SL(2, K), \quad A \mapsto {}^tA^{-1}$$

ist ein Homomorphismus, und es gibt eine Matrix $T \in SL(2, K)$, so dass $T\varphi(A)T^{-1} = A$.

28. Sei V ein euklidischer Raum und $\alpha \in \operatorname{End}(V)$, so dass $|\alpha(v)| = |v|$ für alle $v \in V$. Ist α notwendig orthogonal?

29. Zeige: Ist λ ein Eigenwert von $A = (a_{ij})$, so ist
$$|\lambda| \le \sum_j |a_{ij}| \quad \text{für ein} \quad i\,.$$

30. Sei $\alpha : V \to W$ eine surjektive lineare Abbildung endlich-dimensionaler Vektorräume. Sei $\delta : W \to K$ eine quadratische Form. Zeige:
$$\gamma \;:=\; \delta \circ \alpha :\; V \to K$$
ist eine quadratische Form von gleichem Rang und gleichem Index wie δ.

31. Sei $A \in \operatorname{End}(\mathbb{R}^n)$. Zeige $\operatorname{rg}({}^tAA) = \operatorname{rg}(A)$.

32. Seien $A, B \in \operatorname{End}(\mathbb{R}^n)$ symmetrisch, und sei $A \cdot B = 0$. Zeige: $\operatorname{rg}(A + B) = \operatorname{rg}(A) + \operatorname{rg}(B)$.

33. Sei V ein endlich-dimensionaler euklidischer Raum. Eine Spiegelung von V ist eine orthogonale Abbildung $\sigma : V \to V$, so dass $\sigma \neq \mathrm{id}$ und $\sigma(u) = u$ für jeden Vektor u eines Unterraumes U von V mit $\dim U = \dim V - 1$. Zeige:
    (i) Für jedes $e \in V$ mit $|e| = 1$ ist die Abbildung $V \to V, v \mapsto v - 2 \cdot \langle v, e\rangle \cdot e$ eine Spiegelung von V.
    (ii) Zu jeder Spiegelung σ von V gibt es ein $e \in V$, so dass $|e| = 1$ und $\sigma(v) = v - 2 \cdot \langle v, e\rangle \cdot e$ für jedes $v \in V$.
    (iii) Sei $\alpha : V \to V$ eine orthogonale Abbildung. Zeige, dass α ein Produkt von Spiegelungen von V ist.

34. Berechne die Eigenwerte der Matrix
$$A \;=\; \begin{pmatrix} 2 & -1 & 1 \\ -1 & 2 & 1 \\ 1 & 1 & 2 \end{pmatrix}$$
und bestimme ein $T \in M(3 \times 3, \mathbb{R})$, so dass TAT^{-1} Diagonalgestalt hat.

35. Zeige, dass man die beiden quadratischen Formen auf $\mathbb{R}^2$
$$\gamma_1 :\; (x, y) \mapsto x \cdot y$$
$$\gamma_2 :\; (x, y) \mapsto x^2 - y^2$$
nicht simultan diagonalisieren kann.

36. Zeige, dass die Summe zweier Eigenwerte des Trägheitstensors größer oder gleich dem dritten Eigenwert ist.

37. Sei V der reelle Vektorraum der Polynome von Grad $n \geq 1$. Bestimme den Rang und den Index der quadratischen Form

$$\gamma : V \to \mathbb{R}, \quad \gamma(f) = \int_0^1 f(t)f'(t)dt.$$

Lässt diese Form sich in die Form $\delta : V \to \mathbb{R}$, $f \mapsto f(1)^2 + f(2)^2$ transformieren, d.h. $\delta = \gamma \circ \alpha$ für einen Automorphismus α von V?

38. Auf $\mathbb{R}^4$ betrachte die quadratischen Formen γ und δ:

$$\begin{aligned} \gamma(x,y,z,t) &= xy + zt , \\ \delta(x,y,z,t) &= x^2 + y^2 + z^2 - t^2 . \end{aligned}$$

Gibt es einen Automorphismus α von $\mathbb{R}^4$, so dass $\delta = \gamma \circ \alpha$?

39. Auf dem n-dimensionalen reellen Vektorraum V seien zwei euklidische Metriken $\langle\,.\,,.\,\rangle_1$ und $\langle\,.\,,.\,\rangle_2$ gegeben. Gibt es dann stets eine Basis $(v_1, \ldots, v_n)$ von V, die für beide Skalarprodukte zugleich orthogonal ist (d.h. $\langle v_i, v_j\rangle = 0$ für $i \neq j$)?

40. Sei A eine reelle symmetrische positiv definite $(n \times n)$-Matrix. Zeige: Es gibt genau eine reelle symmetrische positiv definite $(n \times n)$-Matrix B mit $B^2 = A$ und $AB = BA$.

41. Prüfe, ob folgendes gilt: Zu jedem $A \in SO(n)$ existiert ein $B \in SO(n)$ mit $B^2 = A$.

42. Gib ein $A \in \mathrm{End}(K^n)$ an, so dass A nicht das Quadrat eines Elements von $\mathrm{End}(K^n)$ ist.

43. Seien γ, δ quadratische Formen auf $\mathbb{R}^n$, die nicht beide positiv definit sind und die gleiche Nullstellen haben, also $\gamma(x) = 0 \iff \delta(x) = 0$. Zeige $\gamma = \lambda\cdot\delta$ für ein $\lambda \in \mathbb{R}^*$.

44. Zeige: Ist $\chi_A(t) = t^n + a_1 t^{n-1} + \cdots + a_{n-1}$, so ist $\chi_{A^{-1}}(t) = (-1)^n \det(A)^{-1}(1 + a_1 t + \cdots + a_n t^n)$.

45. Welchen Index hat die auf $\mathbb{R}^n$ durch

$$\gamma(x) = \sum_{i<j} x_i x_j$$

erklärte quadratische Form?

46. Sei $E = (\delta_{ij})$ die Einheitsmatrix und $a = {}^t(a_1, \ldots, a_n) \in \mathbb{R}^n$. Berechne die Determinante der Matrix $(\delta_{ij} + a_i a_j)$.

47. Sei $A \in GL(n, K)$ und $A = {}^tA$. Zeige: A^{-1} ist symmetrisch.

48. Seien A, B symmetrische Matrizen aus $M(n \times n, K)$.
Zeige: AB symmetrisch $\Longleftrightarrow AB = BA$.

49. Zu der Matrix
$$A = \begin{pmatrix} 5 & 12 \\ 12 & -2 \end{pmatrix}$$
berechne eine orthogonale Matrix $B \in M(2 \times 2, \mathbb{R})$, so dass ${}^tBAB$ Diagonalgestalt hat.

50. In $\mathbb{R}^3$ sei die symmetrische Bilinearform $\psi : \mathbb{R}^3 \times \mathbb{R}^3 \to \mathbb{R}$ gegeben durch $\psi(x, y) = 3x_1y_1 + 4x_2y_2 + 2x_3y_3 + x_1y_2 + x_2y_1 + 2x_2y_3 + 2x_3y_2$.

    (a) Bestimme eine Basis (u_1, u_2, u_3) des $\mathbb{R}^3$ so, dass $\psi(u_i, u_j) = \delta_{ij}\varepsilon_i$ mit $\varepsilon_i \in \{0, 1, -1\}$ für $i, j = 1, 2, 3$ gilt.

    (b) Gibt es Vektoren $u \in \mathbb{R}^3$ mit $u \neq 0$ und $\psi(u, u) = 0$? Begründung.

51. Bestimme das charakteristische Polynom, die Eigenwerte und die zugehörigen Eigenräume des durch folgende Matrix gegebenen Endomorphismus $\mathbb{R}^3 \to \mathbb{R}^3$:
$$\begin{pmatrix} 1 & 1 & 1 \\ 1 & 1 & 1 \\ 1 & 1 & 1 \end{pmatrix}.$$

52. Sei V ein unitärer Vektorraum über $\mathbb{C}$ mit dem Skalarprodukt $\langle \cdot, \cdot \rangle$. Zeige: Durch $(u, v) \mapsto \mathrm{Re}\langle u, v \rangle$ wird ein euklidisches Sklarprodukt auf dem reellen Vektorraum V definiert.

53. Zeige: $A \in M(n \times n, \mathbb{C})$ ist konjugiert zu ${}^tA$. Ist $A^k \in U(n)$, so ist A in $GL(n, \mathbb{C})$ konjugiert zu einer Matrix aus $U(n)$.

54. Sei $H(n)$ der reelle Vektorraum der hermiteschen komplexen $(n \times n)$-Matrizen mit Spur 0.

    (i) $\dim_{\mathbb{R}} H(n) = ?$

    (ii) Sind $A, B \in H(n)$, so auch $[A, B] = i(AB - BA)$; dies nennt man das Lieprodukt von A und B.

    (iii) $[A, B] = -[B, A]$, und für $A, B, C \in H(n)$ gilt die Jacobi-Identität: $\big[A, [B, C]\big] + \big[B, [C, A]\big] + \big[C, [A, B]\big] = 0$.

    (iv) $H(n)$ ist ein euklidischer Raum mit dem Skalarprodukt $\langle A, B \rangle := \frac{1}{2}\mathrm{Spur}(A \cdot B)$.

    (v) Ist $T \in U(n)$, so wird durch $\mathrm{ad}(T) : H(n) \to H(n)$, $A \mapsto TAT^{-1}$, eine orthogonale Abbildung $H(n) \to H(n)$ definiert.

(vi) Ist $k(n) = \dim H(n)$, so wird durch $T \to \mathrm{ad}(T)$ ein Homomorphismus von $U(n)$ in die Gruppe der orthogonalen Endomorphismen von $H(n)$ definiert, und diese ist isomorph zu $O\big(k(n)\big)$.

(vii) Die Matrizen $E_1 = \left(\begin{smallmatrix}1 & 0\\ 0 & -1\end{smallmatrix}\right)$, $E_2 = \left(\begin{smallmatrix}0 & i\\ -i & 0\end{smallmatrix}\right)$ und $E_3 = \left(\begin{smallmatrix}0 & 1\\ 1 & 0\end{smallmatrix}\right)$ bilden eine Basis von $H(2)$. Sie heißen Pauli-Spin-Matrizen.

(viii) Man hat einen Isomorphismus von Vektorräumen $\kappa : H(2) \to \mathbb{R}^3$, $\kappa[A, B] = \kappa(A) \times \kappa(B)$, definiert durch $\kappa(E_\nu) = 2e_\nu$.

(ix)* Definiere e^A durch $e^A = \sum_{j=0}^{\infty} \frac{1}{j!}A^j$. Genau dann ist $A \in H(n)$, wenn $e^{itA} \in SU(n)$ für alle $t \in \mathbb{R}$.

55. Sei $A = \left(\begin{smallmatrix}1 & i\\ -i & 2\end{smallmatrix}\right)$. Berechne die Eigenwerte von A und bestimme eine Matrix $B \in U(2)$, so dass ${}^t\bar{B}AB$ Diagonalgestalt hat.

56. Sei $A \in GL(n, \mathbb{C})$ hermitesch. Zeige, dass A^{-1} hermitesch ist.

57. (i) Seien $A, B \in M(n \times n, \mathbb{C})$ hermitesche Matrizen mit $AB = BA$. Zeige, dass auch $A + B$ und AB hermitesch sind.

(ii) Sei $A \in M(n \times n, \mathbb{R})$ positiv definit. Zeige, dass $\mathrm{Spur}(A) > 0$ und $\det(A) > 0$.

(iii) Sei V ein endlich-dimensionaler euklidischer Vektorraum und $f : V \to V$ ein selbstadjungierter Endomorphismus mit lauter positiven Eigenwerten. Zeige: f und $f \circ f$ haben dieselben Eigenvektoren, und die Eigenwerte von $f \circ f$ sind die Quadrate der Eigenwerte von f.

58. Sei $A \in GL(n, \mathbb{C})$, so dass $A{}^*\!A = {}^*\!AA$. Zeige, dass $\mathbb{C}^n$ eine Orthonormalbasis aus Eigenvektoren von A hat.

59. Sei γ eine symmetrische Bilinearform auf $\mathbb{R}^n$. Gibt es stets eine hermitesche Form auf $\mathbb{C}^n$, deren Einschränkung auf $\mathbb{R}^n$ (d.h. auf $\mathbb{R}^n \times \mathbb{R}^n$) gleich γ ist?

60. Sei $A \in \mathrm{Aut}(\mathbb{C}^n)$, $k \in \mathbb{N}$, und $\mathbb{C}^n$ besitze eine Basis aus Eigenvektoren von A^k. Besitzt $\mathbb{C}^n$ eine Basis aus Eigenvektoren von A?

61. Sei $\alpha : V \to W$ eine lineare Abbildung unitärer Räume, $\alpha \neq 0$, und für alle $u, v \in V$ gelte: $\langle u, v\rangle = 0 \Longrightarrow \langle \alpha(u), \alpha(v)\rangle = 0$. Zeige: Es existiert ein $\lambda \in \mathbb{R}_+$, so dass $\lambda \cdot \alpha$ unitär ist.

Hinweis: Betrachte $u + v$, $u - v$.

62. Seien $A, B \in \mathrm{End}(\mathbb{C}^n)$. Zeige: Ist AB nilpotent, so auch BA.

63. Zeige: Ist A hermitesch und $\lambda \in \mathbb{C} \setminus \mathbb{R}$, so ist $E + \lambda A$ regulär. Ist $A \in \mathrm{End}_{\mathbb{R}}(\mathbb{R}^n)$, ${}^t\!A = -A$ und $\lambda \in \mathbb{R}$, so ist $E + \lambda A$ regulär.

64. Sei $f \in \mathbb{R}[x]$ und A hermitesch. Zeige, dass dann auch $f(A)$ hermitesch ist.

65. Gelten folgende Behauptungen für jede hermitesche Matrix A?

    (i) Ist $A^3 = A$, so ist $A^2 = A$.

    (ii) Ist $A^4 = A$, so ist $A^2 = A$.

    (iii) $A > 0$ genau dann, wenn ${}^t v A \bar{v} \neq 0$ für alle $v \neq 0$.

66. Sei
$$A = \begin{pmatrix} 17 & -2 & -2 \\ -2 & 6 & 4 \\ -2 & 4 & 6 \end{pmatrix}.$$
Gib ein $B \in O(3)$ an, so dass ${}^tBAB$ Diagonalgestalt hat.

67. Sei V ein euklidischer endlich-dimensionaler Raum, $U \subset V$ ein Unterraum. Die Funktion $\varphi : V \to \mathbb{R}$ sei durch
$$\varphi(x) = \min\{|x-u|^2 \mid u \in U\}$$
definiert. Zeige: φ ist eine quadratische Form auf V.

68. Sei V der Vektorraum der stetigen reellen Funktionen auf dem Intervall $[-1, 1]$ und γ die Bilinearform
$$\gamma(f, g) = \int_{-1}^{1} f(t)g(-t)dt\,.$$
Zeige, dass γ symmetrisch und nicht ausgeartet ist, also:
$\gamma(f, g) = 0$ für alle $g \Longrightarrow f = 0$.
Beschreibe eine für γ orthogonale Zerlegung $V = V_+ \oplus V_-$, so dass γ auf V_+ positiv und auf V_- negativ definit ist.

69. Sei f ein Endomorphismus eines unitären Raumes V. Zeige: Ist $\langle f(x), x\rangle = 0$ für alle $x \in V$, so ist $f = 0$.

70. Sei A eine symmetrische reelle positiv definite $(n \times n)$-Matrix und sei $b \in \mathbb{R}^n \setminus \{0\}$. Zeige, dass die Matrix
$$\left(\begin{array}{c|c} A & b \\ \hline {}^tb & 0 \end{array}\right)$$
regulär ist.

71. Sei $A \in O(n)$. Zeige $\mathrm{im}(A - E) \perp \ker(A - E)$.

Kapitel V

Die Jordansche Normalform

Si modo duraris,
praemia digna feres!

Worin die Theorie der Eigenwertzerlegungen von Endomorphismen vollendet wird.

§1 Im Komplexen

Eigentlich kommt es nicht darauf an, dass der Körper $\mathbb{C}$ ist; wir machen aber in diesem Abschnitt folgende

Voraussetzung. Sei K ein algebraisch abgeschlossener Körper und α ein Endomorphismus eines n-dimensionalen Vektorraumes V über dem Körper K.

Hier operieren nun nicht nur die Skalare aus K auf V, sondern auch der Endomorphismus α, und wir führen folgende Redeweise ein:

(1.1) Definition. Ein Unterraum $U \subset V$ heißt α-**invariant** (α-**Modul**), wenn gilt $\alpha U \subset U$. Das α-**Erzeugnis** einer Menge $\{v_j \mid j \in J\}$ von Vektoren, bezeichnet durch $L_\alpha(v_j \mid j \in J)$, ist der kleinste α-Modul, der die Vektoren v_j, $j \in J$, enthält, also:

$$L_\alpha(v_j \mid j \in J) \;=\; \Big\{\sum_{j,k} \lambda_{jk} \cdot \alpha^k(v_j) \mid \lambda_{jk} \in K,\ k \in \mathbb{N}_0\Big\}.$$

Ein α-Modul U heißt **zyklisch**, wenn $U = L_\alpha(v)$ für ein $v \in V$, und α heißt **nilpotent**, wenn $\alpha^k = 0$ für ein $k \in \mathbb{N}_0$.

Wir werden V in eine direkte Summe einfacher zyklischer α-Moduln zerlegen, die nicht weiter α-invariant zerlegbar sind.

Zunächst können wir das Minimalpolynom f von α in Linearfaktoren zerlegen:

$$f(t) = (t-\lambda_1)^{n_1} \cdot \ldots \cdot (t-\lambda_k)^{n_k},$$

mit verschiedenen Wurzeln $\lambda_1, \ldots, \lambda_k$. Dies gilt, weil K algebraisch abgeschlossen ist, und nur insoweit benutzen wir diese Voraussetzung. Der erste Zerlegungssatz produziert daraus eine kanonische Zerlegung

$$V = V(\lambda_1) \oplus \cdots \oplus V(\lambda_k), \quad V(\lambda_j) = \ker(\alpha - \lambda_j \cdot \mathrm{id})^{n_j},$$

in α-invariante Teilräume. Wir wissen zudem, dass sich die Projektion $V \to V(\lambda_j)$ auf den j-ten Summanden als Polynom $q_j(\alpha)$ schreiben lässt, mit

$$q_j(t) = h_j \cdot \prod_{s \neq j} (t-\lambda_s)^{n_s},$$

aber das soll uns vorläufig nicht weiter kümmern. Jetzt wollen wir die Summanden der Zerlegung näher studieren, also die Endomorphismen

$$\alpha \mid V(\lambda_j) : \; V(\lambda_j) \to V(\lambda_j).$$

Mit anderen Worten, wir betrachten einen Endomorphismus

$$\alpha : W \to W, \quad \text{mit} \quad (\alpha - \lambda \cdot \mathrm{id})^m = 0.$$

Wir schreiben $\alpha = \lambda \cdot \mathrm{id} + \varphi$ und wissen demnach $\varphi^m = 0$, also: φ ist nilpotent. Weil jeder Unterraum von W unter $\lambda \cdot \mathrm{id}$ invariant ist, kommt es nun darauf an, den nilpotenten Endomorphismus $\varphi : W \to W$ zu betrachten und W in φ-Moduln zu zerlegen, soweit es eben geht. Wie sehen die zyklischen Unterräume in diesem Fall aus?

(1.2) Satz. *Sei $\varphi : W \to W$ nilpotent, sei $w \in W$ mit $\varphi^{k-1}(w) \neq 0$, $\varphi^k(w) = 0$. Dann sind $w, \varphi(w), \ldots, \varphi^{k-1}(w)$ linear unabhängig, also* $\dim L_\varphi(w) = k$. *Diese Zahl k heißt die* **Periode** *von w.*

Beweis. Angenommen, man hat eine Relation

$$\lambda_r \varphi^r(w) + \lambda_{r+1}\varphi^{r+1}(w) + \cdots + \lambda_{k-1}\varphi^{k-1}(w) = 0, \quad \lambda_r \neq 0,$$

so wende φ^{k-r-1} an, dann bleibt $\lambda_r \varphi^{k-1}(w) = 0$ also $\varphi^{k-1}(w) = 0$, ein Widerspruch. □

Anders gesagt, ein zyklischer φ-Modul hat eine Basis $(w_1, \ldots, w_k)$, auf die φ so wirkt:

$$\varphi : \; w_k \mapsto w_{k-1} \mapsto \ldots \mapsto w_1 \mapsto 0, \quad \text{mit} \quad w_j = \varphi^{k-j} w.$$

(1.3) Folgerung. *Ist* $\dim W = m$ *und φ ein nilpotenter Endomorphismus von W, so ist $\varphi^m = 0$.* □

Übrigens schreibt sich jedes $x \in L_\varphi(w)$ in der Form

$$x = \lambda \cdot w + \varphi(w'), \quad w' \in L_\varphi(w),$$

und x hat dieselbe Periode k wie w, genau dann, wenn $0 \neq \varphi^{k-1}(x) = \lambda \cdot \varphi^{k-1}(w)$, also genau dann, wenn $\lambda \neq 0$. Dies benutzen wir sogleich.

(1.4) Zerlegungslemma *für nilpotente Endomorphismen. Sei φ ein nilpotenter Endomorphismus eines m-dimensionalen Raumes W, und sei $w \in W$ von maximaler Periode k, dann existiert ein φ-invarianter Unterraum U von W, so dass*

$$W = L_\varphi(w) \oplus U.$$

Beweis. Wähle eine φ-invarianten Unterraum $U \subset W$ von maximal möglicher Dimension, so dass $L_\varphi(w) \cap U = 0$. Dann ist die Summe $L_\varphi(w) + U$ jedenfalls direkt, also $L_\varphi(w) \oplus U \subset W$, und wir müssen zeigen: $L_\varphi(w) + U = W$.

Angenommen nicht. Dann gibt es ein $v \in W$, $v \notin L_\varphi(w) + U$. Nun gibt es ein kleinstes j, so dass $\varphi^j(v) \in L_\varphi(w) + U$, denn spätestens $\varphi^m(v) = 0 \in U$, und (ersetze v durch $\varphi^{j-1}(v)$) wir dürfen annehmen:

$$v \notin L_\varphi(w) \oplus U, \quad \varphi(v) \in L_\varphi(w) \oplus U.$$

Nach dem Gesagten ist dann

$$\varphi(v) = \underbrace{\lambda \cdot w + \varphi(w')}_{\in L_\varphi(w)} + \underbrace{u}_{\in U}.$$

Aber weil nach Voraussetzung v Periode $\leq k$ hat, und die Summe $L_\varphi(w) + U$ direkt ist, hat insbesondere die Komponente $\lambda w + \varphi(w')$ von $\varphi(v)$ in $L_\varphi(w)$ die Periode $\leq k - 1$, also $\lambda = 0$, daher

$$\varphi(v) = \varphi(w') + u, \quad w' \in L_\varphi(w), \quad u \in U.$$

Jetzt dürfen wir v durch $v' = v - w'$ ersetzen, wäre nämlich $v - w' \in L_\varphi(w) + U$, so auch $v \in L_\varphi(w) + U$. Dann ergibt sich

$$v' \notin L_\varphi(w) + U, \quad \varphi(v') = u \in U.$$

Aus dem zweiten folgt, dass $U + L(v')$ ein φ-invarianter Unterraum ist, und zwar ein größerer als U, und aus dem ersten folgt $L_\varphi(w) \cap \big(U + L(v')\big) = 0$, ein Widerspruch zur Maximalität von U. In der Tat, wäre $0 \neq w_1 \in L_\varphi(w)$, $u_1 \in U$, und $w_1 = u_1 + \kappa \cdot v'$, so wäre $\kappa \neq 0$, weil $L_\varphi(w) \cap U = 0$, und daher $v' = \kappa^{-1}(w_1 - u_1) \in L_\varphi(w) \cap U$, im Widerspruch zur Wahl von U. □

Dies war ein mühseliger Schritt, doch jetzt geht es ganz leicht zum

(1.5) Zerlegungssatz *für nilpotente Endomorphismen. Sei φ ein nilpotenter Endomorphismus eines endlich-dimensionalen Vektorraums W. Dann existieren Elemente $w_1, \ldots, w_k \in W$, so dass*

$$W = \bigoplus_{j=1}^{k} L_{\varphi}(w_j).$$

Ist $n_j = \dim L_{\varphi}(w_j)$ und ist die Anordnung so gewählt, dass $0 < n_1 \leq n_2 \leq \cdots \leq n_k$, so ist das Tupel $(n_1, \ldots, n_k)$ durch φ eindeutig bestimmt.

Beweis. Die Existenz der Zerlegung folgt durch Induktion nach der Dimension von W aus (1.4). Die Anzahl der Summanden ist $k = \dim \ker(\varphi)$ und die Anzahl der Summanden mit $n_j > s$ ist die Anzahl der zyklischen Summanden einer entsprechenden Zerlegung von $\varphi : \varphi^s W \to \varphi^s W$. □

Zusammenfassend erhalten wir:

(1.6) Jordanzerlegung. *Sei α ein Endomorphismus eines endlich-dimensionalen Vektorraums V über einem Körper K, der die Wurzeln des Minimalpolynoms von α enthält. Dann hat man die α-invariante Zerlegung:*

$$V = \bigoplus_{j=1}^{k} V(\lambda_j), \quad V(\lambda_j) = \bigoplus_{r=1}^{s_j} L_{\varphi_j}(w_{jr}), \quad \varphi_j = \alpha - \lambda_j \mathrm{id}.$$

Die Zerlegung in die verallgemeinerten Eigenräume $V(\lambda_j)$ und die Perioden der w_{jr} sind bis auf die Reihenfolge eindeutig durch α bestimmt. □

Jetzt wählen wir Basen für die zyklischen Summanden der Form $L_{\varphi}(w)$ und vereinigen diese dann zu einer Basis, zu einer **Jordanbasis**, von V. Hat w die Periode s, so wählt man die Basis $(w_1, \ldots, w_s)$ von $L_{\varphi}(w)$ so, dass φ die Wirkung

$$\varphi : \; w_s \mapsto w_{s-1} \mapsto \ldots \mapsto w_1 \mapsto 0$$

hat. Für diese Basis gehört zu φ die Matrix

$$\begin{pmatrix} 0 & 1 & 0 & \ldots & 0 \\ \vdots & 0 & 1 & \ddots & \vdots \\ \vdots & & \ddots & \ddots & 0 \\ \vdots & & & \ddots & 1 \\ 0 & \ldots & \ldots & \ldots & 0 \end{pmatrix},$$

und $\alpha = \lambda_j \cdot \mathrm{id} + \varphi_j$ hat für dieselbe Basis die Matrix

$$\begin{pmatrix} \lambda_j & 1 & 0 & \dots & \dots & 0 \\ 0 & \lambda_j & 1 & \ddots & & \vdots \\ \vdots & \ddots & \ddots & \ddots & \ddots & \vdots \\ \vdots & & \ddots & \ddots & 1 & 0 \\ \vdots & & & \ddots & \lambda_j & 1 \\ 0 & \dots & \dots & \dots & 0 & \lambda_j \end{pmatrix}. \tag{1.7}$$

Eine solche Matrix heißt **Jordankästchen** oder auch **Jordanblock**. Schreiben wir die so gewählten Basen hintereinander, so erhalten wir eine Jordanbasis von V, und die Matrix von α hat für diese Basis die durch α bis auf die Reihenfolge der Kästchen eindeutig bestimmte Gestalt:

(1.8) Jordansche Normalform.

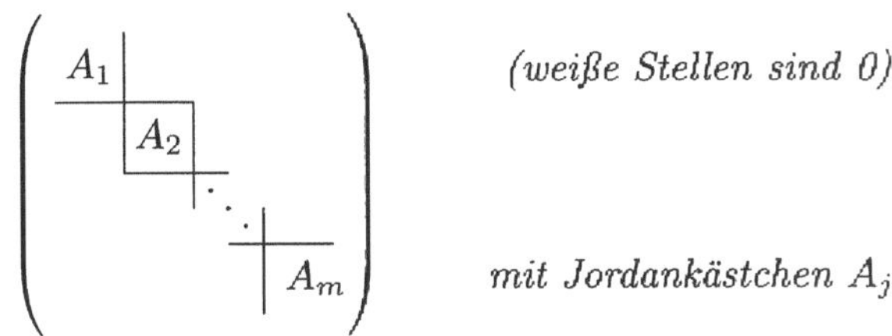

(weiße Stellen sind 0)

mit Jordankästchen A_j.

Weil bei Basiswechsel mit Transformationsmatrix T die Matrix A auf die Konjugierte TAT^{-1} geht, die Jordansche Normalform aber soweit eindeutig und basisunabhängig durch einen Endomorphismus bestimmt ist, können wir sagen:

(1.9) Satz. *Genau dann sind die $(n \times n)$-Matrizen A, B konjugiert, wenn ihre Jordanschen Normalformen (bis auf die Reihenfolge der Jordankästchen) gleich sind.* □

Die Konstruktion der Jordanzerlegung, wie wir sie vorgeführt haben, ist zwar als abstrakter Existenzsatz formuliert, sie lässt sich jedoch, den Beweisen folgend, tatsächlich durchführen, **wenn** man das Minimalpolynom (oder, wie wir gleich sehen werden, das charakteristische Polynom) in Linearfaktoren zerlegen kann; und zwar müsste man die Wurzeln genau kennen, nicht nur bis auf 10^{10} Stellen nach dem Komma. In vielen Lehrbüchern werden solche expliziten Berechnungen der Jordanschen Normalform ausgebreitet — natürlich immer an Lehrbuchbeispielen, wo die Wurzeln kleine ganze Zahlen sind. Das ist außer für Examensklausuren nicht so wertvoll, wie man meinen könnte. Die Jordansche Normalform hängt unstetig von den Koeffizienten der Matrix ab, sie hat nicht numerische, sondern strukturelle Bedeutung.

Ist $V = \bigoplus_{j=1}^{k} V(\lambda_j)$ die Zerlegung in die verallgemeinerten Eigenräume von α und $p_j : V \to V(\lambda_j)$ die Projektion, so definieren wir den Endomorphismus $\gamma = \gamma_\alpha : V \to V$ durch

$$\gamma \mid V(\lambda_j) = \lambda_j \cdot \mathrm{id}, \quad \text{also} \quad \gamma = \sum_{j=1}^{k} \lambda_j p_j.$$

Die Jordansche Normalform von γ ist eine Diagonalmatrix. Ein solcher Endomorphismus heißt **halbeinfach**, und $\varphi := \alpha - \gamma$ ist nilpotent.

(1.10) Satz (Jordan–Chevalley-Zerlegung). *Ein Endomorphismus α eines endlichdimensionalen Vektorraums hat eine eindeutig bestimmte Zerlegung*

$$\alpha = \gamma + \varphi \quad \textit{mit} \quad \gamma\varphi = \varphi\gamma$$

in einen halbeinfachen Endomorphismus γ und einen nilpotenten Endomorphismus φ. Es gibt ein Polynom $g \in K[t]$, so dass

$$\gamma = g(\alpha).$$

Beweis. Die Existenz der Zerlegung ist schon gesichert, und auch die Existenz von g, weil es entsprechende Polynome für die Projektionen $p_j : V \to V(\lambda_j)$ gibt. Die Eindeutigkeit folgt, weil die Eigenräume von γ die verallgemeinerten Eigenräume von α sind: Ist $\gamma(v) = \lambda \cdot v$, so ist $(\alpha - \lambda)^n(v) = (\gamma - \lambda + \varphi)^n(v) = \varphi^n(v) = 0$ für große n. □

Man nennt γ den **halbeinfachen** und φ den **nilpotenten Anteil** von α.

(1.11) Folgerung. *Ist β ein Endomorphismus von V, der mit α kommutiert, d.h. $\beta\alpha = \alpha\beta$, so gilt auch $\beta\gamma = \gamma\beta$ und $\beta\varphi = \varphi\beta$.*

Beweis. β kommutiert mit Polynomen in α. □

Das charakteristische Polynom von α ist das von γ, weil die Jordansche Normalform Dreiecksgestalt hat und φ nur Koeffizienten über der Hauptdiagonalen bestimmt. Sind $A_1, \ldots, A_k$ die Jordankästchen von α, so ist $\chi_\alpha = \chi_\gamma = \chi_{A_1} \cdot \ldots \cdot \chi_{A_k}$.

(1.12) Satz von Hamilton–Cayley. $\chi_\alpha(\alpha) = 0$.

Beweis. Es genügt, dies für jedes Jordankästchen zu zeigen, denn dann folgt, dass $\chi_\alpha(\alpha)$ auf allen Summanden der Jordanzerlegung von V verschwindet. Sei also oBdA

$$\alpha = \lambda \cdot \mathrm{id} + \varphi : \ W \to W, \ \dim W = n, \ \varphi \text{ nilpotent}, \ \chi_\alpha = (t - \lambda)^n.$$

Dann ist $\chi_\alpha(\alpha) = \varphi^n = 0$. □

Dieser Satz gilt für jeden Körper, weil man jeden Körper K als Unterkörper eines Körpers L ansehen kann, in dem das Minimalpolynom und das charakteristische Polynom von α in Linearfaktoren zerfallen. Wir werden solche Verallgemeinerungen noch systematisch betrachten.

Sei $\alpha = \gamma + \varphi$ ein Endomorphismus mit seiner Zerlegung in den halbeinfachen und den nilpotenten Teil, und sei $g \in K[t]$ ein Polynom, dann ist $g(t+x) = g(t) + x\,h(t,x)$ für ein Polynom h in zwei Variablen. Wir setzen γ für t und φ für x ein und erhalten $g(\alpha) = g(\gamma) + \varphi \cdot h(\gamma, \varphi)$. Die beiden Summanden sind vertauschbar, $g(\gamma)$ ist halbeinfach: Ist $(\lambda_1, \dots, \lambda_n)$ die Diagonale der Jordanmatrix von γ, so ist $\bigl(g(\lambda_1), \dots, g(\lambda_n)\bigr)$ die von $g(\gamma)$. Und $\varphi \cdot h(\gamma, \varphi)$ ist nilpotent, weil φ nilpotent ist und die Faktoren vertauschbar sind. Also:

$$g(\alpha) \;=\; g(\gamma) + \varphi \cdot h(\gamma, \varphi)$$

ist die Jordan–Chevalley-Zerlegung von $g(\alpha)$.

(1.13) Folgerung. *Sei α ein Endomorphismus, sei $g \in K[t]$ und sei $\chi_\alpha(t) = (t - \lambda_1) \cdot \ldots \cdot (t - \lambda_n)$. Dann ist*

$$\chi_{g(\alpha)}(t) \;=\; \bigl(t - g(\lambda_1)\bigr) \cdot \ldots \cdot \bigl(t - g(\lambda_n)\bigr). \qquad \square$$

Das Minimalpolynom f von α hat dieselben Wurzeln wie χ_α, aber zu jedem Eigenwert λ nur den Faktor $(t-\lambda)^k$, wo k die größte Zeilenzahl eines Jordankästchens mit Eigenwert λ ist. Wenn also zu einem Eigenwert mehrere Kästchen auftreten, ist f ein echter Teiler von χ_α.

(1.14) Bemerkung. *Hat das Minimalpolynom f von α den Grad m, so bilden $\mathrm{id}, \alpha, \dots, \alpha^{m-1}$ eine Basis des von den Potenzen von α erzeugten Unterraumes $K[\alpha] \subset \mathrm{End}(V)$.*

Beweis. Sie sind linear unabhängig, weil f minimal ist. Ist nun $g \in K[t]$, so ist $g = f \cdot h + r$, $\deg(r) < m$, und $g(\alpha) = r(\alpha)$, daher erzeugen sie $K[\alpha]$. $\square$

Das gibt insbesondere die Abschätzung $\dim K[\alpha] \le \dim V$.

Löst man die Polynomgleichung $\chi_\alpha(\alpha) = 0$ nach dem konstanten Glied auf: $\det(\alpha) \cdot \mathrm{id} = \alpha \cdot g(\alpha)$, so erhält man $\alpha^{-1} \in K[\alpha]$, falls α^{-1} existiert. Ähnlich geht es mit dem Minimalpolynom.

In der Dimension 2 hat das charakteristische Polynom die Gestalt

$$\chi_\alpha(t) \;=\; t^2 - \;\mathrm{Spur}\,(\alpha)t + \det(\alpha). \tag{1.15}$$

Beachte, dass es zu gegebener Spur und Determinante im Allgemeinen unendlich viele (z.B. obere Dreiecks-)Matrizen gibt. Sie alle sind Nullstellen von $\chi_\alpha(t)$ in $\mathrm{End}(V)$.

§2 Im Reellen

Diesmal sei $V = \mathbb{R}^n$ und der Endomorphismus $\alpha : V \to V$ folglich (für die Standardbasis) durch eine Matrix A gegeben. Dann können wir $U = \mathbb{C}^n$ setzen, und A auch als Endomorphismus $\alpha : U \to U$ auffassen. A ist eine komplexe Matrix, deren Koeffizienten alle in $\mathbb{R} \subset \mathbb{C}$ liegen. Das kann man auch durch $\bar{A} = A$, oder $\bar{\alpha}(v) = \alpha(\bar{v})$ ausdrücken: Ein reeller Endomorphismus von U ist ein mit der Konjugation vertauschbarer komplexer Endomorphismus. Wir wollen die komplexe Theorie benutzen, und das geht:

(2.1) Lemma. *Seien A, B reelle $(n \times n)$-Matrizen, und es existiere eine Transformation $C \in GL(n, \mathbb{C})$, so dass $CAC^{-1} = B$. Dann existiert auch $T \in GL(n, \mathbb{R})$ mit $TAT^{-1} = B$. Wenn reelle Matrizen komplex ähnlich sind, so auch reell.*

Beweis. Die Gleichung $CAC^{-1} = B$ ist äquivalent zu $CA = BC$, $\det(C) \neq 0$. Wir schreiben $C = C_1 + iC_2$ mit reellen Matrizen C_1, C_2 und haben, wenn wir Real- und Imaginärteil trennen,

$$C_1A = BC_1, \quad C_2A = BC_2,$$

und daher auch $(C_1+tC_2)A = B(C_1+tC_2)$ für alle $t \in \mathbb{R}$. Wir müssen zeigen, dass man t so wählen kann, dass $\det(C_1+tC_2) \neq 0$. Aber wenn man t als Unbestimmte auffasst, ist $\det(C_1 + tC_2)$ ein Polynom, und zwar nicht das Nullpolynom, weil $\det(C_1 + iC_2) \neq 0$. Folglich hat das Polynom nur endlich viele Nullstellen. Wähle $\tau \in \mathbb{R}$ verschieden von diesen und $T = C_1 + \tau C_2$. □

Die komplexe Konjugation wirkt nicht nur auf Skalare, sondern auch auf Vektoren in $U = \mathbb{C}^n$ komponentenweise, und auf Polynome $f \in \mathbb{C}[t]$ durch Konjugation der Koeffizienten. Ein Polynom ist reell, wenn $\bar{f} = f$. Wenn man Werte $\zeta \in \mathbb{C}$ einsetzt, heißt das $\overline{f(\bar{\zeta})} = f(\zeta)$.

Das charakteristische Polynom χ_A ist reell. Schreiben wir im Komplexen

$$\chi_A(t) = \prod_{j=1}^{n}(t - \lambda_j),$$

so ergibt sich

$$\prod_{j=1}^{n}(t - \lambda_j) = \prod_{j=1}^{n}(t - \bar{\lambda}_j).$$

Also können wir die sämtlichen **verschiedenen** komplexen Eigenwerte so auflisten:

$$\lambda_1, \ldots, \lambda_k, \lambda_{k+1}, \ldots, \lambda_r, \bar{\lambda}_{k+1}, \ldots, \bar{\lambda}_r,$$

wobei $\lambda_1, \ldots, \lambda_k$ reell sind, und die anderen nicht. Sei

$$U = U(\lambda_1) \oplus \cdots \oplus U(\bar{\lambda}_r), \quad U(\lambda) = \ker(A - \lambda \cdot id)^n,$$

die Zerlegung in verallgemeinerte Eigenräume nach dem ersten Zerlegungssatz. Ist λ reell und $u \in U(\lambda)$, also $(A-\lambda)^n u = 0$, so folgt durch Konjugieren $(A-\lambda)^n \bar{u} = 0$, d.h. $\bar{u} \in U(\lambda)$, daher $\mathrm{Re}(u) = \frac{1}{2}(u+\bar{u}) \in U$, $\mathrm{Im}(u) = \frac{1}{2i}(u-\bar{u}) \in U$, und wir können eine reelle Basis von U wählen. Setzen wir für $\lambda \in \mathbb{R}$

$$V(\lambda) \;=\; \mathbb{R}^n \cap U(\lambda),$$

so ist demnach

$$\dim_{\mathbb{R}} V(\lambda) \;=\; \dim_{\mathbb{C}} U(\lambda).$$

Der Endomorphismus $\alpha = A$ bildet $V(\lambda)$ in sich ab, und durch reellen Basiswechsel kann man $\alpha|V(\lambda) : V(\lambda) \to V(\lambda)$ in Jordansche Normalform bringen.

Jetzt wenden wir uns den nicht reellen Paaren von Eigenwerten $\lambda, \bar{\lambda}$ mit $\lambda \in \{\lambda_{k+1}, \dots, \lambda_r\}$ zu. Der α-invariante Unterraum $W(\lambda) := U(\lambda) \oplus U(\bar{\lambda})$ gehört nach dem ersten Zerlegungssatz zu dem reellen Faktor $\big((t-\lambda)(t-\bar{\lambda})\big)^s$ von χ_A, wobei s die Vielfachheit von $\lambda \notin \mathbb{R}$ als Wurzel von χ_A ist. Der zugehörige reelle Summand von V ist

$$V(\lambda) \;:=\; W(\lambda) \cap \mathbb{R}^n.$$

Wir wollen $\alpha|V(\lambda) : V(\lambda) \to V(\lambda)$ beschreiben. Nun ist $u \in U(\lambda) \iff \bar{u} \in U(\bar{\lambda})$, denn $(A-\lambda E)^n u = 0 \iff (A-\bar{\lambda}E)^n \bar{u} = 0$. Also: die Konjugation $c : \mathbb{C}^n \to \mathbb{C}^n$ hat auf dem Unterraum $W(\lambda)$ die Wirkung

$$c:\; U(\lambda) \oplus U(\bar{\lambda}) \to U(\lambda) \oplus U(\bar{\lambda}), \quad (u,v) \mapsto (\bar{v}, \bar{u}).$$

Die reellen Vektoren sind die Elemente, die unter c festbleiben, also die Elemente $(u, \bar{u}) \in U(\bar{\lambda})$, oder anders geschrieben, $u + \bar{u} = 2\mathrm{Re}(u)$, mit $u \in U(\lambda)$. Den Faktor 2 kann man auch weglassen:

(2.2) Lemma. *Die reell-lineare Abbildung $u \mapsto \mathrm{Re}(u)$ definiert einen Isomorphismus reeller Vektorräume $U(\lambda) \to V(\lambda)$ und ist mit α vertauschbar:*

$$\begin{array}{ccc} U(\lambda) & \xrightarrow[\alpha]{} & U(\lambda) \\ {\scriptstyle Re}\downarrow{\scriptstyle \cong} & & {\scriptstyle Re}\downarrow{\scriptstyle \cong} \\ V(\lambda) & \xrightarrow[\alpha]{} & V(\lambda) \end{array} .$$

Beweis. Alles ist schon gesagt: $\mathrm{Re} : U(\lambda) \xrightarrow{\cong} \big(U(\lambda) \oplus U(\bar{\lambda})\big) \cap \mathbb{R}^n$, $u \mapsto 1/2(u+\bar{u})$, und $\mathrm{Re}\, A(u) = A\,\mathrm{Re}(u)$, weil A reell ist. □

Im Ganzen haben wir nun wieder eine Zerlegung, die **reelle Jordanzerlegung**

$$V \;=\; V(\lambda_1) \oplus \cdots \oplus V(\lambda_r)$$

in α-invariante Unterräume, wobei unter den λ_j zu jedem Paar konjugierter Eigenwerte genau einer auftritt. Es gibt folgende beiden Fälle:

I. Fall. λ ist reell. Dann hat $V(\lambda)$ eine Basis, für die $\alpha|V(\lambda) : V(\lambda) \to V(\lambda)$ durch eine Matrix in Jordanscher Normalform (1.8) gegeben ist.

II. Fall. λ ist nicht reell. Dann ist $V(\lambda)$ reell isomorph zu dem komplexen Vektorraum $U(\lambda)$ (und ebenso zu $U(\bar{\lambda})$), und zwar als α-Modul. Man kann eine komplexe Basis von $U(\lambda)$ wählen, für die α durch eine Jordanmatrix (1.8) gegeben ist. Insbesondere ist $\dim V(\lambda)$ gerade.

Natürlich kann man im letzen Fall die komplexe Schreibweise durch Zerlegen in Real- und Imaginärteil in eine reelle Schreibweise verwandeln. Jeder komplexe Koeffizient $a + ib$ ist dann als lineare Abbildung

$$\begin{array}{ccccccc} \mathbb{R}^2 & \xrightarrow{=} & \mathbb{C} & \xrightarrow{(a+ib)\cdot} & \mathbb{C} & \xrightarrow{=} & \mathbb{R}^2, \\ \binom{1}{0}, \binom{0}{1} & \longmapsto & 1, i & \longmapsto & a+ib, -b+ia & \longmapsto & \binom{a}{b}, \binom{-b}{a}, \end{array}$$

also als Matrix $\begin{pmatrix} a & -b \\ b & a \end{pmatrix}$ zu lesen. Zum Beispiel das komplexe Jordankästchen $\begin{pmatrix} \lambda & 1 \\ 0 & \lambda \end{pmatrix}$ mit $\lambda = a + ib$ wird, als reell-lineare Abbildung gelesen, zu der Matrix

$$\begin{pmatrix} a & -b & 1 & 0 \\ b & a & 0 & 1 \\ 0 & 0 & a & -b \\ 0 & 0 & b & a \end{pmatrix}.$$

Jedoch ist diese reelle Schreibweise nicht nützlich, und sie beraubt einen um den Gewinn, der darin liegt, dass $V(\lambda)$ für $\lambda \notin \mathbb{R}$ eine komplexe Struktur hat, für die α komplex linear ist. Physiker bevorzugen zurecht die komplexe Schreibweise.

Übrigens ist $V(\lambda) = V(\bar{\lambda})$, man darf also in jedem Jordankästchen der beschriebenen Normalform λ durch $\bar{\lambda}$ ersetzen, und wie zuvor die Kästchen vertauschen. Bis auf dieses aber ist die beschriebene Normalform durch A eindeutig bestimmt. Das schließt man daraus, wie man die komplexe Normalform von $A : \mathbb{C}^n \to \mathbb{C}^n$ aus der beschriebenen reellen erhält: Man muss zu jedem Kästchen mit Eigenwert $\lambda \notin \mathbb{R}$ ein entsprechendes Kästchen mit Eigenwert $\bar{\lambda}$ hinzunehmen; nämlich für den Summanden $V(\lambda) \cong_{\mathbb{R}} U(\lambda)$ von $V = \mathbb{R}^n$ den Summanden $U(\lambda) \oplus U(\bar{\lambda})$ von $U \cong \mathbb{C}^n$.

Der halbeinfache reelle Teil γ von α ist auf $V(\lambda)$ durch Multiplikation mit λ gegeben, was für $\lambda \notin \mathbb{R}$ durch den reellen Isomorphismus $V(\lambda) \cong U(\lambda)$ wie oben zu lesen ist. Wieder ist $\varphi = \alpha - \gamma$ nilpotent und $\gamma\varphi = \varphi\gamma$.

§3 Die Komplexifizierung

Die Klassifikation der Endomorphismen eines reellen Vektorraumes, die wir kennengelernt haben, beruht darauf, dass man einen reellen Vektorraum als komplexen Vektorraum mit Konjugation ansieht. Den Übergang vom Reellen zum Komplexen haben wir durch Einführen einer Basis recht künstlich geschafft. Darauf sollte es aber nicht beruhen, und in der Tat kann man einen reellen Vektorraum stets kanonisch komplexifizieren:

(3.1) Die Komplexifizierung. Sei V ein reeller Vektorraum. Die Komplexifizierung $V_{\mathbb{C}}$ ist folgender komplexer Vektorraum:

$$V_{\mathbb{C}} = V \oplus V$$

mit $\mathbb{C}$-Operation

$$(a+ib)\cdot(v,w) = (av-bw,\ aw+bv),$$

für $a,b \in \mathbb{R}$ und $(v,w) \in V_{\mathbb{C}}$. Man hat

$$V \hookrightarrow V_{\mathbb{C}}, \quad v \mapsto (v,0)$$

als Inklusion reeller Vektorräume, also

$$\begin{aligned} i\cdot(v,0) &= (0,v), \\ V_{\mathbb{C}} &= V + iV, \end{aligned}$$

und das motiviert wiederum die Konstruktion von $V_{\mathbb{C}}$ aus V. Der komplexe Vektorraum $V_{\mathbb{C}}$ hat die kanonische Konjugation

(3.2) $$\mathrm{c}: V_{\mathbb{C}} \to V_{\mathbb{C}}, \quad (v,w) \mapsto (v,-w),$$

oder anders geschrieben:

$$\mathrm{c}(v+iw) = v - iw =: \overline{(v+iw)}$$

für $v,w \in V$. Dann ist offenbar

(3.3) $$V = \{u \in V_{\mathbb{C}} \mid \bar{u} = u\}.$$

Man hat den Real- und Imaginärteil

(3.4) $$\mathrm{Re}(u) = \tfrac{1}{2}(\bar{u}+u), \quad \mathrm{Im}(u) = \tfrac{i}{2}(\bar{u}-u).$$

Eine reelle Basis von V erzeugt offenbar $V_{\mathbb{C}}$ über $\mathbb{C}$ und ist auch linear unabhängig, also eine komplexe Basis von $V_{\mathbb{C}}$. Das ergibt sich, weil aus einer komplexen Linearkombination reeller Vektoren

$$\sum_{j=1}^{n} \lambda_j v_j = 0, \quad \lambda_j \in \mathbb{C},\ v_j \in V$$

in $V_{\mathbb{C}}$ durch Übergang zu Real- und Imaginärteilen die reellen Linearkombinationen

$$\sum_{j=1}^{n} \mathrm{Re}(\lambda_j)\cdot v_j = 0 \quad \text{und} \quad \sum_{j=1}^{n} \mathrm{Im}(\lambda_j)\cdot v_j = 0$$

in V entstehen. Sind $v_1, \ldots, v_n$ linear unabhängig über $\mathbb{R}$ in V, so verschwinden alle $\operatorname{Re}(\lambda_j)$ und $\operatorname{Im}(\lambda_j)$, und daher alle λ_j in $\mathbb{C}$.

Das Wesentliche ist, dass wir nicht einfach zu dem reellen Vektorraum $\mathbb{R}^n$ einen komplexen Vektorraum $\mathbb{C}^n$ gleicher Dimension betrachten, sondern dass wir einen Funktor konstruieren, der von reellen zu komplexen Vektorräumen führt:

Eine reell-lineare Abbildung $\alpha : V \to W$ induziert die komplex-lineare

$$\alpha_{\mathbb{C}} : V_{\mathbb{C}} \to W_{\mathbb{C}}, \quad u + iv \mapsto \alpha(u) + i\alpha(v), \tag{3.5}$$

und es gelten offenbar die Funktorgleichungen

$$(\mathrm{id}_V)_{\mathbb{C}} = \mathrm{id}_{V_{\mathbb{C}}}, \quad (\alpha \circ \beta)_{\mathbb{C}} = \alpha_{\mathbb{C}} \circ \beta_{\mathbb{C}}.$$

Jede komplex-lineare Abbildung $V_{\mathbb{C}} \to W_{\mathbb{C}}$ ist von der Gestalt $\gamma = \alpha + i\beta$, mit $\alpha, \beta \in \operatorname{Hom}_{\mathbb{R}}(V, W)$,

$$\alpha(v) = \operatorname{Re}\big(\gamma(v)\big), \; \beta(v) = \operatorname{Im}\big(\gamma(v)\big).$$

Mit anderen Worten

$$\operatorname{Hom}_{\mathbb{C}}(V_{\mathbb{C}}, W_{\mathbb{C}}) = \big(\operatorname{Hom}_{\mathbb{R}}(V, W)\big)_{\mathbb{C}}. \tag{3.6}$$

Man kann bei einem komplexen Vektorraum die komplexe Struktur vergessen und nur die Operation von $\mathbb{R}$ behalten. So entsteht aus einem komplexen Vektorraum U ein reeller Vektorraum $F(U)$, und es ist offenbar als reeller Vektorraum

$$F(V_{\mathbb{C}}) = V \oplus V. \tag{3.7}$$

Auch F ist ein Funktor: Eine komplex-lineare Abbildung komplexer Vektorräume ist insbesondere eine reell-lineare Abbildung reeller Vektorräume.
Bemerkenswerter ist der kanonische Isomorphismus

$$\big(F(U)\big)_{\mathbb{C}} = U \oplus \bar{U} \tag{3.8}$$

für einen komplexen Vektorraum U.

Der **konjugierte Vektorraum** $\bar{U}$ zu einem komplexen Vektorraum U, der hier auftritt, ist wie folgt erklärt: Als reeller Vektorraum, insbesondere als Menge, ist $U = \bar{U}$, aber zu $u \in U$ sei der entsprechende Vektor in $\bar{U}$ mit $\bar{u}$ bezeichnet. Dann ist die $\mathbb{C}$-Operation auf $\bar{U}$ erklärt durch

$$\lambda \cdot \bar{u} := (\bar{\lambda} \cdot u)^{-} \quad \text{für} \quad u \in U, \; \lambda \in \mathbb{C}. \tag{3.9}$$

Hier ist ein Verständnis der abstrakten Situation durchaus wesentlich:
Ist $\dim U = n$ also $U \cong \mathbb{C}^n$, so ist auch $\bar{U} \cong \mathbb{C}^n$, aber ein solcher Isomorphismus hängt von der Wahl von Basen ab.

Auch die Zuordnung $U \Longmapsto \bar{U}$ ist ein **Funktor**: Eine komplex-lineare Abbildung $\alpha : U \to W$ induziert die komplex-lineare Abbildung

$$\bar{\alpha} : \bar{U} \to \bar{W}, \quad \bar{u} \mapsto \overline{\alpha(u)}.$$

Dies ist dieselbe Abbildung der zugrundeliegenden reellen Vektorräume $F(U) = F(\bar{U})$, insbesondere also der zugrundeliegenden Mengen, wie α. Beachte aber: Wählen wir Basen $(e_1, \ldots, e_n)$ von U und $(e'_1, \ldots, e'_m)$ von W, so dass

$$\alpha(e_j) = \sum_i a_{ij} e'_i; \quad A = (a_{ij}),$$

so ist für die **konjugierten Basen** der konjugierten Räume, $(\bar{e}_1, \ldots \bar{e}_n)$ beziehungsweise $(\bar{e}'_1, \ldots, \bar{e}'_m)$, demnach

$$\bar{\alpha}(\bar{e}_j) = \left(\sum_i a_{ij} e'_i\right)^{-} = \sum_i \bar{a}_{ij} \bar{e}'_i,$$

denn $\overline{\lambda e} = \bar{\lambda}\bar{e}$ nach (3.9) für $\bar{\lambda}$ statt λ. Die Multiplikation mit a_{ij} in W ist die Multiplikation mit $\bar{a}_{ij}$ in $\bar{W}$. So gehört also zur linearen Abbildung $\bar{\alpha}$ der konjugierten Räume für die entsprechenden konjugierten Basen von $\bar{U}$ und $\bar{W}$ die konjugierte Matrix

$$\bar{A} = (\bar{a}_{ij}).$$

Natürlich ist $\mathbb{C}^n \cong \bar{\mathbb{C}}^n$ durch die Abbildung $v \mapsto \bar{v}$, welche die Bezeichnung nahelegt.

Kommen wir nun zurück zu dem behaupteten kanonischen und mit induzierten Abbildungen verträglichen Isomorphismus

$$U \oplus \bar{U} - F(U)_{\mathbb{C}}.$$

In $W = U \oplus \bar{U}$ hat man die Konjugation

$$w = (u, \bar{v}) \mapsto \bar{w} = (v, \bar{u}),$$

und man hat den reellen (aber nicht komplexen) Unterraum der unter Konjugation festbleibenden Vektoren

$$\{(u, \bar{u}) \mid u \in U\} = \{w \in W \mid \bar{w} = w\},$$

und dieser ist natürlich durch die Abbildung $u \mapsto (u, \bar{u})$ reell isomorph zu U, also isomorph zu $F(U)$, womit wir ihn so gleichsetzen. Dann ist ein reelles Komplement

$$i \cdot F(U) = \{w \in W \mid \bar{w} = -w\}.$$

Also haben wir den kanonischen Isomorphismus

$$F(U)_{\mathbb{C}} = F(U) + i \cdot F(U) \to U \oplus \bar{U},$$
$$u + i \cdot v \mapsto (u, \bar{u}) + i \cdot (v, \bar{v}),$$

für $u, v \in F(U)$. Den umgekehrten Isomorphismus liefern Real- und Imaginärteil in $W = U \oplus \bar{U}$:

$$\begin{aligned} \mathrm{Re}: W \to F(U), \quad & w \mapsto \tfrac{1}{2}(\bar{w} + w), \\ \mathrm{Im}: W \to F(U), \quad & w \mapsto \tfrac{i}{2}(\bar{w} - w), \end{aligned}$$

und damit

$$W \to F(U)_{\mathbb{C}}, \quad w \mapsto \mathrm{Re}(w) + i\ \mathrm{Im}(w).$$

Beachte, dass der Imaginärteil $\mathrm{Im}(w)$ reell, also in $F(U)$ ist.

Diese Isomorphismen $F(U)_{\mathbb{C}} = U \oplus \bar{U}$ sind mit den auf beiden Seiten erklärten Antiisomorphismen der Konjugation vertauschbar.
Eine $\mathbb{C}$-lineare Abbildung $\alpha : U \to V$ induziert

$$\begin{array}{ccccl} \alpha \oplus \bar{\alpha} \ : & U \oplus \bar{U} & \longrightarrow & V \oplus \bar{V}, & u \oplus \bar{v} \mapsto \alpha(u) \oplus \bar{\alpha}(\bar{v}) \\ & \| & & \| & \\ & F(U)_{\mathbb{C}} & \xrightarrow[F(\alpha)_{\mathbb{C}}]{} & F(V)_{\mathbb{C}}, & \end{array}$$

und das zeigt: Ist α für Basen durch die komplexe Matrix A beschrieben, so $F(\alpha)_{\mathbb{C}}$ durch die Matrix $\left(\begin{smallmatrix} A & 0 \\ 0 & \bar{A} \end{smallmatrix}\right)$.
Hat man also eine komplexe $(n \times n)$-Matrix A, fasst diese durch Trennung von Real- und Imaginärteil als reelle $(2n \times 2n)$-Matrix auf und fragt etwa nach der Konjugationsklasse, also der Jordanschen Normalform von dieser, so lautet die Antwort: Es ist die Matrix

$$\begin{pmatrix} J & 0 \\ 0 & \bar{J} \end{pmatrix},$$

wobei J die Jordansche Normalform von A ist.

§4 Unitäre und normale Endomorphismen

Sei V ein n-dimensionaler unitärer Raum und α ein unitärer Endomorphismus von V. Ist λ ein Eigenwert von α mit Eigenvektor v, so ist $|v| = |\alpha(v)| = |\lambda v| = |\lambda| \cdot |v|$, also $|\lambda| = 1$. Ist V_λ der Eigenraum von λ, so ist $\alpha(V_\lambda) = V_\lambda$, also

(4.1) $$\alpha(V_\lambda^\perp) \;=\; V_\lambda^\perp.$$

Beweis. Sei $v \in V_\lambda, w \in V_\lambda^\perp$, dann ist $\langle v, \alpha(w)\rangle = \langle \alpha^{-1}(v), w\rangle = 0$. □

(4.2) Satz. *Sei α ein unitärer Endomorphismus eines n-dimensionalen unitären Raumes V, dann hat man eine orthogonale Zerlegung*

$$V \;=\; \bigoplus_{j=1}^{k} V_{\lambda_j}, \quad \lambda_j \neq \lambda_s \quad \textit{für} \quad j \neq s$$

in die Eigenräume von α, also: Eigenvektoren zu verschiedenen Eigenwerten sind orthogonal. □

Die Jordansche Normalform eines unitären Endomorphismus ist also eine Diagonalmatrix mit Diagonale $(\lambda_1, \ldots, \lambda_n)$, $|\lambda_j| = 1$. Die Matrix liegt in $SU(n)$, wenn $\lambda_1 \cdot \ldots \cdot \lambda_n = 1$.

Die Jordanbasis kann man als Orthonormalbasis wählen, mit anderen Worten: ist $A \in U(n)$, so existiert $T \in U(n)$, so dass TAT^{-1} eine Diagonalmatrix ist. Man kann sogar $T \in SU(n)$ wählen, ist nämlich $\det(T) = a = b^n$, so ersetze T durch $b^{-1}T$. Die Normalform ist eindeutig bis auf die Reihenfolge der λ_j, weil dies ja die Eigenwerte von A sind.

Dies geht ebenso wie für hermitesche Matrizen. Die gemeinsame Verallgemeinerung sind die normalen Matrizen. Der Endomorphismus A heißt **normal**, wenn $A \cdot {}^*\!A = {}^*\!A \cdot A$.

(4.3) Satz. *Ist A normal, so gibt es eine Orthonormalbasis von V aus Eigenvektoren von A.*

Beweis. Sei V_λ der λ-Eigenraum von A. Dann ist ${}^*\!AV_\lambda \subset V_\lambda$, denn für $v \in V_\lambda$ ist $A{}^*\!Av = {}^*\!A\ Av = {}^*\!A\ \lambda v = \lambda{}^*\!Av$, also ${}^*\!A\ v \in V_\lambda$. Nun hat auch ${}^*\!A \mid V_\lambda : V_\lambda \to V_\lambda$ einen Eigenwert μ und einen Eigenraum $V_{\lambda\mu} \neq 0$ in V_λ. Dieser ist ein gemeinsamer Eigenraum für A und ${}^*\!A$. Jetzt gilt $A(V_{\lambda\mu}^\perp) \subset V_{\lambda\mu}^\perp$ und entsprechend für ${}^*\!A$, und man kommt wieder durch Induktion zum Ziel: Sei $v \in V_{\lambda\mu}$, $\langle u, v\rangle = 0$, dann ist $\langle Au, v\rangle = \langle u, {}^*\!Av\rangle = \mu\langle u, v\rangle = 0$. □

Die Matrizen, die sich durch eine unitäre Transformation in eine Diagonalmatrix überführen lassen, sind offenbar normal, weil Diagonalmatrizen normal sind. Eine Matrix ist also genau dann normal, wenn sie sich durch eine unitäre Transformation diagonalisieren lässt.

§5 Die Normalform orthogonaler Matrizen

Ist $A \in O(n)$, so können wir A als unitäre Matrix ansehen, deren Koeffizienten reell sind, und weil es einen 1-dimensionalen komplexen Eigenraum von A gibt, folgt aus unserer Übertragung ins Reelle, dass A entweder einen reellen Eigenvektor besitzt, oder eine Ebene (einen 2-dimensionalen Unterraum) in sich abbildet. Wieder gilt:

(5.1) Lemma. *Ist $U \subset \mathbb{R}^n$ unter A invariant, so auch $U^\perp$.*

Beweis. $A : U \to U$ ist isomorph, also $A^{-1}U = U$, und wenn $v \in U^\perp$, so ist $\langle Av, u\rangle = \langle v, A^{-1}u\rangle = 0$, und wenn $v \in U^\perp$, so ist $\langle Av, u\rangle = \langle v, A^{-1}u\rangle = 0$ für alle $u \in U$. □

Die reellen Eigenwerte sind (wenn es welche gibt) nur 1 und -1. Ist U eine invariante Ebene und hat $A|U$ keine reellen Eigenwerte, so kann man eine Orthonormalbasis für U wählen, so dass $A : U \to U$ durch eine Matrix

$$\begin{pmatrix} \cos\,\varphi & -\sin\,\varphi \\ \sin\,\varphi & \cos\,\varphi \end{pmatrix}, \qquad \text{Eigenwerte:} \quad \begin{array}{l} \cos\,\varphi \;+\; i\,\sin\,\varphi, \\ \cos\,\varphi \;-\; i\,\sin\,\varphi, \end{array}$$

gegeben ist. In komplexer Schreibweise ist dies einfach die Multiplikation mit $\zeta = \cos\,\varphi + i\,\sin\,\varphi$ der Ebene $\mathbb{C}$.

Insgesamt finden wir eine Orthonormalbasis, für die A die Gestalt

$$(5.2) \qquad \begin{pmatrix} 1 & & & & & & & \\ & \ddots & & & & & & \\ & & 1 & & & & & \\ & & & -1 & & & & \\ & & & & \ddots & & & \\ & & & & & -1 & & \\ & & & & & & A_1 & & \\ & & & & & & & \ddots & \\ & & & & & & & & A_s \end{pmatrix}, \qquad \begin{array}{l} A_j \;=\; \begin{pmatrix} \cos\,\varphi_j & -\sin\,\varphi_j \\ \sin\,\varphi_j & \cos\,\varphi_j \end{pmatrix} \\[1ex] \varphi_j \notin \pi\mathbb{Z}, \end{array}$$

(wobei die Anzahl der Einträge -1 gleich ℓ ist)

annimmt. Beachte $\det A_j = 1$, also $A \in SO(n)$ genau dann, wenn ℓ gerade ist. Durch Transformation kann man noch die Kästchen A_j beliebig vertauschen und φ_j durch $-\varphi_j$ ersetzen.

(5.3) Bemerkung. *Ist n ungerade, so besitzt jedes $A \in O(n)$ eine invariante Gerade, und jedes $A \in SO(n)$ lässt einen Vektor $\neq 0$ fest.*

§6 Berechnen der Jordanschen Normalform

1. Schritt. Berechne die Eigenwerte von $\alpha : V \to V$, also die Wurzeln des charakteristischen Polynoms $\chi_A(t)$, wenn A die Matrix von α für irgendeine Basis von V ist. Die Vielfachheit einer Wurzel λ ist die Dimension von $V(\lambda)$.

2. Schritt. Sei λ ein Eigenwert von α und $\varphi = \alpha - \lambda\,\mathrm{id}$. Die Anzahl $g(s)$ der Jordankästchen mit Eigenwert λ und mehr als s Zeilen ist nach dem Beweis des Zerlegungssatzes

$$g(s) \;=\; \dim\,\ker(\varphi \mid \varphi^s V) \;=\; \mathrm{rg}(\varphi^s) - \mathrm{rg}(\varphi^{s+1}).$$

Also: die Anzahl $a(s)$ der entsprechenden Jordankästchen mit s Zeilen ist $a(s) = g(s-1) - g(s)$, daher

$$(6.1) \qquad a(s) \;=\; \mathrm{rg}(\varphi^{s-1}) + \mathrm{rg}(\varphi^{s+1}) - 2\mathrm{rg}(\varphi^s).$$

Wenn man also die Eigenwerte $\lambda_1, \ldots, \lambda_k$ und für jedes j die Ränge der Potenzen von $\varphi_j = \alpha - \lambda_j\mathrm{id}$ berechnet, kann man die Jordansche Normalform angeben. Damit hat man zwar die Matrix aber noch nicht die Jordanbasis, also die Transformation T, die die gegebene Matrix A auf Jordansche Normalform TAT^{-1} bringt.

Auch diese kann man berechnen wenn es sein muss, und das Beispiel wirklich handlich gestellt ist, und zwar so:

3. Schritt. Berechne Basen von $\ker(\varphi_j^{n_j}) = V(\lambda_j)$, wobei

$$\chi(t) = \prod_{j=1}^{k}(t-\lambda_j)^{n_j}, \quad \lambda_j \neq \lambda_r \quad \text{für} \quad j \neq r.$$

4. Schritt. Betrachte zu jedem j die Abbildung $\varphi_j = \alpha - \lambda_j\mathrm{id}\colon V(\lambda_j) \to V(\lambda_j)$. Wir schreiben kurz φ und λ. Wir haben eine Basis $(v_1, \ldots, v_r)$ von $V(\lambda)$, und beschreiben φ als Matrix bzgl. dieser Basis. Berechne die Potenz $\varphi^m \neq 0$ mit $\varphi^{m+1} = 0$. Wähle eine Maximalzahl linear unabhängiger Spalten von φ^m. Die Basisvektoren mit entsprechenden Indizes erzeugen eine direkte Summe zyklischer φ-Moduln höchster Periode m: bei geeigneter Numerierung $L_\varphi(v_1)\oplus\cdots\oplus L_\varphi(v_\ell) = Z \subset V(\lambda)$. Wähle für Z die Jordanbasis $\big(\varphi^\nu(v_\mu) \mid 0 \leq \nu \leq m, 1 \leq \mu \leq \ell\big)$.

5. Schritt. Ergänze die gewählte Basis von Z um gewisse w_j zu einer neuen Basis von $V(\lambda)$ und betrachte die durch φ induzierte Abbildung $\tilde{\varphi} : V(\lambda)/Z \to V(\lambda)/Z$, $[w_j] \mapsto [\varphi(w_j)]$.

Die Matrix von $\tilde{\varphi}$ entsteht aus der von φ, indem man die ersten Spalten und Zeilen, die den Basisvektoren $\varphi^\nu(v_\mu)$ von Z entsprechen, weglässt. Wenn man die Basis von Z aus der ursprünglichen Basis der v_j's zu einer Basis von $V(\lambda)$ ergänzt hat, ist so die Matrix von $\tilde{\varphi}$ die Teilmatrix derer von φ, die den Basisvektoren entspricht, die nicht zu Z gehören.

Angenommen $\tilde{\varphi}^d[w_j] \neq 0, \tilde{\varphi}^{d+1}[w_j] = 0$, so ist $\varphi^{d+1}(w_j) \in Z$, und zwar dann $\varphi^{d+1}(w_j) = \varphi^{d+1}(z_j)$ für ein $z_j \in Z$, das man bei der speziellen Basis von Z leicht ablesen kann. Dies ist ein Schritt im Zerlegungslemma, man benutzt, dass die Summanden in Z mindestens so große Periode wie w_j haben. Man ersetzt nun w_j durch $w_j - z_j$ und darf also annehmen:

$$\tilde{\varphi}^{d+1}(w_j) = 0 \Longrightarrow \varphi^{d+1}(w_j) = 0.$$

Jetzt wähle aus den w_j Vektoren aus, so dass die Spalten mit entsprechendem Index von $\tilde{\varphi}^d$ ein maximales System linear unabhängiger Spalten von $\tilde{\varphi}^d$ bilden. Die $\varphi^\nu(w_j), 0 \leq \nu \leq d$, für diese j, werden der gewählten Basis von Z hinzugefügt, sie erzeugen die zyklischen Summanden von nächst-kleinerer Periode d.

6. Schritt. Man nimmt als neues Z mit Jordanbasis die so konstruierte Summe zyklischer Moduln mit Basis und fährt mit Schritt 5 fort, bis es nichts mehr zu ergänzen gibt. Dann gehts weiter zum nächsten Eigenwert, bis auch die alle bedient sind.

§7 Lineare Differentialgleichungen

Algebraische Anwendungen haben wir schon gesehen, aber wichtig sind auch die Anwendungen auf lineare Differentialgleichungen. Es handelt sich um Gleichungen für Kurven $\mathbb{R} \to \mathbb{C}^n, t \mapsto y(t)$ von der Form:

$$(7.1) \qquad \dot{y} = A \cdot y, \quad \text{mit} \quad \dot{y} = d/dt\, y, \quad A \in M(n \times n, \mathbb{C}).$$

Die allgemeine Lösung kann man leicht angeben: Für eine komplexe $(n \times n)$-Matrix B sei

$$\exp(B) = e^B := \sum_{j=0}^{\infty} (1/j!) B^j.$$

Es ist leicht zu sehen, dass diese Reihe (komponentenweise) konvergiert, weil $\|B^j\| \le \|B\|^j$, durch Vergleich mit der gewöhnlichen Reihe für $\exp(\|B\|)$. Für jeden festen Vektor $v \in \mathbb{C}^n$ hat dann (7.1) die Lösung

$$(7.2) \qquad y = \exp(tA) \cdot v.$$

Ist nun $y(t)$ irgendeine Lösung von (7.1), so setze

$$z(t) = \exp(-tA) y(t),$$

dann ist

$$\begin{aligned} \dot{z} &= -A \exp(-tA) y + \exp(-tA) \dot{y} \\ &= -A \exp(-tA) y + A \exp(-tA) y = 0, \end{aligned}$$

also $z = v$ konstant, daher $y = \exp(tA) \cdot v$, es gibt nur die Lösungen (7.2).

Jetzt fängt es aber erst an, nämlich wie berechnet man $\exp(A)$? Man bedenke: $\exp(TAT^{-1}) = T \exp(A) T^{-1}$, immer etwas schwungvoll mit unendlichen Reihen gerechnet. Nun wähle T so, dass anstelle von A eine Matrix in Jordanscher Normalform steht, also:

$$A = D + N, \quad DN = ND, \quad D \text{ Diagonalmatrix}, \quad N \text{ nilpotent}.$$

Dann ist $\exp(tA) = \exp(tD) \cdot \exp(tN)$, und beide Faktoren kann man leicht berechnen: Hat D die Diagonale $(\lambda_1, \dots, \lambda_n)$, so ist $\exp(tD)$ die Diagonalmatrix mit Diagonale $\big(\exp(t\lambda_1), \dots, \exp(t\lambda_n)\big)$, und

$$\exp(tN) = E + tN + t^2/2 \cdot N^2 + \ldots + t^{n-1}/(n-1)! \cdot N^{n-1}$$

ist eine Matrix von Polynomen vom Grad $\le n-1$.

Besonders angenehm ist natürlich der Fall, wo gar kein nilpotenter Anteil auftritt. Zum Beispiel, wenn ein Massenpunkt mit kleiner Auslenkung aus einer stabilen Ruhelage schwingt, wird die Bewegung durch eine Differentialgleichung

$$\ddot{y} = -A \cdot y$$

beschrieben, wobei $y = y(t) \in \mathbb{R}^3$ und A eine positiv definite symmetrische (3×3)-Matrix, der **Elastizitätstensor**, ist. Hier können wir eine Orthonormalbasis wählen, so dass A die Diagonalmatrix mit Diagonale $(\omega_1^2, \omega_2^2, \omega_3^2)$ wird, und die Differentialgleichung zerfällt in die drei unabhängigen Differentialgleichungen

$$\ddot{y}_j + \omega_j^2 y_j = 0, \quad j = 1, 2, 3.$$

Diese kennen wir schon, die allgemeine Lösung ist

$$y_j = a \cos \omega_j t + b \sin \omega_j t.$$

§8 Die Normalformen-Tabelle

Name	Definition	Normalform unter Konjugation $A \mapsto TAT^{-1}$
1 $U(n)$	$A \in GL(n,\mathbb{C})$ ${}^*AA = E$, ${}^*A := {}^t\bar{A}$.	Diagonalmatrix mit Diagonale $(\lambda_1,\ldots,\lambda_n), \lambda_j \in \mathbb{C}, \lvert\lambda_j\rvert = 1$. $U(1) = S^1$.
2 $SU(n)$	$A \in U(n)$, $\det(A) = 1$.	Wie **1**, mit $\lambda_1 \cdot \ldots \cdot \lambda_n = 1$. $SU(2) = \mathrm{Spin}(3) = S^3$.
3 $O(n)$	$A \in GL(n, \mathbb{R})$ ${}^tAA = E$, ${}^t(a_{ij}) = (a_{ji})$	$\begin{pmatrix} E_k & & \\ & -E_r & \\ & & C \end{pmatrix}$ E_r Einheitsmatrix mit r Zeilen, C Diagonalmatrix wie bei **1** mit $\lambda_j = \cos\varphi_j + i \sin\varphi_j, 0 < \varphi_j < \pi$. Reelle Deutung: Ersetze λ_j durch die Matrix $\begin{pmatrix} \cos\varphi_j & -\sin\varphi_j \\ \sin\varphi_j & \cos\varphi_j \end{pmatrix}$.
4 $SO(n)$	$A \in O(n)$, $\det(A) = 1$	Wie **3** mit geradem r. $SO(2) = U(1) = S^1$.
5 $\mathbb{R}H(n)$	$A \in \mathrm{End}(\mathbb{R}^n)$ $A = {}^tA$	($\mathbb{R}$-Vektorraum der symmetrischen Matrizen). Diagonalmatrix mit Diagonale $(\lambda_1,\ldots,\lambda_n), \lambda_j \in \mathbb{R}$. $A > 0 \Longleftrightarrow A = {}^tBB$ mit $B \in GL(n,\mathbb{R})$.
6 $H(n)$	$A \in \mathrm{End}_{\mathbb{C}}(\mathbb{C}^n)$ $A = {}^*A$	($\mathbb{R}$-Vektorraum der hermiteschen Matrizen). Wie **5**. $A > 0 \Longleftrightarrow A$ positiv definit $\Longleftrightarrow$ alle $\lambda_j > 0 \Longleftrightarrow A = {}^*BB, B \in GL(n,\mathbb{C})$.
7 $\mathrm{End}_{\mathbb{C}}(\mathbb{C}^n)$	komplexe $(n \times n)$-Matrix	$\begin{pmatrix} J_1 & & \\ & \ddots & \\ & & J_k \end{pmatrix}$, $J_j = \begin{pmatrix} \lambda_j & 1 & 0 & \cdots & 0 \\ 0 & \ddots & \ddots & & \vdots \\ \vdots & & \ddots & \ddots & 0 \\ \vdots & & & \ddots & 1 \\ 0 & \cdots & & 0 & \lambda_j \end{pmatrix}$ Jordankästchen.
8 $\mathrm{End}_{\mathbb{R}}(\mathbb{R}^n)$	reelle $(n \times n)$-Matrix	$\begin{pmatrix} R & 0 \\ 0 & C \end{pmatrix}$, R Matrix wie **7** mit $\lambda_j \in \mathbb{R}$, C Matrix wie **7** mit $\lambda_j = r_j(\cos\varphi_j + i \sin\varphi_j)$, $0 < \varphi_j < \pi$. Reelle Deutung: Ersetze λ_j in C durch die Matrix $r_j \cdot \begin{pmatrix} \cos\varphi_j & -\sin\varphi_j \\ \sin\varphi_j & \cos\varphi_j \end{pmatrix}$.

Die Normalformen sind bestimmt bis auf Permutation der Eigenwerte und der Kästchen. In 3 und 8 auch Ersetzen $\lambda_j \leftrightarrow \bar{\lambda}_j$, $\varphi_j \leftrightarrow -\varphi_j$.

§9 Aufgaben

1. Sei V ein endlich-dimensionaler Vektorraum über $\mathbb{C}$. Ein Endomorphismus $f : V \to V$ heißt diagonalisierbar oder halbeinfach, wenn es eine Basis von V gibt, bezüglich der f durch eine Diagonalmatrix gegeben ist. Für jeden Automorphismus $g : V \to V$ zeige: Ist g^k diagonalisierbar für ein $k \in \mathbb{N}$, so ist g diagonalisierbar.

2. Sei $A \in M(n \times n, \mathbb{C})$. Zeige, dass ein $T \in GL(n, \mathbb{C})$ existiert, so dass ${}^tA = TAT^{-1}$.

3. Berechne die Jordansche Normalform der Matrix mit n Zeilen

$$\begin{pmatrix} 0 & 1 & 0 & \dots & 0 \\ \vdots & \ddots & \ddots & \ddots & \vdots \\ \vdots & & \ddots & \ddots & 0 \\ 0 & & & \ddots & 1 \\ 1 & 0 & \dots & \dots & 0 \end{pmatrix}$$

   Was ist das Minimalpolynom von A?

4. Prüfe, ob folgendes richtig ist: Ist $A \in \mathrm{End}(K^n)$ nilpotent, so ist $\mathrm{id} + A$ ähnlich zu $(\mathrm{id} + A)^2$.

5. Sei $\alpha \in \mathrm{End}_K(V)$ nilpotent, $\dim V < \infty$ und V α-zyklisch. Zeige: Ist $\beta \in \mathrm{End}_K(V)$ und $\beta\alpha = \alpha\beta$, so ist $\beta \in K[\alpha]$.

6. Sei V der Raum der komplexen Polynome vom Grad $\leq n$ und $\alpha : V \to V$ definiert durch $f(x) \mapsto f(x + a)$ für ein $a \neq 0$. Bestimme die Jordansche Normalform von α.

7. Was ist die Jordansche Normalform der Matrizen

$$\begin{pmatrix} \lambda & & & & \\ 1 & \ddots & 0 & & \\ 0 & \ddots & \ddots & & \\ \vdots & \ddots & \ddots & \ddots & \\ 0 & \dots & 0 & 1 & \lambda \end{pmatrix}, \quad \begin{pmatrix} \lambda & & & \\ 1 & \ddots & 0 & \\ \vdots & \ddots & \ddots & \\ 1 & \dots & 1 & \lambda \end{pmatrix}?$$

8. Sei P_2 der Vektorraum der Polynome vom Grad ≤ 2 in x und $D : P_2 \to P_2$ der Endomorphismus $f \mapsto \frac{d^2 f}{dx^2} + (x-3)\frac{df}{dx}$. Was ist die Jordansche Normalform von D?

9. $A \in U(4)$ habe nur den Eigenwert i. Bestimme die Jordansche Normalform von A.

10. Bestimme das charakteristische Polynom und das Minimalpolynom der Matrix

$$A = \begin{pmatrix} \lambda & 1 & 0 & 0 \\ 0 & \lambda & 0 & 0 \\ 0 & 0 & \lambda & 0 \\ 0 & 0 & 0 & \mu \end{pmatrix}.$$

11. Sei $A \in \mathrm{End}(\mathbb{R}^n)$ und ${}^tA = -A$. Wie sieht die Jordansche Normalform von A aus?

    Hinweis: betrachte iA.

12. Sei $\alpha \in \mathrm{End}_{\mathbb{C}}(V)$ und $\alpha = \beta + \gamma$ die Jordan–Chevalley-Zerlegung, also β halbeinfach, γ nilpotent und $\beta\gamma = \gamma\beta$. Sei V γ-zyklisch und $\delta \in \mathrm{End}_{\mathbb{C}}(V)$ mit $\delta\alpha = \alpha\delta$. Zeige: $\delta \in \mathbb{C}[\alpha]$.

13. Sei

$$A = \begin{pmatrix} \lambda & 1 & & & \\ & \ddots & \ddots & ? & \\ & 0 & \ddots & \ddots & \\ & & & \ddots & 1 \\ & & & & \lambda \end{pmatrix}.$$

    Was ist die Jordansche Normalform von A?

14. Sei A eine komplexe (5×5)-Matrix mit charakteristischem Polynom $(x-2)^3(x+7)^2$ und Minimalpolynom $(x-2)^2(x+7)$. Bestimme die Jordansche Normalform von A.

15. Prüfe, ob folgendes richtig ist: Sind $A, B \in \mathrm{End}(K^3)$ nilpotent, nicht Null, und zueinander nicht ähnlich, so ist eine Matrix ähnlich zum Quadrat der anderen.

16. Sei $\alpha \in \mathrm{End}_{\mathbb{C}}(V)$ und $\mathrm{id} + \alpha + \alpha^2 + \ldots + \alpha^k = 0$. Hat V eine Basis von Eigenvektoren von α?

17. Konvergieren die Koeffizienten der Folge von Matrizen $\begin{pmatrix} 1 & 2 \\ 3 & 4 \end{pmatrix}^n$, $n \in \mathbb{N}$?

18. Sei $A \in \mathrm{Aut}(\mathbb{C}^n)$. Zeige: Die Jordansche Normalform von A^{-1} entsteht aus der von A dadurch, dass man in der Diagonale jedes λ durch λ^{-1} ersetzt.

19. Ist α nilpotent, V α-zyklisch, und sind U_1, U_2 invariante Unterräume von V, so ist $U_1 \subset U_2$ oder $U_2 \subset U_1$.

20. Sei $A \in \mathrm{Aut}(\mathbb{C}^n)$. Zeige: Die Jordansche Normalform von A^k entsteht aus der von A dadurch, dass man in der Diagonale jedes λ durch λ^k ersetzt.

21. Sei V ein endlich-dimensionaler $\mathbb{C}$-Vektorraum und $\alpha \in \mathrm{End}(V)$. Sei V die Summe von Eigenräumen von α. Zeige, dass dasselbe für jeden α-invarianten Unterraum von V gilt.

22. Seien $\alpha, \beta \in \mathrm{End}_{\mathbb{C}}(V)$ und $\alpha \circ \beta = \beta \circ \alpha$. Zeige, dass der verallgemeinerte Eigenraum $V(\lambda)$ von α zum Eigenwert λ ein β-invarianter Unterraum (β-Modul) ist.

23. Seien $A, B \in \mathrm{End}(\mathbb{C}^n)$, $AB = BA$ und B nilpotent. Zeige $\det(A+B) = \det A$.

24. Sei $f \in \mathbb{C}[t]$ und V der Lösungsraum der Differentialgleichung $f(\frac{d}{dt})y = 0$. Dann ist $\frac{d}{dt} : V \to V$, $y \mapsto y'$, ein Endomorphismus. Beschreibe eine Jordanbasis und die Jordansche Normalform für diesen Endomorphismus.

25. Sei $A \in \mathrm{End}_{\mathbb{C}}(\mathbb{C}^n)$ und $k \geq 2$. Zeige: Genau dann ist A^k ähnlich zu A, wenn folgende beiden Bedingungen erfüllt sind:

    (i) $\chi_A = \chi_{A^k}$, (ii) $\ker(A) = \ker(A^2)$.

26. Seien $\varphi_1, \ldots, \varphi_n$ Projektionsoperatoren von V, also Endomorphismen, so dass $\varphi_i \circ \varphi_i = \varphi_i$. Seien $\lambda_1, \ldots, \lambda_n$ Skalare, so dass $\lambda_1 + \ldots + \lambda_n = 1$. Zeige: Haben alle φ_i gleichen Kern, oder haben alle φ_i gleiches Bild, so ist auch $\lambda_1\varphi_1 + \ldots + \lambda_n\varphi_n$ ein Projektionsoperator.

27. Sei A eine komplexe $(n \times n)$-Matrix. Dann definiert A die reell-lineare Abbildung
$$\alpha : \mathbb{R}^{2n} = \mathbb{C}^n \underset{A}{\to} \mathbb{C}^n = \mathbb{R}^{2n}.$$
Wie berechnet sich die Jordansche Normalform von α aus der von A? Wie ihre Determinante aus der von A?

28. Seien $A, B, C \in \mathrm{End}(K^n)$ und $A^n = B^n = 0$. Zeige, dass es genau ein $X \in \mathrm{End}(K^n)$ gibt mit
$$X = AX + XB + C.$$
Hinweis: Betrachte die Endomorphismen $X \mapsto AX$ und $X \mapsto XB$ von $\mathrm{End}(K^n)$.

Kapitel VI

Geometrie

Hinc est profecta in oculorum opes, et terram coelumque collustrans, sensit nihil aliud quam pulchritudinem sibi placere, et in pulchritudine figuras, et in figuris dimensiones, in dimensionibus numeros; quaesivitque ipsa secum, utrum ibi talis linea talisque rotunditas, vel quaelibet alia forma et figura esset, qualem intelligentia contineret. Longe deteriorem invenit, et nulla ex parte quod viderent oculi cum eo quod mens cerneret comparandum. Haec quoque distincta et disposita, in disciplinam redegit, apellavitque geometriam.

Worin wir sehen werden, dass es in der Algebra etwas zu sehen gibt.

§1 Flächen zweiter Ordnung

In diesem Abschnitt sei K ein Körper der Charakteristik $\neq 2$, also: es sei $1+1 \neq 0$ in K. Wir betrachten eine quadratische Funktion $f : K^n \to K$,

$$(1.1) \qquad \begin{aligned} f(x) &= \sum_{i,j} g_{ij} x_i x_j + 2 \sum_i a_i x_i + b \\ &=: {}^t x G x + 2\, {}^t a x + b. \end{aligned}$$

Dabei sei oBdA $g_{ij} = g_{ji}$, also G symmetrisch. Die Menge

$$M = \{x \in K^n \mid f(x) = 0\}$$

heißt die durch f bestimmte **affine Quadrik** oder **Fläche zweiter Ordnung** (auch **zweiten Grades**). Die Punkte $x \in M$, für die gilt

$${}^t x G + {}^t a \neq 0,$$

heißen **regulär**, oder **glatt**, die übrigen Punkte heißen **singulär**. Ist $a = 0$, $b \neq 0$, so gibt es nur reguläre Punkte, wie zum Beispiel auf der Sphäre $S^{n-1} \subset \mathbb{R}^n$, der Quadrik ${}^t xEx - 1 = 0$. Beim Kegel $|x|^2 - z^2 = 0$ in $\mathbb{R}^3$ ist die Spitze $x = 0$ der einzige singuläre Punkt. Wir werden diese Beispiele noch näher kennenlernen.

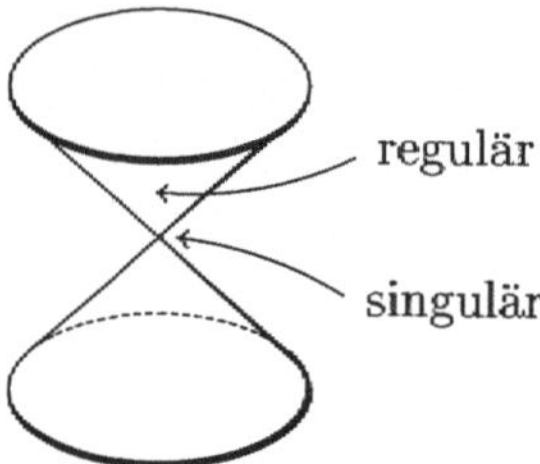

(1.2) Definition. *Sei $p \in M$ ein regulärer Punkt. Die affine Hyperebene*

$$H_p = \{x \mid {}^t pGx + {}^t ap + {}^t ax + b = 0\}$$

heißt die **Tangente** *an M in p, und der zugehörige Unterverktorraum*

$$T_pM = \{x \mid {}^t pGx + {}^t ax = 0\}$$

heißt der **Tangentialraum** *von M in p.*

Beispiel. Für $M = S^{n-1} = \{x \in \mathbb{R}^n \mid \langle x, x\rangle - r^2 = 0\}$ erhalten wir: $H_p = \{x \mid \langle p, x\rangle - r^2 = 0\}$ und $T_pS^{n-1} = \{x \mid \langle p, x\rangle = 0\}$.

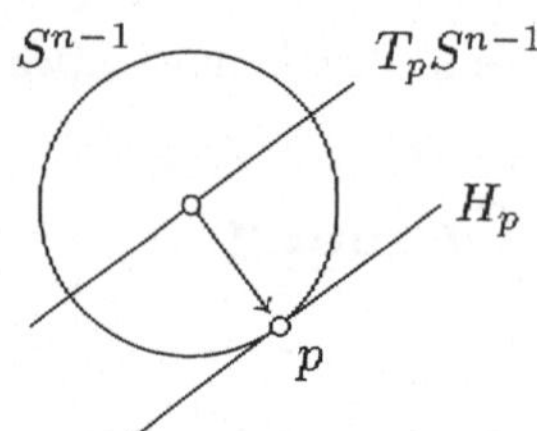

Die Definition rechtfertigt sich wie folgt: Seien $p, p + h \in M$, dann ist also

$${}^t pGp + 2\,{}^t ap + b = 0, \quad {}^t(p+h)G(p+h) + 2\,{}^t a(p+h) + b = 0.$$

Die Differenz der Gleichungen liefert ${}^t pGh + {}^t hGp + {}^t hGh + 2\,{}^t ah = 0$.

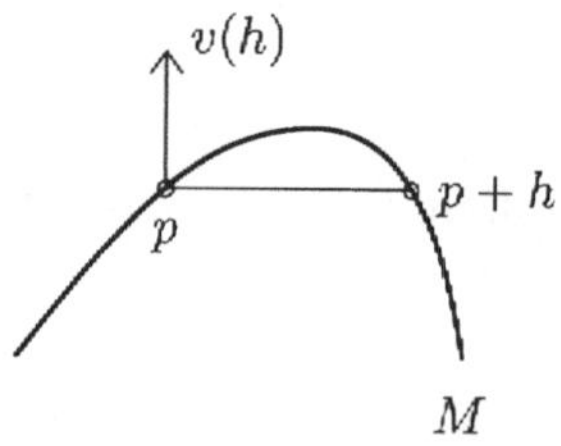

Setzen wir $v(h) = 2({}^t\!pG + {}^t\!a) + {}^t\!hG$, so heißt das $v(h) \cdot h = 0$. Im Reellen machen wir aus $v(h)$ eine Spalte, und schreiben $\langle v(h), h \rangle = 0$, also: h liegt im Orthogonalraum von $v(h)$, und es entspricht vernünftiger Anschauung, wenn wir den Limes für $h \to 0$ bilden und

$$v(0) \;=\; 2({}^t\!pG + {}^t\!a)$$

als Vektor ansehen, der orthogonal auf dem Tangentialraum steht. Algebraisch setzen wir $h = 0$ und definieren den Tangentialraum durch die Gleichung $v(0) \cdot x = 0$, und das steht in (1.2). Die Gleichung für H_p besagt $H_p = p + T_pM$, denn offenbar ist $p \in H_p$.
Die Gleichung für H_p ist leicht zu merken: Man ersetzt im quadratischen Term ${}^t\!xGx$ von (1.1) einen Faktor x durch p, und im linearen Term ${}^t\!ax + {}^t\!ax$ in einem Summanden x durch p. Die Gleichung ist auch sinnvoll, wenn $p \notin M$. In diesem Fall heißt H_p die Polare zum Pol p. Wir kommen darauf in §5 dieses Kapitels. Diese Entsprechung funktioniert erst richtig in der projektiven Geometrie.

Wie sieht eine Fläche zweiter Ordnung aus? Unsere Anschauung ist reell, und wir wollen jetzt voraussetzen, dass $K = \mathbb{R}$ ist. Die Rechnungen bleiben jedoch im Wesentlichen für jeden Körper der Charakteristik $\neq 2$ bestehen, wie wir in §6 sehen werden.
Wie sieht $M \subset \mathbb{R}^n$ aus, bis auf eine **Bewegung**? — das ist eine Abbildung

$$\mathbb{R}^n \to \mathbb{R}^n, \quad x \mapsto Ax + v, \quad A \in O(n), \quad v \in \mathbb{R}^n.$$

Wir führen eine orthogonale Transformation $T_1 : x \mapsto T_1x$ durch, die ${}^t\!xGx$ auf Diagonalform bringt, und erhalten eine Gleichung der Form

$$fT_1(x) \;=\; \sum_{i=1}^{k} \lambda_i x_i^2 + 2\langle a, x\rangle + b, \quad \lambda_i \neq 0 \quad \text{für} \quad i \;=\; 1, \ldots, k,$$

(natürlich mit neuen Konstanten a, b). Jetzt setze $T_2x = x + d$, dann erhält man eine Gleichung der Form

$$fT_1T_2(x) \;=\; \sum_{i=1}^{k} \lambda_i x_i^2 + 2\sum_{i=1}^{k} (a_i + \lambda_i d_i) x_i + 2\sum_{i=k+1}^{n} a_i x_i + b,$$

(wieder mit neuer Konstante b) und wir können d so bestimmen, dass $a_i + \lambda_i d_i = 0$ für $i = 1, \ldots, k$, weil ja $\lambda_i \neq 0$.

1. Fall. In der letzten Gleichung ist $a_{k+1} = \ldots = a_n = 0$.

Wir dürfen f noch mit einer Konstanten $\neq 0$ multiplizieren, und erhalten eine Gleichung der Form (mit neuen λ_i)

$$\sum_{i=1}^{k} \lambda_i x_i^2 \;=\; 0 \quad \text{oder} \quad \sum_{i=1}^{k} \lambda_i x_i^2 \;=\; 1.$$

2. Fall. Der erste liege nicht vor, dann wählen wir im Raum $L(e_{k+1},\dots,e_n)$ der letzten $n-k$ Komponenten ein Vielfaches von ${}^t(a_{k+1},\dots,a_n)$ als ersten Vektor einer Orthonormalbasis. Dann geht für diese Basis unsere Gleichung über in

$$\sum_{i=1}^{k} \lambda_i x_i^2 + 2cx_{k+1} + d \;=\; 0.$$

Wir ersetzen noch x_{k+1} durch $x_{k+1} - d/2c$ und dividieren die Gleichung durch $-c$, dann erhalten wir die Form

$$\sum_{i=1}^{k} \lambda_i x_i^2 \;=\; 2x_{k+1}.$$

Wir fassen zusammen:

(1.3) Satz. *Durch eine Bewegung des* $\mathbb{R}^n$ *lässt sich die Gleichung in* (1.1) *bis auf einen Faktor* $\neq 0$ *in eine der Gleichungen*

$$\sum_{i=1}^{k} \lambda_i x_i^2 \;=\; 0, \quad \sum_{i=1}^{k} \lambda_i x_i^2 \;=\; 1, \quad \sum_{i=1}^{k} \lambda_i x_i^2 \;=\; 2x_{k+1}, \quad \textit{mit} \quad k \geq 0,$$

transformieren (für $k = 0$ *verschwindet die linke Seite). Insbesondere wird die Quadrik* $M = \{x \mid f(x) = 0\}$ *durch eine Bewegung in die Quadrik zu einer der genannten Funktionen überführt.* □

Fügen wir nun, um uns ein Bild von den Quadriken zu machen, noch eine Streckung der Koordinaten $x_i \mapsto \sqrt{|\lambda_i|}x_i$ durch, so bleiben Gleichungen der folgenden Gestalt:

$$\begin{aligned} |x|^2 - |y|^2 &= 0, \\ |x|^2 - |y|^2 &= 1, \\ |x|^2 - |y|^2 &= 2z, \end{aligned} \tag{1.4}$$

mit $x \in \mathbb{R}^r$, $y \in \mathbb{R}^s$, $z \in \mathbb{R}$. Hier haben wir die Komponenten mit positivem λ_j zu einem Vektor x und die mit negativem λ_j zu einem Vektor y zusammengefasst. Von den Variablen, die in den Gleichungen (1.3), (1.4) nicht mehr vorkommen, hängt die Funktion nicht ab; im Fall der ersten Gleichung, wenn M die Nullstellenmenge ist und wir $M \cap \mathbb{R}^{r+s}$ kennen, geht daraus M als Produkt mit $\mathbb{R}^{n-r-s}$ hervor: $M = (M \cap \mathbb{R}^{r+s}) \times \mathbb{R}^{n-r-s}$.

Betrachten wir nun zunächst, was sich an bemerkenswerten Figuren in der Ebene $\mathbb{R}^2$ ergibt:

Zunächst gibt es die degenerierten Fälle $0 = 1$ oder $-|y|^2 = 1$: die **leere Menge**, $|x|^2 = 0$: der **Punkt**, $z = 0$ oder $x^2 = 0$: die **Gerade**, $0 = 0$: die **Ebene**, und nach diesem Muster kriegt man in höherer Dimension **alle affinen Räume**.

Die Gleichung $x^2 = 1$, also $x = \pm 1$, definiert **zwei parallele Geraden**, und $x^2 - y^2 = (x+y)(x-y) = 0$ definiert **zwei sich schneidende Geraden** $y = \pm x$.

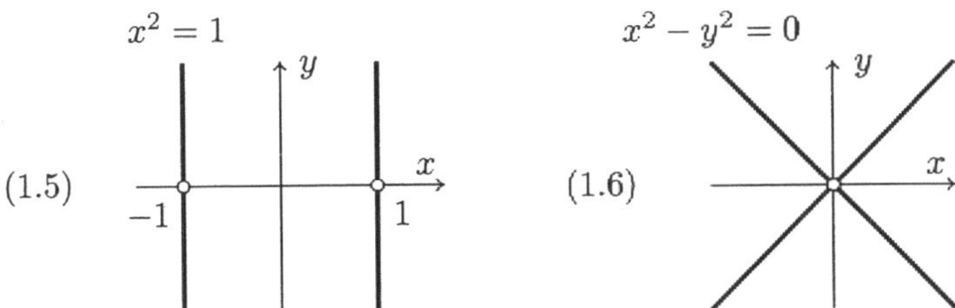

2 parallele Geraden 2 sich schneidende Geraden

Man kennt das Bild der Hyperbel $y = 1/x$ mit den Achsen $y = 0$, $x = 0$, denen sich die Hyperbelzweige asymptotisch nähern, und substituiert man hier $(x+y)$ für y und $(x-y)$ für x, eine Ähnlichkeitstransformation, so erhält man die **Hyperbel**:

$$(x+y)(x-y) \; = \; x^2 - y^2 \; = \; 1$$

(1.7)

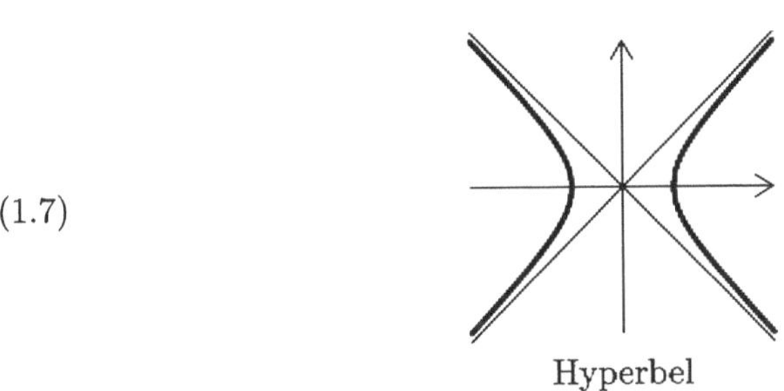

Hyperbel

mit den **Asymptoten** $y = \pm x$. Die Gleichung $|x|^2 = 1$, $x \in \mathbb{R}^2$, beschreibt den **Kreis**; wenn man, wie vorgesehen, noch eine Transformation $x_1 \mapsto \lambda x_1$, $x_2 \mapsto \mu x_2$ anwendet, erhält man die **Ellipse**

$$x_1^2/a^2 + x_2^2/b^2 \; = \; 1.$$

(1.8)

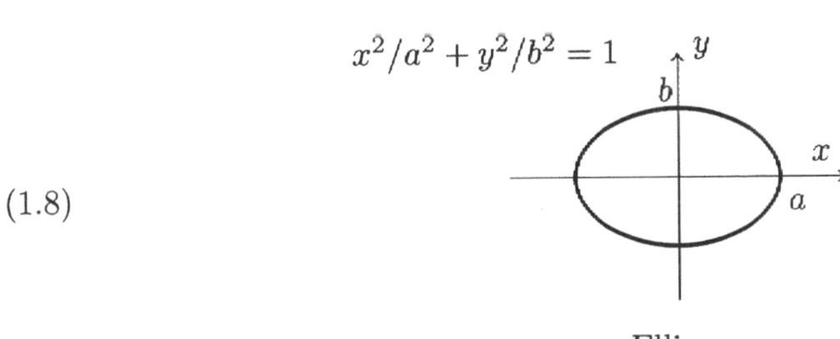

Ellipse

In dieser Darstellung sind die Koordinatenachsen die **Hauptachsen**, und $2a, 2b$ die **Längen** der Hauptachsen.

Schließlich beschreibt $2z = x^2$ die **Parabel**

(1.9)

Parabel

In höherer Dimension gelten nun nach (1.4) entsprechende Gleichungen für die Norm von x bzw. y oder beide. Das heißt die Menge M entsteht aus einer der ebenen Kurven durch Rotation des Raumes der Koordinaten, wobei $|x|$ statt x steht.

Zum Beispiel gehört die Gleichung $|x|^2 = 1$ in $\mathbb{R}^3$ mit Koordinaten x_1, x_2, y zur Gleichung $x^2 = 1$ und die zugehörige Menge entsteht aus den zwei Geraden (1.5) durch Rotation um die y-Achse: Die Gleichung beschreibt einen **Zylinder** $S^1 \times \mathbb{R}$.

(1.10)

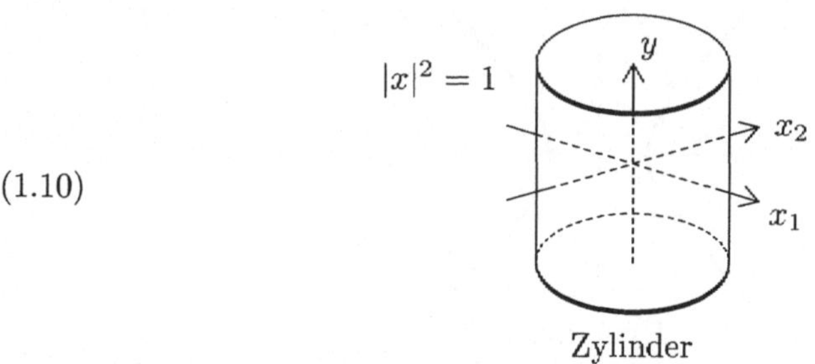

Zylinder

Analog wird aus den zwei Geraden $x^2 - y^2 = 0$ der **Kegel** mit der Gleichung $|x|^2 - y^2 = 0$.

(1.11)

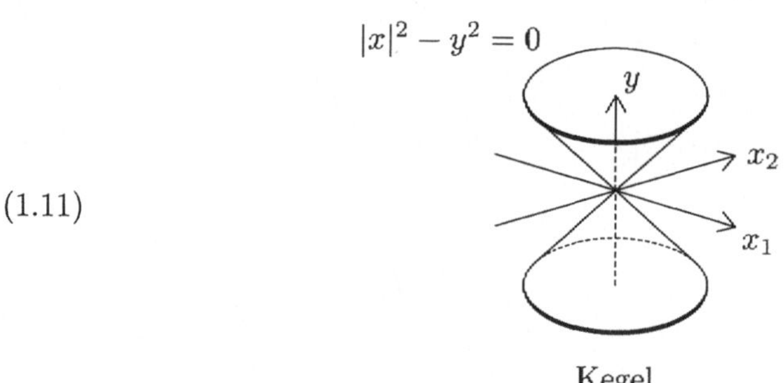

Kegel

Aus der Gleichung der Parabel $z = x^2$ entsteht durch Rotation die Gleichung $z = |x|^2$ des **Rotationsparaboloids**, die Fläche des Parabolspiegels, wie wir noch sehen werden.

(1.12)

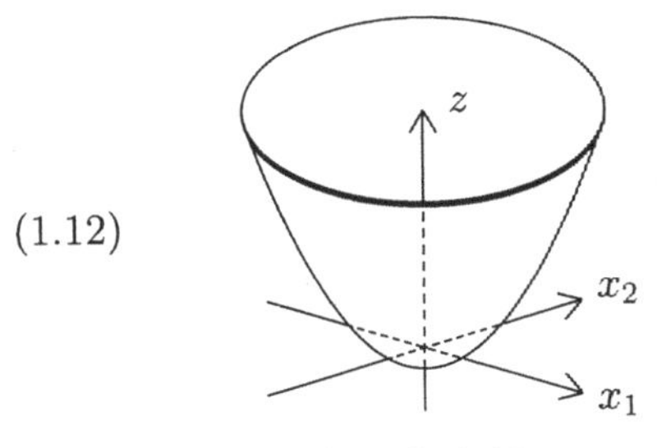

Paraboloid

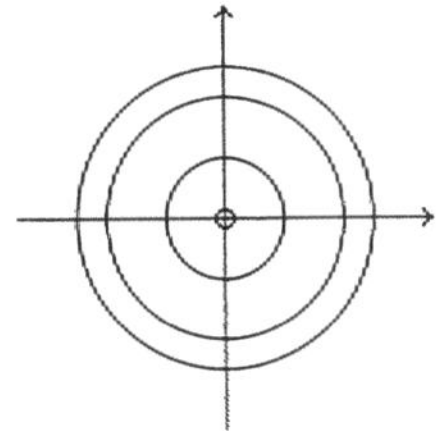

Höhenlinien des Paraboloids

Die Niveaus $z = c$, also $|x|^2 = c$, die **Höhenlinien** der Funktion $z = |x|^2$, bilden ein System konzentrischer Kreise.
Bei der Hyperbelgleichung $x^2 - y^2 = 1$ hat man zwei Möglichkeiten zum Übergang nach $\mathbb{R}^3$, je nach dem, ob man für x oder für y die Norm eines Vektors aus $\mathbb{R}^3$ einsetzt, also $|x|^2 - y^2 = 1$, das **einschalige Hyperboloid**, entsteht aus der Hyperbel (1.7) durch Rotation um die y-Achse, und $x^2 - |y|^2 = 1$, das **zweischalige Hyperboloid**, entsteht aus (1.7) durch Rotation um die x-Achse.

(1.13)

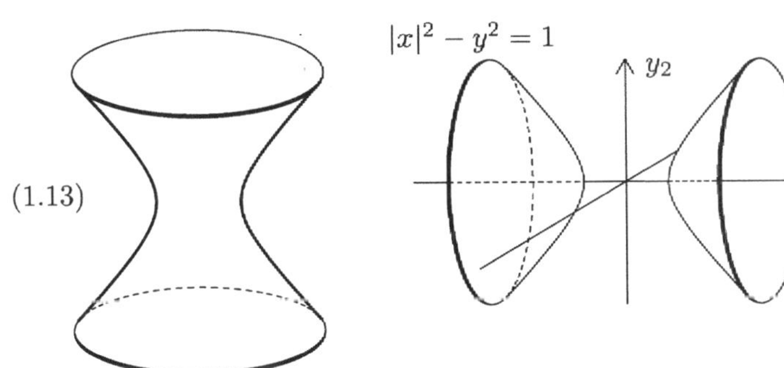

Einschaliges Hyperboloid Zweischaliges Hyperboloid

Die Gleichung $|x|^2 = 1$ in $\mathbb{R}^3$ beschreibt die Sphäre, aber wir wollen daran erinnern, dass daraus durch Transformation $x_j \mapsto x_j/a$ die Familie der **Ellipsoide** $x_1^2/a_1^2 + x_2^2/a_2^2 + x_3^2/a_3^2 = 1$ hervorgeht.

(1.14)

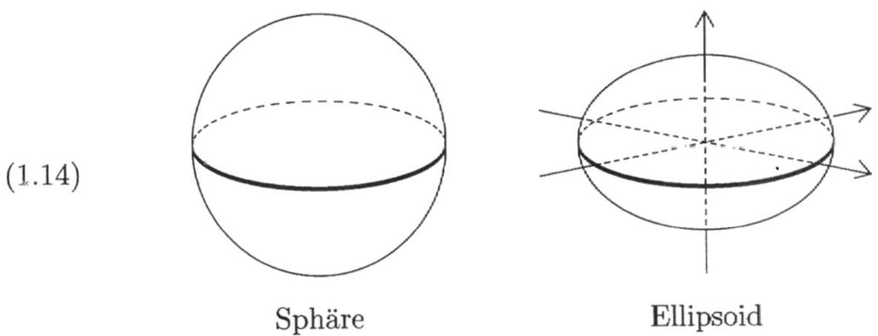

Sphäre Ellipsoid

Dann aber gibt es im $\mathbb{R}^3$ den neuen Typ der Gleichung $z = x^2 - y^2$, die **Sattelfläche**.

(1.15)

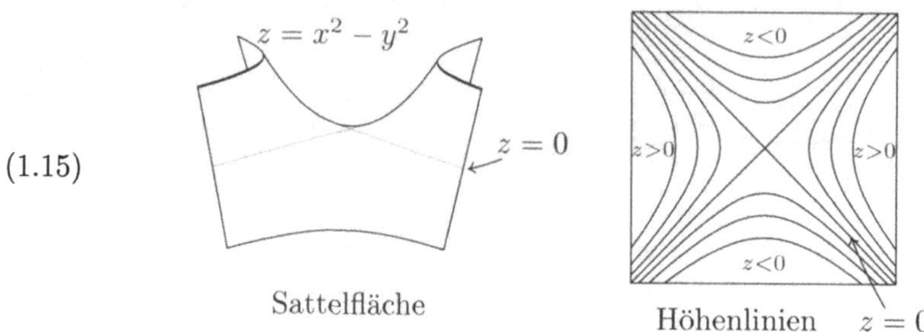

Sattelfläche Höhenlinien $z = 0$

Endlich gibt es noch allerlei geometrisch weniger Beachtliches, wie die zwei Ebenen $x^2 = 1$, die Zylinder über den anderen Kurven der Ebene, die affinen Unterräume und, nicht zu vergessen, die leere Menge.
Schließlich zeigen wir die Familie von Flächen $|x|^2 - y^2 = c$ für verschiedene $c \in \mathbb{R}$. Die Figur (1.16) zeigt, wie das einschalige Hpyerboloid $c > 0$ über den Kegel $c = 0$ in das zweischalige Hyperboloid $c < 0$ übergeht.

(1.16)

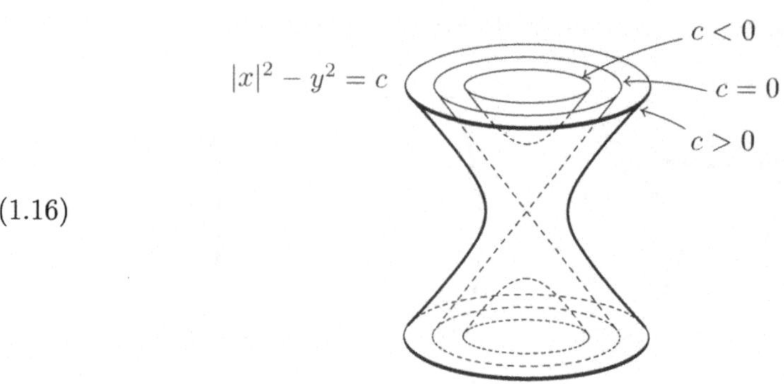

(Vergl. [Brieskorn], S. 156)

§2 Kegelschnitte und Regelflächen

Eine vage Vorstellung, wie Flächen zweiter Ordnung aussehen, haben wir gewonnen. In der guten alten Zeit hat man Ellipsen, Parabeln und Hyperbeln in der Schule studiert. Heute haben diese Kurven zwar immer noch ihre physikalische Bedeutung, da sie aber anscheinend ihre pädagogische Bedeutung verloren haben, will ich das Wichtigste aus der Elementargeometrie mitteilen.

Hier ist der Körper $\mathbb{R}$, und es werden nur Schulkenntnisse verlangt. Ebene Kurven zweiter Ordnung heißen auch **Kegelschnitte**. Wir werden noch hören, warum.

(2.1) Die Parabel. Die Normalform ihrer Gleichung ist $y = ax^2$. Ihr **Brennpunkt** ist $F = \binom{0}{1/4a}$ und die **Leitlinie** L ist die Polare des Brennpunktes $y = -1/4a$.

Die Punkte $p = \binom{x}{y}$ der Parabel haben zum Brennpunkt und zur Leitlinie gleichen Abstand, und dies charakterisiert die Parabel.

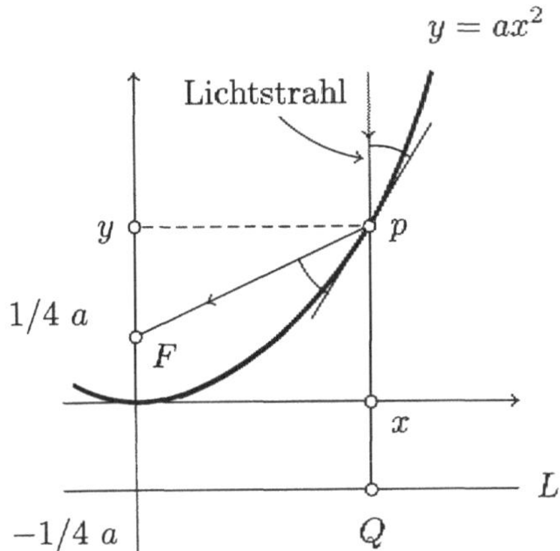

Rechne nur nach: Der Abstand zum Brennpunkt ist

$$\left(x^2 + (y - 1/4a)^2\right)^{1/2}$$

und der zur Leitlinie ist $y + 1/4a$.
Setzt man $y = ax^2$ ein, so ist die Behauptung also $(ax^2 + 1/4a)^2 = x^2 + (ax^2 - 1/4a)^2$. Der Vektor $v = (p - F) + (p - Q) = 2p - F - Q$ zeigt in Richtung der Winkelhalbierenden des Winkels FpQ, und

$$v = 2\begin{pmatrix} x \\ ax^2 \end{pmatrix} - \begin{pmatrix} 0 \\ 1/4a \end{pmatrix} - \begin{pmatrix} x \\ -1/4a \end{pmatrix} = \begin{pmatrix} x \\ 2ax^2 \end{pmatrix} = x\begin{pmatrix} 1 \\ 2ax \end{pmatrix}.$$

Aber die Parabel hat die Steigung $2ax$ in p, oder in unserer neuen Sprechweise: $\binom{1}{2ax}$ liegt im Tangentialraum in p an die Parabel, also v, die besagte Winkelhalbierende, ist tangential zur Parabel in p. Ein Blick auf die Figur lehrt daher: Lichtstrahlen, die parallel zur y-Achse auf die Parabel treffen und nach dem Gesetz: Einfallswinkel = Ausfallswinkel reflektiert werden, sammeln sich im Brennpunkt. Rotiert man die Figur um die y-Achse, so hat man die Geometrie des Parabolspiegels.

(2.2) Die Ellipse. Die Normalform ihrer Gleichung ist

$$\frac{x^2}{a^2} + \frac{y^2}{b^2} = 1, \quad a \geq b.$$

Es ist $2a$ die **Länge der großen Achse**, $2e = 2\sqrt{a^2 - b^2}$ die **Exzentrizität**, und die Punkte $F_1 = \binom{-e}{0}$, $F_2 = \binom{e}{0}$ sind die **Brennpunkte** der Ellipse. Die Tangente im

Punkt $p = {}^t(p_1, p_2)$ genügt der Gleichung $p_1 x/a^2 + p_2 y/b^2 = 1$, die Tangentialvektoren sind orthogonal zu dem Vektor $\binom{p_1/a^2}{p_2/b^2}$.

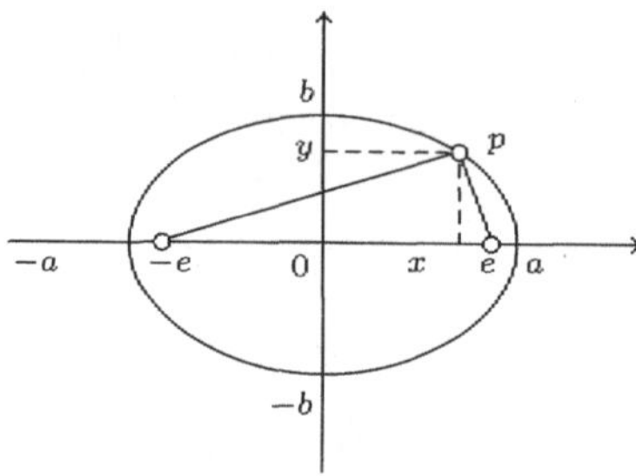

Man rechnet nach, dass die Summe der Abstände eines Punktes $p = \binom{x}{y}$ der Ellipse von den beiden Brennpunkten konstant $2a$ ist, und das charakterisiert die Ellipse, also:

$$\big((x+e)^2 + y^2\big)^{1/2} \;=\; 2a - \big((x-e)^2 + y^2\big)^{1/2},$$

quadrieren und Überflüssiges weglassen;

$$a\big((x-e)^2 + y^2\big)^{1/2} \;=\; a^2 - ex,$$

nochmal quadrieren, Überflüssiges streichen und durch $a^2(a^2 - e^2)$ dividieren:

$$\frac{x^2}{a^2} + \frac{y^2}{a^2 - e^2} \;=\; 1. \qquad (b^2 = a^2 - e^2)$$

Nun rechnet man zurück.

Ein Strahl, der von F_1 ausgeht, wird an der Ellipse in p so reflektiert, dass er im anderen Brennpunkt F_2 ankommt. Mit anderen Worten: Die Winkelhalbierende des Winkels $F_1 p F_2$ steht senkrecht auf der Tangente der Ellipse in p. Man kann das nachrechnen, ähnlich wie für die Parabel. Ein physikalisches Argument ist wie folgt: Wir spannen einen Faden, von F_1 durch eine Rolle in p nach F_2. Die Rolle kann bei gespanntem Faden auf der Ellipse frei laufen. Zieht man in Richtung der besagten Winkelhalbierenden nach außen, so wird sich die Rolle nicht bewegen, weil beide Fadenenden gleichen Zug erfahren. Also zieht man senkrecht zur Ellipse, der möglichen Bahn der Rolle.

(2.3) Die Hyperbel. Die Normalform ihrer Gleichung ist

$$\frac{x^2}{a^2} - \frac{y^2}{b^2} \;=\; 1.$$

Die **Exzentrizität** ist $2e = 2\sqrt{a^2 + b^2}$, die **Brennpunkte** sind wieder $F_1 = \binom{-e}{0}$, $F_2 = \binom{e}{0}$, und eine Rechnung analog der für die Ellipse zeigt, dass die Hyperbel der geometrische Ort der Punkte ist, deren Differenz der Abstände zu den beiden Brennpunkten konstant $\pm 2a$ ist.

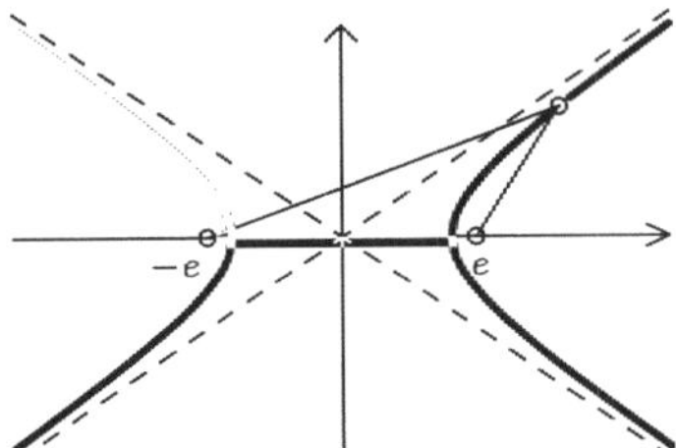

So treten Scharen von zweischaligen Hyperboloiden in der Physik als Mengen konstanter Phasendifferenz von zwei Wellen auf, deren Ursprung in den Brennpunkten liegt.

Jetzt wollen wir einen Blick auf die Flächen werfen. Eine **Regelfläche** ist eine Fläche, die eine Vereinigung von Geraden ist. Natürlich sind alle Zylinder über Kurven Regelflächen, und auch der Kegel $\{|x|^2 - y^2 = 0\}$ ist Vereinigung von Geraden durch den Ursprung. Bemerkenswert aber ist, dass das einschalige Hyperboloid und die Sattelfläche Regelflächen sind. Das einschalige Hyperboloid ist, bis auf eine lineare Transformation, die hier nichts ausmacht, durch die Gleichung $|x|^2 - y^2 = 1$, also $x_1^2 - y^2 = 1 - x_2^2$, also

$$(x_1 - y)(x_1 + y) \;=\; (1 - x_2)(1 + x_2)$$

gegeben, und es enthält die beiden Geraden

$$\begin{aligned} x_1 - y &= 1 - x_2, \\ x_1 + y &= 1 + x_2, \end{aligned} \qquad \text{und} \qquad \begin{aligned} x_1 - y &= 1 + x_2, \\ x_1 + y &= 1 - x_2 . \end{aligned}$$

Aus jeder dieser Geraden geht durch Rotation um die y-Achse eine Schar von Geraden hervor.

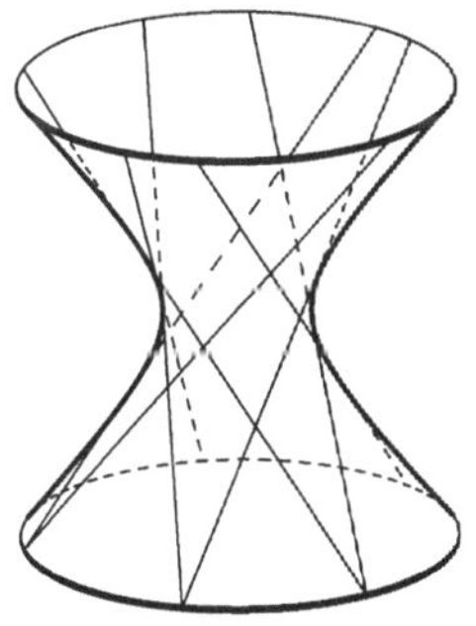

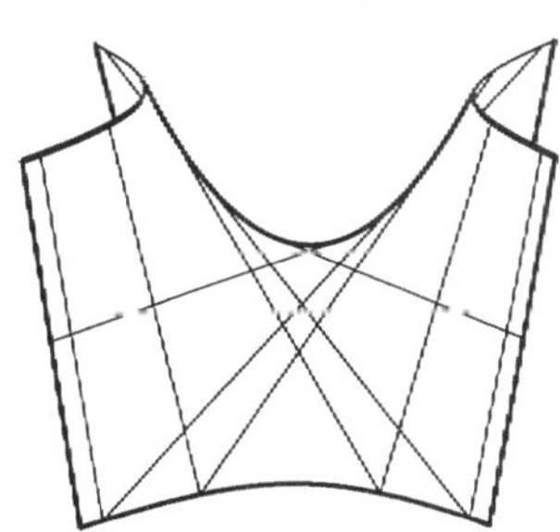

Auf der Sattelfläche $z = x^2 - y^2 = (x + y) \cdot (x - y)$ hat man die beiden Geradenscharen

$$\begin{aligned} x + y &= a\,, \\ a(x - y) &= z\,, \end{aligned} \qquad \text{und} \qquad \begin{aligned} x - y &= a\,, \\ a(x + y) &= z\,. \end{aligned}$$

Wir werden das in der projektiven Geometrie besser verstehen.

§3 Der Projektive Raum

Die Geometrie auf einem affinen Raum hat manches Unbefriedigende: Man kann nicht mit den Punkten direkt rechnen, nur mit den sie verbindenden Vektoren. Zwei Punkte der Ebene bestimmen stets eine Gerade, auf der sie beide liegen, aber zwei Geraden nicht immer einen Punkt, der auf beiden liegt: Sie könnten parallel sein. So ist man darauf gekommen, neue "unendlich ferne" Punkte zu erfinden, wo die Parallelen sich treffen. Man wird darauf gebracht, wenn man wie die Maler eine Ebene, durch perspektivische Projektion von einem Blickpunkt aus, auf eine andere abbildet.

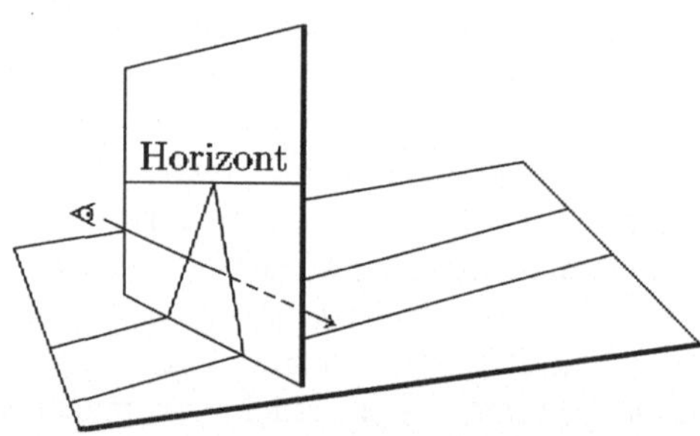

Was da auf dem Bild als Gerade erscheint, ist zwar auch auf der abgebildeten Ebene eine Gerade, **wenn** überhaupt irgendetwas, aber es gibt eben eine neue Gerade, den Horizont, die unendlich ferne Gerade, die keine Entsprechung auf der abgebildeten Ebene hat. Auf dem Horizont haben die projizierten Parallelen einen Schnittpunkt. Freilich wird bei diesem Verfahren der Maler nicht nur etwas gewonnen, sondern es geht auch etwas verloren, nicht alles wird abgebildet. Der Fehler liegt an der Leinwand, die nicht besser ist, als die abgebildete Ebene selbst. Das Projizieren ist schon recht, aber man muss nicht auf die Leinwand projizieren, sondern im Geiste: Man muss die vom Blickpunkt im Ursprung ausgehenden Projektionsgeraden selbst zu Punkten eines neuen, des projektiven Raumes machen; die horizontalen Geraden bilden dann die zum endlichen (affinen) Raum hinzukommenden Punkte der unendlich fernen Hyperebene.

(3.1) Definition. Sei V ein Vektorraum über K. Der **projektive Raum** $P(V)$ ist die Menge der Geraden $p \subset V$ durch 0. Seine Elemente heißen **Punkte**. Ist $\dim V = n$, so ist $\dim P(V) := n - 1$. Ist $U \subset V$ ein Unterraum, so ist $P(U) \subset P(V)$ ein **projektiver Unterraum**.

Ist $p \in P(V)$ und $v \in p, v \neq 0$, das heißt, besteht die Gerade p aus den Vielfachen des Vektors v, so setzt man $p = [v]$. Dann ist also $[v] = [\lambda \cdot v]$ für $0 \neq \lambda \in K$, und man kann den projektiven Raum auch so beschreiben:

$$P(V) = (V \setminus \{0\})/K^* , \tag{3.2}$$

Die Elemente von $P(V)$ sind Äquivalenzklassen von Vektoren $v \neq 0$ aus V unter der Relation $v \sim \lambda v$ für $\lambda \in K^*$. Ist $V = K^{n+1}$, und $0 \neq x = (x_0, \ldots, x_n) \in K^{n+1}$, hier der Bequemlichkeit halber als Zeile geschrieben, so schreibt man

$$[x] = [x_0, \ldots, x_n] \in P(K^{n+1}) = KP^n$$

und bezeichnet die x_j als **homogene Koordinaten**. Beachte, dass diese nur bis auf einen gemeinsamen Faktor bestimmt sind. Manche schreiben auch
$[x] = [x_0 : x_1 : \ldots : x_n]$.

Man kann nun manche Begriffe der Theorie der Vektorräume mit neuen Sprechweisen als Begriffe der projektiven Geometrie interpretieren. Eine **projektive Gerade** ist ein eindimensionaler projektiver Raum, eine **projektive Hyperebene** $H \subset P(V)$ ist ein 1-kodimensionaler $\big((\dim\ P(V) - 1)$-dimensionaler$\big)$ projektiver Unterraum.

Wir wollen nun eine Hyperebene $U \subset V$ und damit eine projektive Hyperebene $H = P(U) \subset P(V)$ fest auszeichnen, als die **unendlich ferne Hyperebene**. Sei $A = P(V) \setminus H$ und sei $a \in V \setminus U$ fest gewählt.

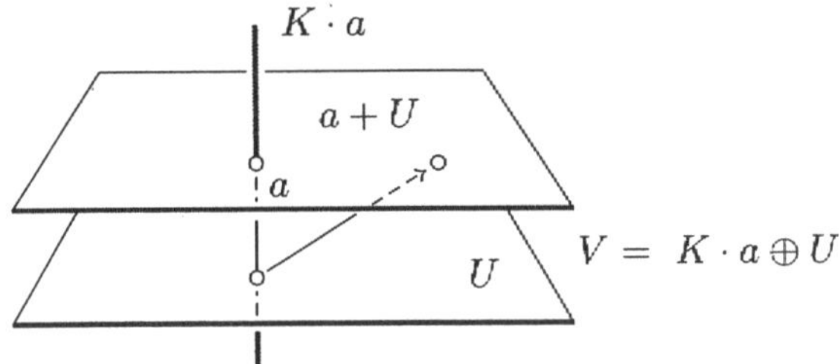

Dann ist $V = K \cdot a \oplus U$, und bei dieser Beschreibung besteht A aus den Punkten $[\kappa a, u]$ mit $\kappa \neq 0$. Weil aber $[\kappa a, u] = [a, \kappa^{-1}u]$ für $\kappa \neq 0$, erhalten wir demnach Bijektionen

$$U \to a + U \to A, \quad u \mapsto a + u \mapsto [a + u].$$

Mit anderen Worten: A wird hierdurch mit einem affinen Raum zum Vektorraum U identifiziert. Mit welchem, das hängt von der Wahl von a ab, aber für alles, was uns an affinen Räumen (zum Vektorraum U) interessiert, sehen sie alle gleich aus wie U.
Für uns ist jetzt A **der affine Raum zur Hyperebene** H und wir haben, wie beabsichtigt, den projektiven Raum als disjunkte Vereinigung des affinen Raumes A und der unendlich fernen Hyperebene H erkannt.
Geht man von einem Vektorraum U aus, und möchte diesen als affinen Raum eines projektiven Raumes realisieren, so bildet man $V = K \times U$, und wählt $H = P(U)$ als unendlich ferne Hyperebene und $a = (1, 0)$, dann hat man wie oben die Bijektion

$$U \to A, \quad u \mapsto [1, u].$$

Die Zerlegung von $P(V)$ in den affinen Raum A und die unendlich ferne Hyperebene beruht ja (durch Wahl von a) auf einer Zerlegung

$$K \times U \xrightarrow{\cong} V, \quad (\kappa, u) \mapsto \kappa a + u.$$

Wir wollen nun diese Zerlegung beibehalten, und die Geometrie in U, oder vielleicht besser gesagt, in $1 \times U$ mit der in $P(V) = P(K \times U)$ vergleichen. Wir schreiben U für $0 \times U \subset K \times U$.

Man hat eine bijektive Zuordnung:

(3.3) $\{k$-dimensionale affine Unterräume von $1 \times U\} \longleftrightarrow$ $\{k$-dimensionale projektive Unterräume von $P(K \times U)$, die nicht in $P(U)$ enthalten sind$\}$,

und zwar wie folgt: Sei $P(W) \subset P(V)$ nicht in $P(U)$ enthalten, dann ist $W \cap (1 \times U)$ der zugeordnete affine Unterraum von $1 \times U$.

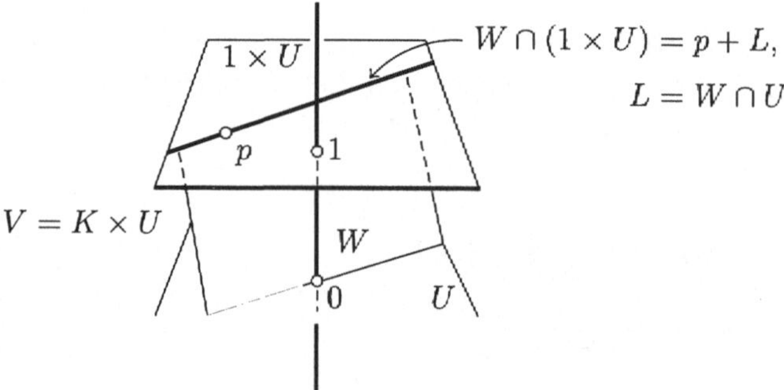

In der Tat: Ist $W \not\subset U = 0 \times U$, so enthält W einen Punkt p mit erster Komponente 1, also $p \in 1 \times U$, und dann ist $1 \times U = p + U$, also $W \cap (1 \times U) = W \cap (p + U) = p + (W \cap U)$, und $\dim(W \cap U) = \dim\, W - 1$, weil $W + U = V$.
Umgekehrt: ist $p + L$ ein k-dimensionaler affiner Unterraum in $1 \times U$ mit zugehörigem Vektorraum L, so ist $W = K \cdot p + L$ ein $(\dim(L) + 1)$-dimensionaler Unterraum von V, weil $L \subset U$ und $p \notin U$. Das liefert die Zuordnung $(p + L) \mapsto P(W)$. □

Im Projektiven ist besser zu rechnen, als im Affinen. Zum Beispiel: Drei Punkte $p, q, x \in U$ liegen auf einer Geraden, genau wenn die drei Punkte $(1, p)$, $(1, q)$, $(1, x)$ in einem 1-dimensionalen affinen Unterraum von $1 \times U$ liegen, also genau wenn $[1, p]$, $[1, q]$, $[1, x] \in P(K \times U)$ in einem 1-dimensionalen projektiven Unterraum liegen, und das gilt genau, wenn die zugehörigen Vektoren $(1, p)$, $(1, q)$, $(1, x)$ linear abhängig sind. Es folgt:

(3.4) Bemerkung. *Die Gleichung der Geraden, die zwei verschiedene Punkte $p, q \in K^2$ verbindet, ist*

$$\det \begin{pmatrix} 1, x_1, x_2 \\ 1, p_1, p_2 \\ 1, q_1, q_2 \end{pmatrix} = 0.$$

Man sieht das natürlich leicht direkt:
Auf der Geraden liegen die Punkte $q + \lambda(p - q) = \lambda p + (1 - \lambda)q$, also die Punkte

$$x = \lambda p + \mu q, \quad \lambda + \mu = 1. \tag{3.5}$$

Diese Gleichung ist äquivalent zu

$$(1, x) = \lambda(1, p) + \mu(1, q).$$

Weil $p \neq q$, sind $(1, p)$, $(1, q)$ linear unabhängig, und die letzte Gleichung sagt, dass $(1, x)$, $(1, p)$, $(1, q)$ linear abhängig sind.

Man nennt k-Tupel von Punkten $[v_1], \ldots, [v_k]$ aus $P(V)$ **unabhängig**, oder **in allgemeiner Lage**, wenn die Vektoren $v_1, \ldots, v_k$ in V linear unabhängig sind. Das besagt, dass die Punkte nicht in einem projektiven Unterraum der Dimension $< k-1$ liegen. Sie bestimmen dann genau einen Unterraum $PL(v_1, \ldots, v_k) \subset P(V)$, in dem sie liegen, und man sagt, sie **spannen** diesen Unterraum **auf**. Zum Beispiel spannen drei Punkte in allgemeiner Lage eine Ebene auf. Ein Tupel von Punkten, das auf einer Geraden liegt, heißt **kollinear**.

Wir wollen uns in niedrigen Dimensionen im Reellen und Komplexen den projektiven Raum veranschaulichen.

Man hat eine kanonische surjektive Abbildung

$$\pi: S^n \to \mathbb{R}P^n, \quad v \mapsto [v],$$

und jeder Punkt aus $\mathbb{R}P^n$ hat zwei Urbildpunkte $v, -v$ in S^n, jede Gerade durch den Ursprung in $\mathbb{R}^{n+1}$ trifft S^n in zwei antipodischen Punkten. Also kann man sich $\mathbb{R}P^n$ vorstellen als die Menge der ungeordneten Paare antipodischer Punkte $\{v, -v\}$ der Sphäre S^n, oder anders gesagt: $\mathbb{R}P^n$ entsteht aus S^n durch Identifizieren antipodischer Punkte.

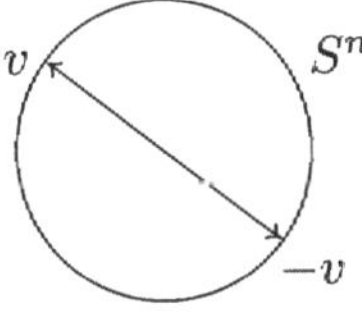

Diese Beschreibung von $\mathbb{R}P^n$ ist vor allem in höherer Dimension nützlich. Da KP^0, der Raum der Geraden in K, nur aus einem Punkt besteht, ist daran nichts zu beschreiben. Im Raum KP^1 ist die unendlich ferne Hyperebene demnach nur ein Punkt ∞, und $KP^1 = K \cup \{\infty\}$. Dies wollen wir uns für $K = \mathbb{R}$ und $\mathbb{C}$ so veranschaulichen: Wir betrachten eine Sphäre der Dimension 1 bzw. 2 in $\mathbb{R} \times K$ vom Radius 1/2 mit Mittelpunkt $(1/2, 0)$.

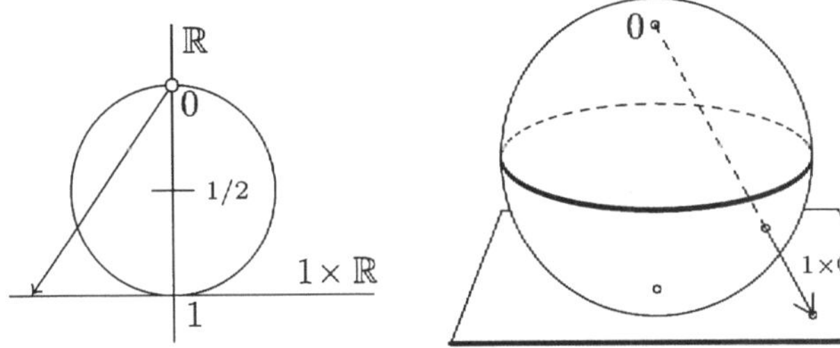

Jede Gerade durch den Ursprung in $\mathbb{R}^2$ trifft den Kreis in genau einem Punkt. Die Punkte $\neq 0$ des Kreises entsprechen bijektiv den affinen Punkten in $1 \times \mathbb{R}$, der Punkt ∞ entspricht dem Nordpol 0 des Kreises.

Ebenso: eine komplexe Gerade $[z_1, z_2]$ mit $z_1 \neq 0$ enthält die Punkte $\lambda(|z_1|^2, \bar{z}_1 z_2)$, $\lambda \in \mathbb{R}$, mit reeller erster Komponente, also: die komplexen Geraden durch den Ursprung in $\mathbb{C}^2$ entsprechen bijektiv den reellen Geraden durch den Ursprung in $\mathbb{R} \times \mathbb{C}$, solange jeweils die erste Komponente des die Gerade definierenden Vektors nicht verschwindet. Jetzt geht es wie eben: Die genannten reellen Geraden entsprechen bijektiv ihren Durchstoßpunkten durch die Sphäre, mit Ausnahme des Nordpols 0, und dieser kommt für den unendlich fernen Punkt hinzu.

Also, das Gleichheitszeichen recht verstanden:

(3.6) $$\mathbb{R}P^1 = S^1, \quad \mathbb{C}P^1 = S^2.$$

Man nennt $\mathbb{C}P^1$ auch die **Riemann-Sphäre**.

Der Raum $\mathbb{R}P^2$ geht, wie gesagt, aus $S^2 = \{x \in \mathbb{R}^3 \mid |x| = 1\}$ durch Identifikation antipodischer Punkte hervor. Weil die Punkte auf der nördlichen Hemisphäre $\{x \mid x_3 > 0\}$ ohnehin einen antipodischen Partner der südlichen Hemisphäre haben, kann man sie gleich weglassen, und muss nur auf der verbleibenden südlichen Hemisphäre $\{x \in S^2 \mid x_3 \leq 0\}$ die antipodischen Punkte des Äquators $\{(x_1, x_2, 0) \mid |x| = 1\}$ verkleben (nur im Geiste natürlich, im $\mathbb{R}^3$ gehts nicht).

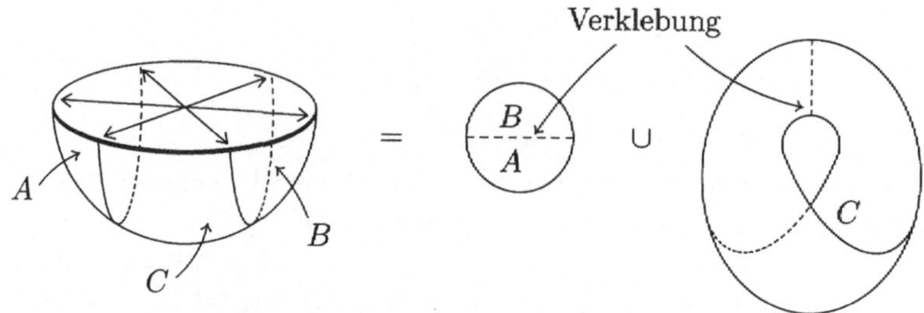

$\mathbb{R}P^2$ = Kreisscheibe ∪ Möbiusband

Durch die Verklebung entsteht (siehe Figur) aus dem Streifen C ein Möbiusband, an dessen Rand, einem Kreis, die Kreisscheibe $A \cup B$ mit ihrem Randkreis angeheftet ist. Bemerke, dass das Ergebnis überall lokal wie $\mathbb{R}^2$ aussieht, die Klebenaht ist vor anderen Stellen gar nicht ausgezeichnet.
Ähnlich kann man $\mathbb{C}P^1 = S^2$ aus der Sphäre $S^3 = \{z \in \mathbb{C}^2 \mid |z| = 1\}$ erhalten. Jeder Punkt $[z] \in \mathbb{C}P^1$ hat eine Repräsentanten $z \in S^3 \subset \mathbb{C}^2$, also: die Abbildung (die **Hopf-Faserung**):

$$\pi: S^3 \to S^2 = \mathbb{C}P^1, \quad z \mapsto [z],$$

ist surjektiv, und das Urbild eines Punktes $p = [z] \in \mathbb{C}P^1$ ist $\{\lambda{\cdot}z \mid \lambda \in \mathbb{C}, |\lambda| = 1\}$. Dies ist ein Kreis: wenn man im Urbild von p einen Punkt z auswählt, hat man eine bijektive stetige Abbildung

$$S^1 \to \pi^{-1}\{p\}, \quad \lambda \mapsto \lambda \cdot z.$$

Man könnte nun glauben, es gebe eine stetige Bijektion $S^1 \times S^2 \to S^3$, aber das ist falsch! Die Auswahl von z in $[z]$ kann nicht stetig getroffen werden. Die Sphäre S^n lässt sich nicht umkehrbar stetig auf ein Produkt $A \times B$ zweier Räume abbilden, es sei denn, ein Faktor ist ein Punkt und der andere die Sphäre. Erst im letzten Jahrhundert ist die Hopf-Faserung $\pi : S^3 \to S^2$ einigermaßen enträtselt worden.

§4 Projektivitäten

Zu den projektiven Räumen gehören projektive Abbildungen: Eine injektive lineare Abbildung von Vektorräumen $\alpha : V \to W$ induziert die **projektive Abbildung** der zugehörigen projektiven Räume

$$P(\alpha) : \ P(V) \to P(W), \quad [v] \mapsto [\alpha(v)].$$

Man muss verlangen, dass α injektiv ist, weil nur die Vektoren $v \neq 0$ projektive Punkte definieren. Die Abbildung $P(\alpha)$ definiert einen Isomorphismus $P(V) \cong P(\alpha V) \subset P(W)$ und wir müssen uns vor allem mit Isomorphismen α und dann ohne Beschränkung der Allgemeinheit mit Automorphismen befassen.

(4.1) Definition. Die projektiven Abbildungen $P(\alpha): P(V) \to P(V)$ heißen **Projektivitäten**.

Die Projektivitäten bilden die Gruppe $P\mathrm{Aut}(V) = \mathrm{Aut}\big(P(V)\big)$. Für $V = K^n$ erhält man die **projektive Gruppe** $PGL(n, K) = P\ \mathrm{Aut}(K^n) = \mathrm{Aut}(KP^{n-1})$. Man hat den kanonischen Epimorphismus (surjektiven Homomorphismus) von Gruppen

$$P : \ \mathrm{Aut}(V) \to P\,\mathrm{Aut}(V), \quad P(\alpha) : \ [v] \mapsto [\alpha(v)].$$

(4.2) Notiz. *Der Kern von P ist K^*, die Untergruppe der Vielfachen der Identität von V.*

Beweis. Ist $P(\alpha) = id$, so ist $\alpha(v) = \lambda(v) \cdot v$, $\lambda(v) \in K$, für alle $v \in V$, $v \neq 0$. Man muss zeigen, dass $\lambda(v) = \lambda(w)$ für alle v, w. Man darf annehmen, dass v, w linear unabhängig sind, dann ist

$$\begin{aligned} \alpha(v + w) &= \lambda(v + w) \cdot v + \lambda(v + w) \cdot w = \\ \alpha(v) + \alpha(w) &= \lambda(v) \cdot v + \lambda(w) \cdot w, \end{aligned}$$

und die Behauptung folgt durch Koeffizientenvergleich. □

(4.3) Beispiel. Die Elemente der projektiven Gruppe $PGL(2,K)$ sind von der Form

$$[z_1, z_2] \mapsto [az_1 + bz_2, cz_1 + dz_2], \quad \det\begin{pmatrix} a & b \\ c & d \end{pmatrix} \neq 0.$$

Für die Punkte des affinen Unterraums $\{[z,1] \mid z \in K\}$ bedeutet das, wenn wir einfach z statt $[z,1]$ schreiben, also zu affinen Koordinaten übergehen:

$$z \mapsto \frac{az+b}{cz+d}, \quad \det\begin{pmatrix} a & b \\ c & d \end{pmatrix} \neq 0.$$

Für die Punkte, wo der Nenner verschwindet, ist der Wert $\infty \in KP^2$, und für $z = \infty$, das heißt für den Punkt $[1,0] \in KP^2$, ist der Wert a/c, falls $c \neq 0$, und $[1,0] = \infty$, falls $c = 0$. Im Komplexen definieren diese Automorphismen von $\mathbb{C}P^1 = S^2$ geometrisch sehr interessante Selbstabbildungen der Sphäre, die in der Funktionentheorie eine große Rolle spielen.

Eine Projektivität $P(K \times V) \to P(K \times V)$, welche die unendlich ferne Hyperebene $H = P(0 \times V)$ in sich abbildet, hat die Gestalt

$$[1, v] \;\mapsto\; [1, \alpha(v) + b].$$

Man hat also einen Isomorphismus der Gruppe der Projektivitäten von $P(K \times V)$, welche die unendlich ferne Hyperebene in sich abbilden, auf die Gruppe der affinen Abbildungen von V auf sich. Er ordnet einer Projektivität ihre Einschränkung auf den affinen Teil $A \subset P(K \times V)$ zu. Dieser wird durch $V \to A$, $v \mapsto [1, v]$ mit V identifiziert.

Zwar wird ein n-dimensionaler projektiver Raum von $n+1$ Punkten aufgespannt, aber um eine Projektivität festzulegen braucht man noch einen Punkt.

(4.4) Definition. Ein **projektives Koordinatensystem** eines n-dimensionalen projektiven Raumes $P(V)$ ist ein $(n+2)$-Tupel $(p_0, p_1, \dots, p_{n+1})$ von Punkten in $P(V)$, so dass je $n+1$ dieser Punkte unabhängig sind.

(4.5) Satz. *Sind $(p_0, \dots, p_{n+1})$ und $(q_0, \dots, q_{n+1})$ projektive Koordinatensysteme von $P(V)$, so gibt es genau eine Projektivität $P(\alpha)$, die p_j auf q_j abbildet, für $j = 0, \dots, n+1$.*

Beweis. Wir wählen eine Basis $(e_0, \dots, e_n)$ von V. Wir dürfen uns auch, um etwas Bestimmtes vor Augen zu haben, gleich vorstellen $V = K^{n+1}$ mit der Standardbasis $(e_0, \dots, e_n)$. Es genügt dann, den Satz für

$$(q_0, \dots, q_n, q_{n+1}) = ([e_0], \dots, [e_n], [e_{n+1}]), \text{ mit } e_{n+1} = e_0 + \ldots + e_n,$$

zu beweisen, weil jede Projektivität invertierbar ist: Angenommen $P(\alpha) : p_j \mapsto [e_j]$, $P(\beta) : q_j \mapsto [e_j]$, so $P(\beta^{-1}\alpha) : p_j \mapsto q_j$, und ähnlich für die Eindeutigkeit. Also sind zwei Aussagen zu zeigen:

(i) Eindeutigkeit: Angenommen $P(\alpha)[e_j] = [e_j]$, $j = 0, \ldots, n+1$, dann ist $P(\alpha) =$ id.

(ii) Existenz: Es gibt einen Automorphismus α von V mit $P(\alpha)(p_j) = [e_j]$, $j = 0, \ldots, n+1$.

Beweis (i). $\alpha(e_j) = \lambda_j \cdot e_j$ für $j = 0, \ldots, n$, also $\alpha(e_{n+1}) = \lambda_0 e_0 + \ldots + \lambda_n e_n$. Andererseits $\alpha(e_{n+1}) = \lambda e_{n+1} = \lambda e_0 + \ldots + \lambda e_n$. Also $\lambda_0 = \ldots = \lambda_n = \lambda$ und $P(\alpha) = id$.

Beweis (ii). Es gibt eine Basis $(v_0, \ldots, v_n)$ mit $[v_j] = p_j$ für $j = 0, \ldots, n$, weil diese p_j unabhängig sind. Dann ist $p_{n+1} = [v_{n+1}]$ für ein $v_{n+1} = \lambda_0 v_0 + \ldots + \lambda_n v_n$. Kein λ_j verschwindet, weil je $n+1$ der Punkte p_j, also der Vektoren v_j, unabhängig sind. Man kann daher die Basis $(v_0, \ldots, v_n)$ durch $(\lambda_0 v_0 = w_0, \ldots, \lambda_n v_n = w_n)$ ersetzen und hat eine Basis $(w_0, \ldots, w_n)$, mit $[w_j] = p_j$ und $[w_0 + \ldots + w_n] = [v_{n+1}] = p_{n+1}$. Jetzt bestimme α durch $\alpha(w_j) = e_j$, $j = 0, \ldots, n$, dann ist $\alpha(w_{n+1}) = e_{n+1}$, also $P(\alpha)(p_j) = [e_j]$ für $j = 0, \ldots, n+1$. □

Ist $P(V)$ ein projektiver Raum mit einem Koordinatensystem $(p_0, \ldots, p_{n+1})$, so folgt aus dem Satz, dass es genau einen projektiven Isomorphismus

$$(4.6) \qquad P(\alpha) : \; P(V) \to KP^n, \quad p_j \mapsto [e_j] \quad \text{für} \quad j = 0, \ldots, n+1,$$

gibt, oder anders gesagt: Es gibt einen Isomorphismus $\alpha : V \to K^{n+1}$ mit $\alpha(v_j) = e_j$, $[v_j] = p_j$, und α ist bis auf einen Faktor $\lambda \neq 0$ eindeutig bestimmt. Durch diesen Isomorphismus entspricht dann jedem $[x] = [x_0, \ldots, x_n] \in KP^n$ eindeutig ein Punkt in $P(V)$ und in diesem Sinne ist $(p_0, \ldots, p_{n+1})$ ein Koordinatensystem. Hier spielt der Punkt p_{n+1} scheinbar eine andere Rolle als die Vorhergehenden, und er führt daher manchmal auch besondere Eigennamen, wie "Normierungspunkt", obwohl die Punkte des Koordinatensystems im Satz (4.5) ganz symmetrisch auftreten.

(4.7) Doppelverhältnis. Sei $\dim P(V) = 1$, also $\dim V = 2$ und $P(V)$ eine projektive Gerade. Der zugehörige projektive Standardraum $KP^1 = K \cup \{\infty\}$ hat das Standard-Koordinatensystem der 3 Punkte

$$[e_0] = [1, 0] = 0, \quad [e_1] = [0, 1] = \infty, \quad [e_2] = [1, 1] = 1.$$

Sind also p_0, p_1, p_2 verschiedene Punkte der Geraden $P(V)$, so gibt es genau einen projektiven Isomorphismus

$$P(\alpha) : \; P(V) \to KP^1, \quad p_j \mapsto [e_j].$$

Ist uns daher ein vierter Punkt $p \in P(V)$ gegeben, so ist

$$P(\alpha)(p) \; := \; D(p_0, p_1, p_2, p) \in KP^1 \; = \; K \cup \{\infty\}$$

ein wohlbestimmtes Element. Dieses heißt das **Doppelverhältnis** dieses Quadrupels von Punkten.

Angenommen $V = K^2$, also $P(V) = KP^1 = K \cup \{\infty\}$, so kann man $P(\alpha)$ nach Beispiel (4.3) explizit hinschreiben, nämlich

$$P(\alpha)(p) = \frac{p - p_0}{p - p_1} : \frac{p_2 - p_0}{p_2 - p_1} = D(p_0, p_1, p_2, p).$$

Man muss nur kontrollieren, dass p_0, p_1, p_2 auf $0, \infty, 1$ abgebildet werden. Für $p_j = \infty$, $j = 1, 2, 3$, muss man die Formel natürlich richtig interpretieren.

Das Doppelverhältnis bleibt nach Konstruktion unter Projektivitäten invariant, vier kollineare Punkte lassen sich genau dann durch eine Projektivität in vier andere kollineare Punkte überführen, wenn die beiden Quadrupel gleiches Doppelverhältnis haben. Anders gesagt: Vier Geraden durch den Ursprung in K^2 sind genau dann durch einen Automorphismus von K^2 in vier andere Geraden zu überführen, wenn die beiden Quadrupel gleiches Doppelverhältnis haben. Es gibt eine durch $K \cup \{\infty\}$ parametrisierte Familie von Quadrupeln von Geraden durch den Ursprung in K^2, so dass kein Quadrupel der Familie durch einen Automorphismus von K^2 in ein anderes Quadrupel der Familie überführbar ist.

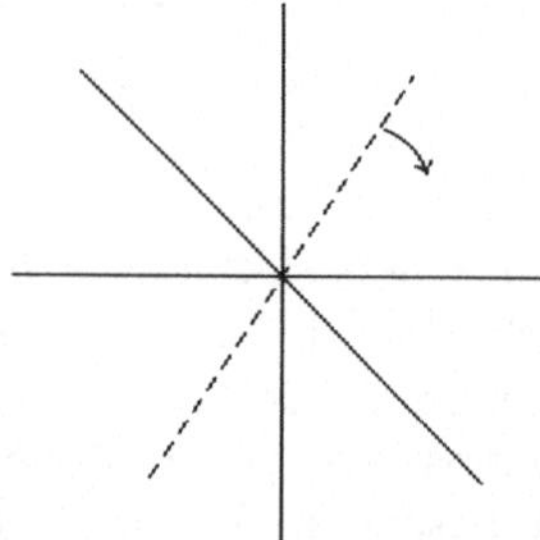

Übrigens gibt es für die Definition des Doppelverhältnisses verschiedene Konventionen: Alle Permutationen der vier Variablen kommen vor.

Eine besondere Sorte Projektivitäten sind die Perspektivitäten, die wir, nicht in höchster Allgemeinheit, so beschreiben:

Seien U, U' Hyperebenen in V und $v \in V$, $v \notin U \cup U'$, dann hat man die Hyperebenen $P(U)$, $P(U')$ in $P(V)$ und den Punkt $p = [v] \notin P(U) \cup P(U')$. Die durch p definierte **Perspektivität** $f : P(U) \to P(U')$ bildet den Punkt $q \in P(U)$ auf den Punkt $q' \in P(U')$ ab, der auf der Geraden durch p und q liegt.

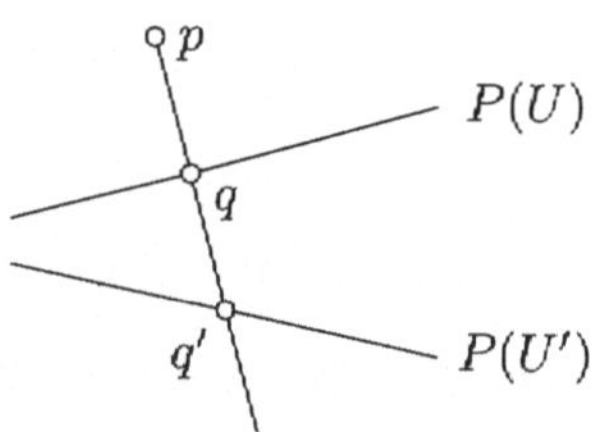

(4.8) Satz. *Jede Perspektivität $f : P(U) \to P(U')$ ist eine Projektivität.*

Beweis. Die durch $p = [v]$ gegebene Perspektivität f bildet $[u] \in P(U)$ auf $[u'] \in P(U')$ ab, wenn $[u]$ auf der Geraden durch $[u']$ und $[v]$ liegt, das heißt also, wenn u eine Linearkombination von u' und v ist. Daher ist f durch die lineare Abbildung

$$\varphi : U \hookrightarrow V = U' \oplus Kv \xrightarrow[pr_1]{} U'$$

induziert, denn $u = \lambda \cdot v + \varphi(u)$. □

Das Doppelverhältnis bleibt also unter Perspektivitäten invariant.

§5 Projektive Dualität

Sei V ein m-dimensionaler Vektorraum mit einer nicht ausgearteten symmetrischen Bilinearform γ. Dann kann man jedem Unterraum $U \subset V$ sein bezüglich γ orthogonales Komplement

$$U^\perp = \{v \in V \mid \gamma(u,v) = 0 \quad \text{für alle} \quad u \in U\}$$

zuordnen, und es gilt, weil γ symmetrisch ist:

$$(5.1) \qquad \begin{aligned} (U^\perp)^\perp &= U, \quad W \subset U \Longrightarrow U^\perp \subset W^\perp, \\ \dim U^\perp &= m - \dim U. \end{aligned}$$

Sei nun $P_k(V)$ die Menge der k-dimensionalen projektiven Unterräume von $P(V)$. Das ist natürlich nur eine andere Benennung für die Menge der $(k+1)$-dimensionalen Unterräume von V. Dann hat man mit (5.1) die durch γ bestimmte Bijektion

$$(5.2) \qquad \begin{aligned} &\gamma_k : P_k V \to P_{n-k-1} V, \quad n = \dim P(V) = m - 1 \\ &\gamma_* \circ \gamma_* = id, \\ &X \subset Y \Longrightarrow \gamma_*(Y) \subset \gamma_*(X), \end{aligned}$$

nämlich $\gamma_*\big(P(U)\big) = P(U^\perp)$. Für den $*$ ist der jeweils passende Index einzusetzen. Eine Bijektion mit den Eigenschaften (5.2) nennt man eine projektive **Dualität**. Insbesondere entsprechen sich unter γ_* die Punkte und die Hyperebenen in $P(V)$. Die Hyperebene $\gamma_0(p)$, $p \in P(V)$, heißt die **Polare** zum **Pol** p, für die quadratische Form γ. Ist

$$M = \{v \mid \gamma(v) = 0\} \subset V$$

die zugehörige Quadrik und $0 \neq v \in M$, so ist v nicht singulär und

$$\{x \mid \gamma(v,x) = 0\} = (Kv)^\perp = T_v M$$

ist die Tangente von M in V. Im Projektiven definiert γ die

Projektive Quadrik $N = \{[v] \mid \gamma(v) = 0, v \neq 0\} \subset P(V)$

mit der **projektiven Tangente** $\{[x] \mid \gamma(v,x) = 0, x \neq 0\} = \gamma_0([v])$ für $[v] \in N$. Also mit anderen Worten: Die Tangente an die Quadrik N in $p \in N$ ist die Polare von p. Hieraus ergibt sich:

(5.3) Satz. *Sei $X \subset P(V)$ eine Hyperebene und N die projektive Quadrik von γ in $P(V)$. Dann schneiden sich die Tangenten an N in den Punkten aus $X \cap N$ alle im Pol von X.*

Beweis. Ist $p \in X \cap N$, so ist $\gamma_*(p)$ die Tangente an N in p, und $p \in X \Longrightarrow \gamma_*(X) \in \gamma_*(p)$. □

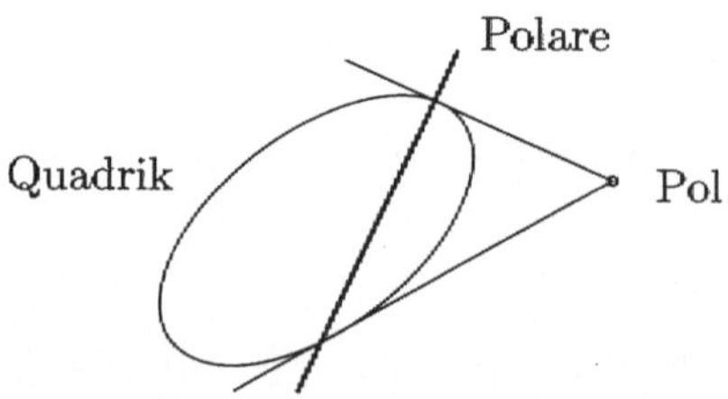

Auf der Ebene wundert einen das weniger, denn irgendwo müssen die zwei Tangenten sich ja schneiden; aber schon bei den Flächen zweiter Ordnung ist es bemerkenswert: Der Kegel über $X \cap N$ mit Spitze im Pol von X berührt N in $X \cap N$ tangential.

Durch eine projektive Dualität wird eine Symmetrie in der geometrischen Struktur explizit dargestellt: Ein geometrischer (wahrer) Satz, der mit den Begriffen von Unterräumen, ihren Dimensionen und Inklusionen formuliert ist, geht in einen wahren Satz über, wenn man alle Inklusionen umkehrt und jede Dimension k durch $n-k-1$ ersetzt, und γ_* verwandelt in diesem Sinne jede Konstellation von Unterräumen mit Dimensionen und Inklusionen in eine duale mit umgekehrten Inklusionen und Dimensionen $n-k-1$ für k.

Beispiel. In der projektiven Ebene gibt es durch zwei verschiedene Punkte stets genau eine Gerade. — In der projektiven Ebene schneiden sich zwei verschiedene Geraden stets in genau einem Punkt.

§6 Homogene Gleichungen

Eine Gleichung wie

$$f(x) = 1 + x_0 + 2x_1^2 + \ldots = 0$$

hat ihren Sinn in K^{n+1}, aber sie ist nicht sinnvoll im projektiven Raum KP^n als Gleichung für homogene Koordinaten $[x_0, \ldots, x_n]$ eines Punktes, denn für $\lambda \neq 1$

ist $f(\lambda x) = 0$ eine ganz andere Gleichung als $f(x) = 0$, und die homogenen Koordinaten sind ja nur bis auf einen gemeinsamen Faktor bestimmt. Eine Abbildung $f : V \to W$ von Vektorräumen über K heißt **homogen vom Grad** k, wenn $f(\lambda \cdot v) = \lambda^k \cdot f(v)$ für alle $\lambda \in K$. Zum Beispiel ist

$$x \mapsto x_0^{\alpha_0} \cdot \ldots \cdot x_n^{\alpha_n}$$

homogen vom Grad $\alpha_0 + \ldots + \alpha_n$. Eine (von irgendeinem Grad) homogene Abbildung $f : V \to W$ hat als Nullstellenmenge

$$M = \{x \in V \mid f(x) = 0\}$$

einen **Kegel**, das ist eine Vereinigung von Geraden durch den Ursprung, denn $f(x) = 0 \Longleftrightarrow f(\lambda x) = \lambda^k f(x) = 0$ für $\lambda \neq 0$. Kegel in V mit Spitze im Ursprung sind aber dasselbe wie Teilmengen von $P(V)$. Homogene Gleichungen $f : V \to W$ definieren also Nullstellenmengen

$$M(f) = \{[x] \in P(V) \mid f(x) = 0\} \subset P(V).$$

Nun haben wir mit inhomogenen Gleichungen

$$\begin{aligned} A \cdot x - b &= 0, \\ {}^t x G x + 2\, {}^t a x + b &= 0, \end{aligned} \tag{6.1}$$

für Punkte x eines Vektorraumes U zu tun gehabt. Wir homogenisieren sie wie folgt: Wir bilden den Raum $K \times U$, dessen Punkte durch Koordinaten (y, x) bezeichnet werden, und ersetzen die Gleichungen (6.1) durch ihre **homogenisierten** oder **zugehörigen projektiven** Gleichungen

$$\begin{aligned} A \cdot x - b \cdot y &= 0, \\ {}^t x G x + 2\, {}^t a x \cdot y + b \cdot y^2 &= 0. \end{aligned} \tag{6.2}$$

Das Verfahren ist ganz analog bei höherem Grad. Auf dem affinen Teil $1 \times U \subset P(V)$, $(1, u) \mapsto [1, u]$ gehen die Gleichungen wieder in die ursprünglichen Gleichungen (6.1) über, also: ist $f = 0$ eine der Gleichungen (6.2), so ist $M(f) \cap (1 \times U)$ die Nullstellenmenge der entsprechenden Gleichung (6.1).

Wie wir wissen, hat die inhomogene Gleichung $Ax - b = 0$ in U als Lösungsmenge einen affinen Raum zum Vektorraum $\ker(A)$, oder sie ist leer, und die zugehörige projektive Gleichung $Ax - by = 0$ hat als Lösungsmenge einen projektiven Unterraum, dessen zugehöriger Vektorraum der Kern der Abbildung

$$\begin{pmatrix} y \\ x \end{pmatrix} \mapsto (-b \mid A) \cdot \begin{pmatrix} y \\ x \end{pmatrix}$$

ist. Hat die inhomogene Gleichung eine Lösung v, so hat diese homogene Gleichung die Lösung $(0, \ker A) \oplus K(1, v)$. Hat sie keine Lösung, so liegt die Lösung $(0, \ker A)$ der homogenen Gleichung in der unendlich fernen Hyperebene.

Die Flächen zweiter Ordnung werden im Projektiven durch eine quadratische Form beschrieben, und ihre Klassifikation läuft darauf hinaus, die quadratischen Formen bis auf lineare Transformation und einen Faktor zu klassifizieren. Dazu werden wir im nächsten Abschnitt noch etwas sagen: Für $K = \mathbb{C}$ bleibt da nur der Rang (der zugehörigen Bilinearform) als Invariante, für $K = \mathbb{R}$ Rang und Index, es gibt nur die Gleichungen

$$|x|^2 - |y|^2 = 0.$$

Im $\mathbb{R}^3$ bleibt bei Rang 3 nur der eine Typ

$$|x|^2 = y^2, \quad x \in \mathbb{R}^2,$$

der Kegel (über dem Kreis). Die affinen Bilder entstehen durch Schneiden der linear Transformierten dieses Kegels mit der Hyperebene $1 \times \mathbb{R}^2$. Daher der Name Kegelschnitt, wozu allerdings auch die zwei Geraden, die eine und der Punkt gehören, wo die Schnitthyperebene durch den Ursprung geht. Die vollständige projektive Kurve $|x|^2 - y^2 = 0$ ist eine Ellipse, und je nach dem wie diese Ellipse zur unendlich fernen Gerade H liegt — sie trifft sie nicht, sie berührt sie, sie schneidet sie — entstehen im affinen Teil $\mathbb{R}^2 = \mathbb{R}P^2 \setminus H$ die Ellipse, Parabel, Hyperbel:

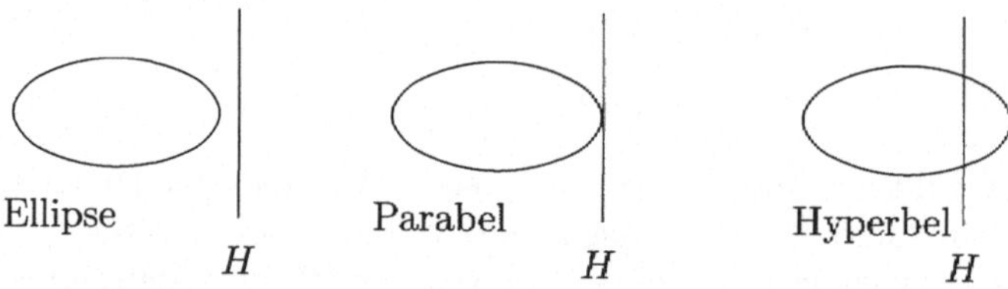

Das braucht man nicht nachzurechnen, man muss ja nur aus den uns bekannten affinen Kurven zweiter Ordnung jeweils die einzige aussuchen, die nach ihrer Gestalt in Frage kommt.

Auch die Geradenscharen der Sattelfläche und des einschaligen Hyperboloids kann man im Projektiven besser verstehen: Man hat **die Segre-Einbettung**

$$\begin{aligned} s: \ & KP^1 \times KP^1 \to KP^3, \\ & ([x],[y]) \mapsto [x_0y_0, x_0y_1, x_1y_0, x_1y_1] = [s_0, s_1, s_2, s_3]. \end{aligned}$$

(6.3) Satz. *Die Segre-Einbettung ist injektiv, und ihr Bild ist die projektive Quadrik M mit der Gleichung $s_0s_3 - s_1s_2 = 0$.*

Beweis. Ist $[x] \neq [x']$ und $y_j \neq 0$, so ist (x_0y_j, x_1y_j) nicht Vielfaches von $(x_0'y_j', x_1'y_j')$, daher $s([x],[y]) \neq s([x'],[y'])$. Analog gehts für $[y] \neq [y']$. Das zeigt, dass s injektiv ist. Offenbar gilt für Punkte im Bild $s_0s_3 = x_0y_0x_1y_1 = s_1s_2$. Bleibt zu zeigen, dass jeder Punkt der Quadrik M im Bild von s liegt. Wir unterscheiden folgende Fälle:

(i) $s_0 = s_1 = 0$. Setze $x = (0,1), y = (s_2, s_3)$.

(ii) $s_0 = s_2 = 0$. Setze $x = (s_1, s_3), y = (0, 1)$.

(iii) $s_0 \neq 0$, also oBdA $s_0 = 1$. Setze $x = (1, s_2), y = (1, s_1)$.

□

In dem Produkt $KP^1 \times KP^1$ sieht man gleich zwei Geradenscharen: Durch jeden Punkt (p, q) laufen die Geraden $p \times KP^1$ und $KP^1 \times q$, und auch die Bilder dieser Geraden unter s sind Geraden.

Mit den affinen Regelflächen hängt M wie folgt zusammen: Substituiert man $s_0 = u - v,\ s_3 = u + v,\ s_1 = w$ und betrachtet den affinen Teil $s_2 = 1$, so hat man die **Sattelfläche**

$$u^2 - v^2 = w.$$

Substituiert man $s_0 = u - v,\ s_3 = u + v,\ s_1 = w - t,\ s_2 = w + t$, und betrachtet den affinen Teil $t = 1$, so erhält man das **einschalige Hyperboloid**

$$u^2 + w^2 - v^2 = 1.$$

Beide Regelflächen sind also affine Aspekte derselben projektiven Regelfläche $M = KP^1 \times KP^1$. Wir haben ein recht gutes Bild von $KP^1 = K \cup \{\infty\}$ im Falle des reellen oder komplexen Zahlkörpers, denn $\mathbb{R}P^1 = S^1$ und $\mathbb{C}P^1 = S^2$. Also $\mathbb{R}P^1 \times \mathbb{R}P^1 = S^1 \times S^1$ ist der **Torus**, und $\mathbb{C}P^1 \times \mathbb{C}P^1 = S^2 \times S^2$.

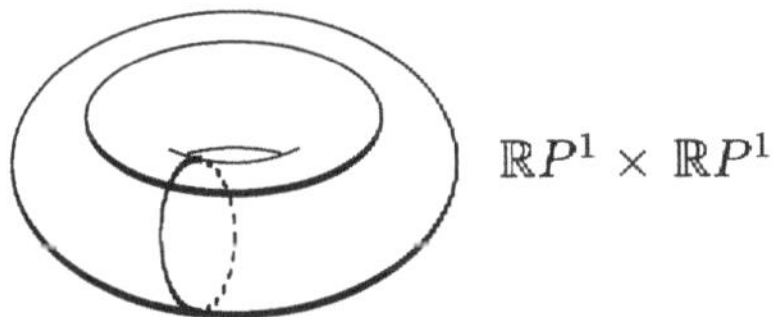

$\mathbb{R}P^1 \times \mathbb{R}P^1$

§7 Affine Hauptachsentransformation

Im Prinzip können wir eine symmetrische Bilinearform $\gamma(x, y) = {}^txGy$ im Reellen dadurch auf Hauptachsen transformieren, dass wir die Eigenwerte von G und eine orthonormale Basis von Eigenvektoren berechnen. Aber schon die Information, ob γ positiv oder negativ definit ist, ein Sattel oder ausgeartet, mit anderen Worten: welchen Rang und welche Signatur γ hat, ist von großem Wert, und ist praktisch, numerisch, viel leichter zu gewinnen, als die Orthogonaltransformation auf Hauptachsen.

Sei im Folgenden K ein Körper der Charakteristik ungleich 2, also $1 + 1 \neq 0$ in K. Wir führen in dem betrachteten Vektorraum Koordinaten ein, also $V = K^n$, und eine Bilinearform auf V hat die Gestalt $\gamma(x, y) = {}^txGy$. Bei Basistransformation mit $T \in GL(n, K)$ ist G durch

$$G \to {}^tTGT$$

zu transformieren. Nun, Rechtsmultiplikation von G mit T bedeutet: Ausführen einer Spaltenumformung an G. In der Tat, hat G die Spalten $g_1, \ldots, g_n$ und T die i-te Spalte ${}^t(t_1, \ldots, t_n)$, so entnimmt man der Sequenz

$$e_i \underset{T}{\longrightarrow} \sum_j t_j e_j \underset{G}{\longrightarrow} \sum_j t_j g_j,$$

dass GT die i-te Spalte $\sum_j t_j g_j$ hat. Entsprechend geht ${}^tTG$ aus G durch Ausführen der entsprechenden Zeilenumformungen von G hervor, wie man formal der Gleichung ${}^tTG = {}^t({}^tGT)$ entnimmt: Verwandle Zeilen in Spalten, führe Spaltenumformungen T aus, verwandle wieder Spalten in Zeilen. Eine Transformation $G \to {}^tTGT$ auszuführen, bedeutet also: Simultan elementare Spaltenumformungen und dieselben Zeilenumformungen an G durchzuführen.

(7.1) Satz. *Sei V ein endlich-dimensionaler Vektorraum über K und γ eine symmetrische Bilinearform auf V, dann besitzt V eine Orthogonalbasis für γ. Mit anderen Worten: Jede symmetrische Matrix G mit Koeffizienten in K lässt sich durch eine Transformation $G \to {}^tTGT$, $T \in GL(n, K)$, also durch simultane Zeilen- und Spaltenumformungen, in eine Diagonalmatrix überführen.*

Beweis und Rechenverfahren in drei Schritten.

(i) Angenommen in der Diagonale von G stehen nur Nullen.

Ist $G = 0$, so ist man fertig, sonst stehe an der Stelle (i, j) und (j, i) der Koeffizient $g \neq 0$. Umformung: Addiere die j-te Spalte zur i-ten, die j-te Zeile zur i-ten. Als Ergebnis steht $2g$ an der Stelle (i, i):

$$\begin{pmatrix} 0 & g \\ g & 0 \end{pmatrix} \longmapsto \begin{pmatrix} 2g & g \\ g & 0 \end{pmatrix}$$

(ii) Angenommen $g_{11} = 0$, aber $g_{ii} \neq 0$.

Vertausche die i-te Spalte mit der ersten, die i-te Zeile mit der ersten, das rückt g_{ii} an die Stelle $(1, 1)$.

(iii) Angenommen $g_{11} \neq 0$.

Räume durch Subtraktion von Vielfachen der ersten Spalte (Zeile) von den folgenden die erste Zeile (Spalte) von G aus. Man kommt auf die Form

$$\left(\begin{array}{c|ccc} g & 0 & \cdots & 0 \\ \hline 0 & & & \\ \vdots & & G' & \\ 0 & & & \end{array}\right)$$

und fährt induktiv mit G' fort. $\square$

Soweit liefert das Rechenverfahren nur die Diagonalmatrix und die Existenz von T, aber man kann T mit bestimmen, indem man ähnlich wie bei der Berechnung der inversen Matrix vorgeht: Man schreibt G und die Einheitsmatrix E nebeneinander:

$$G \mid E.$$

Bei jeder simultanen Zeilen-Spalten-Umformung von G unterwirft man die rechte Matrix nur der entsprechenden Spaltenumformung. Die j-te Umformung hat dann die Wirkung

$$G_{j-1} \mid D_{j-1} \;\mapsto\; {}^tB_jG_{j-1}B_j \mid D_{j-1}B_j \;=\; G_j \mid D_j,$$

mit $G_0 = G$, $D_0 = E$ und $B_j \in GL(n, K)$. Am Ende ist G_s die Diagonalmatrix und $D_s = B_1 \dots B_s = T$ die gesuchte Transformation.

Im Falle einer reellen positiv definiten Matrix ist das Verfahren das Gram–Schmidt-Orthonormalisierungsverfahren, nur dass die Schritte (i), (ii) entfallen, weil g_{ii} notwendig positiv ist.

Für $K = \mathbb{C}$ oder allgemeiner, wenn jedes Element des Körpers ein Quadrat ist, findet man eine Orthogonalbasis, für die in der Diagonale von G nur 0 oder 1 steht, denn $\gamma(\lambda v) = \lambda^2 \cdot \gamma(v)$, man kann die Diagonalelemente von G noch um beliebige quadratische Faktoren $\neq 0$ abändern.

Ein (endlich-dimensionaler) Vektorraum V mit einer symmetrischen Bilinearform oder quadratischen Form γ heißt auch ein **quadratischer Raum**. Zwei quadratische Räume (V, γ), (W, δ) heißen **isomorph** oder die Formen **affin äquivalent**, wenn es einen linearen Isomorphismus $\tau : V \to W$ gibt, so dass $\delta \circ \tau = \gamma$. Nach Einführen von Basen ist $V = W = K^n$, und die Formen sind durch Fundamentalmatrizen G, D gegeben. Die Isomorphie der Räume bedeutet ${}^tTDT = G$, wenn T die Matrix von τ ist. Der **Rang** eines quadratischen Raumes (V, γ) ist der Rang der Bilinearform γ, also der Rang einer zugehörigen Fundamentalmatrix G.

(7.2) Folgerung. *Ist in K jedes Element ein Quadrat, so sind zwei quadratische Räume über K genau dann isomorph, wenn sie gleiche Dimension und gleichen Rang haben.*

Auf $\mathbb{C}^n$ gibt es also bis auf lineare Transformation nur die quadratischen Formen $z \mapsto z_1^2 + \dots + z_k^2$, $0 \leq k \leq n$.

(7.3) Berechnen der affinen Normalform. Die Gleichung

$${}^txGx + 2{}^tax + b \;=\; 0, \quad x \in K^n,$$

homogenisieren wir: ${}^txGx + 2y{}^tax + by^2 = 0$ mit Matrix der quadratischen Form

$$\left(\begin{array}{c|c} G & a \\ \hline {}^ta & b \end{array} \right).$$

Diese bringen wir durch simultane Zeilen- und Spaltenumformung und Multiplikation mit einem Faktor $\neq 0$ auf eine der Gestalten

$$\begin{pmatrix} D & \begin{matrix}0\\ \vdots\end{matrix} \\ 0\cdots & 0 \end{pmatrix} \quad \begin{pmatrix} D & \begin{matrix}0\\ \vdots \\ 0\end{matrix} \\ 0\cdots 0 & 1 \end{pmatrix} \quad \begin{pmatrix} D' & \begin{matrix}0\\ \vdots\end{matrix} & \begin{matrix}0\\ \vdots \\ 0\end{matrix} \\ 0\cdots & 0 & 1 \\ 0\cdots 0 & 1 & 0 \end{pmatrix}$$

mit Diagonalmatrizen D, D'. Dabei wählen wir die Transformation T so, dass sie die unendlich ferne Hyperebene $y = 0$ also $L(e_1, \dots, e_n)$ in sich transformiert. Also: die ersten n Zeilen und Spalten werden nur unter sich transformiert, nicht um Vielfache der letzten abgeändert. Jedoch wird die letzte Zeile und Spalte soweit möglich durch die vorhergehenden ausgeräumt. Ist sie nicht ganz auszuräumen, so entsteht der letzte Typ. Aus den drei entstehenden Gleichungen erhält man durch Einsetzen von $y = 1$ die affinen Typen

$$^t\!xDx = 0, \quad ^t\!xDx = -1, \quad ^t\!x'D'x' + 2x_n = 0, \quad x' \in K^{n-1}.$$

Die Matrix der Transformation hat die Gestalt

$$T = \begin{pmatrix} B & q \\ 0 \cdots 0 & 1 \end{pmatrix}$$

und ist als affine Transformation $\tilde{x} = Bx + q$ zu lesen.

§8 Der topologische Typ der Quadriken

Unsere unmittelbare Anschauung reicht zwar nicht in höhere Dimensionen, und das Bildermalen würde schließlich mehr verwirren als aufklären. Dennoch kann man Einsicht in die Gestalt der Quadriken gewinnen, indem man sie durch andere, vielleicht einfachere Räume beschreibt. Ich will jetzt annehmen, dass Sie ungefähr wissen, was ein topologischer Raum ist, und dass eine Abbildung $f : X \to Y$ zwischen topologischen Räumen ein **Homöomorphismus** ist, wenn f stetig ist und eine stetige Umkehrung $f^{-1} : Y \to X$ besitzt. Wenn so ein Homöomorphismus existiert, heißen die Räume **homöomorph**, und wir schreiben $X \approx Y$. Zwar können sie sich dann noch sehr verschieden dehnen und krümmen, aber immerhin. Wir wollen Quadriken bis auf Homöomorphie beschreiben. Die Homöomorphismen werden in ganz expliziten Formeln angegeben, sie sind tatsächlich differenzierbar, analytisch, algebraisch, so dass man nicht viel allgemeine Begriffe braucht, um diese besondere Situation zu verstehen.

Beginnen wir mit den reellen affinen Quadriken. Es bezeichne (x, y) einen Punkt in $\mathbb{R}^n \times \mathbb{R}^m = \mathbb{R}^{n+m}$, und (x, y, z) einen Punkt in $\mathbb{R}^n \times \mathbb{R}^m \times \mathbb{R} = \mathbb{R}^{n+m+1}$. Nach (1.4) gibt es bis auf affine Transformation drei Typen von quadratischen

Gleichungen: wir nehmen an, dass die quadratische Form vollen Rang hat, sonst kommt nur ein Faktor $\mathbb{R}^k$ zur Quadrik (Zylinder):

$$(8.1)\qquad \begin{aligned} |x|^2 - |y|^2 &= z, \\ |x|^2 - |y|^2 &= 1, \\ |x|^2 - |y|^2 &= 0. \end{aligned}$$

Seien $Q(n,m,z)$, $Q(n,m,1)$, $Q(n,m,0)$ die zugehörigen Quadriken, also die Lösungsmengen der Gleichungen in $\mathbb{R}^{n+m+1}$ bzw. $\mathbb{R}^{n+m}$. Dann gilt:

$$(8.2)\qquad Q(n,m,z) \approx \mathbb{R}^{n+m}.$$

In der Tat: $Q(n,m,z)$ ist der Graph der Funktion $z(x,y)$. Der Homöomorphismus ist durch $(x,y,z) \mapsto (x,y)$ mit der Umkehrung $(x,y) \mapsto (x,y,|x|^2 - |y|^2)$ gegeben.

$$(8.3)\qquad Q(n,m,1) \approx S^{n-1} \times \mathbb{R}^m.$$

Sei nämlich $r(y) := \sqrt{1+|y|^2}$, dann ist $S^{n-1} \times \mathbb{R}^m \to Q(n,m,1)$, $(\xi, y) \mapsto \big(r(y)\cdot\xi, y\big)$ ein Homöomorphismus mit der Umkehrung $(x,y) \mapsto \big(r(y)^{-1}\cdot x, y\big)$.

Die dritte Gleichung $|x|^2 = |y|^2$ ist homogen, die Quadrik ist also ein Kegel in $\mathbb{R}^{n+m}$, genauer:

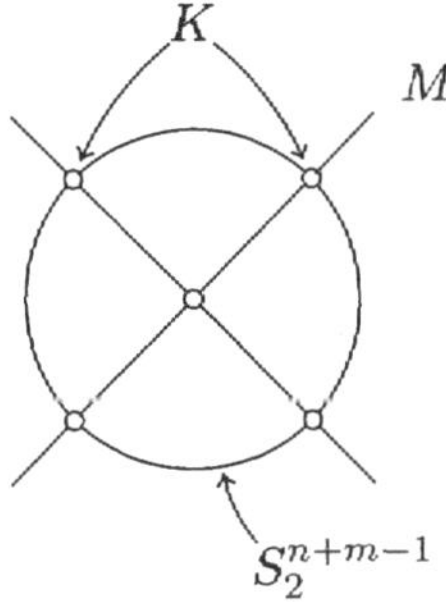

Sei S_2^{n+m-1} die Sphäre vom Radius 2 in $\mathbb{R}^{n+m}$ um 0, und

$$K(n,m) = Q(n,m,0) \cap S_2^{n+m-1}.$$

Dann ist $Q(n,m,0)$ die Vereinigung der von 0 ausgehenden Strahlen durch $K(n,m)$, also, wie man sagt: $Q(n,m,0)$ ist der **Kegel** über $K(n,m)$. Es genügt daher, $K(n,m)$ zu beschreiben.

$$(8.4)\qquad K(n,m) = Q(n,m,0) \cap S^{n+m-1} = S^{n-1} \times S^{m-1}.$$

Das Produkt der Sphären wird dabei in $\mathbb{R}^n \times \mathbb{R}^m = \mathbb{R}^{n+m}$ gebildet.

In der Tat, $K(n,m)$ ist die Menge der Punkte, die folgende beiden Gleichungen erfüllen:

$$|x|^2 = |y|^2, \quad |x|^2 + |y|^2 = 2.$$

Das heißt $|x|^2 = 1$, $|y|^2 = 1$, und das definiert $S^{n-1} \times S^{m-1}$.

Die Rechnung, die im Reellen (1.4) liefert, zeigt zusammen mit (7.2), dass es im Komplexen bis auf affine Transformationen nur die Typen von quadratischen Gleichungen

$$\begin{aligned} z_1^2 + \ldots + z_n^2 &= w, \\ z_1^2 + \ldots + z_n^2 &= 1, \\ z_1^2 + \ldots + z_n^2 &= 0 \end{aligned} \tag{8.5}$$

gibt. Die komplexen affinen Quadriken wollen wir entsprechend mit $Q(n, w)$, $Q(n, 1)$, $Q(n, 0)$ bezeichnen. Wie oben ist

$$Q(n, w) \approx \mathbb{C}^n. \tag{8.6}$$

Zur Berechnung von $Q(n, 1)$ zerlegen wir $z = u + iv$, $u, v \in \mathbb{R}^n$, in Realteil und Imaginärteil. Dann steht da $u_1^2 - v_1^2 + \ldots + u_n^2 - v_n^2 = 1$, $2i(u_1 v_1 + \ldots + u_n v_n) = 0$, also

$$|u|^2 - |v|^2 = 1, \quad \langle u, v \rangle = 0.$$

Nun, $\{x \in \mathbb{R}^n \mid |x|^2 = 1\}$ definiert die Sphäre S^{n-1} in $\mathbb{R}^n$, und $\{y \in \mathbb{R}^n \mid \langle x, y \rangle = 0\}$ ist der Tangentialraum $T_x S^{n-1}$. Den Raum

$$\{(x, y) \in \mathbb{R}^n \times \mathbb{R}^n, \mid x \in S^{n-1}, y \in T_x S^{n-1}\} =: TS^{n-1}$$

nennt man das **Tangentialbündel** von S^{n-1}.

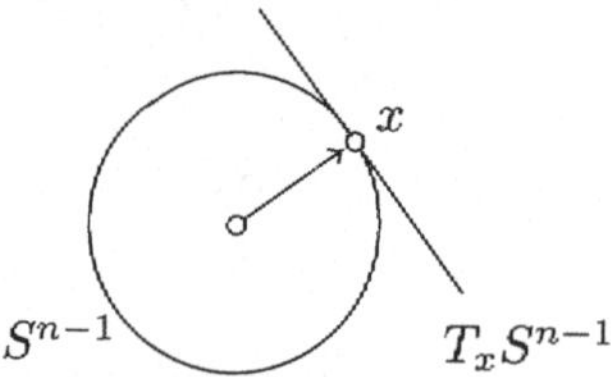

Er besteht aus der disjunkten Vereinigung der Tangentialräume in allen Punkten von S^{n-1}:

$$TS^{-1} = \bigcup_{x \in S^{n-1}} \{x\} \times T_x S^{n-1}.$$

Dennoch ist im Allgemeinen TS^{n-1} nicht zu dem Produkt $S^{n-1} \times \mathbb{R}^{n-1}$ homöomorph. Zum Beispiel gibt es für $n = 2$ keine stetige Abbildung, die jedem $x \in S^n$ einen Tangentialvektor $v(x) \neq 0$ von S^n in x zuordnet. Wie dem auch sei, jedenfalls ist TS^{n-1} die Menge der Punkte $(x, y) \in \mathbb{R}^n \times \mathbb{R}^n$ mit

$$|x|^2 = 1, \quad \langle x, y \rangle = 0,$$

und ganz analog zu (8.3) erhalten wir einen Homöomorphismus

$$Q(n,1) \approx TS^{n-1}. \tag{8.7}$$

Nämlich, sei $r(v) = \sqrt{1+|v|^2}$, dann hat man die Abbildung

$$TS^{n-1} \to Q(n,1), \quad (x,v) \mapsto \big(r(v)\cdot x, v\big)$$

mit der Umkehrung $(u,v) \mapsto \big(r(v)^{-1}u, v\big)$.

Die Überlegungen zur Beschreibung von $Q(n,0)$ sind ähnlich:
Sei $K(n) := Q(n,0) \cap S_2^{2n-1}$, der Schnitt des Kegels $Q(n,0)$ mit der Sphäre vom Radius 2 um den Ursprung. Für K haben wir die Gleichungen

$$\begin{aligned} z_1^2 + \ldots + z_n^2 &= 0, \\ |z_1|^2 + \ldots + |z_n|^2 &= 2. \end{aligned}$$

Zerlegung in Real- und Imaginärteil $z = u + iv$ liefert:

$$\begin{aligned} |u|^2 &= |v|^2, \ \langle u,v\rangle = 0, \\ |u|^2 + |v|^2 &= 2. \end{aligned}$$

Das heißt also

$$|u|^2 = 1, \quad |v|^2 = 1, \quad \langle u,v\rangle = 0. \tag{8.8}$$

Allgemein nennt man ein k-Tupel von Vektoren $(v_1,\ldots,v_k)$ in $\mathbb{R}^n$ mit $|v_j|^2 = 1$, $\langle v_i, v_j\rangle = 0$, ein **orthonormales k-Bein**, und der Raum aller orthonormalen k-Beine in $\mathbb{R}^n$ heißt die **Stiefelmannigfaltigkeit** $V_{k,n}$. Was wir mit (8.8) ausgerechnet haben besagt also:

$$Q(n,0) \cap S_2^{2n-1} = K(n) \approx V_{2,n}. \tag{8.9}$$

Anders gesagt, $V_{2,n} \subset TS^{n-1}$ ist der Raum aller Tangentialvektoren der Länge 1.

Beispiel. Ein orthonormales 2-Bein (v,w) in $\mathbb{R}^3$ lässt sich auf eindeutige Weise zu dem orthonormalen, positiv orientierten 3-Bein $(v,w,v\times w)$, also zu einer Matrix in $SO(3)$ ergänzen, d.h.

$$K(3) \approx V_{2,3} \approx SO(3).$$

Wieder ist $Q(n,0)$ der Kegel aller vom Ursprung ausgehenden (reellen!) Strahlen durch $K(n)$.

Wie sehen die projektiven Quadriken aus? Im Reellen hat man die homogene Gleichung $|x|^2 = |y|^2$ in $\mathbb{R}^{n+m}$, die auf S_2^{n+m-1} das Produkt $S^{n-1}\times S^{m-1}$ definiert. Die in $\mathbb{R}P^{n+m-1}$ definierte Menge erhält man aus diesem Produkt durch Identifikation von (x,y) mit $(-x,-y)$, also:

(8.10) *Die projektive Quadrik zu* $|x|^2 - |y|^2 = 0$ *ist homöomorph zu*

$$S^{n-1} \times S^{m-1}/(x,y) \sim -(x,y).$$

Im Allgemeinen muss uns diese Beschreibung genügen. Ist aber $m = 2$ und $n = 2k$, so ist $S^{m-1} = S^1 \subset \mathbb{C}$ und $S^{n-1} \subset \mathbb{C}^k$, und man hat den Homöomorphismus

$$\kappa: \ S^{2k-1} \times S^1 \to S^{2k-1} \times S^1, \quad (w,\zeta) \mapsto (\zeta \cdot w, \zeta).$$

Man hat das kommutative Diagramm:

$$\begin{array}{ccccccc} (w,\zeta) & \in & S^{2k-1} \times S^1 & \xrightarrow[\kappa]{} & S^{2k-1} \times S^1 & \ni & (w,\zeta) \\ \downarrow & & \downarrow & & \downarrow & & \downarrow \\ (-w,-\zeta) & \in & S^{2k-1} \times S^1 & \xrightarrow[\kappa]{} & S^{2k-1} \times S^1 & \ni & (w,-\zeta) \end{array}$$

Der Raum $(S^{2k-1} \times S^1)/(x,y) \sim -(x,y)$ ist also homöomorph zu dem Raum $(S^{2k-1} \times S^1)/(x,y) \sim (x,-y)$, somit zu $S^{2k-1} \times \mathbb{R}P^1 \approx S^{2k-1} \times S^1$. Analog kann man die Gruppe $S^0 = \{1,-1\}$ mit der Operation auf $\mathbb{R}^n$ durch Multipliktion, die Gruppe $S^3 = SU(2)$ und ihre Operation auf $(\mathbb{C}^2)^k$ und die Menge S^7 von Cayley-Zahlen und ihre Operation auf $(\mathbb{R}^8)^k$ — was wir noch nicht erklärt haben — benutzen, und erhält:

(8.11) Satz. *Ist* $m = 1$, *oder* $n = 2k$ *und* $m = 2$, *oder* $n = 4k$ *und* $m = 4$, *oder* $n = 8k$ *und* $m = 8$, *so ist die reelle projektive Quadrik zur Gleichung* $|x|^2 - |y|^2 = 0$ *in* $P(\mathbb{R}^n \times \mathbb{R}^m)$ *homöomorph zu* $S^{n-1} \times \mathbb{R}P^{m-1}$. *Dabei ist* $\mathbb{R}P^1 \approx S^1$.

Die komplexe projektive Quadrik zur Gleichung $z_1^2 + \ldots + z_n^2 = 0$ entsteht aus dem Schnitt $K(n)$ der affinen Quadrik mit der Sphäre, indem man Punkte identifiziert, die unter der Operation von S^1 auf den Punkten $z = u + iv$ der Quadrik ineinander überführt werden. Ein orthonormales 2-Bein (u,v) ist eine Orthonormalbasis der Ebene $L(u,v) \subset \mathbb{R}^n$, und durch Transformationen mit Elementen von $S^1 = SO(2)$ gehen aus dieser Basis alle positiven Orthonormalbasen der Ebene $L(u,v)$ hervor, so dass die Punkte der projektiven Quadrik zur Gleichung $z_1^2 + \ldots + z_n^2 = 0$ genau den orientierten Ebenen in $\mathbb{R}^n$ entsprechen.

Beispiel. Die komplexe projektive reguläre Quadrik $z_0^2 + z_1^2 + z_2^2 = 0$ ist homöomorph zu S^2. Der Homöomorphismus bildet $[z] = [u + iv]$ auf $(u \times v)/|u \times v|$ ab. Beachte, dass eine orientierte Ebene $L(u,v)$ in $\mathbb{R}^3$ mit positiver Orthonormalbasis (u,v) eindeutig (nicht abhängig von der Wahl der Basis, nur von der Orientierung) durch ihren Normalvektor $u \times v \in S^2$ gegeben ist.
Für diesen Homöomorphismus gibt es eine angemessene rein algebraische Erklärung und Beschreibung:

(8.12) Bemerkung. *Die Abbildung*

$$KP^1 \to KP^2, \quad [x_0, x_1] \mapsto [x_0^2, x_0 x_1, x_1^2],$$

ist injektiv, und ihr Bild ist die projektive Quadrik zur Gleichung $y_0 y_2 - y_1^2 = 0$.

Beweis. In einem Punkt der Quadrik ist $y_0 \neq 0$ oder $y_2 \neq 0$, also (aus Symmetrie) oBdA $y_0 = 1$. Dann hat der Punkt das eindeutig bestimmte Urbild $[1, y_1]$. □

Für $K = \mathbb{C}$ ist dies die einzige reguläre Quadrik in $\mathbb{C}P^2$, sie lässt sich also linear in die Quadrik $z_0^2 + z_1^2 + z_2^2 = 0$ transformieren (wie?). Für $K = \mathbb{R}$ ist es die Quadrik $y_0^2 + y_1^2 - y_2^2 = 0$, jeweils bis auf lineare Transformation. Die Bemerkung zeigt, dass diese Quadrik in beiden Fällen homöomorph zu KP^1 ist. Also zu S^2 für $K = \mathbb{C}$ und zu S^1 für $K = \mathbb{R}$, wie wir ja auch gefunden haben.
Eine Abbildung zurück, von einer nicht ausgearteten Quadrik $M \subset KP^2$ nach KP^1, kann man wie folgt beschreiben:
Es sei M die Quadrik zur nicht ausgearteten quadratischen Form $\gamma : K^3 \to K$. Weil γ den Rang 3 hat, verschwindet (die Fundamentalmatrix von) γ nicht auf einem Unterraum der Dimension 2, also enthält M keine Geraden:

$$\operatorname{rg}\left(\begin{array}{cc|c} 0 & 0 & ? \\ 0 & 0 & ? \\ \hline ? & ? & ? \end{array}\right) \leq 2.$$

Wir nehmen nun an, dass M mindestens einen Punkt p enthält. Dann wählen wir irgendeine projektive Gerade $KP^1 \cong L \subset KP^2$ so dass $p \notin L$, und projizieren M von p aus auf L, wobei p selbst durch die Tangente in p projiziert wird. Also: wir definieren eine Abbildung $\varphi : M \to L$ wie folgt:

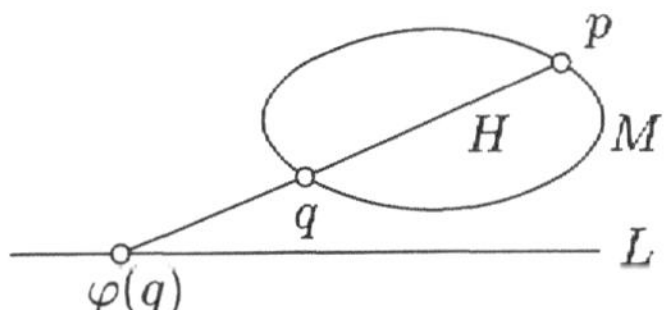

Auf jeder Geraden H durch p ist die Einschränkung von γ eine nicht triviale Quadrik, die den Punkt p enthält, und daher noch einen weiteren Punkt q (oder H ist die Tangente in p), und $\varphi(q) \in L$ ist der Schnittpunkt von H und L. Mehr rechnerisch und affin gesprochen: Ein quadratisches Polynom, das eine Wurzel p hat, hat entweder noch genau eine Wurzel q, oder die Wurzel p doppelt. So haben wir eine bijektive (stetige) Abbildung der Quadrik auf $L \cong KP^1$ definiert. Wählt man die Quadrik wie in (8.12) und $p = [0,0,1]$, $L = \{[y_0, y_1, y_2] \mid y_2 = 0\}$, so ist diese Abbildung die Umkehrung der Abbildung in (8.12), denn $[x, y] \mapsto [x^2, xy, y^2] \mapsto [x^2, xy] = [x, y]$, für $x \neq 0$.

Wir schließen mit einer Anwendung auf die Determinantenfläche.

(8.13) Beispiel. Im Raum $\operatorname{End}_K(K^2) \cong K^4$ hat man die Quadrik zur Gleichung $\det(A) = 0$. Also für $A = \left(\begin{smallmatrix} a & b \\ c & d \end{smallmatrix}\right)$ ist $\det(A) = ad - bc = 0$. Diese Gleichung ist linear äquivalent zu der Gleichung $x_1^2 + x_2^2 = y_1^2 + y_2^2$, wenn $2 \neq 0$ in K. Demnach folgt: Die Determinantenfläche $\{\det(A) = 0\} \subset \operatorname{End}_{\mathbb{R}}(\mathbb{R}^2)$ ist homöomorph zum

Kegel über dem Torus $S^1 \times S^1$. Die Spitze entspricht der Nullmatrix. Die Determinantenfläche $\{\det(A) = 0\} \subset \mathrm{End}_{\mathbb{C}}(\mathbb{C}^2)$ ist homöomorph zum Kegel über der Stiefelmannigfaltigkeit $V_{2,4}$.

§9 Bewegungen

Bewegungen sind Abbildungen eines quadratischen Raumes in sich, die die "Abstände" zwischen Punkten erhalten. Nur das sollte man fordern, und die algebraischen Eigenschaften folgen auch allein hieraus, wie wir zeigen wollen. Sei K ein Körper der Charakteristik ungleich 2, also $2 \neq 0$ in K.

(9.1) Lemma. *Seien V, W quadratische Räume über K mit quadratischen Formen γ, ρ, und sei $\varphi : V \to W$ eine Abbildung, so dass*

$$\rho\big(\varphi(x), \varphi(y)\big) = \gamma(x, y)$$

für alle $x, y \in V$. Sei ρ nicht ausgeartet und $\varphi(V)$ enthalte eine Basis von W. Dann ist φ linear.

Beweis. Für beliebige $x, y \in V$ und $\lambda, \mu \in K$ müssen wir zeigen:

$$\varphi(\lambda x + \mu y) = \lambda\varphi(x) + \mu\varphi(y).$$

Nach Voraussetzung haben wir Elemente $(b_j \mid j \in J)$ aus V, so dass $\big(\varphi(b_j) \mid j \in J\big)$ eine Basis von W ist. Weil ρ nicht ausgeartet ist, genügt es zu zeigen:

$$\rho\big(\varphi(\lambda x + \mu y) - \lambda\varphi(x) - \mu\varphi(y),\ \varphi(b_j)\big) = 0 \quad \text{für alle} \quad j \in J.$$

Die linke Seite ist

$$\begin{aligned} &\rho\big(\varphi(\lambda x + \mu y), \varphi(b_j)\big) - \lambda\rho\big(\varphi(x), \varphi(b_j)\big) - \mu\rho\big(\varphi(y), \varphi(b_j)\big) \\ &= \gamma(\lambda x + \mu y, b_j) - \lambda\gamma(x, b_j) - \mu\gamma(y, b_j) = 0. \end{aligned}$$ □

(9.2) Satz. *Sei V ein n-dimensionaler Vektorraum mit nicht ausgearteter quadratischer Form γ und sei $f : V \to V$ eine* **distanztreue** *Abbildung, d.h.*

$$\gamma\big(f(x) - f(y)\big) = \gamma(x - y)$$

für alle $x, y \in V$. Dann gibt es ein $v \in V$ und eine lineare Abbildung $\varphi : V \to V$, so dass $f(x) = \varphi(x) + v$ für alle $x \in V$. Dabei ist $v = f(0)$ und $\varphi = f - f(0)$ durch f eindeutig bestimmt, und φ ist ein orthogonaler Endomorphismus des quadratischen Raumes V.

Beweis. Wir definieren φ durch $\varphi = f - f(0)$, dann ist $\varphi(0) = 0$, und wir müssen zeigen, dass φ linear ist. Die Voraussetzung besagt auch

$$\gamma\big(\varphi(x) - \varphi(y)\big) = \gamma(x - y),$$

und für $y = 0$, wegen $\varphi(0) = 0$, insbesondere

$$\gamma\big(\varphi(x)\big) \;=\; \gamma(x).$$

Aber

$$\begin{aligned}\gamma\big(\varphi(x) - \varphi(y)\big) &= \gamma\big(\varphi(x)\big) - 2\gamma\big(\varphi(x), \varphi(y)\big) + \gamma\big(\varphi(y)\big) \\ &= \gamma(x) - 2\gamma\big(\varphi(x), \varphi(y)\big) + \gamma(y) \\ &= \gamma(x-y) \;=\; \gamma(x) - 2\gamma(x,y) + \gamma(y).\end{aligned}$$

Also $\gamma\big(\varphi(x), \varphi(y)\big) = \gamma(x,y)$, und der Satz folgt aus dem Lemma wenn wir noch zeigen, dass $\varphi(V)$ eine Basis von V enthält. Ist aber $(v_1, \dots, v_n)$ eine Orthogonalbasis von V, so ist wegen $\gamma\big(\varphi(v_i), \varphi(v_j)\big) = \gamma(v_i, v_j)$ auch $(\varphi(v_1,), \dots, \varphi(v_n))$ ein Orthogonalsystem von V und daher eine Basis, und V besitzt eine Orthogonalbasis, siehe VI, (7.1). □

So kann man also $O(n)$ als die Gruppe der Isometrien, d.h. der distanzerhaltenden Abbildungen beschreiben, die den Nullpunkt festlassen. Ebenso ist der Satz auf die Lorentzgruppe anwendbar, sie besteht aus den Abbildungen, die die Minkowski-Metrik invariant lassen und den Ursprung festlassen.
Die unitären Endomorphismen von $\mathbb{C}^n$ kann man so nicht charakterisieren, denn die Metrik bestimmt nur die reelle Struktur von $\mathbb{C}^n = \mathbb{R}^{2n}$ mit der euklidischen Metrik $\mathrm{Re}\langle x, y\rangle$. Das Skalarprodukt ist ja nicht komplex bilinear. Ist jedoch $A \in GL(n, \mathbb{C})$, so ist $A \in U(n)$ genau dann, wenn $|Av| = |v|$ für alle $v \in \mathbb{C}^n$. Dies entnimmt man leicht den Gleichungen:

$$\begin{aligned}|v+w|^2 &= |v|^2 + |w|^2 \;+ \langle v, w\rangle + \langle w, v\rangle, \\ |v+iw|^2 &= |v|^2 + |w|^2 - i\langle v, w\rangle + \; i\langle w, v\rangle,\end{aligned}$$

daher:

$$\text{(9.3)} \qquad \langle v, w\rangle \;=\; \tfrac{1}{2}\big(|v+w|^2 + i|v+iw|^2 - (1+i)(|v|^2 + |w|^2)\big).$$

Also: eine die Norm erhaltende lineare Abbildung erhält auch das hermitesche Skalarprodukt. Wenn man z.B. einige Koordinaten konjugiert, erhält man eine normerhaltende Abbildung, die nicht komplex linear ist.

§10 Quadriken und ihre Gleichungen

Sei K ein Körper der Charakteristik ungleich 2, sei $V = K^{n+1}$ und Q eine projektive Quadrik in $P(V) = KP^n$. Und zwar sei uns Q einfach als Menge von Punkten gegeben. Wir fragen, ob dadurch die quadratische Form $\gamma : x \mapsto {}^t x \Gamma x$, $\Gamma : V \to V^*$, deren Nullstellengebilde Q ist, schon bis auf einen Faktor festgelegt ist: bestimmt eine projektive Quadrik ihre Gleichung? Das ist in der Tat im Allgemeinen der Fall, und um es genauer sagen zu können, beginnen wir mit ein paar einfachen geometrischen Bemerkungen.

Wir haben der Quadrik $Q = \{[x] \mid \gamma(x) = 0\}$ in Abhängigkeit von der gegebenen Gleichung ihre singuläre Menge $S = \{[x] \mid \Gamma x = 0\}$ zugeordnet. Also $S = P\{\ker \Gamma)$, und $\ker \Gamma$ ist der Orthogonalraum von V bezüglich γ. Diese Menge $S = S(Q)$ ist allein durch Q bestimmt:

(10.1) Bemerkung. *Ein Punkt $p \in Q$ ist genau dann in S, wenn für alle anderen $q \in Q$ die Gerade durch p und q ganz in Q liegt.*

Beweis. Letzteres gilt offenbar für die Punkte aus S, denn ist $\Gamma y = 0$ und ${}^t x\Gamma x = 0$, und $z = \lambda x + \mu y$, so ist ${}^t z\Gamma z = 0$. Ist aber $p = [y]$ regulär, also $\Gamma y \neq 0$, so ist $H = \{[x] \mid {}^t y\Gamma x = 0\}$ eine Hyperebene, nämlich die Tangentialhyperebene an Q in p. Wählt man eine Gerade durch p, nicht in H, so ist sie in p nicht tangential zu Q, enthält also außer p noch genau einen Punkt aus Q, so dass die letztere Bedingung verletzt ist. Explizit: Sei die Gerade $\{[y + sz] \mid s \in K \cup \{\infty\}\}$, dann ist $\gamma(y + sz) = s^2\gamma(z) + 2s\gamma(y, z)$, und das lineare Glied verschwindet nach Voraussetzung nicht. □

Also: S ist die Menge der "Kegelspitzen" von Q. Der Beweis liefert uns zugleich eine geometrische Charakterisierung des Tangentialraumes von Q in einem regulären Punkt p.

(10.2) Bemerkung. *Sei $p \in Q$ regulär. Eine Gerade durch p verläuft genau dann im Tangentialraum an Q in p, wenn sie entweder ganz in Q liegt, oder Q nur in p trifft. Alle anderen Geraden durch p treffen Q in genau zwei Punkten.* □

Also hängt der Tangentialraum nur von Q und nicht von der Gleichung ab. Weil die singuläre Menge ein projektiver Unterraum ist, folgt aus (10.1):

(10.3) Bemerkung. *Genau dann ist $Q = S$, wenn Q ein projektiver Unterraum ist.* □

Damit kommen wir zu dem Hauptsatz dieses Abschnitts.

(10.4) Satz. *Hat die projektive Quadrik $Q \subset KP^n$ einen regulären Punkt, so bestimmt sie die quadratische Form, deren Nullstellenmenge sie ist, eindeutig bis auf einen skalaren Faktor.*

Beweis. Wir wählen die Koordinaten in KP^n so, dass $p = [e_0] \in Q$ regulär ist, und dass der Tangentialraum in diesem Punkt die zu ${}^t e_1$ orthogonale Hyperebene ist (wir dürfen $n > 0$ annehmen). Für die Matrix Γ einer quadratischen Form $\gamma : x \mapsto {}^t x\Gamma x$ mit Nullstellenmenge Q bedeutet das

$$ {}^t e_0\Gamma e_0 = 0, \quad \Gamma e_0 = ce_1, \quad c \neq 0. $$

Also: die obere linke Ecke von Γ hat die Gestalt

$$ \begin{pmatrix} 0 & c \\ c & a \end{pmatrix} $$ (Übrige Komponenten der ersten Spalte sind 0, weil $\Gamma e_0 = e_1$).

Bis auf einen Faktor ist dann $c = 1$, und man kann übrigens (simultane Zeilen- und Spaltenumformung) die Koordinaten noch so legen, dass $[e_1] \in Q$, also $a = 0$. Nun müssen wir zeigen, dass eine symmetrische Matrix B, die insoweit wie Γ aussieht und auch Q definiert, gleich Γ ist. Es genügt, dies im Fall $n = 2$ zu zeigen: man schränke sich auf die Ebenen ein, die von $[e_0], [e_1], [e_i]$ oder von $[e_0], [e_1], [e_i + e_j], 2 \leq i \leq n, 1 \leq j \leq n$, aufgespannt werden. Zur quadratischen Form γ gehört dann eine Matrix

$$\begin{pmatrix} 0 & 1 & 0 \\ 1 & 0 & d \\ 0 & d & 2b \end{pmatrix},$$

und wir müssen zeigen, dass d, b durch die Menge $\{x \mid \gamma(x) = 0\}$ bestimmt sind. Dazu betrachte die Gerade ${}^t[1, s, \xi s], s \in K \cup \{\infty\}$. Die Gleichung $\gamma(x) = 0$ besagt für s auf Punkten der Geraden:

$$s = -(d\xi + b\xi^2)s^2.$$

Diese projektive Gerade hat also außer $[e_o], s = 0$, noch genau einen Punkt in Q für

$$s^{-1} = -d\xi - b\xi^2,$$

wie es ja sein muss, weil sie nicht tangential zu Q ist. Kennt man diesen Punkt, also diesen Wert von s^{-1} für zwei Werte aus $K \setminus \{0\}$ von ξ, so sind dadurch d und b bestimmt. □

Der ganze projektive Raum wird natürlich nur durch die verschwindende quadratische Form beschrieben. Ist Q eine Hyperebene, also die Nullstellenmenge einer Linearform α, so ist Q auch die Nullstellenmenge der quadratischen Form α^2 und dies ist bis auf einen Faktor die einzige quadratische Form, die genau auf Q verschwindet. Um das einzusehen, wählen wir die Koordinaten so, dass $\alpha(x) = x_0$. Wenn dann die quadratische Form γ auf der Hyperebene $\{x_0 = 0\}$ verschwindet, so ist $\gamma = x_0 \cdot \beta$ für eine Linearform β, und weil auch β nur auf Q verschwindet, ist $\beta = c \cdot x_0$.

(10.5) Folgerung. *Eine projetive Quadrik bestimmt ihre definierende quadratische Form eindeutig bis auf einen Faktor, es sei denn, die Quadrik ist ein projektiver Unterraum der Kodimension mindestens zwei.*

Ist $W = U \oplus V$ eine direkte Summenzerlegung von Vektorräumen und γ eine quadratische Form auf W mit Nullstellenmenge U, so verschwindet $\gamma|V$ nur im Ursprung. Dies ist eine orthogonale Zerlegung für γ, denn U ist der Kern der durch γ definierten linearen Abbildung $V \to V^*$; das bedeutet ja, dass $P(U)$ die singuläre Menge von γ ist. Die linearen und projektiven Unterräume werden also dadurch zu Quadriken, dass man auf einem komplementären Unterraum eine quadratische Form definiert, die **total anisotrop** ist, d.h. nur auf 0 verschwindet. Im (formal)

Reellen sind das alle quadratischen Formen mit lauter positiven Eigenwerten und ihre Negativen.

Ist γ total anisotrop auf K^r und gilt $0 \neq a \neq 1$, so ist auch die Form $x \mapsto \gamma(ax_1, x_2, \ldots, x_3)$ total anisotrop, und für $r > 1$ kein Vielfaches von γ. Ist also ein projektiver Unterraum der Kodimension ≥ 2 eine Quadrik, so bestimmt sie die definierende quadratische Form nicht eindeutig.

Ein Körper heißt **quadratisch abgeschlossen**, wenn jedes Element des Körperes ein Quadrat ist. Das gilt z.B. in allen algebraisch abgeschlossenen Körpern, insbesondere in $\mathbb{C}$. Über einem solchen Körper hat natürlich eine Gleichung

$$a_1x_1^2 + \ldots + a_nx_n^2 \;=\; 0, \quad n > 1,$$

stets nichttriviale Lösungen und der Ausnahmefall von (10.5) kann nicht auftreten.

(10.6) Folgerung. *Ist der Körper quadratisch abgeschlossen, so bestimmt eine projektive Quadrik ihre definierende quadratische Form stets eindeutig bis auf einen skalaren Faktor.*

Zu einer quadratischen Form γ auf einem Vektorraum V gehört die orthogonale Gruppe $O(\gamma)$ der Automorphismen A von V mit $\gamma(Ax) = \gamma(x)$. Sei $Q(\gamma)$ die Quadrik von γ.

Sei K quadratisch abgeschlossen oder $K = \mathbb{R}$ und $\text{Index}(\gamma) \neq \text{Index}(-\gamma)$.

(10.7) Folgerung. *Ist $Q(\gamma)$ nicht ein projektiver Unterraum der Kodimension mindestens 2, so erfüllt ein linearer Automorphismus A von V genau dann $AQ(\gamma) = Q(\gamma)$, wenn ein Vielfaches von A in $O(\gamma)$ ist.*

Beweis. $x \in AQ(\gamma) \iff A^{-1}x \in Q(\gamma) \iff \gamma \circ A^{-1}(x) = 0 \iff x \in Q(\gamma \circ A^{-1})$, also $AQ(\gamma) = Q(\gamma \cdot A^{-1})$, und dies ist gleich $Q(\gamma)$ genau dann, wenn $\gamma \circ A^{-1} = c \cdot \gamma$. Ist nun $K = \mathbb{R}$, so ist $c > 0$ nach Sylvester, und jedenfalls $c = d^2$, und $dA \in O(\gamma), d \neq 0$. □

Ist zum Beispiel γ die Minkowski-Metrik auf $\mathbb{R}^4$, also

$$\gamma(x) \;=\; x_0^2 - x_1^2 - x_2^2 - x_3^2,$$

so ist $O(\gamma)$ die Gruppe der Lorentztransformationen, $Q(\gamma)$ der Lichtkegel, und genau dann bildet eine lineare Transformation den Lichtkegel auf sich ab, wenn sie Vielfaches einer Lorentztransformation ist. Ist aber $K = \mathbb{R}$ und Index $(\gamma) =$ Index $(-\gamma)$, so existiert eine Transformation A mit $\gamma \circ A = -\gamma$, und kein Vielfaches von A ist orthogonal, wenn $\gamma \neq 0$.

Nun wollen wir einen Blick auf die Verhältnise im Affinen werfen. Hier bemerkt man sogleich einen Fall, in dem die singuläre Menge einer affinen Quadrik Q nicht allein durch die Menge Q bestimmt ist, sondern erst durch die zugehörige Gleichung:

(10.8) Hyperebenenfall. *Sei* $\alpha : x \mapsto {}^t ax + b$ *eine nicht konstante affine Funktion und* $Q = \{x \mid \alpha(x) = 0\}$ *die zugehörige Hyperebene. Dann ist* Q *mit der Gleichung* α *regulär, aber* Q *ist auch die Lösungsmenge der Gleichung* $\alpha(x)^2 = 0$, *und als solche ist* Q *überall singulär.* □

Es wird sich gleich zeigen, dass dieser Fall der einzige Ausnahmefall für die Übertragung der Sätze aus dem Projektiven ins Affine ist (es sei denn, der Körper hat genau drei Elemente, $K = \mathbb{F}_3$). Wir werden natürlich so vorgehen: Wir betten den affinen Raum $A = K^n$ als affinen Teil in den projektiven Raum $P = KP^{n+1}$ ein, mit unendlich ferner Hyperebene $H = \{[x] \mid x_0 = 0\}$:

$$P = A \cup H.$$

Wir homogenisieren die Gleichung einer affinen Quadrik $Q \subset A$ und erhalten dadurch eine zugehörige projektive Quadrik $\overline{Q} \subset P$, mit $\overline{Q} \cap A = Q$. Man nennt $\overline{Q}$ einen **projektiven Abschluss** von Q.

Diese Erklärung benutzt nicht nur die Punktmenge Q, sondern wieder die Gleichung. Im Hyperebenenfall, oBdA ausgehend von einer linearen Gleichung $\alpha(x) = 0$ für Q, entsteht die Gleichung $x_0 \cdot \alpha(x) = 0$ für $\overline{Q}$, also: $\overline{Q} = Q' \cup H$, mit $Q' = \{x \mid \alpha(x) = 0\} \subset P$; und ausgehend von der Gleichung $\alpha(x)^2 = 0$ für Q entsteht dieselbe Gleichung $\alpha(x)^2 = 0$ für $\overline{Q}$, also $\overline{Q} = Q'$ ist nur die zu Q gehörende projektive Hyperebene. Man kann eben dem affinen Bild nicht ansehen, ob sich die zweite Hyperebene im Unendlichen versteckt, oder durch Verdoppelung auf der ersten. Es beruhigt jedoch zu hören:

(10.9) Satz. *Sei* $\dim A > 0$ *und* $Q \subset A$ *eine affine Quadrik, die nicht in einer Hyperebene enthalten ist, dann gibt es genau eine projektive Quadrik* $\overline{Q} \subset P$ *mit* $\overline{Q} \cap A = Q$. *Ist* $p \in H$, *so ist* $p \notin \overline{Q}$ *genau dann, wenn es eine projektive Gerade durch* p *gibt, die* Q *in genau zwei Punkten trifft.*

Beweis. Wir wissen ja, dass es jedenfalls eine projektive Quadrik $\overline{Q}$ mit $\overline{Q} \cap A = 0$ gibt, und wir müssen nur zeigen, dass für jede solche das Kriterium des zweiten Satzes gilt. Nun, angenommen eine Gerade durch $p \in H$ trifft Q in genau zwei Punkten, so lägen mit p drei Punkte in $\overline{Q}$ und damit die ganze Gerade. Ihr affiner Teil enthält aber soviele Punkte wie K, also mindestens drei. Daher $p \notin \overline{Q}$. Umgekehrt sei angenommen, $p \notin \overline{Q}$. Vier Fälle sind möglich:

(i) Eine Gerade durch p trifft Q in mindestens drei Punkten. Dann liegt sie ganz in $\overline{Q}$, also $p \in \overline{Q}$, ein Widerspruch.

(ii) Keine Gerade durch p trifft Q, dann ist Q leer und liegt damit in einer Hyperebene, im Widerspruch zur Annahme.

(iii) Jede Gerade durch p und einen Punkt $q \in Q$ trifft Q nur in q. Bezeichnen wir repräsentierende Vektoren mit demselben Buchstaben wie die repräsentierten Punkte in P, so bedeutet das für die quadratische Form γ, die $\overline{Q}$

beschreibt: Ist $\gamma(q) = 0, \gamma(q + \lambda p) = 0$, so ist $\lambda = 0$. Aber $\gamma(q + \lambda p) = 2\lambda\gamma(q,p) + \lambda^2\gamma(p), \gamma(p) \neq 0$. Also folgt $\gamma(q,p) = 0$ für alle $q \in Q$, und $\{q \mid \gamma(q,p) = 0\}$ ist eine Hyperebene.

(iv) Eine Gerade durch p trifft Q in genau zwei Punkten — dann sind wir fertig.

□

(10.10) Folgerung. *Eine affine Quadrik, die nicht in einer affinen Hyperebene enthalten ist, bestimmt ihre definierende quadratische Gleichung eindeutig bis auf einen Faktor.* □

Und welche affinen Quadriken gibt es nun, die in einer Hyperebene enthalten sind? Wieder sei $A \subset P$ die Einbettung des affinen in den projektiven Raum, H die unendlich ferne Hyperebene, und $Q = A \cap \overline{Q}$ für eine projektive Quadrik $\overline{Q}$.

(10.11) Bemerkung. *Sind alle affinen Punkte von $\overline{Q}$ singulär und $Q \neq \emptyset$, so ist $\overline{Q}$ vollständig singulär, also $\overline{Q}$ ein projektiver und Q sein affiner Unterraum.*

Beweis. Wäre $p \in H \cap \overline{Q}$ regulär, so verbinde p durch eine Gerade mit einem $q \in Q$. Die Gerade liegt nach (10.1) ganz in $\overline{Q}$, ihr affiner Teil liegt in der singulären Menge S und enthält mindestens zwei Punkte, also liegt sie ganz in S, und (10.3) sagt alles. □

Wie steht es mit der Umkehrung? Da gibt es den Hyperebenenfall und noch einen Sonderfall.

(10.12) Satz. *Angenommen, die affine Quadrik Q liegt in einer Hyperebene U und enthält einen regulären Punkt p. Besitzt der Körper mindestens fünf Elemente, so ist $Q = U$ (Hyperebenenfall* (10.8)*).*

Beweis. Wir zeigen $H \subset \overline{Q}$. Dann sind wir im Hyperebenenfall, $\overline{Q}$ besteht nicht nur aus einer Hyperebene, also aus zweien, die eine ist H die andere heißt $\overline{V}$, ihr affiner Teil V liegt in U, ist also gleich U. Nun zum Beweis von $H \subset \overline{Q}$. Sei T die projektive Tangentialhyperebene an $\overline{Q}$ in p und $\overline{U}$ die projektive Hyperebene mit $\overline{U} \cap A = U$. Dann haben wir im Unendlichen die Hyperebenen $T^\infty = T \cap H$ und $U^\infty = \overline{U} \cap H$. Ist $q \in H \setminus (T^\infty \cup U^\infty)$, so ist $q \in \overline{Q}$, denn die Gerade durch p und q ist in p nicht tangential zu $\overline{Q}$, enthält also noch einen Punkt aus $\overline{Q}$, aber keinen mehr aus U, also noch einen unendlich fernen, und das kann nur q sein. Also: mit Ausnahme von zwei Hyperebenen liegt ganz H in $\overline{Q}$. Da möchte man nun mit einem Stetigkeitsargument schließen $H \subset \overline{Q}$, und algebraisch geht das so: Ist $q \in T^\infty \cup U^\infty$, so wähle man einen Punkt $h \in H \setminus (T^\infty \cup U^\infty)$. Die Gerade durch q und h liegt weder ganz in T^∞, noch ganz in U^∞, hat also mit beiden höchstens je einen Punkt gemeinsam, und weil sie mindestens sechs Punkte hat, liegen vier in $\overline{Q}$, also alle, insbesondere q. □

Der in (10.12) ausgeschlossene Körper ist der Körper mit drei Elementen, und die Ausnahme betrifft in Wahrheit nur einen Fall. Ist nämlich bei Bezeichnungen wie im Beweis von (10.12) $\dim H \geq 2$, so ist $T^\infty \cap U^\infty \neq \emptyset$, und weil jeder Punkt dieses Raumes auf einer Geraden in H liegt, die im Übrigen $T^\infty \cup U^\infty$ nicht trifft, ist $T^\infty \cap U^\infty \subset \overline{Q}$. Wäre noch ein Punkt von $T^\infty \cup U^\infty$ in $\overline{Q}$, so würde man durch geeignete Geraden gleich $T^\infty \cup U^\infty \subset \overline{Q}$ schließen, also $H \subset \overline{Q}$.

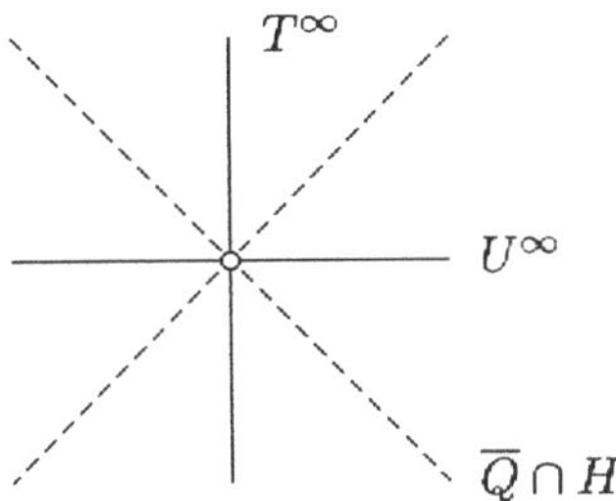

Die Situation muss also aussehen, wie die Figur zeigt, insbesondere muss $\overline{Q} \cap H$ die Vereinigung von zwei Hyperebenen sein, also vom Typ $xy = 0$, und dann ist Q vom Typ $xy = 1$ oder $xy = 0$, und in beiden Fällen liegt es nicht in einer Hyperebene.

Damit bleibt nur der Fall $\dim H = 0$ oder $\dim H = 1$. Der erste führt nicht zu einer Ausnahme, aber in der projektiven Ebene über dem Körper mit drei Elementen hat man die Quadrik zur Gleichung

(10.13) $$x_0x_1 + x_1x_2 + x_2x_0 = 0.$$

Sie besteht aus den vier Punkten $[e_0], [e_1], [e_2], [e_0 + e_1 + e_2]$ des projektiven Standardkoordinatensystems. Man kann für H die Gerade durch zwei Punkte wählen, die beiden anderen sind dann eine affine Quadrik mit zwei Punkten in K^2.

Damit kann man natürlich auf KP^2 auch beliebige vier Punkte $p_1, \ldots, p_4$ in allgemeiner Lage als Quadrik $\overline{Q}$ erhalten. Legt man H durch p_3, p_4, so ist $Q = \{p_1, p_2\}$. Man kann aber statt p_3, p_4 auch je zwei andere Punkte auf H wählen, die nicht auf der Geraden durch p_1, p_2 liegen. Das gibt drei Quadriken $\overline{Q}$ mit $\overline{Q} \cap A = 0$.

Dieser Sonderfall und der Hyperebenenfall sind die einzigen, wo $\overline{Q}$ nicht durch Q bestimmt ist. Wir fassen zusammen:

(10.14) Satz. *Ist die affine Quadrik $Q \subset K^n$ in einer Hyperebene enthalten, so ist sie entweder ein echter affiner Teilraum von K^n, oder $n = 2$, K hat drei Elemente, und Q besteht aus zwei Punkten. In diesen Fällen ist die Gleichung der Quadrik nicht durch die Quadrik bestimmt.* □

Zu diesem Paragraphen vergleiche [Gruenberg, Weir].

§11 Aufgaben

1. Seien $p, q \in \mathbb{R}^2$. Zeige: $\{x \in \mathbb{R}^2 \mid |x-p|^2 = |x-q|^2\}$ ist eine Gerade und $\{x \in \mathbb{R}^2 \mid |x-p| + |x-q| = 1\}$ eine Ellipse. Ist $U \subset \mathbb{R}^2$ eine Gerade und $p \notin U$, so ist
$$\big\{x \in \mathbb{R}^2 \;\big|\; |x-p|^2 = \min\{|x-u|^2 \mid u \in U\}\big\}$$
eine Parabel.

2. In $\mathbb{R}^3$ sei die Sattelfläche Q durch die Gleichung $x^2 - y^2 + z = 0$ gegeben. Zeige, dass es für jeden Punkt $p \in Q$ genau zwei verschiedene Geraden g_1, g_2 gibt mit $p \in g_1 \subset Q$, $p \in g_2 \subset Q$. Löse die gleiche Aufgabe auch für das einschalige Hyperboloid $x^2 + y^2 - z^2 = 1$.

3. Wie lauten die Normalformen der Kegelschnitte, die im $\mathbb{R}^2$ durch die Gleichungen
$$\begin{aligned} x^2 + 3xy + y^2 + x - 2y - 1 &= 0, \\ x^2 + 6xy + y^2 - 1 &= 0, \\ x^2 - 4xy - 4y^2 + y &= 0, \end{aligned}$$
gegeben werden?

4. Im $\mathbb{R}^3$ seien Geraden g, h, k durch folgende Gleichungen gegeben: $g : x = 0$, $y = 0$, $h : x = 1$, $z = 0$, $k : y = 1$, $z = 1$.
   (a) Zeige, dass die Geraden paarweise windschief sind (d.h. paarweise leeren Durchschnitt haben und nicht parallel sind).
   (b) Bestimme eine Fläche 2. Ordnung, die g, h und k enthält.
   (c) Bringe die Gleichung der Fläche in metrische Normalform.

5. Sei K ein Körper, $n \in \mathbb{N} \setminus \{0\}$, $i \in \{0, \ldots, n\}$ und $U_i = \big\{[x_0 : \ldots : x_n] \in KP^n \;\big|\; x_i \neq 0\big\}$. Überlege, ob U_i eine Hyperebene in KP^n ist und zeige:
   (a) Durch $U_i \to K^n$,
   $$[x_0 : \ldots : x_n] \mapsto \Big(\frac{x_0}{x_i}, \ldots, \frac{x_{i-1}}{x_i}, \frac{x_{i+1}}{x_i}, \ldots, \frac{x_n}{x_i}\Big),$$
   ist eine bijektive Abbildung erklärt.
   (b) $\bigcup_{i=0}^n U_i = KP^n$.
   (c) Die Abbildung $\iota : K^n \to KP^n$, $(x_1, \ldots, x_n) \mapsto [1 : x_1 : \ldots : x_n]$, ist injektiv, und es gilt $\iota(K^n) = U_0$.

6. Sei φ eine Projektivität einer projektiven Ebene $P(V)$, die eine Gerade G in $P(V)$ punktweise festlässt. Beweise, dass es ein $p_0 \in P(V)$ gibt, so dass für jedes $p \in P(V)$ die Punkte $p_0, p, \varphi(p)$ auf einer Geraden liegen. (G heißt Achse und p_0 Zentrum von φ).

7. Die Elemente $f \in PGL(2,\mathbb{C})$ bezeichnen wir wie in (4.3) durch

$$f : \mathbb{C}P^1 \to \mathbb{C}P^1, \quad z \to \frac{az+b}{cz+d},$$

wobei $a, b, c, d \in \mathbb{C}$, $ad-bc \neq 0$, $\mathbb{C}P^1 = \mathbb{C} \cup \{\infty\}$. Zeige, dass man jedes solche f durch Hintereinanderausführung von Translationen $z \mapsto z+b$, $b \in \mathbb{C}$, Drehstreckungen $z \mapsto az, a \in \mathbb{C} \setminus \{0\}$ und "Kreisspiegelungen" $z \mapsto \frac{1}{z}$ erhält.

8. Zeige, dass jedes $f \in PGL(2,\mathbb{C})$ die Menge der Kreise und Geraden von $\mathbb{C}P^1$ in sich überführt. Hinweis: Kreise und Geraden in $\mathbb{C}P^1$ genügen genau den Gleichungen $a|z|^2 + bz + \overline{bz} + c = 0$, wobei $a, c \in \mathbb{R}$, $|b|^2 - ac > 0$ und $\bar{z}$ die konjugiert-komplexe Zahl zu z ist.

9. Gib ein $f : \mathbb{C}P^1 \to \mathbb{C}P^1$ an, das die obere Halbebene $H = \{z \in \mathbb{C} \,|\, z > 0\}$ auf das Innere des Einheitskreises $E = \{z \in \mathbb{C} \,|\, |z| < 1\}$ abbildet.

10. Sei M eine nicht ausgeartete Quadrik und X eine Gerade in der projektiven Ebene. Von jedem Punkt $p \in X$ errichte (soweit vorhanden) zwei Tangenten an M und verbinde ihre Berührpunkte durch eine Gerade $Y(p)$. Zeige: Alle $Y(p), p \in X$, schneiden sich in einem Punkt.

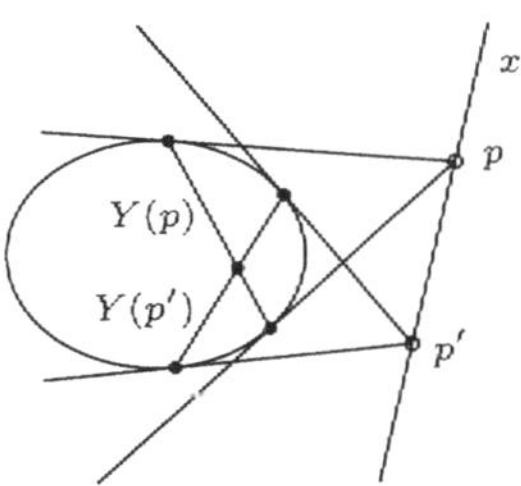

11. Sei $s : \mathbb{R}P^1 \times \mathbb{R}P^1 \to \mathbb{R}P^3$ die Segre-Einbettung. Gib eine Hyperebene $H \subset \mathbb{R}P^3$ an, so dass $s^{-1}(H) = \mathbb{R}P^1 \times \{p\} \cup \{p\} \times \mathbb{R}P^1$ für ein $p \in \mathbb{R}P^1$ ist. In diesem Fall beschreibe einen Homöomorphismus

$$(\mathbb{R}P^1 \times \mathbb{R}P^1) \setminus s^{-1}(H) \to \mathbb{R}^2 .$$

12. Sei s wie in Aufgabe 11. Gib eine Hyperebene $H \subset \mathbb{R}P^3$ an, so dass $s^{-1}(H) = \{(p,p) \mid p \in \mathbb{R}P^1\}$. Beschreibe einen Homöomorphismus

$$(\mathbb{R}P^1 \times \mathbb{R}P^1) \setminus s^{-1}(H) \to S^1 \times \mathbb{R} .$$

13. Seien p_0, p_1, p_2, p_3 vier Punkte aus $\mathbb{C}P^1 = \mathbb{C} \cup \{\infty\}$. Zeige: p_0, p_1, p_2, p_3 liegen genau dann auf einem Kreis, wenn ihr Doppelverhältnis $D(p_o, p_1, p_2, p_3)$ reell ist.

14. Für die nicht ausgeartete Quadrik $Q \subset \mathbb{R}P^2$ gib Gleichungen für die unendlich ferne Hyperebene H explizit an, so dass $Q \setminus H \subset \mathbb{R}P^2 \setminus H = \mathbb{R}^2$ jeweils eine Ellipse, Parabel bzw. Hyperbel ist.

15. Für $n = 1, 2, 4$ gib Homöomorphismen

$$Q(n, 1) \approx S^{n-1} \times \mathbb{R}^{n-1}$$

explizit an.

16. Sei $Q \subset KP^2$ eine reguläre quadratische Kurve, und $p \in Q$. Zeige: Auf der Tangente an Q in p liegt kein weiterer Punkt von Q, auf jeder anderen projektiven Gerade durch p liegt noch genau ein Punkt aus Q.

17. Seien (V, γ) und (W, ρ) endlich-dimensionale quadratische Räume über dem Körper K der Charakteristik $\neq 2$, und seien γ und ρ regulär. Sei $\varphi : V \to W$ distanztreu $\big(\rho(\varphi(x) - \varphi(y)) = \gamma(x - y)\big)$. Zeige: Ist φ bijektiv, und $\varphi(0) = 0$, so ist φ linear.

18. Berechne die affine Normalform der Quadrik $Q \subset \mathbb{R}^4$, die durch die folgende Gleichung gegeben ist

$$\begin{aligned} 2x_1x_2 + 4x_1x_3 + 6x_1x_4 + 2x_2x_3 + 4x_2x_4 + x_3^2 + 4x_3x_4 + 3x_4^2 \\ +x_1 + 2x_2 + x_3 + 2x_4 + 4 = 0 \end{aligned}$$

und bestimme die zugehörige Transformation $\tilde{x} = Bx + q$.

19. Sei K ein Körper mit $2 \neq 0$ und N eine projektive Quadrik in KP^n, die durch eine reguläre quadratische Form gegeben ist. Zeige: Enthält N einen Punkt, so enthält N mindestens 2 Punkte.

20. Sei M eine affine Quadrik in K^n und $H \subset K^n$ ein affiner Unterraum, also $H = q + U$ für einen Untervektorraum U von K^n. Dann ist $M \cap H$ eine Quadrik in $H \cong U$. Sei nun p regulär in M und $H = H_p(M)$ die Tangente von M in p. Kann p dann ein regulärer Punkt von $M \cap H$ in H sein?

21. Die Quadrik Q in K^n sei durch eine reguläre quadratische Form gegeben, und sei U ein Untervektorraum von K^n mit $U \subset Q$. Dann ist $\dim_K(U) \leq n/2$.

22. Ist im Fall von Aufgabe 21 nun $\dim_K(U) = n/2$, so zeige, dass die quadratische Form für eine geignete Basis beschrieben wird durch $\left(\begin{smallmatrix} 0 & E \\ E & 0 \end{smallmatrix}\right)$, $E =$ Einheitsmatrix.

23. Sei γ eine reguläre quadratische Form auf einem endlich-dimensionalen Vektorraum V über K mit $2 \neq 0$, und sei

$$O(\gamma) \;=\; \{A \in \mathrm{End}_K(V) \mid \gamma(Ax, Ay) \;=\; \gamma(x, y)\}$$

die zugehörige orthogonale Gruppe. Welche Werte kann $\det(A)$ für $A \in O(\gamma)$ annehmen? Was könnte man hierüber aussagen, wenn γ nicht regulär wäre?

24. Mit Voraussetzung von Aufgabe 23 gib eine explizite Beschreibung an von

$$\{A \in O(\gamma) \mid \det(A) = 1 \quad \text{und} \quad a_{11} \geq 1\}, \quad A = (a_{ij}),$$

für $\gamma(x_1, x_2) = x_1^2 - x_2^2$ auf $\mathbb{R}^2$, die hyperbolische Ebene.

25. Mit Voraussetzung von Aufgabe 23 beschreibe

$$\{A \in O(\gamma) \mid \det(A) = 1\}$$

für $\gamma(z_1, z_2) = z_1^2 + z_2^2$ in $\mathbb{C}^2$. Dies ist eine Quadrik!

Beantworte die entsprechende Frage für den Körper $\mathbb{F}_3$ mit 3 Elementen statt $\mathbb{C}$.

26. Sei V ein n-dimensionaler reeller Vektorraum. Bestimme die Normalform folgender quadratischer Gleichung, also den Typ der Quadrik, für X in $\mathrm{End}_K(V)$:

i) $\mathrm{Spur}(X^2) = 0$.

ii) $\big(\mathrm{Spur}(X)\big)^2 = 0$.

iii) Sei $f(X)$ der Koeffizient des charakteristischen Polynoms $\chi_X(t)$ bei t^{n-2}. Bestimme den Typ für $f(X) = 0$.

Hinweis: $2 \cdot f(X) = \big(\mathrm{Spur}(X)\big)^2 - \mathrm{Spur}(X^2)$. Warum?

27. Sei q eine quadratische Form auf dem endlich-dimensionalen Vektorraum V über dem Körper K von Charakteristik $\neq 2$, und seien $\alpha_1, \ldots, \alpha_r$ linear unabhängige Linearformen auf V. Zeige: Die quadratische Form Q auf $V \times K^r$, mit

$$Q(v, y) = q(v) + y_1\alpha_1(v) + \cdots + y_r\alpha_r(v)$$

hat gleichen Korang und gleichen Index wie $q \mid \{\alpha_1 = \cdots = \alpha_r = 0\}$.

Kapitel VII

Tensorrechnung

Nu bin ich erwachet,
und ist mir unbekant
Daz mir hie vor was kündic
als min ander hant.

Hier erkläre ich einen Kalkül der linearen, eigentlich der multilinearen Algebra, der auch in der Physik überall auftritt und wichtig für die Analysis ist. Ich beginne aber mit einer abstrakten Betrachtung.

§1 Kategorien und Funktoren

Schon mehrfach sind uns diese Wörter begegnet: Sie beschreiben die grundlegende Form und Struktur, in der Mathematisches sich heute darstellt. Auch diese kann man wieder mathematisch fassen:
Eine **Kategorie** $\mathcal{K}$ besteht aus einer **Klasse** $\mathrm{Ob}(\mathcal{K})$ von **Objekten** und zu je zwei Objekten $X, Y \in \mathrm{Ob}(\mathcal{K})$ aus einer Menge von **Morphismen** $\mathrm{Hom}_{\mathcal{K}}(X, Y)$, deren Elemente durch $f : X \to Y$ bezeichnet werden, so dass gilt:

(i) Für $f : X \to Y$ und $g : Y \to Z$ hat man eine Komposition $g \circ f : X \to Z$, und diese, wo sie definiert ist, ist assoziativ:

$$X \underset{f}{\to} Y \underset{g}{\to} Z \underset{h}{\to} W, \quad (h \circ g) \circ f \;=\; h \circ (g \circ f).$$

(ii) Zu jedem Objekt $X \in \mathrm{Ob}(\mathcal{K})$ hat man die **Identität** $\mathrm{id}_X \in \mathrm{Hom}_{\mathcal{K}}(X, X)$, so dass für alle f, g mit $Y \underset{f}{\longrightarrow} X \underset{g}{\longrightarrow} Z$ gilt: $\mathrm{id}_X \circ f = f$, $g \circ \mathrm{id}_X = g$.

Beachte: Eine Klasse ist meist keine Menge, z.B.: alle Mengen bilden keine Menge, wohl aber eine Klasse. Man braucht hier ein neues Wort, um nicht in logische Schwierigkeiten zu geraten. Näher darauf einzugehen lohnt jetzt nicht.

Aber für zwei Objekte X, Y ist $\mathrm{Hom}(X, Y)$ eine Menge, womit man alles machen darf, was man mit Mengen macht.

Beispiele.

(i) Die Kategorie Ens der Mengen (Objekte) und beliebigen Abbildungen $X \to Y$ als Morphismen.

(ii) Die Kategorie der Gruppen und Homomorphismen.

(iii) Die Kategorie der abelschen Gruppen und Homomorphismen.

(iv) Die Kategorie der Vektorräume über K und K-linearen Abbildungen.

(v) Die Kategorie der quadratischen Räume und orthogonalen Abbildungen.

(vi) Die Kategorie der unitären Räume und unitären Abbildungen.

(vii) Eine Gruppe G ist eine Kategorie mit nur einem Objekt; die Elemente sind die Morphismen.

(viii) Die Kategorie der topologischen Räume und stetigen Abbildungen.

Soweit konnte man die Objekte stets als Mengen mit zusätzlicher Struktur, die Morphismen als strukturerhaltende Abbildungen ansehen. Aber das muss nicht so sein:

Beispiel. Die Kategorie, deren Objekte die Gruppen sind, und deren Morphismen $G \to H$ die Konjugationsklassen $[f]$ von Homomorphismen $f : G \to H$ sind. Also die Äquivalenzklassen unter der Äquivalenzrelation

$$f_1 \sim f_2 \iff \text{es gibt ein} \quad h \in H \quad \text{mit} \quad hf_1h^{-1} = f_2.$$

Manches, was wir gewohnt sind, ist nicht in jeder Kategorie sinnvoll, z.B. muss ein Objekt keine Elemente enthalten, usw. Man kann aber in einer Kategorie sagen, was ein Isomorphismus ist: Ein Morphismus $f : X \to Y$ ist ein **Isomorphismus**, wenn es einen Morphismus $g : Y \to X$ gibt, so dass

$$f \circ g = \mathrm{id}_Y, \quad g \circ f = \mathrm{id}_X.$$

und damit dann auch was bewiesen wird, zeigen wir die wichtige

(1.1) Bemerkung. *Sei $f : X \to Y$ ein Morphismus in $\mathcal{K}$, der einen Rechtsinversen und einen Linksinversen hat; also: es gibt $g, h : Y \to X$, so dass $f \circ g = \mathrm{id}_Y$, $h \circ f = \mathrm{id}_X$. Dann ist $g = h$ und also f isomorph.*

Beweis. Es ist $h = h \circ \mathrm{id}_Y = h \circ (f \circ g) = (h \circ f) \circ g = \mathrm{id}_X \circ g = g$. □

Das zeigt zugleich die Eindeutigkeit des inversen Morphismus g in der Definition eines Isomorphismus.

Beziehungen zwischen Kategorien werden durch **Funktoren** beschrieben. Das sind gewissermaßen Homomorphismen zwischen Kategorien.
Ein **kovarianter Funktor** $F : \mathcal{A} \Longrightarrow \mathcal{B}$ zwischen den Kategorien $\mathcal{A}$ und $\mathcal{B}$ besteht aus:

(i) einer Zuordnung $F(A) \in \mathrm{Ob}(\mathcal{B})$ zu jedem Objekt $A \in \mathrm{Ob}(\mathcal{A})$;

(ii) einer Abbildung $F : \mathrm{Hom}_{\mathcal{A}}(A_1, A_2) \to \mathrm{Hom}_{\mathcal{B}}\big(F(A_1), F(A_2)\big)$ für je zwei Objekte $A_1, A_2 \in \mathrm{Ob}(\mathcal{A})$,

so dass gilt:

(iii) Für jedes Objekt A von $\mathcal{A}$ ist $F(\mathrm{id}_A) = \mathrm{id}_{F(A)}$.

(iv) $F(f \circ g) = F(f) \circ F(g)$ für alle $f, g \in \mathrm{Hom}_{\mathcal{A}}(A_1, A_2)$.

Das sind **kovariante Funktoren**, sie erhalten die Richtung der Pfeile. **Kontravariante** Funktoren kehren sie um, statt (ii) und (iv) heißt es

(ii)′ $F : \mathrm{Hom}_{\mathcal{A}}(A_1, A_2) \to \mathrm{Hom}_{\mathcal{B}}\big(F(A_2), F(A_1)\big)$.

(iv)′ $F(f \circ g) = F(g) \circ F(f)$.

(1.2) Bemerkung. *Funktoren bilden Isomorphismen auf Isomorphismen ab.*

Beweis. Gilt $X \underset{f}{\to} Y \underset{g}{\to} X$, $gf = \mathrm{id}_X$, $fg = \mathrm{id}_Y$, so $F(g)F(f) = \mathrm{id}_{F(X)}$, $F(f)F(g) = \mathrm{id}_{F(Y)}$. □

Beispiele: Es gibt viele "Vergissfunktoren", z.B. $\mathbb{C}$-Vektorräume $\Longrightarrow$ $\mathbb{R}$-Vektorräume $\Longrightarrow$ Abelsche Gruppen $\Longrightarrow$ Mengen.
Auch der offenbare Funktor
(Gruppen und Homomorphismen) $\Longrightarrow$
(Gruppen und Konjugationsklassen von Homomorphismen)
ist ein Vergissfunktor, aber beachte, dass man von der letzteren Kategorie keinen offenbaren Vergissfunktor in die Kategorie der Mengen hat.
Dies waren kovariante Funktoren, jetzt einige Kontravariante:

K-Vektorräume $\overset{*}{\Longrightarrow}$ K-Vektorräume, $V \Longmapsto V^*$, $f \Longmapsto f^*$, der Übergang zum Dualen.
Mengen $\Longrightarrow$ K-Vektorräume, $X \Longmapsto \mathrm{Map}(X, K)$ und $(f : X \to Y) \Longmapsto \big(\mathrm{Map}(Y, K) \to \mathrm{Map}(X, K), \alpha \mapsto \alpha \circ f\big)$.
Ist $\mathcal{K}$ eine Kategorie und U ein fest gewähltes Objekt, so hat man den kovarianten und den kontravarianten Funktor von $\mathcal{K}$ in die Kategorie der Mengen, gegeben durch

$$\begin{array}{ccc} X & & \mathrm{Hom}(U,X) \\ f\big\downarrow & \Longmapsto & \big\downarrow \varphi\mapsto f\circ\varphi \\ Y & & \mathrm{Hom}(U,Y) \end{array} \qquad \text{und} \qquad \begin{array}{ccc} X & & \mathrm{Hom}(X,U) \\ g\big\uparrow & & \big\downarrow \varphi\mapsto \varphi\circ g \\ Y & & \mathrm{Hom}(Y,U) \end{array}$$

Der Morphismus $F(g)$ ist der durch F von g **induzierte** Morphismus.
Ein Funktor zwischen Kategorien von abelschen Gruppen heißt **additiv**, wenn die Hom alle abelsche Gruppen sind, und $F : \mathrm{Hom}(U, V) \to \mathrm{Hom}\big(F(U), F(V)\big)$ ein Homomorphismus. Entsprechend **linear** für K-Vektorräume.

(1.3) Satz. *Ist $F : \mathcal{A} \Longrightarrow \mathcal{B}$ additiv (K-linear), so ist*

$$F(U \oplus V) \;\cong\; F(U) \oplus F(V),$$

und der Isomorphismus ist natürlich (vertauschbar mit induzierten Abbildungen).

Beweis. Die Summenzerlegung von $U \oplus V$ liefert Morphismen

$$U \xrightarrow[i_1]{} U \oplus V \xrightarrow[p_1]{} U, \quad V \xrightarrow[i_2]{} U \oplus V \xrightarrow[p_2]{} V,$$

so dass:

$$p_1 i_1 \;=\; \mathrm{id}_U, \quad p_2 i_2 \;=\; \mathrm{id}_V, \quad p_2 i_1 \;=\; 0, \quad p_1 i_2 \;=\; 0,$$
$$\mathrm{id}_{U \oplus V} \;=\; i_1 p_1 \;+\; i_2 p_2.$$

Wendet man nun den (sagen wir mal) kovarianten Funktor F an, so gelten für $F(i_1)$, $F(i_2)$, $F(p_1)$, $F(p_2)$ die analogen Gleichungen. Also hat man den Isomorphismus und seinen Inversen:

$$F(U) \oplus F(V) \xrightarrow[\big(F(i_1), F(i_2)\big)]{} F(U \oplus V) \xrightarrow[\binom{F(p_1)}{F(p_2)}]{} F(U) \oplus F(V).$$

Die Zusammensetzungen sind $\binom{F(p_1)}{F(p_2)} \big(F(i_1), F(i_2)\big) = \begin{pmatrix} \mathrm{id} & 0 \\ 0 & \mathrm{id} \end{pmatrix}$

$$\begin{aligned} \big(F(i_1), F(i_2)\big)\begin{pmatrix} F(p_1) \\ F(p_2) \end{pmatrix} \;&=\; F(i_1 p_1) + F(i_2 p_2) \;=\; F(i_1 p_1 + i_2 p_2) \\ &=\; F(\mathrm{id}) \;=\; \mathrm{id}. \end{aligned}$$

□

Das sind Beispiele für den so genannten abstract nonsense in der Mathematik.

§2 Das Tensorprodukt von Vektorräumen

Wir betrachten Vektorräume über einem festen Körper K, versehen mit einer Basis $(e_1, \dots e_n)$. Die Komponenten bezüglich der Basis schreiben wir dann oben:

$$x \;=\; \sum_i x^i e_i.$$

Die duale Basis dazu sei $(e^1, \dots, e^n)$, also $e^i(e_j) \;=\; \delta^i_j$, und wir schreiben die Vektoren des Dualraums:

$$y \;=\; \sum_j y_j e^j.$$

Eine lineare Abbildung notieren wir entsprechend:

$$Ae_j = \sum_i a^i_j e'_i, \quad A = (a^i_j).$$

Die Transformation der Koeffizienten ist dann

$$(Ax)^i = \sum_j a^i_j x^j.$$

Die Notation ist so gemacht, dass man an der Position der Indices sieht, ob es sich um **kontravariante** Vektoren (in V) oder **kovariante Vektoren** (Linearformen in V^*) handelt, und man sieht, dass über zugleich oben und unten auftretende Indices stets summiert wird. Daher die **Einsteinsche Summenkonvention**, die Summenzeichen wegzulassen und statt $\sum_i x^i e_i$ einfach $x^i e_i$ zu schreiben. Meint man noch, dass die Basen sich von selbst verstehen, so schreibt man für den Vektor x einfach x^i und eben für Ax ebenso $a^i_j x^j$. Aber ich will die Summenzeichen lassen.
Nun zum Tensorprodukt. Wir wollen **bilineare Abbildungen**

$$V \times W \to U, \quad (v, w) \mapsto \alpha(v, w)$$

zwischen Vektorräumen studieren. Also solche, für die

$$\alpha(\lambda \cdot v + \mu \cdot v', w) = \lambda \cdot \alpha(v, w) + \mu \cdot \alpha(v', w)$$

für alle $\lambda, \mu \in K$, $v, v' \in V$ und $w \in W$, und analog in der zweiten Variablen. Dabei ist U ein Vektorraum.

Wir stellen fest: Ist α so eine bilineare Abbildung und $\varphi : U \to U'$ eine lineare Abbildung von Vektorräumen, so ist auch die Abbildung $\varphi \circ \alpha : V \times W \to U'$ bilinear. Das bringt uns darauf, eine **universelle** bilineare Abbildung zu suchen, aus der alle anderen durch Anschließen von linearen Abbildungen hervorgehen.

(2.1) Definition. Das **Tensorprodukt** von V und W ist ein Vektorraum $V \otimes W$ über K, zusammen mit einer bilinearen Abbildung

$$\kappa : V \times W \to V \otimes W, \quad (v, w) \mapsto v \otimes w,$$

die folgende **universelle Eigenschaft** hat:
Zu jeder bilinearen Abbildung

$$\alpha : V \times W \to X$$

gibt es genau eine lineare Abbildung $\varphi_\alpha : V \otimes W \to X$, so dass

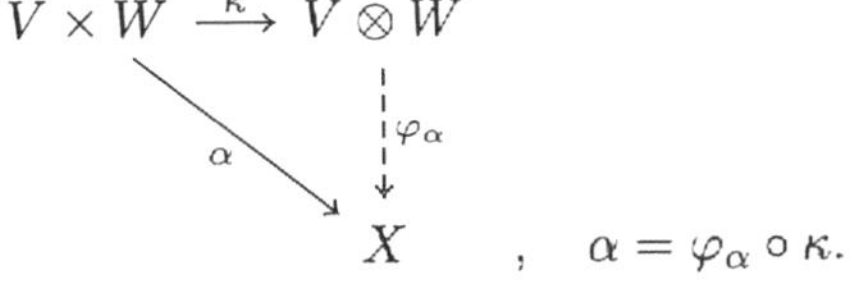

$$\alpha = \varphi_\alpha \circ \kappa.$$

Gibt es so eine bilineare Abbildung κ und so einen Raum $V \otimes W$? Und sind sie eindeutig bestimmt? Zunächst das Letztere.

Eindeutigkeit. Angenommen wir hätten zwei solche universelle bilineare Abbildungen, etwa so notiert:

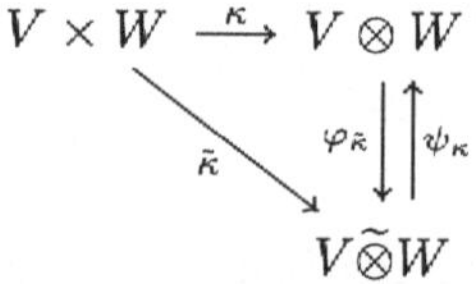

Nun, wählt man in der universellen Eigenschaft von κ die Abbildung α als $\tilde{\kappa}$, so erhält man $\varphi_{\tilde{\kappa}} \cdot V \otimes W \to V \tilde{\otimes} W$. Bei vertauschten Rollen erhält man $\psi_\kappa : V \tilde{\otimes} W \to V \otimes W$. Die Abbildungen $\kappa = \kappa$ id und $\psi_\kappa \varphi_\kappa \kappa$ sind beide bilinear von $V \times W$ nach $X = V \otimes W$ und daher ist nach der Eindeutigkeitsaussage ("genau eine") in der universellen Eigenschaft id $= \psi_\kappa \circ \varphi_{\tilde{\kappa}}$.

Anders herum ebenso mit vertauschten Rollen von $\otimes$ und $\tilde{\otimes}$. Das zeigt die Eindeutigkeit, nämlich: wir haben einen kanonischen Isomorphismus $\varphi_{\tilde{\kappa}} : V \otimes W \to V \tilde{\otimes} W$ gefunden, der κ in $\tilde{\kappa}$ überführt.

Existenz. Gibt es sowas? Nun, das ist ganz einfach und naheliegend: Es habe etwa V die Basis $(e_1, \ldots, e_n)$, und W die Basis $(e'_1, \ldots, e'_m)$. Dann ist eine bilineare Abbildung α von $V \times W$ offenbar durch die Bilder $\alpha(e_i, e'_j)$ bestimmt, und die kann man beliebig festlegen. Wir erfinden also zu jedem Par (i, j) ein Element $e_i \otimes e'_j$, und machen diese zur Basis eines Vektorraumes $V \otimes W$. Die bilineare Abbildung $\kappa : V \times W \to V \otimes W$ ist dann gegeben durch

$$V \times W \to V \otimes W, \quad (x, y) \mapsto x \otimes y,$$

$$x = \sum_i x^i e_i, \quad y = \sum_j y^j e'_j, \quad x \otimes y = \sum_{i,j} x^i y^j e_i \otimes e'_j. \tag{2.2}$$

Diese hat die universelle Eigenschaft, denn für eine beliebige bilineare Abbildung $\alpha : V \times W \to X$ ist $\alpha(e_i, e'_j) \in X$ ein wohlbestimmtes Element, und $\varphi_\alpha : V \otimes W \to X$ ist durch $\varphi_\alpha(e_i \otimes e'_j) = \alpha(e_i, e'_j)$ eindeutig bestimmt. □

Das also ist das Tensorprodukt von V und W. Die Elemente von $V \otimes W$ heißen dann **Tensoren**. Die Elemente $v \otimes w$ mit $v \in V$ und $w \in W$ heißen **Tensorprodukte**. Die Tensorprodukte $e_i \otimes e'_j$ erzeugen den Raum der Tensoren $V \otimes W$, aber nicht jedes Elment von $V \otimes W$ ist ein Tensorprodukt von Vektoren aus V und W. Ein Physiker wäre geneigt, für einen Tensor in $V \otimes W$ nur a^{ij} und für ein Tensorproukt $x^i y^j$ hinzuschreiben. Beides sind übrigens Matrizen, in der ersten sind die Koeffizienten beliebig zu wählen, in der zweiten ist der Rang höchstens 1.

Kommen wir zu den grundlegenden Eigenschaften des Tensorprodukts, also genauer: der universellen bilinearen Abbildung

$$\kappa : \; V \times W \to V \otimes W.$$

Die Zuordnung $(V,W) \Longmapsto V \otimes W$ ist ein Funktor, kovariant in beiden Variablen. Nämlich: lineare Abbildungen

$$\alpha : V \to \widetilde{V}, \quad \beta : W \to \widetilde{W}$$

induzieren eine lineare Abbildung

$$\alpha \otimes \beta : V \otimes W \to \widetilde{V} \otimes \widetilde{W}.$$

Sie geht aus dem folgenden Diagramm hervor:

$$\begin{array}{ccccc} (v,w) & & V \times W & \underset{\otimes}{\longrightarrow} & V \otimes W \\ \big\downarrow & & {\scriptstyle \alpha\times\beta}\big\downarrow & & \big\downarrow{\scriptstyle \alpha\otimes\beta} \\ \big(\alpha(v), \beta(w)\big) & & \widetilde{V} \times \widetilde{W} & \underset{\otimes}{\longrightarrow} & \widetilde{V} \otimes \widetilde{W}. \end{array} \tag{2.3}$$

Die Zusammensetzung $\llcorner\!\!\to$ ist offenbar bilinear, und daher entsteht $\alpha \otimes \beta$ aus der universellen Eigenschaft der oberen Zeile.
In Koordinaten seien α und β gegeben durch

$$\alpha(e_i) = \sum_k a_i^k \widetilde{e}_k, \quad \beta(e'_j) = \sum_\ell b_j^\ell \tilde{e}'_\ell ,$$

dann erhält man

$$\alpha \otimes \beta(e_i \otimes e'_j) = \sum_{k,\ell} a_i^k b_j^\ell \widetilde{e}_k \otimes \tilde{e}'_\ell$$

und folglich

$$\sum_{i,j} x^{ij} e_i \otimes e_j \underset{\alpha\otimes\beta}{\to} \longmapsto \sum_{k,\ell} \Big(\sum_{i,j} a_i^k b_j^\ell x^{ij}\Big) \widetilde{e}_k \otimes \tilde{e}'_\ell.$$

Die Transformation der Koordinaten ist also

$$\alpha \otimes \beta : (x^{ij}) \to \Big(\sum_{i,j} a_i^k b_j^\ell x^{ij}\Big) \tag{2.4}$$

Physiker sagen dazu, dass die oberen Indices **kontravariant** transformiert werden, d.h. recht verstanden durch Multiplikation mit der zugehörigen Matrix.
Das Tensorprodukt ist bei festgehaltener anderer Variablen in jeder Variablen ein linearer Funktor, also

$$\begin{aligned} (\alpha_1 + \alpha_2) \otimes \beta &= \alpha_1 \otimes \beta + \alpha_2 \otimes \beta : \\ & \quad v \otimes w \mapsto \alpha_1(v) \otimes w + \alpha_2(v) \otimes w. \end{aligned}$$

Das folgt, wie man sieht, daraus, dass $(v,w) \mapsto v \otimes w$ bilinear ist.

Beachte, dass die Tensorprodukte $v \otimes w$ zwar nicht alle Tensoren sind, aber doch alle erzeugen.

Aus unseren abstract nonsense Bemerkungen folgt:

$$(2.5)\qquad (U_1 \oplus U_2) \otimes V \;=\; (U_1 \otimes V) \oplus (U_2 \otimes V),$$

und ebenso in der anderen Variablen.
Man hat offenbare kanonische Isomorphismen

$$(2.6)\qquad V \otimes W \overset{\cong}{\to} \to W \otimes V, \quad v \otimes w \mapsto w \otimes v,$$

$$(2.7)\qquad U \otimes (V \otimes W) \to (U \otimes V) \otimes W, \quad u \otimes (v \otimes w) \mapsto (u \otimes v) \otimes w.$$

Man kann das Tensorprodukt als assoziativ auffassen und den Isomorphismus (2.7) zur Identifikation von $u \otimes (v \otimes w)$ mit $(u \otimes v) \otimes w$ benutzen, muss das aber nicht. Was man jeweils tut hängt davon ab, ob man gerade assoziative Produkte studieren will, oder nicht assoziative, wie z.B. das Kreuzprodukt.
Man hat den wichtigen kanonischen Isomorphismus

$$(2.8)\qquad K \otimes V \overset{\cong}{\to} \to V, \quad \lambda \otimes v \mapsto \lambda \cdot v,$$

mit der Umkehrung $v \mapsto 1 \otimes v$. Beachte:

$$1 \otimes \lambda \cdot v \;=\; \lambda \cdot (1 \otimes v) \;=\; \lambda \otimes v.$$

Benutzen wir das assoziative Tensorprodukt, so können wir aus dem Vektorraum V die **Tensoralgebra**

$$(2.9)\qquad T(V) \;=\; V^{(0)} \oplus V^{(1)} \oplus V^{(2)} \oplus \ldots$$

mit $V^{(0)} := K$ und $V^{(j)} = V \otimes \ldots \otimes V$, j Faktoren, bilden. Durch das offenbare Produkt $V^{(j)} \otimes V^{(k)} \to V^{(j+k)}$ wird dies zu einer assoziativen Algebra über K.
Jede bilineare Abbildung lässt sich als Abbildung eines Tensorprodukts lesen. Einige wichtige Beispiele:

$$(2.10)\qquad e:\; \mathrm{Hom}_K(V,W) \otimes V \to W, \quad \alpha \otimes v \mapsto \alpha(v),$$

die **Evaluation**,

$$(2.11)\qquad \begin{aligned} &\mathrm{Hom}_K(V,W) \otimes \mathrm{Hom}_K(U,V) \to \mathrm{Hom}_K(U,W), \\ &\qquad\qquad \alpha \otimes \beta \mapsto \alpha \circ \beta \end{aligned}$$

die **Komposition**.

Ich will die Liste nicht uferlos fortsetzen, sondern komme unmittelbar zu wichtigen Formeln, die im Rechenkalkül der Physiker grundlegend sind. Ich erinnere an den Dualraum $V^* = \mathrm{Hom}_K(V, K)$. Man hat die kanonische lineare Abbildung

$$(2.12)\qquad \begin{aligned} \kappa:\; &V^* \otimes W^* \to (V \otimes W)^*, \\ &\alpha \otimes \beta \mapsto \big(v \otimes w \mapsto \alpha(v) \cdot \beta(w)\big). \end{aligned}$$

Die rechte Seite der unteren Zeile meint die Linearform, die $v \otimes w$ auf $\alpha(v) \cdot \beta(w)$ abbildet. In Basen $(e_1, \dots, e_m)$ von V und $(\widetilde{e}_1, \dots, \widetilde{e}_n)$ von W und den oben indizierten entsprechenden Dualbasen heißt das:

$$e^j \otimes \widetilde{e}^i \mapsto (e_k \otimes \widetilde{e}_\ell \mapsto e^j(e_k) \cdot \widetilde{e}^i(\widetilde{e}_\ell) \;=\; \delta^j_k \delta^i_\ell).$$

Mit anderen Worten: $\{e^j \otimes \widetilde{e}^i \mid j = 1, \dots, m;\ i = 1, \dots, n\}$ geht gerade auf die duale Basis der Basis $\{e_j \otimes \widetilde{e}_i\}$ von $V \otimes W$. Das besagt:

(2.13) Satz. *Für endlich-dimensionale Vektorräume ist die kanonische Abbildung* $\kappa : V^* \otimes W^* \to (V \otimes W)^*$ *in* (2.12) *ein Isomorphismus.* □

Wir wollen diesen Isomorphismus als Gleichheit lesen. Eine zweite wichtige Zutat des Kalküls ist die kanonische linare Abbildung:

$$\text{(2.14)} \qquad \begin{aligned} V^* \otimes W &\to \mathrm{Hom}_K(V, W), \\ \alpha \otimes w &\mapsto \big(v \mapsto \alpha(v) \cdot w\big). \end{aligned}$$

In Basen wie oben heißt das

$$e^j \otimes \widetilde{e}_i \mapsto \big(e_k \mapsto e^j(e_k) \cdot \widetilde{e}_i \;=\; \delta^j_k \widetilde{e}_i\big).$$

Das heißt also, der Tensor

$$(x^i_j) \;=\; \sum_{i,j} x^i_j e^j \otimes \widetilde{e}_i$$

geht auf die lineare Abbildung

$$e_k \mapsto \sum_i x^i_k \widetilde{e}_i$$

zur Matrix (x^i_j). Das zeigt explizit:

(2.15) Satz. *Für endlich-dimensionale Vektorräume ist die kanonische lineare Abbildung* $V^* \otimes W \to \mathrm{Hom}_K(V, W)$ *in* (2.14) *ein Isomorphismus. Nach Wahl von Basen bildet sie den Tensor* $\sum_{i,j} x^i_j e^j \otimes \widetilde{e}_i$ *auf die Matrix* (x^i_j) *ab.* □

So können wir für endlich-dimensionale Vektorräume alle Hom$'s$ vergessen, man hat nur $V, V^*, \dots$ und Tensoren. Verstehen sich (hoffentlich!) die Vektorräume und die Basen, so kann man einen Tensor einfach durch seine Komponenten beschreiben:

$$\big(x^{i_1 \dots i_k}_{j_1 \dots j_\ell}\big) \in V_1 \otimes \cdots \otimes V_k \otimes W_1^* \otimes \cdots \otimes W_\ell^*.$$

Zu jedem oberen Index i_ν gehört ein Basiselement von V_ν, zu jedem unteren j_ν ein duales Basiselement von W_ν^* im Tensorprodukt.

Entsprechend werden diese Komponenten transformiert: Transformiert man die Basis des ν-ten Faktors V_ν, und ist (t^i_j) die Matrix der Transformation, so wird der Tensor mit Komponenten

$$\left(x^{\cdots j \cdots}\right), \quad j = j_\nu ,$$

in den neuen Koordinaten durch

$$\left(t^i_j \cdot x^{\cdots j \cdots}\right)$$

beschrieben, und hier ist über j zu summieren. Für untere Indices geht es entprechend mit der transponierten Matrix (t^j_i).

Hier setze ich der Einfachheit halber voraus, dass mit Hilfe von (2.6) die Faktoren des Tensorprodukts so geordnet worden sind, dass erst die Räume und dann die Dualräume kommen.

Nach dieser Beschreibung ist für einen endlich-dimensionalen Vektorraum V insbesondere

$$\mathrm{End}_K(V) = \mathrm{Hom}_K(V, V) = V^* \otimes V,$$

und nach (2.10) mit $W = V$ hat man die kanonische lineare Abbildung

$$\text{(2.16)} \qquad \begin{aligned} \mathrm{Spur}: \ \mathrm{End}_K(V) &= \mathrm{Hom}_K(V, K) \otimes V \xrightarrow{e} \to K \\ \sum_{i,j} x^i_j e^j \otimes e_i \mapsto \sum_{i,j} x^i_j e^j(e_i) &= \sum_i x^i_i . \end{aligned}$$

Im Tensorkalkül drückt sich solche Spurbildung in geeigneten Faktoren $\cdots \otimes V^* \otimes \cdots \otimes V \otimes \ldots$ dadurch aus, dass man in dem Tensor $\left(x^{i_1 \ldots i_k}_{j_1 \ldots j_\ell}\right)$ einen passenden oberen Index mit einem passenden unteren gleichsetzt, was dann so zu lesen ist, dass man über diesen Index zu summieren hat. Diese Operation nennt man auch **Verjüngen des Tensors**.

Schließlich, ohne es hier zu verfolgen, noch ein Kommentar zur Komplexifizierung. Sei V ein Vektorraum über K und sei K ein Teilkörper von L. Man muss dann K-lineare oder -bilineare von L-linearen bzw. -bilinearen Abbildungen unterscheiden. Entsprechend notieren wir am Tensorprodukt den relevanten Körper und schreiben etwa $V \otimes_K W$ oder $V \otimes_L W$ wo beides sinnvoll ist.
Damit kommen wir zur Erklärung:

Sei $K \subset L$ ein Teilkörper und V ein Vektorraum über K. Dann ist $L \otimes_K V$ ein Vektorraum über L durch die L-Operation

$$\lambda \cdot (\mu \otimes_K v) := \lambda\mu \otimes_K v.$$

Bezeichnet F den Vergissfunktor von L-Vektorräumen zu K-Vektorräumen, so ist

$$F(L \otimes_K V) = F(L) \otimes_K V.$$

Man hat den kanonischen Isomorphismus

$$\text{Hom}_L\big(L \otimes_K V, W\big) \overset{\cong}{\to} \text{Hom}_K(V, F(W)) \tag{2.17}$$

für jeden L-Vektorraum W. Die Abbildungen sind so definiert:

$$\begin{aligned}
&\text{Hom}_L(L \otimes_K V, W) \ni \alpha \mapsto \alpha|(K \otimes_K V) = \alpha|V \in \text{Hom}_K\big(V, F(W)\big),\\
&\text{Hom}_K\big(V, F(W)\big) \ni \beta \mapsto \widetilde{\beta}, \quad \text{mit} \quad \widetilde{\beta}(\lambda \otimes_K v) \;=\; \lambda \cdot \beta(v).
\end{aligned}$$

Für $K = \mathbb{R}$ und $L = \mathbb{C}$ hat man die Komplexifizierung $\mathbb{C} \otimes_{\mathbb{R}} V$ eines reellen Vektorraumes V.

§3 Alternierende Formen

In diesem Abschnitt sei der Körper K von der Charakteristik 0, was bedeutet, es sei $\mathbb{Q} \subset K$. Wir denken an $K = \mathbb{R}$ oder $K = \mathbb{C}$. Sei V ein n-dimensionaler Vektorraum über$K$, und sei

$$V^k \;=\; V \times V \times \ldots \times V \;=\; \{(v_1, \ldots, v_k) \mid v_j \in V\}$$

das k-fache Produkt von V mit sich selbst. Eine **k-Form** oder **Multilinearform** vom **Grad** k auf V ist eine multilineare Abbildung

$$\alpha : \; V^k \to K, \quad (v_1, \ldots, v_k) \mapsto \alpha(v_1, \ldots, v_k),$$

und das ist, wie wir jetzt wissen, dasselbe wie eine lineare Abbildung

$$V \otimes \cdots \otimes V \to K, \quad (k \text{ Faktoren}),$$

also ein Element aus

$$(V \otimes \cdots \otimes V)^* \;=\; V^* \otimes \cdots \otimes V^*. \tag{3.1}$$

Sei $Q^k(V)$ der Raum aller k-Formen auf V. Man hat das Produkt

$$\begin{aligned}
&Q^k(V) \times Q^\ell(V) \to Q^{k+\ell}(V), \; (\alpha, \beta) \mapsto \alpha \cdot \beta\\
&\alpha \cdot \beta(v_1, \ldots, v_{k+\ell}) \;=\; \alpha(v_1, \ldots v_k) \cdot \beta(v_{k+1}, \ldots, v_\ell),
\end{aligned}$$

oder in Tensorschreibweise mit (3.2):

$$\big((\alpha_1 \otimes \cdots \otimes \alpha_k), \; (\beta_1 \otimes \cdots \otimes \beta_\ell)\big) \mapsto \alpha_1 \otimes \cdots \otimes \alpha_k \otimes \beta_1 \otimes \cdots \otimes \beta_\ell.$$

Es bezeichne $S(k)$ die k-te **symmetrische Gruppe**, also die Gruppe aller Permutationen der Menge $\{1, \ldots, k\}$. Auf dieser Menge operiert $S(k)$ nach unserer Notation von links, also $\sigma\tau = \sigma \circ \tau$ ist die Zusammensetzung der Abbildungen σ und τ.

Eine k-Form α auf V heißt **alternierend**, wenn für alle $\sigma \in S(k)$ gilt

$$\alpha(v_1, \dots, v_k) \;=\; \operatorname{sig}(\sigma) \cdot \alpha(v_{\sigma(1)}, \dots, v_{\sigma(k)}),$$

wobei $\operatorname{sig}(\sigma)$ das **Signum** der Permutation σ ist, also

$$\operatorname{sig}(\sigma) \;=\; \prod_{i<j} \frac{i-j}{\sigma(i)-\sigma(j)}.$$

Natürlich hätte es genügt zu fordern, dass α den Faktor -1 aufnimmt, wenn man zwei nebeneinanderstehende Komponenten v_j vertauscht. Es genügt auch zu fordern, dass α stets verschwindet, wenn zwei Komponenten gleich sind: Eine alternierende Form erfüllt das, denn man darf — bis aufs Vorzeichen — annehmen, dass die gleichen Komponenten nebeneinander stehen. Beim Vertauschen nimmt die Form den Faktor -1 auf, ist aber unverändert, also Null. Umgekehrt schließt man, indem man die linke Seite der Gleichung

$$\alpha(v_1, \dots, v_i, v_i + v_{i+1}, v_i + v_{i+1}, v_{i+2}, \dots, v_k) \;=\; 0$$

multilinear ausrechnet. Die Menge aller alternierenden k-Formen, die man auch **äußere** k-Formen nennt, ist ein Unterraum $\operatorname{Alt}^k V \subset \mathcal{Q}^k V$, und offenbar ist $\operatorname{Alt}^0 V = \mathbb{R}$ und $\operatorname{Alt}^1 V = V^*$. Ist $V = \mathbb{R}^n$, so ist

$$\det : \; V^n \to \mathbb{R}$$

eine alternierende n-Form. Aus obiger Betrachtung folgt die

(3.2) Bemerkung. *Ist $\alpha \in \operatorname{Alt}^k V$, so ist $\alpha(v_1, \dots, v_k) = 0$ falls die $(v_1, \dots, v_k)$ linear abhängig sind, und daher*

$$\operatorname{Alt}^k V \;=\; 0 \quad \textit{für} \quad k > \dim V.$$

Beweis. Ist etwa $v_1 \;=\; \sum_{i>1} \lambda_i v_i$, so
$\alpha(v_1, \dots, v_k) = \sum_{i>1} \lambda_i \alpha(v_i, v_2, \dots, v_i, \dots, v_k) = 0.$ □

Wir definieren eine Linksoperation der Gruppe $S(k)$ auf dem Raum der k-Formen $\mathcal{Q}^k V$ durch

$$\sigma\alpha(v_1, \dots, v_k) \;:=\; \operatorname{sig}(\sigma)\alpha(v_{\sigma(1)}, \dots, v_{\sigma(k)}), \quad \sigma \in S(k), \quad \alpha \in \mathcal{Q}^k V.$$

Eine k-Form α ist genau dann alternierend, wenn

$$\sigma\alpha \;=\; \alpha \quad \text{für alle} \quad \sigma \in S(k).$$

Also: bei unserer Festsetzung der Operation von $S(k)$ auf $\mathcal{Q}^k V$ besteht $\operatorname{Alt}^k V \subset \mathcal{Q}^k V$ gerade aus den unter der Operation von $S(k)$ invarianten Elementen. Wir definieren die **Projektion**

$$\mathbf{a} : \; \mathcal{Q}^k V \to \operatorname{Alt}^k V, \quad \mathbf{a} \,|\, \operatorname{Alt}^k V \;=\; \mathrm{id},$$

durch

$$\mathbf{a}\alpha := \frac{1}{k!} \sum_{\sigma \in S(k)} \sigma\alpha, \tag{3.3}$$

und wir nennen $\mathbf{a}\alpha$ den **Alternator** der k-Form α. Also: $\mathbf{a}\alpha$ ist der Mittelwert der Transformierten $\sigma\alpha$, $\sigma \in S(k)$, und es ist daher ziemlich klar, dass $\mathbf{a}$ eine Projektion ist: Ist $\alpha \in \mathrm{Alt}^k V$, so ist $\sigma\alpha = \alpha$ für alle σ, also $\mathbf{a}\alpha = \alpha$, und ist α beliebig, so ist für $\tau \in S(k)$

$$\tau(\mathbf{a}\alpha) = \frac{1}{k!} \sum_{\sigma} \tau\sigma\alpha = \mathbf{a}\alpha,$$

denn mit σ durchläuft auch $\tau\sigma$ die Gruppe $S(k)$. Also $\mathbf{a}\alpha$ bleibt fest bei allen $\tau \in S(k)$, ist daher alternierend.

Jetzt definieren wir das **äußere Produkt** (**Dachprodukt**)

$$\begin{gathered} \wedge : \mathrm{Alt}^k V \times \mathrm{Alt}^\ell V \to \mathrm{Alt}^{k+\ell} V, \quad (\alpha, \beta) \mapsto \alpha \wedge \beta, \\ \alpha \wedge \beta := (k, \ell) \cdot \mathbf{a}(\alpha \cdot \beta), \quad (k, \ell) := \frac{(k+\ell)!}{k! \cdot \ell!}. \end{gathered} \tag{3.4}$$

Über den Vorfaktor (k, ℓ) herrscht in der Literatur nicht allgemeine Einigkeit, wenngleich das Richtige auf dem Vormarsch ist. Es kommt auch vor, dass im Zuge der Anpassung und Verbesserung Unstimmigkeiten innerhalb eines Lehrbuches entstehen. Man kann die Definition so verstehen: Die Form $\alpha \cdot \beta$ ist ja nicht alternierend, aber sie bleibt schon fest unter der Operation der Untergruppe

$$S(k) \times S(\ell) \subset S(k + \ell),$$

deren Faktoren $S(k)$ und $S(\ell)$ die Permutationsgruppen der ersten k und der letzten ℓ Indices sind. Die Formel (3.4) läuft nun darauf hinaus, dass man die Summe

$$\alpha \wedge \beta = \sum_{\sigma} \sigma(\alpha \cdot \beta)$$

bildet, wobei σ ein Repräsentantensystem von Rechtsnebenklassen $\sigma \cdot \big(S(k) \times S(\ell)\big)$ dieser Untergruppe in $S(k + \ell)$ durchläuft.

(3.5) Eigenschaften des äußeren Produkts. *Das äußere Produkt ist*

(i) **bilinear**, *also linear in jedem Faktor bei festem anderen;*

(ii) **graduiert antikommutativ**, *das heißt: ist* $\alpha \in \mathrm{Alt}^k V$, $\beta \in \mathrm{Alt}^\ell V$, *so ist*

$$\alpha \wedge \beta = (-)^{k \cdot \ell} \beta \wedge \alpha;$$

(iii) *assoziativ, nämlich für* $\alpha \in \mathrm{Alt}^k V$, $\beta \in \mathrm{Alt}^\ell V$, $\gamma \in \mathrm{Alt}^r V$ *ist*

$$(\alpha \wedge \beta) \wedge \gamma = \alpha \wedge (\beta \wedge \gamma) = \frac{(k+\ell+r)!}{k!\ell!r!}\mathbf{a}(\alpha \cdot \beta \cdot \gamma)$$

(iv) **natürlich**.

Letztere Bedingung bedeutet folgendes: Eine lineare Abbildung $f : V \to W$ von Vektorräumen induziert die lineare Abbildung

$$f^k : V^k \to W^k, \quad (v_1, \ldots, v_k) \mapsto \big(f(v_1,), \ldots, f(v_k)\big)$$

und damit die lineare Abbildung

$$\mathcal{Q}^k f : \mathcal{Q}^k W \to \mathcal{Q}^k V, \quad \alpha \mapsto \alpha \circ f^k,$$

und diese Abbildung induziert durch Beschränkung eine Abbildung

$$f^* = \mathrm{Alt}^k f : \mathrm{Alt}^k W \to \mathrm{Alt}^k V. \tag{3.6}$$

Ist nämlich $\sigma\alpha = \alpha$ für alle $\sigma \in S(k)$, so insbesondere $\sigma(\alpha \circ f^k) = \alpha \circ f^k$. Alle diese induzierten Abbildungen sind **funktoriell**, also

$$\mathrm{id}^* = \mathrm{id}, \quad (f \circ g)^* = g^* \circ f^*,$$

nämlich $(f \circ g)^*\alpha = \alpha \circ (f \circ g)^k = \alpha \circ f^k \circ g^k = g^*(f^*\alpha)$. Dass nun das äußere Produkt für diese induzierten Abbildungen natürlich ist, heißt:

$$f^*(\alpha \wedge \beta) = f^*\alpha \wedge f^*\beta.$$

Beweis von (3.5). (i) ist klar, $\alpha \cdot \beta$ ist bilinear, und $\mathbf{a}$ ist linear.

(ii) Sei $\tau \in S(k+\ell)$ die Vertauschung der ersten k mit den letzten ℓ Indices, dann ist $\alpha \cdot \beta = \mathrm{sig}(\tau) \cdot \tau(\beta \cdot \alpha) = (-)^{k \cdot \ell}\tau(\beta \cdot \alpha)$, also

$$\begin{aligned} \alpha \wedge \beta &= (k,\ell)\mathbf{a}(\alpha \cdot \beta) = \frac{(k,\ell)}{(k+\ell)!}\sum_\sigma \sigma(\alpha \cdot \beta) \\ &= (-)^{k \cdot \ell}\frac{(k,\ell)}{(k+\ell)!}\sum_\sigma \sigma\tau(\beta \cdot \alpha) \\ &= (-)^{k \cdot \ell}\frac{(k,\ell)}{(k+\ell)!}\sum_\sigma \sigma(\beta \cdot \alpha) = (-)^{k \cdot \ell}\beta \wedge \alpha. \end{aligned}$$

(iv) ist klar, wie gesagt, und für (iii) berechnen wir $(\alpha \wedge \beta) \wedge \gamma$.

$$(\alpha \wedge \beta) \wedge \gamma = \frac{(k+\ell)!}{k!\ell!}\mathbf{a}(\alpha \cdot \beta) \wedge \gamma = \frac{(k+\ell+r)!}{k!\ell!r!}\mathbf{a}\big(\mathbf{a}(\alpha \cdot \beta) \cdot \gamma\big),$$

$$\mathbf{a}\big(\mathbf{a}(\alpha\cdot\beta)\cdot\gamma\big) \;=\; \frac{1}{(k+\ell+r)!}\frac{1}{(k+\ell)!}\sum_{\sigma\in S(k+\ell+r)}\;\sum_{\tau\in S(k+\ell)}\sigma\big(\tau(\alpha\cdot\beta)\cdot\gamma\big).$$

Wir fassen $S(k+\ell)$ als die Untergruppe von $S(k+\ell+r)$ auf, die nur die ersten $k+\ell$ Indexe bewegt, dann steht da:

$$\begin{aligned}\mathbf{a}\big(\mathbf{a}(\alpha\cdot\beta)\cdot\gamma\big) &= \frac{1}{(k+\ell)!}\sum_{\tau\in S(k+\ell)}\frac{1}{(k+\ell+r)!}\sum_{\sigma\in S(k+\ell+r)}\sigma\tau(\alpha\cdot\beta\cdot\gamma)\\ &= \frac{1}{(k+\ell)!}\sum_{S(k+\ell)}\mathbf{a}(\alpha\cdot\beta\cdot\gamma) \;=\; \mathbf{a}(\alpha\cdot\beta\cdot\gamma).\end{aligned}$$

Das ist das Behauptete, und die Rechnung für $\alpha\wedge(\beta\wedge\gamma)$ führt aus Symmetriegründen zum selben Ziel. □

Das Ergebnis der letzten Rechnung kann man auch so sehen: Es ist

$$\alpha\wedge\beta\wedge\gamma \;=\; \sum_{\sigma}\sigma(\alpha\cdot\beta\cdot\gamma),$$

wobei σ ein Repräsentantensystem von Rechtsnebenklassen von $S(k)\times S(\ell)\times S(r)$ in der Gruppe $S(k+\ell+r)$ durchläuft.

Das Assoziativgesetz berechtigt uns, einfach $\alpha_1\wedge\alpha_2\wedge\cdots\wedge\alpha_\ell$ zu schreiben, und man erhält sofort durch Induktion:

$$\alpha_1\wedge\cdots\wedge\alpha_\ell \;=\; \frac{(k_1+\cdots+k_\ell)!}{k_1!\cdot\ldots\cdot k_\ell!}\mathbf{a}(\alpha_1\cdot\ldots\cdot\alpha_\ell), \tag{3.7}$$

wenn α_j den Grad k_j hat.

(3.8) Folgerung. *Ist $\alpha_i\in\operatorname{Alt}^1V$ für $i=1,\ldots,\ell$, so ist*

$$\alpha_1\wedge\cdots\wedge\alpha_\ell(v_1,\ldots,v_\ell) \;=\; \det\big(\alpha_i(v_j)\big).$$

Beweis.

$$\begin{aligned}\alpha_1\wedge\cdots\wedge\alpha_\ell(v_1,\ldots,v_\ell) &= \ell!\cdot\mathbf{a}(\alpha_1\cdot\ldots\cdot\alpha_\ell)(v_1,\ldots,v_\ell)\\ &= \sum_{\sigma\in S(\ell)}\operatorname{sig}(\sigma)\cdot\alpha_1(v_{\sigma(1)})\cdots\alpha_\ell\big(v_{\sigma(\ell)}\big)\\ &= \det\big(\alpha_i(v_j)\big).\end{aligned}$$ □

Man nennt die direkte Summe

$$\operatorname{Alt}V \;=\; \bigoplus_{k=0}^{n}\operatorname{Alt}^kV,\quad n \;=\; \dim V,$$

die **äußere Algebra** von V. Die Multiplikation in dieser Algebra ist durch das Dachprodukt induziert. Wir haben also einen Funktor **Alt** von der Kategorie der reellen Vektorräume in die Kategorie der reellen Algebren definiert, der einem Homomorphismus $f : V \to W$ von Vektorräumen den induzierten Homomorphismus

$$f^* = \mathrm{Alt}(f) : \mathrm{Alt}(W) \to \mathrm{Alt}(V)$$

von Algebren zuordnet.

Wir wollen die Räume Alt V und $\mathrm{Alt}^k V$ durch Basen explizit beschreiben. Sei also jetzt $(e_1, \dots, e_n)$ eine Basis von V und $(e^1, \dots, e^n)$ die duale Basis von V^*, also

$$e^i(e_j) = \delta^i_j.$$

Eine Form $\alpha \in \mathrm{Alt}^k V$ ist dann offenbar bestimmt durch die Werte auf allen k-Tupeln $(e_{i_1}, \dots, e_{i_k})$, $0 < i_1 < i_2 < \dots < i_k \leq n$, von Basisvektoren.

(3.9) Satz. *Die Elemente* $e^{i_1} \wedge \dots \wedge e^{i_k}$, $0 < i_1 < \dots < i_k \leq n$, *bilden eine Basis von* $\mathrm{Alt}^k V$, *also* $\dim \mathrm{Alt}^k V = \binom{n}{k}$, $\dim \mathrm{Alt}\ V = 2^n$.

Beweis. Sei $0 < i_1 < \dots < i_k \leq n$ und $0 < j_1 < \dots < j_k \leq n$, dann ist

$$(e^{i_1} \wedge \dots \wedge e^{i_k})(e_{j_1}, \dots, e_{j_k}) = \det\left(e^{i_\nu}(e_{j_\mu})\right)$$

gleich 0, falls $(i_1, \dots, i_k) \neq (j_1, \dots, j_k)$, und 1 sonst, woraus folgt, dass die angegebenen Elemente linear unabhängig sind, und dass der von ihnen erzeugte Raum auf den $(e_{j_1}, \dots, e_{j_k})$ alle Werte annimmt. □

Insbesondere ist $\dim \mathrm{Alt}^n V = 1$, und $\mathrm{Alt}^n V$ wird von der Form

$$e^1 \wedge \dots \wedge e^n = \det : V^n \to \mathbb{R}$$

erzeugt; die Determinante ist hier als die alternierende n-Form definiert, die auf der gewählten Basis den Wert 1 annimmt. Die Basiselemente $e^{i_1} \wedge \dots \wedge e^{i_k}$ von $\mathrm{Alt}^k V$ entsprechen gerade den stets nach der Größe geordneten Teilmengen $S = \{i_1, \dots, i_k\}$ von genau k Elementen, $|S| = k$, und wir bezeichnen diese Elemente kurz mit e^S und setzen entsprechend $(e_{i_1}, \dots, e_{i_k}) = e_S$, so dass

$$e^S(e_T) = \delta^S_T = \begin{cases} 1 & \text{falls } S = T, \\ 0 & \text{sonst.} \end{cases}$$

Bezeichnen wir mit V_S das Erzeugnis der Basisvektoren e_S in V, so haben wir die Inklusion und Projektion

$$V_S \underset{i_S}{\longrightarrow} V \underset{p^S}{\longrightarrow} V_S, \quad p^S \circ i_S = \mathrm{id},$$

und wenden wir hierauf Alt^k mit $|S| = k$ an, so erhalten wir

$$\mathrm{Alt}^k V_S \underset{i_S^*}{\longleftarrow} \mathrm{Alt}^k V \underset{p^{S*}}{\longleftarrow} \mathrm{Alt}^k V_S, \quad i_S^* \circ p^{S*} = \mathrm{id}.$$

Also: p^{S*} ist eine Inklusion mit zugehöriger Projektion i_S^*. Das Erzeugende e^S von $\mathrm{Alt}^k V_S$ wird dabei auf $e^S \in \mathrm{Alt}^k V$ abgebildet, und der Satz sagt demnach:

$$\text{(3.10)} \qquad \mathrm{Alt}^k V \;=\; \bigoplus_{|S|=k} \mathrm{Alt}^k V_S, \quad \alpha \mapsto \big(\alpha(e_S)\cdot e^S\big),$$

und $\mathrm{Alt}^k V_S$ ist von e^S erzeugt. Also: der Koeffizient von α für die Basis der e^S ist $\alpha(e_S)$, weil $e^S(e_T) = \delta_T^S$.
Auch die induzierten Abbildungen $f^* = \mathrm{Alt}\, f$ können wir in Koordinaten angeben. Ist zunächst f eine lineare Abbildung, gegeben durch eine Matrix

$$f \;=\; (a_j^i) : \; \mathbb{R}^n \to \mathbb{R}^n,$$

so ist

$$\begin{aligned} f^*(e^1 \wedge \cdots \wedge e^n)(e_1, \ldots, e_n) \;&=\; e^1 \wedge \cdots \wedge e^n(fe_1, \ldots, fe_n) \\ &=\; \det(f) = \det(a_j^i), \end{aligned}$$

also

$$f^* \;=\; \det f : \; \mathrm{Alt}^n \mathbb{R}^n \to \mathrm{Alt}^n \mathbb{R}^n.$$

Im Allgemeinen ist eine lineare Abbildung nach Einführen von Basen durch eine $(m \times n)$-Matrix gegeben:

$$f \;=\; (a_j^i) : \; V \;=\; \mathbb{R}^n \to \mathbb{R}^m \;=\; W,$$

und die induzierte Abbildung

$$f^* : \; \mathrm{Alt}^k W \;=\; \bigoplus_{|S|=k} \mathrm{Alt}^k W_S \to \bigoplus_{|T|=k} \mathrm{Alt}^k V_T \;=\; \mathrm{Alt}^k V$$

ist dann durch eine $(\binom{n}{k} \times \binom{m}{k})$-Matrix (f_S^{T*}) beschrieben, mit den Koeffizienten

$$f_S^{T*} \;=\; \det(f_T^S), \quad f_T^S : V_T \to i_T > V \to f > W \to p^S > W_S.$$

Das heißt für die gegebene Matrix von f:

$$\text{(3.11)} \qquad f_S^{T*} \;=\; \det(a_j^i)_{i\in S,\, j\in T}.$$

Um dasselbe noch einmal in Komponenten direkt auszurechnen, $f^* e^S$ hat bei e^T den Koeffizienten

$$\begin{aligned} f_S^{T*} \;&=\; f^* e^S(e_T) = e^S(f^k e_T) \;=\; \det\big(e^i(fe_j)\big)_{i\in S, j\in T} \\ &=\; \det(a_j^i)_{i\in S,\, j\in T}. \end{aligned}$$

Eine kleine Anwendung: Wir betrachten eine Zusammensetzung linearer Abbildungen

$$\mathbb{R}^n \xrightarrow{A} \mathbb{R}^{n+m} \xrightarrow{B} \mathbb{R}^n, \quad A \;=\; (a_j^i), \quad B \;=\; (b_j^i).$$

Sie induziert

$$\det(BA): \operatorname{Alt}^n \mathbb{R}^n \xrightarrow{B^*} \operatorname{Alt}^n \mathbb{R}^{n+m} = \bigoplus_{|S|=n} \operatorname{Alt}^n \mathbb{R}_S^{n+m} \xrightarrow{A^*} \operatorname{Alt}^n \mathbb{R}^n,$$

und

$$B^* = {}^t\big((Bi_S)^*\big)_{|S|=n}, \quad A^* = \big((p^S A)^*\big)_{|S|=k}.$$

Dabei soll man A^* als Zeile und B^* als Spalte lesen. Es ergibt sich also

$$\begin{aligned} \det(BA) &= \sum_{|S|=n} \det(p^S A) \cdot \det(Bi_S) \\ &= \sum_{|S|=n} \det(a_j^i)_{i\in S} \cdot \det(b_j^i)_{j\in S}. \end{aligned} \tag{3.12}$$

Die Determinanten in der Summe gehören zu $(n \times n)$-Untermatrizen, mit erstem beziehungsweise zweitem Index in der gleichen Menge S.

Die Formen $\alpha_1 \wedge \ldots \wedge \alpha_k$, $\alpha_j \in \operatorname{Alt}^1 V$ heißen übrigens **zerlegbar**. Nicht jede Form in $\operatorname{Alt}^k V$ ist zerlegbar, aber die zerlegbaren Formen erzeugen $\operatorname{Alt}^k V$.

Eine n-Form auf einem n-dimensionalen Raum ordnet jedem n-Tupel von Vektoren ein orientiertes Volumen zu. Transformiert man den Raum, so wird die n-Form mit der Determinante der Transformation transformiert, das ist eben die geometrische Bedeutung der Determinante einer linearen Abbildung. Eine alternierende k-Form ordnet entsprechend jedem k-Tupel von Vektoren in dem n-dimensionalen Raum V auf sinnvolle Weise ein orientiertes k-dimensionales Volumen zu.

§4 Die äußere Algebra

Zu der Algebra der alternierenden Formen, einem kontravarianten Funktor, hat man einen entsprechenden kovarianten Funktor, die äußere Algebra, die ich vorstellen will.

Wir haben das k-fache assoziative Tensorprodukt $V^{\otimes k} = V \otimes \cdots \otimes V$ durch eine universelle Eigenschaft charakterisiert: Man hat eine multilineare Abbildung

$$u: V^k = V \times \cdots \times V \to V^{\otimes k} = V \otimes \cdots \otimes V$$

von dem k-fachen Produkt eines K-Vektorraumes in einen Vektorraum, genannt $V^{\otimes k}$, mit der universellen Eigenschaft: Zu jeder multilinearen Abbildung $\alpha : V^k \to X$ in einem K-Vektorraum X gibt es genau eine lineare Abbildung $\varphi_\alpha : V^{\otimes k} \to X$, mit $\alpha = \varphi_\alpha \circ \kappa$.

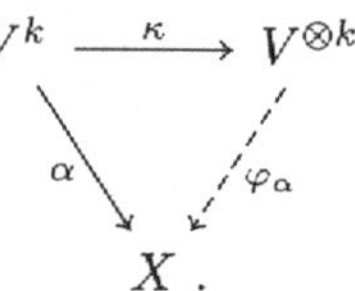

Eine ganz analoge Eigenschaft soll das äußere Produkt $\Lambda^k V$ haben, nur dass die Abbildungen κ und α **alternierend** sind, das heißt:

$$\alpha(v_1, \ldots, v_k) = \operatorname{sig}(\sigma) \cdot \alpha(v_{\sigma(1)}, \ldots, v_{\sigma(k)})$$

für alle $\sigma \in S(k)$. Die Definition ist also: Das k-fache **äußere Produkt** eines Vektorraumes V besteht aus einem Vektorraum $\Lambda^k V$ und einer multilinearen alternierenden Abbildung

$$\wedge : V^k = V \times \ldots \times V \to \Lambda^k V \tag{4.1}$$

mit der folgenden **universellen Eigenschaft**: Zu jeder multilinearen alternierenden Abbildung $\alpha : V^k \to X$ in einen Vektorraum X gibt es **genau** eine lineare Abbildung $\Lambda^k V \to X$ mit $\alpha = \varphi_\alpha \circ \wedge$.

Ich will nun nicht wiederholen, was man bei der Definition des Tensorprodukts abschreiben kann, nur immer an Stelle von "multilinear" einfügend: multilinear und alternierend.

Die Eindeutigkeit von $\Lambda^k V$ und die Funktorialität sind geschenkt, wenn wir einmal wissen, wie man $\Lambda^k V$ zu konstruieren hat. Aber da bringt uns das Tensorprodukt auf den rechten Weg. Die Abbildung $\wedge : V^k \to \Lambda^k V$ soll ja multilinear sein, faktorisiert also über das k-fache Tensorprodukt, nach dessen universeller Eigenschaft:

$$\begin{array}{ccc} V \times \ldots \times V & \xrightarrow{\otimes} & V \otimes \cdots \otimes V \\ & \searrow^{\wedge} \quad \swarrow^{\varphi} & \\ & \Lambda^k V\,. & \end{array} \tag{4.2}$$

und weil $\wedge$ alterniert, muss folglich

$$\varphi(v_1 \otimes \cdots \otimes v_k) - \operatorname{sig}(\sigma) \cdot \varphi(v_{\sigma(1)} \otimes \cdots \otimes v_{\sigma(k)}) = 0$$

sein. Wir konstruieren $\Lambda^k V$ aus dem k-fachen Tensorprodukt $V^{\otimes k}$ durch Quotientenbildung nach diesen Elementen:

$$\Lambda^k V = V^{\otimes k}/L,$$

wobei L das lineare Erzeugnis

$$L = L\Big(\big\{(v_1 \otimes \cdots \otimes v_k) - \operatorname{sig}(\sigma) \cdot \big(v_{\sigma(1)} \otimes \cdots \otimes v_{\sigma(k)}\big)\big|\sigma \in S(k),\ v_j \in V\big\}\Big)$$

ist. Das Bild des Tensorprodukts $v_1 \otimes \cdots \otimes v_k$ im Quotienten $\Lambda^k V$ bezeichnen wir mit

$$v_1 \wedge \ldots \wedge v_k \in \Lambda^k V. \tag{4.3}$$

Die Quotientenbildung (4.2) ist gerade so gemacht, dass

$$(4.4) \qquad v_1 \wedge \ldots \wedge v_k \; = \; \mathrm{sig}(\sigma) \cdot v_{\sigma(1)} \wedge \ldots \wedge v_{\sigma(k)}.$$

Ist nun $\alpha : V^k \to X$ multilinear und alternierend, so hat man die durch α eindeutig bestimmte lineare Abbildung

$$(4.5) \qquad \varphi_\alpha : \; \Lambda^k V \to X, \quad v_1 \wedge \ldots \wedge v_k \mapsto \alpha(v_1, \ldots, v_k),$$

so dass $\alpha = \varphi_\alpha \circ \wedge$.
Man mag nun wiederholen, was wir für $\mathrm{Alt}^k V$ ausgeführt haben, aber es ist kaum nötig. Die universelle Eigenschaft von (4.1) lehrt nämlich insbesondere: Die multilinearen alternierenden Abbildungen

$$\alpha : \; V^k \to K, \quad \text{also} \quad \alpha \in \mathrm{Alt}^k(V)$$

entsprechen bijektiv den Linearformen $\Lambda^k(V) \to K$, durch

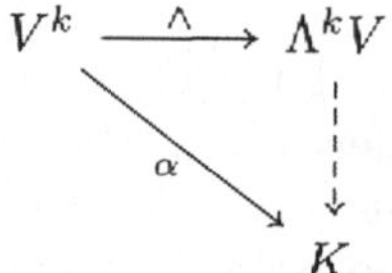

Mit anderen Worten:

$$(4.6) \qquad \mathrm{Alt}^k(V) \; = \; (\Lambda^k V)^*.$$

Ist $(e_1, \ldots, e_n)$ eine Basis von V und durchläuft S die nach Größe geordneten Teilmengen von $\{1, \ldots, n\}$, so hat man in $\Lambda^k V$ die Elemente

$$(4.7) \qquad e_S \; = \; e_{i_1} \wedge \ldots \wedge e_{i_k}, \quad S \; = \; \{i_1, \ldots, i_k\}, \quad |S| \; = \; k.$$

Die Bezeichnung bedeutet jetzt etwas Anderes als im letzten Abschnitt, aber nach wie vor ist

$$(4.8) \qquad e^S(e_T) \; = \; \delta^S_T,$$

denn die linke Seite ist wie zuvor nach (4.5) als

$$e^{i_1} \wedge \ldots \wedge e^{i_k}(e_{j_1}, \ldots, e_{j_k}), \quad T \; = \; \{j_1, \ldots, j_k\},$$

zu berechnen. Dadurch sieht man, dass die e_S, $|S| = k$ eine Basis von $\Lambda^k V$ bilden, nämlich die duale Basis der Basis $(e^S,\ |S| = k)$ von $\mathrm{Alt}^k(V)$.
Es erübrigt sich nun, die Formeln für die induzierten Abbildungen im Falle von Λ^k anzugeben: Man erhält einfach die dualen Matrizen derer, die wir für Alt^k gefunden haben.

Man hat das **äußere Produkt**

$$(4.9) \qquad \Lambda^k \otimes \Lambda^\ell V \xrightarrow{\wedge} \Lambda^{k+\ell} V, \quad x \otimes y \mapsto x \wedge y,$$

auf Erzeugenden gegeben (und wohldefiniert) durch

$$(v_1 \wedge \ldots \wedge v_k) \otimes (w_1 \wedge \ldots \wedge w_\ell) \mapsto v_1 \wedge \ldots \wedge v_k \wedge w_1 \wedge \ldots \wedge w_\ell.$$

Dass dies wohldefiniert ist, besagt nur: Was bei allen Permutationen alterniert, alterniert insbesondere, wenn man nur jeweils die ersten k und die letzten ℓ Indices untereinander vertauscht.

So entsteht aus V die **äußere Algebra**

$$(4.10) \qquad \Lambda(V) = \Lambda^0(V) \oplus \Lambda^1(V) \oplus \cdots \oplus \Lambda^n(V), \quad \Lambda^0(V) = K.$$

Die Elemente $x \in \Lambda^k(V)$ haben den **Grad** $|x| = k$, und wie in $\mathrm{Alt}^k(V)$ gilt

$$(4.11) \qquad \alpha \wedge \beta = (-)^{|\alpha| \cdot |\beta|} \cdot \beta \wedge \alpha.$$

Im letzten Abschnitt haben wir, weil es teils verständlicher, teils auch etwas bequemer ist, vorausgesetzt, dass der Körper K den Körper $\mathbb{Q}$ der rationalen Zahlen enthält. Nur so kann man das Mittel im Alternator bilden. Nötig ist die Voraussetzung aber meist nicht. Hat der Körper die Charakteristik 2, ist also $1 = -1$ in K, so definiert man die alternierenden Formen durch die Eigenschaft (3.2) — sonst kämen ja die symmetrischen Formen heraus. Im Übrigen bleiben aber über jedem Körper die grundlegenden Formeln erhalten. Die Definiton des äußeren Produkts ist in Wahrheit frei von Nennern. Es sei dem geneigten Leser als Aufgabe überlassen, auch aus den Beweisen, z.B. von (3.5), die Nenner herauszuputzen: durch geeignete Argumente mit Repräsentanten von Restklassen der beteiligten Permutationsgruppen. Insbesondere gilt die Entwicklungsformel (3.12) für Determinanten über jedem Körper. Wir kommen noch darauf zurück (X, 8.1, 8.2).

§5 Aufgaben

1. Bestimme eine Basis des Kerns der linearen Abbildungen

   (i) $\mathbb{R}^3 \otimes \mathbb{R}^3 \to \mathbb{R}^3, \quad v \otimes w \mapsto v \times w.$

   (ii) $\mathbb{R}^n \otimes \mathbb{R}^n \to \mathbb{R}, \quad v \otimes w \mapsto \langle v, w \rangle.$

2. Beschreibe die lineare Abbildung

$$\mathrm{Hom}_K(W,U) \otimes \mathrm{Hom}_K(V,W) \to \mathrm{Hom}_K(V,U), \quad \beta \otimes \alpha \mapsto \beta \circ \alpha$$

   durch Tensorprodukte der beteiligten Räume und ihrer Dualräume und Verjüngung.

3. Aus den Jordan–Chevalley Zerlegungen der Endomorphismen $\alpha \in \mathrm{End}_K(V)$ und $\beta \in \mathrm{End}_K(W)$ bestimme die Jordan–Chevalley Zerlegung von $\alpha \otimes \beta \in \mathrm{End}_K(V \otimes W)$.

4. Sei $\alpha \in \mathrm{End}_K(V)$ nilpotent und V ein zyklischer α-Modul. Bestimme die Jordansche Normalform von $\alpha \otimes \alpha \in \mathrm{End}_K(V \otimes V)$.

5. Sei $\dim_K V = n$ und $\chi(t) = \sum_{j=0}^{n} a_{n-j} \cdot t^j$ das charakteristische Polynom von $\alpha : V \to V$. Zeige, dass
$$a_k = (-)^k \operatorname{Spur}\big(\mathrm{Alt}^k(\alpha)\big).$$

6. Beschreibe die lineare Abbildung
$$\Lambda^2(\mathbb{R}^3) \to \mathbb{R}^3, \quad v \wedge w \mapsto v \times w,$$
durch Basen. Ist sie ein Isomorphismus?

7. Bestimme den Typ der quadratischen Form
$$\Lambda^2 \mathbb{R}^4 \to \Lambda^4 \mathbb{R}^4 \cong \mathbb{R}, \quad x \mapsto x \wedge x.$$
Warum kommt für
$$\mathrm{Alt}^2 \mathbb{R}^4 \to \mathrm{Alt}^4 \mathbb{R}^4 \cong \mathbb{R}, \quad \alpha \mapsto \alpha \wedge \alpha,$$
dasselbe heraus?

8. Sei $\dim_K V = n$ und $\alpha \in \mathrm{Alt}^2 V$. Sei $2 \neq 0$ in K. Zeige: Es gibt eine Basis $(e_1, \ldots, e_n)$ von V, so dass
$$\alpha = e^1 \wedge e^2 + e^3 \wedge e^4 + \ldots.$$
Hinweis: Das ist eine Aussage über schiefsymmetrische Matrizen.

9. Eine Form $\alpha \in \mathrm{Alt}^k V$ heißt **zerlegbar**, wenn es Formen $\alpha_1, \ldots, \alpha_k$ in V^* gibt mit $\alpha = \alpha_1 \wedge \ldots \wedge \alpha_k$. Zeige, dass jede k-Form in V zerlegbar ist, falls $k > 0$ und $\dim_K V \leq 3$, während es in $\mathrm{Alt}^2 V$ für $\dim_K V = 4$ und $2 \neq 0$ in K unzerlegbare Formen gibt.

10. Analog zu Aufgabe 9 erkläre zerlegbare Elemente in $\Lambda^k V$. Die Vielfachen $[x]$ zerlegbarer Elemente $0 \neq x \in \Lambda^k V$ entsprechen bijektiv den k-dimensionalen Untervektorräumen von V. Wie?

11. Beschreibe einen kanonischen Isomorphismus
$$\mathrm{Alt}^k(V) \cong \Lambda^k(V^*).$$
Also $\Lambda^k(V) = \big(\mathrm{Alt}^k(V^*)\big)^*$.

12. Beschreibe einen kanonischen Isomorphismus

$$\bigoplus_{i+j=k} \Lambda^i(U) \otimes \Lambda^j(V) \;\to\; \Lambda^k(U \oplus V).$$

13. Sei $v_j = \sum_i a^i_j e_i$. Berechne $v_1 \wedge v_2 \wedge \ldots \wedge v_k$ als Linearkombination der $e_S, |S| = k$.

14. Genau dann sind die Vektoren $v_1, \ldots, v_k$ in V linear abhängig, wenn $v_1 \wedge \ldots \wedge v_k = 0$.

15. Seien $v_1, \ldots, v_k$ linear unabhängig in V. Zeige für ihre lineare Hülle:

$$L(v_1, \ldots, v_k) \;=\; \{x \mid v_1 \wedge \ldots \wedge v_k \wedge x \;=\; 0\}.$$

16. Keplers Flächensatz: Sei $t \mapsto v(t)$ eine 2-mal differenzierbare Kurve in $\mathbb{R}^n$ mit $\ddot{v}(t) = \lambda(t)v(t)$. Dann ist $v(t) \wedge \dot{v}(t)$ konstant.

17. Sei $\dim V > 0$ und $\dim W > 0$.
Zeige: Die Abbildung $\kappa : V \times W \to V \otimes W$ induziert eine injektive Abbildung der projektiven Räume, die Segre-Einbettung:

$$P(V) \times P(W) \;\to\; P(V \otimes W), \quad \big([v], [w]\big) \;\mapsto\; [v \otimes w].$$

Kapitel VIII

Lineare Gruppen und Liealgebren

He sprack: dat is my half vorgetten,
Latet my de sake wetten,
Dat lustet my noch eyns to horen.
Ick weet wol, de sake was vorworen.
Wetty gy de, segget se hen!

Während wir bisher einzelne Abbildungen betrachtet haben, studieren wir nun die orthogonalen, unitären und ähnliche Gruppen als eigenständige Objekte im Ganzen, wir kennzeichnen die Räume durch ihre Symmetriegruppen. Das gibt Gelegenheit, manches zu wiederholen und neu zu interpretieren.

§1 Gruppenoperationen

Die natürliche Bestimmung einer Gruppe ist, dass sie auf einer Menge oder einem Raum operiert; Gruppen begegnen uns als Transformationsgruppen, als Symmetriegruppen. Das wollen wir genauer erklären.

(1.1) Definition. Sei G eine Gruppe. Ein ***G*-Raum** besteht aus einer Menge X und einer Abbildung, der **Linksoperation** (oder **Aktion**) von G auf X

$$\Phi: \ G \times X \to X, \quad (g, x) \mapsto \Phi(g, x) \ =: \ g \cdot x,$$

so dass für alle $x \in X$ und $g, h \in G$ gilt:

$$1 \cdot x \ = \ x \quad \textit{und} \quad (gh) \cdot x \ = \ g \cdot (h \cdot x).$$

Im Allgemeinen bezeichnen wir den G-Raum dann einfach wieder durch X. Eine Abbildung von G-Räumen $f : X \to Y$ heißt **äquivariant** oder eine G-**Abbildung**, wenn für alle $x \in X$ und $g \in G$ gilt

$$f(g \cdot x) \;=\; g \cdot f(x).$$

So erhalten wir zu jeder Gruppe G die Kategorie der G-Räume und G-Abbildungen. Hier ist G eine festgehaltene Gruppe. Man kann die G-Operation etwas anders sehen: Jedes $g \in G$ liefert die Bijektion

$$\varphi(g): \; X \to X, \quad \varphi(g): \; x \mapsto g \cdot x,$$

und (1.1) besagt:

$$\varphi(g \cdot h) \;=\; \varphi(g) \circ \varphi(h), \quad \varphi(1) \;=\; \text{id}.$$

Insbesondere folgt $\varphi(g) \circ \varphi(g^{-1}) = \varphi(g \cdot g^{-1}) \;=\; \varphi(1) \;=\; \text{id}$, also: $\varphi(g)$ ist stets bijektiv und φ ist ein Homomorphismus

$$\varphi: \; G \to S(X)$$

von G in die Gruppe der Bijektionen $X \to X$. Umgekehrt, wenn der Homomorphismus φ gegeben ist, erhält man die Operation Φ zurück durch $\Phi(g, x) = \varphi(g)(x)$. Nun wird in den meisten Fällen X weitere Struktur tragen, z.B. ein topologischer Raum sein, und man verlangt, dass die Operation Φ stetig ist oder, was für uns besonders naheliegt: X kann ein Vektorraum über K sein. Ist dann die Operation durch einen Homomorphismus $\varphi : G \to GL(X)$ gegeben, also ist jede Abbildung $X \to X$, $x \mapsto g \cdot x$, linear, so sagt man: G **operiert linear** auf X.

Beispiele.

(i) Die symmetrische Gruppe $S(n)$ operiert auf $X = \{1, \ldots, n\}$ durch $(\sigma, x) \mapsto \sigma(x)$. Dem entspricht die Identität $\varphi : S(n) \to S(n)$. Allgemeiner operiert so $S(X)$ auf X.

(ii) Die linearen Gruppen $GL(V)$, $SL(V)$ operieren linear auf dem Vektorraum V, die Gruppen $O(n)$, $SO(n)$ operieren linear auf dem euklidischen Raum $\mathbb{R}^n$.

(iii) Jede Gruppe G operiert auf sich selbst durch **Linkstranslation**: $G \times G \to G$, $(g, x) \mapsto g \cdot x$. Hier ist der zweite Faktor G der Raum X der Definition. Hat G die Ordnung n, so entspricht dem ein offenbar injektiver Homomorphismus

$$\varphi: \; G \to S(G) \;\cong\; S(n).$$

Jede endliche Gruppe G ist isomorph zu einer Untergruppe von $S(n)$ mit $n = |G|$.

Eine lineare Operation einer Gruppe G auf einem Vektorraum V nennt man eine **Darstellung** von G und bezeichnet den G-Raum V auch als G-**Modul**.

Ist $\psi : G \to H$ ein Gruppenhomomorphismus und Y ein H-Raum, so wird Y zu einem G-Raum durch die Operation

$$G \times Y \to Y, \quad (g, y) \mapsto \psi(g) \cdot y.$$

Ist ψ gegeben, X ein G-Raum und Y ein H-Raum, so hat man einen Begriff von äquivarianten Abbildungen $f : X \to Y$, so dass $f(g \cdot x) = \psi(g) \cdot f(x)$. Das besagt, folgendes Diagramm ist kommutativ:

$$\begin{array}{ccc} G \times X & \longrightarrow & X \\ {\scriptstyle \psi \times f}\downarrow & & \downarrow{\scriptstyle f} \\ H \times Y & \longrightarrow & Y. \end{array} \tag{1.3}$$

Sei X ein G-Raum. Eine Teilmenge $A \subset X$ heißt **invariant**, wenn gilt $g \cdot a \in A$ für alle $g \in G, a \in A$. Ein invarianter Punkt heißt ein **Fixpunkt**. Die Untergruppe

$$G_x = \{g \in G \mid g \cdot x = x\}$$

heißt die **Isotropiegruppe** oder **Standgruppe** des Punktes $x \in X$, und die invariante Teilmenge

$$G \cdot x = \{g \cdot x \mid g \in G\}$$

von X heißt der **Orbit** oder die **Bahn** von x. Die Standgruppe von gx ist dann $G_{gx} = gG_xg^{-1}$, also: entlang dem Orbit Gx kommen mit einer Standgruppe H auch alle Gruppen gHg^{-1} für $g \in G$ vor. Die Menge von Untergruppen $\{gHg^{-1} \mid g \in G\}$ für $H = G_x$ nennt man den **Orbittyp** des Orbits Gx. Die Menge aller Bahnen heißt der **Bahnenraum** oder **Orbitraum** von X und wird mit X/G bezeichnet. Man hat die **kanonische Projektion**

$$X \to X/G, \quad x \mapsto G \cdot x.$$

Besteht X/G aus nur einem Punkt, also X aus nur einer Bahn, so heißt die Operation **transitiv**. Ist $G_x = 1$ für alle x, also ist $g \cdot x = x$ für ein x nur wenn $g = 1$, so heißt die Operation **frei**. Eine zugleich transitive und freie Operation heißt **einfach transitiv**. Also: genau dann operiert G auf X einfach transitiv, wenn es zu beliebigen Punkten $x, y \in X$ stets genau ein $g \in G$ mit $gx = y$ gibt. Wählt man einen Grundpunkt $p \in X$, so hat man dann die Bijektion

$$\alpha_p : G \to X, \quad g \mapsto g \cdot p. \tag{1.4}$$

Dies ist eine äquivariante Abbildung, wenn G auf sich selbst durch Linksmultiplikation operiert, denn $\alpha_p(hg) = hgp = h \cdot \alpha_p(g)$. Also: als G-Raum ist X isomorph zu G, allerdings nicht kanonisch, der Isomorphismus hängt von der Wahl von p

ab. Schließlich wollen wir bemerken, dass man analog zu Linksoperationen auch Rechtsoperationen

$$X \times G \to X, \quad x(gh) = (xg)h,$$

hat. Operiert G von links, so kann man eine Rechtsoperation durch $xg := g^{-1}x$ erklären. In der Tat: $x(gh) = (gh)^{-1}x = h^{-1}(g^{-1}x) = (g^{-1}x)h = (xg)h$. Analog geht es von rechts nach links. Das erklärt das Auftreten von g^{-1} in vielen Formeln, die uns im Folgenden begegnen werden.

Wir geben eine Anwendung auf die symmetrische Gruppe $S(n)$. Sind $a_1, \dots, a_k$ verschiedene Zahlen aus $\{1, \dots, n\}$, so bezeichne $\alpha = (a_1, \dots, a_k) \in S(n)$ den k-Zykel, der alle anderen Zahlen festlässt und auf diese die Wirkung $a_1 \mapsto a_2 \mapsto \dots \mapsto a_k \mapsto a_1$ hat.

Zwei Zykel $(a_1, \dots a_k), (b_1, \dots, b_r)$ heißen **disjunkt**, wenn die zugehörigen Mengen disjunkt sind: $\{a_1, \dots, a_k\} \cap \{b_1, \dots, b_r\} = \emptyset$. Die **Ordnung** des Zykels α ist k. Sind α, β disjunkte Zykel, so ist offenbar $\alpha \cdot \beta = \beta \cdot \alpha$.

(1.5) Satz. *Jedes Element $\sigma \in S(n)$, $\sigma \neq 1$, lässt sich auf (bis auf die Reihenfolge) eindeutige Weise als Produkt disjunkter Zykeln der Ordnung > 1 schreiben. (Natürlich ist $1 = (1)$).*

Beweis. Ist $\sigma \in S(n)$, so sei $S = \{\sigma^j \mid j \in \mathbb{Z}\} \subset S(n)$ die von σ erzeugte Untergruppe. Dann operiert S auf $\{1, \dots, n\} =: N$, und N zerfällt in Bahnen. Die Bahn von a ist offenbar die Menge $\{a, \sigma(a), \sigma^2(a), \dots\}$. Beachte, dass $\sigma^m = 1$ für ein m, wir kommen noch darauf. Es gibt ein kleinstes k, so dass $\sigma^{k+1}(a) = a$, und auf diese Bahn hat σ dieselbe Wirkung wie der Zykel $(a, \sigma(a), \dots, \sigma^k(a))$, und dieser Zykel lässt alle anderen Bahnen fest. Das Produkt der so definierten Zykel, einer für jede Bahn, ist dann σ. Umgekehrt, wenn man σ als Produkt disjunkter Zykel geschrieben hat, entspricht jedem Zykel $(a_1, \dots, a_k)$ offenbar eine Bahn von S. Die 1-Zykel kann man immer weglassen. □

Diese Schreibweise ist als Produkt disjunkter Zykeln für das Rechnen in $S(n)$ und viele Überlegungen weit geschickter als die von uns bisher benutzte.

Zum Beispiel hat $S(3)$ die Elemente:

$$(1), \quad (1,2), \quad (1,3), \quad (2,3), \quad (1,2,3), \quad (1,3,2).$$

Für Produkte von zwei disjunkten Zykeln der Ordnung > 1 ist in diesem Fall kein Platz. Dagegen in $S(4)$ wohl:

$$(1,2) \cdot (3,4), \quad (1,3) \cdot (2,4), \quad (1,4) \cdot (2,3).$$

§2 Gruppen

Wir werden die Begriffe des vorigen Abschnittes benutzen, um die Kenntnisse, die wir in der Linearen Algebra bereits gewonnen haben, aus einem einheitlichen

Gesichtspunkt uns wieder vor Augen zu führen. Zunächst wollen wir aber einige Anwendungen und elementare Feststellungen über Gruppen selbst bringen, und zwar insbesondere über endliche Gruppen.

(2.1) Orbitformel. *Die endliche Gruppe G operiere auf X, dann gilt für $x \in X$, wenn $|\dots|$ die Anzahl der Elemente bezeichnet:*

$$|G_x| \cdot |G \cdot x| \;=\; |G|.$$

Beweis. Man hat allgemein die **Orbitabbildung**

$$\alpha \;=\; \alpha_x : \; G \to X, \quad g \mapsto g \cdot x,$$

mit Bild Gx. Nun ist $\alpha(g) = \alpha(h) \iff gx = hx \iff h^{-1}gx = x \iff h^{-1}g \in G_x \iff g \in hG_x$, also: das Urbild jedes Punktes $hx \in Gx$ hat $|h \cdot G_x| = |G_x|$ Punkte, woraus die Behauptung folgt. □

Insbesondere ist die Anzahl der Elemente einer Bahn ein Teiler der Ordnung von G. Ist zum Beispiel $H \subset G$ eine Untergruppe, und ist $X = G/H = \{xH \mid x \in G\}$ der Raum der rechten H-Nebenklassen, und die Operation von G auf $X = G/H$ durch Linksmultiplikation gegeben: $g \cdot xH := gxH$, so ist $H \in G/H$ und die Standgruppe G_H des Punktes $H \in G/H$ ist die Untergruppe $H \subset G$, also

$$|H| \cdot |G/H| \;=\; |G|,$$

eine Formel, die wir schon kennen.

Eine Gruppe heißt **zyklisch**, wenn sie aus den Potenzen eines Elements g besteht, und dieses heißt dann **erzeugend**, es **erzeugt** die Gruppe.

(2.2) Folgerung. *Eine Gruppe G von Primzahlordnung ist zyklisch und wird von jedem Element $g \in G, g \neq 1$, erzeugt.*

Beweis. Die Potenzen $\{g^j \mid j \in \mathbb{N}_0\}$ bilden eine Untergruppe von G, denn weil sie nicht alle verschieden sein können, ist $g^j = g^{j+k}$ für ein $j, k \geq 1$, also $g^k = 1$ für ein $k \geq 1$, also g^j hat das Inverse g^{k-j} für $j \leq k$. Diese von g erzeugte Untergruppe H hat eine Ordnung > 1, die die Primzahl $|G|$ teilt, also $H = G$. □

(2.3) Satz. *Ist $g \in G$ und $|G| = n$, so ist $g^n = 1$.*

Beweis. Die von g erzeugte Untergruppe H besteht aus den Potenzen $\{1, g, g^2, \dots, g^{k-1}\}$ mit $g^k = 1$, und diese k Elemente sind verschieden, wenn man k minimal wählt, so dass $k \geq 1$ und $g^k = 1$. Also $k = |H|$ teilt n, daher $g^n = g^{ks} = 1^s = 1$. □

Die Gruppe $\mathbb{Z}/p$ für eine Primzahl p erhält die Struktur eines Körpers $\mathbb{F}_p$ durch die Multiplikation $[a] \cdot [b] := [a \cdot b]$. Ist nämlich $[a] \not\equiv 0 \bmod p$, so ist a teilerfremd zu p, also

$$h \cdot a + k \cdot p \;=\; 1$$

für gewisse $h, k \in \mathbb{Z}$, die der Euklidische Algorithmus liefert. Also $h \cdot a = 1 \bmod p$, und das heißt $[h] \cdot [a] = 1$. Ein Element $a \in \mathbb{F}_p, a \neq 1$, besitzt daher ein multiplikativ Inverses.

(2.4) Kleiner Satz von Fermat. *Für alle* $n \in \mathbb{Z}$ *und Primzahlen* p *ist* $n^p \equiv n \mod p$.

Beweis. Das ist offenbar für $n = 0 \mod p$, und sonst definiert n das Element $[n]$ in der multiplikativen Gruppe $\mathbb{F}_p^*$, und $|\mathbb{F}_p^*| = p - 1$, also $n^{p-1} \equiv 1 \mod p$. □

Diese Kongruenz benutzt man als ersten vorläufigen Primzahltest: Ist $n^p \not\equiv n$ für ein $n < p$, so ist p keine Primzahl.

Das **Zentrum** $Z(G)$ einer Gruppe G ist die Untergruppe

$$Z := Z(G) = \{z \in G \mid zg = gz \quad \text{für alle} \quad g \in G\}.$$

Man hat die durch

$$(2.5) \qquad G \times G \to G, \quad (g, x) \mapsto gxg^{-1}$$

definierte Operation von G, der Gruppe, auf der Menge G, und $Z = \bigcap_{x \in G} G_x$.

(2.6) Folgerung. *Ist* $|G| = p^n$ *eine Primzahlpotenz, so ist* $Z(G) \neq \{1\}$.

Beweis. Die Menge G zerfällt bei der angegebenen G-Operation in Bahnen, und eine Bahn ist $\{1\}$. Die Behauptung bedeutet, dass es weitere Fixpunkte, also Bahnen der Ordnung 1 gibt. Aber weil die Ordnungen der Bahnen p^n teilen, wären sie andernfalls alle Vielfache von p, also wäre $p^n = |G| =$ (Summe der Ordnungen der Bahnen) $= 1 + k \cdot p$, was nicht sein kann. □

Die Operation (2.5) verdient nähere Betrachtung. Ein Element $g \in G$ operiert hier auf der Menge $X = G$ durch die Bijektion

$$(2.7) \qquad c_g := G \to G, \quad x \mapsto gxg^{-1}.$$

Diese Abbildung ist ein Homomorphismus, also ein Autormophismus von G. Man nennt ihn die **Konjugation** mit g. Beweis:

$$c_g(xy) = gxyg^{-1} = (gxg^{-1})(gyg^{-1}) = c_g(x) \cdot c_g(y).$$

Diese Konjugationsautomorphismen heißen auch **innere Automorphismen**. Jede Gruppe zerfällt unter der Operation auf sich selbst durch Konjugation in Bahnen, die **Konjugationsklassen**.

Auch die Menge der Untergruppen zerfällt unter der Operation von G durch Konjugation in Bahnen $\{gHg^{-1} \mid g \in G\}$, die uns als Orbittypen schon begegnet sind.

(2.8) Beispiel. Konjugationsklassen in $\mathbf{S(n)}$. Allgemein für eine Transformationsgruppe zeigt das Diagramm

$$\begin{array}{ccc} x & \overset{\sigma}{\longmapsto} & y \\ \downarrow{\scriptstyle\gamma} & & \downarrow{\scriptstyle\gamma} \\ \gamma x & \underset{\gamma\sigma\gamma^{-1}}{\longmapsto} & \gamma y \end{array}$$

wie die mit γ konjugierten Elemente als Abbildungen wirken: Man muss Bild und Urbild mit γ transformieren. Ein Zykel $(a_1, \ldots, a_k)$ geht also bei Konjugation mit γ auf den Zykel $(\gamma(a_1), \ldots, \gamma(a_k))$. Wir schreiben nun jedes Element $\sigma \in S(n)$ als Produkt disjunkter Zykel, wobei wir für jede Zahl $j \in \{1, \ldots, n\}$, die unter σ festbleibt, den 1-Zykel (j) zufügen. Dann wird bei geeigneter Anordnung σ durch ein Produkt von Zykeln $\sigma = \alpha_1 \cdot \cdots \cdot \alpha_r$ der Ordnungen $a_1 \leq a_2 \leq \cdots \leq a_r$ mit $a_1 + \cdots + a_r = n$ dargestellt.
Diese Summenzerlegung von n nennt man eine **Partition** von n. Sind nun zwei Elemente konjugiert, so sind nach dem Gesagten die Partitionen ihrer Zykelzerlegung gleich, die Zykel der einen gehen durch Transformation aller Zahlen mit γ aus denen der anderen hervor. Und umgekehrt, sind die Partitionen gleich, so sind die Elemente konjugiert, das konjugierende Element liest man unmittelbar ab: Der Zykel $(a_1, \ldots, a_k)$ wird in den Zykel $(b_1, \ldots, b_k)$ transformiert durch Konjugation mit γ, wenn $\gamma(a_j) = b_j$.

Es gibt also ebenso viele Konjugationsklassen von $S(n)$ wie Partitionen von n. Für $n = 3$ sind es 3, nämlich

$$1+1+1, \quad 1+2, \quad 3.$$

Die Klassen sind: die Identität, die drei Transpositionen, die zwei Dreierzykel.

Die Konjugation mit g ist nicht nur eine Bijektion von G, sondern ein Automorphismus, sie überführt daher Untergruppen in Untergruppen: Ist $U \subset G$ eine Untergruppe, so auch gUg^{-1}. Im Allgemeinen ist dies nicht dieselbe Untergruppe, G operiert durch Konjugation in nicht trivialer Weise auf der Menge der Untergruppen. Wir interessieren uns für die Fixpunkte dieser Operation.

(2.9) Definition. *Ein* **Normalteiler** *von G ist eine Untergruppe, die unter allen inneren Automorphismen in sich überführt wird.*

(2.10) Notiz. *Der Kern eines Homomorphismus ist stets ein Normalteiler.*

Beweis. Ist $f : G \to H$ der Homomorphismus und $f(x) = 1$, so auch $f(gxg^{-1}) = 1$. □

In einer abelschen Gruppe ist jede Untergruppe **normal** (ein Normalteiler). Im Allgemeinen aber nicht, z.B.: in $S(n)$, $n > 2$, erzeugt eine Transposition (a, b) keinen Normalteiler, weil es viele Transpositionen gibt und alle konjugiert sind.

Die alternierende Gruppe $A(n)$ ist normal in $S(n)$, denn sie ist der Kern des Homomorphismus sig : $S(n) \to \mathbb{Z}/2$.

Ist $N \subset G$ ein Normalteiler (man schreibt dafür auch $N \triangleleft G$), so ist $gNg^{-1} = N$, also $gN = Ng$, die rechten und linken Nebenklassen sind gleich. Man hat die wohldefinierte Multiplikation von Nebenklassen

$$(gN)(hN) \;=\; gNNh \;=\; gNh \;=\; ghN.$$

Die Menge G/N der Nebenklassen bildet unter dieser Multiplikation nun offenbar eine Gruppe, die **Faktorgruppe** von G nach N, und man hat die **kanonische Projektion**:

$$\kappa: \ G \to G/N, \quad g \mapsto gN,$$

mit Kern N. Das Neutrale von G/N ist nämlich $1 \cdot N = N$. Die Normalteiler sind also genau die Kerne von Homomorphismen. Ein surjektiver Homomorphismus heißt **Epimorphismus**.

Ist $f : G \to H$ ein Homomorphismus und $N = \ker(f)$, so hat man die Faktorisierung

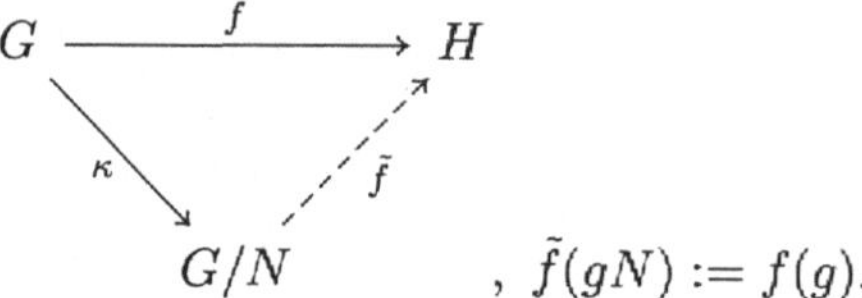

$$, \ \tilde{f}(gN) := f(g),$$

und $\tilde{f}$ ist injektiv.

§3 Affine Räume

Von affinen Räumen war schon oft die Rede, als von den Restklassen $x + U$ eines Untervektorraumes $U \subset V$. Der abstrakte Begriff ist wie folgt: Ein **affiner Raum** X **zum Vektorraum** $V = T(X)$ ist eine Menge X mit einer einfach transitiven Operation der additiven Gruppe von V auf X:

$$T(X) \times X \to X, \quad (v, x) \mapsto v + x \ = \ x + v.$$

Wie es sinnvoll ist, schreibt man hier die Operation wie die Gruppenverknüpfung auch als Addition. Der Vektorraum $T(X)$ heißt auch der **Translationsraum** oder **Tangentialraum** von X, und die Abbildungen $X \to X$, $x \mapsto v + x$, heißen **Translationen** mit v; das zugehörige Verb ist **transferieren,** man hört auch "translatieren", aber nicht gerne.

Wählt man einen Ursprungspunkt $o \in X$ fest aus, so hat man die dadurch bestimmte Bijektion (vergleiche (1.4)):

$$\text{(3.1)} \qquad \alpha_o: \ V \to X, \quad v \to v + o,$$

insbesondere $0 \to o$, und damit ist X als Menge mit V-Operation isomorph zu V mit der V-Operation durch Linkstranslation. Insofern bringt die Betrachtung der affinen Räume nichts Neues, alle Struktur steckt schon in dem Vektorraum $T(X) = V$. Allerdings, nicht jede in V sinnvolle Aussage ist auch sinnvoll als Aussage über X, nur solche Aussagen, die von der Wahl des Ursprungspunktes unabhängig sind, also solche Aussagen über V sind Aussagen der affinen Geometrie, die unter Translationen $V \to V$, $x \mapsto x + v$, invariant sind. Hierfür einige wichtige Beispiele:

Zu $p, q \in X$ hat man den eindeutig bestimmten **Verbindungsvektor** $v = \overrightarrow{pq}$ mit $v + p = q$, also $v = q - p$ bei der Identifikation (3.1); und ist der Körper $\mathbb{R}$, so ist die **Strecke** von p nach q die Menge

$$(3.2) \qquad \{p + t \cdot v \mid 0 \leq t \leq 1\} \;=\; \{\lambda p + \mu q \mid \lambda \geq 0, \mu \geq 0, \lambda + \mu = 1\},$$

letzteres wieder bei Identifikation (3.1) von X mit V. Eine Teilmenge $K \subset X$ heißt **konvex**, wenn sie mit je zwei Punkten $p, q \in K$ auch die Strecke von p nach q enthält.

konvex nicht konvex

Der Durchschnitt konvexer Mengen ist konvex, und weil X konvex ist, liegt jede Teilmenge $A \subset X$ in einer kleinsten konvexen Teilmenge, der **konvexen Hülle** $C(A)$ mit

$$C(A) \;= \bigcap B, \quad \text{mit} \quad A \subset B \subset X,\; B \quad \text{konvex.}$$

(3.3) Satz. *Die konvexe Hülle von $\{p_j \mid j \in J\}$ ist die Menge der Punkte $\sum_j \lambda_j p_j$ mit $\lambda_j > 0, \sum_j \lambda_j = 1, \lambda_j = 0$ für fast alle j.*

Beweis. Diese Menge ist konvex, denn

$$\sigma \cdot \sum_j \lambda_j p_j + \tau \cdot \sum_j \kappa_j p_j \;=\; \sum_j (\sigma\lambda_j + \tau\kappa_j) p_j,$$

und ist $\lambda_j, \kappa_j, \sigma, \tau \geq 0$, so auch $\sigma\lambda_j + \tau\kappa_j \geq 0$ und ist $\sigma + \tau = 1$, $\sum_j \lambda_j = 1$, $\sum_j \kappa_j = 1$, so $\sum_j (\sigma\lambda_j + \tau\kappa_j) = 1$. Andererseits, wenn C konvex ist und alle p_j enthält, so enthält C auch alle Punkte $\sum_j \lambda_j p_j$, wie man durch Induktion nach der Anzahl der Summanden $\neq 0$ sieht. Ist diese Anzahl 1, so steht ein p_j da, und der Schritt sieht so aus:

$$\sum_{j=1}^{k} \lambda_j p_j \;=\; \lambda_1 p_1 + (1 - \lambda_1) \sum_{j=2}^{k} \lambda_j (1 - \lambda_1)^{-1} \cdot p_j,$$

und

$$\sum_{j=2}^{k} \lambda_j (1 - \lambda_1)^{-1} \;=\; (1 - \lambda_1)^{-1} \sum_{j=2}^{k} \lambda_j \;=\; (1 - \lambda_1)^{-1}(1 - \lambda_1) \;=\; 1,$$

also: wenn p_1 und $\sum_{j=2}^k \lambda_j(1-\lambda_1)^{-1}p_j$ in C liegen, so auch $\sum_{j=1}^k \lambda_j p_j$. □

Die Punkte $p_0, \ldots, p_n \in X$ sind **unabhängig** oder **in allgemeiner Lage**, wenn die Verbindungsvektoren $\overrightarrow{p_0 p_j}, j = 1, \ldots, n$, linear unabhängig sind. In diesem Fall heißt die konvexe Hülle

$$C\{p_0, \ldots, p_n\} = \left\{ \sum_j \lambda_j p_j \mid \lambda_j \geq 0, \sum_j \lambda_j = 1 \right\}$$

das durch die Punkte bestimmte n-**Simplex**.

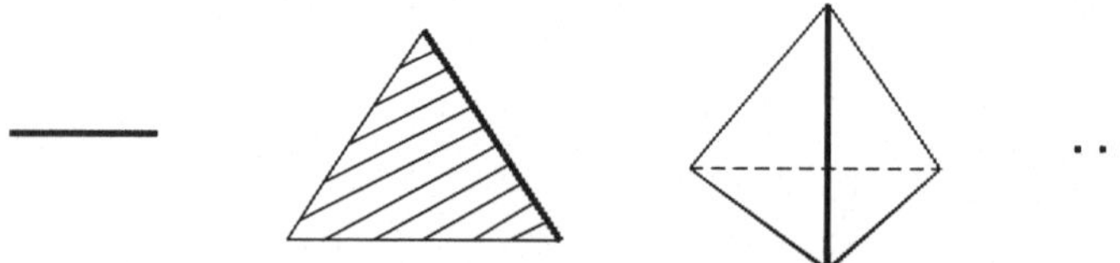

Die ausgedehnte Lehre von den konvexen Mengen wollen wir hier nicht weiter verfolgen.

Zu den affinen Räumen gehören die affinen Abbildungen. Sind X, $T(X)$ und Y, $T(Y)$ affine Räume, so besteht eine **affine Abbildung** zwischen diesen aus einer Abbildung $f : X \to Y$ und einer linearen Abbildung $T(f) : T(X) \to T(Y)$, so dass das Diagramm

$$\begin{array}{ccc} T(X) \times X & \xrightarrow{+} & X \\ \downarrow{\scriptstyle T(f)\times f} & & \downarrow{\scriptstyle f} \\ T(Y) \times Y & \xrightarrow{+} & Y \end{array}$$

kommutiert, also $T(f)v + f(x) = f(v + x)$; vergleiche (1.3). Angenommen, wir identifizieren X mit $T(X)$ und Y mit $T(Y)$ wie in (3.1), so erhalten wir aus f eine Abbildung $\varphi : T(X) \to T(Y)$.

$$\begin{array}{ccccc} 0 \in T(X) & \longrightarrow & X \ni o_X, & & v \mapsto v + o_x \\ \downarrow{\scriptstyle \varphi} & & \downarrow{\scriptstyle f} & & \\ 0 \in T(Y) & \longrightarrow & Y \ni o_Y, & & w \mapsto w + o_Y \end{array}$$

Ist $f(o_X) = q + o_Y$, so ist $f(v + o_X) = T(f)v + q + o_Y$, also

$$\varphi(v) = q + Tf(v),$$

und hier kann man q und Tf beliebig vorgeben. Entsprechend erklären wir: Seien V, W Vektorräume über K, sei $\alpha : V \to W$ linear und $q \in W$. Sei $\widetilde{q} : W \to W$ die konstante Abbildung mit Wert q. Dann heißt die Abbildung

$$(3.4) \qquad f \;=\; \alpha+\widetilde{q}:\; V \to W, \quad v \mapsto \alpha(v)+q$$

eine **affine Abbildung** zwischen V und W.

Die Identität ist affin, die Zusammensetzung affiner Abbildungen ist affin, man hat die Kategorie der affinen Räume und affinen Abbildungen, oder der Vektorräume und affinen Abbildungen.
Die beiden Summanden α und q in (3.4) sind durch die Abbildung eindeutig bestimmt, nämlich q als das Bild von 0. Die affinen Abbildungen von V nach W bilden den Vektorraum

$$(3.5) \qquad \mathbf{Aff}(V,W) \;=\; \mathrm{Hom}(V,W)\oplus W.$$

Dabei ist W als Raum der konstanten Abbildungen $\widetilde{q}: W \to W$ aufzufassen. Sei nun $V = W$ ein fester Vektorraum. Wir schreiben $\mathbf{Aff}(V) := \mathrm{Aff}(V,V)$ und haben den affinen Unterraum $T(V)\subset \mathrm{Aff}(V)$ der Translationen $q: V \to V, v \mapsto v+q$. Das sind die affinen Abbildungen mit erster Komponente id in (3.5). Die Translationen sind umkehrbar, also affine Isomorphismen, und $V \cong T(V)$ als Gruppe. Dem Vektor q entspricht dabei die ebenso bezeichnete Translation $v \mapsto v+q$ in $T(V)$. Die affine Abbildung $\alpha+\widetilde{q}: v \mapsto \alpha(v)+q$, ist genau dann umkehrbar, wenn $\alpha \in \mathrm{Aut}(V)$. Die Zusammensetzung ergibt

$$(\alpha+\widetilde{p})\cdot(\beta+\widetilde{q}):\; v \mapsto (\alpha+\widetilde{p})\big(\beta(v)+q\big) \;=\; \alpha\beta(v)+\alpha(q)+p.$$

Sei also $\mathbf{Auff}(V)$ die Gruppe der umkehrbaren affinen Abbildungen von V nach V, der affinen Automorphismen von V, dann hat man den surjektiven Homomorphismus $\mathrm{Auff}(V) \to \mathrm{Aut}(V)$, $\alpha+\widetilde{p} \mapsto \alpha$, mit Kern $T(V) \subset \mathrm{Auff}(V)$. Also: $T(V)$ ist ein Normalteiler von $\mathrm{Auff}(V)$ mit Faktorgruppe $\mathrm{Aut}(V)$. Andererseits ist auch $\mathrm{Aut}(V)$ eine Untergruppe von $\mathrm{Aff}(V)$, aber nicht normal, denn bezeichnet p die Translation mit $p \in V$, so hat man $p\circ\alpha\cdot p^{-1}: v \mapsto p+\alpha(v-p) = p-\alpha(p)+\alpha(v) \notin \mathrm{Aut}(V)$, falls $\alpha(p) \neq p$. Ist allgemein eine Gruppe G so als Produkt zweier Untergruppen N und U zerlegt, dass N in G normal ist, und die Multiplikation eine bijektive Abbildung

$$N\times U \to G, \quad (n,u) \mapsto n\cdot u$$

induziert, so heißt G das **semidirekte Produkt** von N und U. In diesem Fall operiert U auf N durch Automorphismen vermöge

$$U\times N \to N, \quad (u,n) \mapsto unu^{-1} \;=:\; u(n)$$

Durch die Gruppenstruktur von U und N und diese Operation ist die Gruppenstruktur von G dann festgelegt, denn

$$\begin{aligned}(n_1u_1)\cdot(n_2u_2) &= n_1(u_1n_2u_1^{-1})u_1u_2\\ &= n_1\cdot u_1(n_2)\cdot u_1u_2.\end{aligned}$$

Umgekehrt kann man sich eine Gruppe N, eine Gruppe U und eine Operation von U auf N durch Automorphismen vorgeben, und dann auf dem kartesischen Produkt $N \times U$ die Gruppenstruktur des semidirekten Produkts einführen, indem man die Multiplikation durch

$$(n_1, u_1) \cdot (n_2, u_2) \;=\; (n_1 \cdot u_1(n_2), u_1 u_2)$$

festsetzt. Dieser kleine gruppentheoretische Exkurs dient uns dazu festzustellen:

(3.6) Satz. *Die Gruppe* Auff(V) *der affinen Automorphismen von* V *ist das semidirekte Produkt des Normalteilers* $T(V) = V$ *der Translationen und der Untergruppe* Aut(V) *der linearen Automorphismen von* V. *Letztere operiert auf* V *kanonisch.*

Beweis. Letzteres bedeutet: $\alpha(p)$ ist das Gewohnte, der Automorphismus wird auf p angewandt. In der Tat: Bezeichne p auch die Translation um p, so ist $\alpha \circ p \circ \alpha^{-1}(v) = \alpha\big(p + \alpha^{-1}(v)\big) = \alpha(p) + v$, also $\alpha \circ p \circ \alpha^{-1} = \alpha(p) \in T(V)$. □

Statt beliebiger Vektorräume kann man nun auch unitäre Räume, euklidische Räume, orientierte Räume usw. betrachten, und dazu entsprechende affine Räume und affine Automorphismengruppen, die semidirekten Produkte der jeweiligen Gruppen $O(n), U(n), \ldots$ mit dem Vektorraum bei kanonischer Operation. Die affine Gruppe der Bewegungen eines quadratischen Raumes ist uns schon begegnet, Kap. VI, § 9.

§4 Gaußelimination

Viele Manipulationen mit Vektoren und Matrizen haben wir schon kennengelernt, die sich nun als Gruppenoperationen beschreiben lassen. Betrachten wir zunächst die Gaußelimination II, (1.2). Ist in dem Matrizenprodukt

$$TA \;=\; C, \quad c_{ij} \;=\; \sum_k t_{ik} a_{kj},$$

c_i die i-te Zeile von C und a_k die k-te Zeile von A, so steht da

$$c_i \;=\; \sum_k t_{ik} a_k, \tag{4.1}$$

also: die Zeilen von TA sind Linearkombinationen der Zeilen von A, oder TA entsteht aus A durch Zeilenumformung. Die Koeffizienten der Linearkombination stehen jeweils in der entsprechenden Zeile von T. Bei der Gaußelimination ist

$$A \in X \;=\; M(n \times m, K), \quad T \in GL(n, K).$$

Man hat also die Operation durch Multiplikation

$$GL(n,K) \times M(n \times m, K) \to M(n \times m, K), \quad (T, A) \mapsto TA, \tag{4.2}$$

und wir wissen, dass man durch Zeilenumformungen eine gegebene Matrix A in eine dadurch eindeutig bestimmte Zeilenstufenform der Gestalt

$$(4.3) \qquad S_A = \begin{pmatrix} \boxed{1} & 0 & 0 & & 0 \\ & \boxed{1} & 0 & & \vdots \\ & & \boxed{1} & & \\ & & & \ddots & 0 \\ & & & & \boxed{1} \\ & & & & \end{pmatrix}$$

überführen kann. Also: die Bahnen der Operation (4.2) entsprechen bijektiv den Matrizen der Gestalt (4.3). Hat A den Rang k, so bleibt S_A unter T fest, genau wenn T die ersten k Einheitsvektoren festlässt, also die Gestalt

$$(4.4) \qquad \left(\begin{array}{c|c} E_k & ? \\ \hline 0 & B \end{array}\right), \quad B \in GL(n-k, K)$$

hat. Der Orbittyp der Bahn von A hängt demnach nur vom Rang von A ab, zum Rang k gehören die Untergruppen, die zur Gruppe H der Matrizen (4.4) konjugiert sind.

Wir betrachten folgende Untergruppen von $GL(n, K)$:

$$(4.5) \qquad B^+(n, K) = \{T \in GL(n, K) \mid t_{ik} = 0 \text{ für } i > k\},$$

die Gruppe der **oberen Dreiecksmatrizen** (mit Diagonalkoeffizienten $\neq 0$).

$$(4.6) \qquad N^+(n, K) = \{T \in B^+(n, K) \mid t_{ii} = 1 \text{ für } i = 1, ..., n\},$$

die Gruppe der **unipotenten oberen Dreiecksmatrizen**, und

$$(4.7) \qquad D(n, K) = \{T \in GL(n, K) \mid t_{ij} = 0 \text{ für } i \neq j\}$$

die Untergruppe der **Diagonalmatrizen** mit Diagonalkomponenten ungleich Null. Dann ist

$$(4.8) \qquad B^+(n, K) = D(n, K) \cdot N^+(n, K) = N^+(n, K) \cdot D(n, K).$$

Die Diagonale einer Matrix in $B^+(n, K)$ ist dabei jeweils der Faktor in $D(n, K)$, so dass diese beiden Zerlegungen von $B^+(n, K)$ eindeutig bestimmt sind, also: $B^+(n, K)$ ist das semidirekte Produkt des Normalteilers $N^+(n, K)$ mit der abelschen Untergruppe $D(n, K)$. Aber Matrizen aus $D(n, K)$ sind nicht etwa vertauschbar mit oberen Dreiecksmatrizen in $N^+(n, K)$, denn Rechtsmultiplikation multipliziert die Spalten, Linksmultiplikation die Zeilen jeweils mit dem zuständigen Diagonalelement.

Schließlich sei

(4.9) $\qquad P(n) \cong S(n),$ die Gruppe der **Permutationsmatrizen**.

Letzteres ist die Gruppe der Matrizen, deren Spalten eine Permutation der Standardbasis-Vektoren von K^n sind. Man hat nämlich die lineare Operation der symmetrischen Gruppe $S(n)$ auf K^n durch (in Zeilenschreibweise)

(4.10) $$\sigma : \ (x_1, \ldots, x_n) \ \mapsto \ \left(x_{\sigma^{-1}(1)}, \ldots, x_{\sigma^{-1}(n)}\right),$$

oder anders gesagt: $\sigma(e_i) = e_{\sigma(i)}$. Die Matrix, die zu dieser Operation von σ gehört, ist die Permutationsmatrix P_σ. Schließlich hat man die Gruppen

(4.11) $$\begin{aligned} B^-(n,K) &= \{{}^tT \mid T \in B^+(n,K)\}, \\ N^-(n,K) &= \{{}^tT \mid T \in N^+(n,K)\} \end{aligned}$$

der unteren (unipotenten) Dreiecksmatrizen.

Wir betrachten die Operation der Gruppe $B^-(n,K) \times P(n)$ auf $GL(n,K)$, bei der (B,P) durch $A \mapsto BAP^{-1}$ operiert. Welche Normalform einer Matrix kann man durch solche Operationen erreichen? Durch die Rechtsmultiplikation mit P^{-1} kann man die Spalten von A beliebig vertauschen und erreicht zunächst $a_{11} \neq 0$. Dann kann man durch Linksmultiplikation mit B Vielfache der ersten Zeile von den folgenden abziehen und die erste Spalte ausräumen, und a_{11} auf 1 normieren. Dann fährt man mit den folgenden Zeilen fort und erhält zusammen zu jedem $A \in GL(n,K)$ ein $B \in B^-(n,K)$, $P \in P(n)$, so dass

$$BAP^{-1} \ = \ N \in N^+(n,K).$$

Also $A = B^{-1}NP$. Geht man noch zu Transponierten über, so ergibt sich: Zu jedem $A \in GL(n,K)$ gibt es ein $B \in B^+(n,K)$, $P \in P(n)$ und $N \in N^-(n,K)$, so dass $A = PNB$.

(4.12) $$GL(n,K) \ = \ P(n) \cdot N^-(n,K) \cdot B^+(n,K).$$

Sei A_k die Matrix der ersten k Zeilen und Spalten von A. Ist $\operatorname{rg}(A_k) = k$ für $k = 1, \ldots, n$, so kommt man ohne die Permutation der Spalten aus, und hat

(4.13) $$A \in N^-(n,K) \cdot B^+(n,K).$$

Diese Darstellung ist dann eindeutig, denn ist

$$A \ = \ N_1 \cdot B_1 \ = \ N_2 \cdot B_2$$

jeweils so eine Zerlegung, so ist $N_2^{-1}N_1 = B_1^{-1}B_2 \in N^- \cap B^+ = \{1\}$, also $N_1 = N_2$ und $B_1 = B_2$. Offenbar ist

(4.14) $$\begin{aligned} &\{A \in GL(n,K) \mid \operatorname{rg}(A_k) \ = \ k \text{ für } k = 1, \ldots, n\} \\ &= \ N^-(n,K) \cdot B^+(n,K), \end{aligned}$$

denn für $N \in N^-$, $B \in B^+$ ist $(N \cdot B)_k = N_k \cdot B_k$. Die Teilmenge (4.14) von $GL(n, K)$ heißt die **große Zelle** von $GL(n, K)$. Dies ist keine Untergruppe, aber eine Teilmenge von besonders einfacher Struktur, die den größten Teil von $GL(n, K)$ enthält. Sie wird durch $n^2 - n$ Parameter in K und n Parameter in K^* parameterisiert (die Koeffizienten von N und B ausserhalb der Diagonale und die von B auf der Diagonale).
Man hat einen Gruppenhomomorphismus für $j < i$

$$(4.15)\qquad \begin{aligned} \varphi_{ij} &: (K, +) \to N^-(n, K), \\ \varphi_{ij}(\lambda) &: e_k \mapsto \begin{cases} e_k & \text{für } k \neq j, \\ e_j + \lambda e_i & \text{für } k = j, \end{cases} \end{aligned}$$

also: $\varphi_{ij}(\lambda)$ ist die Matrix

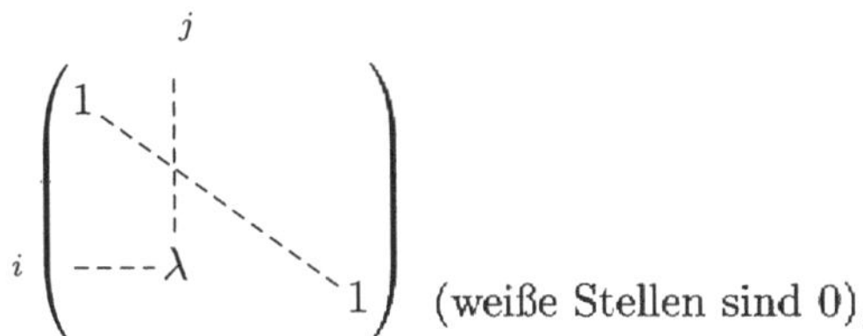

(weiße Stellen sind 0),

und $\varphi_{ij}(\lambda + \mu) = \varphi_{ij}(\lambda) \cdot \varphi_{ij}(\mu)$. Beweis: Ist Λ bzw. M die Matrix, die den Koeffizienten λ bzw. μ an der Stelle (i, j) und sonst Koeffizienten 0 hat, so ist $(\mathrm{id} + \Lambda)(\mathrm{id} + M) = \mathrm{id} + \Lambda + M + \Lambda M$, und $\Lambda M = 0$.

Ordnet man die Paare (i, j) mit $i > j$ lexikographisch, also $(i_1, j_1) < (i_2, j_2)$ für $i_1 < i_2$ oder $i_1 = i_2$, $j_1 < j_2$, so hat man die Bijektion

$$(4.16)\qquad \begin{aligned} & K^m \to N^-(n, K), \quad m = n(n-1)/2, \\ & (\lambda_{ij} \mid i > j) \mapsto \varphi_{21}(\lambda_{21}) \cdot \dots \cdot \varphi_{n,n-1}(\lambda_{n,n-1}). \end{aligned}$$

Also: $N^-(n, K)$ ist ein Produkt von Gruppen $\varphi_{ij}(K) \cong K$. Diese Abbildung bildet (λ_{ij}) auf die Matrix mit Koeffizienten λ_{ij} unterhalb der Hauptdiagonale ab. Beachte, dass (4.16) eine gruppentheoretisch beschriebene Bijektion, aber **kein** Homomorphismus von Gruppen ist.

Es gibt eine ähnliche Zerlegung wie (4.12), aber mit vertauschten Faktoren, die ich jetzt erkläre (siehe [Milnor]). Die Gruppe

$$M(n, K) = D(n, K) \cdot P(n) = P(n) \cdot D(n, K)$$

ist die Gruppe der **monomialen** Matrizen. Auch dies ist eine semidirekte Zerlegung, diesmal mit dem Normalteiler $D(n, k)$ und der Unter- und Faktorgruppe $P(n)$. Die Elemente von $M(n, K)$ sind die Matrizen, die in jeder Zeile und jeder Spalte genau eine Komponente ungleich 0 haben. Die Projektion auf $P(n)$ ersetzt die Komponenten ungleich 0 jeweils durch 1.

Man hat die Zerlegung von Gruppen

$$(4.17)\qquad GL(n,K) \;=\; N^+(n,K)\cdot M(n,K)\cdot N^+(n,K).$$

und der monomiale Faktor in $M(n,K)$ ist für jede Matrix in $GL(n,K)$ eindeutig bestimmt.

Existenz. Sei also $A \in GL(n,K)$. Suche für die erste Spalte ${}^t(a_{11},a_{21},\dots,a_{n1})$ das größte i, so dass $a_{i1}\neq 0$. Durch Ausräumen der ersten Spalte, rückwärts von a_{i1} aus, und der i-ten Zeile vorwärts, was einer Linksmultiplikation mit einer Matrix aus $N^+(n,K)$ und einer Rechtsmultiplikation mit einer Matrix aus $N^+(n,K)$ entspricht, erreicht man, dass alle $a_{1k}, k = i-1, i-2,\dots,0$, verschwinden und alle $a_{ij}, j = 2,\dots,n$. Dann fährt man induktiv mit der Matrix fort, die aus dem ersten Schritt durch Streichen der ersten Spalte und i-ten Zeile entsteht. Das Endergebnis ist eine Matrix, die in jeder Zeile und Spalte nur ein Element ungleich Null enthält, eine Matrix aus $M(n,K)$. Das zeigt: Es gibt $B,C\in N^+(n,K)$ mit $BAC\in M(n,K)$, also $A\in N^+(n,K)\cdot M(n,K)\cdot N^+(n,K)$.

Eindeutigkeit. Angenommen, man hat Permutationsmatrizen P,P' und obere Dreiecksmatrizen B_j mit

$$B_1\,PB_2 \;=\; B_3P'B_4.$$

Dann bringt man alles passend herüber und erhält eine Gleichung:

$$PB \;=\; B'P' =: C, \text{ mit } B,B'\in B^+(n,K).$$

Wir wollen zunächst $P = P'$ folgern. Nachher betrachten wir die Diagonalteile. Nun, bei entsprechender Bezeichnung der Koeffizienten der Matrizen ist

$$\begin{aligned} c_{ij} &= \langle Ce_i, e^j\rangle \;=\; \langle PBe_i, e^j\rangle \;=\; \langle Be_i, e^{\tau^{-1}(j)}\rangle \\ &= b_{i\tau^{-1}(j)}, \end{aligned}$$

wenn τ die Permutation zur Matrix P ist, also $Pe_j = e_{\tau(j)}$. Nun ist aber $B = (b_{ij})$ eine obere Dreiecksmatrix. Schreiben wir demnach das Polynom der Leibniz-Entwicklung für die Determinante von C auf, so verschwindet von den Monomen

$$c_{1,\sigma(1)}\cdots c_{n,\sigma(n)} \;=\; b_{1,\tau^{-1}\sigma(1)}\cdots b_{n,\tau^{-1}\sigma(n)}$$

nur genau das eine nicht, bei dem $\tau^{-1}\sigma(j) = j$, also $\tau = \sigma$. Das zeigt, dass die Permutation τ diejenige Permutation σ ist, für die in der Leibniz-Entwicklung der Determinante von C ein nichtverschwindendes Monom dasteht, oder anders gesagt: wo von den Koeffizienten $c_{1,\sigma(1)},\cdots,c_{n,\sigma(n)}$ keiner verschwindet.

Für das umgekehrte Produkt $C = B'P'$ erhält man ganz analog

$$c_{ij} \;=\; b'_{\tau'(i),j}, \text{ mit } P'e_i \;=\; e_{\tau'(i)},$$

also dasselbe Monom

$$c_{1,\sigma(1)} \cdots c_{n,\sigma(n)} = b'_{\tau'(1),\sigma(1)} \cdots b'_{\tau'(n),\sigma(n)},$$

mit $\tau'(j) = \sigma(j)$ für alle j als einziges in der Leibniz-Entwicklung von C, das nicht verschwindet. Das zeigt $\tau = \tau'$, also $P = P'$.

Bleibt die Eindeutigkeit des Diagonalfaktors der Zerlegung zu zeigen. Nun, wenn wir in der ursprünglichen Gleichung

$$N_1 P D N_2 = N_3 P D' N_4, \ N_j \in N^+(n,K), \ D, D' \in D(n,K)$$

wieder alles passend umordnen, erhalten wir eine Gleichung

$$DN' = P^{-1}NP \cdot D', \text{ mit } N; N' \in N^+(n,K).$$

Die linke Seite, also auch die rechte, ist eine obere Dreiecksmatrix, damit auch $P^{-1}NP$, und wir müssen zeigen, dass $P^{-1}NP$ dann auch unipotent ist, denn dann ist $D = D'$ beiderseits die Diagonale. Nun ist

$$\begin{aligned} Ne_i &= e_i + \sum_{j \neq i} n_{ji} e_j, \text{ also} \\ P^{-1}NP \cdot P^{-1}e_i &= P^{-1}e_i + \sum_{j \neq i} n_{ji} P^{-1} e_j. \end{aligned}$$

Aber $P^{-1}e_i$ durchläuft für $i = 1, \ldots, n$ auch alle Einheitsvektoren, also

$$P^{-1}NPe_k = e_k + \sum_{j \neq k} \tilde{n}_{jk} e_j,$$

und das zeigt, dass $P^{-1}NP$ die Diagonalkoeffizienten 1 hat. □

So kann man einer Matrix in $GL(n,K)$ bei der Zerlegung (4.17) eindeutig ihren monomialen Anteil in $M(n,K)$ zuordnen, aber natürlich ist diese Zuordnung unstetig. Bei der Zerlegung (4.12) ist der Faktor in der Permutationsgruppe $P(n)$ im Allgemeinen nicht eindeutig bestimmt.

Auf dem Vektorraum $M(n \times m, K) = \mathrm{Hom}_K(K^m, K^n)$ hat man die Operation der Gruppe $GL(n,K) \times GL(m,K)$, bei der das Gruppenelement (B,C) auf der Matrix A durch $A \mapsto BAC^{-1}$ operiert:

(4.18)
$$\begin{array}{ccc} K^m & \xrightarrow{A} & K^n \\ {\scriptstyle C}\downarrow & & \downarrow{\scriptstyle B} \\ K^m & \xrightarrow[BAC^{-1}]{} & K^n \end{array}$$

Diese Operation entspricht einer Basistransformation mit C in K^m und mit B in K^n. Nach dem Rangsatz liegen zwei Matrizen A, A' genau dann in der gleichen

Bahn, wenn sie gleichen Rang haben. Die Bahnen entsprechen also bijektiv den Rängen k, mit $0 \le k \le n$. Man sagt: Der Rang ist eine vollständige **Invariante** für die Bahnen der Operation (3.15).

Ist $m = n$ und operiert die Gruppe $GL(n, K)$ auf $\mathrm{End}(K^n)$ durch $A \mapsto TAT^{-1}$ für $T \in GL(n, K)$, so werden die Bahnen durch die Jordansche Normalform beschrieben, siehe V, § 5 für die Körper $\mathbb{R}$ und $\mathbb{C}$.

§5 Iwasawa-Zerlegung, Polarzerlegung, Jordan–Chevalley-Zerlegung

In diesem Abschnitt sei $K = \mathbb{R}$ oder $K = \mathbb{C}$ und es bezeichne $D(n)$ die Gruppe der Diagonalmatrizen mit positiven reellen Koeffizienten in der Diagonale. Dann ist

$$D(n) \cdot N^+(n, K) \;=\; N^+(n, K) \cdot D(n) \;\subset\; B^+(n, K)$$

die Gruppe der oberen Dreiecksmatrizen mit positiver Diagonale. Dies ist eine Gleichung von Mengen (Gruppen), die Elemente von $D(n)$ sind nicht mit denen von $N^+(n, K)$ vertauschbar!
Man hat eine kurze exakte Sequenz von Gruppen:

$$1 \to N^+(n, K) \to D(n) \cdot N^+(n, K) \to D(n) \to 1.$$

Nun, multipliziert man eine Matrix $A \in GL(n, K)$ rechts mit $T \in D(n) \cdot N^+(n, K)$, so führt man an A Spaltenumformungen durch, und zwar solche, bei denen die j-te Spalte a_j durch eine Linearkombination $\sum_k t_{kj} a_k$ ersetzt wird, mit $t_{kj} = 0$ für $k > j$ und $t_{kk} > 0$.

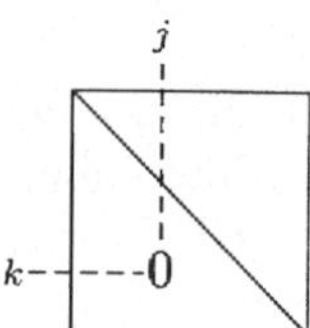

Dies sind nun gerade die Umformungen, die man in dem Orthonormalisierungsverfahren von Gram–Schmidt verwendet: Das Orthogonalisieren des j-ten Vektors zu den vorhergehenden geht mit $N \in N^+(n, K)$, das Normieren mit $D \in D(n)$, siehe IV, (2.3). Das Verfahren liefert also zu jedem $A \in GL(n, K)$ ein $D \in D(n)$, ein $N \in N^+(n, K)$ und $U \in O(n)$ bzw. $U(n)$, so dass $ADN = U$, also $A = U(DN)^{-1}$. Mit anderen Worten

(5.1) Iwasawa-Zerlegung. *Die Multiplikation induziert Bijektionen*

$$O(n) \times D(n) \times N^+(n, \mathbb{R}) \to GL(n, \mathbb{R}),$$
$$U(n) \times D(n) \times N^+(n, \mathbb{C}) \to GL(n, \mathbb{C}).$$

Also: jede Matrix $A \in GL(n, \mathbb{R})$ schreibt sich eindeutig als Produkt einer orthogonalen, einer positiven Diagonalmatrix und einer unipotenten oberen Dreiecksmatrix, und entsprechend für $\mathbb{C}$.

Beweis der Eindeutigkeit. Ist $A = UDN = U'D'N'$, so $U'^{-1}U = D'N'N^{-1}D^{-1}$. Die linke Seite ist unitär, die rechte eine obere Dreiecksmatrix mit positiver Diagonale $D'D^{-1}$. Induktiv, Spalte für Spalte, schließt man, dass die rechte Seite die Einheitsmatrix E ist, also $U' = U$, $D' = D$, daher $N' = N$. □

Durch Übergang zu Transponierten und Inversen erhält man entsprechende Zerlegungen:

$$(5.2)\qquad \begin{aligned} N^-(n, \mathbb{R}) \times D(n) \times O(n) &\longleftrightarrow GL(n, \mathbb{R}), \\ N^-(n, \mathbb{C}) \times D(n) \times U(n) &\longleftrightarrow GL(n, \mathbb{C}). \end{aligned}$$

oder jeweils die linke Seite in umgekehrter Reihenfolge.

Diese Zerlegung klärt uns über die Bahnen der freien Operation von $O(n)$ auf $GL(n, \mathbb{R})$ durch Links- oder Rechtsmultiplikation auf.

Beachte, dass die Bijektionen (5.1), (5.2) **keine** Homomorphismen von Gruppen sind.

Wir kennen schon durch einfache Formeln definierte Bijektionen

$$\begin{aligned} &\mathbb{R}^{n(n-1)/2} \to N^+(n, \mathbb{R}), \quad \mathbb{C}^{n(n-1)/2} \to N^+(n, \mathbb{C}), \quad \text{und} \\ &\mathbb{R}^n \underset{\exp}{\longrightarrow} (\mathbb{R}_+)^n \to D(n), \end{aligned}$$

und können damit Bijektionen

$$\begin{aligned} GL(n, \mathbb{R}) \to O(n) \times \mathbb{R}^k, &\quad GL(n, \mathbb{C}) \to U(n) \times \mathbb{R}^s \\ k = n(n+1)/2, &\quad s = n^2 \end{aligned}$$

durch Formeln beschreiben. Die Geometrie steckt in der kompakten Gruppe $O(n)$ bzw. $U(n)$.

Ist G eine positiv definite symmetrische reelle $(n \times n)$-Matrix, so gibt es ein $A \in GL(n, \mathbb{R})$, so dass ${}^t xGy = {}^t(Ax)(Ay)$. Diese Matrix A beschreibt die orthogonale Abbildung $(\mathbb{R}^n$, Skalarprodukt ${}^t xGy) \to (\mathbb{R}^n, < \cdot, \cdot >)$. Also $G = {}^t AA$, wie wir schon wissen. Nun zerlegen wir A nach (5.1), also

$$G = {}^t AA = {}^t(UDN)(UDN) = {}^t ND^2 N.$$

(5.3) Satz. *Seien $H^+(n, \mathbb{R})$ bzw. $H^+(n, \mathbb{C})$ die Mengen der positiv definiten reellen symmetrischen bzw. komplexen hermiteschen Matrizen. Man hat Bijektionen*

$$\begin{aligned} N^+(n, \mathbb{R}) \times D(n) \to H^+(n, \mathbb{R}), &\quad (N, D) \mapsto {}^t NDN. \\ N^+(n, \mathbb{C}) \times D(n) \to H^+(n, \mathbb{C}), &\quad (N, D) \mapsto {}^* NDN. \end{aligned}$$

Beweis. Die Surjektivität haben wir im ersten Fall schon gezeigt; sie folgt analog im zweiten. Beachte, dass jedes $D \in D(n)$ Quadrat einer Matrix aus $D(n)$ ist. Ist ${}^tNDN = {}^tN_1D_1N_1$, so ${}^tN_1^{-1t}N = D_1N_1(DN)^{-1} \in N^-(n,\mathbb{R}) \cap B^+(n,\mathbb{R}) = \{1\}$, also $N = N_1, D = D_1$. Analog im Komplexen. □

(5.4) Satz. *Jede positiv definite Matrix $H \in H^+(n,K)$ besitzt in $H^+(n,K)$ eine eindeutig bestimmte Wurzel $\sqrt{H}$, deren Quadrat H ist.*

Beweis. Durch eine Basistransformation mit $T \in O(n)$ bzw. $U(n)$ erreicht man $THT^{-1} = D \in D(n)$, und es genügt, den Satz für D zu zeigen. Offenbar hat D eine Wurzel $\sqrt{D} \in D(n)$, deren Koeffizienten in der Diagonale die Wurzeln derer von D sind. Ist A positiv definit und $A^2 = D$, so sind die Eigenräume von A auch Eigenräume von A^2, und K^n ist die direkte Summe von Eigenräumen von A^2. Also hat man eine gemeinsame Eigenraumzerlegung von K^n für D und A. Auf jedem Eigenraum von A ist dann offenbar $A = \sqrt{D}$. □

(5.5) Polarzerlegung. *Die Multipikation induziert Bijektionen $H^+(n,\mathbb{R}) \times O(n) \to GL(n,\mathbb{R})$ und $H^+(n,\mathbb{C}) \times U(n) \to GL(n,\mathbb{C})$.*

Beweis. Wir betrachten die zweite Gleichung und zeigen zunächst die Injektivität. Angenommen $H \in H^+(n,\mathbb{C})$, $U \in U(n), H \cdot U = A$, dann ist $U^{-1}H = {}^*U \cdot {}^*H = {}^*A$, also $H^2 = HUU^{-1}H = A \cdot {}^*A$, daher $H = \sqrt{A \cdot {}^*A}$; das bestimmt H aus A, und damit $U = H^{-1}A$. Die Surjektivität folgt: Setze $H = \sqrt{A \cdot {}^*A}$ und $U = H^{-1}A$. Man muss $U \in U(n)$ zeigen, also ${}^*UU = {}^*A{}^*H^{-1}H^{-1}A = {}^*AH^{-2}A = {}^*A(A \cdot {}^*A)^{-1}A = 1$. □

Durch Transposition kann man wieder die Faktoren vertauschen. Wieder liefert diese Zerlegung eine Aussage über die Bahnen der Operation von $U(n)$ auf $GL(n,\mathbb{C})$ durch Multiplikation auf der (sagen wir) rechten Seite. Jede Bahn trifft genau eine positiv definite hermitesche Matrix, und nach der Iwasawa-Zerlegung auch genau eine obere Dreiecksmatrix mit positiver Diagonale. Nennt man letztere A, so zeigt der Beweis, wie man dazu die unitäre Matrix $U = H^{-1}A$ und die positiv definite $H = \sqrt{A \cdot {}^*A}$ findet, so dass $H \cdot U = A$.

Das Problem, aus einer regulären Matrix die Wurzel zu ziehen, ist nicht nur für hermitesche Matrizen von Bedeutung und lösbar. Es hängt mit einer weiteren Zerlegung von $GL(n,\mathbb{C})$ zusammen. Eine reguläre $(n \times n)$-Matrix B heißt **unipotent**, wenn $B = 1 + N$ für eine nilpotente Matrix N. Wir kennen die additive Jordan–Chevalley Zerlegung

$$A = \Gamma + M, \quad \Gamma M = M\Gamma$$

in eine halbeinfache und eine nilpotente Matrix, siehe V, (1.10). Ist nun A, also auch Γ, regulär, so setze $N = \Gamma^{-1}M$, dann hat man die

(5.6) Multiplikative Jordan–Chevalley-Zerlegung. *Jede reguläre komplexe Matrix A besitzt eine eindeutig bestimmte Darstellung*

$$A = \Gamma \cdot (1 + N), \quad \Gamma N = N\Gamma,$$

als Produkt einer halbeinfachen Matrix Γ und einer unipotenten Matrix $1 + N$.

Beweis. Die Existenz, wie gesagt, folgt aus der additiven Jordan–Chevalley-Zerlegung, die Eindeutigkeit aus der Eindeutigkeit der additiven Zerlegung. □

§6 Exponentialfunktion und Logarithmus

Komplexe Matrizen kann man nicht nur in Polynome einsetzen, sondern in gewissem Maße auch in Potenzreihen. Ist $A \in \mathrm{End}(\mathbb{C}^n)$, so haben wir die **Norm** von A, definiert durch

(6.1) $$\|A\| = \max\{|Ax| \mid |x| = 1\}.$$

Es gilt $\|A \cdot B\| \leq \|A\| \cdot \|B\|$ und $\|A + B\| \leq \|A\| + \|B\|$. Hat man also ein Potenzreihe

$$f(z) = \sum_{j=0}^{\infty} f_j z^j$$

mit Konvergenzradius R, so konvergiert die Reihe absolut und gleichmäßig auf jedem Kreis $\{|z| < r\}$ mit $r < R$, und daher konvergiert die Reihe

(6.2) $$f(A) := \sum_{j=0}^{\infty} f_j A^j$$

auch gleichmäßig für $\|A\| < r$, denn man hat die gleichmäßige Abschätzung

$$\|\sum_{j=N}^{N+k} f_j A^j\| \leq \sum_{j=N}^{N+k} |f_j| \, \|A\|^j \leq \sum_{j=N}^{\infty} |f_j| r^j,$$

und letzteres geht gegen 0 für $N \to \infty$.
Ist $T \in GL(n, \mathbb{C})$, so ist

(6.3) $$Tf(A)T^{-1} = f(TAT^{-1}).$$

Beweis. Konjugiert man die Reihe gliedweise, so ergibt sich die Behauptung, und das darf man, denn

$$\begin{aligned} \|\sum_{j=N}^{N+k} f_j \cdot (TAT^{-1})^j\| &= \|T(\sum_{j=N}^{N+k} f_j A^j)T^{-1}\| \\ &\leq \|T\| \cdot \|T^{-1}\| \cdot \|\sum_{j=N}^{N+k} f_j A^j\|. \end{aligned}$$ □

Man kann also zur Berechnung von $f(A)$ die Matrix auf Jordansche Normalform transformieren.
Diese Bemerkungen haben uns das Recht gegeben, die Exponentialfunktion auf quadratische komplexe Matrizen anzuwenden durch

$$\exp(A) = \sum_{j=0}^{\infty}(1/j!)A^j.$$

(6.4) Bemerkung. *Wenn man eine Gleichung von Potenzreihen hat, wie zum Beispiel* $\log\exp(z) - z = 0$ *für* $|z| < 1/2$, *so bleibt die Gleichung richtig, wenn man eine quadratische komplexe Matrix mit entsprechend beschränkter Norm einsetzt, also hier:*

$$\log\ \exp A - A = 0 \quad \textit{für} \quad \|A\| < 1/2.$$

Beweis. Man kann sich davon so überzeugen: Wir schreiben die Gleichung in der Form $f(z) = 0$ für $|z| < R$. Dann definiert $A \mapsto f(A)$ jedenfalls eine stetige Funktion (gleichmäßig konvergente Reihe) auf dem Raum der quadratischen Matrizen A mit $\|A\| < R$. Es genügt zu zeigen, dass sie auf einer dichten Menge verschwindet. Als solche dichte Menge nehmen wir die der halbeinfachen Matrizen: Die Jordansche Normalform zeigt, dass beliebig nahe an jeder Matrix A eine Matrix B mit lauter verschiedenen Eigenwerten, daher eine halbeinfache Matrix liegt. Sei also jetzt B halbeinfach und $TBT^{-1} = D$ eine Diagonalmatrix. Nun wenn $\|B\| < R$, so $|\lambda| < R$ für jeden Eigenwert λ von B, also $\|D\| < R$, denn D ist eine Diagonalmatrix, in deren Diagonale die Eigenwerte von B stehen. Wir wollen $f(B) = 0$ zeigen, und nach (6.3) genügt es, $f(D) = 0$ zu zeigen. Aber wenn D die Diagonale $(\lambda_1, \ldots, \lambda_n)$ hat, so ist $f(D)$ die Diagonalmatrix mit Diagonale $\big(f(\lambda_1), \ldots, f(\lambda_n)\big)$. Wir wissen $|\lambda_j| < R$, und dass dann $f(\lambda_j) = 0$, haben wir ja vorausgesetzt. □

Solange die eingesetzten Matrizen vertauschbar sind, bleiben die formalen Rechnungen mit Potenzreihen auch richtig, wenn man Matrizen einsetzt, wie: Ist $AB = BA$, so ist

$$\exp(A + B) = \exp(A) \cdot \exp(B).$$

Insbesondere also

$$(6.5) \qquad \exp(A) \cdot \exp(-A) = 1, \quad \text{daher} \quad \exp(A)^{-1} = \exp(-A).$$

Ist $A = \Gamma + N$ die additive Jordan–Chevalley-Zerlegung, so ist

$$\exp(A) = \exp(\Gamma) \cdot \exp(N)$$

die multiplikative Jordan–Chevalley-Zerlegung, denn

$$\exp(N) = 1 + (N + N^2/2 + \ldots + N^n/n!),$$

und in der Klammer steht ein nilpotenter Endomorphismus. Hieraus ergibt sich:

$$\chi_{\exp(A)}(t) = \chi_{\exp(\Gamma)}(t) = \prod_{j=1}^{n} \big(t - \exp(\lambda_j)\big),$$

wenn $\chi_A(t) = \prod_{j=1}^{n}(t - \lambda_j)$. Das ist eine Bemerkung, die man auf beliebige Reihen übertragen kann. Hier erhalten wir daraus $\det \exp(A) = \prod_{j=1}^{n} \exp(\lambda_j) = \exp(\sum_{j=1}^{n} \lambda_j) = \exp \operatorname{Spur}(A)$, also

$$\det \exp(A) = \exp \operatorname{Spur}(A). \tag{6.6}$$

Schließlich notieren wir

$$\exp({}^tA) = {}^t\big(\exp(A)\big), \quad \exp(\bar{A}) = \overline{\exp(A)}. \tag{6.7}$$

Nun sind wir schon auf das Problem gekommen, aus einer quadratischen Matrix die Wurzel zu ziehen, und hier liegt es nun nahe, gleich allgemeiner den Logarithmus eines komplexen Endomorphismus zu definieren. ist

$$A = \Gamma(1 + N)$$

die multiplikative Jordan–Chevalley-Zerlegung, so stellt sich das Problem für Γ und für $(1+N)$. Das erste mag einfacher aussehen, denn in geeigneten Koordinaten, auf die wir nach (6.3) transformieren können, ist Γ eine Diagonalmatrix,

$$\Gamma = \operatorname{Diag}(\lambda_1, \ldots, \lambda_n), \quad \exp \Gamma = \operatorname{Diag}(\exp \lambda_1, \ldots, \exp \lambda_n),$$

also sollte $\log \Gamma$ die Diagonalmatrix mit Diagonale $(\log \lambda_1, \ldots, \log \lambda_n)$ sein. Das Problem ist eindimensional. Dies hat nun allerdings seine Tücken, denn ist $\lambda \in \mathbb{C}^*, \lambda = r \cdot e^{i\varphi}$, so sieht

$$\log \lambda = \log(r) + i\varphi$$

zwar plausibel aus, ist aber nicht ganz wohldefiniert, weil das Argument φ ja nur bis auf Vielfache von 2π bestimmt ist. Diese Vieldeutigkeit des komplexen Logarithmus liegt in der Natur der Sache, und wenn man log in einem Gebiet (bei uns: von Matrizen) definieren möchte, muss man stets untersuchen, ob man in dem Gebiet ein Argument (hier für die Eigenwerte der auftretenden Matrizen) eindeutig und stetig definieren kann. Wenn es allerdings nur um eine bestimmte Matrix geht, aus der man etwa die Wurzel ziehen möchte, so ist da kein Problem: Man wählt einfach irgendein Argument der Eigenwerte, und erklärt damit $\log \Gamma$.

Ganz einfach dagegen werden wir mit dem zweiten Faktor fertig: Man hat die Potenzreihe

$$\log(1 + x) = x - x^2/2 + x^3/3 - x^5/5 \ldots, \tag{6.8}$$

die als formale Reihe die Identität $\exp\log(1+x) = 1+x$ erfüllt. Die Konvergenz mag die Analytiker kümmern, wir setzen

$$\log(1+N) \;=\; N - \tfrac{1}{2}N^2 + \tfrac{1}{3}N^3 - \ldots + \frac{(-1)^{n+1}}{n}N^n, \tag{6.9}$$

weiter geht es mit 0, weil N nilpotent ist.

So können wir jedenfalls zu jedem $A \in GL(n, \mathbb{C})$ stets eine (und oft mehr als eine) Matrix $\log A \in \mathrm{End}(\mathbb{C}^n)$ finden, so dass $\exp\log A = A$

(6.10) Notiz. *Die Abbildung* $\exp : \mathrm{End}(\mathbb{C}^n) \to GL(n, \mathbb{C})$ *ist surjektiv.*

Auch können wir Wurzeln ziehen (auch nicht eindeutig):

$$A^\alpha \;:=\; \exp\big(\alpha \log(A)\big). \tag{6.11}$$

Eine nilpotente Matrix kann man in jede Potenzreihe sinnvoll einsetzen.
Sei jetzt $U \subset \mathrm{End}(\mathbb{C}^n)$ die offene Menge der Matrizen A mit $\|A\| < 1$, und sei $1+U = \{1+A \mid A \in U\}$. Beachte, dass $GL(n, \mathbb{C})$ eine offene Menge in $\mathrm{End}(\mathbb{C}^n) \cong \mathbb{C}^{n\cdot n}$ ist, denn $GL(n, \mathbb{C})$ ist die Menge der Matrizen, deren Determinante nicht verschwindet, und $\det : \mathrm{End}(\mathbb{C}^n) \to \mathbb{C}$ ist eine stetige Funktion.

(6.12) Bemerkung. *Die Menge* $1+U$ *ist offen in* $GL(n, \mathbb{C})$, *und man hat eine wohldefinierte stetige Logarithmusfunktion*

$$\log : \; 1+U \to \mathrm{End}(\mathbb{C}^n), \quad \exp\log(1+A) \;=\; 1+A.$$

Beweis. Die Reihenentwicklung $(1+x)^{-1} = 1-x+x^2-\ldots$ hat Konvergenzradius 1, für $\|A\| < 1$ ist also $(1+A)^{-1} = 1-A+A^2-\ldots$, daher $1+A \in GL(n, \mathbb{C})$. Auch die Reihe (6.8) hat Konvergenzradius 1 und definiert den Logarithmus auf $1+U$. □

Die so definierte Abbildung log ist auf $1+U$ injektiv, weil linksinvertierbar durch exp.

(6.13) Lemma. $\|\exp(A) - 1\| \;\le\; \exp(\|A\|) - 1.$

Beweis. $\|\exp(A)-1\| \;=\; \|A+A^2/2+A^3/3!+\ldots\| \le \|A\|+\|A\|^2/2+\|A^3\|/3!\ldots \;=\; \exp(\|A\|) - 1.$ □

Es folgt, dass das Bild der Abbildung log in (6.12) die offene Umgebung $W = \frac{1}{2}U$ der Null enthält, denn ist $\|A\| < 1/2$, so ist $\|\exp(A) - 1\| < \sqrt{e} - 1 < 1$, also $\exp(A) = 1 + \big(\exp(A) - 1\big) \in 1+U$ und $\log\exp(A) = A$ für $\|A\| < 1/2$ nach (6.4).

Jetzt haben wir die Umgebungen $W = \{A \mid \|A\| < 1/2\}$ von 0 in $\mathrm{End}(\mathbb{C}^n)$ und $V = \log^{-1}(W) = \exp(W)$ von 1 in $GL(n, \mathbb{C})$, und zueinander inverse Diffeomorphismen

$$1 \in V \underset{\log}{\overset{\exp}{\longleftrightarrow}} W \ni 0$$

So genau brauchen wir diese Umgebungen gar nicht zu kennen, wir notieren nur:

(6.14) Satz. *Es gibt eine Umgebung V von 1 in $GL(n,\mathbb{C})$ und eine Umgebung W von 0 in* $\mathrm{End}(\mathbb{C}^n)$, *und zueinander inverse Diffeomorphismen* $V \underset{\log}{\longrightarrow} W \underset{\exp}{\longrightarrow} V$.
Man kann W so wählen, dass für alle $A \in W$ gilt:
$|\mathrm{Spur}(A)| < 2\pi$ *und* $-A, {}^tA, \bar{A} \in W$.

Beweis. Nur das letzte ist noch zu zeigen. Die Bedingung $|\mathrm{Spur}A| < 2\pi$ gilt in einer Umgebung $W_1 \subset W$ von 0, und dann ersetze W_1 durch $W_1 \cap (-W_1) \cap ({}^tW_1) \cap \overline{W}_1$, mit ${}^tW_1 = \{{}^tA \mid A \in W_1\}$ usw. □

Der Satz folgt auch leicht aus dem Satz über die Umkehrabbildung aus der Differentialrechnung, denn die Abbildung

$$A \mapsto \exp(A) \;=\; 1 + A \ldots$$

hat das Differential $\mathrm{id} : A \mapsto A$ im Ursprung, ist also lokal invertierbar.

§7 Liealgebren

Die Liealgebra $L = gl(n,K)$ ist der Vektorraum $\mathrm{End}(K^n)$ aller $(n \times n)$-Matrizen mit Koeffizienten in K, zusammen mit der **Lieklammer** (auch **Lieprodukt** oder **Kommutator**):

$$[A,B] \;=\; AB - BA \qquad (7.1)$$

als Produkt. Dieses Produkt hat folgende formalen Eigenschaften:

(7.2) Eigenschaften.

(i) *Die Liealgebra L ist ein Vektorraum über K, und die Lieklammer*

$$L \times L \to L, \quad (X,Y) \mapsto [X,Y]$$

ist bilinear.

(ii) $[X,X] = 0$, *also* $[X,Y] = -[Y,X]$ *für alle* $X,Y \in L$.

(iii) $[[X,Y],Z] + [[Z,X],Y] + [[Y,Z],X] = 0$ *für alle* $X,Y,Z \in L$, **Jacobi-Identität.**

Allgemein nennt man einen Vektorraum L, in dem ein Produkt $[.,.]$ mit diesen Eigenschaften erklärt ist, eine **Liealgebra**. Ein **Homomorphismus von Liealgebren** $\alpha : L \to L'$ ist eine lineare Abbildung, so dass $[\alpha(X),\alpha(Y)] = \alpha([X,Y])$.

Die Eigenschaften sind in dem Beispiel $gl(n,K)$ leicht zu verifizieren. In der Jacobi Identität entstehen die nachfolgenden beiden Summanden aus dem ersten durch zyklische Vertauschung der Variablen.

Wir interessieren uns hier für die folgenden reellen und komplexen Liealgebren, die alle in $gl(n,\mathbb{C})$ enthalten sind, mit dem durch (7.1) definierten Lieprodukt.

(7.3) *Seien $sl(n, \mathbb{R})$, $sl(n, \mathbb{C})$ die Liealgebren der $(n \times n)$-Matrizen der Spur* 0 *mit Koeffizienten in* $\mathbb{R}$ *bzw.* $\mathbb{C}$.

(7.4) *Sei $so(n) \subset gl(n, \mathbb{R})$ die Liealgebra der schiefsymmetrischen $(n \times n)$-Matrizen.*

Eine $(n \times n)$-Matrix A heißt **schiefsymmetrisch**, wenn ${}^tA = -A$. Jede $(n \times n)$-Matrix lässt sich eindeutig als Summe einer symmetrischen und einer schiefsymmetrischen Matrix darstellen:

$$A = \tfrac{1}{2}(A + {}^tA) + \tfrac{1}{2}(A - {}^tA). \tag{7.5}$$

(7.6) *Sei $u(n)$ die Liealgebra der schiefhermiteschen komplexen Matrizen und $su(n) = u(n) \cap sl(n, \mathbb{C})$ die Liealgebra der schiefhermiteschen Matrizen der Spur* 0.

Eine komplexe $(n \times n)$-Matrix A heißt **schiefhermitesch**, wenn ${}^tA = -\bar{A}$ oder, anders gesagt, ${}^*A = -A$. Wieder hat man die eindeutige Zerlegung einer $(n \times n)$-Matrix

$$A = \tfrac{1}{2}(A + {}^*A) + \tfrac{1}{2}(A - {}^*A) \tag{7.7}$$

in eine hermitesche und eine schiefhermitesche Matrix. Beachte, dass die hermiteschen und die schiefhermiteschen Matrizen jeweils einen **reellen** Unterraum von $\mathrm{End}_{\mathbb{C}}(\mathbb{C}^n)$ bilden, aber keinen komplexen Unterraum. In der Tat, genau dann ist A hermitesch, wenn iA schiefhermitesch ist, also: Multiplikation mit i vertauscht die Summanden der Zerlegung (7.7).

(7.8) *Sei $d(n)$ die Liealgebra der reellen Diagonalmatrizen und sei $n^+(n, \mathbb{R})$ bzw. $n^+(n, \mathbb{C})$ die Liealgebra der reellen bzw. komplexen nilpotenten oberen Dreiecksmatrizen. (Letzteres heißt: ... oberen Dreiecksmatrizen mit verschwindender Diagonale). In $d(n)$ verschwindet jede Lieklammer.*

So können wir noch lange fortfahren, und es ist ein Leichtes nachzuprüfen, dass all die so beschriebenen reellen Vektorräume jedenfalls reelle Liealgebren für das Produkt (7.1) sind. Die Bezeichnungen ordnen sie gewissen Untergruppen von $GL(n, \mathbb{C})$ zu, die ebenso, nur mit großen Buchstaben, bezeichnet sind. Vorerst bloß als Bezeichnung sei LG immer die der Gruppe G zugeordnete Liealgebra, also

$$\begin{aligned} sl(n, \mathbb{R}) &= L\,SL(n, \mathbb{R}), \quad sl(n, \mathbb{C}) = L\,SL(n, \mathbb{C}), \\ so(n) &= L\,SO(n), \quad u(n) = L\,U(n), \quad su(n) = L\,SU(n), \\ d(n) &= L\,D(n), \quad n^+(n, \mathbb{R}) = L\,N^+(n, \mathbb{R}), \\ &\quad n^+(n, \mathbb{C}) = L\,N^+(n, \mathbb{C}). \end{aligned} \tag{7.9}$$

Sei fortan G eine der genannten Gruppen mit zugeordneter Liealgebra LG. Diese Zuordnung ist nicht willkürlich, sondern eine explizite Beschreibung eines allgemeinen Zusammenhanges für die linearen Gruppen, die uns in der Linearen Algebra begegnet sind. Es gilt der grundlegende

(7.10) Satz. *Sei W eine Umgebung von 0 in $gl(n,\mathbb{C})$, die den Bedingungen in (6.14) genügt. Dann gilt für die Gruppen G und Liealgebren LG in (7.9): Die Exponentialabbildung induziert einen Homöomorphismus*

$$\exp: \; W \cap LG \to V \cap G$$

einer Umgebung von 0 in LG mit einer Umgebung von 1 in G.

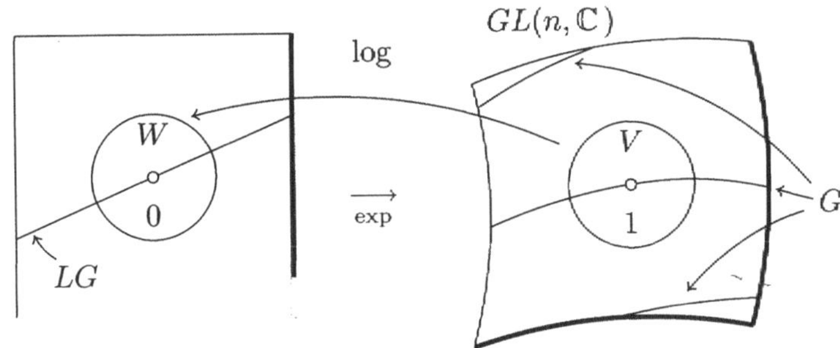

Beweis. Jedenfalls ist nach Voraussetzung (siehe (6.14)) die Abbildung $\exp: W \to V$ ein Homöomorphismus mit Umkehrung log. Ist nun $\operatorname{Spur}(A) = 0$, so ist $\det(\exp(A)) = 1$ nach (6.6), also $A \in sl(n,\mathbb{C}) \Longrightarrow \exp(A) \in SL(n,\mathbb{C})$. Ist $A + {}^tA = 0$, so ist $\exp(A) \cdot {}^t\exp(A) = \exp(A) \cdot \exp({}^tA) = \exp(A + {}^tA) = \exp(0) = 1$, und ist $A = \bar{A}$, so $\exp(A) = \overline{\exp(A)}$ nach (6.5), (6.7), also $A \in so(n) \Longrightarrow A \in SO(n)$. Ist $A \in u(n)$, so folgt ebenso $\exp(A) \in U(n)$, und $A \in su(n) \Longrightarrow \exp(A) \in SU(n)$, und ganz trivial geht es bei den übrigen Gruppen, also

$$\exp(LG) \subset G.$$

Nun, umgekehrt, ist $A \in W$ und $\exp(A) \in SL(n,\mathbb{C})$, so ist $|\operatorname{Spur}(A)| < 2\pi$ und $\exp \operatorname{Spur} A = \det \exp A = 1$, also $\operatorname{Spur} A = 0$ und $A \in sl(n,\mathbb{C})$. Ist $\exp A$ reell, so auch A nach (6.7). Ist $A \in W$ und $\exp(A) \cdot {}^t\exp(A) = 1$, so $\exp({}^tA) = \exp(-A)$, und weil auch $-A \in W$, folgt ${}^tA = -A$. Also $A \in so(n)$. Ähnlich folgt: $A \in W$ und $\exp(A) \in U(n) \Longrightarrow A \in u(n)$, und nach dem ersten $\exp A \in SU(n) \Longrightarrow A \in su(n)$. Ist $\exp A$ eine Diagonalmatrix, so auch $A = \log \exp A$, und ist $\exp A = 1 + N$ eine unipotente obere Dreiecksmatrix, so $A = \log \exp A = N - N^2/2 + \ldots$ eine nilpotente obere Dreiecksmatrix. □

Dieser Satz lehrt etwas über die geometrische Struktur der von uns betrachteten Gruppen, das in der Figur schon angedeutet ist: Die Abbildung exp ist ein Diffeomorphismus einer Umgebung von 0 in $gl(n,\mathbb{C})$ auf eine Umgebung von 1 in $GL(n,\mathbb{C})$. Wir studieren also $GL(n,\mathbb{C})$ und alles, was darin liegt, lokal um das Einselement, indem wir mit log alles in die Umgebung der Null in $gl(n,\mathbb{C})$ abbilden und entsprechend auch die Bilder der Untergruppen betrachten. Da sehen wir nun, dass die betrachteten Untergruppen $G \subset GL(n,\mathbb{C})$ unter log lokal um 1 auf Untervektorräume von $gl(n,\mathbb{C}) \cong \mathbb{C}^{n \cdot n}$ lokal um Null gehen. Bis auf den

Diffeomorphismus sieht G als Teilmenge von $GL(n, \mathbb{C})$ lokal um 1 aus wie LG als Teilmenge von $gl(n, \mathbb{C}) \cong \mathbb{C}^{n \cdot n}$ lokal um 0. Für einen anderen Punkt $A \in G$ ist die Situation nicht anders: Man hat Diffeomorphismen

$$(W, 0) \underset{\exp}{\longrightarrow} (V, 1) \underset{A\cdot}{\longrightarrow} (A \cdot V, A)$$

mit $A \cdot V = \{A \cdot B \mid B \in V\}$, und dabei geht die Umgebung $W \cap LG$ von 0 in LG auf die Umgebung $A \cdot V \cap G$ von A in G.

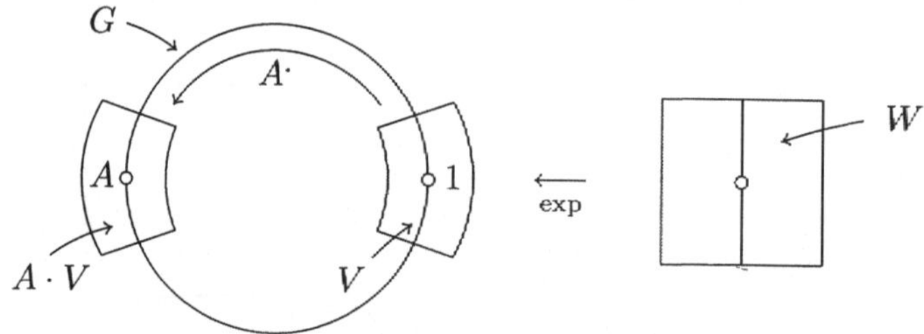

Mit den Begriffen der Differentialtopologie können wir dies nun so zusammenfassen.

(7.11) Satz. *Die Untergruppen* $GL(n, \mathbb{R})$, $SL(n, \mathbb{C})$, $SL(n, \mathbb{R})$, $SO(n)$, $O(n)$, $U(n)$, $SU(n)$, $D(n)$, $N^+(n, \mathbb{C})$, $N^+(n, \mathbb{R}), \ldots$ *sind differenzierbare Untermannigfaltigkeiten von* $GL(n, \mathbb{C})$. *Die Multiplikation* $G \times G \to G$ *ist eine differenzierbare Abbildung und auch die Abbildung* $G \to G, g \mapsto g^{-1}$ *ist differenzierbar.*

Beweis. Letzteres braucht man nur für $GL(n, \mathbb{C})$ nachzuweisen. Aber die Matrizenmultiplikation ist offenbar differenzierbar, und die Abbildung $g \mapsto g^{-1} = \det(g)^{-1}\tilde{g}$, nach Cramers Regel, auch. □

Eine Gruppe G, die zugleich eine Mannigfaltigkeit ist, mit differenzierbarer Multiplikation und Abbildung aufs Inverse, ist eine **Liegruppe**.
Die Dimensionen der Liegruppen sind die Dimensionen der zugeordneten Liealgebren, die wir notieren wollen:

(7.12) Notiz. dim $GL(n, \mathbb{C}) = 2n^2$, dim $SL(n, \mathbb{C}) = 2n^2 - 2$, dim $U(n) = n^2$, dim $SU(n) = n^2 - 1$, dim $GL(n, \mathbb{R}) = n^2$, dim $SL(n, \mathbb{R}) = n^2 - 1$, dim $O(n) =$ dim $SO(n) = n(n-1)/2$, dim $D(n) = n$, dim $N^+(n, \mathbb{C}) = n(n-1)$, dim $N^+(n, \mathbb{R}) = n(n-1)/2$.

§8 Die adjungierte Darstellung

Wir haben die Liealgebren LG zu den Gruppen G, die wir betrachten, einfach angegeben, aber man kann sie wie folgt beschreiben und finden: Wir betrachten differenzierbare Kurven $\varphi(t)$ für $-\varepsilon < t < \varepsilon$, mit $\varphi(0) = 1$ und $\varphi(t) \in G$ für alle t. Jeder solchen Kurve ist ein Geschwindigkeitsvektor

$$\dot{\varphi}(0) = (d/dt) \mid_0 \varphi(t) \in gl(n, \mathbb{C})$$

zugeordnet, und es gilt:

(8.1) Bemerkung. *LG ist die Menge aller dieser Vektoren $\dot{\varphi}(0)$, für differenzierbare Kurven $\varphi : (-\varepsilon, \varepsilon) \to G$, $\varphi(0) = 1$, der* **Tangentialraum** *von G in* 1.

Beweis. Die Exponentialabbildung exp ist lokal umkehrbar und hat das Differential id. Die Kurven φ entsprechen unter Zusammensetzung mit log den Kurven $\psi : (-\varepsilon, \varepsilon) \to LG$, $\psi(0) = 0$, und deren mögliche Geschwindigkeitsvektoren zur Zeit 0 sind gerade die Vektoren aus LG. □

(8.2) Bemerkung. *Die Abbildung $\varphi_A : \mathbb{R} \to GL(n, \mathbb{C})$, $t \mapsto \exp(tA)$ ist ein Homomorphismus von Gruppen, und $\dot{\varphi}_A(0) = A$.*

Beweis. Das erste bedeutet $\exp(t+s)A = \exp(tA) \cdot \exp(sA)$, was wir schon wissen, und das zweite folgt, weil

$$\exp(tA) = 1 + tA + \ldots \quad \text{(höhere Potenzen von } t\text{)}.$$ □

Warnung. Nicht etwa ist exp überhaupt ein Homomorphismus, die Gleichung $\exp(A + B) = \exp(A) \cdot \exp(B)$ ist im Allgemeinen falsch! Einen Homomorphismus $\varphi : \mathbb{R} \to G$ bezeichnet man als **Einparametergruppe** in G. Wir sehen, dass LG der Raum der Geschwindigkeiten $\dot{\varphi}(0)$ von Einparametergruppen in G ist.

Diese Bemerkungen wollen wir benutzen, um die Lieklammer in eine Beziehung zur Gruppenstruktur zu setzen und zu zeigen, warum der Raum LG, der unter exp lokal surjektiv auf eine Gruppe G geht, eine Liealgebra sein muss.

Die Konjugation mit $T \in GL(n, \mathbb{C})$ induziert die Abbildung

$$\begin{aligned} \mathrm{ad}_T : \ & gl(n, \mathbb{C}) \to gl(n, \mathbb{C}), && X \mapsto TXT^{-1}, \\ c_T \ : \ & GL(n, \mathbb{C}) \to GL(n, \mathbb{C}), && A \mapsto TAT^{-1}, \end{aligned}$$

und die Formel (6.3) zeigt $\exp \circ \mathrm{ad}_T = c_T \circ \exp$:

$$\begin{array}{ccc} gl(n, \mathbb{C}) & \xrightarrow[\mathrm{ad}_T]{} & gl(n, \mathbb{C}) \\ {\scriptstyle \exp} \downarrow & & \downarrow {\scriptstyle \exp} \\ GL(n, \mathbb{C}) & \xrightarrow[c_T]{} & GL(n, \mathbb{C}) \,. \end{array} \tag{8.3}$$

Ist hier $T \in G$ und $Y \in LG$, so ist $c_T \exp(sY) \in G$ für alle $s \in \mathbb{R}$, also $\exp \mathrm{ad}_T(sY) \in G$ und damit ist die Ableitung Y dieser Einparametergruppe $\frac{d}{ds} \mid_0 \exp \mathrm{ad}_T(sY) = \mathrm{ad}_T Y \in LG$.

Sei nun $\varphi : \mathbb{R} \to G$ eine Einparametergruppe mit $\dot\varphi(0) = X \in LG$, und sei $Y \in LG$, dann ist demnach $\varphi(t)Y\varphi(-t) \in LG$, und daher $(d/dt) \mid_0 \varphi(t)Y\varphi(-t) \in LG$, und das berechnet man leicht:

$$\begin{aligned} \varphi(t) &= 1 + tX + \dots \\ \varphi(t)Y\varphi(-t) &= (1 + tX + \dots)Y(1 - tX - \dots) \\ &= 1 + t(XY - YX) + \dots, \end{aligned}$$

also

(8.4) $$[X, Y] = (d/dt) \mid_0 \exp(tX) \cdot Y \cdot \exp(-tX).$$

Das Diagram (8.3) lehrt:

(8.5) Satz. *Sei $T \in G$, dann induziert T den Automorphismus von Liealgebren $\mathrm{ad}_T : LG \to LG$, $X \to TXT^{-1}$, und damit operiert G auf LG durch Automorphismen von Liealgeben. Mit anderen Worten, man hat den Homomorphismus von Gruppen*

$$G \to \mathrm{Aut}(LG), \quad T \mapsto \mathrm{ad}_T.$$

Dieser Homomorphismus heißt die **adjungierte Darstellung** *der Gruppe G.*

Beweis. Man muss zeigen $[\mathrm{ad}_T X, \mathrm{ad}_T Y] = \mathrm{ad}_T[X, Y]$, d.h.

$$(TXT^{-1})(TYT^{-1}) - (TYT^{-1})(TXT^{-1}) = T(XY - YX)T^{-1}$$

was klar ist, und $\mathrm{ad}_{TS} = \mathrm{ad}_T \circ \mathrm{ad}_S$, was ebenso klar ist. □

Wir wollen nun die Lietheorie im Allgemeinen nicht weiter verfolgen, aber die Gruppen $SU(n)$ und $SO(m)$ noch etwas näher betrachten. Man erklärt auf $su(n)$ ein reelles euklidisches Skalarprodukt durch

(8.6) $$\langle A, B \rangle := -\tfrac{1}{2} \operatorname{Spur}(A \cdot B).$$

Dies ist offenbar bilinear. Es ist reell, denn $\operatorname{Spur}(AB)^- = \operatorname{Spur}(\bar A \bar B) = \operatorname{Spur}({}^t\!A\,{}^t\!B) = \operatorname{Spur}\,{}^t(BA) = \operatorname{Spur}(BA) = \operatorname{Spur}(AB)$. Das Skalarprodukt ist positiv definit, denn $2\langle A, A \rangle = -\operatorname{Spur}(A^2) = \operatorname{Spur}(A \cdot {}^*\!A) = \sum_{i,j} a_{ij}\bar a_{ij}$. Damit ist jetzt $su(n)$ ein euklidischer Raum der Dimension $n^2 - 1$.

(8.7) Satz. *Ist $T \in U(n)$, so ist*

$$\mathrm{ad}_T : su(n) \to su(n), \quad X \mapsto TXT^{-1}$$

eine orthogonale Abbildung, also definiert ad *einen Homomorphismus*

$$\begin{aligned} \mathrm{ad} : U(n) &\to SO(su(n)) \cong SO(n^2 - 1) \\ T &\mapsto \mathrm{ad}_T. \end{aligned}$$

(Ist V euklidisch, so sei $SO(V)$ die Gruppe der orthogonalen Automorphismen von V mit Determinante 1).

Beweis. Die Abbildung ad_T ist orthogonal, weil

$$\mathrm{Spur}\big((TXT^{-1})(TYT^{-1})\big) = \mathrm{Spur}(TXYT^{-1}) = \mathrm{Spur}(XY),$$

und die Determinante der Abbildung $su(n) \to su(n)$, $X \mapsto TXT^{-1}$ ist stets positiv, denn es gilt: □

(8.8) Lemma. *$U(n)$ ist zusammenhängend.*

Beweis. Ist $T \in U(n)$ in Jordanscher Normalform, also eine Diagonalmatrix mit Diagonalelementen $\lambda_j = \exp(i\varphi_j)$, so findet man einen Weg $w : [0,1] \to U(n)$, so dass $w(t)$ die Diagonalmatrix mit Diagonalelementen $\exp(i\varphi_j t)$ ist, also $w(0) = 1$, $w(1) = T$. Ist nun $B = STS^{-1} \in U(n)$ für ein T wie eben, so betrachte den Weg $t \mapsto Sw(t)S^{-1}$. Er beginnt in 1 und endet in B. □

Die Funktion $U(n) \to \mathbb{R}$, $T \mapsto \det(\mathrm{ad}_T)$ kann also nur ein Vorzeichen haben, und für $T = 1$ ist $\det(\mathrm{ad}_T) = 1$.

Ganz ähnlich geht es für die Gruppe $SO(n)$, denn $SO(n)$ ist die Untergruppe der reellen Matrizen in $SU(n)$ und ebenso ist $so(n)$ der Unterraum der reellen Matrizen in $su(n)$. Also folgt aus (8.8)

(8.9) Satz. *Die adjungierte Darstellung definiert einen Homomorphismus*

$$\mathrm{ad} : SO(n) \to SO\big(so(n)\big) \cong SO\big(n(n-1)/2\big).$$ □

§9 Aufgaben

1. Sei G ein Normalteiler von $S(4)$. Zeige: Enthält G einen 4-Zykel, so ist $G = S(4)$. Zeige: Enthält $G \neq S(4)$ einen 3-Zykel, so ist $G = A(4)$, die Gruppe der geraden Permutationen. Andernfalls ist $G = \{1\}$ oder G besteht aus 1 und den disjunkten Produkten von 2-Zykeln.

2. (a) Sei $Y \in M(2 \times 2), \mathbb{R})$. Zeige, dass die Abbildung $\Phi : \mathbb{R} \times \mathbb{R}^2 \to \mathbb{R}^2$, $(t, v) \mapsto (\exp tY)(v)$, eine Aktion von $\mathbb{R}$ auf $\mathbb{R}^2$ definiert.
   (b) Für $Y = \begin{pmatrix} \lambda_1 & 0 \\ 0 & \lambda_2 \end{pmatrix}$ mit reellen Eigenwerten λ_1 und λ_2 bestimme den Orbit $\mathbb{R}v$ für $v \in \mathbb{R}^2$ unter der Abbildung Φ und stelle ihn für verschiedene v graphisch dar (mit Angabe der Durchlaufrichtung).

3. (a) Für $Y = \begin{pmatrix} \lambda & 1 \\ 0 & \lambda \end{pmatrix}$, $\lambda \in \mathbb{R}$, löse die Aufgabe 2b, ebenfalls mit Skizze.
   (b) Ist $Y = \begin{pmatrix} a & b \\ -b & a \end{pmatrix}$ mit $a, b \in \mathbb{R}$ und $b \neq 0$, so löse für diesen Fall wiederum die Aufgabe 2b und bestimme die Standgruppe $\mathbb{R}_v$ von $v \in \mathbb{R}^2$ abhängig von a und b.

4. Sei G eine Gruppe der Ordnung p^2 für eine Primzahl p. Zeige $G \cong \mathbb{Z}/p^2$ oder $G \cong \mathbb{Z}/p \times \mathbb{Z}/p$.

5. Sei Z das Zentrum der Gruppe G und G/Z zyklisch. Zeige $G = Z$.

6. Sei α_j ein n_j-Zykel in $S(n)$ und $\sigma = \alpha_1 \cdot \ldots \cdot \alpha_k \in S(n)$ ein Produkt paarweise disjunkter Zykel. Welche Ordnung hat das Element σ?

7. Wenn es einen injektiven Homomorphismus $\mathbb{Z}/p^k \to S(n)$ für eine Primzahl p gibt, so ist $p^k \le n$. Wie ist die Verallgemeinerung für beliebiges $\mathbb{Z}/k$?

8. (i) Sei $f : X \to X$ eine affine Abbildung und 1 sei kein Eigenwert von $T(f) : T(X) \to T(X)$. Dann hat f genau einen Fixpunkt.

   (ii) Eine affine Abbildung $f : X \to X$ heißt Dilatation, wenn es ein $\lambda \in K$ gibt mit $T(f) = \lambda \cdot \mathrm{id}_{T(X)}$. λ heißt der Faktor von f. Zeige: Eine Dilatation mit zwei verschiedenen Fixpunkten ist die Identität.

9. Seien A, B nichtleere konvexe Teilmengen des $\mathbb{R}^n$. Zeige: Die konvexe Hülle von $A \cup B$ ist die Vereinigung der Strecken mit Anfangspunkt in A und Endpunkt in B.

10. Seien $v_1, \ldots, v_n$ linear unabhängige Vektoren in einem Vektorraum V, und sei X der kleinste affine Unterraum von V, der diese Vektoren enthält. Zeige:

    (i) $X = \{\sum_{j=1}^n \lambda_j v_j \mid \sum_{j=1}^n \lambda_j = 1\}$.

    (ii) $X = \{x \mid v_1 - x, \ldots, v_n - x \text{ sind linear abhängig}\}$.

11. Sei $G_{k,n}$ der Raum der k-dimensionalen Unterräume von K^n und $k < n$. Dann operiert $G = GL(n, K)$ in naheliegender Weise auf $G_{k,n}$ durch $(A, V) \mapsto \{Av \mid v \in V\}$. Ist der zugehörige Homomorphismus $G \to S(G_{k,n})$ injektiv? Ist die Operation transitiv?

12. Zeige: Ist $n > 2$, so besteht das Zentrum von $S(n)$ nur aus 1.

13. Beschreibe eine fixpunktfreie stetige Operation

$$\mathbb{R} \times S^{2n-1} \to S^{2n-1} .$$

    Hinweis: $S^{2n-1} \subset \mathbb{C}^n$.

14. Sei $\mathbb{R} \times X \to X$ eine stetige Operation und X ein Hausdorffraum, $p \in X$. Zeige: Die Standgruppe $\mathbb{R}_p \subset \mathbb{R}$ ist abgeschlossen, und zwar $\mathbb{R}_p = 0$, $\mathbb{R}_p = \mathbb{R}$ oder $\mathbb{R}_p = a \cdot \mathbb{Z}$ für ein $a > 0$. Zu welchem topologischen Raum ist in den drei Fällen jeweils der Orbit homöomorph?

15. Betrachte die Operation:

$$\begin{aligned} \mathrm{Aut}(K^n) \times \mathrm{End}(K^n) &\to \mathrm{End}(K^n) \\ (T, A) &\mapsto TAT^{-1}. \end{aligned}$$

$A \in \mathrm{End}(K^n)$ heißt Projektionsoperator, wenn $A^2 = A$. Zeige, dass die Projektionsoperatoren eine invariante Teilmenge $P \subset \mathrm{End}(K^n)$ bilden. Aus wie vielen Orbits besteht P? Beschreibe die Orbittypen der Standgruppen für jeden Orbit in P. Hinweis: 1. Zerlegungssatz.

16. Für $i > j$ sei $\varphi_{ij} : K \to N^-(n, K)$ durch

$$\varphi_{ij}(\lambda) : \; e_k \mapsto \begin{cases} e_k & \text{für} \quad k \neq j \\ e_j + \lambda e_i & \text{für} \quad k = j \end{cases}$$

definiert. Zeige: Ist $j \neq k$ und $i \neq 1$, so ist

$$\varphi_{ij}(\lambda) \cdot \varphi_{kl}(\mu) \;=\; \varphi_{kl}(\mu) \cdot \varphi_{ij}(\lambda) \;.$$

Ist $j = k$ oder $i = 1$, und $\lambda \neq 0 \neq \mu$, so ist

$$\varphi_{ij}(\lambda) \cdot \varphi_{kl}(\mu) \;\neq\; \varphi_{kl}(\mu) \cdot \varphi_{ij}(\lambda) \;.$$

17. Stelle

$$A \;=\; \begin{pmatrix} 1 & 2 & 2 \\ 2 & 2 & 1 \\ 3 & 4 & 5 \end{pmatrix}$$

als Produkt $B \cdot N$ mit $B \in B^+(3, \mathbb{R})$ und $N \in N^-(3, \mathbb{R})$ dar.

18. (a) Berechne die Iwasawa-Zerlegung der Matrix

$$A \;=\; \begin{pmatrix} 1 & 2 & 1 \\ 2 & 2 & 1 \\ 2 & 0 & 1 \end{pmatrix} .$$

(b) Berechne die Polarzerlegung der Matrix

$$A \;=\; \begin{pmatrix} 1 & 0 & 0 \\ 1 & 2 & 0 \\ 1 & 1 & 3 \end{pmatrix} .$$

19. **Singuläre-Werte-Zerlegung (singular value decomposition).** Jede lineare Abbildung $A : \mathbb{R}^m \to \mathbb{R}^n$ lässt sich zerlegen als $A = U \cdot D \cdot V$ mit $U \in O(n)$, $V \in O(m)$ und $D = (d_{ij}) : \mathbb{R}^m \to \mathbb{R}^n$, mit $d_{ij} = 0$ für $i \neq j$ und $d_{ii} \geq 0$, Diagonalmatrix. Der Diagonalteil D ist durch A bis auf Permutation der Diagonale eindeutig bestimmt, nämlich, die d_{ii}^2 sind die Eigenwerte von ${}^tA \cdot A$. Wie lautet das unitäre Analogon?

Hinweis: Beginne mit einer orthogonalen Zerlegung $\mathbb{R}^m = X \oplus \ker(A)$, $\mathbb{R}^n = \mathrm{im}(A) \oplus Y$ mit $A_1 = A|X : \mathbb{R}^k \cong X \xrightarrow{\cong} \mathrm{im}(A) \cong \mathbb{R}^k$, $k = \mathrm{rg}(A)$. Dann hat man die Polarzerlegung $A_1 = H \cdot U_1$ und die Hauptachsentransformation des positiv definiten Faktors $H = U_2 D U_2^{-1}$, mit $U_1, U_2 \in O(k)$.

20. Sei $\alpha \in \mathrm{End}(V)$ nilpotent und V ein zyklischer α-Modul. Sei $H = \{f(\alpha) \mid f \in K[t],\ f(0) \neq 0\}$. Zeige: H ist die Standgruppe von α für die Operation von $\mathrm{Aut}(V)$ auf $\mathrm{End}(V)$ durch Konjugation $\mathrm{Aut}(V) \times \mathrm{End}(V) \to \mathrm{End}(V)$, $(\tau, \beta) \mapsto \tau\beta\tau^{-1}$.

21. Gib die multiplikative Jordan–Chevalley-Zerlegung der Matrix

$$A = \begin{pmatrix} 0 & 3 & -1 \\ -1 & 4 & -1 \\ 0 & 2 & 0 \end{pmatrix}$$

an und berechne $\exp(A)$.

22. $\mathbb{C}^{\infty}(\mathbb{R}^3)$ bezeichne den Vektorraum der unendlich oft differenzierbaren komplexwertigen Funktionen auf $\mathbb{R}^3$. Die quantenmechanischen Drehimpulsoperatoren $L_j : C^{\infty}(\mathbb{R}^3) \to C^{\infty}(\mathbb{R}^3)$ $(j = 1, 2, 3)$ sind durch

$$\begin{aligned} (L_1 f)(x, y, z) &= \frac{1}{i}\left(y \frac{\partial f}{\partial z} - z \frac{\partial f}{\partial y}\right) \\ (L_2 f)(x, y, z) &= \frac{1}{i}\left(z \cdot \frac{\partial f}{\partial x} - x \frac{\partial f}{\partial z}\right) \\ (L_3 f)(x, y, z) &= \frac{1}{i}\left(x \cdot \frac{\partial f}{\partial y} - y \frac{\partial f}{\partial x}\right) \end{aligned}$$

erklärt. Zeige: der von diesen linearen Operatoren aufgespannte dreidimensionale komplexe Vektorraum ist eine Liealgebra vermöge der Lieklammer $[L_i, L_j](f) = L_i \circ L_j(f) - L_j \circ L_i(f)$.

23. Gib eine Matrix $A \in M(3 \times 3, \mathbb{R})$ an, so dass

$$A^3 = \begin{pmatrix} -2 & 7 & -2 \\ -1 & 4 & -1 \\ 2 & -2 & 1 \end{pmatrix}.$$

24. Zeige: Ist $LG \subset gl(n, \mathbb{R})$ eine abelsche Liealgebra (die Lieklammer verschwindet), so ist $\exp : LG \to GL(n, \mathbb{R})$ ein Homomorphismus zwischen $(LG, +)$ und $(GL(n, \mathbb{R}), \cdot)$.

25. Sei A eine komplexe $(n \times n)$-Matrix, deren sämtliche Eigenwerte Beträge $< R$ haben. Zeige, dass A konjugiert zu einer Matrix der Norm $< R$ ist. Ist also f eine Potenzreihe mit Konvergenzradius R, so ist $f(A)$ konvergent. Hat dagegen A einen Eigenwert vom Betrag $> R$, so ist $f(A)$ divergent.

26. Auf einem 2-dimensionalen Vektorraum V sei ein Produkt $V \times V \to V$, $(x, y) \mapsto [x, y]$, definiert, das V zu einer Liealgebra macht. Zeige, dass V eine Basis (v, w) besitzt, so dass entweder $[v, w] = 0$ oder $[v, w] = w$ gilt. Das beschreibt bis auf Isomorphie alle zweidimensionalen Liealgebren.

27. Vervollständige das nachfolgende Diagramm, gib die jeweiligen Abbildungen explizit an, so dass das Diagramm kommutiert:

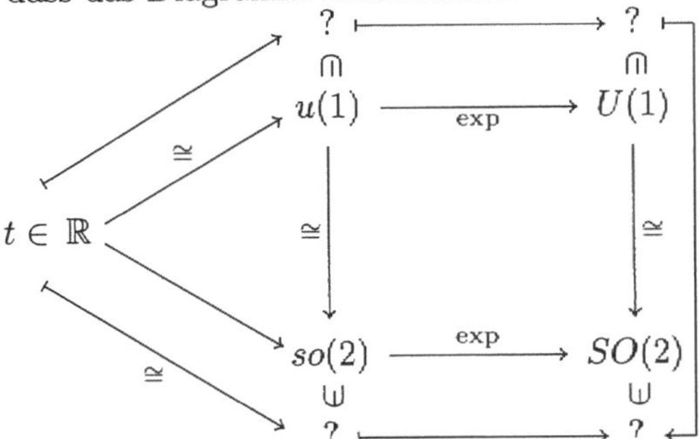

28. Weise nach, dass die folgenden Vektorräume reelle Unterliealgebren von $gl(n,\mathbb{C})$ sind: $sl(n,\mathbb{R})$, $so(n)$, $u(n)$, $d(n)$, $n^+(n,\mathbb{R})$.

29. Zeige, dass $\exp : sl(2,\mathbb{C}) \to SL(2,\mathbb{C})$ nicht surjektiv ist. Welche Werte kann $\mathrm{Spur}(\exp(A))$ für $A \in sl(2,\mathbb{C})$ annehmen?

30. Zeige, dass die Exponentialabbildung für $so(n)$ und $u(n)$ surjektiv ist.

31. Sei $\varphi : \mathbb{R} \to GL(n,\mathbb{C})$ eine Einparametergruppe, beliebig oft stetig differenzierbar, und $\dot{\varphi}(0) = A$. Zeige: $\varphi(t) = \exp(tA)$. Hinweis: Kapitel V, § 6.

Kapitel IX

Quaternionen und orthogonale Gruppen

A questa brieve noia (dico brieve, in quanto in poche lettere si contiene) sequirà prestamente la dolcezza e il piacere, il quale io v'ho davanti promesso, e che forse non sarebbe da così fatto inizio, se non si dicesse, aspettato. E nel vero, se io potuto avessi onestamente per altra parte menarvi a quello che io desidero che per così aspro sentiero come fia questo, io l'avrei volentier fatto.

Die orthogonalen und unitären Gruppen kleiner Dimension haben ihre Besonderheiten, und sie sind von großer Bedeutung in der theoretischen Physik. Die Struktur dieser Gruppen wird durch das Studium der Quaternionenalgebra erhellt werden, und diese führt uns zu neuen linearen Gruppen. Schließlich sagen wir etwas über die Struktur der Lorentzgruppe.

§1 Die Gruppe SO(3) und ihre Liealgebra

Die adjungierte Darstellung (8.7) von $SU(2)$ ist ein Homomorphismus

$$\mathrm{ad}: \ SU(2) \to SO(3),$$

der eine enge Beziehung zwischen diesen Gruppen herstellt, und die adjungierte Darstellung von $SO(3)$ ist, wie wir sehen werden, ein Isomorphismus $SO(3) \to SO(3)$. Der Lieklammer auf $so(3)$ entspricht dabei das Kreuzprodukt auf $\mathbb{R}^3$, und dies erklärt eigentlich die Bedeutung des Kreuzprodukts in der Mechanik. Die genaue explizite Aussage ist wie folgt:

(1.1) Satz. *Man hat einen linearen Isomorphismus* $\kappa : so(3) \to \mathbb{R}^3$ *mit folgenden Eigenschaften:*

(i) $|\kappa(X)|^2 = -\frac{1}{2}\operatorname{Spur}(X^2)$, *also* κ *ist orthogonal.*

(ii) $\kappa(TXT^{-1}) = T\kappa(X)$ *für* $T \in SO(3)$, *also: das Diagramm*

$$\begin{array}{ccc} so(3) & \xrightarrow[\mathrm{ad}_T]{} & so(3) \\ {\scriptstyle\kappa}\downarrow & & \downarrow{\scriptstyle\kappa} \\ \mathbb{R}^3 & \xrightarrow[T]{} & \mathbb{R}^3 \end{array}$$

ist kommutativ.

(iii) $\kappa([X,Y]) = \kappa(X) \times \kappa(Y)$, *oder in einem Diagramm*

$$\begin{array}{ccc} so(3) \times so(3) & \xrightarrow{[.,.]} & so(3) \\ {\scriptstyle\kappa\times\kappa}\downarrow & & \downarrow{\scriptstyle\kappa} \\ \mathbb{R}^3 \times \mathbb{R}^3 & \xrightarrow{\times} & \mathbb{R}^3 \end{array}$$

(iv) *Für* $X \in so(3)$ *ist* $\exp(X) \in SO(3)$ *eine Drehung mit Achse* $\kappa(X)$.

(v) $\kappa^{-1} : \mathbb{R}^3 \to so(3)$ *bildet* v *ab auf die lineare Abbildung:* $\kappa^{-1}(v) : \mathbb{R}^3 \to \mathbb{R}^3$, $w \mapsto v \times w$.

(vi) *In Komponenten ist* κ *gegeben durch*

$$\begin{pmatrix} 0 & -z & y \\ z & 0 & -x \\ -y & x & 0 \end{pmatrix} \mapsto \begin{pmatrix} x \\ y \\ z \end{pmatrix}.$$

Beweis. Wir definieren $\kappa^{-1} : \mathbb{R}^3 \to \operatorname{End}_{\mathbb{R}}(\mathbb{R}^3)$ durch (v) und zeigen, dass $\kappa^{-1}(v)$ schiefsymmetrisch ist: $\langle \kappa^{-1}(v)u, w\rangle = \langle v \times u, w\rangle = \det(v,u,w) = -\det(v,w,u) = -\langle u, \kappa^{-1}(v)w\rangle$.

In Komponenten ist κ^{-1} wie folgt gegeben:

$$\kappa^{-1}(xe_1 + ye_2 + ze_3) : \ e_1 \mapsto \begin{pmatrix} 0 \\ z \\ -y \end{pmatrix}, \quad e_2 \mapsto \begin{pmatrix} -z \\ 0 \\ x \end{pmatrix}, \quad e_3 \mapsto \begin{pmatrix} y \\ -x \\ 0 \end{pmatrix}.$$

Das zeigt, dass κ^{-1} isomorph ist, mit Umkehrung wie in (vi).

(iv): Aus (v) folgt $\kappa^{-1}(v) : v \mapsto 0$, also wenn $\kappa(X) = v$, so $X \cdot \kappa(X) = \kappa^{-1}(v)v = 0$. Das heißt $\exp(X) \cdot \kappa(X) = (1 + X + \dots) \cdot \kappa(X) = \kappa(X)$, also bleibt $\kappa(X)$ unter $\exp(X)$ fest.

(i): $-\frac{1}{2}\,\mathrm{Spur}(X^2) = \frac{1}{2}\,\mathrm{Spur}({}^tXX)$ und $\mathrm{Spur}({}^tXX) = \sum_{i,j} x_{ij}^2$, die Behauptung folgt also aus (vi).

(ii): Für alle $v, w \in \mathbb{R}^3$ und $T \in SO(3)$ gilt

$$T(v) \times T(w) = T(v \times w). \tag{1.2}$$

Das besagt nun $\kappa^{-1}\big(T(v)\big)Tw = T\kappa^{-1}(v)w$. Dass das für alle w gilt, besagt $\kappa^{-1}\big(T(v)\big)\circ T = T\circ\kappa^{-1}(v)$, also $\kappa^{-1}Tv = T\kappa^{-1}(v)T^{-1}$. Setze $X = \kappa^{-1}(v)$, so steht da $\kappa^{-1}\big(T\kappa(X)\big) = TXT^{-1}$. Anwenden von κ ergibt (ii). Die Formel (1.2) sieht man so: Sind v, w linear abhängig, so verschwinden beide Seiten, und sonst steht beidseits ein Vektor u, der zu Tv, Tw orthogonal ist, mit $\det(Tv, Tw, u) = |v \times w|^2$.

(iii): Ist $X = \kappa^{-1}(v)$, $Y = \kappa^{-1}(w)$, so besagt die Formel $\kappa^{-1}(v \times w) = [\kappa^{-1}(v), \kappa^{-1}(w)]$ oder, wenn man beide Seiten auf u anwendet $(v \times w) \times u = v \times (w \times u) - w \times (v \times u)$, und das ist äquivalent zur Jacobiidentität $(v \times w) \times u + (w \times u) \times v + (u \times v) \times w = 0$ für das Kreuzprodukt, siehe 0, (3.2, iv). □

Wenn ein starrer Körper B sich um einen festen Punkt $0 \in B$ irgendwie dreht, und wir auf B ein euklidisches Koordinatensystem mit Mittelpunkt 0 errichten und zugleich ein Koordinatensystem mit Ursprung 0 im ruhenden Raum $\mathbb{R}^3$, in dem B sich bewegt, wählen, so wird die Bewegung von B durch eine Kurve $t \mapsto A(t) \in SO(3)$ beschrieben, nämlich: $A(t)$ ist die Transformation von den Koordinaten im ruhenden Raum auf die Koordinaten in B. Ist nun die Wahl so getroffen, dass $A(0) = \mathrm{id}$, so ist, wie wir erklärt haben, $(d/dt) \mid_0 A(t) = X \in so(3) \cong \mathbb{R}^3$, also: die Rotationsgeschwindigkeit wird durch einen Vektor $\omega = \kappa(X) \in \mathbb{R}^3$ beschrieben, der nach (iv) in Richtung der momentanen Drehachse zeigt. Die Geschwindigkeit eines Punktes $q \in B$ ist dann $d/dt \mid_0 A(t) \cdot q = X \cdot q = \kappa^{-1}(\omega)q = \omega \times q$ nach (v). So wird das, was bei der Beschreibung des Trägheitstensors gleichsam aus der Luft fiel, in einen allgemeinen Zusammenhang eingeordnet.

Wir wollen die Drehung e^{tX} mit Rotationsgeschwindigkeit $X \in so(3)$ zur Zeit 0 noch etwas genauer studieren. Es ist $\exp(TXT^{-1}) = T\exp(X)T^{-1}$, und $\kappa(TXT^{-1}) = T\kappa(X)$. Zu gegebenem X können wir also T so wählen, dass $\kappa(TXT^{-1}) = t \cdot e_3$ für ein $t \in \mathbb{R}$, also

$$T^{-1}\exp\big(t\kappa^{-1}(e_3)\big)T = \exp(X).$$

In einem Diagramm:

$$\begin{array}{ccc}
\mathbb{R}^3 & \xrightarrow[\exp(X)]{} & \mathbb{R}^3 \\
{\scriptstyle T}\downarrow & & \downarrow{\scriptstyle T} \\
\mathbb{R}^3 & \xrightarrow[\exp\left(t\cdot\kappa^{-1}(e_3)\right)]{} & \mathbb{R}^3.
\end{array}$$

Es kommt also darauf an, die Gruppe der Drehungen

$$\{\exp\left(t\kappa^{-1}(e_3)\right) \mid t \in \mathbb{R}\}$$

zu studieren. Weil diese Drehungen e_3 festlassen, handelt es sich um Drehungen der Ebene $L(e_1, e_2)$, und sie sind nach (1.1, vi) von der Form

$$\exp\left(t \cdot \begin{pmatrix} 0 & -1 \\ 1 & 0 \end{pmatrix}\right).$$

In komplexer Schreibweise ist die Matrix gerade die Multiplikation mit i:

$$\begin{pmatrix} 0 & -1 \\ 1 & 0 \end{pmatrix} : \ \mathbb{R}^2 \ = \ \mathbb{C} \underset{i\cdot}{\to} \mathbb{C} \ = \ \mathbb{R}^2.$$
$$1, i \mapsto i, -1$$

Daher liefert die Exponentialfunktion

$$\exp(ti) \ = \ \cos t + i \sin t \ = \ \begin{pmatrix} \cos t & -\sin t \\ \sin t & \cos t \end{pmatrix}.$$

Beschränken wir t auf das Intervall $I = [-\pi, \pi]$, so ist $\exp(t_1 i) = \exp(t_2 i)$ für $t_1, t_2 \in I$, genau dann, wenn $t_1 = t_2$ oder $t_1 = -t_2 = \pm\pi$. Sei nun D^3_π der Ball der Vektoren der Norm $\leq \pi$ in $\mathbb{R}^3$.

(1.3) Satz. *Die Abbildung*

$$\delta : \ D^3_\pi \to SO(3), \quad v \mapsto \exp\left(\kappa^{-1}(v)\right)$$

ist surjektiv, und es gilt $\delta(v) = \delta(w)$ genau dann, wenn entweder $v = w$ oder $v = -w$ und $|v| = |w| = \pi$.

Beweis. Die Abbildung δ ist surjektiv, denn $\exp\left(t\kappa^{-1}(e_3)\right)$, $-\pi \leq t \leq \pi$, liefert alle Drehungen um die Achse e_3, und ist $v = Te_3$, so liefert daher $\exp\left(t\kappa^{-1}(v)\right) = \exp\left(t\kappa^{-1}(Te_3)\right) = T\exp(t\kappa^{-1}e_3)T^{-1}$ alle Drehungen mit Achse Te_3. Ist nun $\delta(v) = \delta(w)$, so sind v und w linear abhängig, weil sonst $\exp(v)$ zwei linear unabhängige Vektoren festlässt, daher $\exp(v) = \mathrm{id}$ und damit $v = w = 0$ wäre. Also wenn $\delta(v) = \delta(w)$, so haben $\delta(v)$ und $\delta(w)$ gleiche Drehachse, und dann ist offenbar entweder $v = w$, oder aber $v = -w$ und $|v| = |w| = \pi$, weil beide Länge $\leq \pi$ haben. □

Dieser Satz beschreibt genau und explizit in Formeln, wie man eine Drehung durch einen Vektor angeben kann, dessen Richtung die Drehachse angibt, und dessen Länge sagt, wie weit herum gedreht wird (und die Drehung um π liefert dasselbe Ergebnis, wie die Drehung um $-\pi$ um dieselbe Achse). Der Satz gibt damit eine geometrische Beschreibung des Raumes $SO(3)$:

(1.4) Folgerung. *Durch δ wird ein Homöomorphismus von $\mathbb{R}P^3$ mit $SO(3)$ beschrieben.*

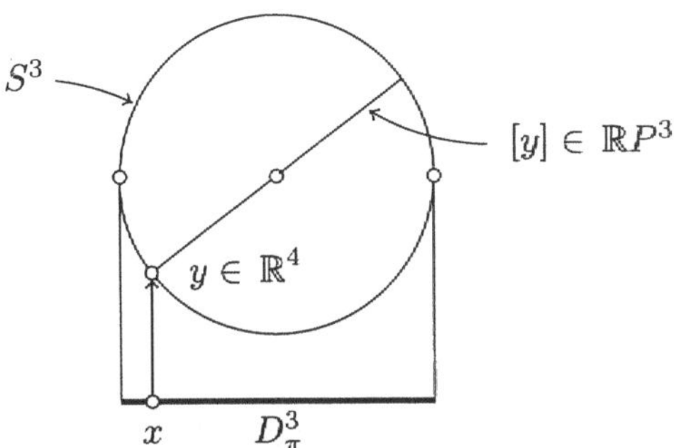

Beweis. Wenn man in D^3 antipodische Randpunkte identifiziert, entsteht $\mathbb{R}P^3$, siehe Figur. Die Behauptung wird sich aus (3.13) nochmal ergeben. □

§2 Quaternionen

Die reelle Algebra $\mathbb{H}$ der **Quaternionen** ist die Algebra der komplexen (2×2)-Matrizen der Gestalt

(2.1) $$A = \begin{pmatrix} a & b \\ -\bar{b} & \bar{a} \end{pmatrix}.$$

Analog zur Konjugation in $\mathbb{C}$ besitzt $\mathbb{H}$ den Antiautomorphismus

$$\mathbb{H} \to \mathbb{H}, \quad A \mapsto {}^*A = {}^t\bar{A}, \qquad \text{mit}$$

(2.2) $${}^*(A+B) = {}^*A + {}^*B, \quad {}^*(A \cdot B) = {}^*B \cdot {}^*A.$$

Auch definiert man die **Norm** von A in (2.1) als

(2.3) $$N(A) = |a|^2 + |b|^2 = \det(A).$$

Also $N(A \cdot B) = N(A) \cdot N(B)$. Man definiert den Betrag durch $|A| = \sqrt{N(A)}$, also $|A \cdot B| = |A| \cdot |B|$. Die Determinante bezeichnen wir hier durch det. Der konjugierte Quaternio, den wir vorsichtshalber mit ${}^*A$ bezeichnen, weil wir schließlich doch wieder an Matrizen denken, wird oft auch mit $\bar{A}$ bezeichnet, aber das ist dann etwas anderes als die komponentenweise konjugierte Matrix. Wir bleiben lieber bei ${}^*A$.
Dann ist $A \cdot {}^*A = N(A) \cdot 1$, also hat $A \in \mathbb{H}$ das multiplikativ Inverse (wie im Komplexen)

(2.4) $$A^{-1} = N(A)^{-1} \cdot {}^*A.$$

Die Quaternionenalgebra ist ein 4-dimensionaler Vektorraum über $\mathbb{R}$, und die quadratische Form N macht $\mathbb{H}$ zu einem euklidischen Raum. Man hat auch eine

Einbettung $\mathbb{C} \to \mathbb{H}$, durch die wir $\mathbb{C}$ als Teilkörper von $\mathbb{H}$ auffassen. Sie ist gegeben durch

$$(2.5) \qquad c \mapsto \begin{pmatrix} c & 0 \\ 0 & \bar{c} \end{pmatrix}.$$

Auf $\mathbb{C} \subset \mathbb{H}$ stimmt die Konjugation von $\mathbb{H}$ dann mit der in $\mathbb{C}$ erklärten überein. Hier muss man jetzt etwas aufpassen und die Koeffizienten der Matrizen als Elemente von $\mathbb{C}$ von den Elementen in $\mathbb{C} \subset \mathbb{H}$ unterscheiden. Durch die Einbettung (2.5) wird insbesondere $\mathbb{H}$ zu einem 2-dimensionalen Vektorraum über $\mathbb{C}$, wobei $\mathbb{C}$ durch Linksmultiplikation als Teilkörper von $\mathbb{H}$ auf $\mathbb{H}$ operiert. Auch zwischen Linksmultiplikation und Rechtsmultiplikation muss man unterscheiden, weil die Multiplikation von $\mathbb{H}$ nicht kommutativ ist. Als $\mathbb{C}$-Vektorraum hat $\mathbb{H}$ die **Standardbasis** der zwei Elemente

$$(2.6) \qquad 1 = \begin{pmatrix} 1 & 0 \\ 0 & 1 \end{pmatrix}, \quad j = \begin{pmatrix} 0 & 1 \\ -1 & 0 \end{pmatrix}$$

mit der Mulitplikationsregel

$$(2.7) \qquad j^2 = -1 \quad \text{und} \quad zj = j\bar{z} = \begin{pmatrix} 0 & z \\ -\bar{z} & 0 \end{pmatrix}, \quad \text{für} \quad z \in \mathbb{C}.$$

Damit haben wir dann

$$\begin{pmatrix} a & b \\ -\bar{b} & \bar{a} \end{pmatrix} = a + bj.$$

Der komplexe Vektorraum $\mathbb{H}$ trägt das unitäre Skalarprodukt

$$(2.8) \qquad \langle a + bj,\ c + dj \rangle = a\bar{c} + b\bar{d}.$$

Die Basis (2.6) ist hierfür orthonormal.

Die Einbettung (2.5) liefert insbesondere die kanonische Einbettung $\mathbb{R} \to \mathbb{H}$, $r \to r \cdot 1$. Als reeller Vektorraum hat $\mathbb{H}$ die **Standardbasis**

$$(2.9) \qquad 1 = \begin{pmatrix} 1 & 0 \\ 0 & 1 \end{pmatrix}, i = \begin{pmatrix} i & 0 \\ 0 & -i \end{pmatrix}, j = \begin{pmatrix} 0 & 1 \\ -1 & 0 \end{pmatrix}, k = \begin{pmatrix} 0 & i \\ i & 0 \end{pmatrix}$$

mit den

(2.10) **Multiplikationsregeln.** $i^2 = j^2 = k^2 = -1$, $ij = -ji = k$, $jk = -kj = i$, $ki = -ik = j$.

Dies ist eine Orthonormalbasis für das euklidische Skalarprodukt, das durch die Norm N als quadratische Form auf $\mathbb{H}$ gegeben ist. Die Quaternionen $ai + bj + ck$, mit $a, b, c \in \mathbb{R}$, heißen **reine** Quaternionen. Sie bilden einen reell 3-dimensionalen euklidischen Raum $\operatorname{Im} \mathbb{H}$, den wir durch die Basis i, j, k mit $\mathbb{R}^3$ identifizieren. Dann haben wir die kanonische orthogonale Zerlegung

$$(2.11) \qquad \mathbb{H} = \mathbb{R} \oplus \mathbb{R}^3, \quad \mathbb{R}^3 = \operatorname{Im} \mathbb{H}, \quad A = \operatorname{Re}(A) + \operatorname{Im}(A) \in \mathbb{H}$$

von $\mathbb{H}$ in den Unterkörper $\mathbb{R}$ und den euklidischen Raum Im $\mathbb{H} = \mathbb{R}^3$ der reinen Quaternionen. Die Multiplikationstabelle (2.10) erinnert an die Regeln für das Kreuzprodukt und zeigt, dass wir das Kreuzprodukt mit der Quaternionenmultipikation so ausdrücken können:

(2.12) Notiz. *Für* $A, B \in \mathbb{R}^3 = \mathrm{Im}\,\mathbb{H}$ *ist* $A \times B = \mathrm{Im}(A \cdot B)$.

Die Zerlegung (2.11) ist allein durch die Ringstruktur von $\mathbb{H}$ bestimmt, wie wir jetzt zeigen. Das **Zentrum** eines Ringes R ist

$$Z(R) = \{z \in R \mid zx = xz \quad \text{für alle} \quad x \in R\}.$$

(2.13) Satz. *Das Zentrum des Ringes* $\mathbb{H}$ *ist* $\mathbb{R}$.

Dies folgt unmittelbar aus folgendem

(2.14) Lemma. *Sei* $A \in \mathbb{H} \setminus \mathbb{R}$, $X \in \mathbb{H}$ *und* $XA = AX$, *dann ist* $X \in \mathbb{R} + \mathbb{R} \cdot A$.

Beweis. Genau dann ist $XA = AX$, wenn $X\,\mathrm{Im}(A) = \mathrm{Im}(A)X$; wir dürfen also $A \in \mathrm{Im}(\mathbb{H})$, $A \neq 0$ voraussetzen. Für einen reinen Quaternio $A = ai + bj + ck$ gilt:

$$(2.15) \qquad (ai + bj + ck)^2 = -(a^2 + b^2 + c^2) = -N(A)$$

nach (2.10). Wir dürfen noch X durch $\mathrm{Im}(X)$ ersetzen und dann X und A durch einen reellen Faktor so normieren, dass oBdA $X^2 = A^2 = -1$ gilt. Dann folgt:

$$(X - A)(X + A) = X^2 + XA - AX - A^2 = 0, \text{ also } X = \pm A. \qquad \square$$

Damit ist $\mathbb{R}$ als Teilkörper von $\mathbb{H}$ rein ringtheoretisch als das Zentrum entlarvt. Nach (2.15) ist $A^2 \in \mathbb{R}_-$, falls $A \in \mathrm{Im}\,\mathbb{H}$. Diese Eigenschaft charakterisiert Im $\mathbb{H}$ ringtheoretisch, denn ist $A = r + Q$, $r \in \mathbb{R}$, $Q \in \mathrm{Im}(\mathbb{H})$, so ist $A^2 = r^2 + 2rQ + Q^2$ genau dann in $\mathbb{R}$, wenn $rQ = 0$, also $r = 0$ oder $Q = 0$, und dabei nicht positiv genau dann, wenn $r = 0$. Also

$$(2.16) \qquad A \in \mathrm{Im}\,\mathbb{H} \iff A^2 \in \mathbb{R}_-.$$

Hier benutzen wir, dass der Körper $\mathbb{R}$ nur den identischen Automorphismus zulässt, und dass auch die Anordnung, also die Teilmenge $\mathbb{R}_+ \subset \mathbb{R}$, allein durch die Ringstruktur von $\mathbb{R}$ beschrieben werden kann. Nämlich: $\mathbb{R}_+$ ist die Menge der Quadrate in $\mathbb{R}$. Ein Ringautomorphismus $\varphi : \mathbb{R} \to \mathbb{R}$ überführt Quadrate in Quadrate, also $\varphi(\mathbb{R}_+) = \mathbb{R}_+$, d.h. φ ist monoton. Auch ist $\varphi(1) = 1$, also gehen Summen von Einsen auf Summen von Einsen, daher $\varphi(\mathbb{Z}) = \mathbb{Z}$, und $\varphi \mid \mathbb{Z}$ ist die Identität von $\mathbb{Z}$. Dann geht auch $\mathbb{Q}$ auf $\mathbb{Q}$ und $\varphi \mid \mathbb{Q}$ ist die Identität von $\mathbb{Q}$, und weil φ monoton ist, ist dann $\varphi = \mathrm{id}$.

Auch die Konjugation $A \to {}^*A$ ist durch die Ringstruktur von $\mathbb{H}$ bestimmt, denn aus (2.9) liest man ab:

$$(2.17) \qquad {}^*\big(\mathrm{Re}(A) + \mathrm{Im}(A)\big) = \mathrm{Re}(A) - \mathrm{Im}(A).$$

Damit ist auch die euklidische Struktur von $\mathbb{H}$ durch die Ringstruktur bestimmt. Wir stellen insbesondere fest:

(2.18) Satz. *Jeder Automorphismus von Ringen* $\varphi : \mathbb{H} \to \mathbb{H}$ *erfüllt:*

$$\varphi \mid \mathbb{R} = \mathrm{id}_{\mathbb{R}}, \quad \varphi({}^*A) = {}^*(\varphi(A)), \quad |\varphi(A)| = |A|.$$

Beweis. Weil $\mathbb{R} = Z(\mathbb{H})$, ist $\varphi(\mathbb{R}) = \mathbb{R}$, und weil $\mathbb{R}$ nur den identischen Automorphismus zulässt, gilt $\varphi| \mathbb{R} = \mathrm{id}$. Auch ist $\varphi(\mathrm{Im}\, \mathbb{H}) = \mathrm{Im}(\mathbb{H})$. Ist $A = B + C$ die Zerlegung in Real- und Imaginärteil, so ist $\varphi(A) = \varphi(B) + \varphi(C) = B + \varphi(C)$, also ${}^*(\varphi(A)) = B - \varphi(C) = \varphi(B - C) = \varphi({}^*A)$. Aus $A \cdot {}^*A = N(A) \in \mathbb{R}$ folgt dann $N(\varphi(A)) = \varphi(A) \cdot {}^*(\varphi(A)) = \varphi(A) \cdot \varphi({}^*A) = \varphi(A \cdot {}^*A) = \varphi(N(A)) = N(A)$, daher $N(A) = N(\varphi(A))$. Damit ist $|A| = |\varphi(A)|$. □

Wir bringen noch einige Rechenregeln für Quaternionen, die wir später benutzen werden. Nach Definiton der Norm ist

$$X \cdot {}^*X = {}^*X \cdot X = |X|^2.$$

Ersetzt man hier X durch $X + Y$, so folgt

$$\langle X, Y \rangle = \tfrac{1}{2}(X \cdot {}^*Y + Y \cdot {}^*X). \tag{2.19}$$

(2.20) Notiz. *Genau dann ist* $\langle X, Y \rangle = 0$, *wenn* $X \cdot {}^*Y = -Y \cdot {}^*X$. *Für* $X, Y \in \mathrm{Im}\, \mathbb{H}$ *ist das gleichbedeutend mit* $XY = -YX$.

(2.21) Folgerung. *Seien* $I, J \in \mathrm{Im}\, \mathbb{H}$ *orthonormal. Setze* $K = IJ$, *dann ist* (I, J, K) *eine positive Orthonormalbasis von Im* $\mathbb{H}$, *und es gilt:*
$I^2 = J^2 = K^2 = -1, \quad IJ = -JI = K, \quad JK = -KJ = I,\ KI = -IK = J$.

Beweis. $K^2 = IJIJ = -I^2J^2 = -1$, also $K \in \mathrm{Im}\, \mathbb{H}$ nach (2.16). Die erste Multiplikationsregel folgt auch nach (2.16).

Man sieht aus (2.20), dass K orthogonal zu I und J ist. Auch ist $K \cdot {}^*K = -K^2 = 1$. Die restlichen Multiplikationsregeln stehen in (2.21). Dass die Basis positiv ist, folgt weil

$$K = \mathrm{Im}(K) = \mathrm{Im}(IJ) = I \times J.$$ □

Man sieht also, dass die Einbettung $\mathbb{C} \to \mathbb{H}$ nicht durch die Ringstruktur von $\mathbb{H}$ festgelegt ist, jede positive orthonormale Abbildung $\mathrm{Im}(\mathbb{H}) \to \mathrm{Im}(\mathbb{H})$ definiert einen Automorphismus von $\mathbb{H}$ (vergl. 3.13).
Schließlich erweist sich als nützlich die folgende

(2.22) Dreier-Identität. *Für* $X, Y \in \mathbb{H}$ *ist*

$$YXY = 2\langle {}^*X, Y \rangle Y - \langle Y, Y \rangle {}^*X.$$

Beweis. Nach (2.19) ist $2\langle {}^*X, Y \rangle = {}^*X{}^*Y + YX$. Rechtsmultiplikation mit Y ergibt wegen ${}^*YY = \langle Y, Y \rangle$ die Behauptung. □

Soviel zum Rechnen mit Quaternionen. Die Bezeichnung mit $\mathbb{H}$ erinnert an Hamilton, der sie gefunden hat. Sie haben nicht die Bedeutung der komplexen Zahlen gewonnen, aber sie helfen zum Verständnis quadratischer Formen und wichtiger Matrizengruppen.

Die Menge der Quaternionen vom Betrag 1 bildet die multiplikative Gruppe

$$Sp(1) = \{A \in \mathbb{H} \mid N(A) = 1\}. \tag{2.23}$$

Als Raum ist $Sp(1) = S^3 \subset \mathbb{R}^4 = \mathbb{H}$, und überhaupt ist uns diese Gruppe wohlbekannt, denn

$$Sp(1) = \left\{ \begin{pmatrix} a & b \\ -\bar{b} & \bar{a} \end{pmatrix} \mid |a|^2 + |b|^2 = 1 \right\} = SU(2),$$

ist eine so wichtige Gruppe, dass sie noch den dritten Namen **Spin**(3) trägt. Wir werden sie in den folgenden Paragraphen näher kennenlernen. Sie steht in enger Beziehung zu $SO(3)$.

Wir beschließen diesen Abschnitt mit einer kleinen arithmetischen Anwendung. Aus der Formel $N(A) \cdot N(B) = N(A \cdot B)$ und der Darstellung $N(a_1 + a_2 i + a_3 j + a_4 k) = a_1^2 + a_2^2 + a_3^2 + a_4^2$ gewinnt man eine Formel, die aus einem Produkt von zwei Summen von 4 Quadraten wieder eine Summe von 4 Quadraten macht:

$$\begin{aligned}
& (a_1^2 + \cdots + a_4^2)(b_1^2 + \cdots + b_4^2) \\
= \; & N\big((a_1 + a_2 i + a_3 j + a_4 k))(b_1 + b_2 i + b_3 j + b_4 k)\big) \\
= \; & \quad (a_1 b_1 - a_2 b_2 - a_3 b_3 - a_4 b_4)^2 \\
& + (a_1 b_2 + a_2 b_1 + a_3 b_4 - a_4 b_3)^2 \\
& + (a_1 b_3 + a_3 b_1 + a_4 b_2 - a_2 b_4)^2 \\
& + (a_1 b_4 + a_4 b_1 + a_2 b_3 - a_3 b_2)^2.
\end{aligned}$$

Diese Formel gilt ganz allgemein in jedem kommutativen Ring, ein Ergebnis der simplen Buchstabenrechnung — wenn man die Formel erstmal hat. Ähnlich kann man mit Hilfe der komplexen Norm eine Formel produzieren, die ein Produkt von zwei Summen von 2 Quadraten wieder als Summe von 2 Quadraten darstellt. Wie lautet sie?

§3 Die Gruppen SU(2), SO(3) und SO(4)

Betrachten wir nocheinmal die reelle Standardbasis

$$1 = \begin{pmatrix} 1 & 0 \\ 0 & 1 \end{pmatrix}, \; i = \begin{pmatrix} i & 0 \\ 0 & -i \end{pmatrix}, \; j = \begin{pmatrix} 0 & 1 \\ -1 & 0 \end{pmatrix}, \; k = \begin{pmatrix} 0 & i \\ i & 0 \end{pmatrix} \tag{3.1}$$

von $\mathbb{H}$ über $\mathbb{R}$, so stellen wir fest, dass (i, j, k) eine Orthonormalbasis des Raumes $su(2)$ der schiefhermiteschen Matrizen der Spur 0 ist, also:

$$(3.2) \qquad su(2) \;=\; \operatorname{Im}\mathbb{H}.$$

Das ist ganz natürlich: $SU(2) = S^3 \subset \mathbb{H}$ ist die Einheitssphäre, und $su(2)$, der Tangentialraum an $SU(2)$ im Punkte 1, ist das orthogonale Komplement zu $\mathbb{R} \subset \mathbb{H}$.

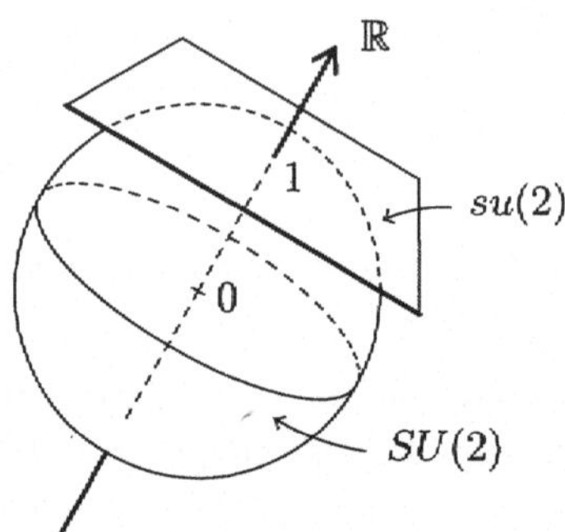

Weil wir Quaternionen auch virtuos zu multiplizieren wissen, sehen wir nun gleich, wie die Struktur von $su(2)$ als Liealgebra aussieht, nämlich

$$[i, j] \;=\; ij - ji \;=\; 2ij \;=\; 2k, \quad [j, k] \;=\; 2i, \quad [k, i] \;=\; 2j.$$

Den Faktor 2 wird man leicht los, nämlich: setze $e_1 = i/2$, $e_2 = j/2$, $e_3 = k/2$, dann steht da

$$(3.3) \qquad [e_1, e_2] \;=\; e_3, \quad [e_2, e_3] \;=\; e_1, \quad [e_3, e_1] \;=\; e_2.$$

Also können wir feststellen; siehe (1.1):

(3.4) Satz. *Man hat einen Isomorphismus $su(2) \to so(3)$ von Liealgebren.*

Das werden wir besser verstehen, wenn wir jetzt die Beziehung der Gruppen selbst darstellen. Zunächst eine Bemerkung über orthogonale Gruppen. Sei V ein euklidischer Raum und $v \in V$, $|v| = 1$. Dann hat man die **Spiegelung zu** v

$$(3.5) \qquad s_v : \; V \to V, \quad x \to x - 2\langle x, v\rangle \cdot v.$$

Diese Abbildung ist die Identität auf der zu v orthogonalen Hyperebene $H_v = \{x \mid \langle x, v\rangle = 0\}$, und $s_v(v) = -v$, also s_v ist die Spiegelung an der Hyperebene H_v. Insbesondere ist $\det(s_v) = -1$ falls $\dim V < \infty$. Ist $T \in O(V)$, so ist

$$(3.6) \qquad T \cdot s_v \circ T^{-1} \;=\; s_{Tv},$$

denn beide Seiten bilden Tv auf $-Tv$ ab, und lassen die Hyperebene H_{Tv} fest. Auch ist $s_v^2 = \mathrm{id}$.

(3.7) Satz. *Ist V ein euklidischer Raum der Dimension n, so ist jeder orthogonale Automorphismus von V Produkt von k Spiegelungen mit $k \leq n$. Genau dann ist k gerade, wenn der Automorphismus in $SO(V)$ liegt.*

Beweis. Sei α der Automorphismus und $(e_1, \dots, e_n)$ eine Orthonormalbasis von V. Wir schließen durch Induktion nach n. Ist $\alpha(e_n) = e_n$, so ist α nach Annahme ein Produkt von höchstens $n-1$ Spiegelungen, und ist $\alpha(e_n) = w \neq e_n$, so setze $v = |w-e_n|^{-1}(w-e_n)$, dann ist $s_v(w) = e_n$, und $s_v \circ \alpha$ Produkt von k Spiegelungen mit $k \leq n-1$, also $\alpha = s_v \circ (s_v \circ \alpha)$ Produkt von höchstens n Spiegelungen. Die letzte Behauptung ist klar, weil $\det(s_v) = -1$. □

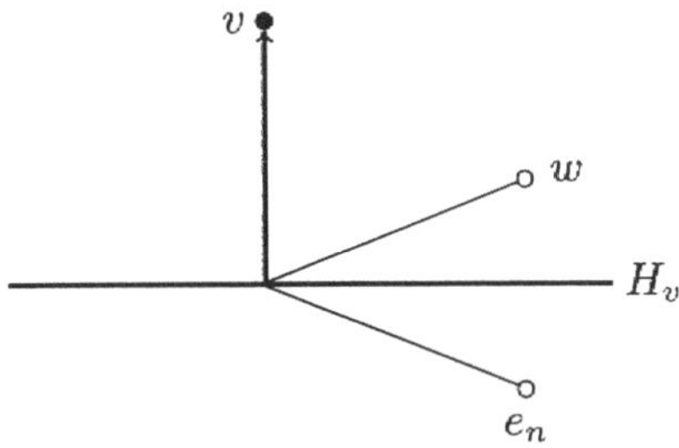

Jetzt identifizieren wir $\mathbb{H}$ durch die Basis (2.9) mit $\mathbb{R}^4$ und studieren die orthogonale Gruppe $O(\mathbb{H}) = O(4)$.
Sind $A, B \in SU(2) \subset \mathbb{H}$, so sind die Abbildungen

$$\mathbb{H} \to \mathbb{H}, \quad X \mapsto AXB \quad \text{bzw.} \quad X \mapsto A^*XB$$

orthogonal, denn $|AXB| = |A| \cdot |X| \cdot |B| = |X| = |A^*XB|$. Wir werden sehen, dass man so alle orthogonalen Abbildungen von $\mathbb{H}$ auf sich erhält. Sei

$$p_A : \mathbb{H} \to \mathbb{H}, \quad X \mapsto AXA$$

für $A \in SU(2)$, dann gilt:

(3.8) Satz. *Jede positive orthogonale Abbildung $\mathbb{H} \to \mathbb{H}$ ist Produkt von höchstens vier Abbildungen p_A, $A \in SU(2)$. Die Gruppe $O(\mathbb{H})$ wird von den p_A mit $A \in SU(2)$ und der Konjugation $X \mapsto {}^*X$ erzeugt.*

Beweis. Formel (2.19) liefert für $Y = 1$ die Formel $2\langle 1, X\rangle = X + {}^*X$, also

(i) $$s_1(X) = -{}^*X.$$

Weiterhin gilt

(ii) $$p_A = s_A \circ s_1,$$

denn $s_A s_1(X) = -s_A({}^*X) = -{}^*X + 2\langle A, {}^*X\rangle A = 2\langle {}^*X, A\rangle A - \langle A, A\rangle {}^*X = AXA$ nach der Dreieridentität (2.22).

Schließlich gilt

(iii) $$s_A \circ s_B = p_A \circ p_{-{}^*B}.$$

In der Tat: $s_A \circ s_B = (s_A \circ s_1) \circ (s_1 \circ s_B) = (s_A \circ s_1) \circ (s_1 \circ s_B \circ s_1^{-1}) \circ s_1 = p_A \circ p_{-{}^*B}$ nach (i) und (3.6).
Die erste Behauptung des Satzes folgt nun aus (iii) und (3.7). Ist $\alpha \in O(\mathbb{H}) \setminus SO(\mathbb{H})$ und κ die Konjugation, so ist $\alpha = (\alpha \circ \kappa) \circ \kappa$ und $\alpha \circ \kappa \in SO(\mathbb{H})$ nach der ersten Behauptung Produkt von höchstens vier Abbildungen p_A, mit $A \in SU(2)$. □

Das Ergebnis wollen wir uns noch etwas mundgerechter zurechtlegen. Die Gruppe $SU(2) \times SU(2)$ operiert orthogonal auf dem euklidischen Raum $\mathbb{H}$, indem (A, B) auf $X \in \mathbb{H}$ durch
$$(A, B) : \ X \mapsto AX^*B$$
operiert. Dem entspricht der Homomorphismus

(3.9) $$\varphi : \ SU(2) \times SU(2) \to SO(\mathbb{H}) \ \cong \ SO(4),$$

der (A, B) auf die orthogonale Abbildung $\mathbb{H} \to \mathbb{H}$, $X \mapsto AX^*B$ abbildet. Damit dies ein Homomorphismus ist, muss man rechts $^*B$ nehmen. Andererseits hat man die adjungierte Darstellung

(3.10) $$\alpha : \ SU(2) \to SO(\operatorname{Im} \mathbb{H}) \ \cong \ SO(3),$$

die A auf die orthogonale Abbildung $\operatorname{Im} \mathbb{H} \to \operatorname{Im} \mathbb{H}$, $X \mapsto AX^*A$ abbildet.

(3.11) Satz.

(i) *Die Abbildung* φ *ist surjektiv, und* $\ker(\varphi) = \{1, -1\}$.

(ii) *Die adjungierte Darstellung* α *ist surjektiv, und* $\ker(\alpha) = \{1, -1\}$.

Das erste ist eine Entdeckung von Hamilton, das zweite von Cayley. Das Einselement in $SU(2) \times SU(2)$ *ist natürlich* (E, E).

Beweis. Die Erzeugenden p_A liegen im Bild von φ, wähle $B = {}^*A$, daher ist φ nach (3.7) surjektiv. Ist $f \in SO(\operatorname{Im} \mathbb{H})$, so setzen wir f zu einer orthogonalen Abbildung auf $SO(\mathbb{H})$ fort durch die Bestimmung $f \mid \mathbb{R} = \mathrm{id}_{\mathbb{R}}$. Nach dem Gesagten gibt es dann $A, B \in SU(2)$ mit $f(X) = AXB$. Wegen $f(1) = 1$ folgt $AB = 1$, also $B = {}^*A$. Daher ist α surjektiv. Dass das Bild von φ bzw. α aus orientierungserhaltenden Abbildungen besteht, folgt aus Stetigkeit der Determinante, weil $SU(2)$ zusammenhängend ist (oder auch, weil in $SU(2)$ jedes Element ein Quadrat ist, wie man aus der Jordanschen Normalform sieht, also auch in $SU(2) \times SU(2)$ und im Bild dieser Gruppen; und Quadrate von Matrizen haben positive Determinante). Sei nun $A \in \ker(\alpha)$, also $AX^*A = X$ für alle $X \in \operatorname{Im} \mathbb{H}$, daher für alle $X \in \mathbb{H}$, dann ist stets $AX = XA$, d.h. A im Zentrum $\mathbb{R}$ von $\mathbb{H}$, also $A \in \mathbb{R} \cap SU(2) = \{1, -1\}$. Schließlich sei $(A, B) \in \ker(\varphi)$, also $AX^*B = X$ für alle $X \in \mathbb{H}$. Setzt man $X = 1$, so folgt $A = B$ und damit $A \in \ker(\alpha)$. Somit $(A, B) = (A, A) \in \{(1, 1), -(1, 1)\}$. □

(3.12) Folgerung.

(i) *Ist* $f \in O(\mathbb{H}) \setminus SO(\mathbb{H})$, *so gibt es* $A, B \in SU(2)$, *so dass* $f(X) = A^*XB$ *für alle* $X \in \mathbb{H}$.

(ii) *Ist* $f \in O(\text{Im } \mathbb{H}) \setminus SO(\text{Im } \mathbb{H})$, *so gibt es ein* $A \in SU(2)$ *so dass* $f(X) = -AX^*A$.

Beweis. Sei $\kappa : X \mapsto {}^*X$ die Konjugation, $\kappa(X) = -X$ für $X \in \text{Im } \mathbb{H}$. Dann ist im ersten Fall $f \circ \kappa \in SO(\mathbb{H})$, also gibt es $A, B \in SU(2)$, so dass $f(X) = f \circ \kappa({}^*X) = A^*XB$. Analog folgt (ii). □

(3.13) Satz. *Jeder Ringautomorphismus* $\varphi : \mathbb{H} \to \mathbb{H}$ *hat die Form* $\varphi(X) = AXA^{-1}$ *für ein* $A \in SU(2)$.

Beweis. Nach (2.18) ist φ orthogonal. Weil $\varphi(1) = 1$, ist also

$$\varphi(X) = AXA^{-1} \quad \text{oder} \quad \varphi(X) = A^*XA^{-1}$$

für ein $A \in SU(2)$. Der zweite Fall ist aber unmöglich, denn dann wäre $\varphi(XY) = A^*(XY)A^{-1} = A^*Y^*XA^{-1} = (A^*YA^{-1})(A^*XA^{-1}) = \varphi(Y)\varphi(X)$. □

Der Satz (3.11) zeigt eine Parametrisierung der orthogonalen Gruppen $SO(3)$ und $SO(4)$ durch die geometrisch viel einfacheren Gruppen $SU(2) = S^3$ und $SU(2) \times SU(2) = S^3 \times S^3$. Insbesondere stellen wir fest:

(3.14) Satz. *Als topologischer Raum ist* $SO(3) \approx \mathbb{R}P^3$ *und* $SO(4) \approx S^3 \times \mathbb{R}P^3$.

Beweis. $SO(3) \cong S^3/\{1, -1\} = S^3/(x \sim -x) = \mathbb{R}P^3$.
$SO(4) \cong (S^3 \times S^3)/\{(1,1), -(1,1)\} = (S^3 \times S^3)/\big((x,y) \sim -(x,y)\big) \approx S^3 \times \mathbb{R}P^3$, siehe VI, (8.9) folgende. □

In der Tat, $SO(4)$ ist eine reelle projektive Quadrik, nämlich: auf $\mathbb{H} \times \mathbb{H} = \mathbb{R}^8$ hat man die quadratische Form

$$\gamma : \ (X, Y) \mapsto N(X) - N(Y).$$

Die zugehörige projektive Quadrik in $P(\mathbb{H} \times \mathbb{H}) \cong \mathbb{R}P^7$ ist $Q = \big\{[(X,Y)]\big\} \mid |X|^2 = |Y|^2\big\} = (S^3 \times S^3)/\big((X,Y) \sim \ \ (X,Y)\big)$, und das ist $SO(4)$.
Der Normalteiler $SU(2) \times 1$ von $SU(2) \times SU(2)$ wird durch φ injektiv auf einen zu $SU(2)$ isomorphen Normalteiler $G \subset SO(4)$ abgebildet, weil $\ker(\varphi) \cap \big(SU(2) \times 1\big) = \{1\}$ und φ surjektiv ist. Andererseits erhalten wir wie folgt eine zu $SO(3)$ isomorphe Untergruppe (nicht normal!) $H \subset SO(4)$: Man hat den injektiven Homomorphismus $\delta : SU(2) \to SU(2) \times SU(2)$, $A \mapsto (A, A)$, und ein kommutatives Diagramm von Homomorphismen

$$\begin{array}{ccc} SU(2) & \xrightarrow[\delta]{} & SU(2) \times SU(2) \\ \downarrow{\scriptstyle \alpha} & & \downarrow{\scriptstyle \varphi} \\ SO(3) & \dashrightarrow_{d} & SO(4) \end{array}$$

weil $\ker(\alpha) = \{1, -1\} = \ker(\varphi \circ \delta)$, und diese Gleichung zeigt auch, dass d injektiv ist: Ist $d(\alpha(X)) = 1$, so $\varphi\delta(X) = 1$, also $\alpha(X) = 1$.

(3.15) Satz. *Man hat den Normalteiler* $SU(2) \cong G \subset SO(4)$, *die Untergruppe* $SO(3) \cong H \subset SO(4)$, *und* $G \cap H = 1$, $G \cdot H = SO(4)$. *Also:* $SO(4)$ *ist ein semidirektes Produkt von* $SU(2)$ *und* $SO(3)$.

Beweis. Angenommen $\varphi(A, 1) = \varphi(B, B) \in G \cap H$, dann ist $\varphi(A^{-1}B, B) = 1$, also $B = \pm 1$ und $\varphi(B, B) = 1$. Auch ist stets $\varphi(A, B) = \varphi(AB^{-1}, 1) \cdot \varphi(B, B) \in G \cdot H$. □

Alle diese Homomorphismen sind nach Definition stetig und tatsächlich enthält daher diese gruppentheoretische Zerlegung die Aussage, dass als Raum $SO(4) \approx S^3 \times \mathbb{R}P^3$. Der Satz besagt insbesondere $SO(4)/G = GH/G \cong H \cong SO(3)$, also: $SO(4)$ operiert auf einem 3-dimensionalen euklidischen Raum durch einen surjektiven Homomorphismus $SO(4) \to SO(3)$. Was ist das für ein Raum? Er lässt sich z.B. interpretieren als der positiv definite Teilraum von $\Lambda^2 \mathbb{R}^4$ für die quadratische Form $\alpha \mapsto \alpha \wedge \alpha$, vergl. (VII, §5, Aufg. 7).

Die adjungierte Darstellung $\alpha : S^3 = SU(2) \to SO(3)$ parametrisiert die Drehungen bis auf das Vorzeichen eindeutig durch Punkte in S^3, also durch Parameter $(\kappa, \lambda, \mu, \nu)$ mit $\kappa^2 + \lambda^2 + \mu^2 + \nu^2 = 1$. Man kann sich die Mühe machen, die zugehörige Matrix $A \in SO(3)$ explizit auszurechnen. Man erhält dann die

(3.16) Euler-Parametrisierung *von* $SO(3)$.

$$A = \begin{pmatrix} \kappa^2 + \lambda^2 - \mu^2 - \nu^2 & -2\kappa\nu + 2\lambda\mu & 2\kappa\mu + 2\lambda\nu \\ 2\kappa\nu + 2\lambda\mu & \kappa^2 - \lambda^2 - \nu^2 & -2\kappa\lambda + 2\mu\nu \\ -2\kappa\mu + 2\lambda\nu & 2\kappa\lambda + 2\mu\nu & \kappa^2 - \lambda^2 - \mu^2 + \nu^2 \end{pmatrix}.$$

Jedem $(\kappa, \lambda, \mu, \nu) \in S^3$ *entspricht genau eine Matrix* $A \in SO(3)$, *jeder Matrix* $A \in SO(3)$ *bis auf das Vorzeichen ein Quadrupel in* S^3.

So kann man das natürlich nicht verstehen.

In $SU(2)$ kann man $1 = \left(\begin{smallmatrix} 1 & 0 \\ 0 & 1 \end{smallmatrix}\right)$ mit $-1 = \left(\begin{smallmatrix} -1 & 0 \\ 0 & -1 \end{smallmatrix}\right)$ durch den Weg $t \mapsto A(t) = \left(\begin{smallmatrix} \exp(\mathrm{it}) & 0 \\ 0 & \exp(\mathrm{-it}) \end{smallmatrix}\right)$, $0 \le t \le \pi$, verbinden. Als Element von $\mathbb{H}$ ist

$$A(t) = \cos t \cdot \begin{pmatrix} 1 & 0 \\ 0 & 1 \end{pmatrix} + \sin t \cdot \begin{pmatrix} i & 0 \\ 0 & -i \end{pmatrix} = \cos t + (\sin t) \cdot i,$$

und man rechnet leicht nach, dass die zu $A(t)$ gehörende Drehung $\varphi(A(t)) : X \mapsto (\cos t + i \sin t)X(\cos t - i \sin t)$ die Ebene $L(j, k) \subset \mathrm{Im}\,\mathbb{H}$ in sich abbildet, und zwar durch die Drehung zur Matrix

$$\begin{pmatrix} \cos 2t & \sin 2t \\ -\sin 2t & \cos 2t \end{pmatrix}.$$

Also: wenn t von 0 bis π läuft, so beschreibt $\varphi A(t) \in SO(3)$ eine volle Drehung um eine Achse, während $A(\pi) = -A(0)$. Bei Physikern wird das in der Weise ausgesprochen, dass der Spin bei Rotation um 2π sich in sein Negatives verkehrt. Und da wir einmal bei den Sprechweisen der Physiker sind:

(3.17) Notation der Physiker. Bei uns hat $S^1 = U(1)$ die Liealgebra $i\mathbb{R}$ und die Exponentialabbildung ist $\exp : it \mapsto e^{it}$. Die Physiker rechnen lieber mit reellen als mit rein imaginären Zahlen, und mögen auch lieber hermitesche als schiefhermitesche Matrizen. Statt der von uns betrachteten Liealgebren LG betrachten die Physiker daher die Liealgebren iLG und gehen durch Multiplikation mit $(-i)$ von LG zu iLG über. Überall, wo bei uns eine Matrix $A \in LG$ steht, steht also bei Physikern $-iA$, und entsprechend ist die Lieklammer bei Physikern durch

$$[A, B] = i(AB - BA)$$

erklärt:

$$\begin{array}{ccc} (A,B) & \xrightarrow{\text{Mathematiker}} & AB - BA \\ \downarrow (-i)\cdot & & \downarrow (-i)\cdot \\ (-iA, -iB) = (A', B') & \xrightarrow[\text{Physiker}]{} & i(A'B' - B'A') = -i(AB - BA). \end{array}$$

Damit alles wieder auf dasselbe hinauskommt, ist die Exponentialabbildung bei Physikern durch

$$A \mapsto \exp(iA)$$

erklärt. Diese Konvention ist auch bei $su(2)$ zu beachten, und an die Stelle der Basis

$$\begin{pmatrix} i & 0 \\ 0 & -i \end{pmatrix}, \quad \begin{pmatrix} 0 & 1 \\ -1 & 0 \end{pmatrix}, \quad \begin{pmatrix} 0 & i \\ i & 0 \end{pmatrix}$$

des Raumes der schiefhermiteschen (2×2)-Matrizen mit Spur 0 tritt durch (komponentenweise!) Multiplikation mit $(-i)$ die Basis

$$\text{(3.18)} \qquad \begin{pmatrix} 1 & 0 \\ 0 & -1 \end{pmatrix}, \quad \begin{pmatrix} 0 & -i \\ i & 0 \end{pmatrix}, \quad \begin{pmatrix} 0 & 1 \\ 1 & 0 \end{pmatrix}$$

des Raumes der hermiteschen (2×2)-Matrizen mit Spur 0. Diese Matrizen heißen **Pauli-Spin-Matrizen**.

§4 Die symplektischen Gruppen

Die grundlegenden Aussagen der Linearen Algebra, nämlich der Basisergänzungssatz und seine Folgerungen, gelten auch für Schiefkörper. So hat man Vektorräume über $\mathbb{H}$, auf denen $\mathbb{H}$ stets links durch Skalarmultiplikation operieren soll. Ein endlich erzeugter Vektorraum über $\mathbb{H}$ hat dann eine wohlbestimmte Dimension n und ist damit isomorph zu $\mathbb{H}^n$. Eine $\mathbb{H}$-lineare Abbildung $\alpha : \mathbb{H}^n \to \mathbb{H}^n$ wird durch eine $(n \times n)$-Matrix $A = (a_{\lambda\mu})$ mit Koeffizienten in $\mathbb{H}$ beschrieben, und zwar wie folgt: Ist $e_\nu \in \mathbb{H}^n$ der ν-te Standard-Basisvektor, so ist $a_{\lambda\nu}$ durch

$$\alpha(e_\nu) = \sum_\lambda a_{\lambda\nu} e_\lambda$$

bestimmt. Ist also $h = {}^t(h_1, \ldots, h_n) \in \mathbb{H}^n$, so ist
$\alpha(h) = \alpha(\sum_\nu h_\nu e_\nu) = \sum_\nu h_\nu \alpha(e_\nu) = \sum_{\nu,\lambda} h_\nu a_{\lambda\nu} e_\lambda$, also

$$\alpha(h)_\lambda = \sum_\nu h_\nu a_{\lambda\nu}. \tag{4.1}$$

Das ist die gewohnte Formel; beachte aber, dass die $a_{\lambda\nu}$ rechts stehen. Wir können somit die $\mathbb{H}$-lineare Gruppe

$$\mathbf{GL(n,\mathbb{H})} := \mathrm{Aut}_{\mathbb{H}}(\mathbb{H}^n)$$

mit der Gruppe der invertierbaren $(n \times n)$-Matrizen mit Koeffizienten in $\mathbb{H}$ identifizieren. Matrizen werden hier wie folgt multipliziert:

$$(a_{\lambda\mu}) \cdot (b_{\mu\nu}) = (c_{\lambda\nu}), \quad c_{\lambda\nu} = \sum_\mu b_{\mu\nu} \cdot a_{\lambda\mu}. \tag{4.2}$$

Mit der Vertauschung der Reihenfolge der Faktoren im letzten Term hat es folgende Bewandtnis: Die $\mathbb{H}$-linearen Abbildungen des $\mathbb{H}$-Vektorraumes $\mathbb{H}$ in sich sind von der Form

$$[A] : \mathbb{H} \to \mathbb{H}, \quad X \mapsto X \cdot A, \quad \text{mit} \quad A \in \mathbb{H}.$$

Sie sind also durch Rechtsmultiplikation mit einem festen Element A, dem Bild der 1, gegeben. Dann ist $[A] \circ [B](X) = [A](XB) = XBA = [BA](X)$. Also: man hat den Antiisomorphismus

$$\mathbb{H} \to \mathrm{End}_{\mathbb{H}}(\mathbb{H}), \quad A \mapsto [A],$$
$$[A + B] = [A] + [B], \quad [AB] = [B] \circ [A].$$

Die Komponenten der Matrizen sind nun eigentlich Elemente in $\mathrm{End}_{\mathbb{H}}(\mathbb{H})$ und werden als solche in richtiger Reihenfolge multipliziert. Natürlich hat man dann den Isomorphismus

$$\mathbb{H} \to \mathrm{End}_{\mathbb{H}}(\mathbb{H}), \quad A \mapsto [{}^*A].$$

Die Determinantentheorie funktioniert nur für kommutative Körper (und auch Ringe), für Schiefkörper nicht, aber das ist nicht so schlimm: Eine $\mathbb{H}$-lineare Abbildung ist insbesondere eine $\mathbb{R}$-lineare Abbildung von reellen Vektorräumen, und ist genau dann invertierbar (ein Isomorphismus), wenn sie als $\mathbb{R}$-lineare Abbildung invertierbar, nämlich bijektiv ist. Und das gilt genau, wenn die Determinante dieser reellen Abbildung für reelle Basen nicht verschwindet. Das gilt für eine

offene Teilmenge, also: $GL(n, \mathbb{H})$ ist eine offene Teilmenge des $\mathbb{H}$-Vektorraumes $\mathrm{End}_{\mathbb{H}}(\mathbb{H}^n) \cong \mathbb{H}^{n \cdot n} \cong_{\mathbb{R}} \mathbb{R}^{4n \cdot n}$. Somit ist $GL(n, \mathbb{H})$ eine Liegruppe.
Als komplexer Vektorraum identifiziert sich $\mathbb{H}$ mit $\mathbb{C}^2$ durch den Basisisomorphismus $\mathbb{H} = \mathbb{C} + \mathbb{C} \cdot j = \mathbb{C}^2$, siehe (2.6).
Daraus erhält man den Standardisomorphismus komplexer Vektorräume

$$(4.3) \qquad \mathbb{H}^n = \mathbb{C}^n + \mathbb{C}^n \cdot j = \mathbb{C}^n \oplus \mathbb{C}^n = \mathbb{C}^{2n}.$$

Daher kann man einen $\mathbb{H}$-linearen Endomorphismus α von $\mathbb{H}^n$ als speziellen $\mathbb{C}$-linearen Endomorphismus von $\mathbb{C}^{2n}$ auffassen,

$$\mathbb{C}^{2n} = \mathbb{C}^n \oplus \mathbb{C}^n = \mathbb{C}^n + \mathbb{C}^n j \underset{\alpha}{\rightarrow} \mathbb{C}^n + \mathbb{C}^n j = \mathbb{C}^{2n},$$

nämlich als einen, der mit der $\mathbb{R}$-linearen (aber nicht $\mathbb{C}$-linearen) Linksmultiplikation mit j kommutiert, d.h. mit der Abbildung

$$\begin{aligned} J :\ & \mathbb{C}^n \oplus \mathbb{C}^n \to \mathbb{C}^n \oplus \mathbb{C}^n, \\ & (u, v) = u + vj \mapsto j(u + vj) = -\bar{v} + \bar{u}j = (-\bar{v}, \bar{u}). \end{aligned}$$

Dass ein komplexer Endomorphismus von $\mathbb{C}^{2n} = \mathbb{C}^n \oplus \mathbb{C}^n$ mit dieser Abbildung J vertauschbar ist, bedeutet, dass die Matrix des Endomorphismus die Gestalt

$$(4.4) \qquad \begin{pmatrix} A & -\bar{B} \\ B & \bar{A} \end{pmatrix}, \quad A, B \in \mathrm{End}(\mathbb{C}^n),$$

hat, wie man dem Diagramm

$$\begin{array}{ccc} (u,0) & \xrightarrow[j\cdot]{} & (0,\bar{u}) \\ \begin{pmatrix} A & ? \\ B & ? \end{pmatrix} \Big\downarrow & & \Big\downarrow \begin{pmatrix} ? & -\bar{B} \\ ? & \bar{A} \end{pmatrix} \\ (Au, Bu) & \xrightarrow[j\cdot]{} & (-\bar{B}\bar{u}, \bar{A}\bar{u}) \end{array}$$

entnimmt. Daher können wir $GL(n, \mathbb{H})$ mit der Gruppe der komplexen $(2n \times 2n)$-Matrizen der Gestalt (4.4) identifizieren. Als $(n \times n)$-Matrix mit Koeffizienten in $\mathbb{H}$ ist (4.4) die Matrix $A + Bj$, denn $(A + Bj)u = Au + Buj$ für $u \in \mathbb{C}^n \subset \mathbb{H}^n$ nach (4.1). Man hat auf $\mathbb{H}^n$ das **symplektische Standard-Skalarprodukt**

$$(4.5) \qquad \langle h, k \rangle = \sum_{\nu=1}^{n} h_\nu{}^* k_\nu$$

für $h = {}^t(h_1, \ldots h_n)$, $k = {}^t(k_1, \ldots, k_n)$ aus $\mathbb{H}^n$. Die zugehörige **Norm** ist $N(h) = \langle h, h \rangle \geq 0$. Die **symplektische Gruppe** $\mathbf{Sp(n)}$ ist die Gruppe der normerhaltenden Automorphismen von $\mathbb{H}^n$, also

$$Sp(n) = \{\alpha \in GL(n, \mathbb{H}) \mid N(\alpha(h)) = N(h) \text{ für alle } h \in \mathbb{H}^n\}.$$

Wie im komplexen Fall VI, (9.3) sieht man, dass ein die Norm erhaltender $\mathbb{H}$-linearer Endomorphismus auch das symplektische Skalarprodukt erhält. Identifizieren wir $\mathbb{H}^n$ mit $\mathbb{C}^{2n}$ wie oben, so ist die symplektische Norm die Norm $|h|^2$ der unitären Standardmetrik auf $\mathbb{C}^{2n}$, also ist $Sp(n)$ nach der Beschreibung (4.4) die Untergruppe von $U(2n)$ der Matrizen

$$\begin{pmatrix} A & -\bar{B} \\ B & \bar{A} \end{pmatrix} \in U(2n), \quad A, B \in \operatorname{End}(\mathbb{C}^n). \tag{4.6}$$

Die Elemente der so beschriebenen Gruppe komplexer Matrizen heißen **symplektische Matrizen**. Natürlich ist $Sp(1)$ die Gruppe der Quaternionen der Norm 1, also

$$Sp(1) = SU(2) = S^3. \tag{4.7}$$

Die Abbildung $j\cdot : \mathbb{C}^{2n} = \mathbb{H}^n \xrightarrow{j\cdot} \mathbb{H}^n = \mathbb{C}^{2n}$, die $(u,v) = u + vj$ auf $j(u+vj) = (-\bar{v}, \bar{u})$ abbildet, ist nicht $\mathbb{C}$-linear. Sie ist die Zusammensetzung der $\mathbb{C}$-linearen (sogar $\mathbb{H}$-linearen) Rechtsmultiplikation mit j, und der komplexen Konjugation $c : \mathbb{C}^{2n} \to \mathbb{C}^{2n}$, $w \to \bar{w}$. Die Rechtsmultiplikation mit j liefert die Abbildung

$$\begin{aligned} J :\ \mathbb{C}^{2n} &= \mathbb{H} \underset{\cdot j}{\to} \mathbb{H} = \mathbb{C}^{2n}, \quad (u,v) \mapsto (-v, u), \\ J &= \begin{pmatrix} 0 & -E \\ E & 0 \end{pmatrix}, \quad E = \text{Einheitsmatrix in } \ GL(n,\mathbb{C}). \end{aligned} \tag{4.8}$$

Also: eine unitäre Matrix $S \in U(2n)$ ist symplektisch, genau dann, wenn $ScJ = cJS$. Weil $Sc = c\bar{S}$, heißt das $c\bar{S}J = cJS$, also $\bar{S}J = JS$. Weil S unitär ist, ist $\bar{S} = {}^tS^{-1}$, also ist S genau dann symplektisch, wenn $S \in U(2n)$ und

$${}^tSJS = J. \tag{4.9}$$

Diese Gleichung drückt aus, dass die lineare Abbildung S die Bilinearform mit Fundamentalmatrix J invariant lässt, also die Bilinearform $(u,v) \to {}^tuJv$. Dies ist eine **schiefsymmetrische** Bilinearform (alternierende 2-Form), also ${}^tuJv = -{}^tvJu$, weil ${}^tJ = -J$.

Lässt man die Bedingung, dass S unitär ist, fallen, so erhält man die **komplexe symplektische Gruppe**

$$Sp(n,\mathbb{C}) = \{S \in GL(2n,\mathbb{C}) \mid {}^tSJS = J\}.$$

Die Liealgebra $sp(n)$ von $Sp(n)$ ist die Algebra der schiefhermiteschen Matrizen in $\operatorname{End}_{\mathbb{H}}(\mathbb{H}^n) \subset \operatorname{End}(\mathbb{C}^{2n})$, und dies sind die komplexen $(2n \times 2n)$-Matrizen der Gestalt

$$\begin{pmatrix} A & -\bar{B} \\ B & \bar{A} \end{pmatrix}, \quad {}^*A = -A, \ {}^tB = B. \tag{4.10}$$

Die Exponentialabbildung bildet $\mathrm{End}_{\mathbb{H}}(\mathbb{H}^n)$ nach $\mathrm{Aut}(\mathbb{H}^n)$ und schiefhermitesche Matrizen auf unitäre ab, daher bildet sie $sp(n)$ nach $Sp(n)$ ab, und auch hier bildet exp eine Umgebung des Ursprungs von $sp(n)$ bijektiv auf eine Umgebung der 1 in $Sp(n)$ ab. Die Dimension von $Sp(n)$ ist die von $sp(n)$, also ist nach (4.10)

$$\dim sp(n) \;=\; 2n^2 + n. \tag{4.11}$$

Wie sieht die Jordansche Normalform einer symplektischen Matrix A aus? Nun, A besitzt einen Eigenvektor $w \in \mathbb{H}^n$ für die $\mathbb{C}$-lineare Abbildung A, so dass $Aw = \lambda w$, $\lambda \in \mathbb{C}$, und dann ist $Ajw = jAw = j\lambda w = \bar{\lambda} jw$, also ist jw ein Eigenvektor zum Eigenwert $\bar{\lambda}$. Damit erweist sich der von w erzeugte $\mathbb{H}$-Unterraum von $\mathbb{H}^n$ als invariant, mit $\mathbb{C}$-Eigenbasis w, jw. Man schließt nun wie geübt, dass auch das orthogonale Komplement von $L_{\mathbb{H}}(w)$ unter A invariant ist, und damit induktiv, dass man eine Orthonormalbasis $(w_1, \ldots, w_n)$ von $\mathbb{H}^n$ findet, so dass $Aw_\nu = \lambda_\nu w_\nu$, also $A(jw_\nu) = \bar{\lambda}_\nu jw_\nu$, mit $\lambda_\nu \in \mathbb{C}$. Mit anderen Worten:

(4.12) Satz. *Zu jedem $A \in Sp(n)$ gibt es eine Transformation $T \in Sp(n)$, so dass TAT^{-1} eine komplexe Diagonalmatrix ist, mit Diagonale $(\lambda_1, \ldots, \lambda_n, \bar{\lambda}_1, \ldots, \bar{\lambda}_n)$.*

Beachte, dass zwar die w_ν Eigenvektoren für die $\mathbb{H}$-lineare Abbildung A sind, aber hier kann man nicht schließen, dass das $\mathbb{H}$-lineare Erzeugnis $L_{\mathbb{H}}(w_\nu)$ aus Eigenvektoren (und 0) bestünde.

Man hat nun grundsätzlich stets die drei analogen Situationen, die Körper $\mathbb{R}, \mathbb{C}, \mathbb{H}$, und die entsprechenden Skalarprodukte:

$$\begin{aligned} GL(n, \mathbb{H}) &\supset Sp(n)\ , \text{ symplektisches Skalarprodukt,} \\ GL(n, \mathbb{C}) &\supset U(n)\ , \text{ hermitesches Skalarprodukt,} \\ GL(n, \mathbb{R}) &\supset O(n)\ , \text{ euklidisches Skalarprodukt,} \end{aligned}$$

mit einer Inklusion von unten nach oben. Andererseits liefert die Identifikation $\mathbb{H}^n = \mathbb{C}^{2n}$ bzw. $\mathbb{C}^n = \mathbb{R}^{2n}$ jeweils eine Inklusion $GL(n, \mathbb{H}) \subset GL(2n, \mathbb{C})$ und $GL(n, \mathbb{C}) \subset GL(2n, \mathbb{R})$. Die letztere Inklusion haben wir früher schon zur Beschreibung der reellen Normalformen benutzt; sie bedeutet, dass man jeden komplexen Koeffizienten $a + ib$ als reelle Matrix $\left(\begin{smallmatrix} a & -\bar{b} \\ b & \bar{a} \end{smallmatrix}\right)$ liest. Weil diese Matrix die Determinante $a^2 + b^2 \geq 0$ hat, ersieht man aus der Jordanschen Normalform sofort, dass bei der Inklusion $GL(n, \mathbb{C}) \to GL(2n, \mathbb{R})$ das Bild aus Matrizen positiver Determinante besteht: Eine komplex-lineare Abbildung, aufgefasst als reell-lineare Abbildung, ist orientierungserhaltend. Die Inklusion $GL(n, \mathbb{H}) \to GL(2n, \mathbb{C})$ bedeutet ganz entsprechend, dass man jeden Koeffizienten $a + bj \in \mathbb{H}$, mit $a, b \in \mathbb{C}$, als Matrix der Rechtsmultiplikation mit $a + bj$ als Abbildung $\mathbb{C}^2 = \mathbb{H} \to \mathbb{H} = \mathbb{C}^2$ liest, also als die Matrix $\left(\begin{smallmatrix} a & -\bar{b} \\ b & \bar{a} \end{smallmatrix}\right)$.

Das folgende Diagramm zeigt einige Inklusionen, die wir so erhalten haben:

$$\begin{array}{ccccccc}
 & & & & GL^+(2n,\mathbb{R}) & & GL(2n,\mathbb{C}) \\
 & & & & \uparrow & & \uparrow \\
GL^+(n,\mathbb{R}) & \to & GL(n,\mathbb{R}) & \to & GL(n,\mathbb{C}) & \to & GL(n,\mathbb{H}) \\
\uparrow & & \uparrow & & \uparrow & & \uparrow \\
SO(n) & \longrightarrow & O(n) & \longrightarrow & U(n) & \longrightarrow & Sp(n) \\
 & & & & \downarrow & & \downarrow \\
 & & & & SO(2n) & & U(2n)
\end{array} \tag{4.13}$$

§5 Die Lorentzgruppe

Sei V ein endlich-dimensionaler reeller Vektorraum und

$$\gamma: \ V \times V \to \mathbb{R}$$

eine Bilinearform. Dann hat man die zugehörige **orthogonale Gruppe**

$$O(\gamma) \ = \ \big\{A \in \mathrm{Aut}(V) \ \big| \ \gamma(Av, Aw) \ = \ \gamma(v,w) \quad \text{für alle } v, w \in V\big\}.$$

Ist G die Fundamentalmatrix von γ, so besagt die Bedingung
${}^t(Av)G(Aw) \ = \ {}^tvGw$, also ${}^tAGA \ = \ G$.
Hieraus folgt übrigens $\det(A)^2 \cdot \det(G) = \det(G)$, also, wenn γ nicht ausgeartet ist,

$$\det(A) \ = \ \pm 1.$$

Man kann das Entsprechende für beliebige Körper und allgemeinere Formen betrachten, aber hier interessiert uns der Fall, dass γ reell, symmetrisch und nicht ausgeartet ist. Dann kann man eine Basis, also einen Isomorphismus $V \cong \mathbb{R}^n = \mathbb{R}^p \oplus \mathbb{R}^q$ so wählen, dass die zugehörige quadratische Form auf $\mathbb{R}^p \oplus \mathbb{R}^q$ durch

$$\gamma: \ \mathbb{R}^p \oplus \mathbb{R}^q \to \mathbb{R}, \quad (x,y) \mapsto |x|^2 - |y|^2 \tag{5.1}$$

gegeben ist, wenn γ den Index q hat. Diese spezielle Bilinearform bezeichnen wir hier mit $\langle v, w\rangle$, also die quadratische Form mit $\langle v, v\rangle$, und die zugehörige orthogonale Gruppe mit $O(p,q)$. Besonderes physikalisches Interesse hat die **Lorentzgruppe** $L = O(1,3)$. Den quadratischen Raum $\mathbb{R} \oplus \mathbb{R}^3$ mit der Metrik (5.1) nennt man den **Minkowski-Raum** mit der **Minkowski-Metrik**

$$\langle v, w\rangle \ = \ v_0w_0 - (v_1w_1 + v_2w_2 + v_3w_3). \tag{5.2}$$

In der Relativitätstheorie ist — bei Normierung der Lichtgeschwindigkeit auf 1 — die erste Koordinate die Zeit, die drei anderen sind Ortskoordinaten. Die Elemente von $O(1,3)$, also die Transformationen des 4-dimensionalen Raumes, die die Minkowski-Metrik invariant lassen, heißen **Lorentztransformationen**.

Zunächst und als Hilfsmittel für das Folgende betrachten wir die **hyperbolische Ebene** $\mathbb{R} \oplus \mathbb{R}$ mit der quadratischen Form $(x, y) \mapsto x^2 - y^2$, und die entsprechende Gruppe $O(1,1)$ der hyperbolischen Bewegungen. Darin liegt die Gruppe $SO^{\uparrow}(1,1)$ der **hyperbolischen Drehungen**, das ist die Zusammenhangskomponente der 1 der Gruppe $O(1,1)$. Wie sieht die Matrix einer hyperbolischen Drehung aus? Nun, ist $\left(\begin{smallmatrix} a & c \\ b & d \end{smallmatrix}\right)$ diese Matrix, so ist $a^2 - b^2 = 1$, also $a^2 \geq 1$, also $a \geq 1$ oder $a \leq -1$, und in einer offenen Menge in $O(1,1)$, wozu 1 gehört, ist $a \geq 1$, was insbesondere für die hyperbolischen Drehungen gelten muss. Das Vorzeichen dieses ersten Koeffizienten wird durch den Pfeil $^{\uparrow}$ angedeutet. Nun ergibt sich aus den Bedingungen

$$a \geq 1, \quad a^2 - b^2 \; = \; 1, \quad ad - bc \; = \; 1, \quad ac - bd \; = \; 0$$

sofort, dass eine hyperbolische Drehung die Matrix

$$(5.3) \qquad D(s) \; = \; \begin{pmatrix} \alpha(s) & s \\ s & \alpha(s) \end{pmatrix}, \quad \alpha(s) \; = \; \sqrt{1 + s^2}, \quad s \in \mathbb{R},$$

haben muss, und die Menge dieser Matrizen ist in der Tat die Zusammenhangskomponente der 1 in $O(1,1)$. Setzt man $s = \sinh(x) = \frac{1}{2}(e^x - e^{-x})$ und $\alpha(s) = \cosh(x) = \frac{1}{2}(e^x + e^{-x})$, was wegen $\cosh^2 - \sinh^2 = 1$ passt, so steht da

$$(5.4) \qquad D(s) \; = \; A(x) \; = \; \begin{pmatrix} \cosh(x) & \sinh(x) \\ \sinh(x) & \cosh(x) \end{pmatrix},$$

und die Additionstheoreme für die hyperbolischen Winkelfunktionen cosh und sinh liefern dann

$$(5.5) \qquad A(x + y) \; = \; A(x) \cdot A(y),$$

so dass wir feststellen können:

(5.6) Bemerkung. *Die Abbildung $x \mapsto A(x)$ nach* (5.4) *definiert einen Isomorphismus von $\mathbb{R}$ mit der Gruppe der hyperbolischen Drehungen $SO^{\uparrow}(1,1)$.*

Im Allgemeinen ist mit den Matrizen $D(s)$ in (5.3) besser umzugehen, weil die Koeffizienten durch algebraische Funktionen parametrisiert werden. Die Vektoren $(\alpha(s), s)$ bewegen sich auf dem Hyperbelzweig $\alpha^2 - s^2 = 1$, $\alpha \geq 1$. Die positiven oder negativen Vielfachen dieser Vektoren sind genau die Vektoren, auf denen die quadratische Form positiv ist.

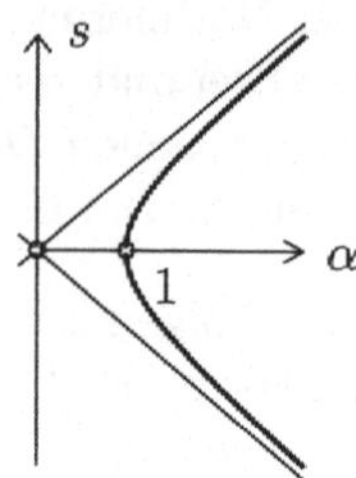

Der Vektor (x, y) mit $|y| < x$ und $x > 0$ wird durch die hyperbolische Drehung $D(s)$ auf ein Vielfaches von e_1 abgebildet, wenn $(\alpha, -s) = r \cdot (x, y), r \in \mathbb{R}_+$, weil $D(s)^{-1} = D(-s)$.

Nun zur Lorentzgruppe. Auf dem Minkowskiraum $V = \mathbb{R}^4$ haben wir die Orthogonalbasis (e_0, e_1, e_2, e_3) mit $\langle e_0, e_0 \rangle = -1$, $\langle e_j, e_j \rangle = 1$ für $j = 1, 2, 3$. Man hat also die drei hyperbolischen Ebenen $E_j = L(e_0, e_j)$, $j = 1, 2, 3$, in V, und die Untergruppen Δ_j der Lorentztransformationen, die E_j durch hyperbolische Drehungen in sich abbilden und das orthogonale Komplement $L(e_i, e_k)$, mit $\{0, j\} \cap \{i, k\} = \emptyset$, festlassen. Dann ist $\Delta_j \cong \mathbb{R}$ nach (5.6). Die (5.4) entsprechende hyperbolische Drehung in Δ_j sei mit $D_j(s)$ bezeichnet. Andererseits hat man die Inklusion $O(1) \times O(3) \subset O(1, 3) = L$, und es gilt:

(5.7) Iwasawa-Zerlegung der Lorentzgruppe. *Die Multiplikation definiert eine Bijektion*

$$\Delta_1 \times \Delta_2 \times \Delta_3 \times O(1) \times O(3) \to O(1,3) \;=\; L.$$

Als Mannigfaltigkeit ist demnach $L \approx \mathbb{R}^3 \times O(1) \times O(3)$.

Beweis. Sei $A = (a_{ij}) \in L$. Weil $a_{00}^2 - (a_{10}^2 + a_{20}^2 + a_{30}^2) = \langle Ae_0, Ae_0 \rangle = 1$, ist $a_{00}^2 \geq a_{j0}^2 + 1$, also hat man eindeutig bestimmte hyperbolische Drehungen $D_j \in \Delta_j$, so dass $D_3 D_2 D_1 A : e_0 \mapsto \varepsilon \cdot e_0$; man darf nämlich $a_{00} > 0$ annehmen, und hat dann $D_j = D_j(s_j)$ so zu bestimmen, dass $(\alpha(s_j), -s_j) = r(a_{00}, a_{j0})$. Aber wenn $B \in L$ und $Be_0 = \varepsilon e_0$, so ist $\varepsilon = \pm 1$, und B bildet das orthogonale Komplement $L(e_1, e_2, e_3)$ orthogonal in sich ab, also $B \in O(1) \times O(3)$. □

(5.8) Folgerung. *Die Lorentzgruppe zerfällt in die vier Zusammenhangskomponenten, die durch folgende Eigenschaften von* $A = (a_{ij}) \in L$ *definiert sind:*

$L_+^{\uparrow}$: $\det(A) = 1, \quad a_{00} \geq 1.$

$L_+^{\downarrow}$: $\det(A) = 1, \quad a_{00} \leq -1.$

$L_-^{\uparrow}$: $\det(A) = -1, \quad a_{00} \geq 1.$

$L_-^{\downarrow}$: $\det(A) = -1, \quad a_{00} \leq 1.$

Die Lorentztransformationen in $L^{\uparrow} = L_+^{\uparrow} \cup L_-^{\uparrow}$ heißen **zeitorientiert**, die in $L_+^{\uparrow} \cup L_-^{\downarrow}$ heißen **raumorientiert**.

Die hyperbolischen Drehungen, insbesondere diejenigen in Δ_1, sind die Lorentztransformationen, die man unter diesem Namen in einführenden Physikbüchern findet, mit denen dann die Effekte der Relativitätstheorie hergeleitet werden. Dies sind aber nicht alle Lorentztransformtionen, und für tiefere Untersuchungen muss man eine tiefere Einsicht in die globale Struktur der Lorentzgruppe finden. Dabei kommt es offenbar darauf an, die zusammenhängende Gruppe $L_+^\uparrow$, die eingeschränkte Lorentzgruppe der raum- und zeitorientierten Lorentztransformationen, zu studieren, und diese wollen wir jetzt noch etwas genauer betrachten.

In der Iwasawa-Zerlegung (5.7) ist die Komponente der 1

$$(5.9)\qquad L_+^\uparrow \;=\; \Delta_1 \cdot \Delta_2 \cdot \Delta_3 \cdot SO(3) \approx \mathbb{R}^3 \times SO(3) \approx \mathbb{R}^3 \times \mathbb{R}P^3,$$

als Mannigfaltigkeit, also $\dim L_+^\uparrow = 6$.

Die Liealgebra $L(L_+^\uparrow)$ berechnet man als den Raum der Anfangsgeschwindigkeiten von Kurven $s \mapsto 1 + sA + \ldots$ in $L_+^\uparrow$, was an A die Bedingung

$$^t(1 + sA + \ldots)G(1 + sA + \ldots) \;=\; G$$

stellt, wenn G die Diagonalmatrix mit Diagonale $(1, -1, -1, -1)$ ist. Das besagt $G + s(^tAG + GA) + \ldots = G$, also $^tAG = -GA$.

(5.10) Bemerkung. *Die Liealgebra von L ist der Raum der reellen* (4×4)*-Matrizen* A *mit* $^tAG = -GA$. *Das sind die Matrizen*

$$\left(\begin{array}{c|c} 0 & ^tb \\ \hline b & C \end{array}\right), \qquad C \in \operatorname{End}(\mathbb{R}^3), \quad ^tC \;=\; -C. \qquad \square$$

Eine Beziehung, ähnlich der zwischen $SU(2)$ und $SO(3)$, besteht zwischen der Gruppe $SL(2,\mathbb{C})$ und der speziellen Lorentzgruppe $L_+^\uparrow$. Das wollen wir jetzt erklären.

Sei $H(2,\mathbb{C})$ der reelle Vektorraum der komplexen hermiteschen (2×2)-Matrizen. Dann ist $\dim H(2,\mathbb{C}) = 4$ und dieser Raum hat die Basis

$$(5.11)\qquad \tau_0 = \begin{pmatrix} 1 & 0 \\ 0 & 1 \end{pmatrix}, \; \tau_1 = \begin{pmatrix} 1 & 0 \\ 0 & -1 \end{pmatrix}, \; \tau_2 = \begin{pmatrix} 0 & -i \\ i & 0 \end{pmatrix}, \; \tau_3 = \begin{pmatrix} 0 & 1 \\ 1 & 0 \end{pmatrix}$$

Wir kennen sie schon, τ_1, τ_2, τ_3 sind die Pauli-Spinmatrizen (3.17), und man darf auch hier $H(2,\mathbb{C})$ als Physikernotation der Liealgebra $LU(2)$ ansehen.

Auf $H(2,\mathbb{C})$ definiert die Determinante eine **reelle** quadratische Form

$$\text{(5.12)} \qquad \det: H(2,\mathbb{C}) \to \mathbb{R}, \quad X \mapsto \det(X) =: \langle X, X\rangle\,,$$

$$\begin{pmatrix} x_{11} & x_{12} \\ \bar{x}_{12} & x_{22} \end{pmatrix} \mapsto x_{11}x_{22} - |x_{12}|^2,$$

mit zugehöriger Bilinearform

$$\langle X, Y\rangle = \tfrac{1}{2}\big(x_{11}y_{22} + x_{22}y_{11} - \operatorname{Re}(x_{12}y_{21} + x_{21}y_{12})\big).$$

Man sieht daraus sofort, dass (5.1) für diese Bilinearform eine Orthogonalbasis ist, mit den Skalarprodukten

$$\begin{aligned} \langle \tau_0, \tau_0\rangle &= 1, \quad \langle \tau_j, \tau_j\rangle = -1 \quad \text{für} \quad j = 1,2,3, \\ \langle \tau_j, \tau_k\rangle &= 0 \quad \text{für} \quad j \neq k. \end{aligned}$$

Mit anderen Worten:

(5.13) Notiz. *Die Basis* (5.11) *definiert einen orthogonalen Isomorphismus zwischen dem Minkowskiraum* $\mathbb{R}^4 = \mathbb{R} \oplus \mathbb{R}^3$ *und dem Raum* $H(2,\mathbb{C})$ *der hermiteschen* (2×2)*-Matrizen mit der Determinante als quadratischer Form.*

Demnach wollen wir jetzt $H(2,\mathbb{C})$ als **den** Minkowskiraum ansehen, und die (spezielle) Lorentzgruppe als Transformationsgruppe von $H(2,\mathbb{C})$. Man hat die Abbildung

$$H(2,\mathbb{C}) \to H(2,\mathbb{C}), \quad X \mapsto \widetilde{X},$$

die eine Matrix auf ihre Adjunkte abbildet, und man prüft für die Basis

$$\tilde{\tau}_0 = \tau_0, \quad \tilde{\tau}_j = -\tau_j \quad \text{für} \quad j = 1,2,3.$$

(5.14) Notiz. *Die Abbildung auf die Adjunkte definiert eine orthogonale Abbildung* $H(2,\mathbb{C}) \to H(2,\mathbb{C})$, $X \mapsto \widetilde{X}$, *von der Ordnung* 2 *in* $L_-^{\uparrow}$, *und* $\det(X) = \det(\widetilde{X})$, $X \cdot \widetilde{X} = \widetilde{X} \cdot X = \langle X, X\rangle \cdot \mathrm{id}$.

Die Gruppe $SL(2,\mathbb{C})$ operiert linear auf $H(2,\mathbb{C})$, indem $A \in SL(2,\mathbb{C})$ durch

$$\Lambda(A): H(2,\mathbb{C}) \mapsto H(2,\mathbb{C}), \quad X \mapsto AX\bar{A}^t$$

operiert. Und zwar ist $\Lambda(A)$ orthogonal für die quadratische Form (5.12), also ein Element der Lorentzgruppe, denn

$$\det\big(\Lambda(A)X\big) = \det(AX\bar{A}^t) = \det(A)\cdot\det(X)\cdot\det(\bar{A}^t) = \det(X).$$

Also definiert Λ einen Homomorphismus $SL(2,\mathbb{C}) \to L$, und weil $SL(2,\mathbb{C})$ zusammenhängt, liegt das Bild in $L_+^{\uparrow}$.

(5.15) Satz. *Durch* $A \mapsto \Lambda(A)$, $\Lambda(A) : X \mapsto AX{}^*\!A$, *wird ein surjektiver Homomorphismus*

$$\Lambda : \; SL(2,\mathbb{C}) \to L_+^\uparrow$$

auf die eingeschränkte Lorentzgruppe definiert, und es gilt $\ker(\Lambda) = \{1, -1\}$. *Die Abbildung* Λ *heißt die* **Spinordarstellung** *der eingeschränkten Lorentzgruppe.*

Beweis. Wir beginnen mit dem Letzten: Ist $A \in \ker(\Lambda)$, also $AX{}^*\!A = X$ für alle $X \in H(2,\mathbb{C})$, so ergibt sich für $X = \tau_0 = \mathrm{id}$ insbesondere $A{}^*\!A = 1$, also ${}^*\!A = A^{-1}$. Dann besagt die Bedingung $AX = XA$ für alle hermiteschen X, also auch für alle schiefhermiteschen, denn die sind von der Form iX, mit $X \in H(2,\mathbb{C})$. Daher ist A mit jeder (2×2)-Matrix X vertauschbar, denn jede ist Summe einer hermiteschen und einer schiefhermiteschen, nach VIII, (7.7). Dann muss $A = \zeta \cdot \mathrm{id}$ sein, und weil $\det(A) = \zeta^2 = 1$, ist $A = \pm 1$. Nun folgt der Satz durch ganz allgemeine Schlüsse: Beide Gruppen haben gleiche Dimension 6, die Abbildung Λ ist differenzierbar und hat als Homomorphismus konstanten Rang k des Differentials. Hat sie nämlich diesen Rang im Punkt 1, so auch im Punkt A, wie das Diagramm

$$\begin{array}{ccc} SL(2,\mathbb{C}) & \xrightarrow{\Lambda} & L_+^\uparrow \\ {\scriptstyle A\cdot}\downarrow{\scriptstyle \cong} & & {\scriptstyle \cong}\downarrow{\scriptstyle \Lambda(A)} \\ SL(2,\mathbb{C}) & \xrightarrow[\Lambda]{} & L_+^\uparrow \end{array}$$

zeigt. Weil die Abbildung in einer Umgebung von 1 injektiv ist, muss der Rang nach dem Rangsatz der Differentialrechnung 6 sein, also ist die Abbildung Λ lokal um 1 surjektiv, und das Bild von Λ enthält eine Umgebung U von 1 in $L_+^\uparrow$. OBdA ist $U = U^{-1}$ offen, und dann sieht man leicht, dass U ein Erzeugendensystem von $L_+^\uparrow$ ist, weil $L_+^\uparrow$ zusammenhängt (und damit Λ surjektiv). In der Tat:

$$\bigcup_{n=1}^{\infty} U^n \;=\; \{u_1 \cdot \dots \cdot u_n \mid u_j \in U, \; n \in \mathbb{N}\}$$

ist eine offene Untegruppe von $L_+^\uparrow$, hat offene Restklassen, und zwar nur eine, weil $L_+^\uparrow$ zusammenhangt. □

Für den Raum $SL(2,\mathbb{C})$ liefert die Gram–Schmidt Orthogonalisierung oder Iwasawa-Zerlegung einen Homöomorphismus

$$SL(2,\mathbb{C}) \approx SU(2) \times \mathbb{R}^3 \approx S^3 \times \mathbb{R}^3. \tag{5.16}$$

Die Surjektivität der Abbildung $\Lambda : SL(2,\mathbb{C}) \to L_+^\uparrow$ möchte man natürlich auch expliziter sehen, also zu einer Lorentztransformation ein Urbild in $SL(2,\mathbb{C})$ angeben können. Das geht auch wie folgt: Zunächst ist $SU(2) \subset SL(2,\mathbb{C})$, und die Operation von $SU(2)$ durch Λ auf $H(2,\mathbb{C})$ lässt τ_0 fest, weil $A \cdot {}^*\!A = 1$ für

$A \in SU(2)$. Und das orthogonale Komplement ist das Erzeugnis der Paulimatrizen, der Raum der hermiteschen Matrizen mit Spur 0, also $i\ su(2)$, worauf $SU(2)$ durch Λ als seine adjungierte Darstellung operiert wie α in (3.9). Genauere explizite Information gibt hier die Eulerparametrisierung (3.15) und die anschließenden Bemerkungen. Andererseits hat man in $SL(2,\mathbb{C})$ die Elemente

$$A = \begin{pmatrix} a & 0 \\ 0 & a^{-1} \end{pmatrix} \quad a > 0,$$

und $\Lambda(A)$ ist die Lorentztransformation

$$\left.\begin{aligned} \tau_0 &\mapsto \alpha\tau_0 + s\tau_1 \\ \tau_1 &\mapsto s\tau_0 + \alpha\tau_1 \end{aligned}\right\} \qquad \begin{aligned} \alpha &= 1/2(a^2 + a^{-2}), \\ s &= 1/2(a^2 - a^{-2}), \end{aligned}$$

$$\tau_\nu \mapsto \tau_\nu \quad \text{für} \quad \nu > 1.$$

Dies sind hyperbolische Drehungen, und wenn a das Intervall $0 < a < \infty$ durchläuft, so durchläuft s das Intervall $-\infty < s < \infty$, so dass alle hyperbolischen Drehungen der Ebene $L(\tau_0, \tau_1)$ hier auftreten. Die hyperbolischen Drehungen der Ebene $L(\tau_0, \tau_i)$ erhält man aus diesen durch Konjugation mit einer Drehung, die τ_1 in τ_i überführt. Zusammen erhält man die ganze spezielle Lorentzgruppe nach (5.9).

Die Inklusion $SL(2,\mathbb{C}) \to GL(2,\mathbb{C})$ bildet die Untergruppe $\{1,-1\}$ in die Untergruppe $\mathbb{C}^*$ der Vielfachen der Einheitsmatrix ab, und man hat folglich einen induzierten Homomorphismus

$$L_+^\uparrow \cong SL(2,\mathbb{C})/\{1,-1\} \to GL(2,\mathbb{C})/\mathbb{C}^* = PGL(2,\mathbb{C}).$$

Dies ist ein Isomorphismus, nämlich injektiv weil $\mathbb{C}^* \cap SL(2,\mathbb{C}) = \{1,-1\}$, und surjektiv, weil für $A \in GL(2,\mathbb{C})$, $\det(A) = \lambda^2$, gilt $A = \lambda(\lambda^{-1}A)$, $\lambda \in \mathbb{C}^*$, $\lambda^{-1}A \in SL(2,\mathbb{C})$. Also: die eingeschränkte Lorentzgruppe $L_+^\uparrow$ ist die uns schon bekannte Gruppe der gebrochen linearen Transformationen der Riemannsphäre in neuem Gewande:

$$\text{(5.17)} \qquad L_+^\uparrow \cong PGL(2,\mathbb{C}).$$

Wir erinnern uns, dass eine Projektivität von $\mathbb{C}P^1$ durch die drei (verschiedenen) Bilder der Punkte $0, 1, \infty$ gegeben ist, also durch Wahl eines Punktes im Raum

$$X = \{(x,y,z) \in S^2 \times S^2 \times S^2 \mid x \neq y \neq z \neq x\}.$$

Man erhält so die geometrische Aussage

$$L_+^\uparrow \approx \mathbb{R}^3 \times \mathbb{R}P^3 \approx X.$$

§6 Kausalität und die Lorentzgruppe

Hier berichten wir über einen Satz von Zeeman, der einiges Licht auf die Begründung der speziellen Relativitätstheorie wirft.
Sei M der 4-dimensionale reelle affine Raum und $V = TM$ der zugehörige Translationsraum. Auf V sei die Minkowskimetrik γ gegeben, so dass also (V, γ) isomorph zu $\mathbb{R}^4$ mit der quadratischen Form

$$\gamma: \ (x_0, \ldots, x_3) \mapsto x_0^2 - x_1^2 - x_2^2 - x_3^2$$

ist. In der kinematischen Deutung ist $x_0 = ct$ bis auf Normierung die Zeit und (x_1, x_2, x_3) ein Punkt im Raum, immer für einen bestimmten Beobachter, der seine Koordinaten gewählt hat. Die Gleichung $\gamma = 0$ hat als Lösung den vom Ursprung ausgehenden Lichtkegel. Allgemeiner ist für $p \in M$ die Menge

$$C_p \ = \ \{q \in M \mid \gamma(q - p) \ = \ 0\}$$

der **von p ausgehende Lichtkegel** in M. Dabei sei wie üblich und in Koordinaten selbstverständlich $q - p \in V$ die Translation, die p nach q bringt.

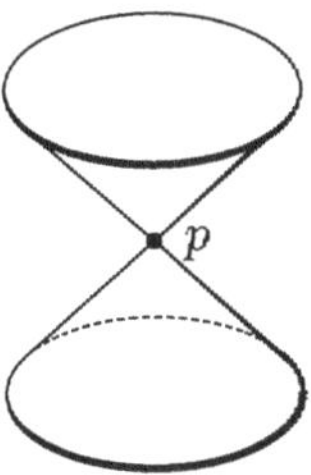

Beginnt man nun erst einmal, an der hergebrachten Bedeutung von Raum und Zeit zu zweifeln — und solcher Zweifel steht ja am Anfang der Relativitätstheorie — so scheint es leichtsinnig, gleich ohne weitere Begründung zu verlangen, dass die Transformationen vom Koordinatensystem eines Beobachters zu dem eines dagegen bewegten anderen linear sein sollen. Immerhin aber gehört zu den Grundannahmen der speziellen Relativitätstheorie, dass für jeden Beobachter Raum und Zeit durch $\mathbb{R}^4$ beschrieben wird, und dass für jeden Beobachter Signale sich (bei unserer Wahl der Metrik) höchstens mit Geschwindigkeit 1 ausbreiten. Insbesondere breiten Lichtsignale sich mit Geschwindigkeit 1 aus. Dass nun ein solches vom Ort-Zeit-Punkt $p \in M$ ausgehendes Signal im Ort-Zeit-Punkt $q \in M$ empfangen wird, heißt gerade, dass q auf dem **positiven Lichtkegel**

$$C_p^+ \ = \ \{q \in C_p \mid q_0 \geq p_0\}$$

liegt. Diese positiven Lichtkegel also sollen ihre vom Beobachter und seiner Koordinatenwahl unabhängige Bedeutung haben. Mit anderen Worten: Ist $f: M \to M$ die Bijektion mit der Bedeutung: was der erste Beobachter in p sieht, das sieht der zweite in $f(p)$, so verlangen wir, dass f ein kausaler Automorphismus von M ist, und erklären das so:

(6.1) Definition. Eine Bijektion $f : M \to M$ heißt ein **kausaler Automorphismus** von M, wenn $C^+_{f(p)} = f(C^+_p)$.

Mit dieser Definition verlassen wir die Gefilde der Physik und sprechen nur noch über Mathematik.
Die kausalen Automorphismen bilden eine Gruppe, eine Untergruppe der symmetrischen Gruppe $S(M)$, die wie man es so oft macht dadurch definiert ist, dass sie etwas erhält, nämlich die positiven Lichtkegel. In dieser Gruppe liegt als Untergruppe die **affine orthochrone Lorentzgruppe** G. Sie ist das Erzeugnis der Translationsgruppe und der **homogenen orthochronen Lorentzgruppe** $L^\uparrow$, genauer gesagt, das semidirekte Produkt dieser beiden, und $L^\uparrow$ ist die Gruppe der linearen Transformationen f von V mit $\gamma\big(f(x)\big) = f\big(\gamma(x)\big)$, und $f_0(x) > 0$ für $x_0 > 0$. Diese Gruppe operiert auf M, wenn wir V durch Wahl eines Ursprungs mit M identifizieren. Also: G ist die Gruppe der affinen Transformationen, welche die Minkowskimetrik und die Zeitorientierung erhalten. Auch die positiven Vielfachen der Elemente von G sind kausale Automorphismen. Wir zeigen in diesem Abschnitt umgekehrt den

(6.2) Satz von Zeeman. *Die Gruppe der kausalen Automorphismen von* M *ist* $\mathbb{R}_+ \cdot G$.

Beachte, dass wir nicht einmal die Stetigkeit kausaler Automorphismen fordern, sie folgt. Der entsprechende Satz für eine reguläre reelle quadratische Form mit nur einem negativen Eigenwert gilt für Dimensionen ≥ 3, wäre aber in der Dimension 2 falsch, wie wir sehen werden. In manchen Physikbüchern wird sehr flott von der Erhaltung der Quadrik auf die Erhaltung der definierenden quadratischen Form geschlossen, aber der Schluss ist im Allgemeinen nicht möglich, und jedenfalls nie selbstverständlich. Bisher wussten wir ja nur:

(i) Wenn $f : V \to V$ ein linearer Automorphismus ist und die Quadrik von γ, also den Lichtkegel im Ursprung, erhält, so erhält ein Vielfaches von f die quadratische Form (VI, 10.7).

(ii) Wenn $f : M \to M$ für γ distanztreu (isometrisch) ist, so ist f affin (VI, 9.2).

Aber beide Voraussetzungen werden hier nicht gemacht, vielmehr wollen wir aus der schwächeren Annahme, dass f kausal ist, schließen dass f affin ist, und dann (i) benutzen. Für die hyperbolische Ebene wäre der entsprechende Satz falsch:

(6.3) Beispiel. Sei $M = \mathbb{R}^2$, und V mit der hyperbolischen Metrik versehen. Diese ist in geeigneten Koordinaten durch $\gamma(x, y) = xy$ gegeben. Die Lichtkegel in M bestehen aus einer senkrechten und einer waagerechten Achse, und wenn $f, g : \mathbb{R} \to \mathbb{R}$ beliebige streng monoton wachsende Bijektionen sind, so überführt die Transformation $\mathbb{R}^2 \to \mathbb{R}^2$, $(x, y) \mapsto \big(f(x), g(y)\big)$ positive Kegel in positive Kegel, ist aber im Allgemeinen nicht affin.

Zunächst wollen wir nun den Begriff "kausal" etwas erläutern. Wir führen auf M die Relation $p \lhd q$, p **funkt nach** q, ein durch

$$p \lhd q \iff q \in C_p^+$$

oder äquivalent $q_0 - p_0 \geq 0$ und $\gamma(q-p) = 0$. Ein kausaler Automorphismus von M ist nach Definition eine Bijektion, die diese Relation erhält: $p \lhd q \iff f(p) \lhd f(q)$. Dies ist keine partielle Ordnung, denn sie ist nicht transitiv, aus $p \lhd q$ und $q \lhd r$ folgt nicht $p \lhd r$. Wir können jedoch auf M wie folgt eine sinnvolle partielle Ordnung einführen: Ein Vektor $v \in V$ heißt **zeitartig**, wenn $v_0 > 0$ und $\gamma(v) > 0$ gilt.

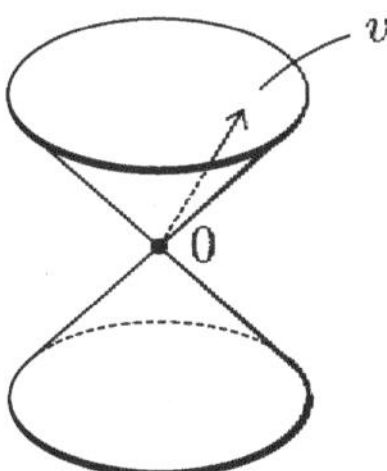

Dies sind die Vektoren im **Innern** des positiven Lichtkegels; sie können durch eine geeignete orthochrone Lorentztransformation in den Basisvektor e_0 überführt werden, daher der Name. Wir erklären die partielle Ordnung $p < q$, p ist **kausal** für q, durch

$$p < q \iff q - p \in V \quad \text{ist zeitartig.}$$

Es ist anschaulich klar und leicht mit der Schwarzschen Ungleichung nachzuprüfen, dass dies eine partielle Ordnung ist. Die Relation $p < q$ bedeutet: Es gibt eine Weltlinie mit (konstanter, wenn man will) Geschwindigkeit < 1 von p nach q.

(6.4) Bemerkung. *Eine Bijektion $f : M \to M$ ist genau dann kausal, wenn gilt: $p < q \iff f(p) < f(q)$ für alle $p, q \in M$.*
Also, daher der Name, die kausalen Automorphismen sind die Bijektionen, welche die Kausalitätsrelation $<$ erhalten.

Beweis. Man kann jede der Relationen $<, \lhd$ durch die andere ausdrücken wie folgt:

$$p \lhd q \iff \begin{cases} \text{nicht} \quad p < q, & \text{aber für alle } x: \\ q < x \implies p < x. \end{cases}$$

$$p < q \iff \begin{cases} \text{nicht} \quad p \lhd q, & \text{aber für ein } x: \\ p \lhd x \lhd q. \end{cases}$$

□

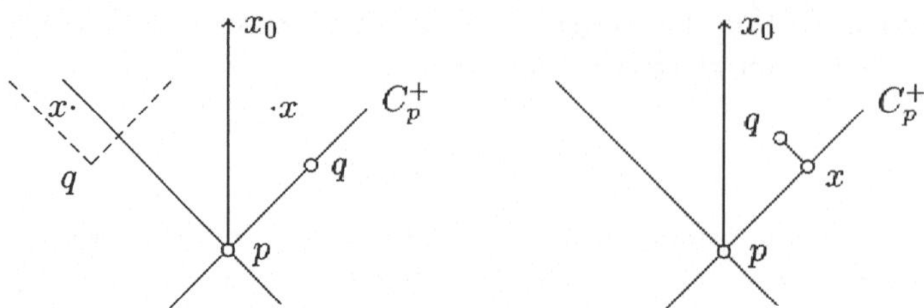

Nach unserer Erklärung ist $p \lhd p$, also nicht $p < p$.
Der volle Lichtkegel C_p durch p lässt sich mit der Relation $\lhd$ beschreiben durch

$$C_p \;=\; \{q \mid p \lhd q \quad \text{oder} \quad q \lhd p\}.$$

Daher erhält ein kausaler Automorphismus die vollen Lichtkegel. Ist $p \lhd q$, $p \neq q$, so heißt die Gerade durch p und q eine **Lichtgerade**, bezeichnet durch $R(p,q)$. Dann ist

$$R(p,q) \;=\; C_p \cap C_q,$$

und daher gilt

(6.5) Bemerkung. *Ist f kausal, so transformiert f Lichtgeraden in Lichtgeraden, $fR(p,q) = R\big(f(p), f(q)\big)$.* □

Wüsste man ganz allgemein, dass f Geraden in Geraden überführt, so könnte man nun einen Satz der projektiven Geometrie zitieren, aber es wäre unmotiviert, das anzunehmen.

(6.6) Lemma. *Ein kausaler Automorphismus transformiert parallele Lichtgeraden in parallele Lichtgeraden.*

Beweis. Seien a_1, a_2 verschiedene parallele Lichtgeraden und P die von ihnen aufgespannte affine Ebene. Wir unterscheiden zwei Fälle, dass nämlich P tangential zu allen Lichtkegeln mit Spitze in P ist, oder nicht. Für die quadratische Form γ bedeutet das: $\gamma|TP$ ist ausgeartet (Sonderfall) oder nicht ausgeartet (Regelfall). In der Tat, ist C die Quadrik von γ und $0 \neq p \in C$, und P ein linearer Unterraum von V, so gilt: $P \subset T_pC \iff \gamma(x,p) = 0$ für alle $x \in P \iff p$ ist ein singulärer Punkt von $\gamma|P$. Ist nun wie bei uns $\dim P = 2$ und $\gamma|P \neq 0$ (weil γ auf einem 3-dimensionalen Unterraum von V positiv definit ist), so ist genau dann $\gamma|P$ singulär, wenn jeder Punkt von $C \cap P$ singulär ist; wenn die singuläre Menge eine Gerade enthält, kann die Quadrik nur alles oder diese Gerade sein.

1. Fall. Sei $\gamma|TP$ nicht ausgeartet, also (TP, γ) hyperbolisch. Dann gibt es zwei zueinander transverse Scharen A, B von Lichtgeraden auf P; die $a \in A$ sind parallel zu a_1 und a_2, die $b \in B$ transvers zu a_j, und untereinander parallel. Der kausale Automorphismus bildet diese Scharen auf zwei Scharen fA, fB ab, und jedes $f(a)$ trifft jedes $f(b)$, aber für verschiedene a, a' bleiben $f(a), f(a')$ disjunkt, und ebenso für die $b \in B$. Jetzt gibt es wieder zwei Fälle:

(i) $f(a_1), f(a_2)$ liegen in einer Ebene. Dann sind diese Geraden parallel, weil sie sich nicht schneiden.

(ii) $f(a_1), f(a_2)$ liegen nicht in einer Ebene. Dann entsteht ein Widerspruch wie folgt: Jedenfalls spannen $f(a_1), f(a_2)$ einen dreidimensionalen affinen Raum $S \subset M$ auf, und in diesem liegen alle Geraden $f(b)$, $b \in B$, weil sie $f(a_1)$ und $f(a_2)$ treffen, und daher $f(P) \subset S$. Die Menge $f(P)$ enthält drei Geraden $f(a_1)$, $f(a_2)$, $f(a_3)$ in allgemeiner Lage (je zwei sind nicht parallel und ohne Schnittpunkt), und es gibt genau eine nicht ausgeartete Quadrik $Q \subset S$, die diese drei Geraden enthält, siehe unten (6.7). Nun enthält Q jede Gerade $f(b)$ für $b \in B$, weil drei ihrer Punkte, die in den $f(a_j)$, in Q liegen. Aus demselben Grund enthält Q jede Gerade $f(a)$ für $a \in A$, und dann ist $Q = f(P)$ entweder das einschalige Hyperboloid oder die Sattelfläche, und die Scharen $f(A)$, $f(B)$ die eben allein darauf existierenden beiden Geradenscharen. Aber nun zeigt ein genauerer Blick auf diese beiden Kandidaten für $f(P)$, dass beide durchfallen. Der erste aus Inzidenzgründen: Man beginnt mit einer Geraden $f(a) \subset Q$. Die sämtlichen sie jeweils in einem Punkt schneidenden Geraden gehören zu $f(B)$. Die diese in einem Punkt schneiden, gehören dann wieder zu $f(A)$, aber da sieht man, dass es eine Gerade der einen Schar, die unser Kandidat für $f(A)$ ist, und eine gegenüberliegende der anderen Schar gibt, die sich nicht treffen, und das kann nicht sein.

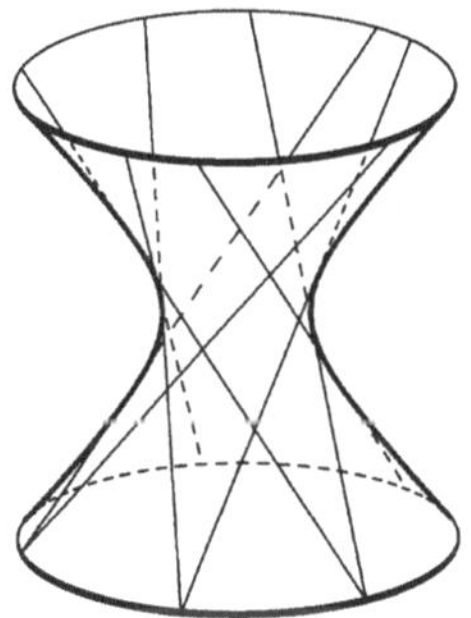

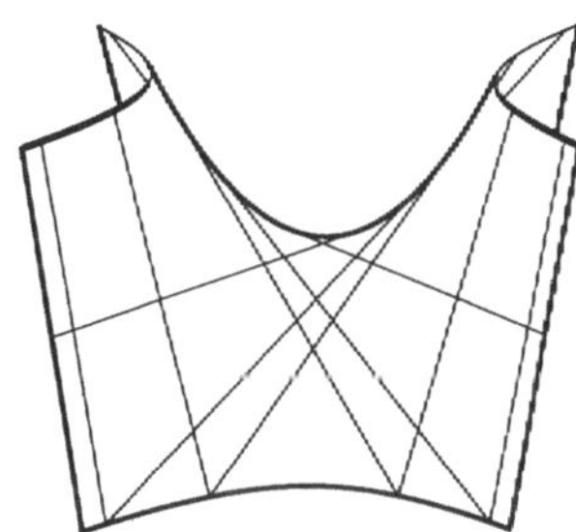

Bei der Sattelfläche stimmt es mit der linearen Geometrie nicht. Beschreiben wir sie in Normalform $z = x^2 - y^2 = (x+y)(x-y)$, so sind die beiden Geradenscharen

$$\begin{aligned} x + y &= a, \\ a(x-y) &= z, \end{aligned} \qquad \text{und} \qquad \begin{aligned} x - y &= a, \\ a(x+y) &= z. \end{aligned}$$

Die Tangentialräume an diese Geraden werden durch die Gleichungen

$$\begin{aligned} x + y &= 0, \\ a(x-y) &= z, \end{aligned} \qquad \text{bzw.} \qquad \begin{aligned} x - y &= 0, \\ a(x+y) &= z, \end{aligned}$$

beschrieben, also die erste durch $x = -y$, $2ax = z$, und die zweite durch $x = y$, $2ax = z$. Alle diese Geraden liegen also in der Ebene $x = -y$ bzw. $x = y$, und alle Geraden durch den Ursprung dieser Ebene bis auf eine ($x = 0$) sind solche Tangentialgeraden. Aber Lichtgeraden liegen im Lichtkegel, und eine Ebene kann nur höchstens zwei Tangentialgeraden von Lichtgeraden enthalten.

2. Fall. Sei $\gamma|TP$ singulär (Ausnahmefall). In diesem Fall enthält P nur eine, zu a_1 und a_2 parallele, Schar von Lichtgeraden. Dieser Fall tritt auf, wenn P entlang der Geraden a_1 und a_2 tangential zum Lichtkegel mit Spitze auf P ist. Die Ebenen P durch a_1 mit dieser Eigenschaft liegen in dem dreidimensionalen Raum $A_1 = \{x|\gamma(x-p,v) = 0 \text{ für } p,\, p+v \in a_1\}$. Entsprechend liegen die "schlechten" Ebenen durch a_2 in einem dreidimensionalen Unterraum A_2. Man wählt eine zu a_1, a_2 parallele Gerade a_3 nicht in $A_1 \cup A_2$ und schließt, dass $f(a_1)$ und $f(a_2)$ parallel zu $f(a_3)$, also parallel sind. □

Wir tragen noch zwei kleine Übungsaufgaben der analytischen Geometrie nach:

(6.7) Satz. *Zu drei Geraden in allgemeiner Lage in KP^3 (je zwei ohne gemeinsamen Punkt) gibt es genau eine reguläre Quadrik, die sie enthält.*

Beweis. Die Übersetzung in die lineare Algebra macht aus den drei Geraden drei Ebenen E_1, E_2, E_3 durch den Ursprung, so dass je zwei sich nur in 0 treffen. Man kann eine Basis $(e_0, \ldots, e_3)$ so wählen, dass $E_1 = L(e_0, e_1)$, $E_2 = L(e_2, e_3)$, und dann ist E_3 von $x_0e_0 + \ldots + x_3e_3$ und $y_0e_0 + \ldots + y_3e_3$ aufgespannt. Weil $E_3 \cap E_2 = 0$ und $E_3 \cap E_1 = 0$, sind die Matrizen

$$\begin{pmatrix} x_0 & y_0 \\ x_1 & y_1 \end{pmatrix} \quad \text{und} \quad \begin{pmatrix} x_2 & y_2 \\ x_3 & y_3 \end{pmatrix}$$

regulär, wir können

$$(x_0e_0 + x_1e_1 = a_0,\ y_0e_0 + y_1e_1 = a_1, x_2e_2 + x_3e_3 = a_2,\ y_2e_2 + y_3e_3 = a_3)$$

als neue Basis einführen, dann ist

$$E_1 = L(a_0, a_1), \quad E_2 = L(a_2, a_3), \quad E_3 = L(a_0 + a_2, a_1 + a_3).$$

Wird die gesuchte Quadrik durch die quadratische Form γ beschrieben, so ist $\gamma|E_j = 0$, insbesondere $\gamma(a_0 + a_2) = \gamma(a_1 + a_3) = \gamma(a_0 + a_2, a_1 + a_3) = 0$, also $\gamma(a_0, a_2) = \gamma(a_1, a_3) = 0$ und $\gamma(a_0, a_3) + \gamma(a_2, a_1) = 0$, die Fundamentalmatrix von γ hat daher für diese Basis die Gestalt:

$$\left(\begin{array}{cc|cc} 0 & 0 & 0 & -a \\ 0 & 0 & a & 0 \\ \hline 0 & a & 0 & 0 \\ -a & 0 & 0 & 0 \end{array}\right).$$

□

Nach demselben Muster wird man leicht zeigen:

(6.8) Bemerkung. *Eine reguläre Quadrik in KP^3 enthält nicht mehr als zwei Geraden durch einen Punkt.* □

Wir hatten daher für $f(A)$ und $f(B)$ weiter keine als die getroffene Wahl.

So weit spielt die Dimension kein Rolle, doch jetzt müssen wir benutzen, dass die Raumdimension mindestens 2 ist.

(6.9) Lemma. *Ein kausaler Automorphismus bildet Lichtgeraden affin auf Lichtgeraden ab.*

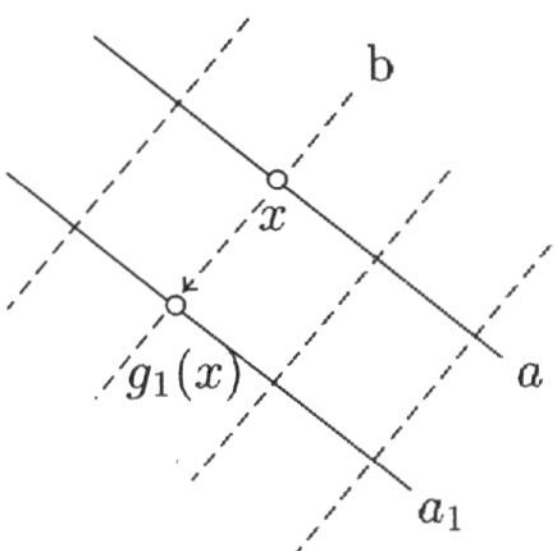

Beweis. Seien a, a_1 verschiedene parallele Lichtgeraden wie im 1. Fall des Beweises von (6.6), also: die Lorentzmetrik sei auf der von a, a_1 aufgespannten Ebene regulär. Man hat die Familien A und B der Lichtgeraden auf dieser Ebene, und die ausgezeichnete Translation $g_1 : a \to a_1$, die dadurch bestimmt ist, dass $x, g_1(x) \in b$ für eine Lichtgerade $b \in B$. Ist f ein kausaler Automorphismus, so gehen a, a_1 auf parallele Lichtgeraden $f(a)$, $f(a_1)$, die Scharen A, B auf die zugehörigen $f(A)$, $f(B)$, man hat die dadurch gegebene Translation $e_1 : f(a) \to f(a_1)$, und das Diagramm

$$\begin{array}{ccc} a & \xrightarrow[f]{} & f(a) \\ {\scriptstyle g_1}\downarrow & & \downarrow{\scriptstyle e_1} \\ a_1 & \xrightarrow[f]{} & f(a_1) \end{array}$$

ist nach Konstruktion kommutativ: $x, g_1(x) \in b \Longrightarrow f(x), fg_1(x) \in f(b)$, also $e_1 f(x) = fg_1(x)$.

Wir wählen nun Lichtgeraden a_1, a_2 parallel zu a, so dass wir durch diese Konstruktion Translationen

$$a \xrightarrow[g_1]{} a_1 \xrightarrow[g_2]{} a_2 \xrightarrow[g_3]{} a, \qquad g = g_3 g_2 g_1 : a \to a$$

und entsprechend für die Bildgeraden, also $e : f(a) \to f(a)$ erhalten, und aus dem Diagramm entsteht ein kommutatives Diagramm

$$\begin{array}{ccc} a & \xrightarrow[f]{} & f(a) \\ {\scriptstyle g}\downarrow & & \downarrow{\scriptstyle e} \\ a & \xrightarrow[f]{} & f(a)\,. \end{array}$$

Insbesondere müssen wir dazu a_1, a_2 so wählen, dass die Minkowskimetrik auf den Ebenen durch a, a_1 und a, a_2 und a_1, a_2 regulär ist. Die entscheidende Bemerkung ist nun, dass man durch geeignete Wahl von a_1, a_2 so jede Translation g erhalten kann. Hat man dies, so kommt man wie folgt zum Ziel: Seien r, s Koordinaten für a und $f(a)$, so dass $f(0) = 0$, und sei g durch $g : r \mapsto r + t$ gegeben. Dann ist e durch $s \mapsto s + u(t)$ gegeben, und

$$f(r+t) \;=\; fg(r) \;=\; ef(r) \;=\; f(r) + u(t)$$

für alle r, t. Für $r = 0$ folgt $f(t) = u(t)$, also

$$f(r+t) \;=\; f(r) + f(t).$$

Daher $f(nt) = nf(t)$ durch Induktion nach n. Anwenden auf t/n statt t liefert $f(t)/n = f(t/n)$, und daher $f(rt) = rf(t)$ für rationale r. Aber dann folgt dasselbe für beliebige reelle r, denn f erhält die Relation $\lhd$, und erhält damit auch die Anordung auf Lichtgeraden. Wir haben noch zu verifizieren:

Behauptung. Durch geeignete Wahl von a_1, a_2 kann man jede Translation von a als g erhalten.

Beweis. Weil die Lorentzgruppe transitiv auf den Lichtgeraden operiert, genügt es, dies für eine bestimmte Lichtgerade zu zeigen. Sei

$$\begin{aligned} x &= (0,0,0,0), \quad x^* = (t,0,0,t),\\ y &= (t,0,-t,0),\\ z &= (2t,0,0,0),\\ v &= (1,0,0,1), \end{aligned}$$

und seien a, a_1, a_2 die Lichtstrahlen durch x bzw. y bzw. z in Richtung v. Dann erhalten wir:

Konstruktion von g_1: Die zugehörige Ebene ist

$$\{\xi v + \eta(1,0,-1,0)\} = \{(\xi+\eta, 0, -\eta, \xi)\}.$$

Die Minkowskiform hierauf ist $2\xi\eta$, und

$$g_1 : a \;=\; \{\eta = 0\} \to \{\eta = t\} \;=\; a_1, \quad x \mapsto y.$$

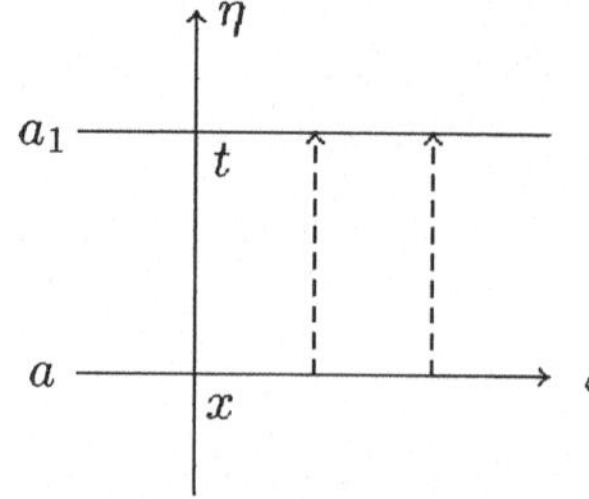

Konstruktion von g_2: Die zugehörige Ebene hat Grundpunkt y und zugehörigen Translationsraum $L(v, z-y) = \{\xi(1,0,0,1) + \eta(1,0,1,0)\} = \{(\xi+\eta, 0, \eta, \xi)\}$ mit Minkowskimetrik $2\xi\eta$, und

$$g_2 : a_1 = \{\eta = 0\} + y \to \{\eta = t\} + y = a_2.$$

Das Bild von y ist $y + \{\xi = 0, \eta = t\} = z$.

Konstruktion von g_3: Die zugehörige Ebene hat den Grundpunkt z und den Translationsraum $L(v, z - x^*) = \{\xi(1,0,0,1) + \eta(1,0,0,-1)\} = \{(\xi+\eta, 0, 0, \xi-\eta)\}$ mit Minkowskimetrik $4\xi\eta$, und

$$g_3 : a_2 = \{\eta = 0\} + z \to a = \{\eta = -t\} + z.$$

Das Bild von z ist x^*, was aus x auf a durch Translation mit tv hervorgeht. □

(6.10) Lemma. *Ein kausaler Automorphismus bildet gleichlange Intervalle auf parallelen Lichtgeraden auf gleichlange Intervalle ab.*

Beweis. Sind a, a_1 die (verschiedenen) parallelen Lichtgeraden wie im generischen 1. Fall des Beweises von (6.6), so begrenzen Geraden b, b_1 der transversen Lichtgeradenschar durch ihre Schnittpunkte mit a, a_1 gleichlange Intervalle auf a, a_1, und dasselbe gilt für $f(a), f(a_1)$ und $f(b), f(b_1)$. Daher muss der lineare Anteil, das Differential der affinen Abbildung, für $f : a \to f(a)$ und $f : a_1 \to f(a_1)$ gleich ausfallen. Im 2. Fall des Beweises von (6.6) schließt man wie dort durch Vergleich mit einer geeigneten dritten Geraden a_2, so dass a, a_1 und a_1, a_2 und a_2, a unter den 1. Fall fallen. □

Beweis des Satzes von Zeeman (6.2). Sei also $f : M \to M = \mathbb{R}^4$ kausal und oBdA $f(0) = 0$. Wähle vier Basisvektoren $v_0, \ldots v_3$ in Richtung von 4 Lichtgeraden durch den Ursprung, also $\gamma(v_j) = 0$. Ein beliebiger Vektor $x \in M$ schreibt sich eindeutig

$$x = x_0 v_0 + \ldots + x_3 v_3, \quad x_j \in \mathbb{R}.$$

Sei $g : M \to M$ die durch $g(x) = x_0 f(v_0) + \ldots + x_3 f(v_3)$ definierte lineare Abbildung. Wir zeigen $f = g$. Für $0 \le j \le 3$ sei M_j der von $v_0, \ldots, v_j$ erzeugte Unterraum von M. Wir zeigen $g|M_j = f|M_j$ durch Induktion nach j. Für $j = 0$ ergibt sich die Behauptung aus (6.9). Angenommen, die Behauptung gilt für $j-1$ und $x \in M_j$. Schreibe $x = y + x_j v_j$, mit $y \in M_{j-1}$. Dann ist das Intervall von y nach x parallel und gleichlang wie das von 0 nach $x_j v_j$, und nach (6.10) ist daher $f(x) - f(y) = f(x_j v_j) - f(0)$, somit

$$\begin{aligned} f(x) &= f(y) + f(x_j v_j), \\ &= g(y) + f(x_j v_j), && \text{nach Induktionsannahme}, \\ &= g(y) + g(x_j v_j), && \text{nach (6.9)}, \\ &= g(x). \end{aligned}$$

Also ist f linear und lässt den Lichtkegel vom Ursprung, also die Quadrik der Minkowskiform γ invariant. Nach Kap. VI, (10.7) ist f Vielfaches einer Lorentztransformation. □

§7 Aufgaben

1. Zeige: Ist die Matrix $A \in \mathrm{End}(\mathbb{C}^n)$ mit jeder hermiteschen Matrix vertauschbar, so gilt $AB = BA$ für alle $B \in \mathrm{End}(\mathbb{C}^n)$.

2. Sei A eine assoziative reelle Algebra mit Kürzungsregel $yx = zx \Longrightarrow y = z$ für $x, y, z \in A$, $x \neq 0$. Sei $n = \dim_{\mathbb{R}} A > 1$. Zeige: n ist gerade.

   Hinweis: Betrachte die Eigenwerte von $A \to A$, $x \mapsto ax$.

   Gilt auch die Kürzungsregel $xy = xz \Longrightarrow y = z$ für $x, y, z \in A$, $x \neq 0$? Hat jedes $x \in A \setminus \{0\}$ ein multiplikatives Inverses?

3. Sei $x \in \mathbb{H}$ und sei V der von 1 und x aufgespannte $\mathbb{R}$-Untervektorraum von $\mathbb{H}$. Zeige: V ist eine $\mathbb{R}$-Unteralgebra von $\mathbb{H}$ und V ist ein Körper.

4. Sei $(1, i, j, k)$ die kanonische Basis der Quaternionenalgebra $\mathbb{H}$ über $\mathbb{R}$. Für jedes $u = \alpha \cdot 1 + \beta i + \gamma j + \delta k \in \mathbb{H}$ heiße α der reelle Anteil von u $\big(\text{Bez. } \mathrm{Re}(u)\big)$ und $(\beta, \gamma, \delta) \in \mathbb{R}^3$ der vektorielle Anteil von u $\big(\text{Bez. } \mathrm{Ve}(u)\big)$. Ist $\mathrm{Ve}(u) = 0$, so heißt u skalar, ist $\mathrm{Re}(u) = 0$, so heißt u vektoriell. Zeige:

   (i) Seien $u, v \in \mathbb{H}$. Dann ist $uv = vu$ genau dann, wenn die Vektoren $\mathrm{Ve}(u)$ und $\mathrm{Ve}(v)$ linear abhängig sind.

   (ii) Seien $u, v \in \mathbb{H}$, $u \neq 0 \neq v$. Es ist $uv = -vu$ genau dann, wenn $\mathrm{Re}(u) = \mathrm{Re}(v) = 0$ und $\langle \mathrm{Ve}(u), \mathrm{Ve}(v) \rangle = 0$.

   (iii) $u \in \mathbb{H}$ sei nicht skalar. Zeige: $\bar{u}$ ist das einzige Element v aus $\mathbb{H}$ derart, dass $u + v$ und $u \cdot v$ skalar sind.

5. Bezüglich einer Orthonormalbasis sei einem Endomorphismus φ die reelle Matrix

$$A = \begin{pmatrix} \frac{1}{4}\sqrt{3} + \frac{1}{2} & \frac{1}{4}\sqrt{3} - \frac{1}{2} & -\frac{1}{4}\sqrt{2} \\ \frac{1}{4}\sqrt{3} - \frac{1}{2} & \frac{1}{4}\sqrt{3} + \frac{1}{2} & -\frac{1}{4}\sqrt{2} \\ \frac{1}{4}\sqrt{2} & \frac{1}{4}\sqrt{2} & \frac{1}{2}\sqrt{3} \end{pmatrix}$$

   zugeordnet.

   (i) Zeige, dass φ eine Drehung ist.

   (ii) Bestimme Drehachse und Drehwinkel von φ.

   (iii) Berechne die Eulerschen Winkel von φ (siehe 6.).

6. Eulersche Winkel: Seien $\alpha(t)$, $\beta(t) \in SO(3)$ gegeben durch

$$\alpha(t) = \begin{pmatrix} \cos t & -\sin t & 0 \\ \sin t & \cos t & 0 \\ 0 & 0 & 1 \end{pmatrix}$$

$$\beta(t) = \begin{pmatrix} 1 & 0 & 0 \\ 0 & \cos t & -\sin t \\ 0 & \sin t & \cos t \end{pmatrix} .$$

Zeige, dass die Abbildung $[0,2\pi] \times [0,\pi] \times [0,2\pi] \to SO(3)$, $(\varphi,\vartheta,\psi) \mapsto \alpha(\varphi)\cdot\beta(\vartheta)\cdot\alpha(\psi)$ surjektiv ist.

Welche Punkte im Definitionsgebiet haben gleiches Bild? Die Parameter φ,ϑ,ψ heißen Eulersche Winkel.

7. Seien $1, i, j, k$ die Standardbasisvektoren der Quaternionenalgebra $\mathbb{H}$. Sei

$$A = \begin{pmatrix} 1 & i & 1 \\ j & k & j \\ -j & i & i \end{pmatrix}.$$

A bestimmt einen Endomorphismus $f : \mathbb{H}^3 \to \mathbb{H}^3$ des $\mathbb{H}$-Rechtsvektorraumes $\mathbb{H}^3$ und einen Endomorphismus $g : \mathbb{H}^3 \to \mathbb{H}^3$ des $\mathbb{H}$-Linksvektorraumes $\mathbb{H}^3$. Bestimme $\mathrm{rg}(f)$ und $\mathrm{rg}(g)$.

8. Beschreibe einen Isomorphismus reeller Liealgebren

$$L\,SL(2,\mathbb{C}) \to L\,O(1,3).$$

9. Seien (a_{ij}) und (b_{ij}) positiv definite hermitesche Matrizen. Zeige: Dann ist auch die Matrix $(a_{ij}\cdot b_{ij})$ positiv definit. Folglich ist auch die Matrix $(\exp a_{ij})$ positiv definit. Hinweis: Schreibe $b_{ij} = \sum_k c_{ik}\bar{c}_{jk}$.

10. Relativitätstheorie

(i) Bestimme die hyperbolische Transformation $D(s)$ mit $D(s)\binom{t}{vt} = \binom{\tau}{0}$ in Abhängigkeit von der Geschwindigkeit v, $|v| < 1$. Der in Koordinaten $\binom{t}{vt}$ mit Geschwindigkeit v bewegte Körper ruht in Koordinaten $D(s)\binom{t}{vt}$.

(ii) Bestimme die Zeit t aus der Ruhezeit τ in Abhängigkeit von v und folgere: bewegte Teilchen leben länger.

(iii) Zur Zeit $t = 0$ haben die Endpunkte eines sich mit Geschwindigkeit v bewegenden Stabes die Zeit-Raum-Koordinaten ${}^t(0,0)$, ${}^t(0,x)$. Welche Koordinaten haben diese im Koordinatensystem $D(s)\binom{t}{x}$, in dem der Stab ruht? Wie lang ist er dort? Bewegte Körper werden kürzer.

(iv) Ein Körper hat in Koordinaten $\binom{t}{x}$ die Bahnkurve $t\binom{1}{u}$, also die Geschwindigkeit u. Was ist die Bahnkurve, also die Geschwindigkeit, im dazu mit $D\big(s(v)\big)$ mit Geschwindigkeit v bewegten Koordinatensystem? Die durch die Verknüpfung

$$(u,v) \mapsto \frac{u+v}{1+uv} \quad \text{für} \quad -1 < u,v < 1$$

definierte Gruppenstruktur auf $(-1,1)$ ist isomorph zu der additiven Gruppe $(\mathbb{R},+)$.

11. Ersetze die Argumente im zweiten Teil des Beweises von (5.15) durch Folgendes: In dem Diagramm

$$\begin{array}{ccc} L(SL(2,\mathbb{C})) & \xrightarrow[\exp]{} & SL(2,\mathbb{C}) \\ {\scriptstyle L(\Lambda)}\downarrow & & \downarrow{\scriptstyle \Lambda} \\ L(L_+^\uparrow) & \xrightarrow[\exp]{} & L_+^\uparrow \end{array}$$

sei $L(\Lambda)$ das Differential von Λ an der Stelle $1 \in SL(2,\mathbb{C})$. Das Diagramm ist kommutativ, Λ ist lokal um 1 injektiv, also ist $L(\Lambda)$ ein Isomorphismus, und daher ist Λ ein lokaler Diffeomorphismus bei 1.

Kapitel X

Ringe und Moduln

Per correr miglior acqua alza le vele
Omai la navicella del mio ingegno.

§1 Ringe

Sei R ein kommutativer Ring mit 1. Die Kerne von Ringhomomorphismen $R \to S$ sind Ideale $\mathbf{a} \subset R$, also additive Untergruppen, so dass $R \cdot \mathbf{a} = \mathbf{a}$. Umgekehrt, wenn $\mathbf{a} \subset R$ ein Ideal ist, und $x, y \in R$, so ist

$$(x + \mathbf{a})(y + \mathbf{a}) \;=\; xy + x\mathbf{a} + \mathbf{a}y + \mathbf{a}\mathbf{a} \;=\; xy + \mathbf{a},$$

also sieht man leicht, dass die Faktorgruppe $R/\mathbf{a}$ durch die Multiplikation $(x+\mathbf{a}) \cdot (y+\mathbf{a}) := xy+\mathbf{a}$ auf wohldefinierte Weise zum **Faktorring** wird, und die kanonische Projektion

$$R \to R/\mathbf{a}, \quad x \mapsto x + \mathbf{a},$$

zum Ringepimorphismus mit Kern $\mathbf{a}$.
Unter den Idealen gibt es insbesondere die Hauptideale. Das von $q \in R$ erzeugte **Hauptideal** (q) ist das Ideal der Vielfachen von q, also

$$(q) \;=\; \{x \cdot q \mid x \in R\}.$$

(1.1) Satz. *In* $\mathbb{Z}$ *und den Polynomringen* $K[x]$ *über einem Körper* K *ist jedes Ideal ein Hauptideal.*

Beweis. Dies folgt durch Divison mit Rest, für $K[x]$: Sei $f \in \mathbf{a}$, $f \neq 0$ von kleinstem Grad (das **Minimalpolynom** aus $\mathbf{a}$). Ist dann $g \in \mathbf{a}$, so $g = h \cdot f + r$, mit $\deg(r) < \deg(f)$. Aus $g, h \cdot f \in \mathbf{a}$ folgt $r \in \mathbf{a}$, also, weil f das Minimalpolynom ist, $r = 0$. □

Ein Element $x \in R$ heißt eine **Einheit**, wenn es ein $y \in R$ gibt, mit $x \cdot y = 1$. Die Einheiten bilden die multiplikative Gruppe $R^* \subset R$. Ein Element $x \in R$ heißt **Nullteiler**, wenn es ein $y \in R$, $y \neq 0$ gibt, so dass $x \cdot y = 0$.
In $\mathbb{Z}$ sind $1, -1$ die Einheiten, in $K[x]$ die konstanten Polynome ungleich 0, also $\big(k[x]\big)^* = K^*$. In $\mathbb{Z}/n$ ist $[a]$ eine Einheit, wenn a zu n teilerfremd ist, wie die Gleichung

$$h \cdot a + k \cdot n = 1$$

zeigt. Die übrigen Elemente von $\mathbb{Z}/n$ sind Nullteiler.
Viele dieser Begriffe lassen sich auch in einem nicht kommutativen Ring sinnvoll erklären, z.B. ist $\mathrm{Aut}(V)$ die Gruppe der Einheiten von $\mathrm{End}(V)$, und die Nullteiler sind die übrigen Elemente, wenn V ein endlich-dimensionaler Vektorraum ist.

(1.2) Bemerkung. *Ist R endlich oder endlich-dimensional über einem Körper $K \subset R$, so ist jedes Element $a \in R$ entweder ein Nullteiler oder eine Einheit.*

Beweis. Betrachte die Abbildung $R \to R$, $x \mapsto a \cdot x$. Ist sie nicht injektiv, so hat sie ein $x \neq 0$ im Kern, und a ist ein Nullteiler. Ist sie injektiv, so ist sie auch surjektiv, und $a \cdot x = 1$ für ein x. □

Ein kommutativer Ring R mit $1 \neq 0$, der außer 0 keine Nullteiler enthält, heißt ein **Integritätsring** (**integer**). Ein Integritätsring, dessen sämtliche Ideale Hauptideale sind, heißt **Hauptidealring**.
Also: $\mathbb{Z}$ und der Polynomring $K[x]$ über einem Körper K sind Hauptidealringe.

(1.3) Bemerkung. *Ein Integritätsring R, der endlich oder endlich-dimensional über einem Körper $K \subset R$ ist, ist ein Körper.*

Beweis. Nach (1.2) ist $R^* = R \setminus \{0\}$. □

(1.4) Folgerung. *$\mathbb{Z}/n$ ist genau dann ein Integritätsring (und dann ein Körper), wenn n eine Primzahl ist.*

Beweis. Ist $n = a \cdot b$, so $0 = [n] = [a] \cdot [b]$. Ist also n keine Primzahl, so hat $\mathbb{Z}/n$ Nullteiler. Ist $n = p$ eine Primzahl, so hat $\mathbb{Z}/p$ nur die Untergruppen $\{0\}$ und $\mathbb{Z}/p$. Ist also $a \in \mathbb{Z}/p$, $a \neq 0$, so hat die Rechtsmultiplikation $\mathbb{Z}/p \to \mathbb{Z}/p$, $x \mapsto x \cdot a$, den Kern $\{0\}$, daher ist a kein Nullteiler, somit eine Einheit. □

Das haben wir schon einmal anders gesehen.
Ist R ein Ring wie oben, so hat man den kanonischen Ringhomomorphismus

$$\kappa: \ \mathbb{Z} \to R, \quad n \mapsto n \cdot 1,$$

wobei $n \cdot 1$ die Summe von n Einsen bezeichnet (bzw. $n \cdot 1 = (-n) \cdot (-1)$ für $n < 0$). Der Kern von κ ist ein Hauptideal $(m) \subset \mathbb{Z}$, mit $m \in \mathbb{N}_0$. Dieses m heißt die **Charakteristik** von R und der Teilring $\mathbb{Z}/m \cong \kappa(\mathbb{Z}) \subset R$ heißt der **Primring** von R. Ist R integer, so ist $m = 0$, oder m eine Primzahl, also: durch κ erhalten wir eine Einbettung $\mathbb{Z} \subset R$ oder $\mathbb{Z}/p \subset R$. Ist R endlich, so bleibt dann nur der letzte Fall, also:

(1.5) Folgerung. *Ein endlicher Körper K hat Primzahlcharakteristik p und ist daher ein Vektorraum über $\mathbb{Z}/p$. Hat K über $\mathbb{Z}/p$ die Dimension n, so hat K also p^n Elemente.*

Es gibt daher z.B. keinen Körper mit 15 Elementen.

§2 Polynomringe

Alle Ringe in diesem Abschnitt sind kommutative Ringe mit 1, und alle Homomorphismen von Ringen bilden 1 auf 1 ab.

Polynome

$$f(x) = a_0 + a_1 x + \ldots + a_n x^n \tag{2.1}$$

kann man auch mit Koeffizienten in einem Ring R bilden, und die Menge aller dieser Polynome bildet dann den **Polynomring** $R[x]$. Die formalen Definitionen sind wörtlich dieselben wie für Körper in Kap. III, §1. Ist also $a_n \neq 0$ in (2.1), so ist n der **Grad** und $a_n = \ell(f)$ der **Leitkoeffizient** von f.

(2.2) Notiz. *Ist R integer (Integritätsbereich), so ist auch $R[x]$ integer.*

Beweis. Sind $f \neq 0 \neq g$, so $\ell(f) \neq 0 \neq \ell(g)$, also $\ell(f \cdot g) = \ell(f) \cdot \ell(g) \neq 0$, daher $f \cdot g \neq 0$. □

In diesem Fall ist $(R[x])^* = R^* \subset R[x]$.

Für die Unbestimmte x kann man "Beliebiges" einsetzen. Das spricht man gelehrter so aus:

(2.3) Universelle Eigenschaft *des Polynomrings. Sei $\varphi : R \to S$ ein Homomorphismus von Ringen und $\xi \in S$, dann gibt es genau einen Ringhomomorphismus $\tilde{\varphi} : R[x] \to S$ mit $\tilde{\varphi}(x) = \xi$, $\tilde{\varphi}|R = \varphi$.*

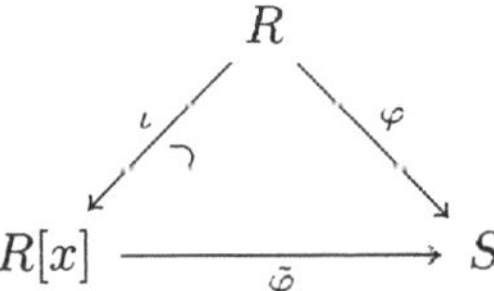

Nämlich:

$$\tilde{\varphi}\Big(\sum_\nu a_\nu x^\nu\Big) = \sum_\nu \varphi(a_\nu)\xi^\nu.$$

Der Homomorphismus $\tilde{\varphi}$ setzt sich aus zwei Ingredienzien zusammen:
Erstens nämlich induziert ein Homomorphismus $\varphi : R \to S$ den Homomorphismus

$$\varphi_x : R[x] \to S[x], \quad \sum_\nu a_\nu x^\nu \mapsto \sum_\nu \varphi(a_\nu) x^\nu$$

und macht den Polynomring zu einem Funktor von Ringen zu Ringen, was nur sagt:

$$\mathrm{id}_x = \mathrm{id}, \quad (\varphi \circ \psi)_x = \varphi_x \circ \psi_x.$$

Zweitens hat man zu jedem Element $\xi \in S$ den **Einsetzungs-Homomorphismus** $e_\xi : S[x] \to S$, $x \mapsto \xi$, $e_\xi|S = id_S$. Dann ist

$$\tilde{\varphi} = e_\xi \circ \varphi_x.$$

Im Polynomring kann man nach den Regeln der Differentialrechnung differenzieren, und das ist etwas rein Algebraisches, nämlich: man definiert die **Ableitung**

(2.4) $$d/dx : R[x] \to R[x],\ f = \sum_\nu a_\nu x_\nu \ \mapsto\ f' := \sum_\nu \nu a_\nu x^{\nu-1}.$$

Diese Abbildung ist linear und genügt der

(2.5) **Produktregel.** $$(f \cdot g)' = f' \cdot g'.$$

Wir setzen wie üblich

$$f^{[0]} := f, \quad f^{[k+1]} := (f^{[k]})'.$$

Ein Element $\alpha \in R$ heißt eine **k-fache Wurzel** von $f \in R[x]$, wenn $f = (x-\alpha)^k . g$ für ein $g \in R[x]$.

(2.6) Bemerkung. *Ist α eine k-fache Wurzel von f, so ist $f^{[\nu]}(\alpha) = 0$ für $\nu < k$. Ist $f(\alpha) = f'(\alpha) = 0$, so ist α eine mehrfache Wurzel von f.*

Beweis. Ist $f(x) = (x-\alpha)^k g(x)$, so $f'(x) = k(x-\alpha)^{k-1}g(x) + (x-\alpha)^k g'(x) = (x-\alpha)^{k-1}\big(kg(x) + (x-\alpha)g'(x)\big)$, also: Ist α eine k-fache Wurzel von f, so ist α eine $(k-1)$-fache Wurzel von f'. Daraus folgt die erste Behauptung. Ist $k = 1$ und $g(\alpha) \neq 0$, so ist nach derselben Rechnung $f'(\alpha) = g(\alpha) \neq 0$. □

Warnung. Ist $R = \mathbb{Z}/2$, und $f = x^3 + x = x(x+1)^2$, so verschwinden alle Ableitungen von f an der Stelle $x = 1$, obwohl 1 nur eine 2-fache Wurzel ist.
Der Satz über Division mit Rest bleibt gültig, wenn der Divisor normiert ist:

(2.7) Division mit Rest. *Seien $f, g \in R[x]$, und sei $\ell(g) \in R^*$, dann existieren eindeutig bestimmte Polynome $q, r \in R[x]$, so dass gilt*

$$f = q \cdot g + r, \quad \deg(r) < \deg(q).$$

Beweis. Siehe IV, (1.5). □

(2.8) Folgerung. *Ist $f \in R[x]$ und $f(\alpha) = 0$, so ist $f = (x-\alpha)g$. Ist f normiert, so ist auch g normiert und $\deg(g) = \deg(f) - 1$.*

Ist $g \in R[x]$, so bezeichne (g) das Hauptideal der Vielfachen von g.

(2.9) Bemerkung. *Ist g normiert vom Grad n, und bezeichnet $R[x]_n$ die Menge der Polynome vom Grad $< n$, so ist die Abbildung*

$$R[x]_n \to R[x]/(g), \quad r \mapsto r + (g)$$

bijektiv.

Beweis. Dies folgt durch Division mit Rest: Jedes $f \in R[x]$ schreibt sich als $f = q \cdot g + r$, $\deg r < n$, also $f + (g) = r + (g)$. Ist $r + (g) = r_1 + (g)$, so $r - r_1 = q \cdot g$, also $r - r_1 = 0$ falls $\deg r < n$ und $\deg r_1 < n$. □

Insbesondere ist $R \subset R[x]/(g)$, und in dem Ring $R[x]/g = S$ hat das Polynom g die Wurzel $[x]$, denn $g([x]) = [g(x)] = 0$ in S. So kann man also zu jedem normierten Polynom $g \in R[x]$ eine Ringerweiterung $R \subset S$ so vornehmen, dass g in S eine Wurzel hat, und wenn man die Konstruktion wiederholt, dass g in $S[x]$ in Linearfaktoren zerfällt.

(2.10) Satz. *Sei K ein Körper und $p \in K[x]$ ein Primpolynom, dann ist $K[x]/(p)$ ein Körper.*

Beweis. Angenommen $f, g \in K[x]$ und $[f] \cdot [g] = 0$ in $K[x]/(p)$, dann ist $f \cdot g = h \cdot p$, also $p|fg$, folglich $p|f$ oder $p|g$, d.h. $[f] = 0$ oder $[g] = 0$. Also: $K[x]/(p)$ ist nullteilerfrei und endlich-dimensional über einem Körper, ist daher ein Körper. □

(2.11) Satz von Kronecker. *Ist K ein Körper und $f \in K[x]$, $\deg f = n$, so gibt es einen Körper L mit $K \subset L$ und $\dim_K L \leq n!$, so dass f in $L[x]$ in Linearfaktoren zerfällt.*

Beweis. Man zerlegt f in Primfaktoren und findet nach (2.10) eine Erweiterung der Dimension $\leq n$, wo ein Primfaktor (also f) eine Wurzel hat. Die spaltet man ab und schließt durch Induktion nach n. □

Den Polynomring in n Variablen (Unbestimmten) definiert man induktiv durch

$$R[x_1, \ldots, x_{n+1}] := R[x_1, \ldots, x_n][x_{n+1}].$$

Wir verwenden Multiindices:

$$\alpha = (\alpha_1, \ldots, \alpha_n), \ \alpha_j \in \mathbb{N}_0, \quad |\alpha| := \alpha_1 + \ldots + \alpha_n,$$

$$x^\alpha := x_1^{\alpha_1} \cdot \ldots \cdot x_n^{\alpha_n},$$

dann sind die Elemente von $R[x_1, \ldots, x_n]$ formale Summen der Gestalt

$$f = \sum_{|\alpha|=0}^{m} f_\alpha x^\alpha, \quad f_\alpha \in R.$$

Ist $f_\alpha \neq 0$ für ein α mit $|\alpha| = m$, so ist $m = \deg(f)$ der **Grad** von f. Ist R integer, so folgt durch Induktion nach n aus (2.2), dass auch $R[x_1, \ldots, x_n]$ ein Integritätsring ist.

§3 Symmetrische Polynome

Sei wieder R stets ein kommutativer Ring mit 1. Auf dem Polynomring $R[x_1, \ldots, x_n]$ operiert die symmetrische Gruppe $S(n)$ durch Ringautomorphismen wie folgt: Ist $\sigma \in S(n)$ und $f \in R[x_1, \ldots, x_n]$, so setze

$$\sigma(f)(x_1, \ldots, x_n) \;:=\; f(x_{\sigma(1)}, \ldots, x_{\sigma(n)}).$$

Richtig ist $(\sigma\tau)f(x_1, \ldots, x_n) = f(x_{\sigma\tau(1)}, \ldots, x_{\sigma\tau(n)})$ und $\sigma(\tau f)(x_1, \ldots, x_n) = \tau f(x_{\sigma(1)}, \ldots, x_{\sigma(n)}) = f(x_{\sigma\tau(1)}, \ldots, x_{\sigma\tau(n)})$. Ein Polynom $f \in R[x_1, \ldots, x_n]$ heißt **symmetrisch**, wenn f unter dieser Operation festbleibt. Die symmetrischen Polynome bilden den Unterring

$$R[x_1, \ldots, x_n]^{S(n)} \subset R[x_1, \ldots, x_n].$$

Betrachte das Polynom

$$(3.1) \qquad f(t) \;=\; \prod_{j=1}^{n}(t + x_j) \;=\; t^n + \sigma_1 t^{n-1} + \ldots + \sigma_n$$

in $R[x_1, \ldots, x_n][t]$ mit Koeffizienten $\sigma_j \in R[x_1, \ldots, x_n]^{S(n)}$:

$$\begin{aligned} \sigma_1 &= x_1 + \ldots + x_n, \\ \sigma_2 &= x_1x_2 + x_1x_3 + \ldots + x_{n-1}x_n, \\ &\;\;\vdots \\ \sigma_n &= x_1 \ldots x_n. \end{aligned}$$

Die σ_j sind symmetrisch, weil die linke Seite von (3.1) bei Vertauschung der x_j festbleibt. Sie heißen die **elementarsymmetrischen Funktionen** in n Unbestimmten. Die $-x_j$ sind die Wurzeln von $f(t)$, und (3.1) beschreibt, wie die Koeffizienten eines Polynoms sich als Funktionen der Wurzeln schreiben. Der Hauptsatz über symmetrische Polynome besagt, dass sich jedes symmetrische Polynom eindeutig als Polynom in den elementarsymmetrischen Polynomen schreiben lässt. Wir sprechen das etwas formaler aus:

(3.2) Hauptsatz über symmetrische Polynome. *Der Homomorphismus*

$$R[y_1, \ldots, y_n] \;\to\; R[x_1, \ldots, x_n]^{S(n)}, \quad y_j \;\mapsto\; \sigma_j(x_1, \ldots, x_n),$$

ist bijektiv.

Wir beginnen mit einigen Vorbemerkungen. Setzt man in (3.1) $x_n = 0$, so steht da

$$t\prod_{j=1}^{n-1}(t + x_j) = t^n + \sigma_1(x_1, \ldots, x_{n-1}, 0)t^{n-1} + \ldots + \sigma_n(x_1, \ldots, x_{n-1}, 0).$$

Die linke Seite ist

$$t\big(t^{n-1} + \sigma_1(x_1, \ldots, x_{n-1})t^{n-2} + \ldots + \sigma_{n-1}(x_1, \ldots, x_{n-1})\big),$$

wobei hier die elementarsymmetrischen Polynome in Unbestimmten $x_1, \ldots, x_{n-1}$ stehen. Ein Vergleich beider Formeln zeigt:

(3.3) Notiz. *Der Homomorphismus*

$$R[x_1, \ldots, x_n] \;\to\; R[x_1, \ldots, x_{n-1}], \; x_j \;\mapsto\; x_j \quad \textit{für } j < n, \; x_n \;\mapsto\; 0,$$

induziert

$$\sigma_j \;\mapsto\; \sigma_j \quad \textit{für} \quad j < n, \quad \sigma_n \;\mapsto\; 0.$$

Das Polynom f in (3.1) als Polynom aller $n + 1$ Unbestimmten ist homogen vom Grad n, daher hat σ_j den Grad j. Entsprechend sagen wir: Ein Monom y^α in $R[y_1, \ldots, y_n]$ hat das **Gewicht**

$$d \;=\; d(\alpha) \;:=\; \alpha_1 + 2\alpha_2 + \ldots + n\alpha_n. \tag{3.4}$$

Das Gewicht eines Polynoms $g(y_1, \ldots, y_n)$ ist das maximale Gewicht der darin mit Koeffizient $\neq 0$ auftretenden Monome.
Der Homomorphismus (3.2) bildet Polynome vom Gewicht d auf Polynome vom Grad d ab.

(3.5) Lemma. *Sei $f(x_1, \ldots, x_n)$ symmetrisch vom Grad d, dann gibt es ein Polynom $g(y_1, \ldots, y_n)$ vom Gewicht d mit*

$$g(\sigma_1, \ldots, \sigma_n) \;=\; f.$$

Beweis. Durch Induktion nach n. Für $n = 1$ ist jedes Polynom symmetrisch, also nichts zu zeigen. Das Lemma sei für n 1 angenommen. Jetzt schließen wir durch Induktion nach d. Seien $\tilde{\sigma}_1, \ldots, \tilde{\sigma}_{n-1}$ die elementarsymmetrischen Polynome in Unbestimmten $x_1, \ldots, x_{n-1}$. Nach Annahme gibt es ein Polynom $g_1(y_1, \ldots, y_{n-1})$ vom Gewicht $\leq d$, mit

$$f(x_1, \ldots, x_{n-1}, 0) \;=\; g_1(\tilde{\sigma}_1, \ldots, \tilde{\sigma}_{n-1}).$$

Das Polynom

$$f_1(x_1, \ldots, x_n) \;:=\; f(x_1, \ldots, x_n) - g_1(\sigma_1, \ldots, \sigma_{n-1})$$

hat Grad $\leq d$, ist symmetrisch, und verschwindet für $x_n = 0$. Es enthält also x_n als Faktor, und weil es symmetrisch ist, muss es dann den Fakotr $x_1 \cdot \ldots \cdot x_n = \sigma_n$ haben, also

$$f_1 \;=\; \sigma_n \cdot f_2(x_1, \ldots, x_n)$$

für ein symmetrisches Polynom f_2 vom Grad $\leq d - n < d$. Nach d-Induktionsannahme ist $f_2(s_1, \ldots x_n) = g_2(\sigma_1, \ldots, \sigma_n)$, und damit

$$f \;=\; g_1(\sigma_1, \ldots, \sigma_n) \;+\; \sigma_n \cdot g_2(\sigma_1, \ldots, \sigma_n). \qquad \square$$

Damit haben wir gezeigt, dass der Homomorphismus im Hauptsatz surjektiv ist, und es bleibt zu zeigen:

(3.6) Lemma. *Sei $g(y_1, \ldots, y_n)$ ein Polynom, so dass $g(\sigma_1, \ldots, \sigma_n) = 0$, dann ist $g = 0$.*

Beweis. Angenommen, dies gilt nicht, so wähle ein Gegenbeispiel g mit minimalem n und dabei mit minimalem Grad. Jedenfalls ist dann $n > 1$. Aus der Voraussetzung $g(\sigma_1, \ldots, \sigma_n) = 0$ folgt durch Einsetzen von $x_n = 0$ nun $g(\tilde{\sigma}_1, \ldots, \tilde{\sigma}_{n-1}, 0) = 0$, also $g(y_1, \ldots, y_{n-1}, 0) = 0$, weil n minimal gewählt war, daher

$$g(y_1, \ldots, y_n) \;=\; y_n g_1(y_1, \ldots, y_n),$$

und dann $0 = g(\sigma_1, \ldots, \sigma_n) = \sigma_n g_1(\sigma_1, \ldots, \sigma_n)$. Daraus folgt $g_1(\sigma_1, \ldots, \sigma_n) = 0$, weil $\sigma_n = x_1 \ldots x_n$ ein Monom ist. Das ist nun ein Widerspruch, weil g_1 kleineren Grad als g hat, und auch nicht verschwindet. □

Dieser Hauptsatz ist ein ganz wichtiges technisches Hilfsmittel, er sagt nämlich, dass ein symmetrisches Polynom der Wurzeln eines normierten Polynoms eine wohldefinierte Funktion der Koeffizeinten ist, denn nach (3.1) sind die elementarsymmetrischen Polynome der Wurzeln (bis auf das Vorzeichen) die Koeffizienten.

Beispiel. Betrachte das Polynom

$$\delta(x_1, \ldots, x_n) \;=\; \prod_{i \neq j} (x_i - x_j).$$

Dies ist offenbar symmetrisch, und daher gibt es ein wohlbestimmtes Polynom $D(y_1, \ldots, y_n)$ vom Gewicht n, so dass

$$D(-\sigma_1, \sigma_2, \ldots, (-)^n \sigma_n) \;=\; \delta(x_1, \ldots, x_n).$$

Das Polynom D heißt die **Diskriminante**. Es hat nach Konstruktion folgende Bedeutung:

(3.7) Notiz. *Genau dann hat das Polynom $t^n + a_1 t^{n-1} + \ldots + a_n$ mehrfache Wurzeln in einer integren Ringerweiterung, in der es in Linearfaktoren zerfällt, wenn $D(a_1, \ldots, a_n) = 0$.*

In der Tat: Sind $\xi_1, \ldots, \xi_n$ die Wurzeln in einer integren Erweiterung von R, so ist $a_j = (-)^j \sigma_j(\xi_1, \ldots, \xi_n)$, also $D(a_1, \ldots, a_n) = \delta(\xi_1, \ldots, \xi_n)$, und dies verschwindet genau dann, wenn $\xi_i = \xi_j$ für ein Paar $i \neq j$. Das Beachtliche ist, dass also so durch ein Polynom der Koeffizienten entschieden wird, ob das Polynom in einer integren Ringerweiterung $R \subset S$ mehrfache Wurzeln hat, wenn es dort nur überhaupt in Linearfaktoren zerfällt.

Ganz ähnlich betrachten wir die beiden allgemeinen Polynome

$$f(t) = \prod_{j=1}^{n} (t - x_j), \quad g(t) = \prod_{k=1}^{m} (t - y_k)$$

mit Koeffizienten in $R[x_1, \ldots, x_n, y_1, \ldots, y_m]$. Wir setzen

$$\rho(x_1, \ldots, x_n, y_1, \ldots, y_m) = \prod_{j,k} (x_j - y_k) = \prod_j g(x_j).$$

Dann ist $\rho = \prod_{j=1}^{n} g(x_j)$ ein symmetrisches Polynom der x_j mit Koeffizienten, die symmetrische Polynome der y_k sind. Man findet daher ein eindeutig bestimmtes Polynom $r(u_1, \ldots, u_n,\ v_1, \ldots, v_m)$, so dass gilt: Setzt man für die u_j die elementarsymmetrischen Funktionen $(-)^j \sigma_j(x_1, \ldots, x_n)$ und für die v_k die elementarsymmetrischen Funktionen $(-)^k \sigma_k(y_1, \ldots, y_m)$ ein, so erhält man ρ. Dieses Polynom $r(u, v)$ heißt die **Resultante**. Ihre Bedeutung:

(3.8) Notiz. *Genau dann haben die Polynome*

$$\begin{aligned} f(t) &= t^n + u_1 t^{n-1} + \ldots + u_n \quad \textit{und} \\ g(t) &= t^m + v_1 t^{m-1} + \ldots + v_m \end{aligned}$$

eine gemeinsame Nullstelle in einer integren Ringerweiterung, wenn $r(u, v) = 0$ *gilt.* □

Statt $r(u, v)$ schreibt man auch $r(f, g)$, und entsprechend $D(f)$ für die Diskriminante. Diese beiden hängen wie folgt zusammen:

(3.9) Bemerkung. $D(f) = r(f, f')$.

Beweis. Ist $f = \prod_{j=1}^{n} (t - \xi_j)$, so $D(f) = \prod_{i \neq j} (\xi_i - \xi_j)$, und aus $f' = \sum_{j=1}^{n} \prod_{i \neq j} (t - \xi_i)$ folgt $r(f, f') = \prod_k f'(\xi_k) = \prod_k \sum_j \prod_{i \neq j} (\xi_k - \xi_i) = \prod_{i \neq j} (\xi_i - \xi_j) = D(f)$. □

Das passt zu (2.7).
Die folgende Konstruktion ist uns schon beim charakteristischen Polynom begegnet: Es sei R ein kommutativer Ring mit 1, und sei f ein normiertes und g ein beliebiges Polynom in $R[t]$.

$$f = \alpha_n + \alpha_{n-1} t + \ldots + \alpha_0 t^n, \quad g = \beta_k + \beta_{k-1} t + \ldots + \beta_0 t^k, \quad \alpha_0 = 1.$$

Dann gibt es einen größeren Ring $R \subset S$, so dass

$$f = (t - \lambda_1) \cdot \ldots \cdot (t - \lambda_n)$$

in $S[t]$. Setze

$$f_g(t) := \big(t - g(\lambda_1)\big) \cdot \ldots \cdot \big(t - g(\lambda_n)\big).$$

(3.10) Satz. *Das Polynom* $f_g(t) = \gamma_n + \gamma_{n-1}t + \ldots + \gamma_0 t^n$, $\gamma_0 = 1$, *hat Koeffizienten* $\gamma_j \in R$, *und es gibt universelle, allein durch* n *und* k *bestimmte Polynome ("Formeln")*

$$c_j \in Z \ := \ \mathbb{Z}[a_0, \ldots, a_{n-1}\ ,\ b_0, \ldots, b_k],$$

so dass $\gamma_j = c_j(\alpha_0, \ldots, \alpha_{n-1},\ \beta_0, \ldots, \beta_k)$.

Beweis. Wir betrachten statt R den Ring Z und in $Z[t]$ die "allgemeinen" Polynome

$$\varphi = a_n \ + \ a_{n-1}t \ + \ldots + \ a_0 t^n, \quad \psi = b_k \ + \ b_{k-1}t \ + \ldots + \ b_0 t^k, \quad a_0 = 1.$$

Man hat die Ringerweiterung

$$Z \ \cong \ \mathbb{Z}[\sigma_0, \ldots, \sigma_{n-1}, b_0, \ldots, b_k] \subset \mathbb{Z}[x_1, \ldots, x_n, b_0, \ldots, b_k] \ =: \ T,$$

wobei die σ_j die elementarsymmetrischen Funktionen der x_j sind; der erste Isomorphismus bildet a_j auf $(-)^j\sigma_j$ ab. In $T[t]$ ist

$$\begin{aligned} \varphi(t) &= (t - x_1) \cdot \ldots \cdot (t - x_n), \quad \text{also} \\ \varphi_\psi(t) &= \big(t - \psi(x_1)\big) \cdot \ldots \cdot \big(t - \psi(x_n)\big) \\ &= c_n + c_{n-1}t + \ldots + c_0 t^n, \quad c_0 \ := \ 1, \end{aligned}$$

mit gewissen Polynomen $c_j \in Z$, weil $\varphi_\psi(t)$ unter Vertauschung der x_j symmetrisch ist. Nun hat man einen Homomorphismus $\kappa : T \to S$, $x_j \mapsto \lambda_j$, $b_j \mapsto \beta_j$ und $\kappa|Z : Z \to R$, $a_j \mapsto \alpha_j$, $b_j \mapsto \beta_j$, denn $\alpha_j = \sigma_j(\lambda_1, \ldots, \lambda_n) = \kappa\sigma_j(x_1, \ldots, x_n) = \kappa(a_j)$. Schließlich überführt der durch κ induzierte Homomorphismus $T[t] \to S[t]$ das Polynom $\varphi_\psi(t)$ in $f_g(t)$, also c_j in γ_j, und das heißt $\gamma_j = \kappa(c_j) = c_j(\alpha_0, \ldots, \alpha_{n-1},\ \beta_0, \ldots, \beta_k)$. □

Das Polynom f_g hängt also nicht davon ab, wie man die Ringerweiterung $R \subset S$ wählt, in der f in Linearfaktoren zerfällt, die c_j sind polynomiale Formeln mit ganzen Koeffizienten zur Berechnung der Koeffizienten von f_g aus denen von f und g.

§4 Potenzreihen und symmetrische Polynome

Sei R ein kommutativer Ring mit 1. Wir bilden den **Potenzreihenring** $R[[t]]$.Die Elemente dieses Ringes sind formale Reihen

(4.1) $$f(t) \ = \ a_0 + a_1 t + a_2 t^2 + \ldots$$

mit $a_j \in R$. Sie werden gliedweise addiert und mit dem Cauchyprodukt multipliziert, also

$$\begin{aligned} \sum a_j t^j + \sum b_j t^j \ &:= \ \sum (a_j + b_j) t^j\ , \\ \big(\sum a_i t^i\big) \cdot \big(\sum b_j t^j\big) \ &:= \ \sum_k \big(\sum_{i+j=k} a_i b_j \big) t^k. \end{aligned}$$

Das geht also ganz wie beim Polynomring, nur dass die Bedingung wegfällt, dass die Koeffizienten schließlich verschwinden sollen. Das Wort "formal" drückt aus, dass keine Konvergenz der Reihen verlangt wird, die Reihe ist nur eine suggestive Schreibweise für die Folge ihrer Koeffizienten. Mit diesen Verknüpfungen wird $R[[t]]$ ein Ring, und man hat eine offenbare Inklusion $R[t] \subset R[[t]]$.
Jedoch ist beim Potenzreihenring manches anders als beim Polynomring: Der **Grad** $\deg(f)$ der Reihe (4.1) ist das kleinste j mit $a_j \neq 0$, und $\deg(0) = \infty$. Ist $\deg(f) = n$, so ist a_n der **Leitkoeffizient** $a_n = \ell(f)$. Mit diesen Definitionen hat man ähnlich wie im Polynomring:

$$(4.2) \qquad \ell(f \cdot g) \;=\; \ell(f) \cdot \ell(g), \quad \deg(f \cdot g) \;=\; \deg(f) \;+\; \deg(g)$$

falls R integer ist, und in diesem Fall ist daher auch $R[[t]]$ integer. Die Einheiten $f \in R[[t]]^*$ sind die Reihen f wie in (4.1) mit $a_0 \in R^*$, also

$$(4.3) \qquad R[[t]]^* \;=\; R^* \;+\; tR[[t]].$$

Beweis. Die Abbildung $f \mapsto f(0) = a_0$ ist ein Homomorphismus $R[[t]] \to R$ von Ringen mit 1, also, wenn f eine Einheit ist, so auch $f(0) = a_0$. Umgekehrt sei a_0 eine Einheit. Wir können mit $1/a_0$ multiplizieren und dürfen annehmen $a_0 = 1$. Dann schreiben wir $f = 1 - tg(t)$ und haben

$$f^{-1} \;=\; 1 + tg + t^2 g^2 + \ldots,$$

und die rechte Seite definiert in der Tat eine wohlbestimmte Potenzreihe — man sagt, sie konvergiert formal — weil die Potenzen von t wachsen, ein endliches Stück des Ergebnisses also schon durch eine endliche Summe bestimmt ist. □

Beachte, dass man in eine Potenzreihe zwar 0 für t einsetzen darf, aber sonst im Allgemeinen nichts.

Mit Potenzreihen kann man trickreich rechnen, und wir machen uns das zunutze, um noch etwas über symmetrische Polynome zu erfahren. Der Beweis des Hauptsatzes (3.2) erlaubt zwar, von einem gegebenen symmetrischen Polynom im Prinzip die Darstellung als Polynom der elementarsymmetrischen Polynome rekursiv, wenn es sein muss mit einem Rechner, zu berechnen, aber es gibt systematisch entstehende Serien symmetrischer Polynome, für die man natürlich handlichere allgemeine Formeln sucht.
Wir gehen aus von der Formel

$$\prod_{j=1}^{n}(1 + tx_j) \;=\; t^n \prod_{j=1}^{n}(t^{-1} + x_j) \;=\; t^n \sum_{j=0}^{n} \sigma_{n-j} t^{-j}, \text{ d.h.}$$

$$(4.4) \qquad \lambda(t) \;:=\; \prod_{j=1}^{n}(1 + tx_j) \;=\; \sum_{j=0}^{n} \sigma_j t^j.$$

Dabei ist $\sigma_j = \sigma_j(x_1, \ldots, x_n)$ elementarsymmetrisch, und $\sigma_0 := 1$. Als Potenzreihen in $Z[[t]]$, $Z = \mathbb{Z}[x_1, \ldots, x_n]$, lassen sich beide Seiten invertieren; links erhält man

$$\prod_{j=1}^{n}(1 + tx_j)^{-1} = \prod_{j=1}^{n} \big(\sum_{r=0}^{\infty}(-)^r x^r t^r\big) = \sum_{k=0}^{\infty}(-)^k \big(\sum_{|\alpha|=k} x^\alpha\big)t^k.$$

Dabei haben wir wieder Monome mit Multiindices geschrieben. Setze

$$\gamma_k(x_1, \ldots, x_n) = \sum_{|\alpha|=k} x^\alpha.$$

Für $x_n = 0$ gehen diese Polynome in die entsprechenden in $n-1$ Unbestimmten über, also

$$\gamma_k(x_1, \ldots, x_{n-1}, 0) = \gamma_k(x_1, \ldots, x_{n-1}).$$

Diese γ_k sind auf ganz natürliche Weise entstehende symmetrische Polynome, und wir haben gezeigt:

(4.5) $$\big(\sum_j \sigma_j t^j\big) \cdot \big(\sum_k (-)^k \gamma_k t^k\big) = 1.$$

Das ist eine Rekursionsformel für die Berechnung der Darstellung der γ_k als Polynome der σ_j, explizit:

(4.6) $$\gamma_0 = 1, \quad \sum_{j+k=m} (-)^k \sigma_j \gamma_k = 0 \quad \text{für} \quad m > 0.$$

Die Formel zeigt auch umgekehrt, dass $\sigma_1, \ldots, \sigma_n$ sich als Polynome in $\gamma_1, \ldots, \gamma_n$ schreiben lassen und man kann daraus schließen, dass dann auch jedes symmetrische Polynom sich eindeutig als Polynom in $\gamma_1, \ldots, \gamma_n$ schreiben lässt:

(4.7) $$R[x_1, \ldots, x_n]^{S(n)} = R[\gamma_1, \ldots, \gamma_n].$$

Jetzt wollen wir voraussetzen, dass der Ring R den Körper $\mathbb{Q}$ enthält, also eine $\mathbb{Q}$-Algebra ist. Wir gehen wieder von (4.2) aus, und schreiben

$$\begin{aligned}\lambda(t) &= \sum_j \sigma_j t^j = \prod_{j=1}^{n}(1 + tx_j) = \exp \log \prod_{j=1}^{n}(1 + tx_j) \\ &= \exp \sum_{j=1}^{n} \log(1 + tx_j) = \exp \sum_{k=1}^{\infty}(-)^{k+1}(x_1^k + \ldots + x_n^k)t^k/k.\end{aligned}$$

Die auftretenden Reihen sind wie gewohnt durch ihre Potenzreihe definiert. Setze

$$\psi_k(x_1, \ldots, x_n) := x_1^k + \ldots + x_n^k, \quad \psi(t) = \sum_{k=1}^{\infty} \psi_k \cdot t^k.$$

Auch das sind naheliegende symmetrische Polynome. Wir haben gezeigt

$$\lambda(t) = \sum_j \sigma_j t^j = \exp \sum_{k=1}^{\infty} (-)^{k+1} \psi_k / k \cdot t^k. \tag{4.8}$$

Diese Formel gestattet, die $\sigma_j(x_1, \ldots, x_n), j = 1, \ldots, n$, als Polynome in den $\psi_k(x_1, \ldots, x_n)$ für $k = 1, \ldots, n$ zu berechnen, insbesondere erhält man wieder:

$$R[x_1, \ldots, x_n]^{S(n)} = R[\psi_1, \ldots, \psi_n] \tag{4.9}$$

falls R eine $\mathbb{Q}$-Algebra ist.
Hier treten Nenner auf. Will man umgekehrt die ψ_k als Polynome in den σ_j schreiben, so logarithmiert man beide Seiten von (4.8), differenziert nach t, und multipliziert mit $-t$, dann steht da

$$-t\lambda'(t)/\lambda(t) = \sum_{k=1}^{\infty} (-)^k \psi_k t^k = \psi(-t). \tag{4.10}$$

Beachte dass hier keine Nenner mehr auftreten, $\lambda(t)$ ist eine Einheit in $\mathbb{Z}[\sigma_1, \ldots, \sigma_n][[t]]$.
Dies sind sehr brauchbare Formeln für die Berechnung der ψ_k als Polynome in den σ_j, die sich vor allem auch durch die guten Eigenschaften der auftretenden formalen Reihen auszeichnen: Notieren wir auch die Abhängigkeit von x und schreiben $\lambda(x_1, \ldots, x_n; t)$ und $\psi(x_1, \ldots, x_n; t)$, so gilt nach (4.4):

$$\begin{aligned} \lambda(x_1, \ldots, x_n, y_1, \ldots, y_m; t) &= \lambda(x_1, \ldots, x_n; t) \cdot \lambda(y_1, \ldots, y_m; t), \\ \psi(x_1, \ldots, x_n, y_1, \ldots, y_m; t) &= \psi(x_1, \ldots, x_n; t) + \psi(y_1, \ldots, y_m; t). \end{aligned} \tag{4.11}$$

Dass die Reihe $\psi(t)$ in diesem Sinne additiv ist, empfiehlt sie vor der multiplikativen Reihe $\lambda(t)$.
Die **Newtonschen Rekursionsformeln** zur Berechnung der ψ_k aus den λ_j, die natürlich dasselbe Ergebnis liefern, erhält man wie folgt: In der Gleichung

$$\prod_{j=1}^{n} (t - x_j) = \sum_{j=0}^{n} (-)^j \sigma_j t^{n-j}$$

veschwindet die linke Seite, wenn man x_i für t einsetzt, also

$$\sum_{j=0}^{n} (-)^j \sigma_j x_i^{n-j} = 0 \quad \text{für} \quad i = 1, \ldots, n. \tag{4.12}$$

Man multipliziert mit x_i^r und summiert über i, dann steht da:

$$\sum_{j=0}^{n} (-)^j \sigma_j \psi_{n+r-j} = 0 \quad \text{für} \quad r \geq 0, \quad \text{mit} \quad \psi_0 = n. \tag{4.13}$$

Für die kleineren Indices hat man

$$(4.14)\qquad \sum_{j=0}^{k-1}(-)^j\sigma_j\psi_{k-j}+(-)^k k\sigma_k \;=\; 0 \quad \text{für} \quad k\le n.$$

Beweis. Die linke Seite ist ein symmetrisches Polynom vom Grad k, es lässt sich also eindeutig als Polynom in den $\sigma_1,\dots,\sigma_k$ schreiben, und nach (3.3) genügt es zu zeigen, dass dies Polynom verschwindet, wenn man $x_{k+1}=\ldots=x_n=0$ setzt. Aber dann hat man (4.12) mit $r=0$ und $n=k$. □

Wir wählen jetzt unabhängige Unbestimmte $x_1,\dots,x_n$ und $y_1,\dots,y_m$ und schreiben $x=(x_1,\dots,x_n)$, $y=(y_1,\dots,y_m)$, $(x,y)=(x_1,\dots,x_n,y_1,\dots,y_m)$. Dann hat man entsprechend elementarsymmetrische Polynome $\sigma_j(x)$, $\sigma_j(y)$, $\sigma_j(x,y)$, und die Gleichung

$$\sum_j\sigma_j(x,y)t^j=\prod_i(1+tx_i)\cdot\prod_k(1+ty_k)=\Big(\sum_i\sigma_i(x)t^i\Big)\cdot\Big(\sum_k\sigma_j(y)t^k\Big)$$

zeigt

$$(4.15)\qquad \sigma_j(x,y) \;=\; \sum_{i+k=j}\sigma_i(x)\cdot\sigma_k(y).$$

Dies ist ein Spezialfall der folgenden allgemeineren Formel (4.18). Sind I,J Multiindices mit n Komponenten, so sei $I\sim J$, wenn die Komponenten von I durch Permutation derer von J entstehen. Zu jedem Multiindex I hat man dann das symmetrische Polynom

$$(4.16)\qquad \Sigma_I(x_1,\dots,x_n) \;:=\; \sum_{J\sim I}x^J.$$

Man findet leicht, dass jedes symmetrische Polynom in $R[x_1,\dots,x_n]$ sich eindeutig als Linearkombination der $\sum_I$ mit Koeffizienten in R schreiben lässt. Wir definieren Polynome σ_I in n Unbestimmten durch

$$(4.17)\qquad \sigma_I(\sigma_1,\dots,\sigma_n) \;=\; \Sigma_I(x_1,\dots,x_n).$$

Zum Beispiel $\sigma_j=\sigma_J$ mit $J=(1,\dots,1,0,\dots,0)$, j Einsen. Für eine Potenzreihe $a=1+a_1t+a_2t^2+\ldots$ schreiben wir dann

$$\sigma_I(a) \;:=\; \sigma_I(a_1,a_2,\dots).$$

Das Ergebnis hängt natürlich nur vom Anfangspolynom vom Grad n von a ab, wenn I ein n-Index ist. Ist I ein n-Index und J ein m-Index, so sei $I\sqcup J$ der $(n+m)$-Index, der nacheinander die Komponenten von I und J hat. Dann gilt:

$$(4.18)\qquad \sigma_I(a\cdot b) \;=\; \sum_{J\sqcup K=I}\sigma_J(a)\cdot\sigma_K(b).$$

Beweis. Wir wählen unabhängige Variable x, y, und betrachten die Reihen

$$\begin{aligned} a &= 1 + \sigma_1(x)t + \sigma_2(x)t^2 + \dots , \\ b &= 1 + \sigma_1(y)t + \sigma_2(y)t^2 + \dots . \end{aligned}$$

Es genügt, den Satz für diese Reihen bei beliebiger Komponentenzahl von x und y zu zeigen, da man die Koeffizienten nach dem Hauptsatz über symmetrische Polynome als Unbestimmte auffassen kann. Dann aber steht da $\sigma_I(a \cdot b) = \sigma_I\big(\sigma_1(x,y), \sigma_2(x,y), \dots\big) = \sum_I(x,y)$, und es ist zu zeigen

$$\Sigma_I(x,y) = \sum_{J \sqcup K = I} (\Sigma_J(x)) \cdot (\Sigma_K(y)).$$

Das folgt durch einfache kombinatorische Überlegung. □

Wir können die Polynome σ_I auch noch etwas anders gewinnen:
Wir bilden den Polynomring $Z = R[a_1, a_2, a_3, \dots]$ in abzählbar vielen Unbestimmten $a_j, j \in \mathbb{N}$. In dem Ring $Z[[x_1, \dots, x_n]]$ betrachte die Potenzreihe

$$U = U(x) = \prod_{i=1}^{n} (1 + a_1 x_i + a_2 x_i^2 + \dots).$$

Wir wollen das Produkt ausmultiplizieren. Die Monome mit Faktoren $a_j, j \in \mathbb{N}$, bezeichnen wir durch a^ρ, wobei $\rho = (\rho_1, \dots, \rho_k) \in \mathbb{N}_0^k$, $k \in \mathbb{N}$ ist, mit $|\rho| := \rho_1 + \dots + \rho_k \le n$. Die Elemente von Z lassen sich eindeutig als Linearkombinationen der a^ρ schreiben, so ist der Polynomring Z definiert. Multiplizieren wir also das Produkt U aus, so erhalten wir eine Darstellung

$$U = \sum_\rho a^\rho \cdot B_\rho(x_1, \dots, x_n)$$

mit gewissen symmetrischen (weil U symmetrisch ist) Polynomen B_ρ. Setze $b_\rho(\sigma_1, \dots, \sigma_n) := B_\rho(x_1, \dots, x_n)$, also

$$U = \sum_\rho a^\rho b_\rho(\sigma_1, \dots, \sigma_n).$$

Die B_ρ sind homogen vom Grad (die b_ρ vom Gewicht)

$$\rho_1 + 2\rho_2 + \dots + k\rho_k =: \|\rho\| = \text{Gewicht von } \rho.$$

Was ist B_ρ und b_ρ?

(4.19) Lemma. $B_\rho(x_1, \dots, x_n) = \sum_{J \sim I(\rho)} x^J$, *also* $b_\rho = \sigma_{I(\rho)}$.
Dabei ist $I(\rho)$ *der Multiindex mit* ρ_1 *Einsen,* ρ_2 *Zweien,* …, ρ_k *mal* k*, also:*

$$I(\rho) = (i_1, \dots, i_n) \text{ mit } i_\nu = r \text{ für } \rho_1 + \dots + \rho_{r-1} < \nu \le \rho_1 + \dots + \rho_r.$$

Das findet man unmittelbar durch Inspektion des Produkts U.
Die Formel (4.18) oder die äquivalente im Beweis sagt nun

$$B_\rho(x,) \;=\; \sum_{\sigma+\tau=\rho} B_\sigma(x)\cdot B_\tau(y). \tag{4.20}$$

Beweis. Betrachte $U(x) = \prod_{i=1}^n (1 + a_1x_i + a_2x_i^2 + \ldots)$ und entsprechend $U(y)$ und $U(x,y) = U(x)\cdot U(y)$. Dann gilt:

$$\begin{aligned} a^\rho B_\rho(x,y) &= \sum_{\sigma+\tau=\rho} a^\sigma B_\sigma(x) a^\tau B_\tau(y) \;=\; \sum_{\sigma+\tau=\rho} a^{\sigma+\tau} B_\sigma(x) B_\tau(y) \\ &= a^\rho \sum_{\sigma+\tau=\rho} B_\sigma(x)\cdot B_\tau(y), \end{aligned}$$

daher die Behauptung durch Koeffizientenvergleich. □

Nun benutzt man zur Übersetzung

$$I(\sigma+\tau) \sim I(\sigma) \sqcup I(\tau). \tag{4.21}$$

Literatur zu diesem Abschnitt: [Cartier].

§5 Endomorphismen und symmetrische Polynome

Sei K ein Körper (oder ein kommutativer Ring mit 1) und A eine quadratische Matrix über K. Dann hat A das charakteristische Polynom

$$\chi_A(t) \;=:\; \chi(A;t) \;=\; \det(tE - A) \;=\; \sum_{j=0}^{n} (-)^j \lambda_{n-j}(A) t^j.$$

Dabei ist $\lambda_j = \sigma_j(\mu_1, \ldots, \mu_n)$ die j-te elementarsymmetrische Funktion der Eigenwerte $\mu_1, \ldots, \mu_n$ von A, vielfache entsprechend vielfach aufgeführt. Wir betrachten auch das Polynom

$$\lambda(A;t) \;:=\; \sum_{j=0}^{n} \lambda_j(A) t^j \;=\; t^n \chi(A; -t^{-1}), \tag{5.1}$$

also

$$\lambda(A;t) \;=\; \prod_{j=1}^{n} (1 + t\mu_j). \tag{5.2}$$

Nach dem Hauptsatz über symmetrische Polynome lassen sich nun alle symmetrischen Polynome der Wurzeln als Funktionen von A deuten, und wir wollen das etwas genauer betrachten. Ich erinnere an die äußeren Produkte (VII, §4).

$$\lambda(A,t) \;=\; \sum_j \mathrm{Spur}(\Lambda^j A) t^j. \tag{5.3}$$

Beweis. Die Behauptung sagt

$$\lambda_j(A) = \mathrm{Spur}(\Lambda^j A).$$

Dies ist eine polynomiale Formel, die man nach (8.2) nur für eine diagonalisierbare Matrix über einem Körper beweisen muss, weil beide Seiten unter Basistransformationen invariant sind, also nur für eine Diagonalmatrix mit Diagonale $(\mu_1, \ldots, \mu_n)$. Dann ist $\lambda_j(A) = \sigma_j(\mu_1, \ldots, \mu_n)$, und die j-te äußere Potenz hat die Basis der äußeren Produkte e_I, $I = (i_1, \ldots, i_n)$, $i_1 + \cdots + i_n = j$ von Basisvektoren, und $\Lambda^j A(e_I) = \mu_{i_1} \cdot \ldots \cdot \mu_{i_n} \cdot e_I =: \mu_I e_I$; also: die e_I sind Eigenvektoren und

$$\mathrm{Spur}\,\Lambda^j A = \sum_{|I|=j} \mu_I = \sigma_j(\mu_1, \ldots, \mu_n). \qquad \square$$

Sei $S^j A$ die j-te symmetrische Potenz von A, (siehe §14, Aufg. 7) und $s_j(A) = \mathrm{Spur}(S^j A)$. Wir betrachten wieder die Reihe

$$s(A; t) = \sum_{t=0}^{\infty} s_j(A) t^j. \tag{5.4}$$

Für obige Diagonalmatrix ist offenbar

$$s_j(A) = \gamma_j(\mu_1, \ldots, \mu_n)$$

mit der Funktion γ_j in X, (4.5), daher zeigt letztere Formel wieder allgemein

$$\lambda(A; t) \cdot s(A; t) = 1. \tag{5.5}$$

Die Formel bestimmt die Spuren der symmetrischen Potenzen durch die der alternierenden Potenzen und umgekehrt.
Sei $\Psi_k(A) = \mathrm{Spur}(A^k)$ und

$$\Psi(A; t) = \sum_{k=1}^{\infty} \Psi_k(A) t^k. \tag{5.6}$$

Für obige Diagonalmatrix ist

$$\Psi_k(A) = \mu_1^k + \cdots + \mu_n^k = \psi_k(\mu_1, \ldots \mu_n),$$

also ergibt sich aus (4.8) allgemein

$$\lambda(A; t) = \exp \sum_{k=1}^{\infty} (-)^{k+1} \Psi_k(A)/k \cdot t^k, \tag{5.7}$$

und aus (4.10)

$$-t\lambda'(A; t)/\lambda(A, t) = \Psi(-t). \tag{5.8}$$

Diese Formeln bestimmen die Spuren der äußeren Potenzen aus den Spuren der Potenzen von A und umgekehrt. Ebenso kann man die folgenden Aussagen über symmetrische Polynome in die lineare Algebra übertragen. Die Formeln (4.13), (4.14) liefern für eine $(n \times n)$-Matrix A:

$$(5.9)\qquad \begin{aligned} \sum_{j=0}^{n}(-)^j\lambda_j(A)\Psi_{n+r-j}(A) &= 0 \text{ für } r \geq 0, \text{ mit } \psi_0 = n, \\ \sum_{j=0}^{k-1}(-)^j\lambda_j(A)\Psi_{k-j}(A) + (-)^k k\lambda_k(A) &= 0 \text{ für } k \leq n. \end{aligned}$$

Für die direkte Summe $A \oplus B$ von Matrizen, das ist die Matrix

$$A \oplus B = \begin{pmatrix} A & 0 \\ 0 & B \end{pmatrix},$$

liefert (4.11) die Formeln:

$$(5.10)\qquad \begin{aligned} \lambda(A \oplus B; t) &= \lambda(A; t) \cdot \lambda(B; t), \\ \Psi(A \oplus B; t) &= \Psi(A; t) + \Psi(B; t). \end{aligned}$$

Schließlich bilden wir im Polynomring $Z = R[x_1, x_2, \ldots]$ die Determinante

$$\det(1 + x_1 A + x_2 A^2 + \cdots) =: \sum_{\rho} x^\rho d_\rho(A).$$

Dann folgt aus (4.20):

$$(5.11)\qquad d_\rho(A \oplus B) = \sum_{\sigma+\tau=\rho} d_\sigma(A) \cdot d_\tau(B).$$

§6 Interpolation und der erste Zerlegungssatz

Einem Polynom $g(t) \in K[t]$ können wir nach gewohnten Formeln Ableitungen im Punkte $\lambda \in K$ zuordnen, ja man erhält formal (bei beliebigem Ring K) ein Taylorpolynom von g bei λ, das man auch wie folgt berechnen kann: Man setzt $y = t - \lambda$, also $t = y + \lambda$. Dies setzt man in g ein: $g(t) = g(y + \lambda) = h(y)$, ein Polynom in y durch Ordnung nach Potenzen von y. Dann ist also

$$g(t) = h(t - \lambda),$$

und h ist das Taylorpolynom von g bei λ.

Natürlich hängt h linear von g ab, die Substitution $g \mapsto h$ von $y + \lambda$ für t ist ein Ringisomorphismus des Polynomrings auf sich. Das Taylorpolynom vom Grad k entsteht aus h durch Weglassen der Terme höherer Ordnung. Ist $f(\lambda) \neq 0$, so ist

die Taylorreihe von $1/f$ bei λ die formale inverse Potenzreihe der Taylorreihe von f bei λ, jeweils als Reihen mit Variable $t - \lambda$. So kann man dann einer rationalen Funktion g/f an jeder Stelle λ eine Taylorreihe algebraisch zuordnen, wo $f(\lambda) \neq 0$, und man hat die üblichen Rechenregeln für diese Reihen.
Nun betrachten wir verschiedene Punkte $\lambda_1, \ldots, \lambda_m \in K$ und bilden das Polynom

$$(6.1) \qquad f(t) \;=\; (t-\lambda_1)^{n_1} \cdot \ldots \cdot (t-\lambda_m)^{n_m}, \quad n \;=\; n_1 + \ldots + n_m > 0.$$

Wir wollen sehen, wie die Division mit Rest mit der Taylorentwicklung zusammenhängt: Zwei Polynome g_1, g_2 lassen genau dann denselben Rest modulo f, wenn $g_1 - g_2$ den Rest 0 lässt, also durch f teilbar ist. Und g ist durch f teilbar, wenn es durch $(t - \lambda_j)^{n_j}$ teilbar ist, für $j = 1, \ldots, m$, also wenn es an den Stellen λ_j von der Ordnung n_j verschwindet, und das besagt, dass das Taylorpolynom vom Grad $n_j - 1$ von g bei λ_j verschwindet. Andererseits ist ein Polynom vom Grad kleiner n nur 0 modulo f, wenn es selbst verschwindet. Das können wir nun so formaler fassen: Wir haben den n-dimensionalen K-Vektorraum P der Polynome vom Grad höchstens $n - 1$, und den n-dimensionalen Vektorraum Q der m-Tupel von Taylorpolynomen vom Grad $n_j - 1$ bei λ_j, $j = 1, \ldots, m$, und die lineare Abbildung

$$j \;=\; j(\lambda_1, n_1; \ldots; \lambda_m, n_m) : \; P \to Q$$

die einem Polynom g seine Taylorpolynome bei $\lambda_1, \ldots, \lambda_m$ zuordnet. Wir haben festgestellt: Der Kern von j verschwindet, d.h.:

(6.2) Bemerkung. *Die Abbildung j ist ein Isomorphismus.*

Man kann also Taylorpolynome vom Grad $n_j - 1$ bei λ_j für $j = 1, \ldots, m$ vorgeben, und findet dann genau ein Polynom g vom Grad $n - 1$ mit diesen Vorgaben. Es heißt das Lagrange–Sylvestersche **Interpolationspolynom** für diese Vorgaben. Es gibt Formeln, es explizit hinzuschreiben. Eine für uns nützliche ist wie folgt. Sei

$$(6.3) \qquad g_j(t) \;=\; \prod_{k \neq j} (t - \lambda_k)^{n_k} \;=\; f(t)/(t - \lambda_j)^{n-j}.$$

Sei $p_j(t - \lambda_j)$ das an der Stelle λ_j vorgegebene Taylorpolynom und sei $q_j(t - \lambda_j)$ das Taylorpolynom vom Grad $n_j - 1$ von $p_j(t - \lambda_j)/g_j(t)$ bei λ_j. Weil $g_j(\lambda_j) \neq 0$ ist, kann man dieses Taylorpolynom einer rationalen Funktion in gewohnter Weise bilden. Dann ist das Interpolationspolynom

$$(6.4) \qquad q_1(t - \lambda_j) g_1(t) + \ldots + q_m(t - \lambda_j) g_m(t).$$

In der Tat: $q_j(t - \lambda_j) g_j(t)$ hat das Taylorpolynom $p_j(t - \lambda_j)$ bei λ_j, und weil g_k für $k \neq j$ verschwindendes Taylorpolynom vom Grad $n_j - 1$ bei λ_j hat, tragen die anderen Summanden zum Taylorpolynom bei λ_j nichts bei.

Über die Division mit Rest lehrt das Gesagte:

(6.5) Bemerkung. *Genau dann haben zwei Polynome gleichen Rest modulo f, wenn sie gleiche Taylorpolynome vom Grad $n_j - 1$ bei λ_j für $j = 1, \ldots, m$ haben.*

Auf die lineare Algebra wenden wir das wie folgt an: Wir betrachten einen K-Vektorraum V und einen Endomorphismus

$$\alpha : V \to V$$

mit Minimalpolynom f wie oben. Dann ist einem beliebigen Polynom $g \in K[t]$ der Endomorphismus $g(\alpha)$ zugeordnet, und man hat den Ringhomomorphismus

$$K[t] \to \mathrm{End}_K(V), \quad g \mapsto g(\alpha)$$

mit Bild $K[\alpha]$. Die Division mit Rest

$$g(t) \;=\; h(t) \cdot f(t) + \varphi(t), \quad \deg \varphi \leq n - 1,$$

zeigt $g(\alpha) = \varphi(\alpha)$, also $g(\alpha)$ hängt nur vom Divisionsrest φ ab, und $\varphi(\alpha) = 0 \iff \varphi = 0$, weil f das Minimalpolynom ist. Das oben Gesagte bedeutet also:

(6.6) Bemerkung. *Genau dann ist $g(\alpha) = \varphi(\alpha)$, wenn $g - \varphi$ auf dem Spektrum* $\mathrm{Spec}(\alpha) = \{\lambda_1, \ldots, \lambda_m\}$ *von mindestens derselben Ordnung wie f verschwindet. Der Ringhomomorphismus, der jedem $g \in K[t]$ das m-Tupel der Taylorpolynome von g jeweils vom Grad $n_j - 1$ in den λ_j zuordnet, induziert einen Isomorphismus von $K[\alpha]$ mit dem Ring dieser m-Tupel von Polynomen. Diese werden dabei komponentenweise addiert und multipliziert unter Weglassen von Termen höherer Ordnung als jeweils $n_j - 1$.*

Wenn alle Eigenwerte einfach sind, ist also $K[\alpha]$ auf diese Weise der Ring der K-wertigen Funktionen auf $\mathrm{Spec}(\alpha)$. Dem Polynom g also $g(\alpha)$ entspricht dabei die Funktion $g|\mathrm{Spec}(\alpha)$. Im Allgemeinen aber genügt es nicht, die Werte von g in den λ_j zu kennen, man muss auch die Werte der Ableitungen bis zur (n_j)-ten Ordnung vorgeben, um $g(\alpha)$ zu bestimmen.

Auf einen Enomorphismus α mit $f(\alpha) = 0$ lässt sich der erste Zerlegungssatz anwenden, also

$$V \;=\; \bigoplus_{j=1}^{m} V_j\,, \quad V_j \;=\; V(\lambda_j) \;=\; \ker(\alpha - \lambda_j)^{n_j}.$$

Wir möchten die Projektionen $pr_j : V \to V_j$ als Polynome in α explizit angeben. Dazu brauchen wir Polynome $a_j(t)$, $j = 1, \ldots, m$, so dass mit (6.3)

$$a_1(t)g_1(t) + \ldots + a_m(t)g_m(t) \;=\; 1. \tag{6.7}$$

Dann nämlich ist

$$pr_j \;=\; a_j(\alpha)g_j(\alpha) : \; V \to V_j \tag{6.8}$$

die gesuchte Projektion. In der Tat, dieses pr_j verschwindet auf V_k für $k \neq j$, weil da $g_j(\alpha)$ verschwindet, es enthält ja den Faktor $(\alpha - \lambda_k)^{n_k}$. Und auf V_j veschwinden demnach alle Summanden $a_k(\alpha)g_k(\alpha)$, $k \neq j$, von (6.7) mit $t = \alpha$, ausser dem j-ten, und dieser, $a_j(\alpha)g_j(\alpha)$, muss nach (6.7) somit die Identität auf V_j sein.
Es kommt also nur darauf an, die $a_j(t)$ anzugeben, und das haben wir in (6.4) schon geleistet: In (6.7) steht das Interpolationspolynom des konstanten Polynoms 1, also a_j ist das Taylorpolynom vom Grad $n_j - 1$ um λ_j von $1/g_j(t)$:

(6.9) $$a_j(t) \;=\; \sum_{k=0}^{n_j-1} \big(1/g_j(t)\big)^{[k]}_{t=\lambda_j} \cdot (t-\lambda_j)^k/k!.$$

Der Exponent $^{[k]}$ bezeichnet die k-te Ableitung.

§7 Der Quotientenkörper

Im Allgemeinen ist ein Integritätsring R noch kein Körper, wie es die Beispiele $\mathbb{Z}$ oder $K[x_1, \ldots, x_n]$ zeigen. Aber wie man $\mathbb{Z}$ in den rationalen Zahlkörper $\mathbb{Q}$ einbettet, kann man jeden Integriätsring R in einen Körper $Q(R)$ einbetten, indem man Brüche mit Zähler und Nenner in R einführt. Sei also R ein Integritätsring. Auf der Menge von Paaren $R \times (R \setminus \{0\})$ führt man die Äquivalenzrelation

(7.1) $$(a,b) \sim (a_1,b_1) :\Longleftrightarrow ab_1 \;=\; ba_1$$

ein, und bezeichnet die Äquivalenzklasse von $(a,b), b \neq 0$, mit a/b. Die Äquivalez-relation besagt also

$$a/b \;=\; a_1/b_1 \Longleftrightarrow ab_1 \;=\; ba_1.$$

Die Relation (7.1) ist offenbar symmetrisch und reflexiv (siehe I, (2.8)). Sie ist auch transitiv: Ist $(a,b) \sim (a_1,b_1) \sim (a_2,b_s)$, so $ab_1 = ba_1$, $a_1b_2 = b_1a_2$, also $ab_1b_2 = ba_1b_2 = bb_1a_2$, folglich, weil R integer ist, durch Kürzen, $ab_2 = ba_2$, das heißt $(a,b) \sim (a_2,b_2)$. Unsere Kenntnisse aus den ersten Schulklassen frischen wir nun auf in dem

(7.2) Satz. *Sei R ein Integritätsring und*

$$Q(R) \;=\; \big\{a/b \mid a,\; b \in R,\; b \neq 0\big\}.$$

Dann ist $Q(R)$ ein Körper, der **Quotientenkörper** *von R, mit der*
Addition: $a/b + a_1/b_1 := (ab_1 + ba_1)/bb_1$,
Multiplikation: $a/b \cdot a_1/b_1 := aa_1/bb_1$.
Man hat den kanonischen injektiven Ringhomomorphismus

$$\iota : \; R \to Q(R) \;, \quad a \mapsto a/1,$$

und fasst dadurch R als Teilring seines Quotientenkörpers $Q(R)$ auf. Diese Inklusion ι hat folgende **universelle Eigenschaft***:*
Ist K irgendein Körper und $f : R \to K$ ein injektiver Homomorphismus (Monomorphismus) von Ringen, so gibt es eine eindeutig bestimmte Faktorisierung von f über ι:

$$\begin{array}{ccc} R & \xrightarrow{\quad f \quad} & K \\ & {\scriptstyle\iota}\searrow \quad \nearrow{\scriptstyle\tilde{f}} & \\ & Q(R)\,, & \tilde{f}(a/b) := f(a)\cdot f(b)^{-1}. \end{array}$$

Beweis. Man muss nachrechnen, dass die Addition und Multiplikation wohldefiniert ist und die Körperaxiome erfüllt sind, und dass ι injektiv ist ($a/1 = b/1 \iff a = b$). In $Q(R)$ ist $a/b = ab^{-1}$, denn $a/b = a/1 \cdot 1/b$, und $b \cdot 1/b = b/1 \cdot 1/b = b/b = 1/1 = 1$, also $1/b = b^{-1}$. Daher ist $\tilde{f}$ nur so zu wählen wie angegeben, und dass dies wohldefiniert und ein Homomorphismus ist, liegt daran, dass die Relation (4.1) und die Definition der Addition und Multiplikation in $Q(R)$ bei Anwenden von f in gültige Regeln der Bruchrechnung in einem Körper übergehen. □

Beispiele. Der Ring $\mathbb{Z}$ der ganzen Zahlen hat den Quotientenkörper

$$Q(\mathbb{Z}) \;=\; \mathbb{Q}.$$

Der Polynomring $K[x]$ über einem Körper K hat als Quotientenkörper den Körper

$$K(x) \;:=\; Q(K[x])$$

der **rationalen Funktionen**. Eine rationale Funktion schreibt sich als Bruch $f(x)/g(x)$, $f, g \in K[x]$, $g \neq 0$. Sie ist im allgemeinen nicht auf ganz K eine wohldefinierte Funktion, nämlich dort nicht, wo $g(x)$ verschwindet.
Ist R ein Integritätsring, so ist

$$Q(R[x]) \;=\; Q(R)(x).$$

Sind nämlich rechts die Koeffizienten der Polynome f, g in f/g nicht ganz, sondern Brüche von Elementen aus R, so kann man das Ganze mit dem Produkt der auftretenden Nenner erweitern, und kriegt einen äquivalenten Bruch mit Zähler und Nenner in $R[x]$.
Entsprechend hat man den rationalen Funktionenkörper in mehreren Unbestimmten

$$K(x_1, \ldots, x_n) \;:=\; Q(K[x_1, \ldots, x_n]).$$

Aus (7.2) und (2.12) zusammen ergibt sich:

(7.3) Notiz. *Sei R ein Integritäsring und $f \in R[x]$ ein nicht konstantes Polynom. Dann gibt es einen Körper L und eine Einbettung $R \overset{\subset}{\to} L$ von R als Teilring von L, so dass f in $L[x]$ in Linearfaktoren zerfällt.*

Ist K ein Körper der Charakteristik $ch(K) = 0$, so hat man die kanonische Einbettung $\mathbb{Z} \overset{\subseteq}{\rightarrow} K$, und nach (7.2) eine dadurch bestimmte Einbettung

$$(7.4) \qquad \kappa : \mathbb{Q} \overset{\subseteq}{\rightarrow} K.$$

Also ist K ein Vektorraum über $\mathbb{Q}$. Dieser Unterkörper $\kappa(\mathbb{Q})$ heißt dann der **Primkörper** von K. In jedem Fall ist der Primkörper $\mathbb{Z}/p$ bzw. $\mathbb{Q}$ für $\mathrm{ch}(K) = p$ bzw. $\mathrm{ch}(K) = 0$ jeweils der kleinste Teilkörper von K.
Natürlich kann ein unendlicher Körper endliche Charakteristik haben, wie zum Beispiel $(\mathbb{Z}/p)(x)$.

§8 Moduln

Sei R ein (nicht notwendig kommutativer) Ring mit 1.

(8.1) Definition. *Ein* **Modul** *(genauer:* **Linksmodul***)* M **über** R *besteht aus einer additiven abelschen Gruppe* $(M, +)$*, zusammen mit einer* **Linksoperation des Ringes** R *auf* M*. Das ist eine Abbildung*

$$\Phi : R \times M \to M, \quad (x, m) \mapsto \Phi(x, m) =: xm,$$

so dass für alle $x, y \in R$, $m, n \in M$ *gilt:*

(i) $(x + y)m = xm + ym, \quad 0m = 0.$

(ii) $(xy)m = x(ym), \quad 1m = m.$

(iii) $x(m + n) = xm + yn.$

Ein **Homomorphismus** $f : M \to N$ von R-Moduln ist ein Homomorphismus der zugrundeliegenden abelschen Gruppen, so dass $f(xm) = xf(m)$ für alle $x \in R$, $m \in M$. Sei $\mathrm{Hom}_R(M, N)$ die abelsche Gruppe der R-Modulhomomorphismen vom M nach N.

Man ist versucht zu sagen: Ein Modul ist ein Vektorraum über einem Ring, aber richtig ist: Ein Vektorraum ist ein Modul über einem Körper. Das liefert schon viele Beispiele.

Beispiele:
(8.2) Jede abelsche Gruppe M ist auf eindeutig bestimmte Weise ein $\mathbb{Z}$-Modul, mit der Operation

$$\mathbb{Z} \times M \to M, \quad (q, m) \mapsto q \cdot m.$$

Ist M die abelsche Gruppe, und gibt es ein $q \in \mathbb{Z}$, $q > 0$, so dass $qm = 0$ für alle m, so induziert die Operation (8.2) eine Operation $\mathbb{Z}/q \times M \to M$ und M wird ein $\mathbb{Z}/q$-Modul. Das ergibt sich stets, wenn M endlich ist. Ist dabei q eine Primzahl, so wird M ein Vektorraum über $\mathbb{Z}/q$.

Ist V ein Vektorraum über K und $R = \mathrm{End}_K(V)$, so wird V ein R-Modul durch die kanonische Operation

$$R \times V \to V, \quad (\alpha, v) \mapsto \alpha(v). \tag{8.3}$$

So wird insbesondere K^n ein Modul über dem Matrizenring $M(n \times n, K)$. Das eben bringt uns darauf, Moduln zu betrachten.

(8.4) Sei V wie in (8.3) und α ein fest gewählter Endomorphismus von V, dann ist V ein Modul über dem Polynomring $K[x]$ durch die Operation

$$K[x] \times V \to V, \quad (f, v) \mapsto f(\alpha)(v).$$

Dies ist die Struktur von V als α-Modul, die wir schon betrachtet haben; die Wahl von α macht V zu einem Modul über einem Hauptidealring, nämlich $K[x]$. Die Struktur von Moduln über Hauptidealringen kann man gut beschreiben, (11.6). Diese Beschreibung ist der eigentliche Gehalt der Jordanschen Normalform.

Sei M ein Modul über R, und sei $\mathrm{End}(M)$ der Ring der Endomorphismen der additiven Gruppe $(M, +)$. Wie bei Gruppenoperationen entspricht der Operation $R \times M \to M$ ein **adjungierter** Homomorphismus von Ringen mit 1

$$\varphi: \; R \to \mathrm{End}(M), \quad \varphi(x): \; m \mapsto xm. \tag{8.5}$$

Dass φ nach $\mathrm{End}(M)$ führt, steht in (8.1, (iii)), dass φ ein Homomorphismus von Ringen mit 1 ist, in (i,ii). Umgekehrt wird eine abelsche Gruppe M durch einen Ringhomomorphismus $\varphi : R \to \mathrm{End}(M)$ zu einem R-Modul mit Operation $\Phi(x, m) := \varphi(x)(m)$.

Analog zu Linksmoduln definiert man auch **Rechtsmoduln** $M \times R \to M$, $m(xy) = (mx)y \ldots$. Im Allgemeinen ist das wirklich etwas anderes als ein Linksmodul, und man kann nicht wie bei Gruppen die Operation durch Übergang zum Inversen auf die andere Seite schaffen. Allerdings, wenn der Ring kommutativ ist, ist kein Unterschied zwischen Rechts- und Linksmoduln. Und ist $R = M(n \times n, K)$ ein Matrizenring, so hat man die Transposition ${}^tA$ mit ${}^t(AB) = {}^tB\,{}^tA$, und kann aus einem Linksmodul V den Rechtsmodul

$$V \times R \to V, \quad (v, A) \mapsto {}^tAv$$

machen, und umgekehrt analog. Ähnlich gehts mit der adjungierten Matrix ${}^*A$ im Komplexen.
Der Ring R ist durch die Multiplikation ein R-Modul. Der Endomorphismus $[a]$ des R-Moduls R, der 1 auf a abbildet, bildet $x = x \cdot 1$ auf xa ab, ist also durch Rechtsmultiplikation mit a gegeben

$$[a]: \; R \to R, \quad x \mapsto xa.$$

Dann ist $[a] \circ [b](x) = [a](xb) = xba = [ba](x)$, also hat man die Bijektion

$$R \to \mathrm{End}_R(R), \quad a \mapsto [a] \,,$$
$$[a+b] \;=\; [a]+[b], \quad [a \cdot b] \;=\; [b] \cdot [a].$$

Man nennt den Ring, der als additive Gruppe gleich R ist, aber die Multiplikation $a \circ b := ba$ (Multiplikation in R) hat, den **Gegenring** R^{op} von R. Also haben wir den kanonischen Isomorphismus

$$R^{op} \to \mathrm{End}_R(R), \quad a \mapsto [a], \tag{8.6}$$

und identifizieren so diese Ringe. Ein R-Linksmodul ist ein R^{op}-Rechtsmodul und umgekehrt.
Wie bei abelschen Gruppen hat man **Untermoduln** U eines R-Moduls M, das sind Untergruppen $U \subset M$ mit $RU \subset U$, und bildet den **Faktormodul** M/U. Hat man eine Familie $(M_j, j \in J)$ von R-Moduln, so ist ihr **direktes Produkt** der Modul

$$\prod_{j \in J} M_j \;=\; \{(m_j | j \in J) \mid m_j \in M_j\}. \tag{8.7}$$

Ein Homomorphismus $X \to \prod_j M_j$ von R-Moduln hat die Gestalt $x \mapsto (f_j(x) \mid j \in J)$ mit Homomorphismen $f_j : X \to M_j$, also hat man einen kanonischen Isomorphismus

$$\mathrm{Hom}_R(X, \prod_j M_j) \xrightarrow{=} \prod_j \mathrm{Hom}_R(X, M_j), \quad f \mapsto (f_j \mid j \in J). \tag{8.8}$$

Die **direkte Summe** $\coprod_{j \in J} M_j$ ist der Untermodul des direkten Produkts, der aus den Familien $(m_j \mid j \in J)$ besteht, für die $m_j = 0$ für fast alle $j \in J$. Man hat die kanonische Inklusion $i_\nu : M_\nu \to \coprod_j M_j$, die m auf die Familie $(m_j \mid j \in J)$ mit $m_j = 0$ für $j \neq \nu$, und $m_\nu = m$ abbildet. Jedes Element der direkten Summe schreibt sich dann eindeutig als

$$(m_j | j \in J) \;=\; \sum_{j \in J} i_j(m_j), \quad m_j \in M_j, \quad m_j = 0 \quad \text{für fast alle} \quad j.$$

Man hat folglich den kanonischen Isomorphismus

$$\mathrm{Hom}_R(\coprod_{j \in J} M_j, X) \xrightarrow{=} \prod_{j \in J} \mathrm{Hom}_R(M_j, X), \quad f \mapsto (f_j \mid j \in J), \tag{8.9}$$

mit $f_j = f \circ i_j$, nämlich $f(m_j \mid j \in J) = \sum_j f_j(m_j)$. Hat man also endliche Indexsysteme $I = \{1, \ldots, n\}$, $J = \{1, \ldots, k\}$, so ist die direkte Summe und das direkte Produkt dasselbe, man schreibt dafür $\bigoplus_{j=1}^k M_j$, und ein Homomorphismus

$$f : \bigoplus_{j=1}^{k} M_j \to \bigoplus_{j=1}^{n} M_i$$

ist durch eine $(n \times k)$-Matrix $(f_{ij}), f_{ij} : M_j \to M_i$, gegeben, mit

$$(8.10) \qquad (f_{ij}) : \begin{pmatrix} x_1 \\ \vdots \\ x_k \end{pmatrix} \mapsto \begin{pmatrix} y_1 \\ \vdots \\ y_n \end{pmatrix}, \; y_i = \sum_{j=1}^{k} f_{ij}(x_j) .$$

Ist der Modul M_i, M_j immer derselbe M, so liegen die Koeffizienten f_{ij} in dem Ring End(M), und überhaupt, wenn M ein R-Modul ist, so ist $M^n = \bigoplus_{j=1}^n M_j$, mit $M_j = M$, ein Modul über dem Ring $M(n \times n, R)$ der Matrizen mit Koeffizienten in R; die Ringstruktur und die Modulstruktur nach den von Körpern und Vektorräumen gewohnten Formeln.

Das bringt uns auf die Frage, wieviel von der Theorie der Matrizen über Körpern sich auf Matrizen über Ringen übertragen lässt. Bei kommutativen Ringen bleibt da viel übrig, und die allgemeinen Sätze über geeignete Ringe bringen wieder nützliche Einsichten über Vektorräume.

Wir beschließen diesen Abschnitt damit, die folgende auch für Körper interessante Frage zu beantworten: Sei R ein Ring und $R(n)$ der Ring der $(n \times n)$-Matrizen mit Koeffizienten in R. Was gibt es für Moduln über $R(n)$? Nun, man hat den Funktor (n), der jedem R-Modul V den $R(n)$-Modul $V^n = V \oplus \ldots \oplus V$ und jedem R-Modulhomomorphismus $f : V \to W$ den $R(n)$-Modulhomomorphismus

$$f^n : V^n \to W^n, \quad (v_1, \ldots, v_n) \mapsto \big(f(v_1), \ldots, f(v_n)\big)$$

zuordnet. Wir wollen zeigen, dass es — recht verstanden — keine anderen $R(n)$-Moduln und $R(n)$-Modulhomomorphismen gibt.

Sei $P_i \in R(n)$ die Matrix, deren i-te Spalte der i-te Einheitsvektor ist, und deren übrige Spalten verschwinden, und sei Q die Matrix der Transformation $e_1 \mapsto e_2 \mapsto \ldots \mapsto e_n \mapsto e_1$. Dann gilt:

$$(8.11) \qquad \begin{aligned} P_i^2 &= P_i, \quad P_iP_j = 0 \quad \text{für} \quad i \neq j, \quad \sum_{i=1}^{n} P_i = E, \\ Q^iP_1 &= P_{i+1}Q^i. \end{aligned}$$

Nun, wenn M ein $R(n)$-Modul ist, so ist P_iM ein R-Modul durch die Operation $xm = (x \cdot E)m$ für $x \in R$. Man hat den Isomorphismus von R-Moduln

$$p : M \to \bigoplus_{i=1}^{n} P_iM, \quad m \mapsto (P_1m, \ldots, P_nm).$$

Dieser Homomorphismus ist injektiv, wegen $\sum P_i = E$; er ist surjektiv, denn ist $m_i \in M$, also $(P_1m_1, \ldots, P_nm_n) = y$ ein Element rechts, so ist $p(P_1m_1 + \ldots + P_nm_n) = y$ wegen $P_i^2 = P_i$, $P_iP_j = 0$ für $i \neq j$. Andererseits ist (Multiplikation mit) $Q : M \to M$ ein Isomorphismus von R-Moduln, nämlich $Q^{-1} \in R(n)$, und das Diagramm

$$\begin{array}{ccc} M & \xrightarrow[Q^i]{} & M \\ {\scriptstyle P_1}\downarrow & & \downarrow{\scriptstyle P_{i+1}} \\ M & \xrightarrow[Q^i]{} & M \end{array}$$

zeigt: Man hat den Isomorphismus $Q^i : P_1M \cong P_{i+1}M$. Zusammen erhält man also den Isomorphismus

$$\kappa : \ (P_1M)^n \xrightarrow[(id,Q,\ldots,Q^{n-1})]{} P_1M \oplus \ldots \oplus P_nM \xrightarrow[p^{-1}]{} M.$$

Ist $\varphi : M \to N$ ein Homomorphismus von $R(n)$-Moduln, so $\varphi \circ P_1 = P_1 \circ \varphi$, also hat man einen induzierten Homomorphismus $P_1(\varphi) : P_1M \to P_1N$. So erhält man jetzt einen Funktor P_1, der jedem $R(n)$ Modul M den R-Modul $V = P_1M$ zuordnet, und jedem $R(n)$-Modulhomomorphismus φ den R-Modulhomomorphismus $P_1(\varphi) := \varphi|P_1M$. Weil φ auch mit Q^i vertauschbar ist, hat man ein kommutatives Diagramm

$$\begin{array}{ccc} P_1M & \xrightarrow[Q^i]{} & P_{i+1}M \\ {\scriptstyle \varphi}\downarrow & & \downarrow{\scriptstyle \varphi} \\ P_1N & \xrightarrow[Q^i]{} & P_{i+1}N \end{array} ,$$

und daher ist das Diagramm

$$\begin{array}{ccc} M & \xrightarrow{\kappa^{-1}} & (P_1M)^n \\ {\scriptstyle \varphi}\downarrow & & \downarrow{\scriptstyle (P_1\varphi)^n} \\ N & \xrightarrow[\kappa^{-1}]{} & (P_1N)^n \end{array}$$

kommutativ. Damit haben wir nun zusammen, was wir sagen wollen, nämlich: Jedem R-Modul V ordnen wir den $R(n)$-Modul V^n, jedem R-Modulhomomorphismus f ordnen wir f^n zu, und umgekehrt jedem $R(n)$-Modul und Homomorphismus M, φ den R-Modul und Homomorphismus P_1M, $P_1(\varphi)$. Und hin und her landet man, woher man gekommen ist: Von V mit (n) nach V^n und mit P_1 wieder nach V, wenn man V mit dem ersten Summanden $V \oplus 0 \oplus \ldots \oplus 0$ von V^n identifiziert. Entsprechend von f nach $P_1(f^n) = f$. Ebenso von M mit P_1 nach $P_1(M)$ und mit (n) nach $P_1(M)^n$ was durch κ isomorph zu M ist, und von φ nach $\big(P_1(\varphi)\big)^n$, was durch die κ's in φ transformiert wird. Man spricht das Gesagte so aus:

(8.12) Satz. *Die Kategorie der R-Moduln ist äquivalent zur Kategorie der $R(n)$-Moduln. Die Funktoren (n) und P_1 sind zueinander inverse Äquivalenzen.* □

Alles was man über R-Moduln mit Pfeilen und Diagrammen ausdrücken kann, überträgt sich durch die Äquivalenz auf $R(n)$-Moduln. Zum Beispiel, wenn $R = K$ ein Körper ist, zerfällt jeder K-Modul in eine direkte Summe $V \cong \bigoplus_{j=1}^{m} K$, also jeder $K(n)$-Modul in die direkte Summe $M \cong \bigoplus_{j=1}^{m} K^n$.

(8.13) Beispiel. Betrachte den Ring $R(n)$ selbst als $R(n)$-Linksmodul. Er enthält die Untermoduln (Linksideale) $\mathbf{a}_i, i = 1, \ldots, n$. wobei $\mathbf{a}_i$ der Untermodul der Matrizen ist, deren sämtliche Spalten bis auf die i-te verschwinden. Dann ist $\mathbf{a}_i \cong R^n$ als R-Modul, mit der Standardoperation von $R(n)$ und als $R(n)$-Modul ist

$$R(n) = \bigoplus_{i=1}^{n} \mathbf{a}_i.$$

§9 Matrizen über Ringen

Wir sind im vorigen Abschnitt dazu gekommen, Matrizen $A = (a_{ij})$ mit Koeffizienten a_{ij} in einem Ring R zu betrachten. Nun wollen wir, soweit möglich, die Matrizentheorie von Körpern auf Ringe übertragen. Das wird auch umgekehrt neue Einsichten über Matrizen mit Koeffizienten in einem Körper bringen.

Für einen nicht kommutativen Ring ist da nicht viel zu sagen, natürlich gelten die Definitionen und Rechenregeln für die Addition und Multiplikation unverändert, und $R(n) := M(n \times n, R)$ ist ein Ring. Wie Matrizen zu multiplizieren sind haben wir bei den Quaternionen besprochen (IX, §4). Aber die Theorie der Determinanten geht nur für kommutative Ringe.

Sei also jetzt R ein kommutativer Ring mit 1. Man definiert die Determinante einer Matrix A mit Koeffizienten in R durch die Leibnizsche Formel

$$\text{(9.1)} \qquad \det A = \sum_{\sigma \in S(n)} \operatorname{sig}(\sigma) a_{1\sigma(1)} \cdot \ldots \cdot a_{n\sigma(n)}.$$

Beachte, dass $\det(A) = \det(a_{ij} \mid i,j = 1, \ldots, n)$ ein Polynom der Koeffizienten von A ist, also definiert (7.1) ein Element im Polynomring $\mathbb{Z}[a_{ij} \mid i,j = 1, \ldots, n]$ in den Unbestimmten a_{ij}. Die Formeln der linearen Algebra, wie z.B. der Satz von Hamilton–Cayley $\chi_A(A) = 0$, laufen nun darauf hinaus, dass gewisse, meist mit Hilfe von Determinanten gebildete Polynome in den Koeffizienten der auftretenden Matrizen stets verschwinden; so ist $\chi_A(t)$ ein Polynom in dem Ring $\mathbb{Z}[t, a_{ij} \mid i,j = 1, \ldots, n]$ und $\chi_A(A)$ ist eine Matrix von Polynomen in $\mathbb{Z}[a_{ij} \mid i,j = 1, \ldots, n]$. Wir wissen, dass diese Matrix stets verschwindet, wenn die Unbestimmten a_{ij} durch Elemente α_{ij} eines Körpers ersetzt werden, so dass das charakteristische Polynom der zugehörigen Matrix (α_{ij}) in Linearfaktoren zerfällt. Durch eine einfache Überlegung befreien wir uns jetzt von diesen Voraussetzungen.

(9.2) Satz. *Seien $f, g \in \mathbb{Z}[a_{ij}, b_{k\ell}, \ldots] =: Z$ Polynome in endlich vielen Unbestimmten $a_{ij}, b_{k\ell}, \ldots$, mit $i = 1, \ldots, n$, $j = 1, \ldots, m, \ldots$; sei $g \neq 0$, und es gelte $f(\alpha_{ij}, \beta_{k\ell}, \ldots) = 0$ immer, wenn folgende speziellen Voraussetzungen erfüllt sind: Die $\alpha_{ij}, \beta_{k\ell}, \ldots$ liegen in einem algebraisch abgeschlossenen Körper K der Charakteristik 0, und in K ist $g(\alpha_{ij}, \beta_{k\ell}, \ldots) \neq 0$.*
Dann ist f das Nullpolynom, also $f(\alpha_{ij}, \beta_{k\ell}, \ldots) = 0$ für beliebige $\alpha_{ij}, \beta_{k\ell}, \ldots$ in einem kommutativen Ring R mit 1.

Beweis. Wir wollen zeigen: $f = 0$ in Z. Wir betten diesen Ring zunächst in seinen Quotientenkörper $Q = \mathbb{Q}(a_{ij}, b_{k\ell}, \ldots)$ ein, und diesen dann in einen algebraisch abgeschlossenen Körper K. Es genügt tatsächlich immer ein Körper K, in dem bestimmte endlich viele Polynome, die einem gerade genehm sind, in Linearfaktoren zerfallen, siehe (4.3). Nun ist $f = 0$ in Z genau dann, wenn f als Element von K verschwindet, und entsprechend für g. Nach Voraussetzung ist $f \cdot g = 0$ in K, also $f \cdot g = 0$ in Z, und $g \neq 0$, folglich $f = 0$. □

In unseren Anwendungen ist $f = 0$ eine Formel der Matrizenrechnung wie $\chi_A(A) = 0$. Dies sind eigentlich n^2 polynomiale Gleichungen, aber man kann den Satz auf alle Koeffizienten von $\chi_A(A)$ anwenden. Der Satz lehrt, dass diese Formel für beliebige Matrizen über einem kommutativen Ring R mit 1 gilt, denn sie gilt, wenn A eine quadratische Matrix A über einem Körper K ist, deren charakteristisches Polynom in $K[t]$ in Linearfaktoren zerfällt. Tatsächlich macht uns der Satz den Beweis noch einfacher: Wir dürfen noch ein Polynom $g \neq 0$ aus Z wählen, und brauchen den Satz nur für solche Matrizen A über Körpern zu beweisen, wo $g(a_{ij}, \ldots) \neq 0$ ist. Man kann z.B. $g = \det(a_{ij})$ wählen, dies ist nicht das Nullpolynom, sonst wäre jede Determinante 0. Man kann für g die Diskriminante des charakteristischen Polynoms von (a_{ij}) wählen, also verlangen, das $\chi_A(t)$ lauter verschiedene Wurzeln hat — dann ist der Satz von Hamilton–Cayley ganz trivial zu verifizieren. Auch die Diskriminante von $\chi_A(t)$ für die allgemeine Matrix $A = (a_{ij})$ über K verschwindet nicht, weil sonst jede quadratische Matrix der entsprechenden Zeilenzahl mehrfache Wurzeln hätte. Man kann voraussetzen, dass alle Koeffizienten von $\chi_A(t)$ nicht verschwinden, dass sie untereinander verschieden sind ..., was einem so bequem zum Beweis der Formel sein mag, und man kann endlich viele solche Bedingungen zugleich stellen, man multipliziere nur die entsprechenden g's. Oft ist es bequem, das Polynom g erst nach und nach im Verlaufe einer Überlegung oder eines Beweises festzulegen. Man nennt dann die Matrizen $A, B, \ldots$, auf deren Koeffizienten g nicht verschwindet, **generisch**. Die Voraussetzung, dass $A, B, \ldots$ generisch sind, steckt dann oft in der Formulierung: Wir dürfen annehmen (oBdA) .... Der Satz sagt also: Verschwindet ein Polynom $f(a_{ij}, b_{k\ell}, \ldots)$, wenn man für die Unbestimmten die Koeffizienten generischer Matrizen A, B über einem algebraisch abgeschlossenen Körper K einsetzt, so ist f das Nullpolynom.

Sei jetzt R ein kommutativer Ring mit 1. Alle folgenden Formeln werden für beliebige Matrizen mit Koeffizienten in R behauptet.

(9.3) Satz *von Hamilton–Cayley.* $\chi_A(A) = 0$.

Wir definieren die Adjunkte $\widetilde{A}$ einer quadratischen Matrix A durch die gewohnte Formel $\widetilde{A} = (\tilde{a}_{ij})$, $\tilde{a}_{ij} := (-)^{i+j}|A_{ji}|$, siehe III, (3.3).

(9.4) Cramersche Regel. $\widetilde{A} \cdot A = A \cdot \widetilde{A} = \det(A) \cdot E$.

Zusammen mit der Produktformel

$$\det(AB) = \det(A) \cdot \det(B) \tag{9.5}$$

für $(n \times n)$-Matrizen ergibt sich die

(9.6) Folgerung. *Eine* $(n \times n)$*-Matrix* A *ist genau dann invertierbar, wenn* $\det(A) \in R^*$, *und in diesem Fall ist*

$$A^{-1} = \det(A)^{-1}\widetilde{A}.$$

All dies folgt aus (9.2), und wir brauchen nun nicht jede einzelne Formel zu wiederholen, man sieht schon wie es geht. Aber es fällt uns auch Neues zu:

(9.7) Bemerkung. *Für* $A, B \in R(n)$ *ist* $\chi_{AB}(t) = \chi_{BA}(t)$.

Beweis. Ist R ein Körper und B regulär, so ist $\chi_{BAB^{-1}}(t) = \det(tE - BAB^{-1}) = \det B(tE-A)B^{-1} = \det B \cdot \det(tE-A) \cdot \det(B^{-1}) = \det(tE-A) = \chi_A(t)$. Ersetzt man A durch AB, so ergibt sich in diesem Fall die Behauptung, und sie folgt daher nach (8.2) allgemein. □

(9.8) Satz. *Seien* $A, B \in R(n)$ *quadratische Matrizen, und* $\widetilde{A}$ *bezeichne die Adjunkte von* A. *Dann gilt:*

(i) $(AB)^{\sim} = \widetilde{B}\widetilde{A}$.

(ii) *Ist* B *invertierbar, so ist* $(BAB^{-1})^{\sim} = B\widetilde{A}B^{-1}$.

(iii) *Ist* A *invertierbar, so ist* $(A^{-1})^{\sim} = (\widetilde{A})^{-1}A = \det(A)^{-1}A$.

(iv) $({}^tA)^{\sim} = {}^t(\widetilde{A})$.

(v) *Sei* $\chi_A(t) = t^n + c_{n-1}t^{n-1} + \ldots \pm \det(A) = \mp\big(tg_A(t) - \det(A)\big)$. *Dann ist* $\widetilde{A} = g_A(A) \in R[A]$.

(vi) *Für Endomorphismen eines unitären Raumes gilt* ${}^*(\widetilde{A}) = ({}^*A)^{\sim}$.

Beweis. Alle Formeln sind leicht zu verifizieren, wenn R ein Körper ist, und die Matrizen regulär sind; man ersetzt in diesem Fall $\widetilde{A}$ durch $\det(A) \cdot A^{-1}$. Formel (v) folgt dann aus (8.3), weil $A \cdot g_A(A) = \det(A) \cdot E = A \cdot \widetilde{A}$. Formeln (i), (iv) haben schon polynomiale Gestalt, und folgen allgemein nach (8.2). Formel (ii) ist für invertierbares B äquivalent zu der polynomialen Formel $(BA)^{\sim}B = B(AB)^{\sim}$, ersetze A durch AB in (ii). Letztere Formel folgt aus (i), weil $\widetilde{B}B = B\widetilde{B} = \det(B)E$ mit $\widetilde{A}$ vertauschbar ist. Zu (iii): $(A^{-1})^{\sim} \cdot \widetilde{A} = (A \cdot A^{-1})^{\sim} = \widetilde{E} = E$. (vi) folgt aus (iv) oder aus (v). □

Übrigens setzt man passend $\widetilde{A} = 1$, wenn $A \in R(1)$.

(9.9) Satz. *Sei A eine quadratische Matrix über R und $g \in R[t]$. In einer Ringerweiterung $R \subset S$ sei $\chi_A(t) = (t - \lambda_1) \cdot \ldots \cdot (t - \lambda_n)$. Dann ist*
$\chi_{g(A)}(t) = \big(t - g(\lambda_1)\big) \cdot \ldots \cdot \big(t - g(\lambda_n)\big)$.

Beweis. In der Bezeichnung von (3.9) heißt das

$$\chi_{g(A)} = (\chi_A)_g.$$

Dies ist nach (3.9) für jeden Koeffizienten eine Gleichung zwischen Polynomen in den Unbestimmten a_{ij} und den Koeffizienten von g. Wir brauchen sie nach (8.2) nur in dem Falle zu zeigen, dass A eine diagonalisierbare Matrix über einem Körper ist, und da ist die Behauptung trivial, vergleiche V, (1.13). □

Nun eine Anwendung auf Matrizengleichungen. Es gibt einen alten (und falschen!) Scherzbeweis des Satzes von Hamilton–Cayley. Man sagt: $\chi_A(t) = \det(tE - A)$. Setzt man A für t ein, so steht da $\chi_A(A) = \det(AE - A) = \det(A - A) = \det(0)! \ldots ??$ — Nun, das doch nicht, denn wenn man in tE das t durch A ersetzt, so steht nicht A da, sondern

$$\begin{pmatrix} A & & & \\ & A & & \\ & & \ddots & \\ & & & A \end{pmatrix}.$$

Aber doch kann man an diesem Unsinn etwas rechtfertigen, wie wir jetzt zeigen. Sei K ein kommutativer Ring mit 1 und V ein K-Modul. Wir betrachten den K-Modul

$$H^n := \mathrm{Hom}_K(V, K^n).$$

Hierauf operiert $\mathrm{End}_K(V)$ von rechts und der Matrizenring $K(n) = \mathrm{End}_K(K^n)$ von links, durch

$$(A, B, X) \mapsto A \circ B \circ X, \quad A \in K(n), \quad B \in H^n, \quad X \in \mathrm{End}_K(V).$$

Seien nun $X_0, \ldots, X_m$ miteinander vertauschbare Elemente von $\mathrm{End}_K(V)$. Dann wird H^n zu einem **Links**modul über dem Polynomring

$$R = K[x_0, \ldots, x_m]$$

dadurch, dass x_j durch **Rechts**multiplikation mit X_j auf H^n operiert. Als solcher R-Modul zerfällt H^n in die direkte Summe

$$H^n = \bigoplus_{j=1}^{n} H, \quad H := \mathrm{Hom}_K(V, K).$$

Sind nun $A_0, \ldots, A_m \in K(n)$ irgendwelche Matrizen, so hat man die Matrix

$$A := A_0 x_0 + \ldots + A_m x_m \in R(n).$$

Weil H ein R-Modul ist, ist H^n ein $R(n)$-Modul wie gewohnt, und zwar operiert die Matrix $A \in R(n)$ auf $B \in H^n$ durch

$$B \mapsto A_0 B X_0 + \ldots + A_m B X_m.$$

(9.10) Satz. *Seien* $A_j \in \mathrm{End}_K(V)$ *und seien* $X_j \in K(n)$ *vertauschbar* $(j = 1, \ldots, m)$*; sei* $B \in \mathrm{Hom}_K(V, K^n)$*, und gelte*

$$A_0 B X_0 + \ldots + A_m B X_m = 0.$$

Ist dann $g(x_0, \ldots, x_m) := \det(A_0 x_0 + \ldots + A_m x_m) \in K[x_0, \ldots, x_m]$*, so gilt*

$$B \cdot g(X_0, \ldots, X_m) = 0.$$

Beweis. Dies folgt aus Cramers Regel: Sei $\widetilde{A} \in R(n)$ die Adjunkte der obigen Matrix A, dann ist $\widetilde{A} \cdot A = g(x_0, \ldots, x_m) \cdot E$ in $R(n)$. Die Voraussetzung ergibt $A(B) = 0$ im $R(n)$-Modul H. Die Behauptung sagt $g(x_0, \ldots, x_m) \cdot B = 0$ im $R(n)$-Modul H. □

(9.11) Folgerung. *Seien* $A_j, X_j \in K(n)$*, und die* X_j *seien vertauschbar* $(j = 1, \ldots, m)$*. Sei*

$$g(x_0, \ldots, x_m) := \det(A_0 x_0 + \ldots + A_m x_m) \in K[x_0, \ldots, x_m].$$

Ist dann $A_0 X_0 + \ldots + A_m X_m = 0$*, so gilt* $g(X_0, \ldots, X_m) = 0$.

Beweis. Wähle $B = E$, die Einheitsmatrix, in (6.10). □

Ist $X \in K(n)$ eine beliebige quadratische Matrix, so kann man $X_j = X^j$ wählen und erhält:

(9.12) Folgerung. *Sei* $A_0 + A_1 X + \ldots + A_m X^m = 0$ *und* $g(x) := \det(A_0 + A_1 x \ldots + A_m x^m) \in K[x]$*. Dann ist* $g(X) = 0$.

Wählt man hier $A_0 = -A$, $A_1 = E$, $X = A$, so ergibt sich der Satz von Hamilton–Cayley, und zwar mit dem nunmehr gerechtfertigten Argument: Weil $xE - A$ auf 0 geht, wenn man x durch A ersetzt, geht auch $\det(xE - A) \in K[x]$ auf 0, wenn man x durch A ersetzt.

§10 Hauptidealringe

Ein **Hauptidealring** ist ein Integritätsring, in dem jedes Ideal ein Hauptideal, also von einem Element erzeugt ist. Beispiele:

(10.1) Satz. *Der Ring $\mathbb{Z}$ und der Polynomring $K[x]$ in einer Unbestimmten über einem Körper K, sowie der Potenzreihenring $K[[x]]$ sind Hauptidealringe.*

Beweis. Das macht der Euklidische Algorithmus: Sei $\mathbf{a} \subset K[x]$ ein Ideal und $f \in \mathbf{a}$ ein Polynom ungleich 0 von minimalem Grad. Ist dann auch $g \in \mathbf{a}$, so haben wir eine Division

$$g \;=\; h \cdot f + r, \quad \deg r < \deg f,$$

und weil $f, g \in \mathbf{a}$, folgt $r \in \mathbf{a}$, also $r = 0$, weil f minimalen Grades gewählt ist. Daher ist $\mathbf{a} = (f)$ das von f erzeugte Hauptideal. Ebenso geht es für die anderen Ringe, in $K[[x]]$ gibt es nur die Ideale (x^n), $n \in \mathbb{N}_0$. □

Man braucht nun für die allgemeinen Sätze nicht mehr auf die Division mit Rest zurückkommen, sondern kann alles mit Idealen sagen und die Eigenschaft benutzen, dass der betrachtete Ring R ein Hauptidealring ist.
Sei R ein Hauptidealring und $x, a \in R$ beide nicht Null. Dann ist das von beiden zusammen erzeugte Ideal (x, y) auch von einem Element d erzeugt, was bis auf eine Einheit als Faktor eindeutig bestimmt ist, also

$$(d) \;=\; (x, y),$$

und daher teilt d die Elemente x, y, und stellt sich in der Form

$$d \;=\; h \cdot x + k \cdot y, \quad d \mid x,\ d \mid y \tag{10.2}$$

dar, und ist damit der für die Teilbarkeitsrelation als Anordnung **größte gemeinsame Teiler** von x und y. Angenommen nämlich, $g \mid x$ und $g \mid y$, so folgt aus (10.2) $g \mid d$.
Die Relation (10.2) für den Polynomring war das entscheidende Hilfsmittel um zu zeigen, dass man im Polynomring eindeutige Primfaktorzerlegung hat. Das geht nun ebenso in jedem Hauptidealring.

Die einschlägigen Erklärungen sind wie folgt: Sei R ein Integritätsring. Für $a, b \in R$ sagen wir: a **teilt** b, in Zeichen $a \mid b$, wenn es ein $c \in R$ gibt, mit $a \cdot c = b$. Ist in diesem Fall $c \in R^*$ eine Einheit, so heißen a, b **assoziiert**. Sind a, c beide keine Einheiten, so heißen sie **echte** Teiler von b. Schließlich heißt b **irreduzibel**, wenn es weder Null noch Einheit ist und keine echten Teiler hat.

Dass a zu b assoziiert ist heißt, dass a und b das gleiche Hauptideal $(a) = (b)$ erzeugen. Der Ring R zerfällt in Klassen assoziierter, die Orbits der multiplikativen Operation von R^* auf R, und die Zerlegung eines Elements in irreduzible Faktoren kann jedenfalls nur bis auf assoziierte und die Reihenfolge der Faktoren eindeutig sein. Ein kommutativer Ring heißt **noethersch**, wenn in jeder aufsteigenden Kette von Idealen

$$\mathbf{a}_1 \subset \mathbf{a}_2 \subset \dots$$

von R schließlich $\mathbf{a}_k = \mathbf{a}_{k+1} = \dots$ gilt.

(10.3) Satz. *Genau dann ist R noethersch, wenn jedes Ideal von R endlich erzeugt ist. Also ein Hauptidealring ist noethersch.*

Beweis. Ist R noethersch und $\mathbf{a}$ ein nicht endlich erzeugtes Ideal in R, so erzeugen je endlich viele Elemente $a_1, \dots, a_k$ aus $\mathbf{a}$ ein Ideal $(a_1, \dots, a_k) \subset \mathbf{a}$, das nicht gleich $\mathbf{a}$ ist, man kann also $a_{k+1} \in \mathbf{a}$, $a_{k+1} \notin (a_1, \dots, a_k)$ wählen, und hätte so eine nicht stationär werdende, echt aufsteigende Kette von Idealen. Umgekehrt, ist jedes Ideal von R endlich erzeugt und $\mathbf{a}_1 \subset \mathbf{a}_2 \subset \dots$ eine Kette von Idealen, so ist auch $\mathbf{a} = \bigcup_{j=1}^{\infty} \mathbf{a}_j$ ein Ideal. Es sei von $a_1, \dots, a_k$ erzeugt. Jedes a_i liegt in einem $\mathbf{a}_j$, und ist n das größte dieser j, so liegen alle $a_i, i = 1, \dots, k$, in $\mathbf{a}_n$, also $\mathbf{a}_n = \mathbf{a}_{n+1} = \dots = \mathbf{a}$. □

(10.4) Satz. *In einem noetherschen Integritätsring R ist jede Nichteinheit $a \neq 0$ ein Produkt irreduzibler Faktoren.*

Beweis. Angenommen, dies gelte nicht für a, so gibt es jedenfalls eine echte Zerlegung

$$a := a_0 = a_1 \cdot b_1$$

in echte Teiler, und ein Faktor a_1 ist auch kein Produkt irreduzibler. Wir fahren entsprechend mit a_1 fort und erhalten induktiv eine Sequenz

$$\begin{aligned} a_0 &= a_1 \cdot b_1 \\ a_1 &= a_2 \cdot b_2 \\ &\vdots \\ a_n &= a_{n+1} \cdot b_{n+1}, \end{aligned}$$

und weil jeweils a_{n+1} ein echter Teiler von a_n ist, entspricht dieser Sequenz eine Kette von Hauptidealen

$$(a_0) \subset (a_1) \subset (a_2) \subset \dots$$

in der $(a_{n+1}) \neq (a_n)$ für alle n ist, was in einem noetherschen Ring nicht sein kann. □

Sei jetzt R ein Hauptidealring, dann gilt:

(10.5) Euklidisches Lemma. *Ist $p \in R$ irreduzibel, und gilt $p | a \cdot b$, so gilt $p \mid a$ oder $p \mid b$.*

Beweis. Wenn nicht $p \mid a$, so ist $(p, a) = (1)$, also nach (10.2) $hp + ka = 1$, also $hpb + kab = b$, und p teilt die linke Seite, daher $p \mid b$. □

(10.6) Euklidischer Hauptsatz. *Sei R ein Hauptidealring und $a \in R$, $a \neq 0$ und a keine Einheit. Dann besitzt a eine Zerlegung*

$$a = p_1 \cdot \ldots \cdot p_k$$

mit irreduziblen Faktoren, und diese ist, bis auf die Reihenfolge der Faktoren und Übergang zu assoziierten eindeutig bestimmt.

Beweis. Wörtlich wie für den Polynomring III, (1.14). □

Im Potenzreihenring $K[[x]]$ ist x bis auf assoziierte das einzige irreduzible Element.

(10.7) Satz. *Im Polynomring $K[x]$ und in $\mathbb{Z}$ gibt es unendlich viele untereinander nicht assoziierte irreduzible Elemente.*

Beweis. (Euklid, VIII. Buch). Angenommen es gäbe nur $p_1, \ldots, p_k$, so wäre $1 + p_1 \cdot \ldots \cdot p_k$ nicht irreduzibel, also durch ein p_j teilbar, aber da bleibt der Rest 1. □

Es wird nicht etwa behauptet, dass $1 + p_1 \cdot \ldots \cdot p_k$ irreduzibel ist!

§11 Moduln über Hauptidealringen

Sei V ein Vektorraum über K und α ein Endomorphismus von V. Dann operiert der Polynomring $K[x]$ auf V durch die Bestimmung, dass x wie α operiert, also

$$f \cdot v := f(\alpha)v \quad \text{für} \quad f \in K[x],\ v \in V.$$

Dadurch wird V zu einem endlich erzeugten Modul über dem Hauptidealring $K[x]$, und die Jordansche Normalform beschreibt die Struktur dieses Moduls. Das werden wir besser verstehen, wenn wir jetzt allgemein beschreiben, wie ein endlich erzeugter Modul über einem Hauptidealring aussieht.
Ein R-Modul M heißt **frei**, wenn es eine Zerlegung

$$M \cong \coprod_{\lambda \in \Lambda} R_\lambda, \quad R_\lambda = R \tag{11.1}$$

gibt. Ist K ein Körper, so ist jeder K-Modul frei, das macht eine Basis. Aber z.B. $\mathbb{Z}/2$ ist kein freier $\mathbb{Z}$-Modul, dazu ist $\mathbb{Z}/2$ zu klein, ein freier $\mathbb{Z}$-Modul ist entweder 0 oder unendlich. Ist M frei mit einer Zerlegung (11.1), so hat man auf der rechten Seite die Basiselemente e_λ, deren sämtliche Komponenten verschwinden bis auf die an der Stelle λ, und die ist 1. Diesen Elementen entsprechen unter dem Isomorphismus (11.1) Basiselemente in M, die wir auch e_λ nennen wollen. Dass man einen Isomorphismus (11.1) hat, besagt gerade, dass man Elemente e_λ, $\lambda \in \Lambda$, in M hat, so dass jedes $x \in M$ eine eindeutige Darstellung

$$x = \sum_{\lambda \in \Lambda} x_\lambda \cdot e_\lambda, \quad x_\lambda \in R, \quad x_\lambda = 0 \text{ für fast alle } \lambda \in \Lambda,$$

besitzt. Im Allgemeinen besitzt ein R-Modul keine Basis.

Nun sei fortan R ein Hauptidealring. Wir werden freie R-Moduln $R^n = R \times \cdots \times R$ studieren. Sind $\alpha, \beta \in R$ teilerfremd, also $(\alpha, \beta) = 1$, so gibt es $\lambda, \mu \in R$ mit $\alpha\lambda - \beta\mu = 1$. Dies können wir als

$$\det \begin{pmatrix} \alpha & \mu \\ \beta & \lambda \end{pmatrix} = 1$$

lesen, also die genannte Matrix ist invertierbar. In der Tat, die inverse Matrix ist

$$\begin{pmatrix} \lambda & -\mu \\ -\beta & \alpha \end{pmatrix}.$$

Mit anderen Worten: Die Elemente (α, β), (μ, λ) bilden eine Basis von $R \times R$.
Wir wollen die Elemente von R^n hier der Bequemlichkeit halber als Zeilen schreiben, wenn wir nicht gerade mit Matrizen rechnen.
Also: durch einen Automorphismus von $R \times R$ kann man das Element (α, β) in $(1, 0)$ transformieren. Ist allgemein $\gamma = ggT(\alpha, \beta)$, so schreibt man $\alpha = \gamma \cdot \alpha_1$, $\beta = \gamma \cdot \beta_1$, und weil dann $ggT(\alpha_1, \beta_1) = 1$, kann man durch einen Automorphismus (α_1, β_1) in $(1, 0)$, also (α, β) in $\gamma \cdot (1, 0)$ überführen.

(11.2) Lemma *über Basiswechsel. Seien $\alpha_1, \ldots, \alpha_n \in R$ und $ggT(\alpha_1, \ldots, \alpha_n) = \gamma$. Falls alle α_j verschwinden, bedeute das $\gamma = 0$. Dann gibt es einen Automorphismus von R^n, der $(\alpha_1, \ldots, \alpha_n)$ in $\gamma \cdot (1, 0, \ldots, 0)$ überführt.*

Beweis. Durch Induktion nach n. Sei $\sigma = ggT(\alpha_2, \ldots, \alpha_n)$, dann gibt es einen Automorphismus des Moduls R^{n-1} der letzten $n - 1$ Komponenten, der $(\alpha_2, \ldots, \alpha_n)$ in $(\sigma, 0, \ldots, 0)$ überführt. Man kann also erst $(\alpha_1, \ldots, \alpha_n)$ in $(\alpha_1, \sigma, 0, \ldots, 0)$ transformieren, und das dann nach dem Gesagten in $\gamma(1, 0, \ldots, 0)$, weil $\gamma = ggT(\alpha_1, \sigma)$. □

Wir interessieren uns für Homomorphismen

$$\alpha : R^n \to R^m.$$

Ein solcher Homomorphismus ist durch eine Matrix $A = (a_{ij})$ gegeben, so dass

$$\alpha(e_j) = \sum_{i=1}^{m} a_{ij} e_i.$$

Wir können die Basen von R^n und R^m wechseln und dadurch die Matrix transformieren:

$$\begin{array}{ccc} R^n & \xrightarrow[\alpha]{} & R^m \\ \varphi \big\downarrow & & \big\downarrow \psi \\ R^n & \xrightarrow[\beta]{} & R^m, \quad \beta = \psi \alpha \varphi^{-1}. \end{array}$$

Wir nennen $\beta = \psi\alpha\varphi^{-1}$ **äquivalent** zu α, wenn φ, ψ Automorphismen sind, und fragen, auf welche die Äquivalenzklasse von α bestimmende Normalform wir die Matrix von A bringen können. Ist $R = K$ ein Körper, so ist die Antwort durch den Rangsatz gegeben, siehe II, (3.11). Für einen Hauptidealring fällt die Antwort nicht viel schlechter aus. Immer noch erreicht man eine Diagonalgestalt der Matrix, nur kann man nicht erwarten, dass in der Diagonale nur Einsen auftreten, wie schon der Fall von Homomorphismen $R \to R$ lehrt.

(11.3) Elementarteilersatz I. *Sei R ein Hauptidealring. Ein Homomorphismus $\alpha : R^n \to R^m$ ist unter Basistransformationen äquivalent zu einem Homomorphismus β, mit*

$$\begin{aligned} \beta(x_1, \ldots, x_n) &= (r_1x_1, \ldots, r_kx_k, \ 0, \ldots, 0), \\ r_1 \mid r_2, \quad & r_2 \mid r_3, \ldots, r_{k-1} \mid r_k. \end{aligned}$$

Das k-Tupel $(r_1, \ldots, r_k)$ ist durch α bis auf assoziierte eindeutig bestimmt und heißt das k-Tupel der **Elementarteiler** *von α.*

Beweis. Wir zeigen zunächst die Existenz der Transformation auf die angegebene Normalform. Die Eindeutigkeit folgt in (11.7). Betrachte Homomorphismen $\varphi : R^n \to R^m$, die unter Basistransformation von R^n und R^m äquivalent zu α sind. Zu festem solchen φ betrachte Elemente

$$y = (y_1, \ldots, y_m) \in \operatorname{im}(\varphi).$$

Die ersten Koeffizienten y_1 solcher Elemente bilden bei festem φ ein Ideal in R. Weil R noethersch ist, gibt es in der Menge der so für alle zu α äquivalenten φ auftretenden Ideale ein maximales, also eines, das nicht in einem echt größeren Ideal erster Koeffizienten von Bildelementen liegt. Sei also ein zu α äquivalenter Homomorphismus φ und ein Element $y = (r_1, y_2, \ldots, y_m) \in \operatorname{im}(\varphi)$ so gewählt, dass r_1 ein maximales unter den genannten Idealen erzeugt.

(i) Lemma. $r_1 \mid y_2, \ldots, y_m$, und nach geeigneter Basistransformation von R^m ist $y = (r_1, 0, \ldots, 0)$.

Beweis (i). Nach dem Lemma über Basiswechsel kann man eine Transformation von R^m finden, die y in $(\gamma, 0, \ldots, 0)$ überführt, mit $\gamma \mid r_1$. Weil (r_1) maximal gewählt war, folgt $(\gamma) = (r_1)$, also γ ist assoziiert zu r_1, daher kann man $\gamma = r_1$ erreichen. □

Nun transformieren wir R^n. Sei y wie in (i), und $y = \varphi(x)$, mit $x = (x_1, \ldots, x_n)$, dann ist $ggT(x_1, \ldots, x_n) = 1$, weil y nicht echtes Vielfaches eines Bildes unter φ ist. Also: nach dem Lemma über Basiswechsel nach einer geeigneten Transformation von R^n, das heißt für ein geeignetes zu α äquivalentes φ, erreichen wir nunmehr

$$y = (r_1, 0, \ldots, 0) = \varphi(1, 0, \ldots, 0).$$

Somit haben wir die erste Spalte der φ beschreibenden Matrix schon auf die gewünschte Gestalt ${}^t(r_1, 0, \ldots, 0)$ gebracht.

Nun erzeugt r_1, so ist es gewählt, das Ideal der ersten Koeffizienten aller Elemente von $\mathrm{im}(\varphi)$, also insbesondere stehen in der ersten Zeile der Matrix von φ nur Vielfache von r_1, sie hat die Gestalt

$$[r_1, r_1a_2, \ldots, r_1a_n].$$

Man kann sie daher ausräumen, man ersetzt in R^n den k-ten Basisvektor e_k durch $e_k - a_ke_1$, also man zieht das a_k-fache der ersten Spalte von der k-ten ab, für $k > 1$. So erhalten wir einen zu α äquivalenten Homomorphismus φ mit der Matrix

$$\left(\begin{array}{c|c} r_1 & 0, \ldots 0 \\ \hline 0 & \\ \vdots & A \\ 0 & \end{array}\right)$$

Wir schließen induktiv, dass wir durch weitere Transformation die Matrix A durch eine Diagonalmatrix wie im Satz ersetzen können:

$$\begin{pmatrix} r_1 & 0 & \ldots & & & & 0 \\ 0 & r_2 & & & & & \\ & & r_3 & & & & \\ \vdots & & & \ddots & & & \vdots \\ & & & & r_k & & \\ & & & & & 0 & \\ & & & & & & \ddots \\ 0 & & \ldots & & & 0 \ldots & 0 \end{pmatrix}$$

Dabei gilt $r_1 \mid r_2$ nach (i) mit $y = \varphi(1, 1, \ldots) = (r_1, r_2, \ldots)$. □

Ist $M \cong R^n$, so sagt man, M hat den **Rang** n, und dieser Rang hängt nur von dem Modul M ab. Mit anderen Worten, ist $R^n \cong R^m$, so ist $n = m$. In unserem Fall von endlich erzeugten Moduln über Hauptidealringen kann man leicht aus dem Elementarteilersatz schließen, dass $n \leq m$ sein muss, wenn $\varphi : R^n \to R^m$ injektiv ist, und dann folgt die Behauptung aus Symmetrie. Sei $\rho(M)$ der Rang von M.

(11.4) Satz. *Sei F ein freier Modul über dem Hauptidealring R und M ein Untermodul von F. Dann ist M frei und $\rho(M) \leq \rho(F)$.*

Beweis. Wir nehmen an, dass ρ endlich ist, obwohl sich alles auch sonst formulieren und beweisen lässt. Sei also $M \subset F = R^n$, und sei $(e_1, \ldots, e_n)$ die kanonische Basis von R^n. Sei $R^k \subset R$ das Erzeugnis von $e_1, \ldots, e_k$ und $M_k := M \cap R^k$. Wir zeigen induktiv, dass M_k von höchstens k Elementen frei erzeugt ist, also $M_k \cong R^s$ mit $s \leq k$.

Nun, $M_1 \subset R$ ist ein Ideal, also 0 oder von einem Element ae_1 frei erzeugt. Betrachte für M_k das Ideal $\mathbf{a} \subset R$ der Koeffizienten x, so dass $(y_1, \dots, y_{k-1}, x) \in M_k$ für gewisse y_j. Dieses Ideal sei erzeugt von a_k und es sei $a = (a_1, \dots, a_{k-1}, a_k) \in M_k$. Ist dann $a_k = 0$, so ist $M_k = M_{k-1}$, und ist $a_k \neq 0$, so ist $M_k = M_{k-1} + R \cdot a$, und $M_{k-1} \cap R \cdot a = 0$, also $M_k = M_{k-1} \oplus R \cdot a \cong M_{k-1} \oplus R$. In jedem Fall folgt die Behauptung. $\square$

Jetzt können wir also auf die Inklusion eines Untermoduls

$$i : U \overset{\subset}{\longrightarrow} R^n$$

den Elementarteilersatz anwenden, und können Basen von $U \cong R^k$ und R^n so wählen, dass i durch eine Diagonalmatrix gegeben ist, also insbesondere

$$U = L(r_1 e_1, \dots, r_k e_k), \quad r_1 \mid r_2 \mid \dots \mid r_k, \tag{11.5}$$

wobei $L(\dots)$ das Erzeugnis bezeichne.

(11.6) Elementarteilersatz II. *Ein endlich erzeugter Modul M über einem Hauptidealring R besitzt eine Zerlegung*

$$\begin{aligned} M &\cong R/r_1 \oplus \dots \oplus R/r_k \oplus R^\rho, \\ r_1|r_2, r_2|r_3, \dots, r_{k-1}|r_k; \ \rho &:= \text{Rang } von\ M. \end{aligned}$$

Der Rang ρ und die Folge von Idealen $(1) \neq (r_1) \supset (r_2) \supset \dots \supset (r_k)$ ist durch M eindeutig bestimmt.

Beweis. Existenz. Sei M von n Elementen $m_1, \dots, m_n$ erzeugt, und n sei so klein wie möglich gewählt. Dann hat man einen Epimorphismus

$$\varphi : R^n \to M, \quad e_j \mapsto m_j.$$

Sei $U = \ker(\varphi)$. Wir wählen eine neue Basis nach (11.5), und $M \cong R^n/U = R^n/L(r_1, e_1, \dots r_k e_k)$ hat die behauptete Struktur; man hat $(r_j) \neq (1)$, weil n minimal gewählt ist.

Eindeutigkeit. Der Modul $T := R/r_1 \oplus \dots \oplus R/r_k$ ist der **Torsionsmodul** von M und besteht aus den $m \in M$, so dass $r \cdot m = 0$ für ein $r \neq 0$, nämlich zum Beispiel $r = r_k$. Daher ist T durch M eindeutig bestimmt, und damit auch $M/T \cong R^\rho$, also ρ.
Bleibt die Eindeutigkeit der Zerlegung des Torsionmoduls in seine **zyklischen Summanden** R/r_j, für $r_1| \dots |r_k$, zu zeigen.
Dazu bemerke: Für ein Primelement $p \in R$ und $0 \neq r \in R$ ist

$$(R/r)/p = R/\langle r, p \rangle = \begin{cases} R/p & \text{für} \quad p|r, \\ 0 & \text{für} \quad \langle p, r \rangle = 1. \end{cases}$$

Daraus folgt für die Dimension von T/p über dem Körper R/p:

$$\dim(T/p) \;=\; k \text{ falls } p|r_1, \text{ und } \dim(T/p) < k \text{ sonst.}$$

Folglich ist die Anzahl k, als maximal mögliche Dimension von T/p über R/p für ein Primelement p, und ebenso sind die Primteiler p von r_1 durch T bestimmt. Auch erzeugt r_k das Ideal der $x \in R$ mit $x \cdot T = 0$. Das bestimmt r_k. Jetzt können wir durch Induktion nach der Anzahl der Primfaktoren von r_k schließen, denn ist p ein Primfaktor von r_1, so hat $p \cdot T$ die Zerlegung

$$p \cdot T \;=\; p \cdot R/r_1 \oplus \cdots \oplus p \cdot R/r_k \;=\; R/(r_1/p) \oplus \cdots \oplus R/(r_k/p).$$

Auch wenn in letzterer Zerlegung von $p \cdot T$ eventuell die ersten Summanden wegfallen, weil da $p = r_j$ ist, bestimmt diese Zerlegung von $p \cdot T$ zusammen mit der Zahl k doch die von T. □

Man nennt die Folge $(r_1) \supset \cdots \supset (r_k)$ in (11.6) die Folge der **Elementarteiler** des Torsionsmoduls T.

(11.7) Folgerung. *Auch in* (11.6) *ist die Folge der Elementarteiler bis auf assoziierte eindeutig bestimmt.*

Beweis. Diese Elementarteiler entsprechen den Invarianten des Moduls $R^m/\alpha R^n$ gemäß (10.6), nämlich die r_j mit $\langle r_j \rangle \neq R$ geben die Elementarteiler des Torsionsmoduls, und $m - k$ ist der Rang von $R^m/\alpha R^n$. □

Man hat noch eine etwas andere Zerlegung eines endlich erzeugten Torsionsmoduls in zyklische Summanden. Sie beruht auf folgendem

(11.8) Zerlegungssatz. *Sind p, q teilerfremd in R, und ist M ein R-Modul, so hat man durch Multiplikation mit p, q, pq definierte Endomorphismen von M, und es gilt*

$$\ker(p \cdot q) \;=\; \ker(p) \oplus \ker(q).$$

Beweis. Wähle $h, k \in R$ mit $hp + kp = 1$. Dann ist $x = hpx + kqx$, und wenn $pqx = 0$, so liegt der erste Summand in $\ker(q)$, der zweite in $\ker(p)$. Liegt aber x in $\ker(q) \cap \ker(p)$, so folgt $x = 0$. □

Damit können wir einen zyklischen Modul R/a, wenn a die Primfaktorzerlegung $p_1^{n_1} \cdots p_k^{n_k}$ hat, in die zyklischen Summanden $R/p_j^{n_j}$ zerlegen. Diese Zerlegung wenden wir auf die Summanden im Elementarteilersatz an und erhalten:

(11.9) Satz. *Ein endlich erzeugter Torsionsmodul M über einem Hauptidealring R besitzt ein kanonische Zerlegung*

$$M \;=\; \bigoplus_{j=1}^{r} M(p_j), \quad M(p_j) \;=\; \ker(p_j^m) \quad \textit{für genügend großes } m,$$

mit untereinander nichtassoziierten Primelementen $p_j \in R$. *Jedes* $M(p)$ *ist direkte Summe zyklischer Moduln*

$$M(p) \;\cong\; R/p^{n_1} \oplus \cdots \oplus R/p^{n_k}, \quad 0 < n_1 \leq \cdots \leq n_k,$$

und die Folge $n_1, \ldots, n_k$ *ist durch* M *und* p *eindeutig bestimmt, nicht aber letztere Zerlegung, also der Isomorphismus.*

Beweis. Die erste Zerlegung ist kanonisch definiert, die zweite ist nach dem Zerlegungssatz die Elementarteilerzerlegung (11.6) von $M(p)$, p prim, und ist daher auch eindeutig bestimmt. □

(11.10) Bemerkung. Das Produkt $r_1 \cdots r_k$ der Nenner in der Zerlegung (11.6) und, was das selbe ist, das Produkt der in den Nennern der Zerlegung (11.9) auftretenden Primpotenzen, ist eine dem Modul zugeordnete Invariante $r \in R$. Es ist $r \cdot M = 0$, aber im Allgemeinen ist das Ideal der $x \in R$, mit $x \cdot M = 0$, größer als (r), das Erzeugende dieses Ideals also ein echter Teiler von r, nämlich immer dann, wenn in einer Zerlegung eines $M(p)$ mehrere Summanden auftreten. Das ist im Spezialfall der uns schon bekannte Unterschied zwischen dem charakteristischen Polynom und dem Minimalpolynom.

§12 Anwendungen des Elementarteilersatzes

Eigentlich keine Anwendung, sondern eine Wiederholung im Spezialfall, ist der sogenannte

(12.1) Hauptsatz *(über endlich erzeugte abelsche Gruppen). Eine endlich erzeugte abelsche Gruppe ist eine direkte Summe zyklischer Gruppen.*

Beweis. Die Gruppe ist ein $\mathbb{Z}$-Modul und $\mathbb{Z}$ ist ein Hauptidealring. □

Natürlich gibt der Elementarteilersatz viel genauere Auskunft, das brauchen wir jetzt nicht auszuwalzen. In einer Zerlegung

$$G \;=\; \mathbb{Z}/r_1 \oplus \cdots \oplus \mathbb{Z}/r_k$$

ist $r_1 \cdots r_k = |G|$ die Ordnung von G, und $|G| \cdot G = 0$, aber vielleicht schon $nG = 0$ für einen echten Teiler n von $|G|$. Übrigens ist auch eine nicht endlich erzeugte abelsche Gruppe G eine direkte Summe von (unendlich vielen) zyklischen Gruppen, wenn sie nur von **endlicher Höhe** ist, d.h. wenn es ein $n > 0$ gibt, so dass $n \cdot G = 0$. Aber die additive Gruppe $(\mathbb{Q}, +)$ ist nicht direkte Summe zyklischer Gruppen — warum nicht?
Wichtiger für uns ist folgende Anwendung: Sei V ein endlich-dimensionaler Vektorraum über K und $\alpha : V \to V$ ein linearer Endomorphismus. Also: V ist, was wir einen α-Modul genannt haben. Tatsächlich ist V ein $K[x]$-Modul durch die Bestimmung

$$f \cdot v \;:=\; f(\alpha) \cdot v \quad \text{für} \quad f \in K[x],\; v \in V.$$

Man sieht überhaupt, dass ein $K[x]$-Modul ganz das selbe ist, wie ein Vektorraum V über K zusammen mit einem Endomorphismus α des Vektorraumes, der nämlich angibt, wie x auf V operiert.
Natürlich ist V ein endlich erzeugter $K[x]$-Modul, denn V ist ja sogar über dem Unterring K von $K[x]$ schon endlich erzeugt, und V als $K[x]$-Modul ist ein Torsionsmodul: V kann keinen zu $K[x]$ isomorphen Untermodul enthalten, weil $K[x]$ über K nicht endlich-dimensional ist. Der Elementarteilersatz lehrt also: Es gibt bis auf die Reihenfolge eindeutig bestimmte normierte irreduzible Polynome $p_1, \ldots, p_s$ in $K[x]$, und Vielfachheiten $n_1, \ldots, n_s$, so dass

(12.2) $$V \cong K[x]/p_1^{n_1} \oplus \ldots \oplus K[x]/p_s^{n_s}$$

als $K[x]$-Modul, das heißt, der Anwendung von α links entspricht die Multiplikation mit x rechts.

(12.3) Bemerkung. *Das Polynom $p_1^{n_1} \cdots p_s^{n_s}$ ist das charakteristische Polynom des Endomorphismus α.*

Beweis. Man braucht das nur für jeden Summanden $K[x]/p^n$ einzusehen. Da ist p^n das Erzeugende des Ideals der Polynome, die als 0 auf $K[x]/p^n$ operieren, also das Minimalpolynom des durch Multiplikation mit x gegebenen Endomorphismus, und weil $\deg(p^n) = \dim_K \left(K[x]/p^n\right)$, ist es auch das charakteristische Polynom. □

Wir sehen also: Was der abelschen Gruppe die Ordnung, ist dem Endomorphismus eines Vektorraumes das charakterstische Polynom, was der Gruppe die Höhe, die kleinste natürliche Zahl n mit $nG = 0$, ist dem Endomorphismus das Minimalpolynom, das kleinste gemeinsame Vielfache der $p_1^{n_1}, \ldots, p_s^{n_s}$. Wählt man die Zerlegung von (12.3)

(12.4) $$V \cong K[x]/r_1 \oplus \ldots \oplus K[x]/r_k, \quad r_1 | \cdots | r_k,$$

so gilt:

(12.5) Notiz. *Der erste Elementarteiler r_1 ist das Minimalpolynom, das Produkt der Elementarteiler ist das charakteristische Polynom.* □

Ist der Körper algebraisch abgeschlossen, so hat man nur lineare irreduzible Polynome $x - \lambda$ und wählt in $V = K[x]/(x-\lambda)^n$ als natürliche K-Basis die Potenzen

$$e_n = 1, \quad e_{n-1} = (x-\lambda), \ldots, e_1 = (x-\lambda)^{n-1}.$$

Der Endomorphismus $\alpha : V \to V$, $[f] \mapsto [x \cdot f]$, bewirkt dann

$$(\alpha - \lambda)e_k = e_{k-1} \quad \text{für} \quad k > 1, \quad \text{und} \quad (\alpha - \lambda)e_1 = 0,$$

also α ist durch die Jordanmatrix

$$\begin{pmatrix} \lambda & 1 & & \\ & \ddots & \ddots & \\ & & \ddots & 1 \\ & & & \lambda \end{pmatrix} \quad \text{(weiße Stellen sind 0)}$$

beschrieben. Der Elementarteilersatz verallgemeinert demnach die Jordansche Normalform auf beliebige Körper.
Manches Problem, das in der Matrizenrechnung ganz unhandlich aussieht, wird hier glatt und durchsichtig. Es seien zum Beispiel zwei Vektorräume mit Endomorphismen (V, α) und (W, β) gegeben, und man fragt nach linearen Abbildungen $\tau : V \to W$ mit $\beta \circ \tau = \tau \circ \alpha$:

$$\begin{array}{ccc} V & \xrightarrow{\alpha} & V \\ {\scriptstyle\tau}\downarrow & & \downarrow{\scriptstyle\tau} \\ W & \xrightarrow[\beta]{} & W. \end{array}$$

Übersetzt in die Modulsprache: Wir haben zwei Moduln V, W über dem Hauptidealring $R = K[x]$ und fragen nach R-Modulhomomorphismen $\tau : V \to W$, also nach $\mathrm{Hom}_R(V, W)$. Man muss das nur für die zyklischen Summanden von V und W bestimmen, und erhält:

(12.6) Satz. *Sei d der größte gemeinsame Teiler von $m, n \in R$, dann hat man den Isomorphismus von R-Moduln*

$$\mathrm{Hom}_R(R/m, R/n) \to R/d, \quad \tau \mapsto \tau\big([1]\big),$$

wobei wir R/d als von $[n/d]$ erzeugten Untermodul von R/n auffassen.

Beweis. Das Erzeugende $[1]$ von R/m geht bei τ auf ein Element x, so dass $mx = nx = 0$. Man hat eine Darstellung $d = hm + kn$ und schließt $dx = 0$, also x liegt im Erzeugnis von $[n/d]$. Durch $\tau\big([1]\big)$ ist offenbar τ eindeutig bestimmt, und man kann $\tau\big([1]\big)$ in R/d beliebig wählen. □

Sind also m, n teilerfremd, so ist $\mathrm{Hom}_R(R/m, R/n) = 0$.
Die Elemente von $\mathrm{End}_R(V)$ lassen sich als Endomorphismen des Vektorraumes V sehen, die mit α vertauschbar sind: Welche quadratischen Matrizen T sind mit einer gegebenen quadratischen Matrix A vertauschbar, also $TA = AT$? Die Antwort ist in (12.6) und dem Elementarteilersatz enthalten, insbesondere:

(12.7) Satz. *Genau dann ist jede mit A vertauschbare Matrix T ein Polynom von A, also $T = f(A)$, wenn das Minimalpolynom von A gleich dem charakteristischen Polynom ist.*

Beweis. Übersetzt in die Modulsprache: Wir interessieren uns für $\mathrm{End}_R(V)$ und betrachten die Zerlegung

$$V \;=\; R/r_1 \oplus \cdots \oplus R/r_k, \quad r_1|r_2|\cdots|r_k.$$

Nun, wenn es nur einen Elementarteiler gibt, so haben wir

$$\tau \in \mathrm{End}_R(V) \;=\; \mathrm{End}_R(R/r_1) \;\cong\; R/r_1,$$

und ist $\tau([1]) = [f(x)] = f(x) \cdot [1]$, so $\tau([g]) = f \cdot [g]$, und das heißt zurück übersetzt $\tau(v) = f(\alpha) \cdot v$. Andererseits, wenn $k \neq 1$, wenn es also mehr als einen Summanden der Elementarteilerzerlegung gibt, so gibt es R-Endomorphismen von V, die nicht durch Multiplikation mit Elementen von R gegeben sind, weil solche die Summanden stets in sich überführen. □

Wir können auch die Gruppe der Automorphismen des Vektorraumes V betrachten, die mit einem gegebenen Endomorphismus α vertauschbar sind. In die Modulsprache übersetzt, fragen wir nach den Automorphismen eines R-Moduls V. Ist das Minimalpolynom von α gleich dem charakteristischen Polynom, also ist der R-Modul V zyklisch, so fragen wir nach der Struktur von $\mathrm{Aut}_R(R/m)$.

(12.8) Satz. $\mathrm{Aut}_R(R/m)$ *ist die multiplikative Gruppe der zu* m *teilerfremden Restklassen in* R/m.

Beweis. Ein R-Endomorphismus τ von R/m ist genau dann ein Automorphismus, wenn $\tau(1)$ ein Erzeugendes von R/m ist. Dann ist jedenfalls $\tau(1) = [x]$ für ein zu m teilerfremdes $x \in R$, denn sonst erzeugte $[x]$ einen echten Untermodul von R/m. Ist aber x zu m teilerfremd, so ist $1 = h \cdot x + k \cdot m$, also $[h] \cdot [x] = 1$ in R/m und damit x ein Erzeugendes von R/m. □

Wir haben früher bemerkt, dass reelle quadratische Matrizen, die über $\mathbb{C}$ ähnlich sind (gleiche Jordansche Normalform haben), schon über $\mathbb{R}$ ähnlich sind. Das kann man jetzt ganz allgemein für beliebige Körpererweiterungen $K \subset L$ analog aussprechen: Der Übergang von K zu L bewirkt bei den Moduln, dass man von $K[x]/r$ zu $L[x]/r$ übergeht, die Sequenz der Elementarteiler ändert sich nicht. Das wollen wir nicht mehr weiter ausbreiten (14.6).

§13 Der charakteristische Endomorphismus

Die **charakteristische Matrix** einer quadratischen Matrix A über dem Körper K ist die quadratische Matrix $t \cdot E - A$ über $K[t]$. Oder begrifflicher gesagt: Einem Endomorphismus $\alpha : V \to V$ von Vektorräumen über K ordnen wir seinen **charakteristischen Endomorphismus**

$$(13.1) \qquad t - \alpha = t \cdot \mathrm{id}_{K[t]} \otimes \mathrm{id}_V - \mathrm{id}_{K[t]} \otimes \alpha \; : \; K[t] \otimes V \to K[t] \otimes V$$

von $K[t]$-Moduln zu. Alle Tensorprodukte in diesem Paragraphen sind Tensorprodukte von Vektorräumen über K. Dies ist ein Endomorphismus eines Moduls über dem Hauptidealring $K[t]$.

Ein Höhepunkt unserer Bemühungen um die Lineare Algebra, den wir aus immer neuer Richtung ansteuern, ist die Klassifikation von Endomorphismen nach Ähnlichkeit. Eine Gestalt des Ergebnisses ist die Jordansche Normalform. Eine andere, von höherer Warte, ist die Klassifikation endlich erzeugter Moduln über einem Hauptidealring, in diesem Fall dem Polynomring $K[x]$. Mit der charakteristischen Matrix können wir die Klassifikation wie folgt fassen:

(13.2) Satz (Frobenius). *Genau dann sind die quadratischen Matrizen A und B über dem Körper K ähnlich, d.h.*

$$TAT^{-1} = B \quad \textit{für eine quadratische Matrix } T,$$

wenn ihre charakteristischen Matrizen über $K[t]$ äquivalent sind, d.h.

$$D \cdot (t \cdot E - A) = (t \cdot E - B) \cdot C$$

für invertierbare quadratische Matrizen D und C mit Koeffizienten in $K[t]$.

In einem Diagramm und mit (13.1) bedeutet das Letztere

$$\begin{array}{ccc} K[t] \otimes V & \xrightarrow{t-\alpha} & K[t] \otimes V \\ \gamma \downarrow \cong & & \cong \downarrow \delta \\ K[t] \otimes V & \xrightarrow{t-\beta} & K[t] \otimes V . \end{array}$$

Dabei ist $(t-\alpha)\big(f(t) \otimes v\big) = t \cdot f(t) \otimes v - f(t) \otimes \alpha(v)$, und entsprechend für β. Das Tensorprodukt ist hier in Koordinaten nur die komponentenweise Multiplikation des Polynoms mit dem Vektor.

Beweis. Sind α und β ähnlich, also $\tau \circ \alpha = \beta \circ \tau$ für ein $\tau \in \operatorname{Aut}(V)$, so auch $t-\alpha$ und $t-\beta$ durch $\mathrm{id} \otimes \tau$:

$$\begin{array}{ccc} V & \xrightarrow{\alpha} & V \\ \tau \downarrow \cong & & \cong \downarrow \tau \\ V & \xrightarrow{\beta} & V \end{array} \quad \Longrightarrow \quad \begin{array}{ccc} K[t] \otimes V & \xrightarrow{t-\alpha} & K[t] \otimes V \\ \mathrm{id}\otimes\tau \downarrow \cong & & \cong \downarrow \mathrm{id}\otimes\tau \\ K[t] \otimes V & \xrightarrow[t-\beta]{} & K[t] \otimes V . \end{array}$$

Seien nun $t-\alpha$ und $t-\beta$ ähnlich als Homomorphismen von endlich erzeugten $K[t]$-Moduln:

$$\begin{array}{ccc} K[t] \otimes V & \xrightarrow{t-\alpha} & K[t] \otimes V \\ \gamma \downarrow \cong & & \cong \downarrow \delta \\ K[t] \otimes V & \xrightarrow[t-\beta]{} & K[t] \otimes V . \end{array}$$

Dann induziert das Paar γ, δ einen Isomorphismus φ der Kokerne der Zeilen, also (wenn $\operatorname{im}(f)$ das Bild von f bezeichnet):

$$\varphi \; : \; (K[t] \otimes V)/\operatorname{im}(t-\alpha) \xrightarrow{\cong} (K[t] \otimes V)/\operatorname{im}(t-\beta).$$

Die entscheidende Bemerkung zum Beweis von (13.2) ist nun:

(13.3) $(K[t] \otimes V)/\mathrm{im}(t-\alpha)$ *ist isomorph zu* V *als* $K[t]$*-Modul, wobei* t *durch* α *auf* V *operiert.*

Dass V als $K[t]$-Modul mit der Operation von t durch α bzw. β isomorph ist, sagt gerade, dass α und β ähnlich sind.

Beweis (13.3). Der Isomorphismus ist durch

$$K[t] \otimes V \ \to \ V, \quad f(t) \otimes v \ \mapsto \ f(\alpha)v$$

induziert. Offenbar liegen die Vielfachen von $t-\alpha$ im Kern dieser Abbildung. Es sieht fast formal, um nicht zu sagen: trivial aus, dass der Kern genau $\mathrm{im}(t-\alpha)$ ist. Aber α ist kein Koeffizient im Körper, wir rechnen nicht im Polynomring $K[t]$ und müssen etwas genauer hinsehen.

Jedoch in der Tat: Ist $f \in K[t]$, $v \in V$, und $f(\alpha)(v) = 0$, so ist

$$f(t) \otimes v \ = \ f(t) \otimes v - 1 \otimes f(\alpha)v \ = \ \big(f(t) - f(\alpha)\big)(1 \otimes v),$$

und es ist eine formale Rechnung im Polynomring $K[t,a]$ in zwei Unbestimmten t und a, zu zeigen, dass $g(t,a) := f(t) - f(a)$ einen Faktor $t-a$ hat. Am einfachsten sieht man das durch Variablensubstitution $s = t - a$ für $t = s + a$. Dann ist $g(t,a) = g(s+a,a) =: \tilde{g}(s,a)$ und $\tilde{g}(0,a) = g(a,a) = f(a) - f(a) = 0$. Also ist $\tilde{g}(s,a) = s \cdot h(s,a)$ und das besagt $g(t,a) = (t-a) \cdot h(t-a,a)$. Mithin: Ist $f(\alpha)v = 0$, so liegt $f(t) \otimes v$ im Bild von $t - \alpha$. Das zeigt (13.3) und (13.2). □

Noch ein Wort zur Bedeutung des Satzes von Frobenius (13.2). Die Jordansche Normalform kann man im Allgemeinen nicht wirklich ausrechnen; man scheitert daran, dass man die Eigenwerte genau bestimmen müsste. Aber das im Satz von Frobenius Verlangte kann man leisten, soweit man im Körper K explizit rechnen kann. Zum Beispiel für $K = \mathbb{Q}$. Man kann dann mit dem Euklidischen Algorithmus den Homomorphismus $t-\alpha$ bzw. $t-\beta$ freier $K[t]$-Moduln wirklich explizit diagonalisieren und über die Äquivalenz beider Homomorphismen entscheiden. Das Diagonalisieren liefert natürlich auch die Elementarteilerzerlegung von V als $K[t]$-Modul mit der Operation von t durch den betrachteten Endomorphismus. Auch diese Normalform wird also durch Rechnungen in dem Körper K selbst ermittelt.

Andererseits führt aber das Adjungieren der Eigenwerte zu struktureller Einsicht. Man bestätigt das im Falle des reellen Zahlkörpers. Mit der allgemeinen Form des Elementarteiler-Satzes (11.6) im Falle von $K = \mathbb{R}$ ist die reelle Jordansche Normalform noch nicht gewonnen.

Die Darstellung dieses Paragraphen verdanke ich einem Gespräch mit F. Lorenz. Vergleiche auch [Lorenz].

§14 Aufgaben

1. Sei V endlich erzeugt über R. Zeige: Genau dann ist $\mathrm{Aut}_R(V)$ abelsch, wenn V zyklisch ist.

2. Sei K ein kommutativer Ring mit 1. Für Homomorphismen
$$K^n \underset{A}{\longrightarrow} K^{n+k} \underset{B}{\longrightarrow} K^n$$
zeige: $\chi_{AB}(t) = \chi_{BA}(t) \cdot t^{n+k}$.

3. Sei $\varphi : \mathbb{Z}^n \to \mathbb{Z}^n$ ein Endomorphismus, der modulo q einen Automorphismus von $(\mathbb{Z}/q)^n$ induziert. Zeige: Dann induziert φ auch einen Automorphismus von $\mathbb{Q}^n = \mathbb{Z}^n \otimes \mathbb{Q}$.

4. Sei φ ein Endomorphismus von $\mathbb{Z}^n$ der einen Automorphismus von $\mathbb{Q}^n$ induziert. Zeige: Für alle bis auf endlich viele Primzahlen p induziert φ dann modulo p einen Automorphismus von $(\mathbb{Z}/p)^n$.

5. Sei K ein Körper. Bestimme alle Ideale des Potenzreihenringes $K[[x]]$.

6. Sei $K \subset L$ eine Inklusion von Körpern, und seien A und B quadratische Matrizen mit Koeffizienten in K. Zeige: Diese Matrizen sind genau dann über K ähnlich, also $TAT^{-1} = B$ für eine Matrix T mit Koeffizienten in K, wenn sie über L ähnlich sind.

7. Analog zur äußeren Algebra in VII, §4 erkläre die **symmetrische Algebra** $S(V) = \bigoplus_{k=0}^{\infty} S^k(V)$. Auf dem k-fachen Tensorprodukt $V^{\otimes k}$ operiert die k-te symmetrische Gruppe $S(k)$ durch
$$\sigma(v_1 \otimes \cdots \otimes v_k) \;=\; v_{\sigma^{-1}(1)} \otimes \cdots \otimes v_{\sigma^{-1}(k)}$$
für $\sigma \in S(k)$ und $v_j \in V$. Sei L_k das Erzeugnis der Tensoren $x - \sigma(x)$ für $x \in V^{\otimes k}$ und $\sigma \in S(k)$. Dann ist $S(V) = V^{\otimes k}/L_k$. Welche universelle Eigenschaft charakterisiert $S^k(V)$? Es ist $S(V)$ eine kommutative Algebra über K.

8. Ist $\dim_K V = n$, so ist $S(V) \cong K[x_1, \ldots, x_n]$. Wie liegt $S^k(V)$ darin?

9. Zeige: Ist K von Charakteristik 0, so ist $S(V)$ isomorph zur Algebra der unter den Operationen in Aufgabe 7 invarianten Tensoren.

Literatur

Eine besonders kurze und als solche gelungene Einführung in die Lineare Algebra, ausreichend als Grundlage für eine Einführung in die Algebra, bietet:

Artin, E.: *Galoissche Theorie* (Kap. I, S. 1–15), Teubner, Leipzig (1959). Englische Urfassung: *Galois Theory*, Notre Dame, Ind. Univ. (1946).

Auf der anderen Seite gibt es als nützliches Kompendium und unerschöpfliches Nachschlagewerk:

Gantmacher, F.-R.: *Matrizentheorie*, Deutscher Verlag der Wissenschaften (1986).

Als grundlegende und sehr lesbare Lehrbücher schätze ich:

Lang, S.: *Linear Algebra*, Addison-Wesley (1966),

Walter, R.: *Einführung in die Lineare Algebra*, Vieweg Verlag (1986).

Ein ausführliches, sehr sorgfältig geschriebenes, allerdings ungeometrisches Lehrbuch, besonders von Algebraikern vorgezogen, ist:

Lorenz, F.: *Lineare Algebra* I und II, BI-Wissenschaftsverlag (1982).

Es enthält Grundlegendes aus der Theorie der quadratischen Formen, wovon ich auch profitiert habe.

Wer aber die Anfängervorlesung erfolgreich hinter sich hat, der wird vielfältigen Gewinn finden aus den Büchern:

Koecher, M.: *Lineare Algebra und analytische Geometrie*, Springer-Verlag (1991).

Ebbinghaus, H.-D., Hermes, H., Hirzebruch, F., Koecher, M., Mainzer, K., Neukirch, J., Prestel, A., Remmert, R.: *Zahlen* (insbesondere Teil B, S. 147ff), Springer Verlag (1988).

Diesen beiden Büchern verdanke ich insbesondere reiche Belehrung über die Theorie der Quaternionen.

Eine geometrisch gefasste Einführung in die Theorie der Liegruppen und insbesondere der klassischen Matrizengruppen bietet:

Bröcker, Th., tom Dieck, T.: *Representations of Compact Lie Groups*, (Ch. I, p. 1–63), Springer Verlag (1991).

Die Geometrie ist aus neueren Lehrbüchern oft ganz verschwunden. Ein originelles und sehr interessantes geometrisches Buch, dem ich einiges verdanke, ist:

Kuiper, N.: *Linear Algebra und Geometry*, North Holland Publ. (1961).

Eine reiche Quelle der Geometrie bieten die beiden Bände:

Berger, M.: *Geometry* I and II, Springer Verlag (1994).

Ein schönes kleines algebraisches Lehrbuch dazu ist:

Samuel, P.: *Projective Geometry*, Springer Verlag (1988).

Wie am Ort angegeben, habe ich auch herangezogen:

Gruenberg, K.W., Weir, A.J.: *Linear Geometry*, D. van Nostrand Comp. (1967).

Für die Differentialtopologie der Quadriken habe ich einen Hinweis entnommen aus:

Hirzebruch, F., Mayer, K.H.: *$O(n)$-Mannigfaltigkeiten, exotische Sphären und Singularitäten* ((5.2), S. 30), Lecture Notes in Mathematics 57, Springer Verlag (1968).

Ein einführendes Lehrbuch in Differentialtopologie mit anschaulichen Erklärungen und vielen Figuren ist:

Bröcker, Th., Jänich, K.: *Einführung in die Differentialtopologie*, Heidelberger Taschenbücher, Springer Verlag (1990).

Für Anwendungen der Linearen Algebra auf die Relativitätstheorie und Quantenmechanik fand ich hilfreich:

Simms, D.J.: *Lie Groups and Quantum Mechanics*, Lecture Notes in Mathematics 52, Springer Verlag (1968).

Auch berichte ich über die Arbeit:

Zeeman, Ch.: *Causality Implies the Lorentz Group*, J. of Mathematical Physics, Vol. 5, No. 4, p. 490–493 (1964).

Und ich benutze, wie am Ort angegeben:

Brieskorn, E.: *Lineare Algebra und Analytische Geometrie II*, Vieweg Verlag (1985),

Milnor, J.: *Introduction to Algebraic K-Theory*, Ann. of Math. Studies 72, Princeton Univ. Press (1971),

Cartier, P.: *La théorie classique et moderne des fonctions symétriques*, Sem. Bourbaki 1982/3, asterisque 105/6.

Index